UG NX 中文版
模具设计自学速成（2022）

梁秀娟 解江坤 编著

人民邮电出版社
北京

图书在版编目（CIP）数据

UG NX 中文版模具设计自学速成 : 2022 / 梁秀娟，解江坤编著. -- 北京 : 人民邮电出版社，2023.2
ISBN 978-7-115-60063-9

Ⅰ. ①U… Ⅱ. ①梁… ②解… Ⅲ. ①模具－计算机辅助设计－应用软件 Ⅳ. ①TG76-39

中国版本图书馆CIP数据核字(2022)第172165号

内容提要

本书介绍了利用 UG NX 软件进行模具设计的方法和操作过程。全书按知识结构分为 11 章，内容包括 UG NX 注塑模具设计基础、模具设计初始化工具、模具修补和分型、模架库和标准件、浇注和冷却系统、其他工具、典型一模两腔模具设计、典型多腔模模具设计、典型分型模模具设计、典型多件模模具设计、典型动定模模具设计等知识。本书内容由浅入深，从易到难，各章既相对独立又前后关联，帮助读者系统掌握所学知识。

本书可以作为初学者的参考工具书，也可作为模具设计相关人员的自学辅导书。

本书所配电子资料包含全书实例源文件及同步教学视频，供读者学习参考。

◆ 编　　著　梁秀娟　解江坤
责任编辑　李　强
责任印制　马振武
◆ 人民邮电出版社出版发行　　北京市丰台区成寿寺路 11 号
邮编　100164　　电子邮件　315@ptpress.com.cn
网址　https://www.ptpress.com.cn
固安县铭成印刷有限公司印刷
◆ 开本：787×1092　1/16
印张：21.75　　　2023 年 2 月第 1 版
字数：598 千字　　　2023 年 2 月河北第 1 次印刷

定价：99.00 元

读者服务热线：(010)81055493　印装质量热线：(010)81055316
反盗版热线：(010)81055315
广告经营许可证：京东市监广登字 20170147 号

Preface 前言

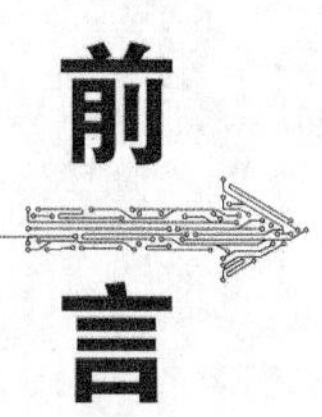

UG是德国西门子公司出品的一套集CAD/CAM/CAE于一体的模型加工软件系统。它的功能覆盖了从概念设计到产品生产的整个过程。

模具作为重要的工艺装备，在消费品、电器电子、汽车、飞机制造等工业领域有举足轻重的地位。工业产品加工过程中，零件粗加工的75%、精加工的50%及塑料零件的90%由模具完成。从1997年开始，我国模具工业产值超过了机床工业产值。另外，随着塑料原材料性能的不断提高，各行业的零件以塑代钢、以塑代木的进程进一步加快，使用塑料模具的比例将日趋增大。并且塑料制品在机械、电子、航空、医药、化工及日用品等领域的应用也越来越广泛，质量要求也越来越高。

本书以2022年UG新版本为平台介绍模具设计的技巧，具有以下特点。

1. 内容全面，详略得当

本书定位为UG软件模具功能的自学指导书，内容全面具体，涵盖了从模具初始化、模具修补、分型、模架库、标准件、浇注和冷却系统、电极到一模两腔、多腔模、多件模和动定模模具设计等知识。

2. 实例丰富，循序渐进

对于这类专业软件工具书，编著者尽量避免空洞的介绍和描述，而是循序渐进地讲解各知识点，对大多数知识点配备实例，这样读者在实例操作过程中就牢固地掌握了软件功能。

3. 工程案例，潜移默化

本书的落脚点是提升读者的工程应用能力。为了体现这一点，本书采用两种方法：将一个完整的工程案例拆分为很多细小的实例，结合知识点灵活讲解，潜移默化地培养了读者的工程设计能力；单独讲解工程案例。读者基本掌握各个知识点后，通过一个或几个综合工程案例练习来体验软件在工程设计实践中的具体应用方法，对读者的工程设计能力进行最后的“淬火”处理。

4. 例解与图解配合使用

本书采用“例解”方法，以实例引导和知识点拨的方式进行讲解，使读者快速理解知识核心，避免枯燥，也采用“图解”方法，多图少字，图文紧密结合，大大增强图书的可读性。

本书除传统的书面讲解外，还随书附送了电子资料，包含了全书实例源文件和实例操作的同步视频文件。

读者可以扫描后面的云课二维码观看同步教学视频；关注信通社区公众号，输入关键词“60063”获取实例源文件，也可以加入QQ群811016724获取。

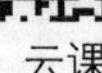

云课

信通社区

本书由广东海洋大学的梁秀娟和解江坤编写，其中梁秀娟编写了第 1～8 章，解江坤编写了第 9～11 章。由于时间仓促，加上编著者水平有限，书中不足之处在所难免，望广大读者发送电子邮件到 2243765248@qq.com 批评指正，编著者将不胜感激。

编著者

2022.5

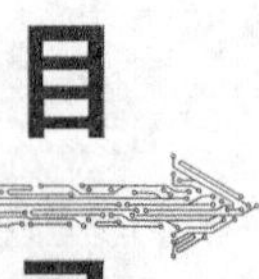

Contents 目录

第1章 UG NX注塑模具设计基础

要想成为一个合格的注塑模具工程师，只会简单的3D分模是远远不够的，还必须要了解和掌握有关模具专业的基础理论知识。

重点与难点

- 模具设计简介
- 注塑模具CAD简介
- UG NX/Mold Wizard概述

1.1 模具设计简介

本章介绍了模具设计的基本知识，包括注射成型工艺、塑件结构工艺性、注塑模具结构，以及模具设计的流程。

1.1.1 注射成型工艺

注射成型又称注射模具，是热塑性塑料制件的一种主要成型方法。除个别热塑性塑料外，其他所有的热塑性塑料都可用此方法成型。近年来，注射成型已成功地用来成型某些热塑性塑料制件。

注射成型可成型各种形状的塑料制件，它的特点是成型周期短，能一次成型外形复杂、尺寸精密、带有嵌件的塑料制件，且生产效率高，易于实现自动化生产，所以被广泛用于塑料制件的生产中，但注射成型的设备及模具制造费用较高，不适合单件及批量较小的塑料制件的生产。

注射成型所用的设备是注射机。目前注射机的种类很多，但普遍采用的是柱塞式注射机和螺杆式注射机。注射成型所使用的模具即为注射模（也称注塑模）。图1-1所示为注射成型工作循环。

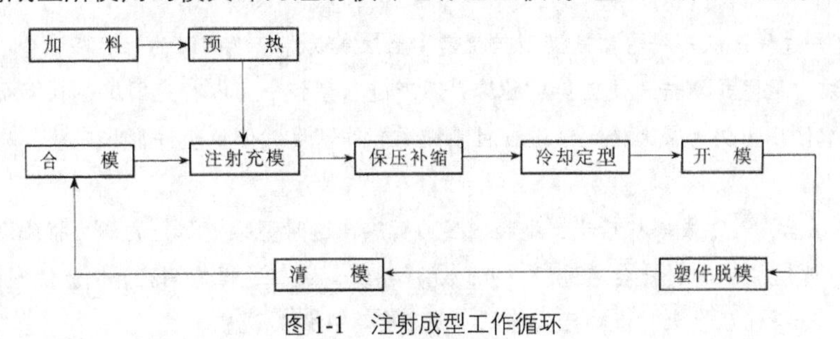

图1-1　注射成型工作循环

1. 注射成型工艺原理

注射成型的原理是将粒状或粉状塑料原料从注射机的料斗送进加热的料筒中，塑料经过加热熔化成为黏流态熔体，熔体在注射机柱塞或螺杆的高压推动下，以很大的流速通过喷嘴注入模具型腔，经一定时间的保压冷却定型后可保持模具型腔所赋予的形状，然后开模分型获得成型塑件，这样就完成了一次注射成型工作循环，如图 1-2 所示。

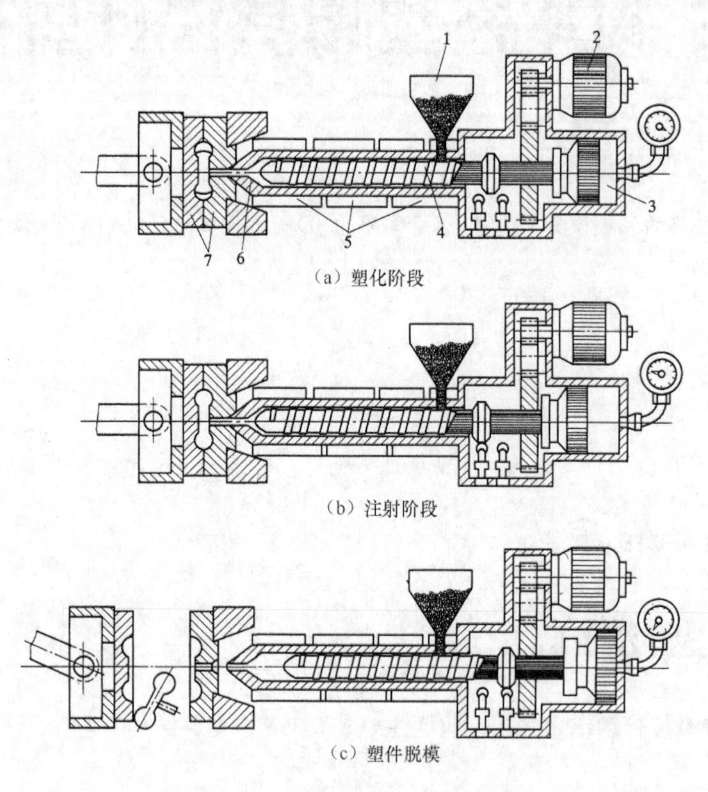

（a）塑化阶段

（b）注射阶段

（c）塑件脱模

1-料斗　2-螺杆传动装置　3-注射液压缸　4-螺杆　5-加热器　6-喷嘴　7-模具

图 1-2　螺杆式注射机注射成型原理

2. 注射成型过程

注射过程一般包括加料、塑化、充模、保压、倒流、冷却、脱模等几个过程。

- 加料：将粒状或粉状塑料原料加入注射机料斗中，并由柱塞或螺杆带入料筒。
- 塑化：加入的塑料在料筒中经过加热、压实、混料等过程，由松散的原料转变成熔融状态并具有良好的可塑性的均化熔体。
- 充模：塑化的熔体被柱塞或螺杆推挤至料筒前端，经过喷嘴、模具浇注系统进入并充满模具型腔。
- 保压：这一过程是从塑料熔体充满型腔时起，至柱塞或螺杆退回时为止。在这个过程中，模具型腔中的熔体冷却收缩，柱塞或螺杆迫使料筒中的熔料不断进入型腔中，以补充因熔体收缩而留出的空隙，保持模具型腔内的熔体压力仍为最大值。该过程对于提高塑件密度，保证塑件形状完整、质地致密，克服表面缺陷有重要意义。
- 倒流：保压后，柱塞或螺杆后退，型腔中压力解除，这时型腔中熔料的压力将比浇口前方的高，如果浇口尚未冻结，型腔中的熔料就会通过浇口流向浇注系统，这一过程为倒流。倒流使塑件产生收缩变形、质地疏松等缺陷。如果保压结束时浇口已经冻结，就不会存在倒流现象。

- 冷却：塑件在模具内的冷却是指从浇口处的塑料熔体完全冻结时起，到塑件被模具型腔内推出为止的全部过程。实际上冷却过程从塑料注入型腔时就开始了，它包括从充模完成，即保压开始到脱模前的一段时间。
- 脱模：塑件冷却到一定温度即可开模，推出机构将塑件推出模外。

1.1.2 塑件结构工艺性

塑件设计不仅要考虑使用要求，而且要考虑塑件的结构工艺性，并且尽可能地使模具结构简化。因为这样不但可以使成型工艺稳定，保证塑件的质量，又可使生产成本降低。在进行塑件结构设计时，应遵循如下设计原则。

- 在保证塑件的使用性能、物理化学性能、电性能和耐热性能前提下，尽量选用价格低廉和成型性好的塑料，并力求结构简单、壁厚均匀和成型方便。
- 在设计塑件结构时应考虑模具结构，使模具型腔易于制造，模具抽芯和推出机构简单。
- 设计塑件应考虑原料的成型工艺性，塑件形状应有利于分型、排气、补缩和冷却。

塑件的内外表面形状应在满足使用要求的情况下尽可能易于成型。由于侧抽芯和瓣合模不仅使模具结构复杂，制造成本提高，而且还会在分型面上留下飞边，增加塑件的修整量，因此，在设计塑件时可适当改变塑件的结构，尽可能避免出现侧孔与侧凹，以简化模具的结构。

塑件内的侧凹较浅并允许带有圆角时，则可以用整体凸模采取强制脱模的方法使塑件从凸模上脱下。但此时塑件在脱模温度下应具有足够的弹性，以使塑件在强制脱下时不会变形，如聚乙烯、聚丙烯、聚甲醛等材料都能适应这种情况。塑件外侧凹凸也可以强制脱模，但多数情况下塑件侧向凹凸不可以强制脱模，此时应采用侧向分型抽芯结构的模具。

1.1.3 注塑模具结构

注射模的分类方法有很多，按加工塑料的品种可分为热塑性塑料注射模和热固性塑料注射模；按注射机类型可分为卧式注射机用注射模、立式注射机用注射模和角式注射机用注射模；按型腔数目可分为单型腔注射模和多型腔注射模，通常按注射模的总体结构特征来分类，如下所述。

- 单分型面注射模：只有一个分型面，也叫两板式注射模。
- 双分型面注射模：与单分型面注射模相比，增加了一个用于取浇注系统凝料的分型面。
- 斜导柱侧向分型与抽芯注射模：当塑件上带有侧孔或侧凹时，在模具中要设置由斜导柱或斜滑块等组成的侧向分型抽芯机构，使侧型芯横向运动。
- 带有活动成型零部件的注射模：在脱模时可与塑件一起移出模外，然后与塑件分离。
- 自动卸螺纹注射模：在动模上设置能够转动的螺纹型芯或螺纹型环，利用开模动作或注射机的旋转机构，或者设置专门的传动装置，带动螺纹型芯或螺纹型环转动，从而使塑件脱出。
- 热流道注射模：利用加热或绝热的办法使浇注系统中的塑料始终保持熔融状态，在每次开模时，只需取出塑件而没有浇注系统凝料。

1. 单分型面注射模的组成

如图 1-3 所示，根据注射模各个零部件所起的作用，可将该注射模分为如下几个部分。

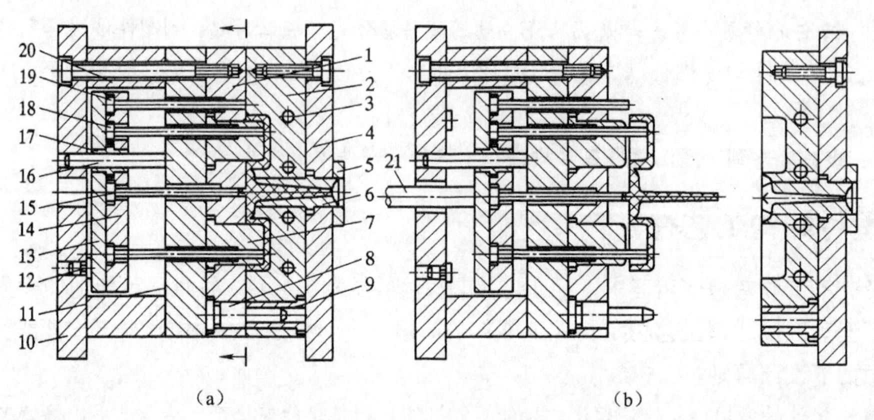

1-动模板　2-定模板　3-冷却水管道　4-定模座板　5-定位圈　6-浇口套　7-型芯　8-导柱　9-导套
10-动模座板　11-支承板　12-支承钉　13-推板　14-推杆固定板　15-拉料杆　16-推板导柱
17-推板导套　18-推杆　19-复位杆　20-垫板　21-注射机顶杆

图 1-3　单分型面注射模的结构

（1）成型零部件。

模具中用于成型塑料制件的空腔部分称为型腔。构成塑料模具型腔的零件统称为成型零部件。由于型腔是直接成型塑料制件的部分，因此模腔的形状应与塑件的形状一致，型腔一般是由型腔零件、型芯组成的。图 1-3 所示的模具型腔是由定模板、型芯、动模板和推杆组成的。

- 定模板（零件 2）的作用是开设型腔，成型塑件外形。
- 型芯（零件 7）的作用是成型塑件的内表面。
- 动模板（零件 1）的作用是固定型芯和组成型腔。
- 推杆（零件 18）的作用是在开模时推出塑件。

（2）浇注系统。

将塑料由注射机喷嘴引向型腔的流道称为浇注系统，浇注系统分主流道、分流道、浇口、冷料穴 4 个部分。图 1-3 所示的模具浇注系统是由浇口套、拉料杆和定模板上的流道组成。

- 浇口套（零件 6）的作用是形成浇注系统的主流道。
- 拉料杆（零件 15）的前端作为冷料穴，在开模时拉料杆将主流道凝料从浇口套中拉出。

（3）导向机构。

为确保动模与定模合模时准确对中而设置导向零件，通常有导向柱、导向孔或在动模板和定模板上分别设置的互相吻合的内外锥面。图 1-3 所示的模具导向系统由导柱和导套组成。

- 导柱（零件 8）的作用是在合模时与导套配合，为动模部分和定模部分导向。
- 导套（零件 9）的作用是在合模时与导柱配合，为动模部分和定模部分导向。

（4）推出装置。

推出装置是在开模过程中，将塑件从模具中推出的装置。有的注射模具的推出装置为避免在顶出过程中推板歪斜，还设有导向零件，使推板保持水平运动。图 1-3 所示的模具推出装置由推杆、推板、推杆固定板、复位杆、拉料杆、支承钉、推板导柱及推板导套组成。

- 推板（零件 13）的作用是由注射机顶杆推动，从而带动推杆推出塑件。
- 推杆固定板（零件 14）的作用是固定推杆。
- 复位杆（零件 19）的作用是在合模时，带动推出系统后移，使推出系统恢复原始位置。
- 支承钉（零件 12）的作用是使推板与动模座板间形成间隙，以保证平面度，并有利于废料、杂物的去除。

- 推板导套（零件 17）的作用是与推板导柱配合，为推出系统导向，使其平稳推出塑件，同时起到保护推杆的作用。

（5）温度调节和排气系统。

为了满足注射工艺对模具温度的要求，模具设有冷却或加热系统。冷却系统一般为模具内开设的冷却水管道，加热系统则为模具内部或周围安装的加热元件，如电加热元件。图 1-3 所示的模具冷却系统由冷却水管道和水嘴组成。

在注射成型过程中，为了将型腔内的气体排出模外，常常需要开设排气系统。常在分型面处开设排气槽，也可以利用推杆或型芯与模具的配合间隙实现排气。

（6）结构零部件。

结构零部件是用来安装固定或支承成型零部件及前述的各部分机构的零部件。支承零部件组装在一起，可以构成注射模具的基本框架。图 1-3 所示的模具结构零部件由定模座板、动模座板、垫板和支承板组成。

- 定模座板（零件 4）的作用是将定模座板和连接于定模座板的其他定模部分安装在注射机的定模板上，定模座板比其他模板宽 25～30mm，便于用压板或螺栓固定。
- 动模座板（零件 10）的作用是将动模座板和连接于动模座板的其他动模部分安装在注射机的动模板上，动模座板比其他模板宽 25～30mm，便于用压板或螺栓固定。
- 垫板（零件 20）的作用是调节模具闭合高度，形成推出机构所需的推出空间。
- 支承板（零件 11）的作用是在注射时承受型芯传递过来的注射压力。

2. 单分型面注射模的工作过程

单分型面注射模的一般工作过程：模具闭合→模具锁紧→注射→保压→补缩→冷却→开模→推出塑件。下面以图 1-3 为例来讲解单分型面注射模的工作过程。

在导柱和导套的导向定位下，动模和定模闭合；型腔零件由定模板、动模板和型芯组成，并由注射机合模系统提供的锁模力锁紧；然后注射机开始注射，塑料熔体经定模上的浇注系统进入型腔；待熔体充满型腔并经过保压、补缩和冷却定型后开模；开模时，注射机合模系统带动动模后退，模具从动模和定模分型面分开，塑件包在型芯上随动模一起后退，同时拉料杆将浇注系统的主流道凝料从浇口套中拉出；当动模移动一定距离后，注射机顶杆接触推板，推出机构开始动作，使推杆和拉料杆分别将塑件及浇注系统凝料从型芯和冷料穴中推出，塑件与浇注系统凝料一起从模具中落下，至此完成一次注射过程。合模时，推出机构靠复位杆复位，并准备下一次注射。

1.1.4 注射模具设计步骤

UG/Mold Wizard（注塑模向导）协助我们完成的是注射模具的结构设计过程，是整个注射模具设计过程的一个重要组成部分。

1. 设计前的准备工作

模具的设计者应以设计任务书为依据设计模具，模具设计任务书通常由塑料制品生产部门提出，任务书包括如下内容。

- 经过审签的正规塑件图纸，并注明所采用的塑料牌号、透明度等，若塑件图纸是根据样品测绘的，最好能附上样品，因为样品除了比图纸更为形象和直观，还能给模具设计者提供许多有价值的信息，如样品所采用的浇口位置、顶出位置、分型面等。
- 塑件说明书及技术要求。

- 塑件的生产数量及所用注射机。
- 注射模的基本结构、交货期及价格。

在设计模具前，设计者应注意以下几点。

（1）熟悉塑件。

- 熟悉塑件的几何形状。对于没有样品的复杂塑件图纸，要徒手画轴测图或利用计算机建模，在头脑中建立清晰的塑件三维图像，甚至可以用橡皮泥等材料制出塑件的模型，以熟悉塑件的几何形状。
- 明确塑件的使用要求。完全熟悉塑件的几何形状以后，了解塑件的用途及各部分的作用也是相当重要的，应当密切关注塑件的使用要求，也要注意为了满足使用要求而设计的塑件尺寸公差和技术要求。
- 注意塑件的原料。塑料具有不同的物理/化学性能、工艺特性和成型性能，应注意塑件的塑料原料，并明确所选塑料的各种性能，如材料的收缩率、流动性、结晶性、吸湿性、热敏性、水敏性等。

（2）检查塑件的成型工艺性。

检查塑件的成型工艺性，以确认塑件的材料、结构、尺寸精度等方面是否符合注射成型的工艺性条件。

（3）明确注射机的型号和规格。

在设计模具前要根据产品和工厂的情况，确定采用什么型号和规格的注射机，这样在模具设计中才能有的放矢，正确处理好注射模和注射机的关系。

2. 制定成型工艺卡

将准备工作完成后，就应制定出塑件的成型工艺卡，尤其对于批量大的塑件或形状复杂的大型模具，更有必要制定详细的注射成型工艺卡，以指导模具设计工作和实际的注射成型加工。

成型工艺卡一般应包括以下内容。

- 产品的概况，包括简图、质量、壁厚、投影面积、外形尺寸、有无侧凹和嵌件等。
- 产品所用的塑料概况，如品名、出产厂商、颜色、干燥情况等。
- 所选的注射机的主要技术参数，如注射机可安装的模具最大尺寸、螺杆类型、额定功率等。
- 压力与行程简图。
- 注射成型条件，包括加料筒各段温度、注射温度、模具温度、冷却介质温度、锁模力、螺杆背压、注射压力、注射速度、循环周期（注射、塑化、冷却、开模时间）等。

3. 注射模具结构设计步骤

制定出塑件的成型工艺卡后，将进行注射模具结构设计，其步骤如下。

（1）确定型腔数目。

确定型腔的数目条件有最大注射量、锁模力、产品的精度要求和经济性等。

（2）选择分型面。

分型面的选择应以模具结构简单、分型容易且不破坏已成型的塑件为原则。

（3）确定型腔的布置方案。

型腔的布置应采用平衡式排列，以保证各型腔平衡进料。型腔的布置还要注意与冷却管道、推杆布置的协调问题。

（4）确定浇注系统。

浇注系统包括主流道、分流道、浇口和冷料穴。浇注系统的设计应根据模具的类型、型腔的数目及布置方式、塑件的原料及尺寸等确定。

（5）确定脱模方式。

脱模方式的设计应根据塑件留在模具的部分而不同。由于注射机的推出顶杆在动模部分，所以脱模推出机构一般设计在模具的动模部分。设计时，除了将较长的型芯安排在动模部分，还常设计拉料杆，强制塑件留在动模部分。但也有些塑件的结构要求在分型时，将塑件留在定模部分，在定模一侧设计推出装置。推出机构的设计也应根据塑件的不同结构设计出不同的形式，包括推杆、推管和推板结构。

（6）确定调温系统结构。

模具的调温系统主要由塑料种类决定，此外模具的大小、塑件的物理性能及外观和尺寸精度也都对模具的调温系统有影响。

（7）确定凹模和型芯的固定方式。

当凹模或型芯采用镶块结构时，应合理地划分镶块并同时考虑镶块的强度、可加工性及安装是否固定。

（8）确定排气形式。

一般注射模的排气可以利用模具分型面和推杆与模具的间隙，而对于大型和高速成型的注射模，必须设计相应的排气装置。

（9）确定注射模的主要尺寸。

根据相应的公式，计算成型零件的工作尺寸，以及决定模具型腔的侧壁厚度、动模板的厚度、拼块式型腔的型腔板厚度及注射模的闭合高度。

（10）选用标准模架。

根据设计、计算的注射模的主要尺寸，来选用注射模的标准模架，并尽量选择标准模具零件。

（11）绘制模具的结构草图。

在以上工作的基础上，绘制注射模的完整的结构草图，绘制模具结构图是模具设计中十分重要的一项工作，其步骤为先画俯视图（顺序为：模架、型腔、冷却管道、支承柱、推出机构），再画主视图。

（12）校核模具与注射机有关尺寸。

对所使用注射机的参数进行校核，包括最大注射量、注射压力、锁模力及模具安装部分的尺寸、开模行程和推出机构。

（13）注射模结构设计的审查。

对根据上述有关注射模结构设计的各项要求设计出来的注射模，应进行注射模结构设计的初步审查并征得用户的同意，同时，也有必要对用户提出的要求加以确认和修改。

（14）绘制模具的装配图。

装配图是模具装配的主要依据，应清楚地表明注射模各个零件的装配关系、必要的尺寸（如外形尺寸、定位圈直径、安装尺寸、活动零件的极限尺寸等）、序号、明细表、标题栏及技术要求。技术要求的内容有以下几项。

- 对模具结构的性能要求，如对推出机构、抽芯结构的装配要求。
- 对模具装配工艺的要求，如分型面的贴合间隙、模具上下面的平行度。
- 模具的使用要求。
- 防氧化处理、模具编号、刻字、油封及保管等要求。
- 有关试模及检验方面的要求。

如果凹模或型芯的镶块太多，可以绘制动模或定模的部件图，并在部件图的基础上绘制装配图。

（15）绘制模具零件图。

由模具装配图或部件图拆绘零件图的顺序为先内后外，先复杂后简单，先成型零件后结构零件。

（16）复核设计样图。

注射模设计的最后审核是注射模设计的最后把关环节，应多关注零件的加工、性能。

4．注射模具的审核

因为注射模具设计直接影响产品成型、产品的质量、生产周期及成本等。所以，当设计完成后，应该进行审核，审核的内容如下。

（1）基本结构方面。

- 注射模的机构和基本参数是否与注射机匹配。
- 注射模是否具有合模导向机构，机构设计是否合理。
- 分型面选择是否合理，有无产生飞边的可能，塑件是否滞留在设有顶出脱模机构的动模（或定模）一侧。
- 型腔的布置与浇注系统的设计是否合理。浇口是否与塑料原料相适应，浇口位置是否恰当，浇口与流道几何形状及尺寸是否合适，流动比数值是否合理。
- 成型零部件设计是否合理。
- 顶出脱模机构与侧向分型或抽芯机构是否合理、安全和可靠，它们之间或它们与其他模具零部件之间有无干涉或碰撞的可能。
- 模具是否需要排气机构，如果需要，其形式是否合理。
- 模具是否需要温度调节系统，如果需要，其热源和冷却方式是否合理，温控元件是否足够，精度等级如何，寿命长短如何，加热和冷却介质的循环回路是否合理。
- 支承零部件结构是否合理。
- 外形尺寸能否保证安装，固定方式的选择是否合理可靠，安装用的螺栓孔是否与注射机构、定模固定板上的螺孔位置一致。

（2）设计图纸方面。

- 装配图：零部件的装配关系是否明确，配合代号标注是否恰当合理。零件的标注是否齐全，其与明细表中的序号是否对应，必要说明是否具有明确的标记，整个注射模的标准化程度如何。
- 零件图：零件号、名称、加工数量是否有确切的标注，尺寸公差和形位公差标注是否合理齐全。成型零件容易磨损的部位是否预留了修磨量。哪些零件具有超高精度要求，这种要求是否合理。各个零件的材料选择是否恰当，热处理要求和表面粗糙度要求是否合理。
- 制图方法：制图方法是否正确，是否合乎有关国家标准，图面表达的几何图形与技术要求是否容易理解。

（3）注射模设计质量。

- 设计注射模时，是否正确地考虑了塑料原料的工艺特性、成型性能，以及注射机类型可能对成型质量产生的影响。对成型过程中可能产生的缺陷是否在注射模设计时采取了相应的预防措施。
- 是否考虑了塑件对注射模导向精度的要求，导向结构设计是否合理。
- 成型零部件的工作尺寸计算是否正确，能否保证产品的精度，其本身是否有足够的强度和刚度。
- 支承零部件能否保证模具具有足够的整体强度和刚度。
- 设计注射模时，是否考虑了试模和修模要求。

（4）拆装及搬运条件方面。

有无便于装拆时用的撬槽、装拆孔、牵引螺钉和起吊装置（如供搬运用的吊环或起重螺栓孔等），对其是否做了标记。

1.2 注塑模具 CAD 简介

注塑模向导（UG/Mold Wizard）是一种计算机辅助模具设计工具，本节介绍注塑模具 CAD 的基本概念。

1.2.1 CAX 技术

1. 模具 CAD

运用 CAD 技术，Mold Wizard 帮助广大模具设计人员由注塑制品的零件图迅速设计出该制品的全套模具图，使模具设计师从烦琐、冗长的手工绘图和人工计算中解放出来，将精力集中于方案构思、结构优化等创造性工作。利用 Mold Wizard 软件，用户可以选择软件提供的标准模架，灵活方便地建立适合自己的标准模架库，在选好模架的基础上，从系统提供的诸如整体式、嵌入式、镶拼式等多种形式的动、定模结构中，依据自身需要选择并设计动、定模部件装配图，采用参数化的方式设计浇口套、拉料杆、斜滑块等通用件，然后设计推出机构和冷却系统，完成模具的总装图。最后利用 Mold Wizard 系统提供的编辑功能，方便地完成各零件图的尺寸标注及明细表。

2. CAE 的概念

CAE 技术借助有限元法、有限差分法和边界元法等数值计算方法，分析型腔中塑料的流动、保压和冷却过程，计算制品和模具的应力分布，预测制品的翘曲变形，并由此分析工艺条件、材料参数及模具结构对制品质量的影响，达到优化制品和模具结构、优选成型工艺参数的目的。塑料注射成型 CAE 软件主要包括流动保压模拟、流道平衡分析、冷却模拟、模具刚度和强度分析、应力计算、翘曲预测等功能。其中流动保压模拟软件能提供不同时刻型腔内塑料熔体的温度、压力、剪切应力分布，其预测结果能直接指导工艺参数的选定及流道系统的设计；流道平衡分析软件能帮助用户对一模多腔模具的流道系统进行平衡设计，计算各个流道和浇口的尺寸，以保证塑料熔体能同时充满各个型腔；冷却模拟软件能计算冷却时间、制品及型腔的温度分布，其分析结果可以用来优化冷却系统的设计；模具刚度、强度分析软件能对模具结构进行力学分析，帮助用户对型腔壁厚和模板厚度进行刚度和强度校核；应力计算和翘曲预测软件则能计算制品的收缩情况和内应力的分布，预测制品出模后的变形情况。

3. CAM 的概念

运用 CAM 技术能将模具型腔的几何数据转换为各种数控机床所需的加工指令代码，取代手工编程。例如，自动计算钼丝的中心轨迹，将其转化为线切割机床所需的指令（如 3B 指令、G 指令等）；对于数控铣床，则可以计算轮廓加工时铣刀的运动轨迹，并输出相应的指令代码。采用 CAM 技术能显著提高模具加工的精度及生产管理的效率。Mold Wizard 系统能够帮助节省设计的时间，并提供完整的 3D 模型给 CAM 系统。

4. 模具 CAD 的发展

近 20 年来，以计算机技术为代表的信息技术的突飞猛进，为注塑成型采用高新技术提供了强有力的条件，注塑成型计算机辅助软件的发展十分引人注目。CAD 方面，主要是在通用的机械 CAD 平台上开发注塑模设计模块。通用机械 CAD 的发展经历了从二维到三维、从简单的线框造型系统到复杂的曲面实体混合造型的转变，同时模具 CAD 也有了较大的发展。目前国际上占主流地位的注塑模 CAD 软件主要有 UG NX/Mold Wizard、Pro/E（Mold Design）、SolidWorks/IMold、CATIA/Mold Tooling Design 和 TopSolid/Mold 等。在国内，华中科技大学是较早（1985 年）自主开发注塑模 CAD

系统的单位，并于 1988 年成功开发国内第一个 CAD/CAE/CAM 系统 HSC1.0，合肥工业大学、中国科技大学、浙江大学、上海交通大学、北京航空航天大学等单位也开展了注塑模 CAD 的研究并开发了相应的软件，目前在国内较有影响的注塑模 CAD 系统有北京航空航天大学的 CAXA 模具设计工具等。

1.2.2 模具 CAD 技术

1. 注射模 CAD 系统的主要功能

一个完善的注塑模 CAD/CAE/CAM 系统应包括注塑制品构造、模具概念设计、CAE 分析、模具评价、模具结构设计和 CAM。

（1）注塑制品构造。

将注塑制品的几何信息及非几何信息输入计算机，在计算机内部建立制品的信息模型，为后续设计提供信息。

（2）模具概念设计。

根据注塑制品的信息模型，采用基于知识和基于实例的推理方法，得到模具的基本结构形式和初步的注塑工艺条件，为随后的详细设计、CAE 分析、制造性评价奠定基础。

（3）CAE 分析。

运用有限元的方法，模拟塑料在模具型腔中流动、保压和冷却过程，并进行翘曲分析，以得到合适的注射工艺参数和合理的浇注系统与冷却系统结构。

（4）模具评价。

模具评价包括可制造性评价和可装配性评价两部分。注塑件可制造性评价在概念设计过程中完成，对根据概念设计得到的方案进行模具费用估计。模具费用估计可分为模具成本的估计和制造难易估计两种模式。成本估计是直接得到模具的具体费用，而制造难易估计是运用人工神经网络的方法得到注塑件的可制造度，以此判断模具的制造性。可装配性评价是在模具详细设计完成后，对模具进行开启、闭合、勾料、抽芯、工件推出动态模拟，在模拟过程中自动检查零件之间是否干涉，以此来评价模具的可装配性。

（5）模具结构设计。

根据制品的信息模型、概念设计和 CAE 分析结果进行模具详细设计，包括成型零部件设计和非成型零部件设计。成型零部件包括型芯、型腔、成型杆和浇注系统，非成型零部件包括脱模机构、导向机构、侧向抽芯机构及其他典型结构。同时提供三维模型向二维工程图转换的功能。

（6）CAM。

利用 CAM 软件可以完成成型零件的虚拟加工，并自动编制数控加工的 NC 代码。

2. 应用注射模 CAD 系统进行模具设计的通用流程

注射模 CAD 系统的设计流程如图 1-4 所示。

（1）制品的造型可直接采用通用的三维造型软件设计的造型。

（2）根据注塑制品，采用专家系统进行模具的概念设计，专家系统包括模具结构设计、模具制造工艺规划、模具价格估计等模块，在专家系统的推理过程中，采用基于知识与实例相结合的推理方法，推理的结果是注射工艺和模具的初步方案。方案设计包括型腔数目与布置、浇口类型、模架类型、脱模方式、抽芯方式等。模具结构详细设计的流程如图 1-5 所示。

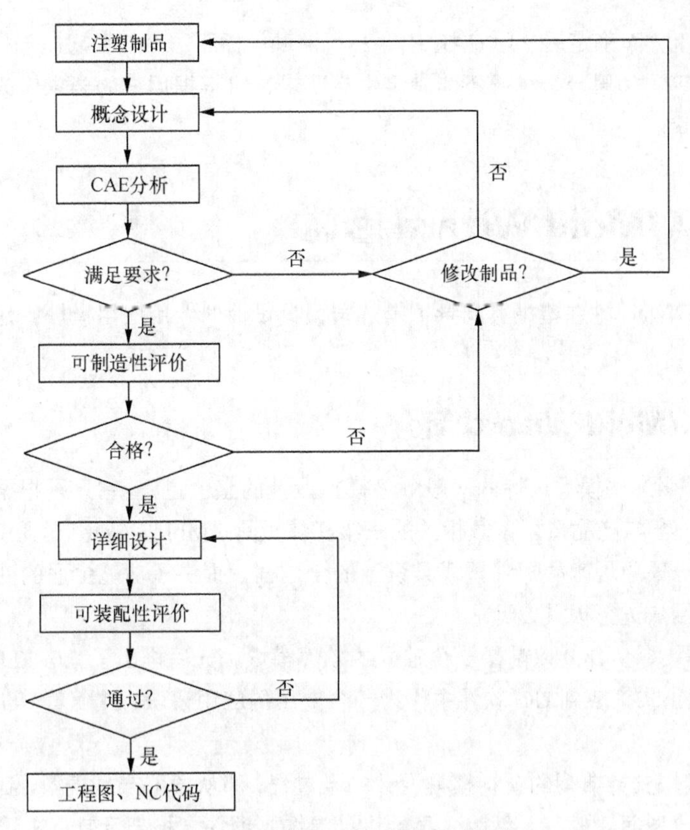

图 1-4　注射模 CAD 系统的设计流程

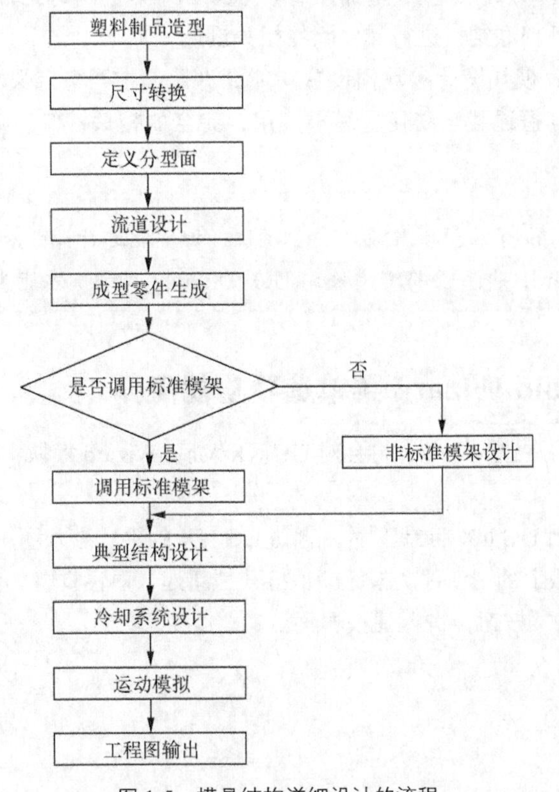

图 1-5　模具结构详细设计的流程

（3）在模具初步方案确定后，用 CAE 软件进行流动、保压、冷却和翘曲分析，以确定合适的浇注系统、冷却系统等。如果分析结果不能满足生产要求，可根据用户的要求修改注塑制品的结构或修改模具的设计方案。

1.3 UG NX/Mold Wizard 概述

UG NX/Mold Wizard（注塑模具向导）是注塑模具设计的专用应用模块，是一个功能强大的注塑模具软件。

1.3.1 UG NX/Mold Wizard 简介

Mold Wizard 按照注塑模具设计的一般顺序模拟设计的整个过程，它只需根据一个产品的三维实体造型，就能建立一套与产品造型参数相关的三维实体模具。Mold Wizard 运用 UG 的基本理念，根据注塑模具设计的一般原理来模拟注塑模具设计的全过程，提供了功能全面的计算机模具辅助设计方案，极大方便了用户进行模具设计。

Mold Wizard 在 UG V 18.0 以前是一个独立的软件模块，先后推出了 1.0、2.0 和 3.0 版本，到了 8.0 版本以后，它被正式集成到 UG 软件中作为一个专用的应用模块，并随着 UG 软件的升级而不断得到更新。

Mold Wizard 模块支持典型的塑料模具设计的全过程，即从读取产品模型，到如何确定和构造脱模方向、收缩率、分型面、模芯、型腔，再到设计滑块、顶块、模架及其标准零部件，最后到确定模腔布置、浇注系统、冷却系统、模具零部件清单（BOM）等。同时还可运用 UG WAVE 技术编辑模具的装配结构、建立几何联结、进行零件间的相关设计。

在 Mold Wizard 中，模具设计参数预设置功能允许用户按照自定义标准设置系统变量，如颜色、层、路径等。UG 具备过程自动化、易于使用、完全的相关性等优点。

注意

虽然 UG NX 中集成了注塑模具设计向导模块，但不能进行模架和标准件设计，所以读者仍需要安装 Mold Wizard，并且要将其安装到 UG NX 2022 目录下才能生效使用。

1.3.2 UG NX/Mold Wizard 菜单选项功能简介

为方便后面的学习，在这一小节，将会对 UG NX/Mold Wizard 模块中所有的菜单选项功能做一个简单的介绍。

安装 Mold Wizard 到 UG NX 目录下后，启动 UG NX 软件，进入图 1-6 所示的界面。单击“主页”选项卡“标准”面板上的“新建”按钮，打开“新建”对话框，如图 1-7 所示。在模板中选择“模型”，单击“确定”按钮，进入建模界面。

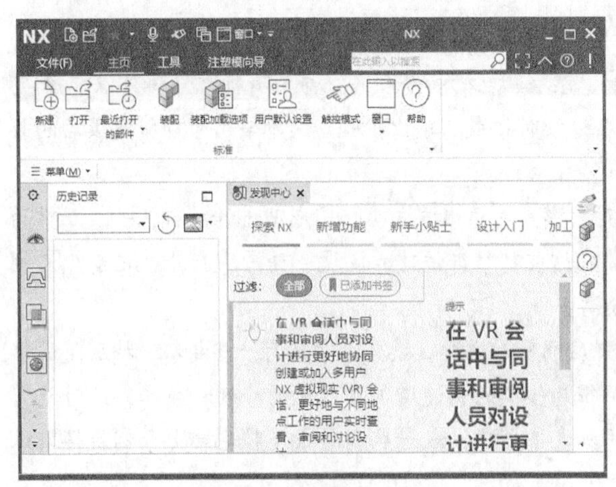

图 1-6　UG NX 界面

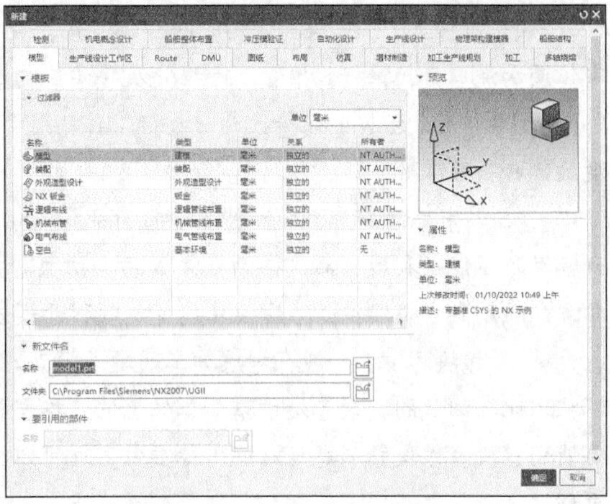

图 1-7　“新建”对话框

1.“注塑模向导”选项卡

单击“应用模块”选项卡“注塑模和冲模”面板上的“注塑模”按钮，系统进入注塑模具设计环境，并弹出图 1-8 所示的“注塑模向导”选项卡。

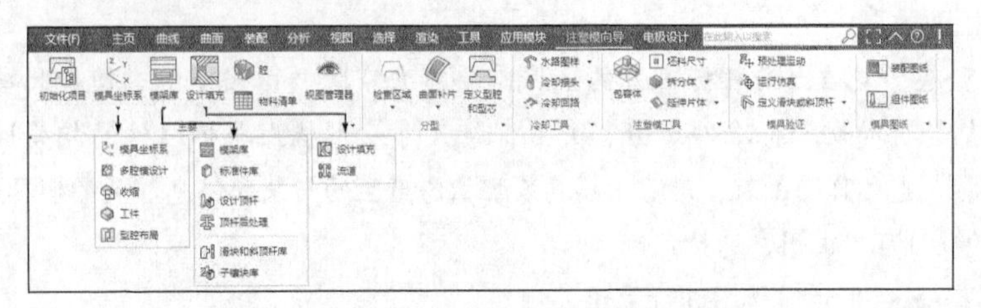

图 1-8　“注塑模向导”选项卡

下面简单介绍选项卡功能区中各选项的功能。

（1）初始化项目：此命令用来导入模具零件，是模具设计的第一步，导入零件后系统将生成用于存放布局、分模图素、型芯和型腔等信息的一系列文件。

（2）“主要”面板。

- 多腔模设计：在一个模具里可以生成多个塑料制品的型芯、型腔，此命令适合于一模多腔不同零件的应用。
- 模具坐标系：Mold Wizard 的自动处理功能是根据坐标系的指向进行的。例如，一般规定 *ZC* 轴的正方向为产品的开模方向，电极进给沿 *ZC* 轴方向，滑块移动沿 *YC* 轴方向等。
- 收缩：用于设置部件冷却时的收缩率。由于产品在充模时，温度相对较高的液态塑料快速冷却，凝固生成固体塑料制品，就会产生一定的收缩。一般情况下，必须把产品的收缩尺寸补偿到模具相应的尺寸里面，模具的尺寸为实际尺寸加上收缩尺寸。
- 工件：也叫毛坯，是用来生成模具型芯、型腔的实体，并且与模架相连接。工件的命令及尺寸可使用此命令定义。
- 型腔布局：用于指定零件成品在毛坯中的位置。在进行注塑模设计时，如果同一产品进行多腔排布，只需要调入一次产品实体，然后运用该命令即可。
- 模架库：塑料注射成型不可缺少的工具。模架库是型芯和型腔装夹、顶出和分离的机构。在 Mold Wizard 中，模架库都是标准的。标准模架库是由结构、形式和尺寸都标准化、系统化，并具有一定互换性的零件成套组合而成的。

- 标准件库：将模具常用的附件标准化，便于替换使用。在 Mold Wizard 中，标准件库包括螺钉、定位圈和浇口套、推杆、推管、回程管及导向机构等。镶块、电极和冷却系统等都有标准件库可以选择。
- 顶杆后处理：顶杆也是一种标准件，用于在分模时把成品顶出模腔。该命令用于顶杆完成后的长度延伸和头部修剪。
- 滑块和斜顶杆库：零件上通常有侧向（相对于模具的顶出方向）凸出或凹进的特征，一般正常的开模动作不能顺利地分离这样的零件成品。往往需要在这些特征部位建立滑块，使滑块在分模之前先沿侧向方向运动离开该部位，然后模具就可以顺利开模分离零件成品。
- 子镶块库：一般在考虑加工问题或模具的强度问题时添加。模具上常常有一些特征，特别是简单形状但比较细长的，或者处于难加工位置的，这些特征为模具的制造增加了很大的难度和成本，这时就需要使用镶块。镶块的创建可以使用标准件，也可以添加实体创建，或者从型芯或型腔毛坯上分割获得实体再创建。
- 设计填充：设计填充（浇口）是液态塑料从流道进入模腔的入口。浇口的选择和设计直接影响塑件的成型，同时浇口的数目和位置也直接影响塑件的质量和后续加工。要想获得好的塑件质量，塑料的流动速度、方向要认真考虑，而浇口的设计对此影响很大。
- 流道：浇道末端到浇口的流通通道。流道的形式和尺寸往往受塑料成型特性、塑件大小和形状及用户要求的影响。
- 腔：在型芯、型腔上安装标准件的区域需要建立空腔并留出空隙，使用此功能时，所有与之相交的零件部分都会自动切除标准件部分，并且保持尺寸及形状上与标准件的相关性。
- 物料清单：也称作明细表，是基于模具装配状态产生的与装配信息相关的模具部件列表。创建的材料清单上显示的项目可以由用户选择定制。
- 视图管理器：用于对视图进行管理。

（3）“注塑模工具”面板：用于修补零件中各种孔、槽及修剪补块的工具，目的是做出一个分型面，并且此分型面可以被 UG 所识别。此外，该工具可以简化分模过程，以及改变型芯、型腔的结构。

（4）“分型”面板：分型也叫分模，它是创建模具的关键步骤之一，目的是把毛坯分割成型芯和型腔。分型的过程包括创建分型线、分模面，以及生成型腔、型芯。

（5）“冷却工具”面板：用于控制模具温度。模具温度明显影响成品收缩率、表面光泽、内应力及注塑周期等，控制好模具温度是提高产品质量、提高生产效率的一个有效途径。

（6）“模具图纸”面板：用于创建模具工程图。模具工程图与一般的零件或装配体的工程图类似。

2. “电极设计”选项卡

单击“应用模块”选项卡“注塑模和冲模”面板“工具箱”中的“电极设计”按钮，系统进入电极设计环境，并弹出图 1-9 所示的“电极设计”选项卡。

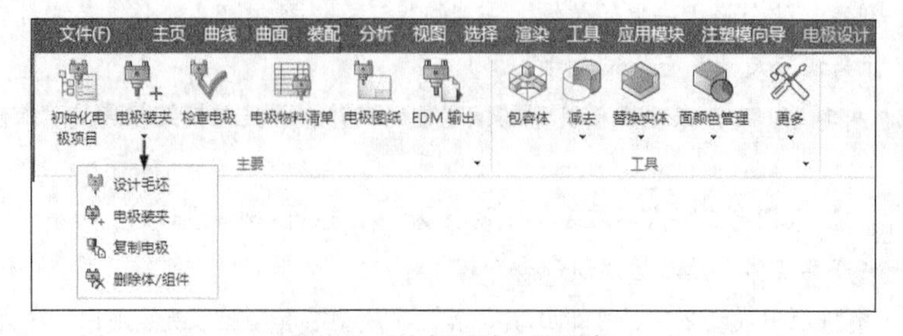

图 1-9 “电极设计”选项卡

“电极设计”选项卡中部分菜单选项的功能如下。

（1）初始化电极项目：创建新的电极设计项目。该命令将自动生成一个电极装配结构，并载入产品数据，在项目目录文件夹下将生成一些装配文件，在打开文件时，只需要打开顶层装配文件，顶层装配文件的文件名一般为“*_top_*”。

（2）主要面板。

- 设计毛坯：将标准毛坯组件添加到电极头，并将选定的电极头的本体连接毛坯组件。
- 电极装夹：将标准托盘或夹持器组件添加到电极设计项目。
- 复制电极：将电极组件复制到具有相同边界的其他 EDM 区域。
- 删除体/组件：删除点火体、毛坯、夹持器或托盘。
- 检查电极：检查电极和工件的接触状态，创建点火区片体，检查电极与工件间是否发生干涉，并将颜色从工件映射到电极。
- 电极物料清单：创建电极设计项目的物料清单。
- 电极图纸：使电极装配图纸的创建和管理自动化。
- EDM 输出：导出 EDM 的电极属性。

1.3.3 UG NX/Mold Wizard 参数设置

与 Pro/Engineer 软件相似，UG NX/Mold Wizard 4.0 以前的版本中也有进行参数设置的文件 Mold_defaults.def，该文件存放在 Mold Wizard 安装目录下。在 UG NX/Mold Wizard 1847 中，这个文件就被取消了，被集中到“用户默认设置”面板中。

选择“菜单”→“文件”→“实用工具”→“用户默认设置”命令，系统弹开图 1-10 所示的“用户默认设置”对话框。

用户可以按照控制面板中的说明自行设置参数，这一部分内容就不再详细介绍了。

图 1-10 “用户默认设置”对话框

1.3.4 UG NX/Mold Wizard 模具设计流程

使用 Mold Wizard 进行模具设计的一般流程如下，可以看到，先后次序基本上和“注塑模向导”工具栏上的从左向右的次序相同，本书的编排顺序也大抵如此。读者可通过该流程体会到各个功能在模具设计过程中所发挥的作用。

（1）调入产品并进行项目初始化设置，Mold Wizard 会自动建立设计项目的装配结构。

（2）创建模具坐标系。

（3）设置收缩率。

（4）选择成型工件功能，指定型腔/型芯的镶块实体。

（5）定义模具型腔的布局。

（6）使用分型工具对产品模型存在的分模问题进行考量。

（7）创建补丁实体/片体封闭区域。

（8）定义模具分型线。

（9）创建模具分型片体。

（10）抽取模具型芯/型腔区域。

（11）创建型芯和型腔。

（12）调入并编辑标准模架。

（13）选择加入标准件并进行部分修改。

（14）为加入的标准件建立腔体。

（15）模具清单导出和模具出图。

第2章

模具设计初始化工具

利用UG NX/Mold Wizard进行模具设计，需要一个准备阶段。在这个阶段要完成装载产品、设置模具坐标系和产品收缩率，以及设置工件和进行模具零件布局。

重点与难点

- 项目初始化
- 模具坐标系
- 收缩率
- 工件
- 型腔布局

2.1 遥控器后盖模具初始设置

本例对遥控器后盖模具进行初始化，如图2-1所示。

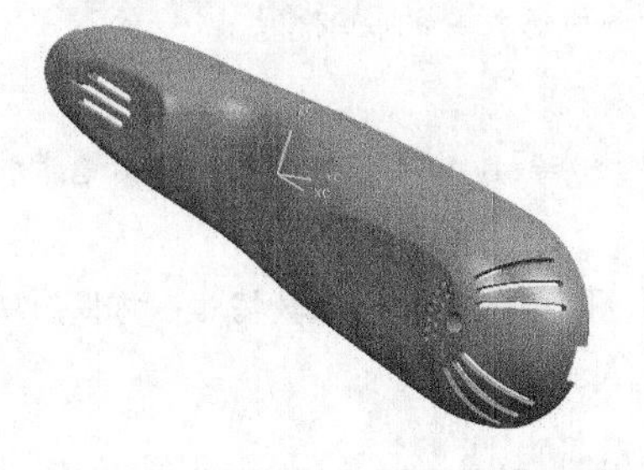

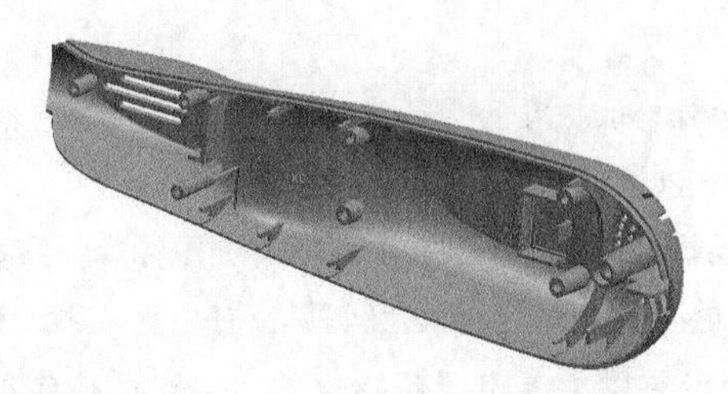

图2-1　遥控器后盖模具

2.1.1 相关知识点——项目初始化与模具坐标系

1. 项目初始化

项目初始化就是要把产品零件装载到模具模块中。单击“注塑模向导”选项卡中的“初始化项目”按钮，系统弹出图2-2所示的“部件名”对话框。

选择需要载入的产品零件后，系统弹出图2-3所示的“初始化项目”对话框。

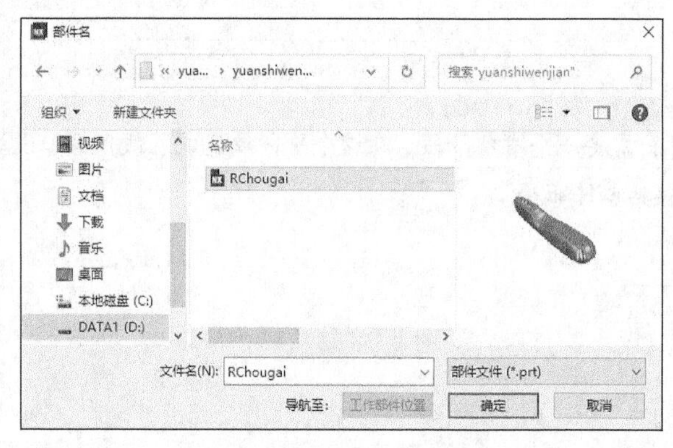

图 2-2 “部件名”对话框

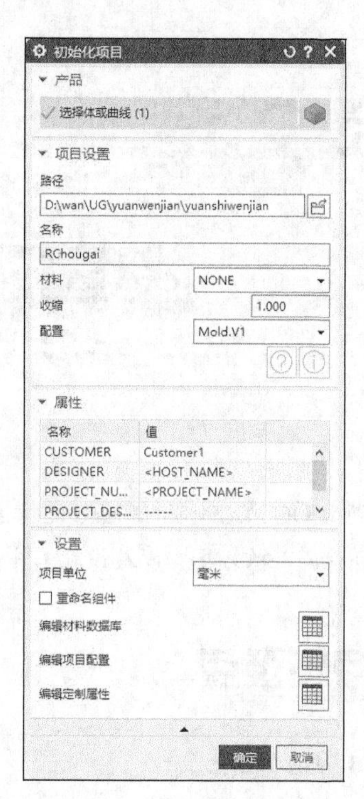

图 2-3 “初始化项目”对话框

（1）项目设置。

- 路径：单击“浏览”按钮，系统弹出“打开”对话框，设置产品分模过程中生成文件的存放路径，也可以直接在“路径”后面的文本框中输入存放路径。
- 名称：系统默认项目名称不能大于 11 位字符长度。
- 材料：用于对要进行分模的产品定义材料，单击其右侧的下拉按钮▼，可在系统弹出的下拉列表框中选择材料名称。
- 收缩：用于定义产品的收缩比例。若定义了产品使用的材料，则在后面的文本框中会自动显示相应的收缩率参数，如 ABS 树脂的收缩率是 1.0060。也可以自定义所选材料的收缩率。

（2）设置。

- 项目单位：用于设置模具单位制，同时也可改变调入产品实体的尺寸单位制，包括毫米和英寸两个单位制，可以根据需要选择不同的单位制。
- 编辑材料数据库：单击按钮添加图标后，系统将弹出图 2-4 所示的材料数据库，前提是所用计算机必须安装 Excel 软件。利用该数据库，可以更改添加材料的名称和收缩率。

完成设置后，单击“初始化项目”对话框中的“确定”按钮，系统自动载入产品数据，同时自动载入的还有一些装配文件，这些文件自动保存在项目路径下。单击屏幕左侧“装配导航器”按钮，可以看到图 2-5 所示的装配结构。

初始化项目的过程实际上是复制了两个装配结构，一个是项目装配结构 top，其子装配文件有 cool、fill、misc、layout 等装配元件；另一个是产品结构装配结构 prod，其子装配文件有原型文件、cavity、core、shrink、parting、trim、molding 等元件，如图 2-6 所示。

	A	B	C	D
1				
2	MATERIAL	SHRINKAGE		
3	NONE	1.000		
4	NYLON	1.016		
5	ABS	1.006		
6	PPO	1.010		
7	PS	1.006		
8	PC+ABS	1.0045		
9	ABS+PC	1.0055		
10	PC	1.0045		
11	PC	1.006		
12	PMMA	1.002		
13	PA+60%GF	1.001		
14	PC+10%GF	1.0035		
15				

图 2-4 材料数据库

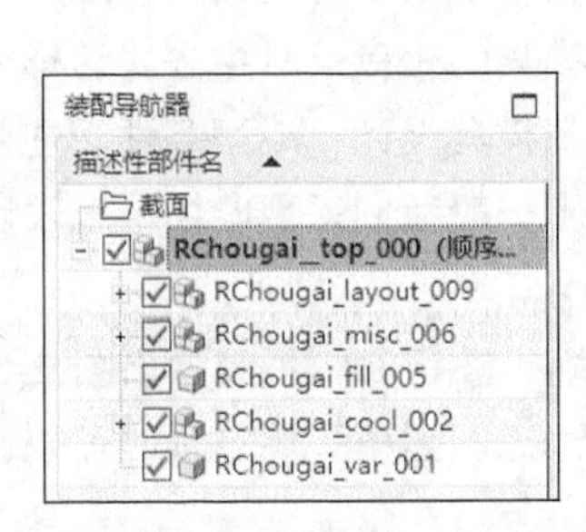

图 2-5 “装配导航器”面板

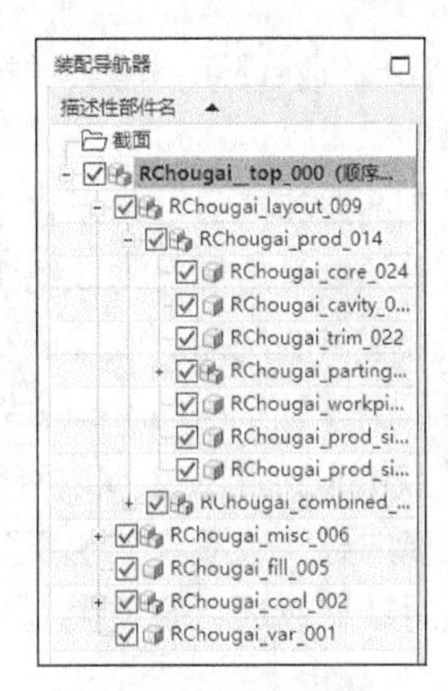

图 2-6 多重装配结构

（3）项目装配结构。

- top：该文件是项目的总文件，包含和控制该项目所有装配部件和定义模具设计所必需的相关数据。
- cool：定义模具中冷却系统的文件。
- fill：定义模具中浇注系统的文件。
- misc：定义通用标准件（如定位圈和定位环）的文件。
- layout：安排产品布局，确定包含型芯和型腔的产品子装配相对于模架的位置。layout 可以包含多个 prod 子集，即一个项目可以包含几个产品模型，用在多腔模具设计中。

（4）产品结构装配结构。

- prod：该文件是一个独立的包含产品相关文件和数据的文件，其下包含 cavity、core、shrink、parting 等子装配文件。多型腔模具就是通过阵列 prod 文件产生的，也可以通过“复制”和“粘贴”命令实现多腔模具的制作。
- cavity：包含型腔镶块的文件。
- core：包含型芯镶块的文件。
- shrink：包含产品收缩模型的连接体文件。
- parting：包含产品分型片体、修补片体和提取的型芯、型腔侧的面，这些片体用于把隐藏的成型镶块分割成型腔和型芯件。
- trim：包含用于修剪标准件的几何物体。
- molding：模具模型。

2. 模具坐标系

单击“注塑模向导”选项卡“主要”面板上的“模具坐标系”按钮，系统弹出图 2-7 所示的“模具坐标系”对话框。

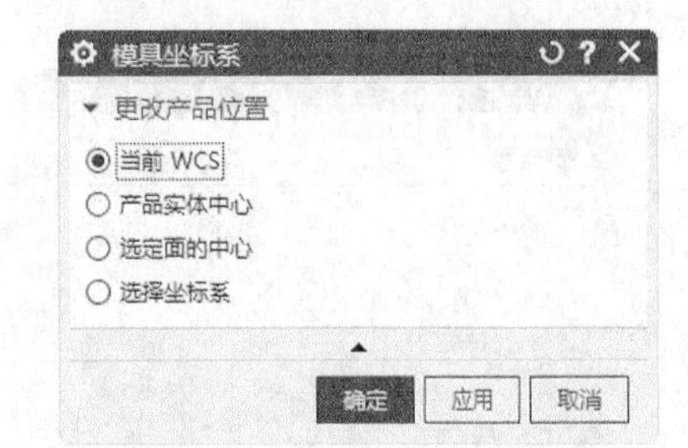

图 2-7 “模具坐标系”对话框

- 当前 WCS：设置模具坐标系与当前坐标系相匹配。
- 产品实体中心：设置模具坐标系原点位于产品实体中心。
- 选定面的中心：设置模具坐标系原点位于所选面的中心。

在 Mold Wizard 中模具坐标系的原点必须落到模具分型面的中心，*XC-YC* 平面必须是模具装配的分型面，并且 *ZC* 轴的正向为模具的开模方向。为了能使产品实体坐标与 UG 系统模具坐标系一致，在初始化项目后，需要通过双击坐标系来调整产品实体的 WCS 坐标位置，然后再单击“模具坐标系”按钮，锁定产品实体的模具坐标系。

事实上，一个模具项目中可能包含几个产品，这时模具坐标系操作把当前激活的子装配体平移到合适的位置。任何时候都可以单击“模具坐标系”按钮编辑模具坐标系。

3. 收缩率

收缩量就是在高温和高压注射条件下，注入模腔的塑料所成型的制品比模腔尺寸小的量。所以在设计模具时，必须要考虑制品的收缩量并把它补偿到模具的相应尺寸中去，这样才可能得到比较符合实际产品尺寸要求的制品。收缩受材料、制品尺寸、模具设计、成型条件、注射剂类型等多种因素的影响，要预测一种塑料的准确收缩量是不可能的。一般我们采用收缩率来表示塑料收缩性的大小。收缩率以1/1000为单位，或以百分率（%）来表示。

单击“注塑模向导”选项卡“主要”面板上的“收缩”按钮，系统弹出图2-8所示的“缩放体”对话框。该对话框包括“收缩类型”“要缩放的体”“比例因子”等选项，可以完成对制品收缩率的设置。

（1）收缩类型。

- 均匀：整个产品实体沿各个轴向均匀收缩。
- 轴对称：整个产品实体沿某个轴向均匀收缩，需要设置沿轴向和其他方向两个比例因子。一般用于柱形产品。
- 不均匀：需要指定 *X*、*Y*、*Z* 3个轴向的比例系数。

（2）要缩放的体。

- 选择体：选择需要设置收缩率的产品实体。当项目中只有一个产品实体可以选择时，则该选项不可用，为灰色；当项目中同时存在几个不同的产品实体时，则该选项可用。
- 指定点：选择产品实体进行收缩设置的中心点，系统默认的参考点是WCS原点，沿各个轴向收缩率一致。当选择类型为“均匀”或“轴对称”时，该选项可用；当选择类型为“不均匀”时，该选项不可用。
- 指定矢量：选择产品实体进行缩放设置的矢量。当选择类型为“轴对称”时，该选项可用，如图2-9所示。当选择该选项时，系统会在屏幕上方出现“选择一个对象来判断矢量”提示，同时在对话框中出现“指定矢量”选项，单击选项后面的按钮，系统弹出下拉菜单，如图2-10所示，用来选择一个对象定义参照轴，系统默认的是 *ZC* 轴。

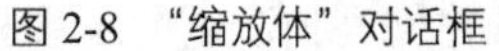

图 2-8 “缩放体”对话框

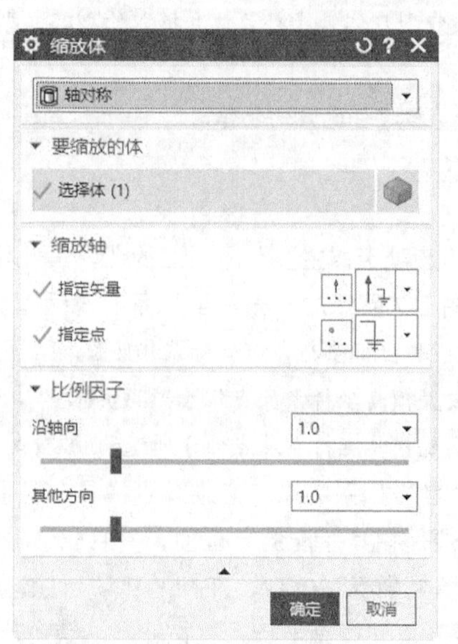

图 2-9 “轴对称”收缩类型

图 2-10 指定“矢量”下拉菜单

- 指定坐标系：选择产品实体进行缩放设置的参考坐标系。当选择收缩类型为“不均匀”时，该选项可用，如图 2-11 所示。当选择该选项时，系统会在屏幕上方出现提示，选择 RCS 或使用默认值，同时在对话框中出现“坐标系对话框”选项，单击该按钮，系统弹出图 2-12 所示的“坐标系”对话框，用于选择参考点或参照轴。

（3）比例因子。

该选项用于设置产品实体沿各个方向缩放的比例系数。系统定义产品零件尺寸为基值 1，比例因子为基值 1 与收缩率之和。

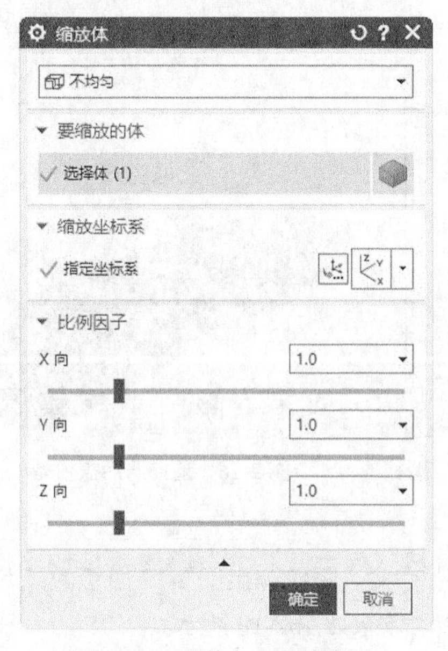

图 2-11 “不均匀”收缩类型

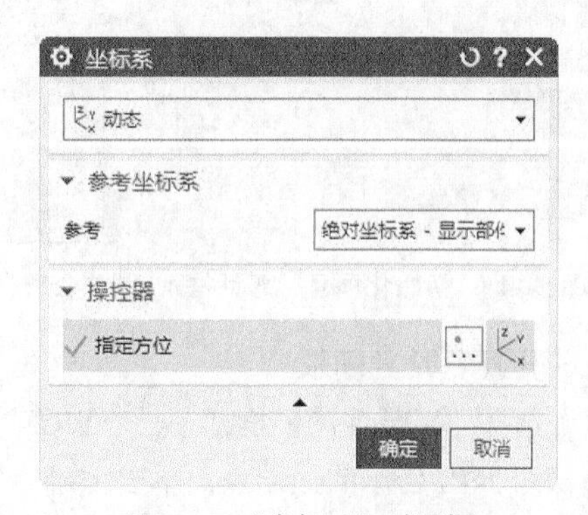

图 2-12 “坐标系”对话框

2.1.2 具体操作步骤

1. 项目初始化

（1）启动 UG 2022 软件，单击“应用模块”选项卡“注塑模和冲模”面板上的“注塑模”按钮，系统进入注塑模设计环境并打开“注塑模向导”选项卡，如图 2-13 所示。

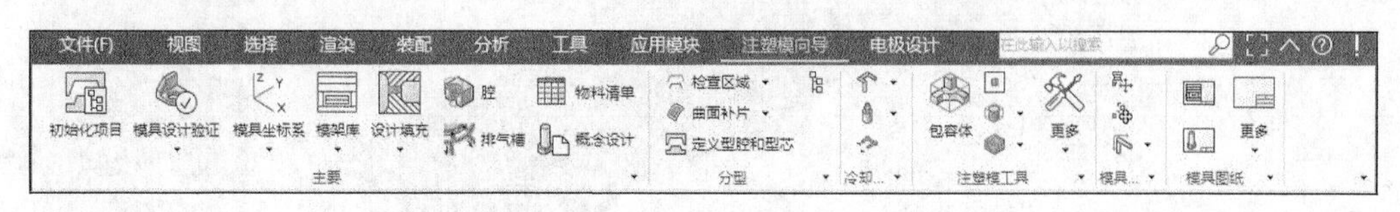

图 2-13 “注塑模向导”选项卡

（2）单击“注塑模向导”选项卡中的“初始化项目”按钮，系统弹出“部件名”对话框，选择面壳壳体的产品文件“yuanshiwenjian \2-1\ RChougai \RChougai.prt”，单击“确定”按钮。

（3）系统弹出图 2-14 所示的“初始化项目”对话框，单击“浏览”按钮，修改项目保存路径，将结果保存到“yuanwenjian \2-1\ RChougai”文件夹中，设置“材料”为“PC+10%GF”，“收缩”为 1.0035，“项目单位”为“毫米”。

（4）单击“确定”按钮，完成产品装载。此时，在“装配导航器”面板中显示系统自动生成的模具装配结构，如图 2-15 所示。

加载后的遥控器后盖模型如图 2-16 所示。

图 2-14 “初始化项目”对话框

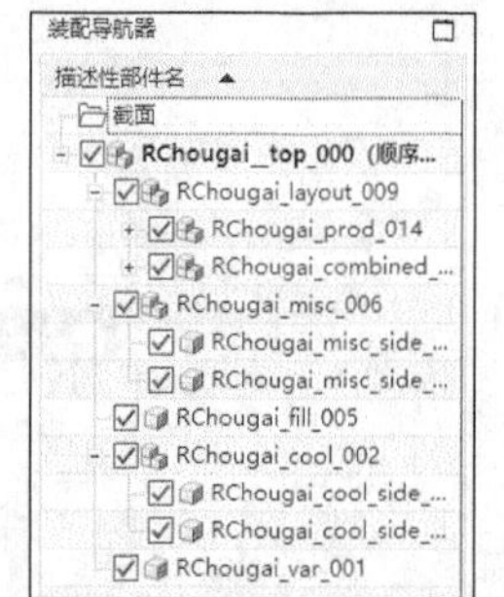

图 2-15 “装配导航器”面板

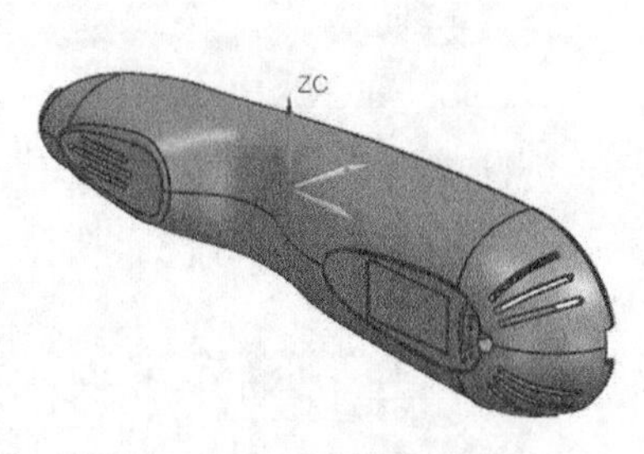

图 2-16 遥控器后盖模型

2. 设置模具坐标系

（1）选择“菜单”→“格式”→“WCS”→“原点”命令，系统弹出图 2-17 所示的“点”对话框。选择图 2-18 所示的边端点，单击“确定”按钮，移动效果如图 2-19 所示。

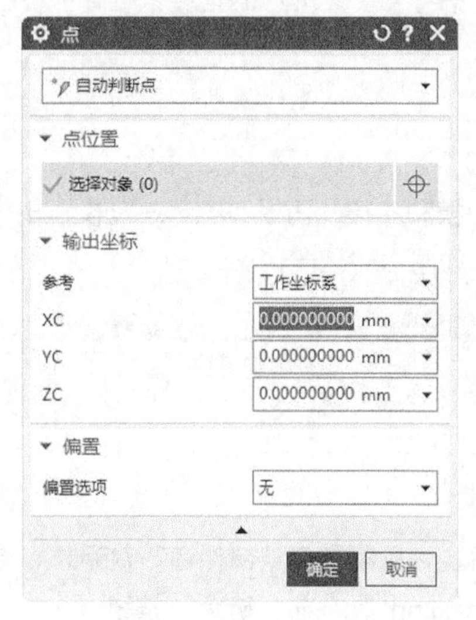

图 2-17 “点”对话框

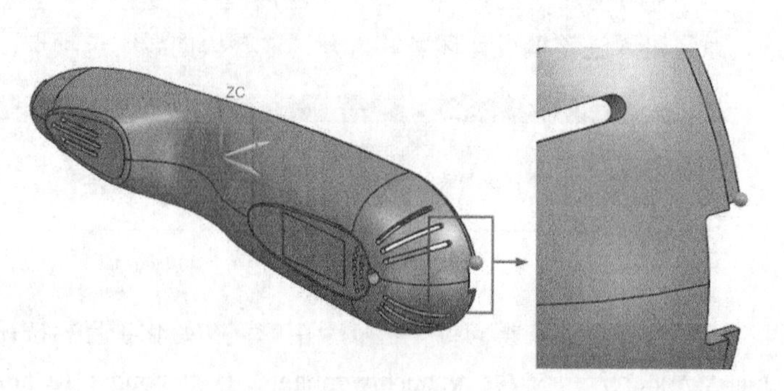

图 2-18 选择点

（2）选择“菜单”→“格式”→“WCS”→“原点”命令，系统弹出图 2-20 所示的“点”对话框，在“输出坐标”栏中输入“XC”的值为–100，“ZC”的值为–5.5，使工作坐标系的原点沿 *XC* 轴负方向移动 100mm，沿 *ZC* 轴负方向移动 5.5mm，单击“确定”按钮，再次移动坐标系。

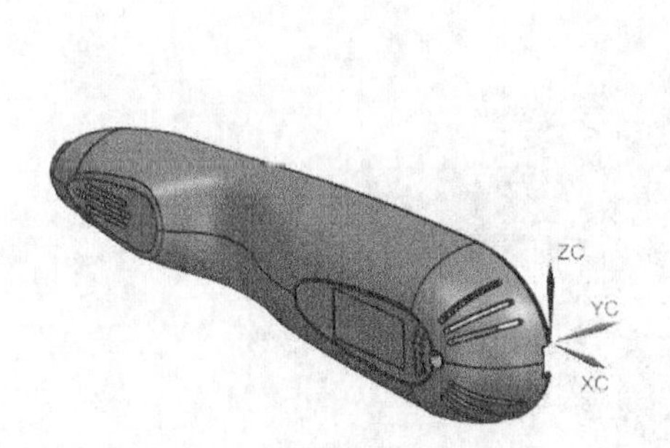

图 2-19　移动效果

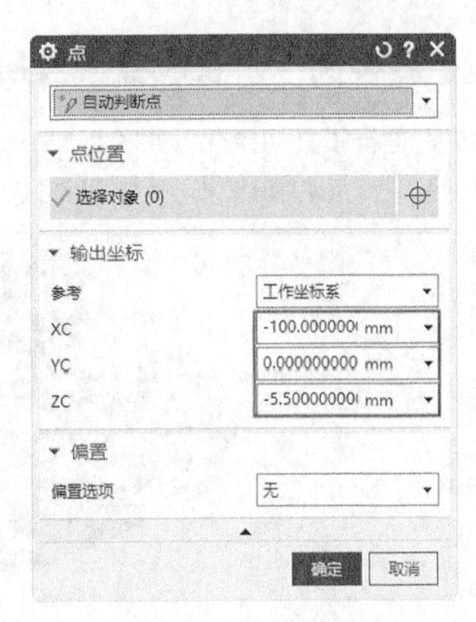

图 2-20　“点”对话框

（3）选择“菜单”→“格式”→“WCS”→“旋转”命令，系统弹出图 2-21 所示的“旋转 WCS 绕...”对话框。选择“+XC 轴：YC→ZC”选项，在“角度”文本框中输入 90。单击“应用”按钮，再选择“–ZC 轴：YC→XC”选项，在“角度”文本框中输入 90，单击“确定”按钮，得到图 2-22 所示的工作坐标系。

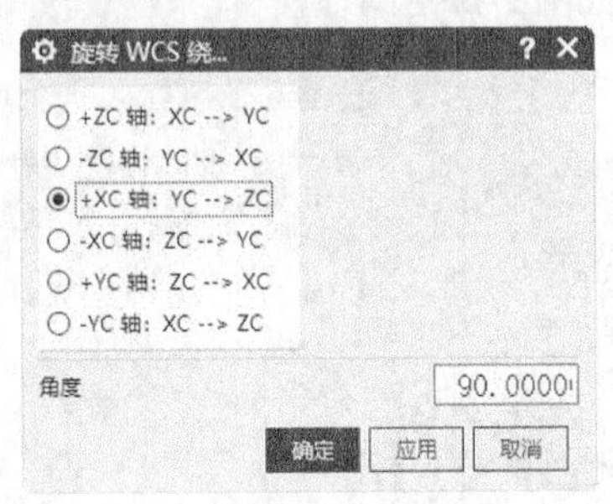

图 2-21　“旋转 WCS 绕...”对话框

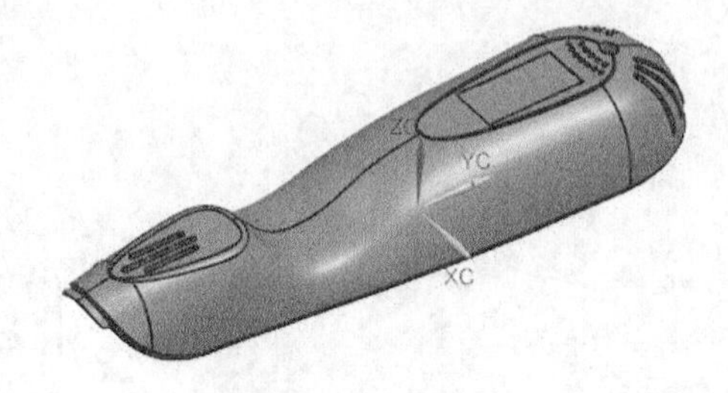

图 2-22　工作坐标系

（4）单击“注塑模向导”选项卡“主要”面板上的“模具坐标系”按钮，系统弹出图 2-23 所示的“模具坐标系”对话框。选择“产品实体中心”选项和“锁定 Z 位置”选项，单击“确定”按钮，系统会自动把模具坐标系与当前坐标系相匹配，完成模具坐标系的设置。

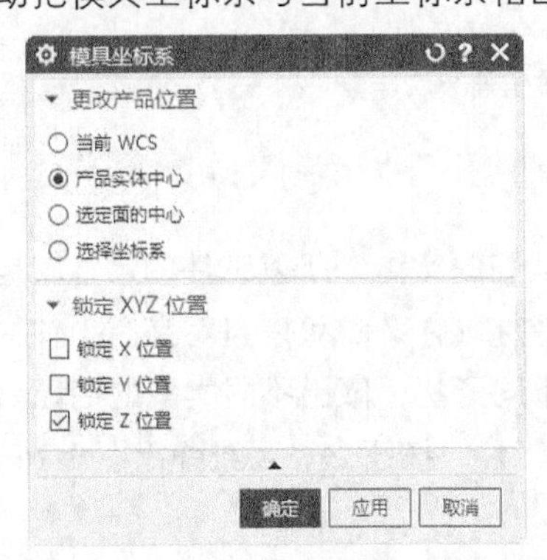

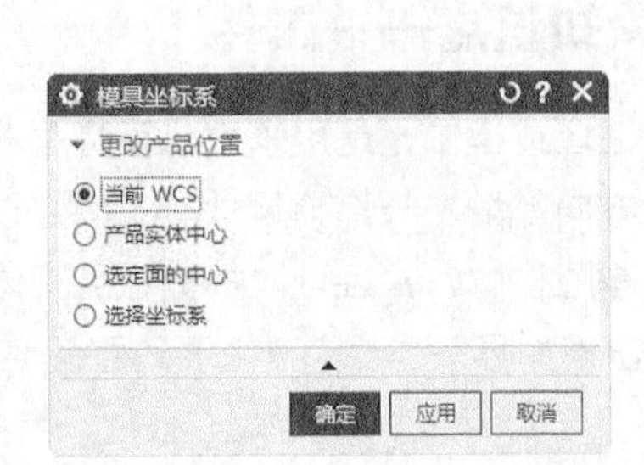

图 2-23　“模具坐标系”对话框

2.1.3 扩展实例——仪表盖模具初始化

对仪表盖进行模具初始化，如图 2-24 所示。在开始仪表盖模具设计时，首先要进行一些初始的设置，包括装载产品并初始化、定位模具坐标系的设置等。

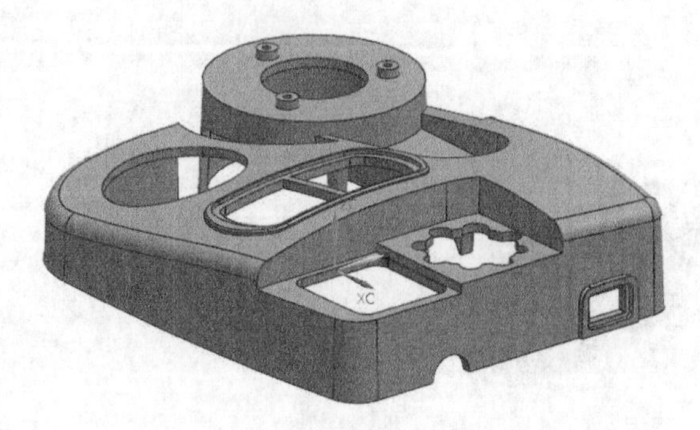

图 2-24 仪表盖模具初始化

2.2 遥控器后盖模具工件与布局

本例对遥控器后盖模具添加工件并进行型腔布局，如图 2-25 所示。

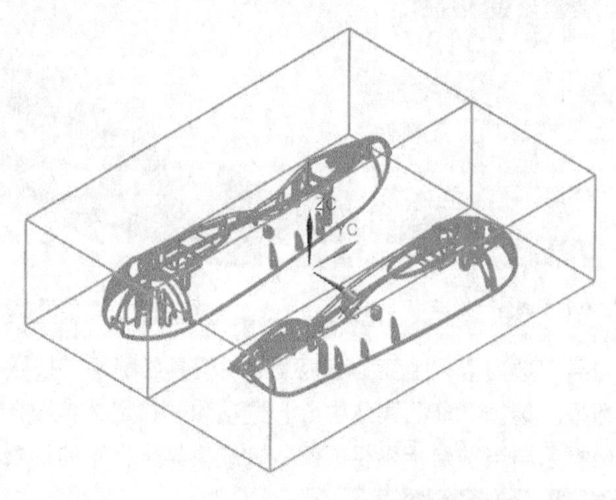

图 2-25 遥控器后盖布局

2.2.1 相关知识点——工件

工件也叫毛坯或模仁，是用来生成模具型芯和型腔的实体，所以工件的尺寸就是在零件外形的尺寸基础上各方向都增加一部分尺寸。工件可以选择标准件，也可以自定义。工件的形状可以是长方体，也可以是圆柱体，并且可以根据产品实体的不同形状，做出不同类型的毛坯。

单击“注塑模向导”选项卡“主要”面板上的“工件”按钮，系统弹出图 2-26 所示的“工件”对话框。

“工件方法”包括“用户定义的块”“型腔-型芯”“仅型腔”和“仅型芯”4 种类型。

在设计工件过程中，有时需要根据产品实体形状自定义工件块。当选择“型腔-型芯”“仅型腔”和“仅型芯”3 种类型的其中一种时，对话框如图 2-27 所示。

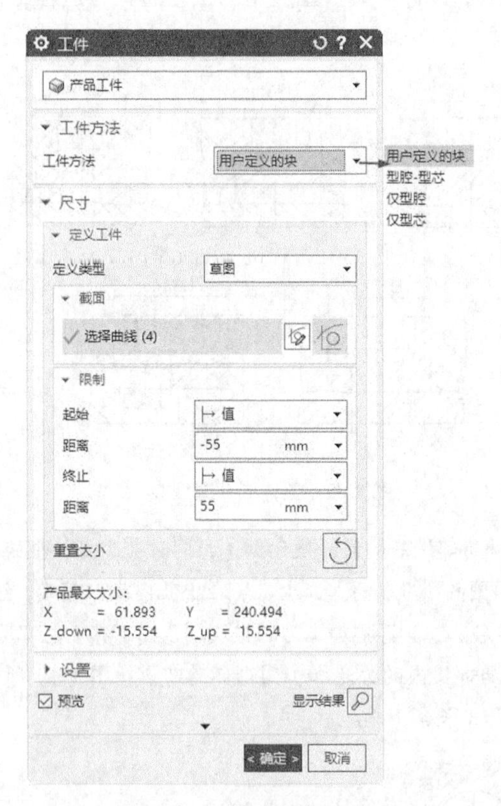

图 2-26 “工件”对话框

图 2-27 “型腔-型芯”工件方法

“型腔-型芯”定义的工件型腔与型芯形状相同，而“仅型腔”“仅型芯”是单独创建型腔或型芯，所以其工件形状可以不同。

2.2.2 知识点扩展——型腔布局

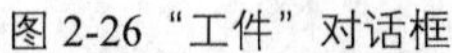

1. 成型工件设计

（1）型腔的结构设计：型腔零件是成型塑料件外表面的主要零件。按结构不同可分为整体式和组合式两种。

- 整体式型腔结构如图 2-28 所示。整体式型腔是由整块金属加工而成的，其特点是牢固、不易变形、不会使制品产生拼接线痕迹。但是由于整体式型腔加工困难，热处理不方便，所以常用于形状简单的中、小型模具。
- 组合式型腔结构是指型腔由两个及以上的零部件组合而成。按组合方式不同，组合式型腔结构可分为整体嵌入式、局部镶嵌式、底部镶拼式和四壁拼合式。

➢ 整体嵌入式型腔结构如图 2-29 所示。它主要用于成型小型制品，而且是多型腔的模具，各型腔采用机加工、冷挤压、电加工等方法加工制成，然后压入模板中。这种结构加工效率高，拆装方便，可以保证各个型腔的形状尺寸一致。

图 2-29（a）、（b）、（c）所示为通孔台肩式，即型腔带有台肩，从下面嵌入模板，再用垫板与螺钉紧固。如果型腔嵌件是回转体，而型腔是非回转体，则需要用销钉或键回转定位。其中图（b）所示的结构采用销钉定位，结构简单，装拆方便；图（c）所示的结构采用键定位，接触面积大，止转可靠。图（d）所示为通孔无台肩式，型腔嵌入模板内，用螺钉与垫板固定。图（e）所示为盲孔式，

型腔嵌入固定板，直接用螺钉固定，在固定板下部设计有装拆型腔用的工艺通孔，这种结构可以省去垫板。

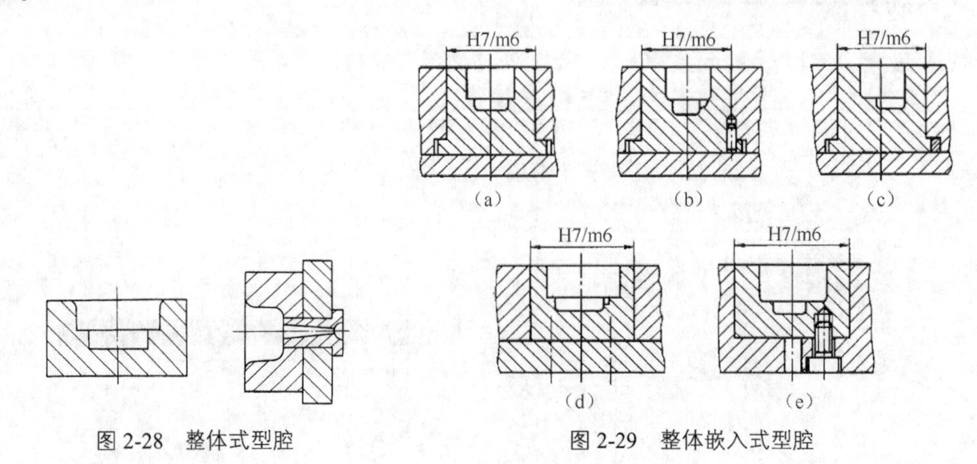

图 2-28　整体式型腔

图 2-29　整体嵌入式型腔

➢　局部镶嵌式型腔结构如图 2-30 所示，这种局部镶嵌的设计便于加工，同时易于更换型腔中容易损坏的部分。图（a）所示为异形型腔，加工时先钻周围的小孔，再加工大孔，在小孔内嵌入芯棒，组成型腔；图（b）所示型腔内有局部凸起，可将此凸起部分单独加工，再把加工好的镶块利用圆形槽（也可用 T 形槽、燕尾槽等）镶在圆形型腔内；图（c）所示是利用局部镶嵌的办法加工圆形环的凹模；图（d）所示是在型腔底部局部镶嵌；图（e）所示是利用局部镶嵌来加工长条形型腔。

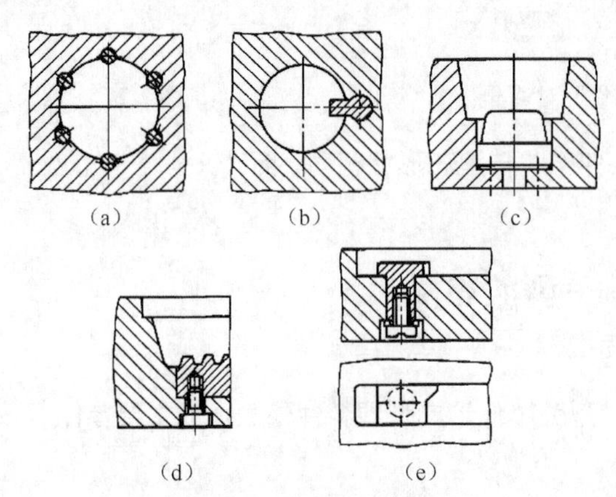

图 2-30　局部镶嵌式型腔

➢　底部镶拼式型腔的结构如图 2-31 所示。为了便于机械加工、研磨、抛光、热处理，形状复杂的型腔底部可以设计成镶拼式结构。选用这种结构时应注意平磨结合面，抛光时应仔细，以保证结合处锐棱（不能带圆角）不影响脱模。此外，底板还应有足够的厚度，以免其变形而使塑料进入。

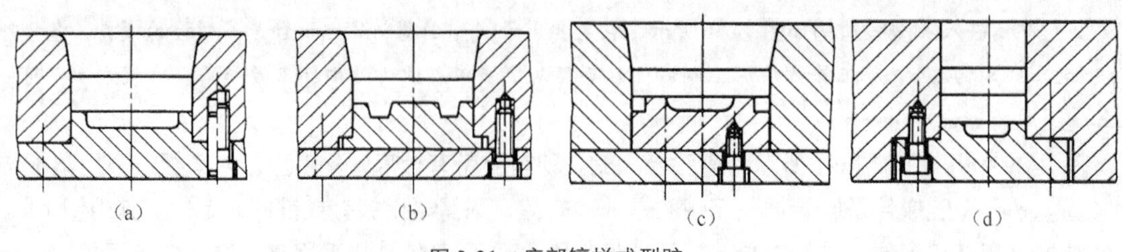

图 2-31　底部镶拼式型腔

（2）型芯的结构设计：成型制品内表面的零件称型芯，主要有主型芯、小型芯等。对于简单的容器，如壳、罩、盖等制品，成型其主要部分内表面的零件称主型芯，而成型其他小孔的型芯称小型芯或成型杆。

主型芯按结构可分为整体式和组合式两种。

- 整体式主型芯如图 2-32（a）所示，其结构牢固，但不方便加工，消耗的模具钢多，主要用于工艺实验或小型模具。
- 组合式主型芯的结构如图 2-32（b）～（e）所示。为了便于加工，形状复杂的型芯往往采用镶拼式结构，这种结构是将型芯单独加工后，再镶入模板中。图 2-32 中，图（b）所示为通孔台肩式结构，型芯用台肩和模板连接，再用垫板、螺钉紧固，连接牢固，是最常用的结构，对固定部分是圆柱面而型芯又有方向性的情况，可采用销钉或键定位；图（c）所示为通孔无台肩式结构；图（d）所示为盲孔式结构；图（e）所示结构适用于制品内形复杂、机加工困难的型芯。

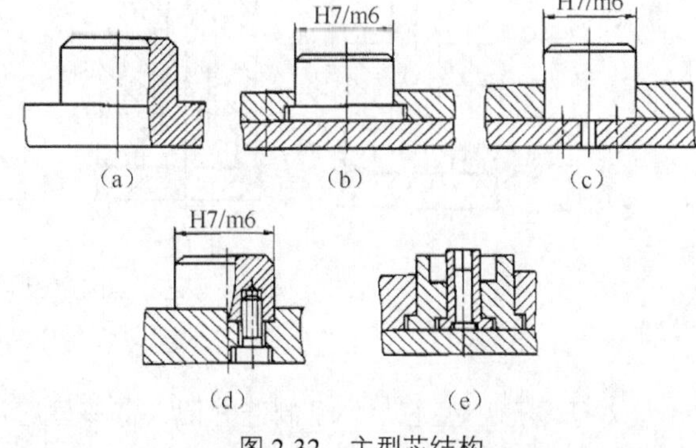

图 2-32　主型芯结构

镶拼组合式型芯的优缺点和组合式型腔的优缺点基本相同。设计和制造这类型芯时，必须注意结构应合理，且保证型芯和镶块的强度，防止热处理时变形，避免尖角与壁厚突变。

当小型芯靠主型芯太近，如图 2-33（a）所示，热处理时薄壁部位易开裂，故应采用图 2-33（b）所示的结构，将大型芯制成整体式，再镶入小型芯。

在设计型芯结构时，应注意塑料的飞边，不应该影响脱模取件，图 2-34（a）所示结构的溢料飞边的方向与脱模方向相垂直，影响制品的取出；而采用图 2-34（b）所示的结构，其溢料飞边的方向与脱模方向一致，便于脱模。

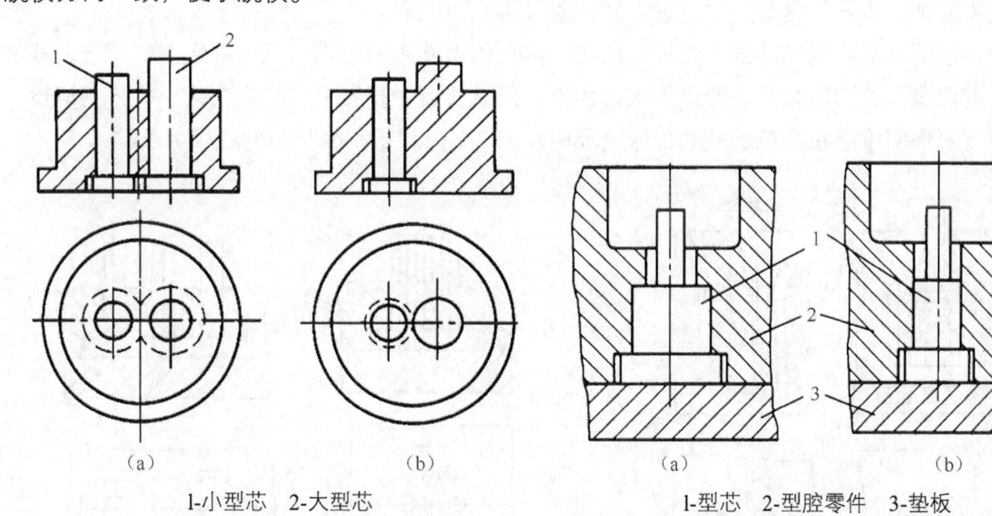

1-小型芯　2-大型芯

图 2-33　相近小型芯的镶拼组合结构

1-型芯　2-型腔零件　3-垫板

图 2-34　便于脱模的镶拼型芯组合结构

小型芯用来成型制品上的小孔或槽。小型芯单独制造后，再嵌入模板中。

圆形小型芯采用图 2-35 所示的几种固定方式，其中图（a）所示为使用台肩固定的方式，其面有垫板压紧；图（b）中的固定板太厚，可在固定板上减小配合长度，同时将细小的型芯制成台阶式；

图（c）中的型芯细小而固定板太厚，型芯镶入后，可在下端用圆柱垫垫平；图（d）所示的固定方式适用于板厚、无垫板的场合，在型芯的下端用螺塞紧固；图（e）所示为型芯镶入后在另一端采用铆接固定的方式。

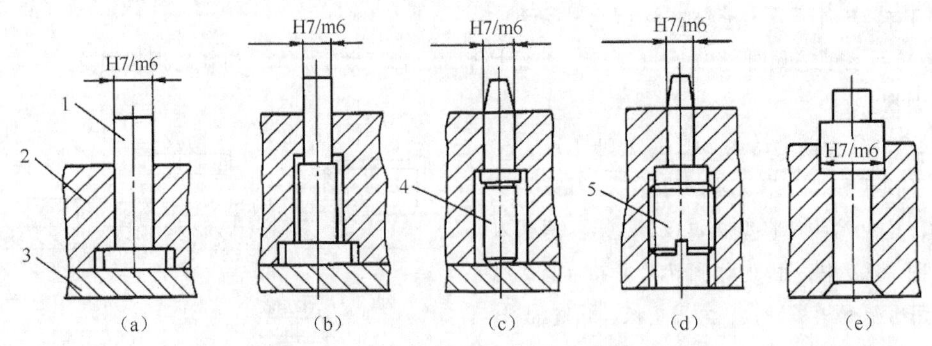

1-圆形小型芯　2-固定板　3-垫板　4-圆柱垫　5-螺塞

图 2-35　圆形小型芯的固定方式

对于异形小型芯，为了制造方便，常将型芯设计成两段。型芯的连接固定段制成圆形台肩和模板连接，如图 2-36（a）所示；也可以用螺母紧固，如图 2-36（b）所示。

图 2-37 所示为多个互相靠近的小型芯，如果台肩在固定时发生重叠干涉，可将其相碰的一面磨去，将型芯固定板的台阶孔加工成大圆台阶孔或长椭圆形台阶孔，然后再将型芯镶入。

（3）脱模斜度：由于塑料冷却后收缩，会紧紧包在凸模型芯上，或者由于黏附作用，制品会紧贴在凹模型腔内。为了便于脱模，防止制品表面划伤等，在设计时必须使制品内外表面沿脱模方向具有合理的脱模斜度，如图 2-38 所示。

脱模斜度的大小取决于制品的性能、几何形状等。硬质塑料比软质塑料脱模斜度大；形状较复杂或成型孔较多的制品取较大的脱模斜度；塑料高度较大、孔较深的制品，则取较小的脱模斜度；制品的壁厚增加，内孔包紧型芯的力增大时，脱模斜度也应取大些。

脱模斜度的取向根据制品的内外尺寸而定。内孔以型芯小端为准，尺寸符合图样要求，斜度由扩大的方向取得；外形以型腔（凹模）大端为准，尺寸符合图样要求，斜度由缩小的方向取得。一般情况下，脱模斜度不包括在制品的公差范围内。表 2-1 列出了制品常用的脱模斜度。

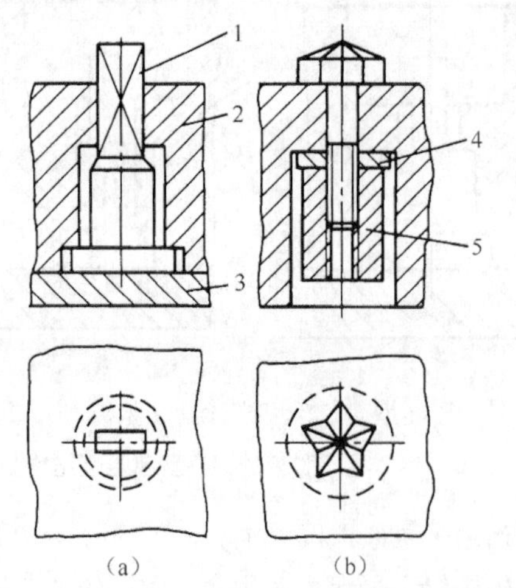

1-异形小型芯　2-固定板　3-垫板　4-挡圈　5-螺母

图 2-36　异形小型芯的固定方式

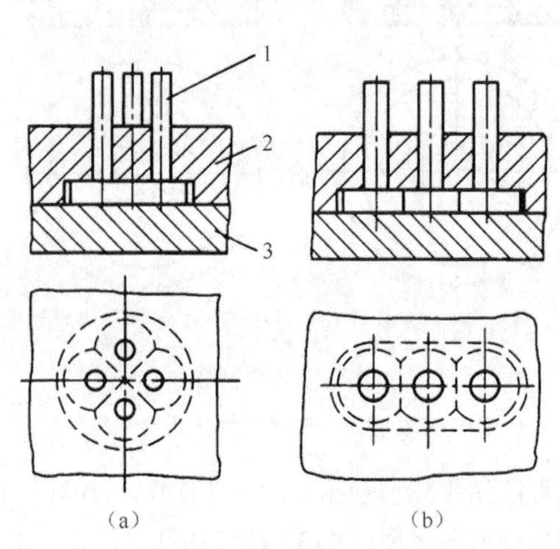

1-小型芯　2-固定板　3-垫板

图 2-37　多个互相靠近小型芯的固定方式

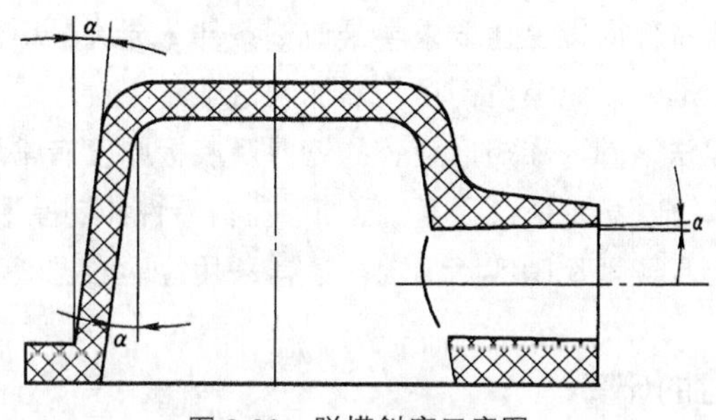

图 2-38 脱模斜度示意图

表 2-1 制品常用的脱模斜度

塑料名称	脱模斜度	
	型腔	型芯
聚乙烯、聚丙烯、软聚氯乙烯、聚酰胺、氯化聚醚、聚碳酸酯	25′~45′	20′~45′
硬聚氯乙烯、聚碳酸酯、聚砜	35′~40′	30′~50′
聚苯乙烯、有机玻璃、ABS 树脂、聚甲醛	35′~1°30′	30′~40′
热固性塑料	25′~40′	20′~50′

注：本表所列的脱模斜度适用于开模后制品留在凸模上的情况。

（4）型腔的侧壁和底板厚度设计：塑料模型腔壁厚及底板厚度的计算是模具设计中经常遇到的重要问题，大型模具更为突出。目前常用的计算方法有按强度条件计算和按刚度条件计算两大类，但实际的塑料模既不能因强度不足而发生明显变形甚至破坏，也不能因刚度不足而发生过大变形。因此，在设计侧壁和底板厚度时要求对强度及刚度加以合理考虑。

在塑料注射模注射过程中，型腔所承受的力是十分复杂的，包括塑料熔体的压力、合模时的压力、开模时的拉力等，其中最主要的是塑料熔体的压力。在塑料熔体的压力作用下，型腔会产生内应力及变形。如果型腔壁厚和底板厚度不够，当型腔中产生的内应力超过型腔材料的许用应力时，型腔的强度被破坏。与此同时，刚度不足则发生过大的弹性变形，从而产生溢料，影响制品尺寸及成型精度，也可能会导致脱模困难等。可见模具对强度和刚度都有要求。

对于大尺寸型腔，刚度不足是其主要失效原因，应按刚度条件计算侧壁和底板厚度；对于小尺寸型腔，强度不够则是其失效原因，应按强度条件计算侧壁和底板厚度。强度计算的条件是型腔所受应力应小于各种受力状态下的许用应力。刚度计算的条件则由于模具的特殊性，可以从以下几个方面加以考虑。

- 防止溢料。当高压塑料熔体注入时，模具型腔的某些配合面会产生足以溢料的间隙。为了避免型腔因模具弹性变形而发生溢料，此时应根据不同塑料的最大不溢料间隙来确定其刚度条件。例如，尼龙、聚乙烯、聚丙烯、聚丙醛等低黏度塑料，其允许间隙为 0.025~0.03mm；聚苯乙烯、有机玻璃、ABS 树脂等中等黏度塑料为 0.05mm；聚砜、聚碳酸酯、硬聚氯乙烯等高黏度塑料为 0.06~0.08mm。
- 保证制品精度。制品均有尺寸要求，尤其是精度要求高的小型制品，这就要求模具型腔应具有很好的刚性。
- 有利于脱模。一般来说塑料的收缩率较大，故多数情况下，当满足上述两项要求时已能满足本项要求。

在设计模具时，其刚度条件应以上述要求中最苛刻条件（允许最小的变形值）为设计标准，但也不应无根据地过分提高标准，以免浪费钢材，增加制造难度。

一般常用计算法和查表法，圆形和矩形型腔的壁厚及底板厚度有常用的计算公式，但是计算比较复杂。而且由于注塑成型的过程会受到温度、压力、塑料特性和制品形状复杂程度等因素的影响，公式计算的结果并不能完全真实地反映实际情况。通常采用经验数据或查询有关表格，设计时可以参阅相关资料。

2. 成型零件工作尺寸的计算

成型零件工作尺寸是指成型零件上直接用来构成制品的尺寸，主要有型腔、型芯及成型杆的径向尺寸，型腔的深度尺寸和型芯的高度尺寸，型腔和型腔之间的位置尺寸等。在模具的设计中，应根据制品的尺寸、精度等级及影响制品尺寸和精度的因素来确定模具的成型零件的工作尺寸及精度。

（1）影响制品成型尺寸和精度的因素。

- 制品成型后的收缩变化与塑料的品种、制品的形状、尺寸、壁厚、成型工艺条件、模具的结构等因素有关，所以确定准确的塑料收缩率是很困难的。不同工艺条件和塑料批号会造成制品收缩率的波动，其误差为

$$\delta_s = (S_{max} - S_{min}) L_s \quad (2\text{-}1)$$

式 2-1 中，δ_s——塑料收缩率波动误差，单位为 mm；

S_{max}——塑料的最大收缩率；

S_{min}——塑料的最小收缩率；

L_s——制品的基本尺寸，单位为 mm。

实际收缩率与计算收缩率会有差异，按照一般的要求，塑料收缩率波动引起的误差应小于制品公差的 1/3。

- 模具成型零件的制造精度是影响制品尺寸精度的重要因素之一。模具成型零件的制造精度越低，制品尺寸精度也越低。一般成型零件工作尺寸制造公差 δ_z 取制品公差值 $\varDelta$ 的 1/3～1/4，或者取 IT7～IT8 级作为制造公差，组合式型腔或型芯的制造公差应根据尺寸链来确定。

- 模具成型零件的磨损。模具在使用过程中，塑料熔体流动的冲刷、脱模时与制品的摩擦、成型过程中可能产生的腐蚀性气体的锈蚀，以及由以上原因造成模具成型零件表面粗糙度提高等，均会导致模具成型零件尺寸的变化，型腔的尺寸会增大，型芯的尺寸会减小。

这种由于磨损而造成的模具成型零件尺寸的变化值与制品的产量、塑料原料及模具等有关，在计算成型零件的工作尺寸时，对于生产批量小、模具表面耐磨性好的（高硬度模具材料或模具表面进行过镀铬或渗氮处理的）制品，其磨损量应取小值；对于原料为玻璃纤维的制品，其磨损量应取大值。对于与脱模方向垂直的成型零件的表面，磨损量应取小值，甚至可以不考虑磨损量；而对于与脱模方向平行的成型零件的表面，应考虑磨损量。对于中、小型制品，模具成型零件的最大磨损量可取制品公差的 1/6；而对于大型制品，模具成型零件的最大磨损量应取制品公差的 1/6 以下。

成型零件的最大磨损量用 δ_c 来表示，一般取 $\delta_c=\varDelta/6$。

- 模具安装配合的误差。模具的成型零件由于配合间隙的变化，会引起制品的尺寸变化。如型芯按间隙配合安装在模具内，制品孔的位置误差受到配合间隙的影响，若采用过盈配合，则不存在此误差。模具安装配合间隙的变化而引起制品的尺寸误差用 δ_j 来表示。

- 制品的总误差。

综上所述，塑件在成型过程产生的最大尺寸误差应该是上述各种误差的和，即

$$\delta = \delta_s + \delta_z + \delta_c + \delta_i \tag{2-2}$$

式 2-2 中，δ——制品的成型误差；

δ_s——塑料收缩率波动误差；

δ_z——模具成型零件的制造公差；

δ_c——模具成型零件的最人磨损量；

δ_i——模具安装配合间隙的变化而引起制品的尺寸误差。

$\varDelta$ 应不大于制品的成型误差，应小于制品的公差，即

$$\delta \leqslant \varDelta \tag{2-3}$$

- 考虑制品尺寸和精度的原则。一般情况下，塑料收缩率波动、成型零件的制造公差和成型零件的磨损是影响制品尺寸和精度的主要原因。对于大型制品，其塑料收缩率对其尺寸公差影响最大，应稳定成型工艺条件，并选择波动较小的塑料来减小误差；对于中、小型制品，成型零件的制造公差及磨损对其尺寸公差影响最大，应提高模具精度等级和减少磨损来减小误差。

（2）零部件工作尺寸计算。

仅考虑塑料收缩率时，计算模具成型零件的基本公式为

$$L_m = L_s(1+S) \tag{2-4}$$

式（2-4）中，L_m——模具成型零件在常温下的实际尺寸，单位为 mm；

L_s——制品在常温下的实际尺寸，单位为 mm；

S——塑料的收缩率。

在多数情况下，塑料的收缩率是一个波动值，故常用平均收缩率来代替塑料的收缩率，塑料的平均收缩率为

$$\overline{S} = \frac{S_{max} + S_{min}}{2} \times 100\% \tag{2-5}$$

式 2-5 中，$\overline{S}$ ——塑料的平均收缩率；

S_{max} ——塑料的最大收缩率；

S_{min} ——塑料的最小收缩率。

图 2-39 所示为制品尺寸与模具成型零件尺寸的关系，模具成型零件尺寸由制品尺寸决定。制品尺寸与模具成型零件工作尺寸的取值规定如表 2-2 所示。

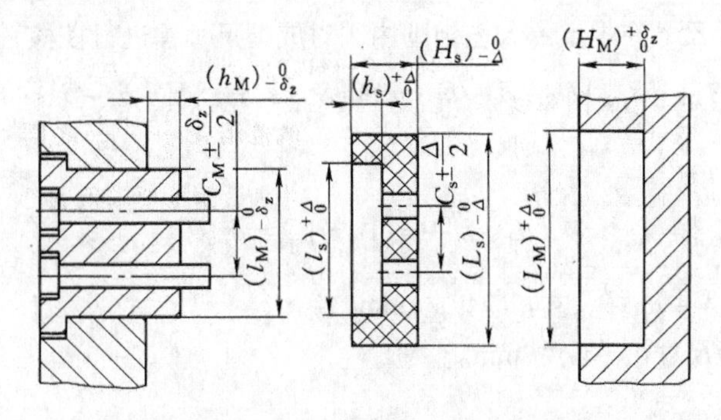

图 2-39　制品尺寸与模具成型零件尺寸的关系

表 2-2　制品尺寸与模具成型零件工作尺寸的取值规定

序号	制品尺寸的分类	制品尺寸的取值规定		模具成型零件工作尺寸的取值规定		
		基本尺寸	偏差	成型零件	基本尺寸	偏差
1	外形尺寸 L、H	最大尺寸 L_s、H_s	负偏差 $-\Delta$	型腔	最小尺寸 L_M、H_M	正偏差 $\delta_z/2$
2	内形尺寸 l、h	最小尺寸 l_s、h_s	正偏差 Δ	型芯	最大尺寸 l_M、h_M	负偏差 $-\delta_z/2$
3	中心距 C	平均尺寸 C_s	对称 $\pm\Delta/2$	型芯、型腔	平均尺寸 C_M	对称 $\pm\delta_z/2$

- 型腔和型芯的径向尺寸。

型腔
$$\left(L_M\right)_0^{\delta_z}=\left[\left(1+\bar{S}\right)L_s-x\Delta\right]_0^{\delta_z} \tag{2-6}$$

型芯
$$\left(l_M\right)_{-\delta_z}^{0}=\left[\left(1+\bar{S}\right)l_s+x\Delta\right]_{-\delta_z}^{0} \tag{2-7}$$

式 2-6、式 2-7 中，L_M、l_M——型腔、型芯径向工作尺寸，单位为 mm；

$\bar{S}$——塑料的平均收缩率；

L_s、l_s——制品的径向尺寸，单位为 mm；

Δ——制品的尺寸公差，单位为 mm；

x——修正系数，制品尺寸大、精度级别低时，x=0.5；制品尺寸小、精度级别高时，x= 0.75。

径向尺寸仅考虑受 δs、δz 和 δc 的影响。

为了保证制品实际尺寸在规定的公差范围内，应对成型尺寸进行校核，校核公式为

$$\left(S_{max}-S_{min}\right)L_s+\delta_z+\delta_s<\Delta \text{或} \left(S_{max}-S_{min}\right)l_s+\delta_z+\delta_s<\Delta \tag{2-8}$$

- 型腔和型芯的深度、高度尺寸。

型腔
$$\left(H_M\right)_0^{\delta_z}=\left[\left(1+\bar{S}\right)H_s-x\Delta\right]_0^{\delta_z} \tag{2-9}$$

型芯
$$\left(h_M\right)_{-\delta_z}^{0}=\left[\left(1+\bar{S}\right)h_s+x\Delta\right]_{-\delta_z}^{0} \tag{2-10}$$

式 2-9、式 2-10 中，H_M、h_M——型腔、型芯深度、高度工作尺寸，单位为 mm；

H_s、h_s——制品的深度、高度尺寸，单位为 mm；

x——修正系数，制品尺寸大、精度级别低时，x=1/3；制品尺寸小、精度级别高时，x=1/2。

深度、高度尺寸仅考虑受 δ_s、δ_z 和 δ_c 的影响。

为了保证制品实际尺寸在规定的公差范围内，对成型尺寸需进行校核，校核公式为

$$\left(S_{max}-S_{min}\right)H_s+\delta_z+\delta_s<\Delta \text{或} \left(S_{max}-S_{min}\right)h_s+\delta_z+\delta_s<\Delta \tag{2-11}$$

- 中心距尺寸。

$$C_M\pm\frac{\delta_z}{2}=\left(1+\bar{S}\right)C_s\pm\delta_z \tag{2-12}$$

式 2-12 中，C_M——模具中心距尺寸，单位为 mm；

C_s——制品中心距尺寸，单位为 mm。

中心距尺寸的校核公式为

$$\left(S_{max}-S_{min}\right)C_s<\Delta \tag{2-13}$$

3. 型腔布局

利用模具坐标系，可以确定模具开模方向和分型面位置，但不能确定型腔在 *X-Y* 平面内的分布。为解决这个问题，UG NX/Mold Wizard 提供了型腔布局功能，利用该功能，可准确地确定型腔的个数和位置。

单击“注塑模向导”选项卡“主要”面板上的“型腔布局”按钮，系统弹出图 2-40 所示的“型腔布局”对话框。

（1）布局类型：系统提供的布局类型包括“矩形”和“圆形”两种。

- 矩形布局有平衡和线性之分。平衡布局需要设置型腔数量为 2 或 4。如果是 2 型腔布局，只需设置间隙距离；如果是 4 型腔布局，则需设置第一距离和第二距离，如图 2-41 所示。

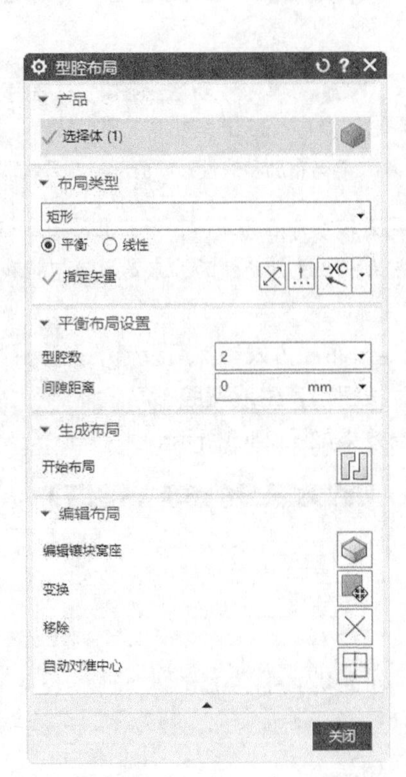

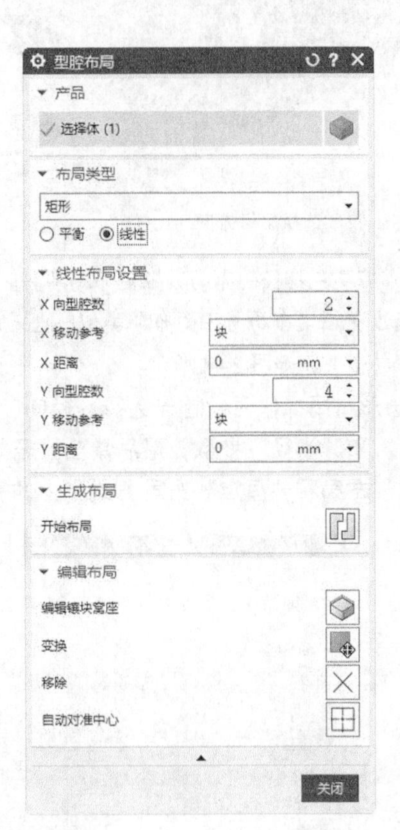

图 2-40 “型腔布局”对话框

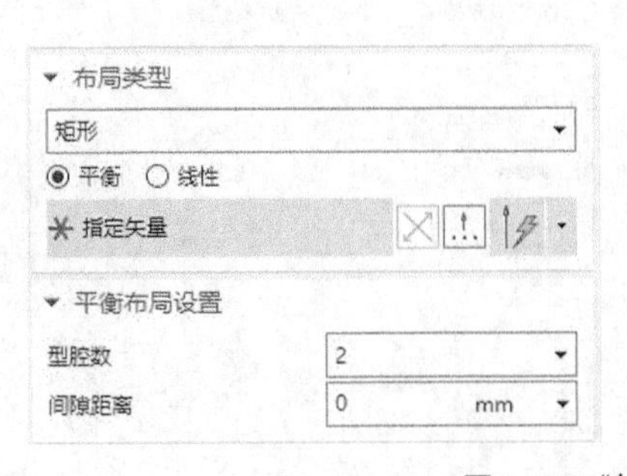

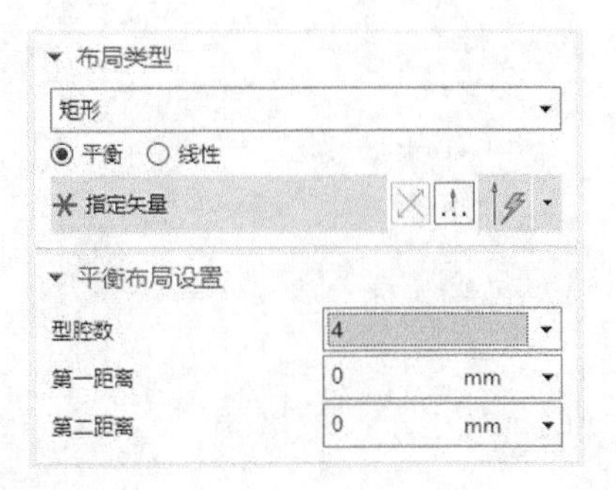

图 2-41 “矩形”“平衡”布局

进行矩形布局操作时，首先选择“平衡”或“线性”布局方式，接着选择“型腔数”（2 个或 4 个），输入方向偏移量，然后单击对话框中的“开始布局”按钮，系统会在工作区显示图 2-42 所示的 4 个偏移方向，用光标选取偏移方向。系统默认的第二偏移方向是沿第一偏移方向逆时针旋转 90°，所以在进行线性布局时，选择了第一偏移方向后，无须再选择第二偏移方向了，最后生成布局。

图 2-43 显示了利用“平衡”布局和“线性”布局方式生成一模四腔的不同布局效果。

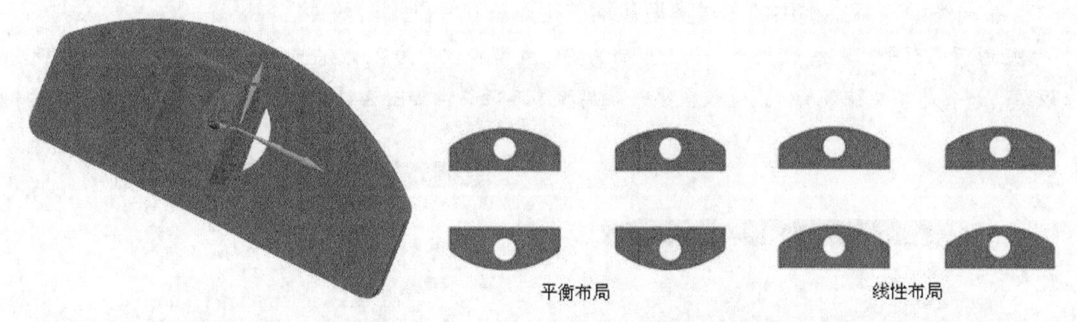

图 2-42　选择偏移方向　　　　图 2-43　平衡布局和线性布局的不同布局效果

- 圆形布局包括径向布局和恒定布局两种。径向布局是以参考点为中心，产品上每一点都沿着中心旋转相同的角度；恒定布局与径向布局类似，也是以参考点为中心进行旋转的，只是原始型腔和副本的角度在旋转时保持不变，如图 2-44 所示。

进行圆形布局操作时，首先选择“径向”或“恒定”布局方式，然后设置“型腔数”“起始角”“旋转角度”和“半径”参数，最后单击“开始布局”按钮，生成型腔布局。

“径向”布局和“恒定”布局方式产生的不同布局效果如图 2-45 所示。

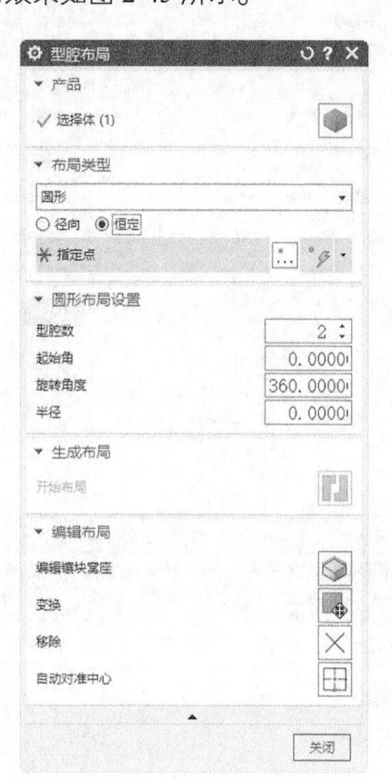

图 2-44　“圆形”布局

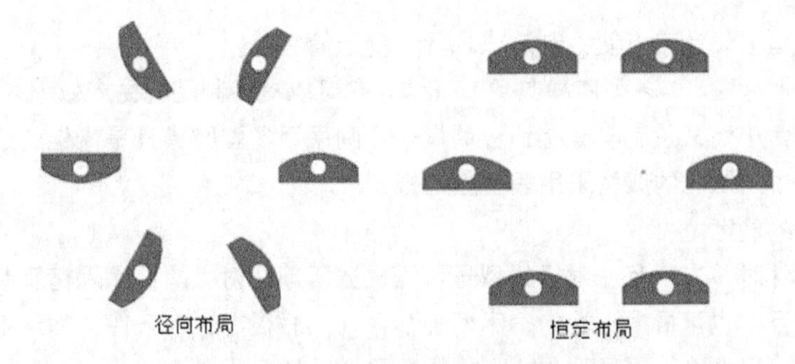

图 2-45　径向布局和恒定布局的不同效果

（2）编辑布局：该选项组包括“编辑镶块窝座”“变换”“移除”和“自动对准中心”4 个选项，用于对布局零件进行旋转、平移等操作。

- 变换：单击“变换”按钮，系统弹出“变换”对话框，系统提供“旋转”“平移”“点到点”3 种变换类型。

➢ 选择“旋转”类型，指定旋转中心点，然后输入旋转角度。“移动原先的”选项用于把要旋转的零件旋转一定的角度；“复制原先的”选项用于在要旋转的零件旋转一定的位置处再新生成一个复制品，如图 2-46 所示。

➢ 选择“平移”类型，输入零件沿 X 轴方向和 Y 轴方向的平移距离，也可拖动滑动块来调整平移距离，如图 2-47 所示。

➢ 选择“点到点”类型，指定出发点和终止点来移动或复制零件，如图 2-48 所示。

- 移除：用于移除在进行布局操作中产生的复制品，原件不能被移除。
- 自动对准中心：用于把布局以后的零件整体的中心移动到绝对原点上。

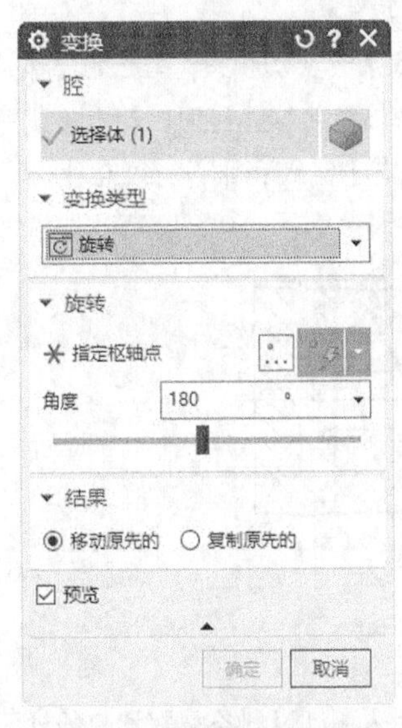

图 2-46　“旋转”类型

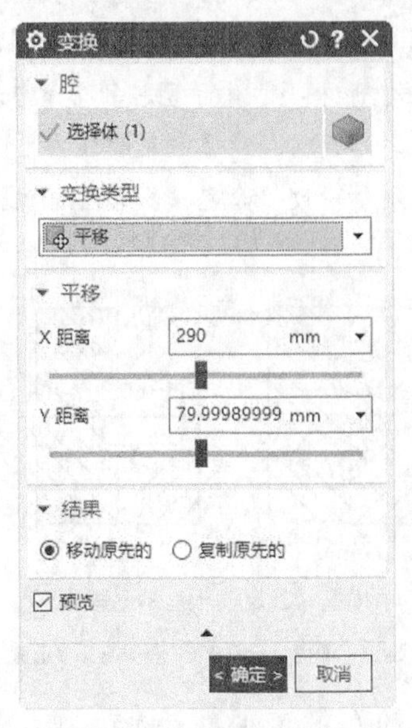

图 2-47　“平移”类型

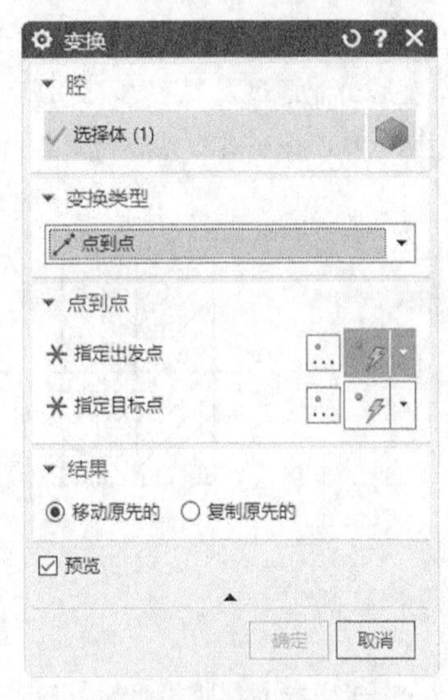

图 2-48　“点到点”类型

4．型腔数量和排列方式

塑料制件的设计完成后，首先需要确定型腔的数量。与多型腔模具相比，单型腔模具的优点是塑料制件的形状和尺寸始终一致，因此在生产高精度零件时，通常使用单型腔模具；仅需根据一个制品调整成型工艺条件，因此工艺参数易于控制；结构简单紧凑，设计自由度大，其模具的推出机构、冷却系统、分型面设计较方便；制造成本低、制造简单等。

对于长期、大批量生产，多型腔模具更有优势，它可以提高制品的生产效率，降低制品的成本。如果注射的制品非常小而又没有与其相适应的设备，则采用多型腔模具是最佳的选择。现代注射成型生产中，大多数小型制品的成型采用多型腔的模具。

（1）型腔数量的确定。

在设计塑料制件时，先确定注射机的型号，再根据所选注射机的技术规格及制品的技术要求，计算选取的型腔数目；也可根据经验先确定型腔数目，然后根据生产条件，如注射机的有关技术规格等进行校核计算。但无论采用哪种方式，一般需要考虑如下要点。

- 塑料制件的批量和交货周期。如果必须在相当短的时间内制造大批量的产品，则采用多型腔模具可提供独特的优越条件。
- 质量的控制要求。塑料制件的质量指标是指其尺寸、精度、性能、表面粗糙度等。由于型腔的制造误差和成型工艺误差的影响，每增加一个型腔，制品的尺寸精度就降低约4%～8%，因此多型腔模具（$n>4$）一般不能生产高精度的制品。高精度的制品一般一模一件，保证质量。
- 成型的塑料品种与制品的形状及尺寸。制品的材料、形状、尺寸与浇口的位置和形式有关，同时也对分型面和脱模的位置有影响，因此确定型腔数目时应考虑这些因素。
- 所选注射机的技术规格。根据注射机的额定注射量及额定锁模力计算型腔数目。

因此，根据上述要点所确定的型腔数目，既要保证最佳的生产经济性，又要保证产品的质量，也就是应保证塑料制件最佳的技术经济性。

（2）型腔的分布。

- 制品在单型腔模具中的位置。单型腔模具有制品在动模部分、定模部分及同时在动模和定模中的结构。制品在单型腔模具中的位置如图2-49所示，图（a）所示为制品全部在定模中的结构；图（b）所示为制品全部在动模中的结构；图（c）、（d）所示为制品同时在定模和动模中的结构。
- 多型腔模具型腔的分布。对于多型腔模具，由于型腔的排布与浇注系统密切相关，型腔的排布应使每个型腔都能通过浇注系统从总压力中均等地分得所需的足够压力，以保证塑料熔体能同时均匀充满每一个型腔，从而保证各个型腔的制品内在质量一致、稳定。多型腔排布方法有平衡式和非平衡式两种。

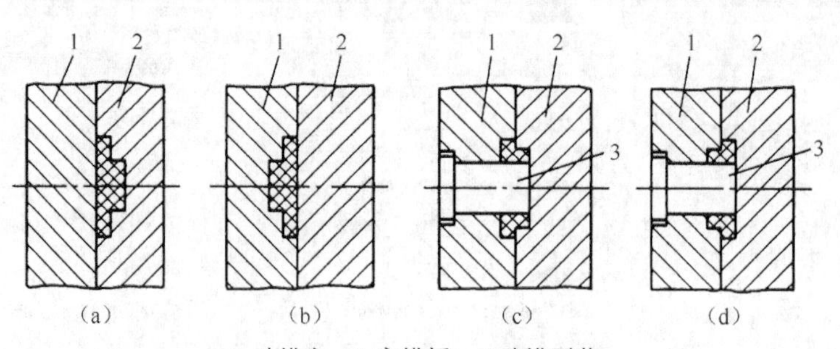

1-动模座　2-定模板　3-动模型芯

图2-49　制品在单型腔模具中的位置

> ➢ 平衡式多型腔排布如图2-50中的（a）、（b）、（c）所示。其特点是从主流道到各型腔浇口的分流道的长度及截面形状、尺寸相同且对称分布，可实现各型腔均匀进料，达到使塑料熔体同时充满型腔的目的。
>
> ➢ 非平衡式多型腔排布如图2-50中的（d）、（e）、（f）所示。其特点是从主流道到各型腔浇口的分流道的长度不相同，因而不利于均衡进料，但这种方式可以明显缩短分流道的长度，节约原料。为了达到使塑料熔体同时充满型腔的目的，往往将各浇口的截面设计成不同的尺寸。

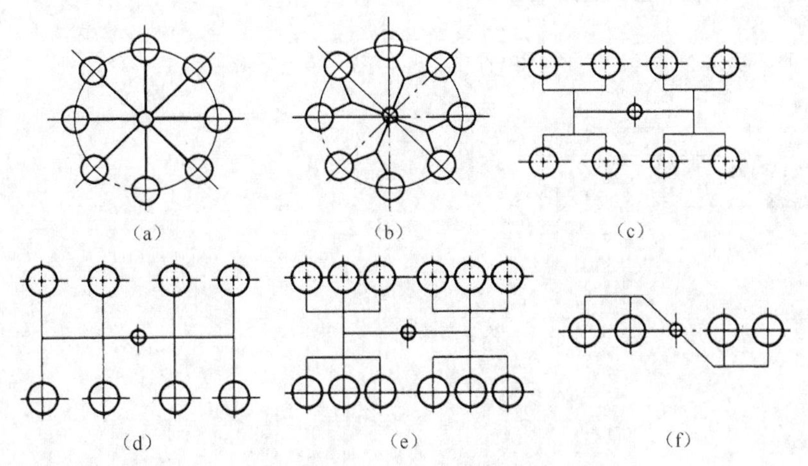

图 2-50　平衡式和非平衡式多型腔的排布

2.2.3　具体操作步骤

（1）单击“注塑模向导”选项卡“主要”面板上的“工件”按钮，系统弹出“工件”对话框，选择“用户定义的块”工件方法，在“定义类型”下拉列表框中选择“参考点”，单击“重置大小”按钮，重置工件尺寸，设置 *X*、*Y*、*Z* 轴的尺寸如图 2-51 所示。单击“确定”按钮，成型工件如图 2-52 所示。

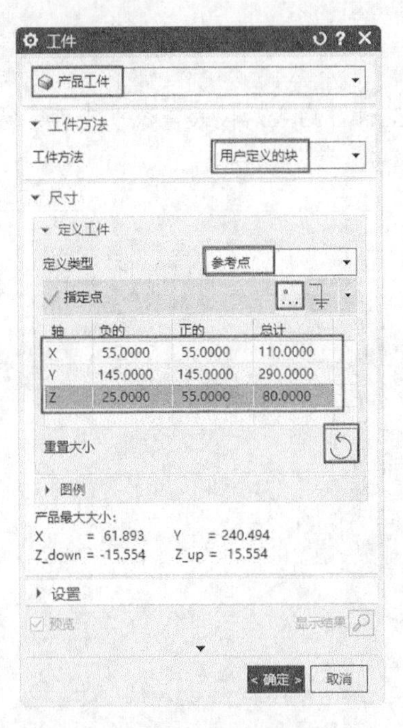

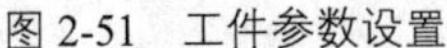

图 2-51　工件参数设置

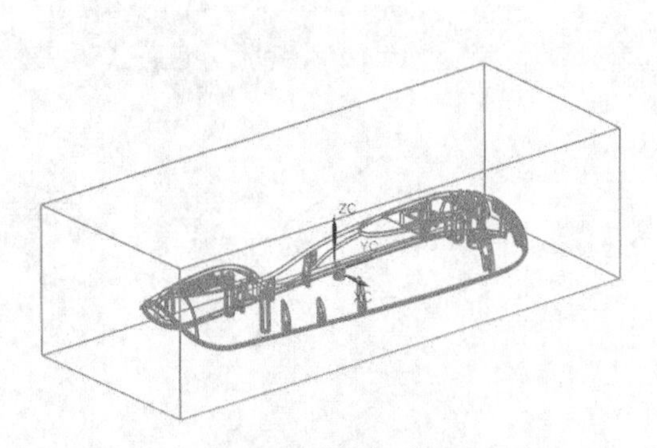

图 2-52　成型工件

（2）单击“注塑模向导”选项卡“主要”面板上的“型腔布局”按钮，系统弹出图 2-53 所示的“型腔布局”对话框。选择“–XC”方向为布局方向，单击“开始布局”按钮，单击“自动对准中心”按钮，然后单击“关闭”按钮，结果如图 2-54 所示。

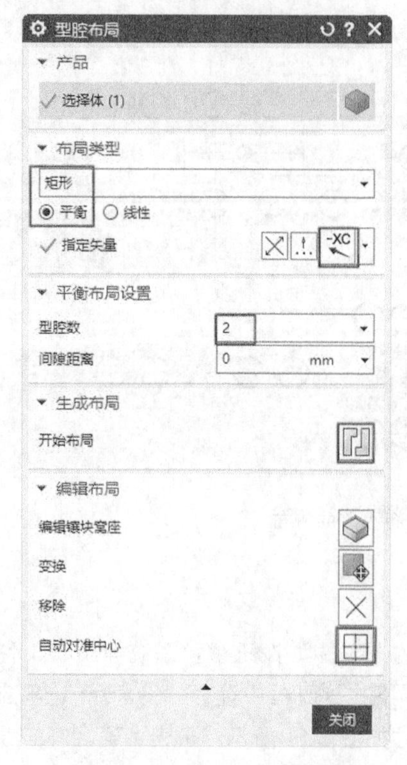

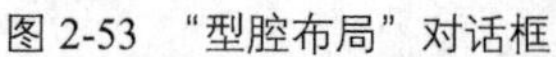
图 2-53 “型腔布局”对话框

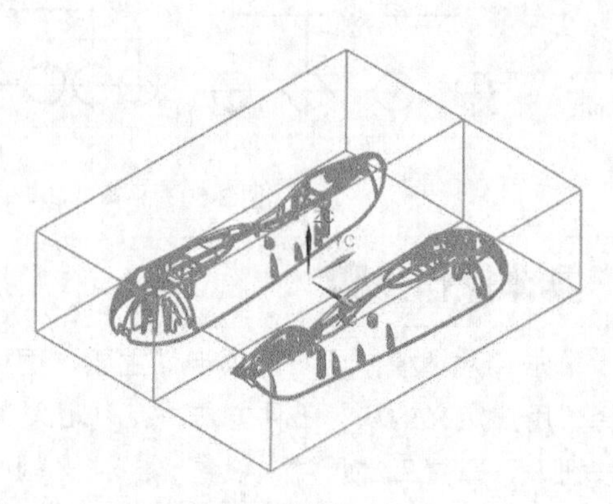
图 2-54 型腔布局结果

2.2.4 扩展实例——仪表盖模具工件与布局

创建仪表盖模具的布局，如图 2-55 所示。首先利用“工件”命令对仪表盖添加工件，然后利用“型腔布局”命令对工件进行布局。

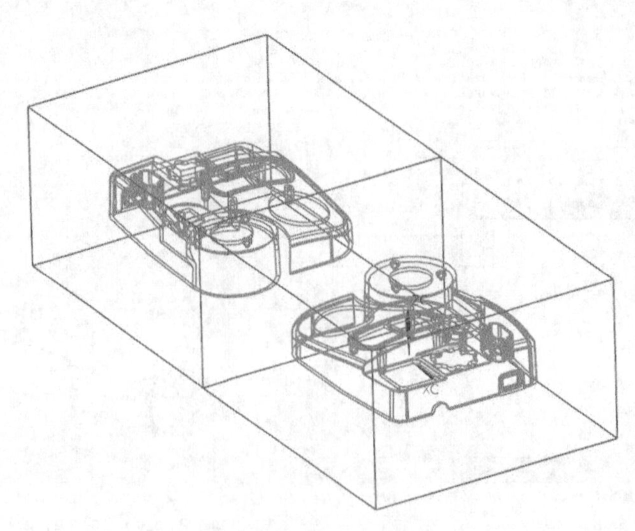

图 2-55 仪表盖模具布局

第 3 章

模具修补和分型

在进行分型前，有些产品实体上有开放的凹槽或孔，这时就需要在分型前修补这些产品实体，否则 UG 就识别不出来包含这样特征的分型面。一般将修补的部分添加到型芯或滑块中，使用相应的运动机构，在注射塑料前将其合上，在产品顶出前将其移开。

在模具设计中，定义分型线、创建分型面并成功分离型芯和型腔，是一项非常复杂的任务。UG NX/Mold Wizard 提供了完整的功能来创建分型面。

重点与难点

- 创建方块
- 分割实体
- 实体补片
- 边修补
- 定义区域
- 设计分型面
- 创建型芯和型腔

3.1 遥控器后盖模具修补

本例对遥控器后盖进行实体修补和曲面修补，如图 3-1 所示。

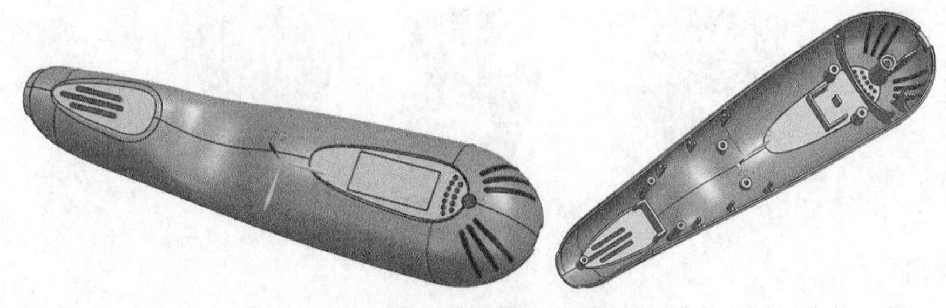

图 3-1　遥控器后盖模具修补

3.1.1 相关知识点——注塑模向导一

1. 创建方块

创建方块经常用于填充所选定的局部开放区域及不适合使用曲面修补和边线修补的地方。创建方块的常用方法如下。

单击“注塑模向导”选项卡“注塑模工具”面板上的“包容体”按钮，系统弹出图 3-2 所示的“包容体”对话框。类型包括“中心和长度”“块”和“圆柱”3 种。

- 中心和长度：根据长方体的中心和长度来创建方块。
- 块：根据所选对象来创建长方体形状的方块。
- 圆柱：根据所选对象来创建圆柱体形状的方块。

2. 分割实体

分割实体工具用于在工具体和目标体之间创建求交体，并从型腔或型芯中分割出一个镶块或滑块。

单击“注塑模向导”选项卡“注塑模工具”面板上的“分割实体”按钮，系统弹出图 3-3 所示的“分割实体”对话框。该对话框主要用于目标体和工具体的选择。

图 3-2 “包容体”对话框

图 3-3 “分割实体”对话框

- 目标：目标体可以是实体也可以是片体，直接用光标在工作区选择即可。
- 工具：工具体用于分割或修剪目标体。选择实体、片体或基准平面作为分割/修剪体（面）来分割或修剪目标体。

生成的分割实体特征如图 3-4 所示。

图 3-4 生成分割实体特征

3. 实体补片

实体补片是一种通过建造模型来封闭开口区域的方法。实体补片比建造片体模型更好用，它可以更容易地形成一个实体来填充开口区域。大多数的闭锁钩就是使用实体补片来代替曲面补片。

单击“注塑模向导”选项卡“注塑模工具”面板上的“实体补片”按钮，系统弹出图 3-5 所示示的“实体补片”对话框，系统自动选择产品实体，在工作区选择补片的工具实体，单击“确定”按钮，系统就自动进行修补。

产品实体的实体补片过程如图 3-6 所示。

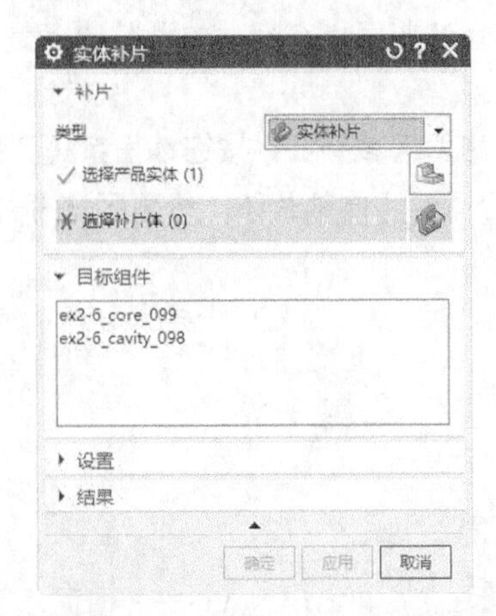

图 3-5 “实体补片”对话框

图 3-6 产品实体的实体补片过程

4. 曲面补片

曲面补片是最简单的修补方法，是指修补完全包含在一个面的孔。单击“注塑模向导”选项卡“分型”面板上的“曲面补片”按钮，系统弹出图 3-7 所示的“曲面补片”对话框。

- 面：用于选择工作区中需要修补的面，选择面后，系统会自动搜索所选面上的孔并高亮显示，且将选中的孔添加到环列表中。
- 体：用于选择工作区中需要修补的实体，选择实体后，系统会自动搜索所选实体上的孔并高亮显示，且将选中的孔添加到环列表中。
- 移刀：如果需要修补的孔不在一个面内，而是跨越了两个或三个面，或必须创建一个边界，但没有相邻边可供选择，这时就需要用到边缘补片功能了。边缘补片功能通过选择一个闭合的曲线/边界环来修补一个开口区域。选择边线，定义所需要修补面的边界。

曲面补片的过程如图 3-8 所示。

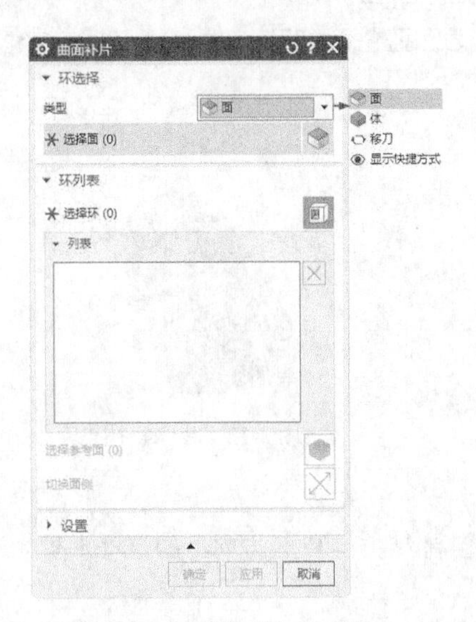

图 3-7 “曲面补片”对话框 1

图 3-8 曲面补片过程

5. 修剪区域补片

修剪区域补片是指使用选取的封闭曲线来修补开口模型的开口区域，从而创建合适的修补片体。

在开始修剪区域补片之前，必须先创建一个能完全吻合开口区域的实体补片体。该补片体的某些面并不用于封闭面，在使用修剪区域补片功能时，不用考虑这些面是在部件的型腔侧还是型芯侧，最终的修剪区域补片会被添加到型腔和型芯分型区域。

单击“注塑模向导”选项卡“注塑模工具”面板上的“修剪区域补片”按钮。系统弹出图 3-9 所示的“修剪区域补片”对话框，用于在工作区选择一个合适的实体补片体。修剪区域补片过程如图 3-10 所示。

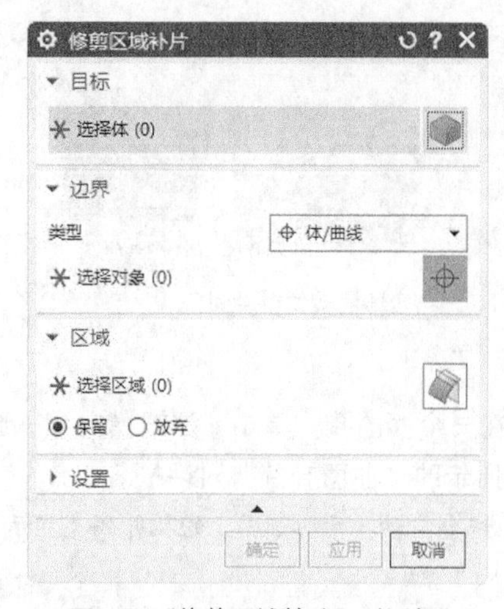

图 3-9 “修剪区域补片”对话框

图 3-10 修剪区域补片过程

6. 编辑分型面和曲面补片

使用“编辑分型面和曲面补片”命令用来编辑分型面和曲面补片。此命令创建或删除分型面或曲面补片的所有成员。单击“注塑模向导”选项卡“注塑模工具”面板上的“编辑分型面和曲面补片”按钮，系统弹出图 3-11 所示的“编辑分型面和曲面补片”对话框，选择已有的自由曲面，单击“确定”按钮，系统自动复制这个片体进行修补，如图 3-12 所示。

注意观察修补前后曲面颜色的变换，颜色由绿色变为深蓝色，说明该自由曲面已经成为修补曲面。

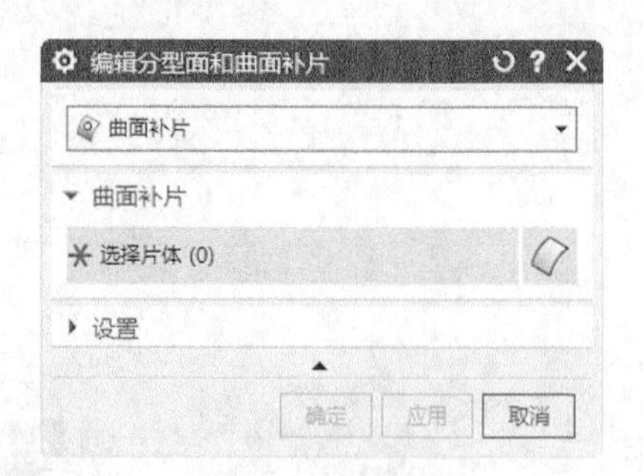

图 3-11 “编辑分型面和曲面补片”对话框

图 3-12 片体修补

7. 扩大曲面补片

扩大曲面补片功能用于提取产品实体上的面，并控制 U 方向和 V 方向上的尺寸来扩大这些面，并可使用 U 方向和 V 方向的滑块动态修补孔。

单击“注塑模向导”选项卡“注塑模工具”面板上的“扩大曲面补片”按钮，系统弹出图 3-13

所示的“扩大曲面补片”对话框。

- 目标：选择要扩大的面。
- 区域：选择要保持或舍弃的区域。
- 设置。

➢ 更改所有大小：勾选此复选框，更改扩展曲面一个方向的大小时，其他方向也随之发生变化。

➢ 切到边界：勾选此复选框，如图 3-14 所示，系统自动选择边界对象。

➢ 作为曲面补片：勾选此复选框，添加曲面补片。

图 3-13 “扩大曲面补片”对话框

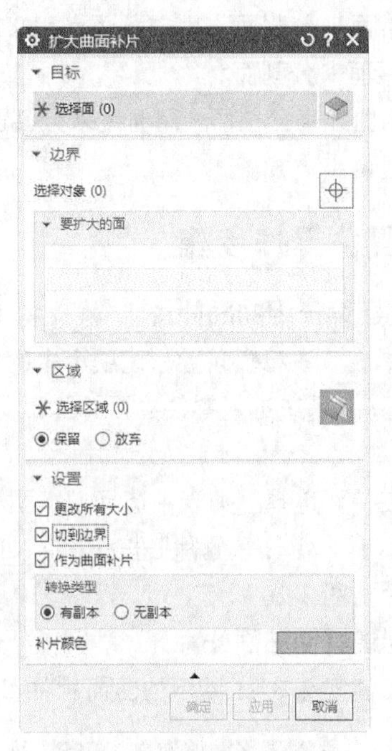

图 3-14 “切到边界”设置

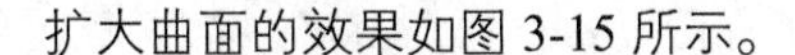

扩大曲面的效果如图 3-15 所示。

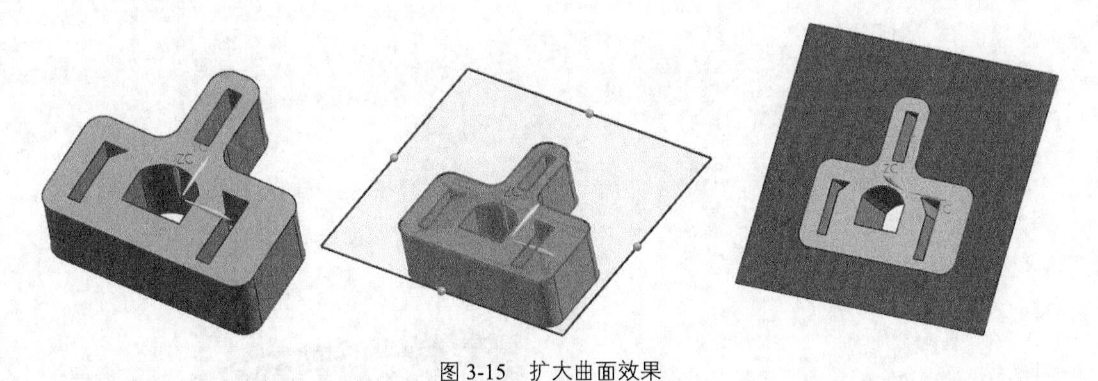

图 3-15 扩大曲面效果

8. 拆分面

拆分面利用基准面或存在面对选定面进行分割，使分割的面能满足需求。如果全部分型线都位于产品实体的边缘，就不必使用该功能。

单击“注塑模向导”选项卡“注塑模工具”面板上的“拆分面”按钮，系统弹出图 3-16 所示的“拆分面”对话框。在工作区选择要分割的面及分割对象，然后单击“应用”或“确定”按钮，系统自动进行面分割。

分割面有如下几种方法。

（1）用等斜度曲线来分割面：使用该方法时，只有交叉面才能被选择。等斜度曲线的默认方向是+Z方向。操作时用光标在工作区选择等斜度分割的面，再单击“拆分面”对话框中的“确定”或“应用”按钮。

（2）用基准平面来分割面：用基准平面来分割面的方式有面方式（选择面连接面）和基准面方式。其中基准面方式又包括用一个选择的基准面来分割面，用一条两点定义的线来分割面和用通过一个点的 Z 平面来分割面。

（3）用曲线来分割面：用曲线来分割面的方式有已有曲线/边界方式和通过两点方式。

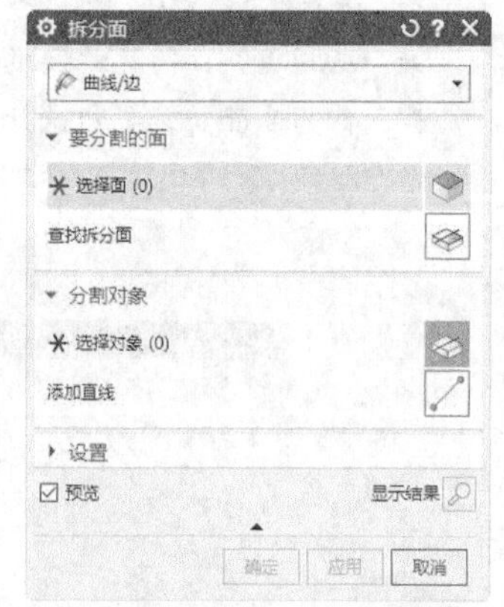

图 3-16 “拆分面”对话框

3.1.2 具体操作步骤

1. 创建第一组曲面补片

（1）单击“注塑模向导”选项卡中的“分型”面板上的“曲面补片”按钮，系统进入零件界面并弹出图 3-17 所示的“曲面补片”对话框。

（2）在“环选择”列表中选择“类型”为“面”，选取图 3-18 所示的面，然后只选中对话框列表中的“环 1”，单击“删除”按钮，如图 3-19 所示。选中列表中的所有环，单击“应用”按钮，创建的补片如图 3-20 所示。

2. 创建其他曲面补片

同理，创建图 3-21 所示的曲面补片。

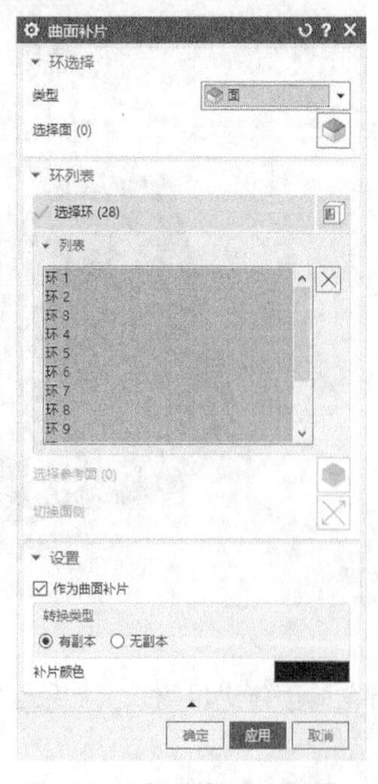

图 3-17 “曲面补片”对话框 2

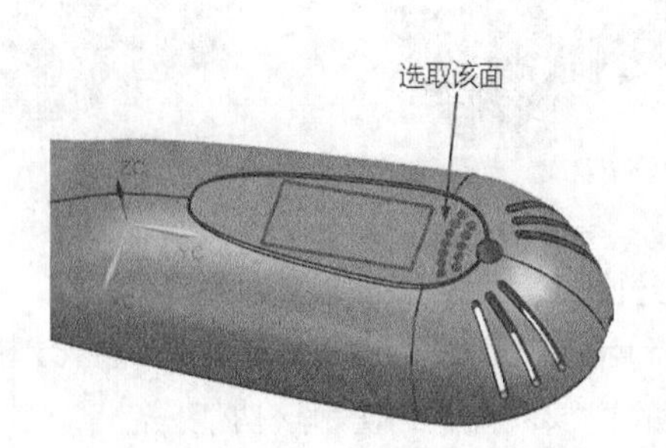

图 3-18 选取面

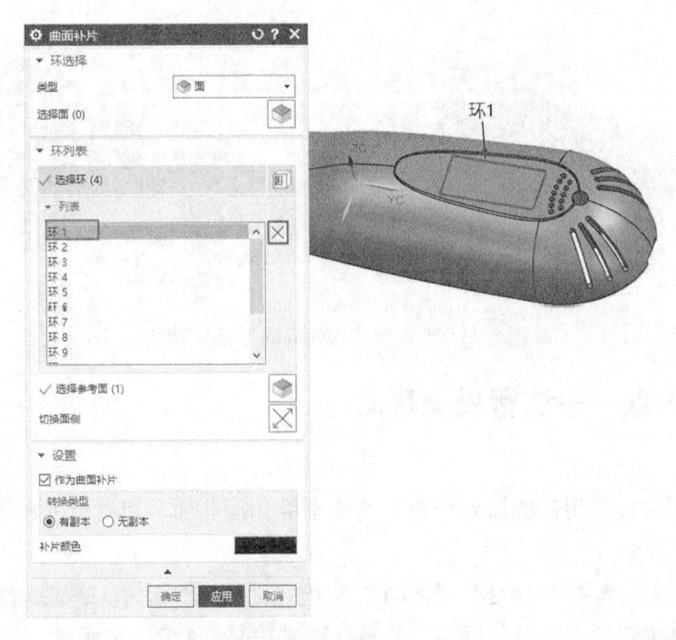

图 3-19 选取“环 1”

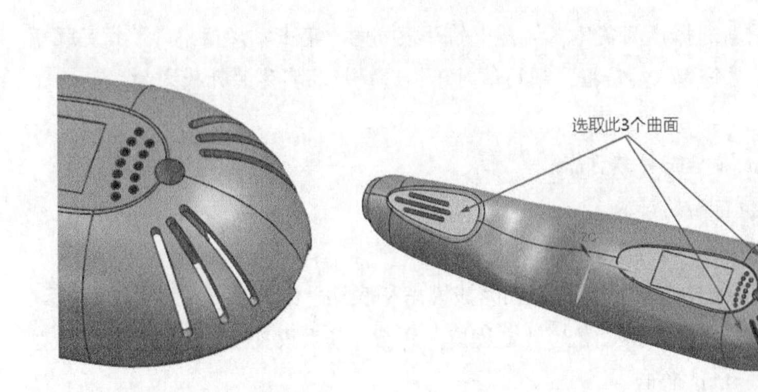

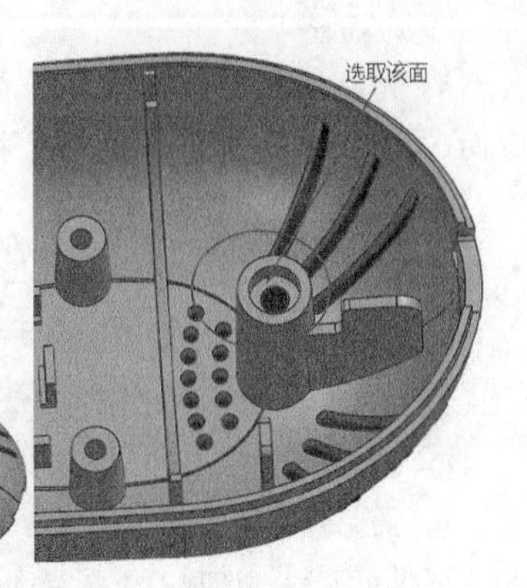

图 3-20 创建第一组曲面补片

图 3-21 创建其他曲面补片

3.1.3 扩展实例——仪表盖模具修补

对仪表盖模具进行修补，如图 3-22 所示。首先利用“创建方块”“替换面”和“实体补片”命令修补实体，然后利用“边修补”创建补片，利用“扩大曲面补片”“边倒圆”和“修剪片体”创建曲面补片，再利用“桥接”和“通过曲面网格”创建曲面，并通过“编辑分型面和曲面补片”命令将曲面转换成片体，最后分割平面。

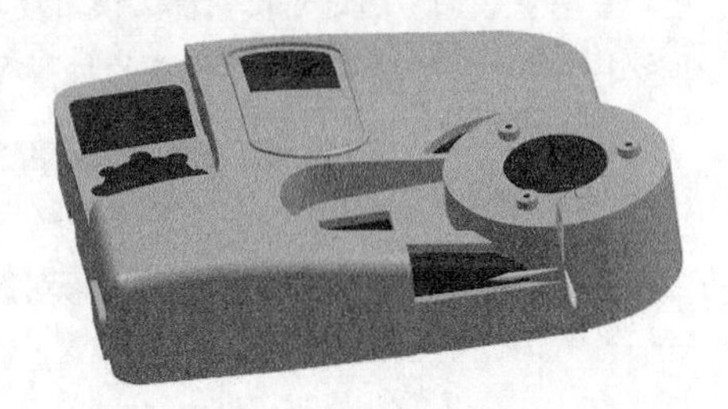

图 3-22 仪表盖模具修补

3.2 遥控器后盖模具分型设计

本例创建遥控器后盖模具的型芯和型腔，如图 3-23 所示。

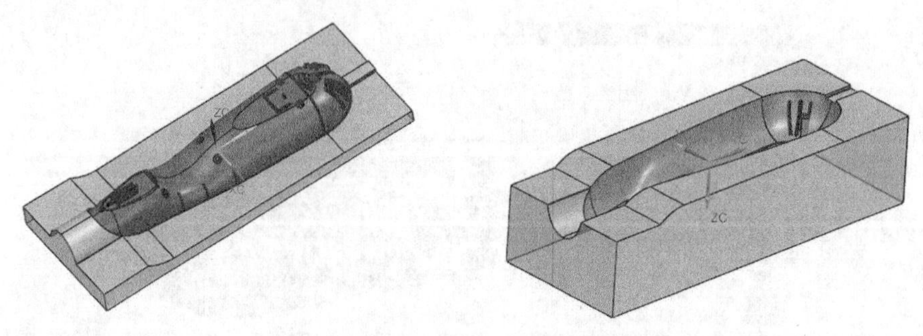

图 3-23　遥控器后盖模具的型芯和型腔

3.2.1　相关知识点——注塑模向导二

1. 检查区域

检查区域是指系统按照用户的设置分析、检查型腔和型芯面，包括产品的脱模斜度是否合理、内部孔是否修补等信息。

单击“注塑模向导”选项卡“分型”面板上的“检查区域”按钮，系统弹出图 3-24 所示的“检查区域”对话框，其中包括“计算”“面”“区域”和“信息”4 个选项卡。

（1）计算。

- 产品实体与方向：该选项表示重新选择产品实体在模具中的开模方向。单击对话框中的“指定脱模方向”按钮，系统弹出图 3-25 所示的“矢量”对话框，利用该对话框选择产品实体的开模方向。
- 计算。

➢ 保留现有的：该选项用来计算面属性而并不更新。

➢ 仅编辑区域：该选项表示将不执行面的计算。

➢ 全部重置：该选项表示要将所有面重设为默认值。

（2）面：用于分析产品模型的成型性（制模性）信息，如面拔模角和底切。该选项卡如图 3-26 所示。

- 高亮显示所选的面：该选项用于高亮显示所设置的特定拔模角的面。如果设置了“面拔模角”类型和“拔模角限制”选项，系统会高亮显示所选的面。
- 拔模角限制：该选项用于设置拔模角。可以在后面的文本框中输入拔模角度值，只能是正值。可以定义 6 种拔模面。通过对比实际拔模角度与限制角的关系，限制类型为全部、大于等于、大于、等于、小于和小于等于，并能高亮显示设置的拔模面，如图 3-27 所示。

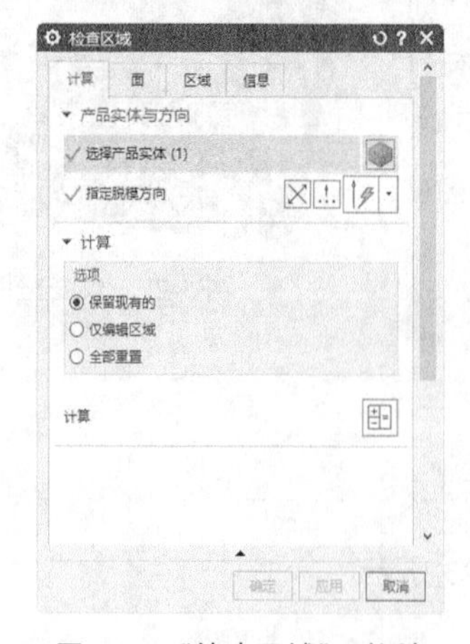

图 3-24　“检查区域”对话框

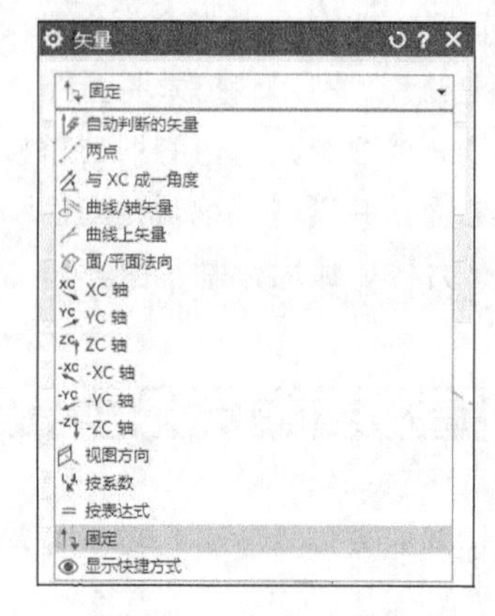

图 3-25　“矢量”对话框

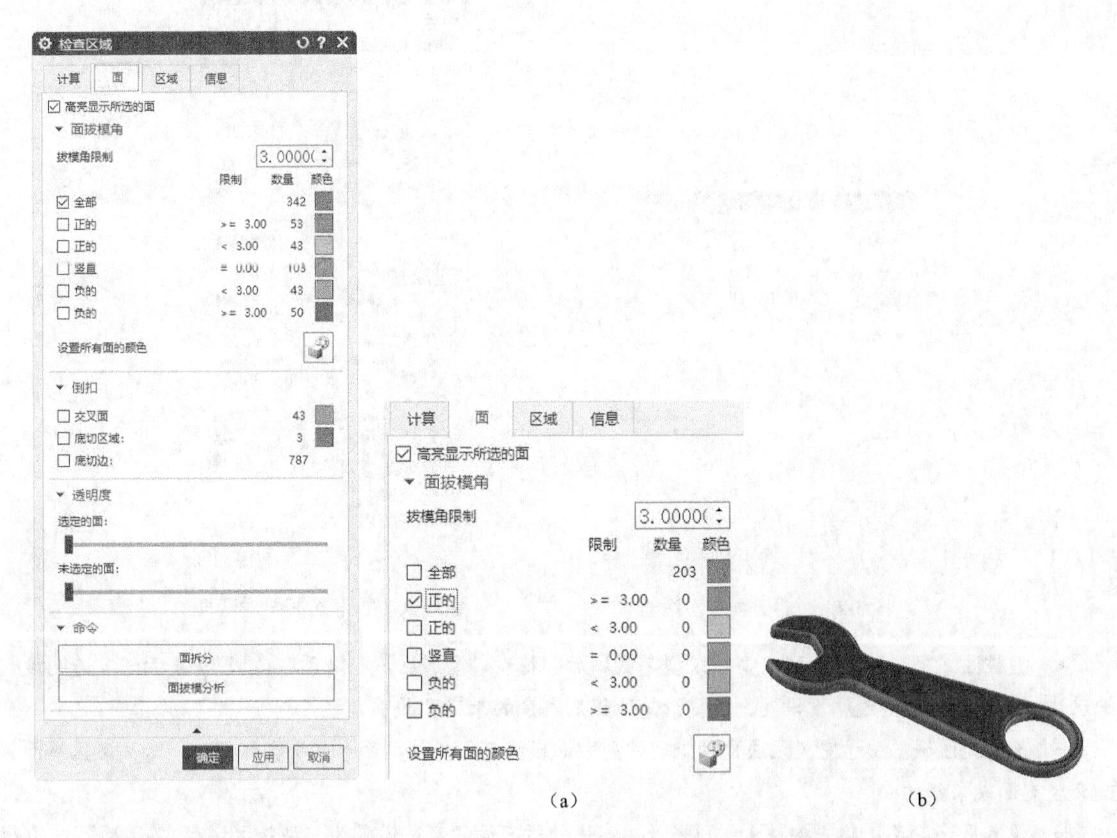

图 3-26 “面”选项卡

图 3-27 高亮显示设置的拔模面

- 设置所有面的颜色：单击按钮，则将产品实体所有面的颜色设置为“面拔模角”中的颜色。可以选择调色板上的颜色来更改这些面的颜色，如图 3-28 所示。单击“设置所有面的颜色”按钮，则工作区中的产品实体颜色发生变化。

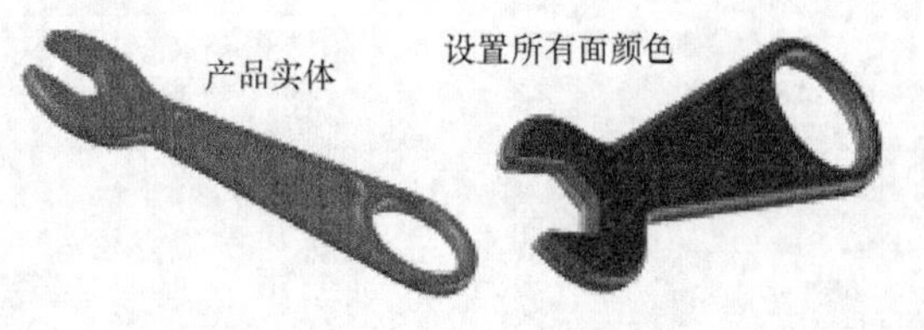

图 3-28 设置所有面的颜色

- 透明度：利用“选定的面”或“未选定的面”的“透明度”滑动块控制并观察产品实体时选中面或未选中面的透明度。
- 面拆分：单击此按钮，系统弹出图 3-29 所示的“拆分面”对话框。与 3.1.1 节中的“拆分面”工具功能相同，这里就不再介绍了。
- 面拔模分析：单击此按钮，显示标准的 UG NX 的“面分析”中的“拔模分析”对话框，如图 3-30 所示。

（3）区域：用于从模型面上提取型芯和型腔区域并指定其颜色，以定义分型线，实现自动分型功能。“区域”选项卡如图 3-31 所示。

图 3-29 “拆分面”对话框

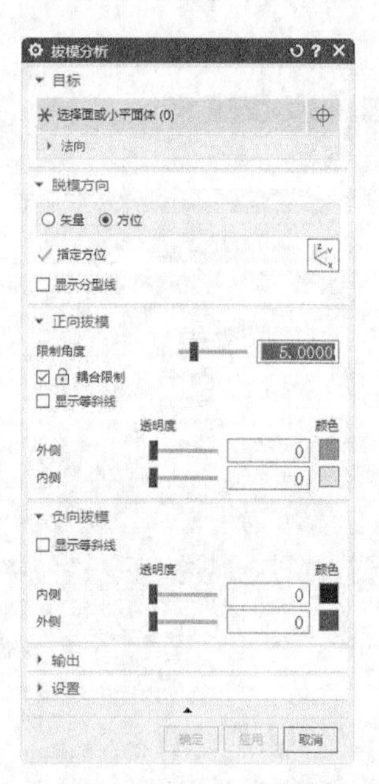

图 3-30 “拔模分析”对话框

- 型腔区域/型芯区域：选定型腔或型芯区域后，拖动“型腔区域”（“型芯区域”）下面的“透明度”滑动块，完成该区域的透明度设置，能更清楚地识别剩余的未定义面。
- 未定义区域：用于定义无法自动识别的型腔面或型芯面。这些面会列举在该部分，如交叉区域面、交叉竖直面或未知的面。
- 设置区域颜色：单击按钮，则将产品实体的所有面的颜色设置为“型腔区域/型芯区域”中的颜色。可以选择调色板上的颜色来更改这些区域的颜色，新颜色会立即应用，如图 3-32 所示。
- 指派到区域：用于指定选中的区域是型腔区域还是型芯区域。

（4）信息：用于检查产品实体的面属性、模型属性和尖角，该选项卡如图 3-33 所示。

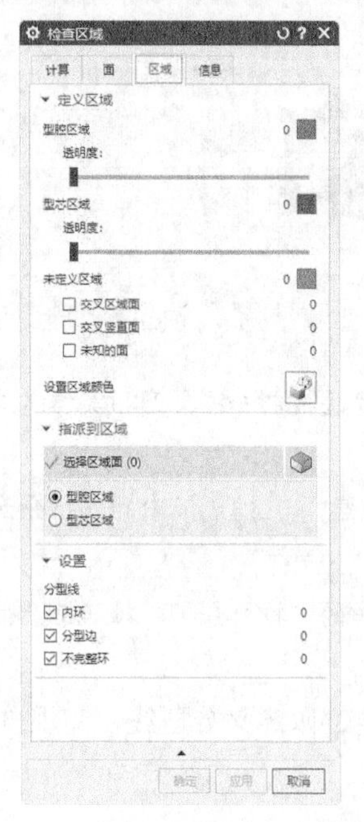

图 3-31 “区域”选项卡

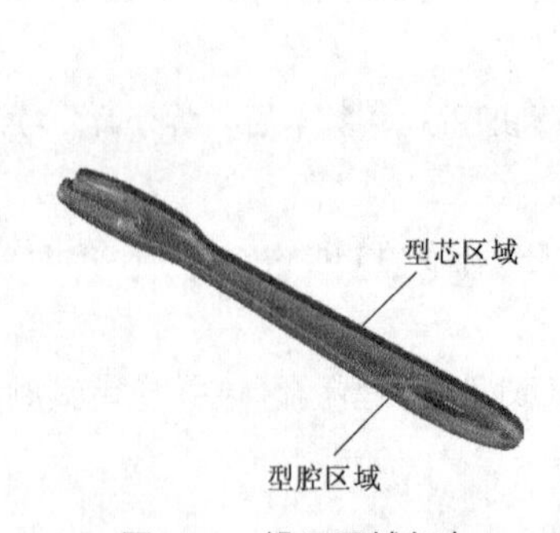

图 3-32 设置区域颜色

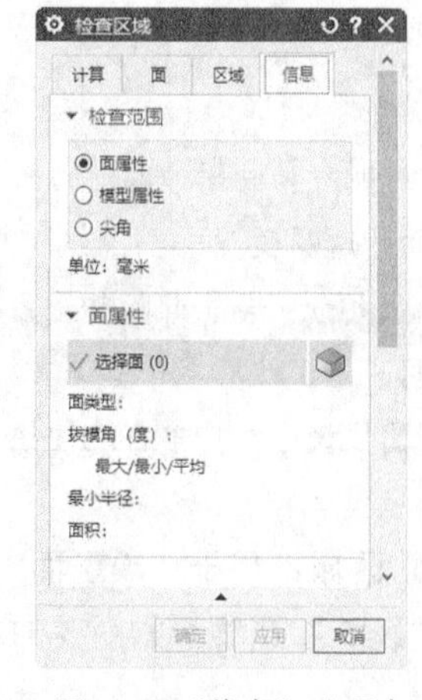

图 3-33 “信息”选项卡

• 面属性：选择“面属性”单选按钮，然后单击产品实体上的某一个面，该面的属性会显示在对话框的下部，包括面类型、拔模角（度）、最小半径、面积，如图 3-34（a）所示。

• 模型属性：选择“模型属性”单选按钮，然后单击产品实体，各属性会显示在对话框的下部，包括模型类型（实体或片体）、边界边（如果是片体的话）、体积/面积、面数、边数，如图 3-34（b）所示。

• 尖角：选择“尖角”单选按钮，并定义一个角度的界限和半径的值，以确认模型可能存在的问题，如图 3-34（c）所示。可以单击颜色盒从调色板上选择一个不同的颜色，单击“应用”按钮，将此颜色应用到符合角度和半径要求的面和边界上。

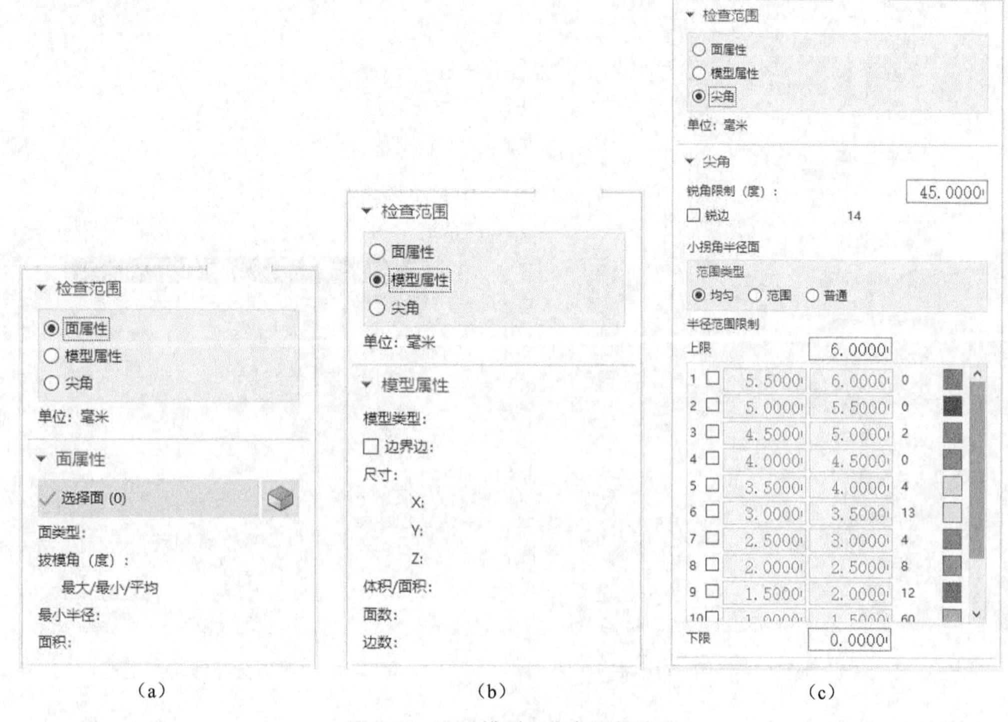

图 3-34　面、模型和尖角属性信息

2. 设计分型面

单击“注塑模向导”选项卡“分型”面板上的“设计分型面”按钮，系统弹出图 3-35 所示的“设计分型面”对话框。

（1）编辑分型线：分型线定义为模具面与实际产品的相交线，一般零件分模面可以根据零件形状（如最大界面处）和成品从模具中的顶出方向等因素确定。但是系统指定的分模面不一定是符合要求的。单击“选择分型线”按钮，在视图中选择曲线添加为分型线。

（2）遍历分型线：引导搜索功能从产品模型的某个分型线/边界开始选择，在每个型芯和型腔的相交区域查找相邻的线，并搜索候选的曲线/边界添加到分型线中。如果发现有间隙或分支，选择曲线和边界需考虑公差。

单击“遍历分型线”按钮，系统弹出图 3-36 所示的“遍历分型线”对话框。

• 按面的颜色遍历：该选项用于选择任意一条两边有不同颜色的面的曲线。它会自动搜索所有与开始曲线有相同特征（两边有不同颜色的面）的相连曲线。

• 终止边：用于选择一个两边有不同颜色的局部分型线。只有当选中“按面的颜色遍历”选项时，该选项才可选择。

● 公差：该选项用于定义选择下一个候选曲线或边界时的公差值。注射模向导会用临时显示下一个候选线的方法来引导选择分型线。

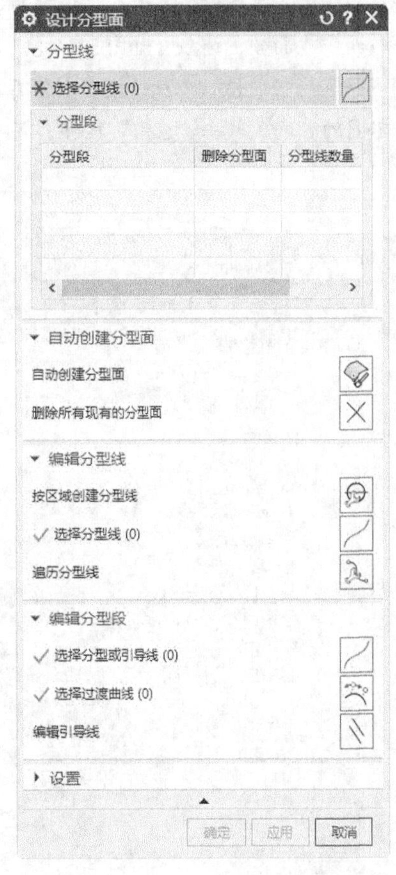

图 3-35 “设计分型面”对话框

图 3-36 “遍历分型线”对话框

（3）编辑分型段。

● 选择分型或引导线：如果分型线不在同一个平面，系统就不能自动创建边界平面。这时就需要对分型线进行编辑或定义，将不在同一平面上的分型线进行转换。选中一段分型线，在该分型线的一端添加中止点，同时添加一条引导线。

● 选择过渡曲线：用于对已存在的过渡曲线进行选择或取消选择操作，以得到合理的过渡对象。

● 编辑引导线：单击按钮，系统弹出图 3-37 所示的“引导线”对话框，可以对引导线的长度和方向进行编辑。

（4）创建分型面：分型面用于分割和修剪型芯和型腔，系统提供了多种创建分型面的方式。创建分型面的最后一步为缝合曲面，可手动创建片体。

单击“注塑模向导”选项卡“分型”面板上的“设计分型面”按钮，系统弹出图 3-35 所示的“设计分型面”对话框，“创建分型面”选项组如图 3-38 所示。

创建分型面前必须要创建分型线，分型面的形状根据分型线的形状确定。

系统提供了分型面的创建方法，包括“拉伸”“扫掠”“有界平面”“扩大的曲面”和“条带曲面”。

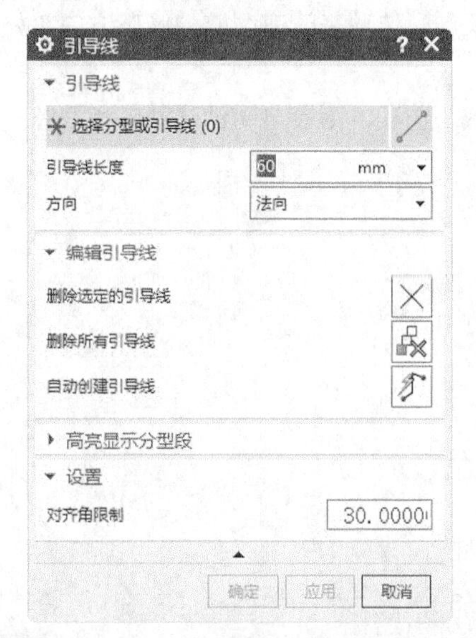

图 3-37 “引导线”对话框

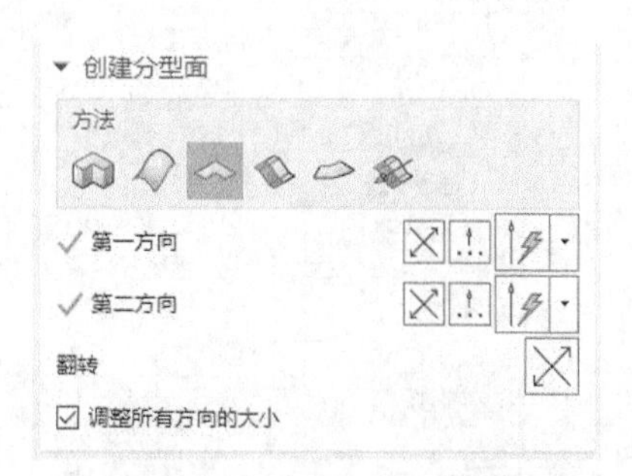

图 3-38 “创建分型面”选项组

拉伸是使分模曲线或过渡对象的某些部分沿着指定的方向扩展，从而创建出分模曲面。需要注意的是，边线拉伸时必须有单一的拉伸方向，并且拉伸角度必须小于 180º 。单击“拉伸”按钮，其延展方向可以通过“拉伸方向”来指定。

如果所有的分型线都在单一平面上，则可以使用“有界平面”创建分型面。

如果分型线的一个分段在一个单一曲面上，可以使用“扩大的曲面”创建分型面。当在一个位于同一曲面的闭合分型线上创建一个扩展面时，扩展面会自动被该分型线修剪。当在一个位于同一曲面，但不闭合的分型线上创建一个扩展面时，可以在分段的每端定义一个创建方向，在这种情况下，扩展面会由分型段和修剪方向来修剪。可以使用两个滑块来调整扩展面的大小。

3. 定义区域

使用定义区域命令创建型芯和型腔区域，提取的区域特征包含“检查区域”对话框中识别的所有型腔和型芯面。

单击“注塑模向导”选项卡“分型”面板上的“定义区域”按钮，系统弹出图 3-39 所示的“定义区域”对话框。

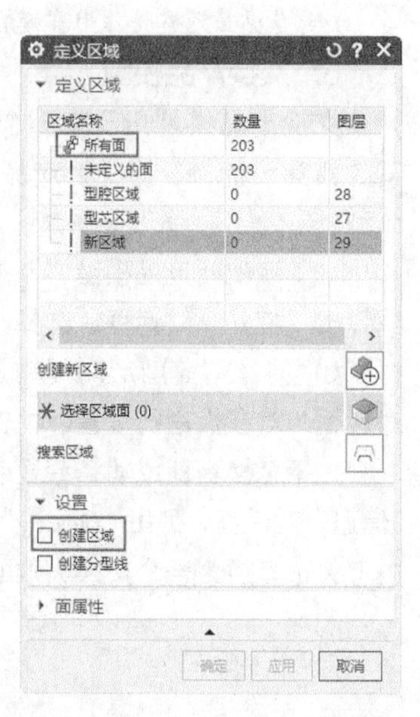

图 3-39 “定义区域”对话框

4. 创建型芯和型腔

单击“注塑模向导”选项卡“分型”面板上的“定义型腔和型芯”按钮，系统弹出图 3-40 所示的“定义型腔和型芯”对话框，可以在此创建两个片体，一个用于型芯，一个用于型腔。选择区域后，系统会预先高亮并预选择分型面、型芯和型腔及所有修补面。在退出该对话框时，会完成全部的分型。

- 选择片体。

选择“型腔区域”选项，补片面及型腔区域会高亮显示，修剪片体会链接到型腔部件中并自动修剪工件。

如果修剪片体创建成功，它会链接到型腔部件中，同时在收缩部件中的表达式“split_cavity_supp”的值会被设置为 1，以释放型腔部件中的修剪特征。然后型腔部件会切换为显示部件，型腔会同“查看分型结果”对话框一起出现。在“查看分型结果”对话框中，可以选择“法向反向”选项来改变型腔的修剪方向，如图 3-41 所示。

创建型芯与创建型腔的方法相同。选择“所有区域”选项，则会自动创建型芯和型腔。

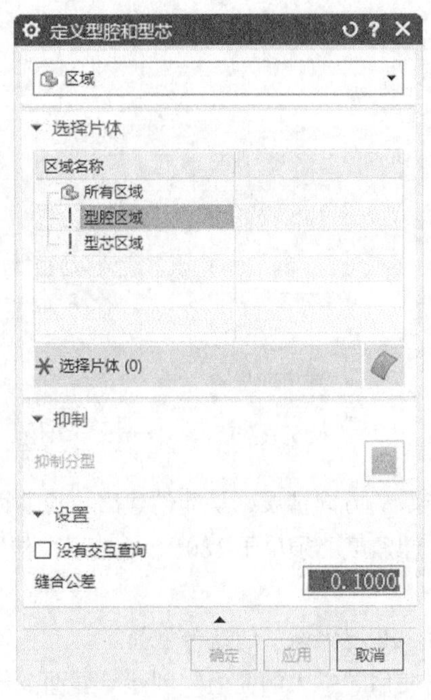

图 3-40 “定义型腔和型芯”对话框

图 3-41 “查看分型结果”对话框

- 抑制：抑制分型功能允许在分型设计完成后，对产品模型进行一次复杂的变更。抑制分型功能用于以下两种情况。
  - 分型和模具组件设计已经完成。
  - 变更必须直接作用在模具设计工程里的产品模型上。

5. 交换产品模型

交换产品模型用于将一个新版产品模型代替模具设计中的原版产品模型，并保持原有的合适的模具设计特征。交换产品模型包括 3 个步骤：装配新产品模型、编辑分型线/分型面和更新分型。

（1）装配新产品模型：单击“注塑模向导”选项卡“分型”面板上的“交换模型”按钮，系统弹出“打开”对话框，选择一个新的部件文件后单击“确定”按钮，系统弹出“替换设置”对话框，如图 3-42（a）所示。单击“确定”按钮，弹出“模型比较”对话框，如图 3-42（b）所示。在对话框中对参数进行设置，单击“应用”按钮并关闭对话框。自动完成替换更新模型。

如果替换更新成功，会显示一个替换成功的信息，如图 3-43 所示。同时会显示图 3-44 所示的“信息”对话框，列出“parting”部件中更新失败的特征，并将其标记为过时的状态。如果交换失败，内容会被替换为一个交换失败的信息，并出现“撤销”选项。

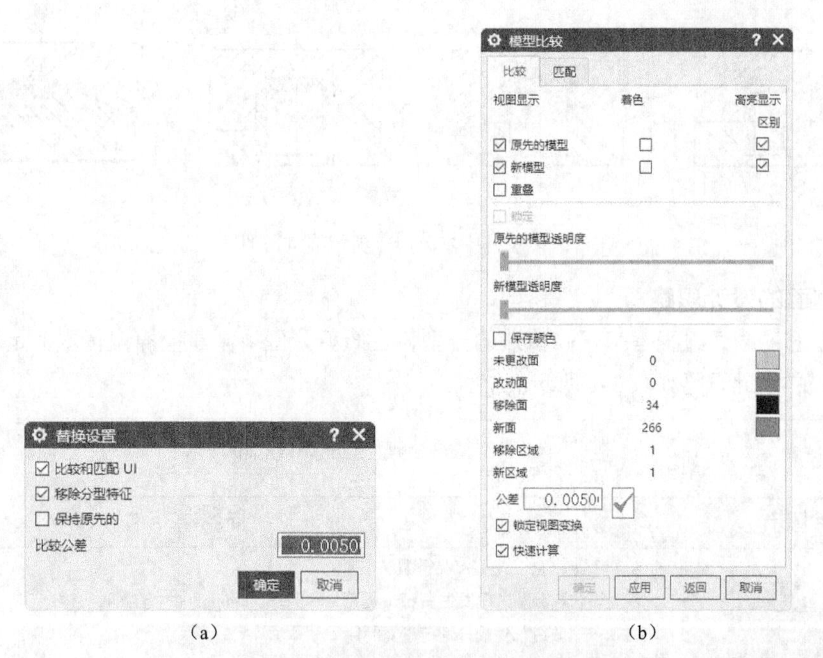

（a） （b）

图 3-42 替换产品模型并设置参数

交换产品模型
产品模型替换成功。
将部件导航器中的上一个特征定为当前特征，以便全部更新。
确定(O)

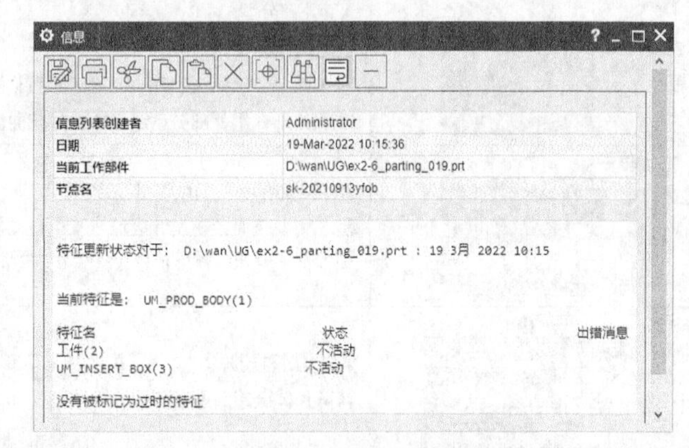

图 3-43 “交换产品模型”对话框　　　　图 3-44 “信息”对话框

（2）编辑分型线/分型面：当新模型文件的分型线和分型面发生变更时，单击“分型管理器”中的“编辑分型线”或“编辑分型面”功能以改变分型线或分型面，并重新生成分型线和分型面。

（3）更新分型：可以自动或手动更新分型。

3.2.2 知识点扩展——分型面

1. 分型面的概念和形式

分型面位于模具动模和定模的结合处，或者在制品最大外形处，如图 3-45 所示，设计分型面的目的是取出制品和凝料。有的注射模只有一个分型面，有的有多个分型面，而且分型面有平面、曲面和斜面。图 3-45（a）所示为平直分型面，图 3-45（b）所示为倾斜分型面，图 3-45（c）所示为阶梯分型面，图 3-45（d）所示为曲面分型面。

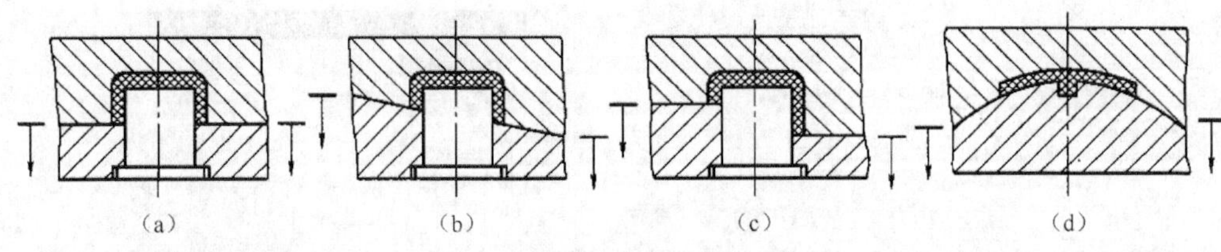

图 3-45　单分型面注射模的分型面

2. 分型面的设计思路

型腔和型芯的创建过程是基于修剪法的分型，在修剪分型中，建模操作基本上是自动完成的。修剪分型的设计思路如表 3-1 所示。

表 3-1　修剪分型的设计思路

部件图示	描述
	A：成型工件　B：产品模型 注塑模向导分型过程发生在 parting 部件中。在 parting 部件中有两种实体： （1）一个收缩部件的几何链接复制件； （2）定义型腔和型芯体的两个工件体
	A：外部分型　B：内部分型 创建两种类型的分型面： （1）内部，部件内部开口的封闭曲面（修补片体）； （2）外部，由外部分型线延伸的封闭曲面（分型面）
	A：型腔区域　B：型腔边界 型芯和型腔面会在设计区域步骤中自动复制并构成组，然后提取的型腔和型芯区域会缝合成分型面分别形成两个修剪片体（一个作为型腔，一个作为型芯）
	A：型腔种子片体　B：型腔种子基准 修剪片体链接到型腔和型芯组件
	A：型腔修剪片体 型芯和型腔由分型片体的几何链接复制件来修剪得到

3.2.3　具体操作步骤

1. 创建分型线

（1）单击“注塑模向导”选项卡“分型”面板上的“设计分型面”按钮，系统弹出图 3-46 所示的“设计分型面”对话框，单击“选择分型线”按钮，在视图上选择图 3-47 所示的实体底面边线，系统自动选择分型线，并提示分型线没有封闭的警示。

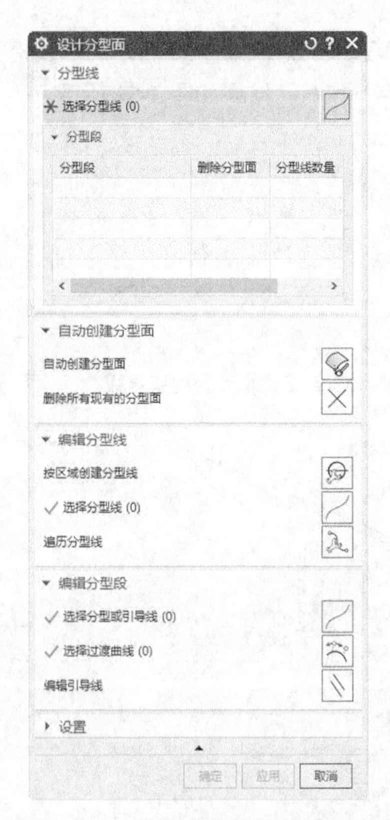

图 3-46 “设计分型面”对话框 1

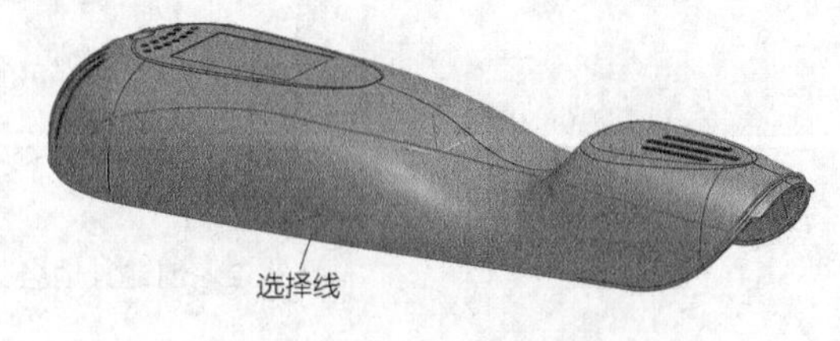

图 3-47 实体的底面边线

（2）依次选择零件外沿线作为分型线，当分型线封闭后，单击“确定”按钮。单击“注塑模向导”选项卡“分型”面板上的“分型导航器”按钮，打开“分型导航器”对话框，勾选曲线“产品实体”和“曲面补片”复选框，分型线如图 3-48 所示。

（3）单击“注塑模向导”选项卡“分型”面板上的“设计分型面”按钮，系统弹出图 3-49 所示的“设计分型面”对话框。

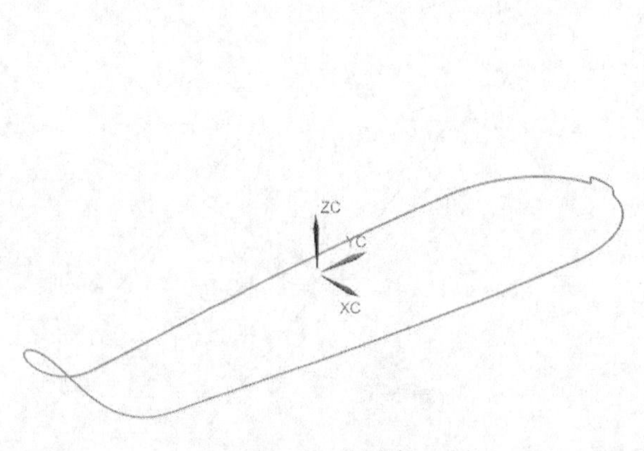

图 3-48 分型线

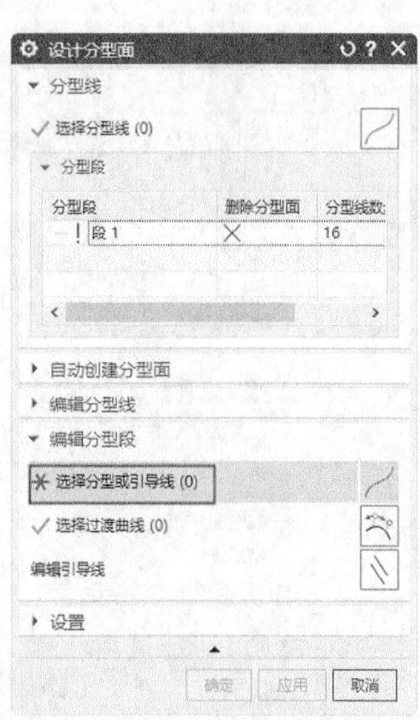

图 3-49 “设计分型面”对话框 2

（4）在“编辑分型段”栏中单击“选择分型或引导线”选项，拾取图 3-50 所示的点创建引导线，如图 3-51 所示。同理，创建其他各处引导线，单击“确定”按钮，结果如图 3-52 所示。

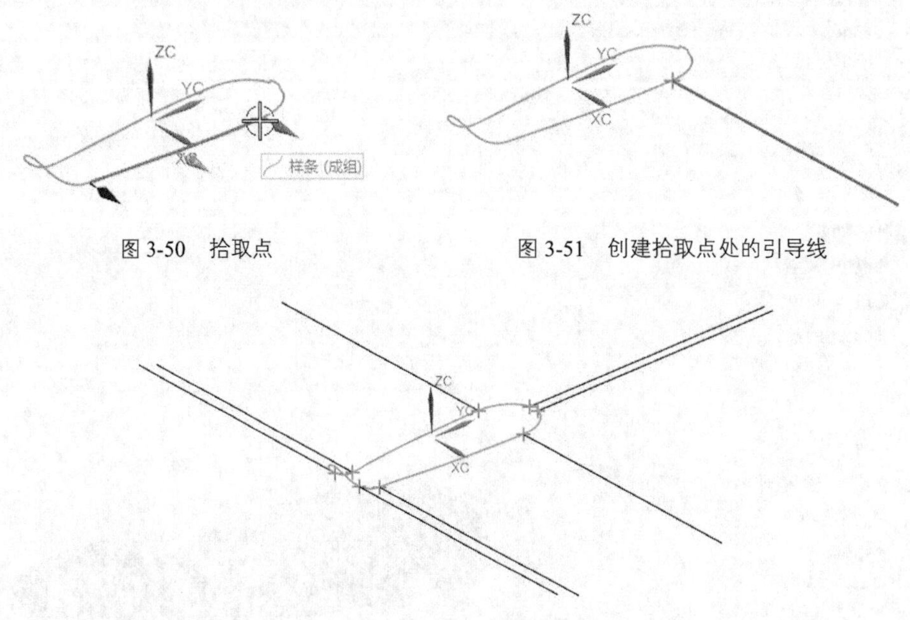

图 3-50　拾取点

图 3-51　创建拾取点处的引导线

图 3-52　创建其他各处引导线

2．创建分型面

（1）单击“注塑模向导”选项卡“分型”面板上的“设计分型面”按钮，在系统弹出的“设计分型面”对话框的“分型段”列表中选择“段 1”，如图 3-53 所示。在“创建分型面”中选择“拉伸”按钮，“拉伸方向”选择-*YC* 轴方向，利用光标拖动“延伸距离”标志，调节曲面延伸距离，使分型面的拉伸长度大于工件的长度，单击“应用”按钮。

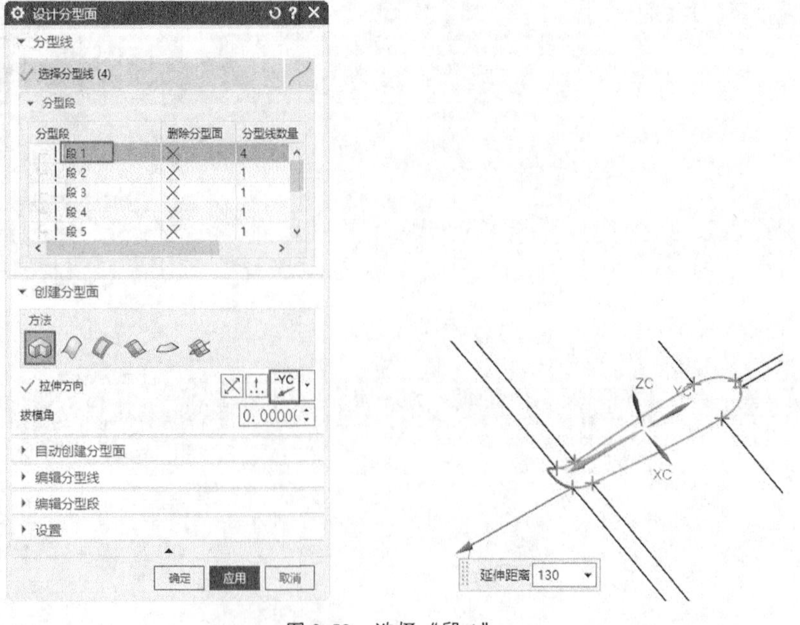

图 3-53　选择“段 1”

（2）在“设计分型面”对话框的“分型段”列表中选择“段 2”，如图 3-54 所示。在“创建分型面”中选择“拉伸”按钮，“拉伸方向”采用默认方向，利用光标拖动“延伸距离”标志，调节曲面延伸距离，使分型面的拉伸长度大于工件的长度，单击“应用”按钮。

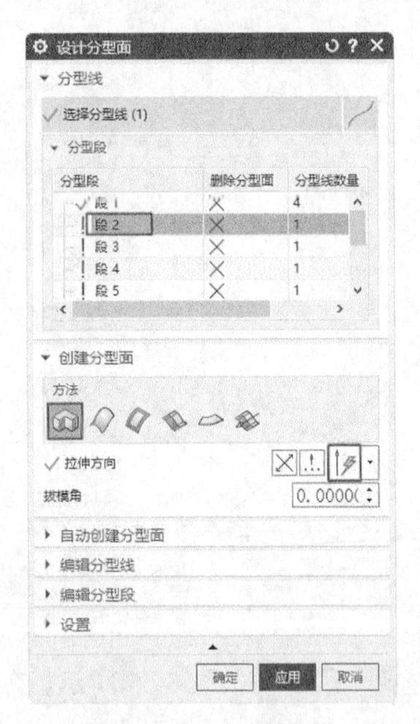

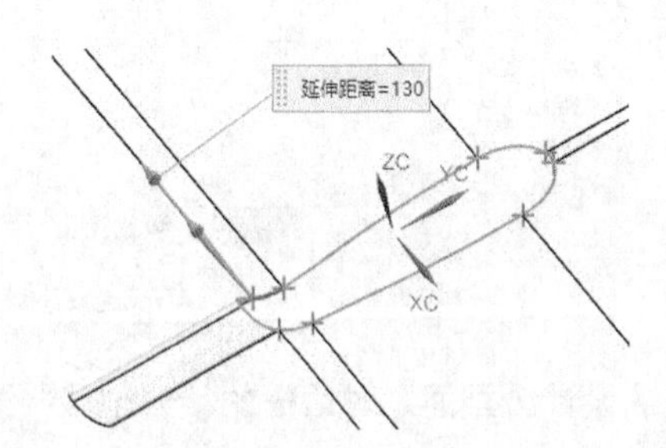

图 3-54　选择“段 2”

（3）在“设计分型面”对话框的“分型段”列表中选择“段 3”，如图 3-55 所示。在“创建分型面”中选择“拉伸”按钮，“拉伸方向”采用默认方向，利用光标拖动“延伸距离”标志，调节曲面延伸距离，使分型面的拉伸长度大于工件的长度，单击“应用”按钮。

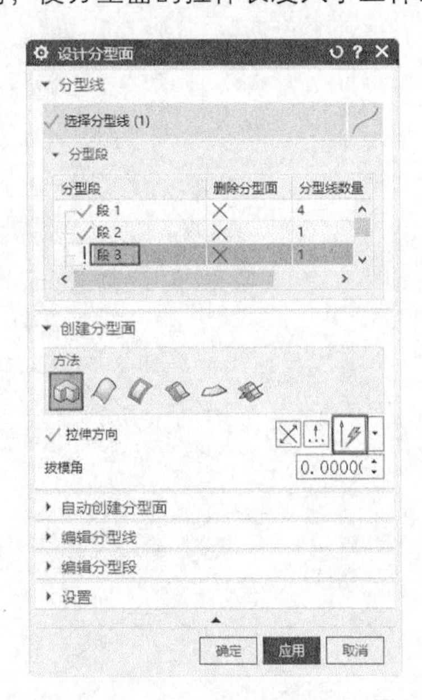

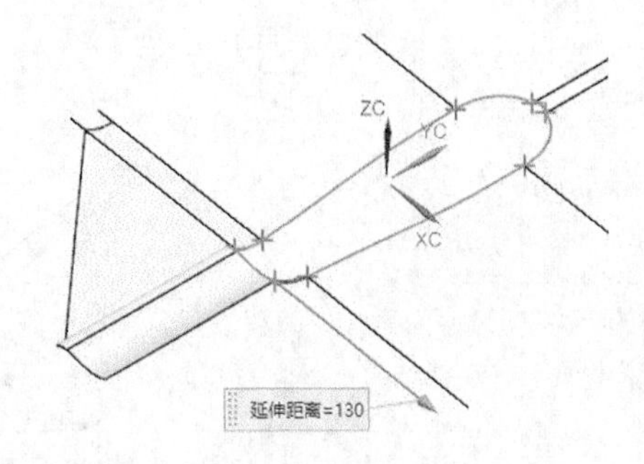

图 3-55　选择“段 3”

（4）在“设计分型面”对话框的“分型段”列表中选择“段 4”，如图 3-56 所示。在“创建分型面”中选择“拉伸”按钮，“拉伸方向”选择 *XC* 轴正方向，利用光标拖动“延伸距离”标志，调节曲面延伸距离，使分型面的拉伸长度大于工件的长度，单击“应用”按钮。

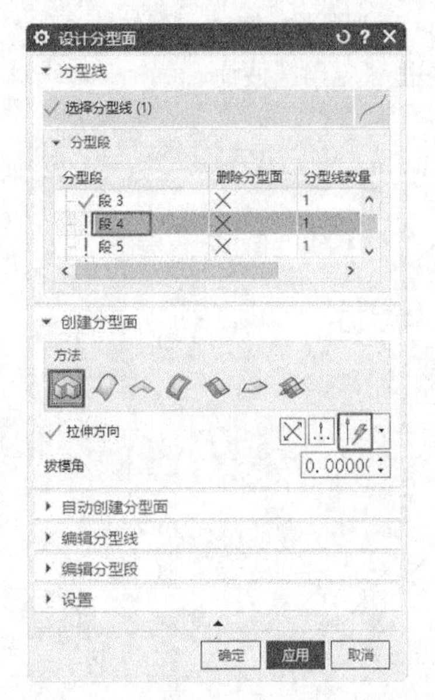

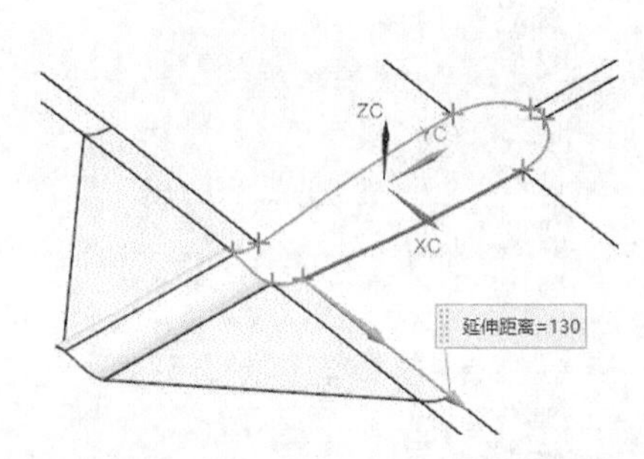

图 3-56　选择“段 4”

（5）在“设计分型面”对话框的“分型段”列表中选择“段 5”，如图 3-57 所示。在“创建分型面”中选择“有界平面”按钮，指定“第一方向”为–*XC* 轴方向，“第二方向”为 *YC* 轴方向，利用光标拖动“U向终点百分比”滑动块，使分型面的拉伸长度大于工件的长度，单击“应用”按钮。

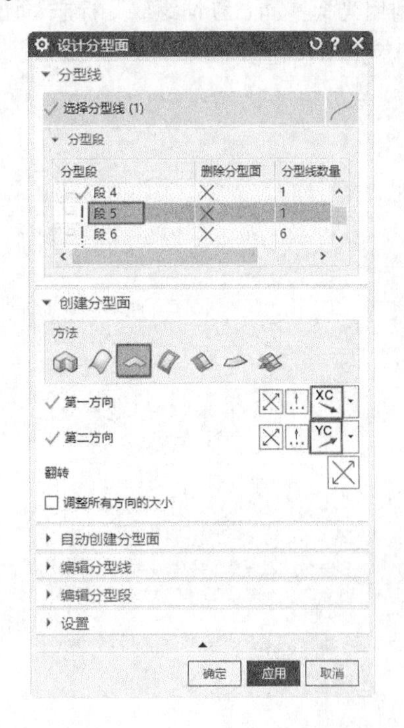

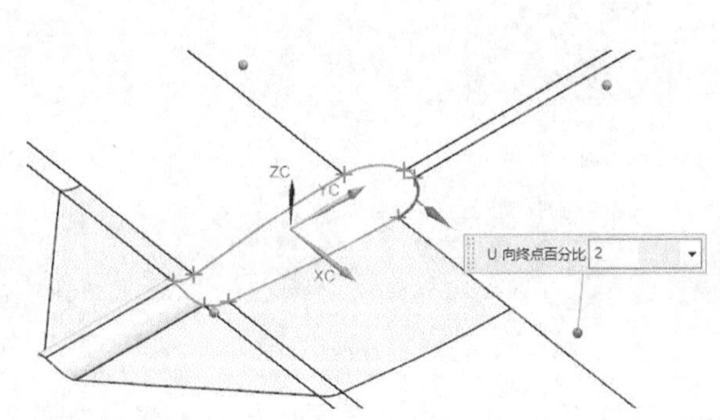

图 3-57　选择“段 5”

（6）在“设计分型面”对话框的“分型段”列表中选择“段 6”，如图 3-58 所示。在“创建分型面”中选择“拉伸”按钮，“拉伸方向”采用默认方向，利用光标拖动“延伸距离”标志，调节曲面延伸距离，使分型面的拉伸长度大于工件的长度，单击“应用”按钮。

（7）在“设计分型面”对话框的“分型段”列表中选择“段 7”，如图 3-59 所示。在“创建分型面”中选择“拉伸”按钮，“拉伸方向”采用默认方向，利用光标拖动“延伸距离”标志，调节曲面延伸距离，使分型面的拉伸长度大于工件的长度，单击“应用”按钮。

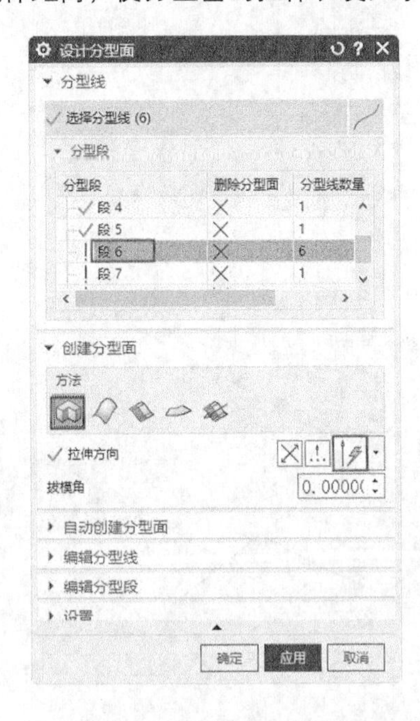

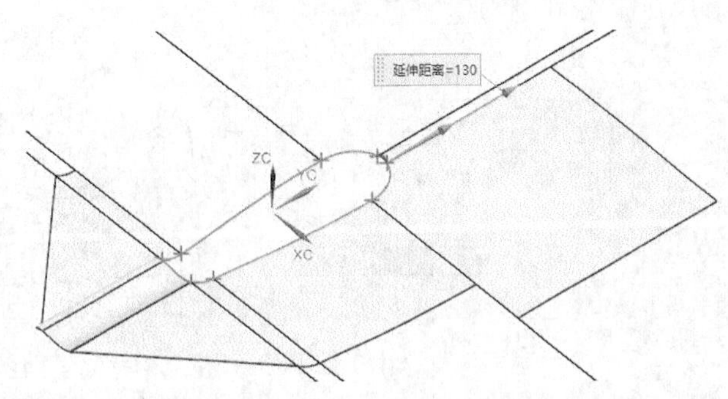

图 3-58　选择“段 6”

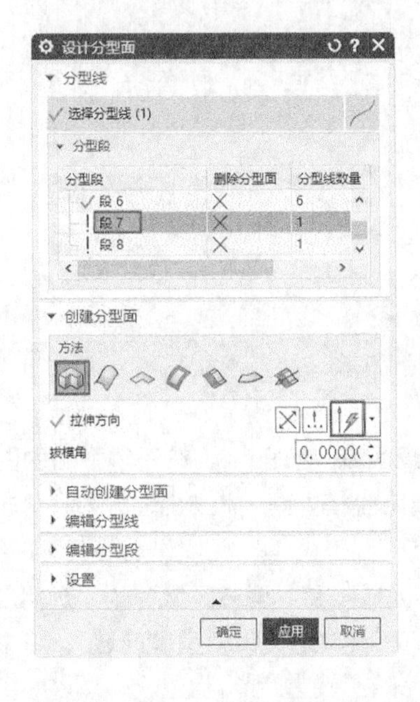

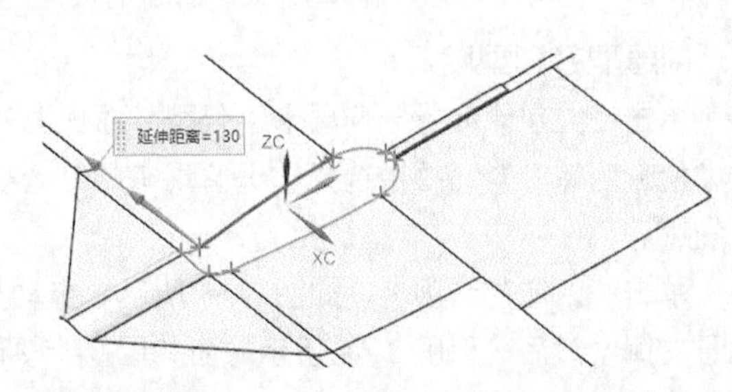

图 3-59　选择“段 7”

（8）在“设计分型面”对话框的“分型段”列表中选择“段 8”，如图 3-60 所示。在“创建分型面”中选择“有界平面”按钮，指定“第一方向”为 $-XC$ 轴方向，“第二方向”为 YC 轴方向，利用光标拖动“V 向终点百分比”滑动块，使分型面的拉伸长度大于工件的长度，单击“确定”按钮，分型面如图 3-61 所示。

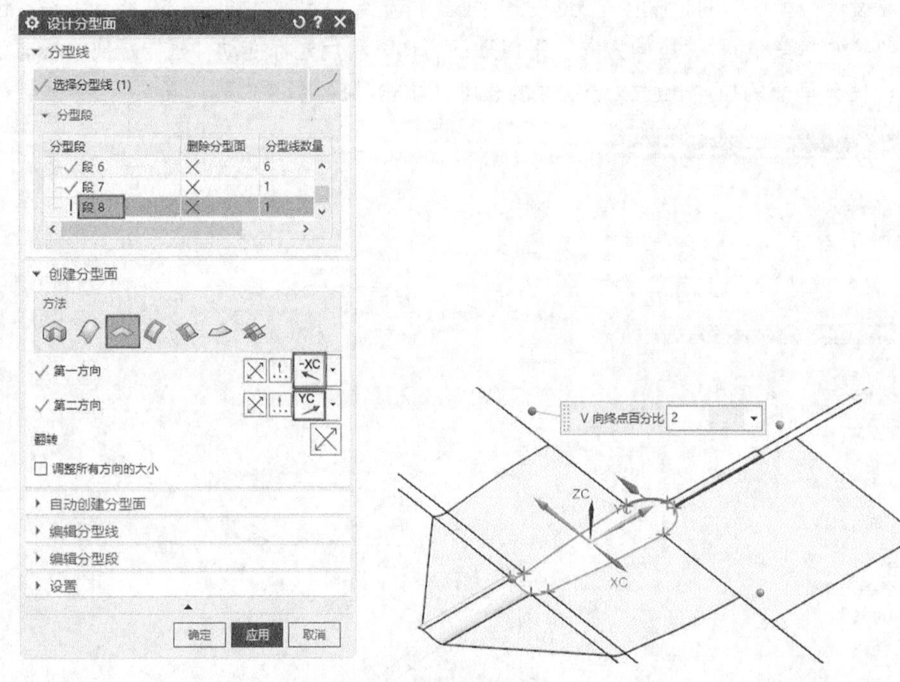

图 3-60　选择“段 8”

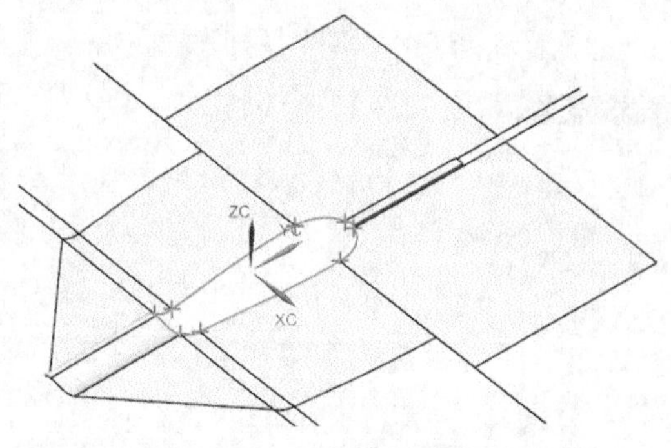

图 3-61　创建分型面

3．创建型芯和型腔

（1）单击“注塑模向导”选项卡“分型”面板上的“检查区域”按钮，在系统弹出的图 3-62 所示的“检查区域”对话框中选择“保留现有的”选项，“指定脱模方向”为 *ZC* 轴方向，单击“计算”按钮。

（2）单击“区域”选项卡，如图 3-63 所示。拖动“型腔区域”和“型芯区域”的“透明度”滑动块到最右侧，然后选取图 3-64 所示的面和图 3-65 所示的面，将其定义为“型腔区域”，将未定义的面定义为“型芯区域”。

（3）拖动“型腔区域”的“透明度”滑动块到最左侧，如图 3-66 所示。选取图 3-67 所示的面，将其修改为“型芯区域”。同理，再选取图 3-68 所示的 18 个面，将其修改为“型芯区域”。设置完成后的对话框如图 3-69 所示。

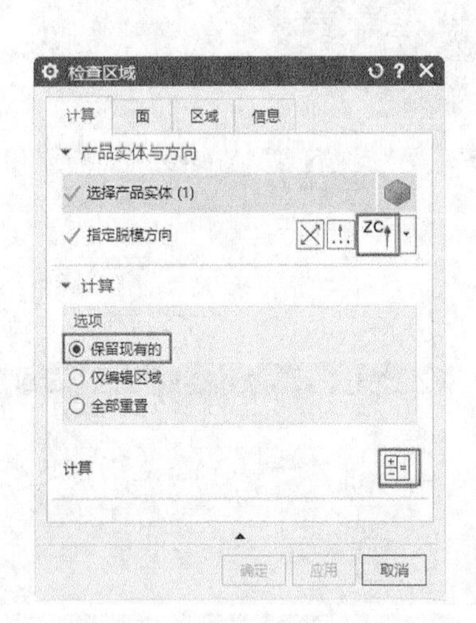

图 3-62 “检查区域”对话框

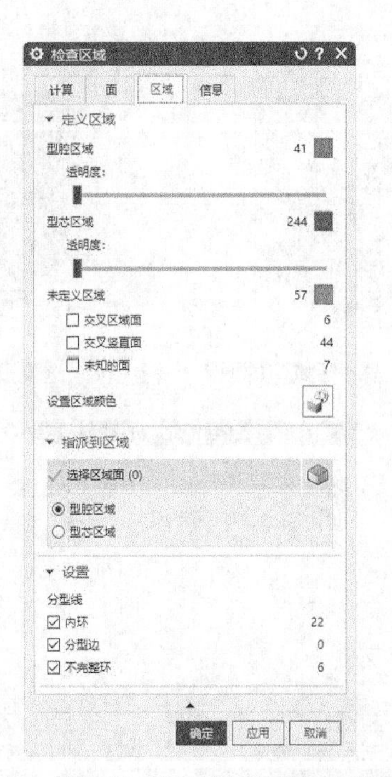

图 3-63 “区域”选项卡

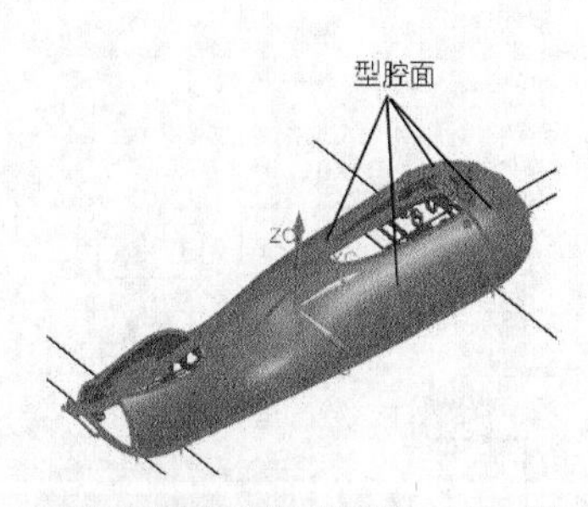

图 3-64 选取要定义为“型腔区域”的面 1

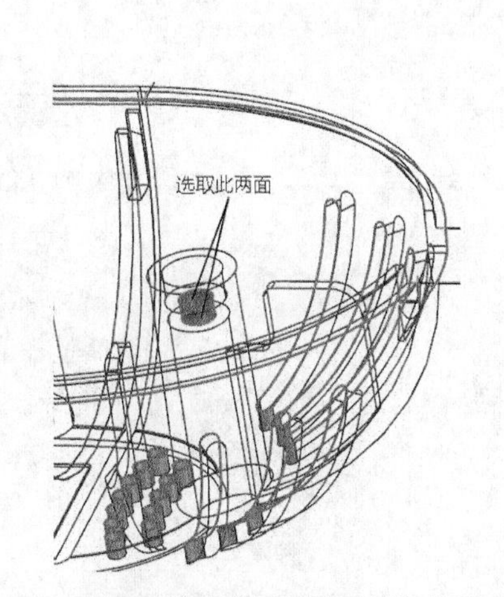

图 3-65 选取要定义为“型腔区域”的面 2

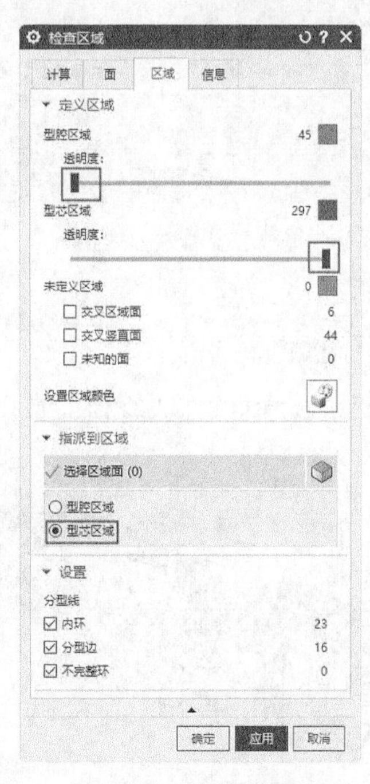

图 3-66 对话框设置

（4）单击“注塑模向导”选项卡“分型”面板上的“定义区域”按钮，系统弹出图 3-70 所示的“定义区域”对话框。

（5）选择“所有面”选项，勾选“创建区域”复选框，单击“确定”按钮。

（6）单击“注塑模向导”选项卡“分型”面板上的“定义型腔和型芯”按钮，系统弹出图 3-71 所示的“定义型腔和型芯”对话框。选择“所有区域”选项，将“缝合公差”设置为 0.1，单击“确定”按钮，系统自动生成型芯和型腔，如图 3-72、图 3-73 所示。

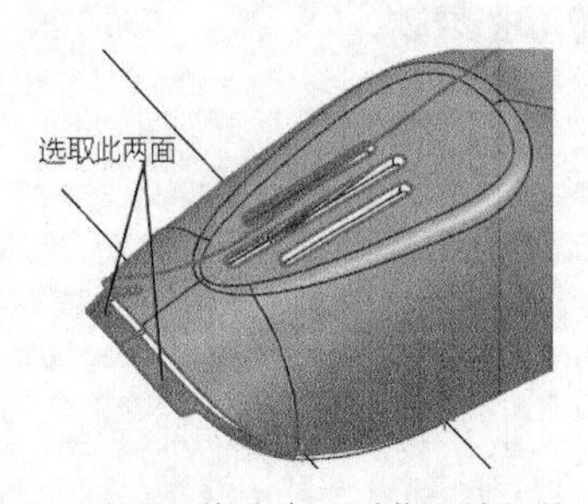

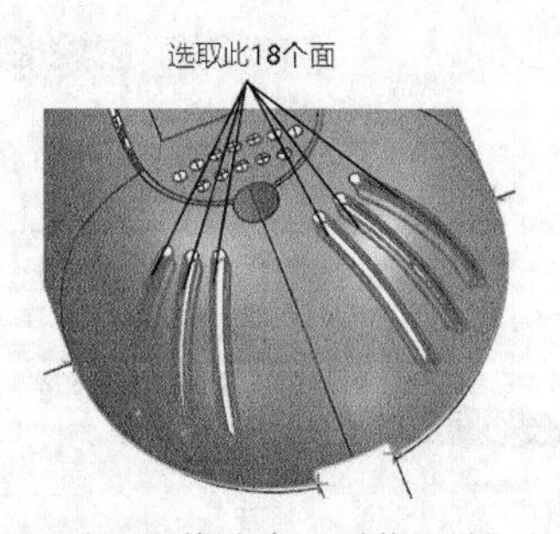

图 3-67　选取要修改为“型芯区域”的面 1　　图 3-68　选取要修改为“型芯区域”的面 2

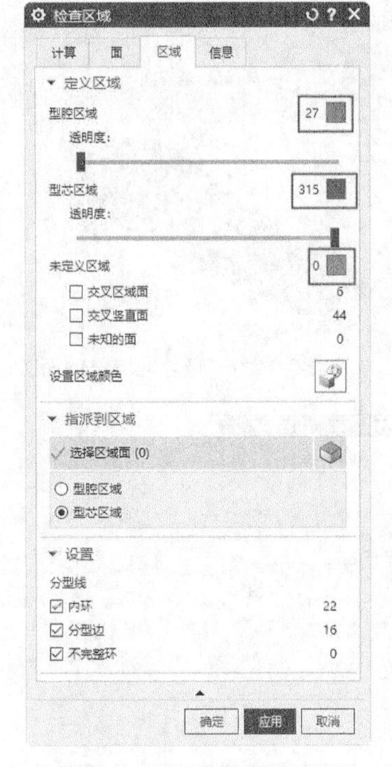

图 3-69　定义完成后的对话框

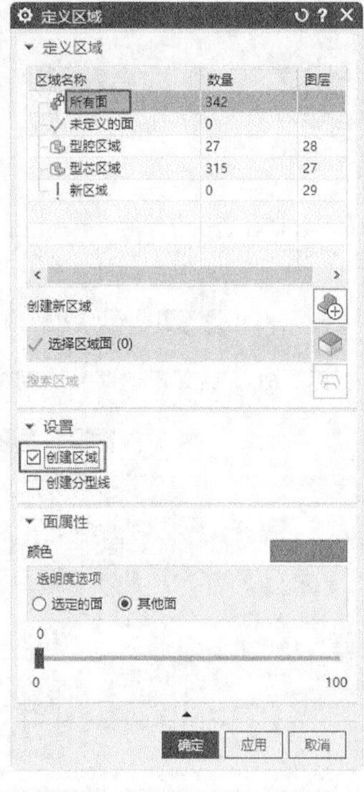

图 3-70　“定义区域”对话框

图 3-71　“定义型腔和型芯”对话框

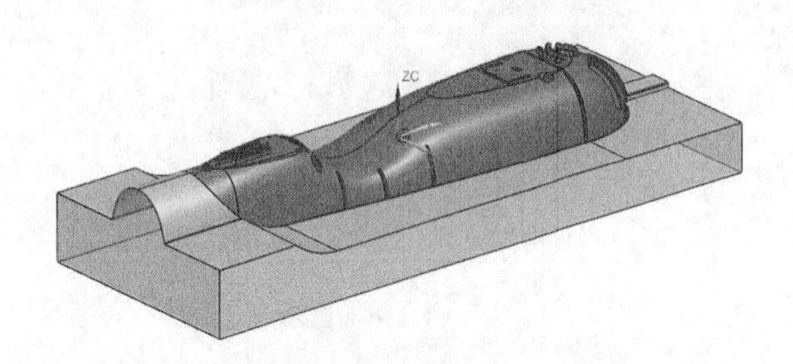

图 3-72　型芯

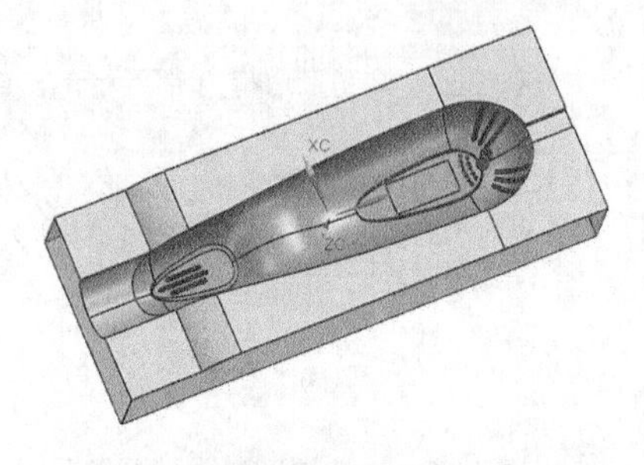

图 3-73　型腔

3.2.4　扩展实例——仪表盖模具分型设计

创建仪表盖模具型芯和型腔，如图 3-74 所示。首先利用“设计分型面”命令创建分型线和引导线；然后利用“设计分型面”命令创建分型面，并利用“检查区域”和“定义区域”命令定义区域；最后利用“定义型腔和型芯”命令创建型芯和型腔。

图 3-74　仪表盖模具型芯和型腔

第 4 章

模架库和标准件

模架和标准件是塑料注射成型工业中必不可少的工具。模架是用于型腔和型芯装夹、顶出和分离的机构，便于机械化操作以提高生产效率。标准件是将模具的一些附件标准化，便于替换使用。通过本章的学习，读者可以掌握如何选用和添加模架与标准件。

重点与难点

- 模架
- 标准件
- 顶杆后处理

4.1 遥控器后盖模具模架设计

本例创建遥控器后盖模具模架，如图 4-1 所示。

4.1.1 相关知识点——模架

模架是用于型腔和型芯装夹、顶出和分离的机构。对于不同类型的工程，模架尺寸和配置的要求有很大不同。模架包括标准模架、可互换模架、通用模架和自定义模架 4 种类型，分别满足不同情况的特定要求。

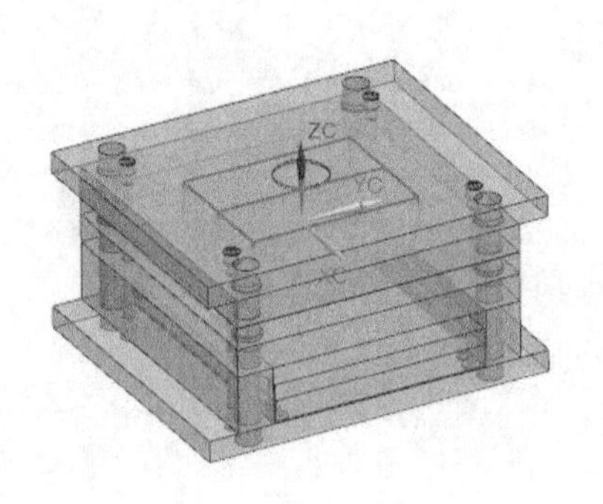

图 4-1 遥控器后盖模具模架

- 标准模架：用于要求使用标准目录模架的情况。标准的模架是由结构、形式和尺寸都标准化、系列化并具有一定互换性的零件成套组合而成。标准模架的基本参数，如模架长度和宽度、板的厚度和模架打开距离，可以很容易地在图 4-2 所示的“模架库”对话框中编辑。
- 可互换模架：用于需要非标准设计的情况。可互换模架以标准结构的尺寸为基础，但它可以很容易地调整为非标准的尺寸。
- 通用模架：用于可互换模架不能满足要求的情况。通用模架可以通过配置不同模架板来组合成数千种模架。
- 自定义模架：如果上面 3 种模架仍旧不符合需求，用户可以自定义模架结构、形式和尺寸，还可以将它添加到注塑模向导的库中，方便以后使用。

单击“注塑模向导”选项卡“主要”面板上的“模架库”按钮，系统弹出图 4-2 所示的“模架库”对话框和图 4-3 所示的“重用库”对话框。

“重用库”对话框包括模架的“名称”“成员选择”等选项。利用该对话框，可以选择一些供应商提供的标准模架或自定义的模架。

图 4-2 “模架库”对话框

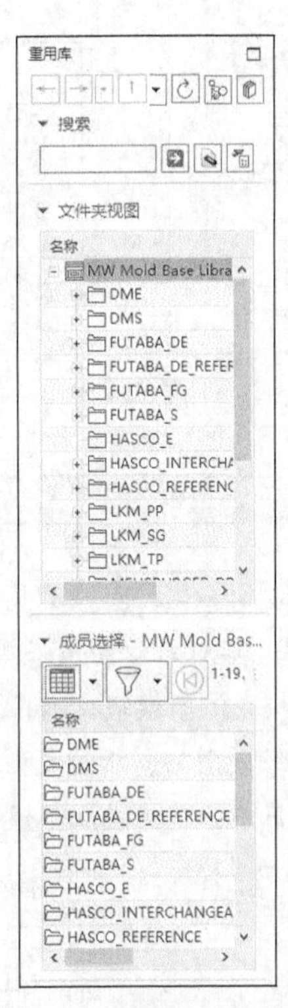

图 4-3 “重用库”对话框

（1）名称

在“名称”列表中可以选择不同模架供应商的规格体系中的模架作为当前的模架，如图 4-4 所示。模架的选择依赖工程单位。如果工程单位是英制的，只能使用英制的模架；如果工程单位是国际单位制的，则只能使用国际单位制的模架。

国际单位制的模架包括 DME、HASCO_E、FUTABA_S、FUTABA_DE、FUTABA _FG 等规格；英制的模架包括 DME、HASCO、OMNI、UNIVERSAL（通用模架）。

（2）成员选择

在“名称”列表中选择不同的模架库文件后，在“成员选择”列表中会显示不同配置的模架，如 A 型、B 型或二板式、三板式，如图 4-5 所示。选择不同的对象后，系统弹出图 4-6 所示的“信息”对话框，显示所选模架的信息。

不同的模架规格对应不同的类型。例如，DME 模架类型包括 2A（二板式 A 型）、2B（二板式 B 型）、3A（三板式 A 型）、3B（三板式 B 型）、3C（三板式 C 型）和 3D（三板式 D 型）6 种类型。

“布局大小”窗口显示当前布局型腔尺寸，包括型腔宽度 W、型腔长度 L、上模高度 Z_up、下模高度 Z_down，如图 4-6 所示。系统往往也是根据这些布局信息进行模架尺寸选择的。

在选择模架时，首先根据工程单位和模具特点在“名称”下拉菜单中选择模架规格，然后在“成员选择”下拉列表框中选择模架的类型。

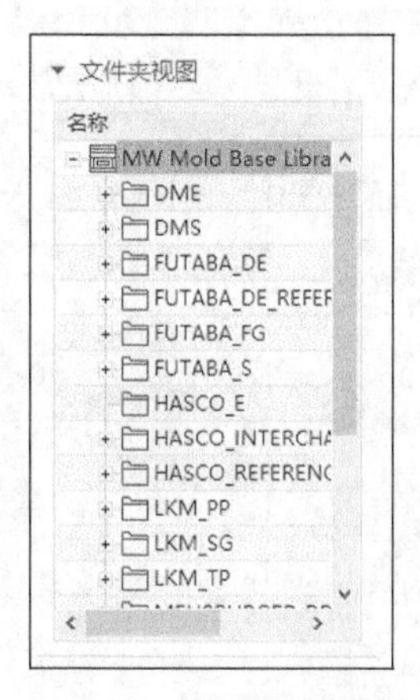

图 4-4　“名称”列表

图 4-5　“成员选择”列表

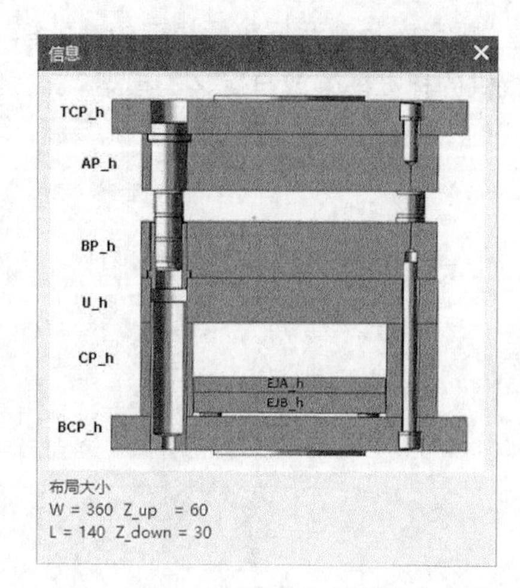

图 4-6　“信息”对话框

常用的二板式和三板式模架的特点如下。

- 二板式模架。二板式注塑模架是最简单的一种注塑模架，它仅由动模和定模两块组成，如图 4–7 所示。这种简单的二板式注塑模架在制品生产中的应用十分广泛，还可以根据实际制品的要求增加其他部件，如嵌件支承销、螺纹成型芯、活动成型芯等，因此这种简单的二板式结构也可以演变成多种复杂的结构被使用。在大批量生产中，二板式注塑模架可以被设计成多型腔模。

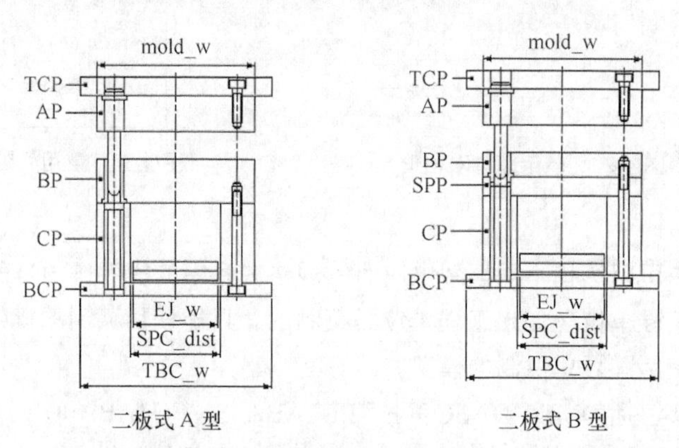

TCP-定模座板　AP-定模固定板　BP-动模固定板　CP-垫块　BCP-动模座板　SPP-动模垫板

图 4-7　二板式模架

- 三板式模架。三板式模架中的流道和模具分型面在不同的平面上，当模具打开时，流道凝料能和制品一起被顶出并与模具分离。这种模架的一大特点是制品必须适合中心浇口注射成型，除了边缘和侧壁，可以在制品的任何位置设置浇口。三板式模架自身就是自断浇口。制品和流道自模架的不同平面落下，能够很容易地被分开送出。

三板式模架组成包括定模板（也叫浇道板、流道板或锁模板）、中间板（也叫型腔板或浇口板）和动模板，如图 4-8 所示。和二板式模架相比，这种模具在定模板和动模板之间多了一个浮动模板，浇注系统常在定模板和中间板之间，而制品则在浮动部分和动模固定板之间。

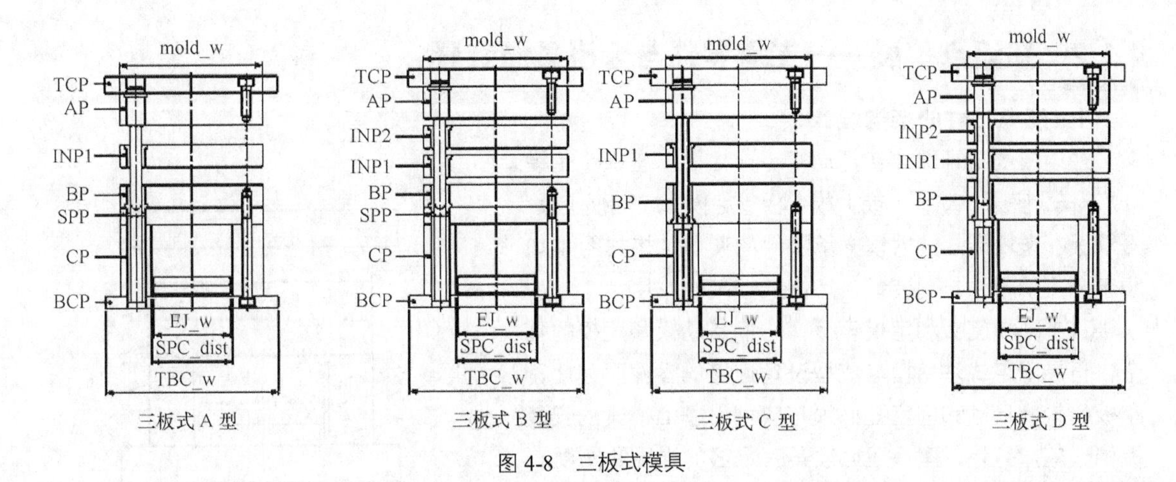

图 4-8　三板式模具

（3）详细信息

在“成员选择”列表中选择对象后会在“模架库”对话框中增加“详细信息”选项组，如图 4-9 所示。拖动滚动条可以浏览整个模架可编辑的尺寸。当选中一个尺寸时，它将显示在尺寸编辑窗口中。

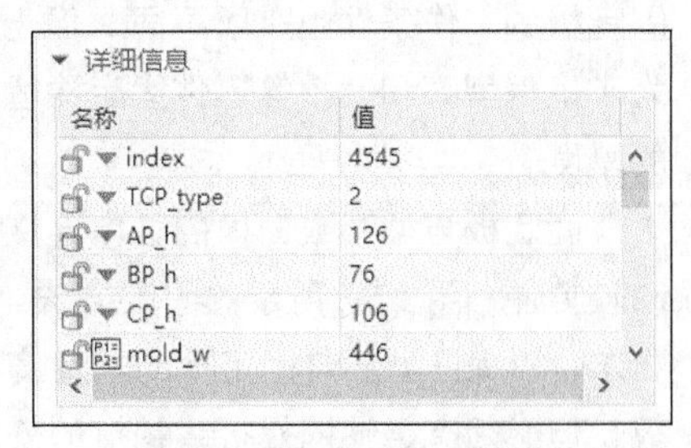

图 4-9　“详细信息”选项组

（4）编辑注册器和编辑数据库

在“设置”下拉列表框中单击“编辑注册器”按钮，打开模架电子表格文件。模架注册文件包括配置对话框和定位库中的模型的位置、控制数据库的电子表格及位图图像模架管理系统信息，如图 4-10 所示。

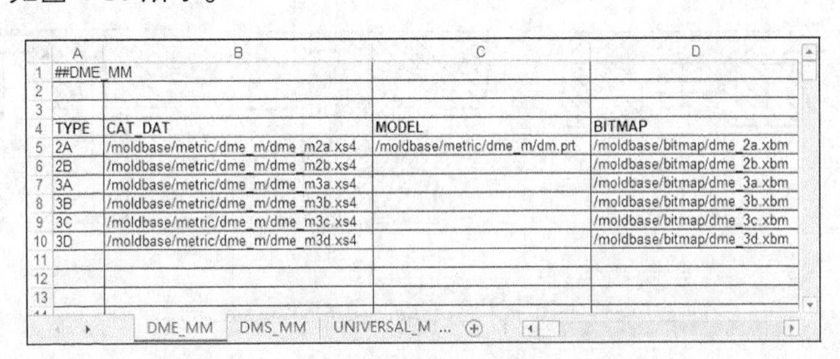

	A	B	C	D
1	##DME_MM			
2				
3				
4	TYPE	CAT_DAT	MODEL	BITMAP
5	2A	/moldbase/metric/dme_m/dme_m2a.xs4	/moldbase/metric/dme_m/dm.prt	/moldbase/bitmap/dme_2a.xbm
6	2B	/moldbase/metric/dme_m/dme_m2b.xs4		/moldbase/bitmap/dme_2b.xbm
7	3A	/moldbase/metric/dme_m/dme_m3a.xs4		/moldbase/bitmap/dme_3a.xbm
8	3B	/moldbase/metric/dme_m/dme_m3b.xs4		/moldbase/bitmap/dme_3b.xbm
9	3C	/moldbase/metric/dme_m/dme_m3c.xs4		/moldbase/bitmap/dme_3c.xbm
10	3D	/moldbase/metric/dme_m/dme_m3d.xs4		/moldbase/bitmap/dme_3d.xbm
11				
12				
13				

DME_MM　DMS_MM　UNIVERSAL_M ...

图 4-10　模架注册文件

在“设置”下拉列表框中单击“编辑数据库”按钮，打开当前对话框中显示的模架数据库电子表格文件。数据库文件包括定义特定的模架尺寸和选项的相关数据，如图 4-11 所示。

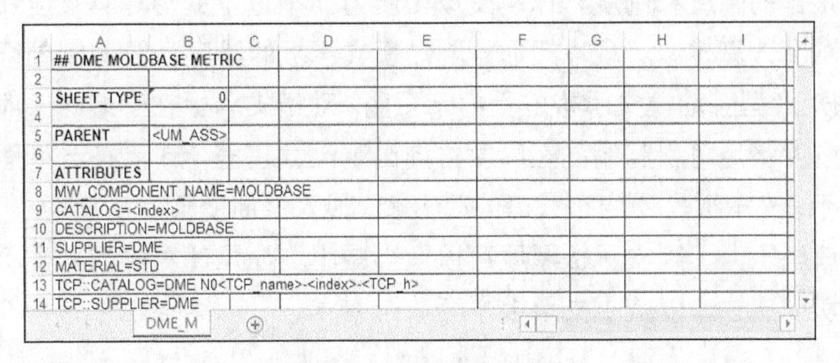

	A	B	C	D	E	F	G	H	I
1	## DME MOLDBASE METRIC								
2									
3	SHEET_TYPE	0							
4									
5	PARENT	<UM_ASS>							
6									
7	ATTRIBUTES								
8	MW_COMPONENT_NAME=MOLDBASE								
9	CATALOG=<index>								
10	DESCRIPTION=MOLDBASE								
11	SUPPLIER=DME								
12	MATERIAL=STD								
13	TCP::CATALOG=DME N0<TCP_name>-<index>-<TCP_h>								
14	TCP::SUPPLIER=DME								

DME_M

图 4-11　模架数据库文件

4.1.2 知识点扩展——支承零件与合模导向装置

1. 支承零件的结构设计

注射模的支承零件包括动模（或上模）座板、定模（或下模）座板、动模（或上模）板、定模（或下模）板、支承板、垫块等。注射模支承零件的典型结构如图 4-12 所示，支承零件起到装配、定位及安装的作用。

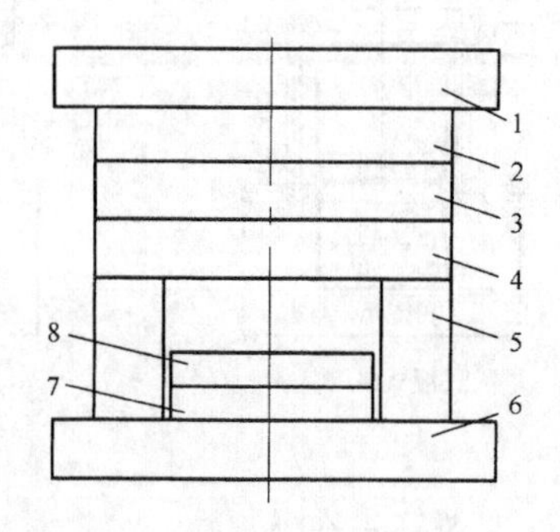

1-定模座板 2-定模板 3-动模板 4-支承板
5-垫块 6-动模座板 7-推板 8-顶杆固定板

图 4-12 注射模支承零件的典型结构

（1）动模座板和定模座板：它们是动模和定模的基座，也是固定式注射模与成型设备连接的零件。因此，座板的轮廓尺寸和固定孔必须与成型设备上模具的安装板相适应。另外，座板还必须具有足够的强度和刚度。

（2）动模板和定模板：用于固定型芯、凹模、导柱、导套等零件，所以俗称固定板。注射模种类及结构不同，固定板的工作条件也有所不同。但无论是哪一种模具，为了确保型芯和凹模等零件固定稳固，固定板应有足够的厚度。

固定板与型芯或凹模的基本连接方式如图 4-13 所示。其中图（a）所示为常用的固定方式，装卸较方便；图（b）所示的固定方法可以不用支承板，但固定板需加厚，而且对沉孔的加工还有一定要求，以保证型芯与固定板的垂直度；图（c）所示的固定方法最简单，既不用加工沉孔也不用支承板，但必须有足够的螺钉、销钉的安装位置，一般用于固定较大尺寸的型芯或凹模。

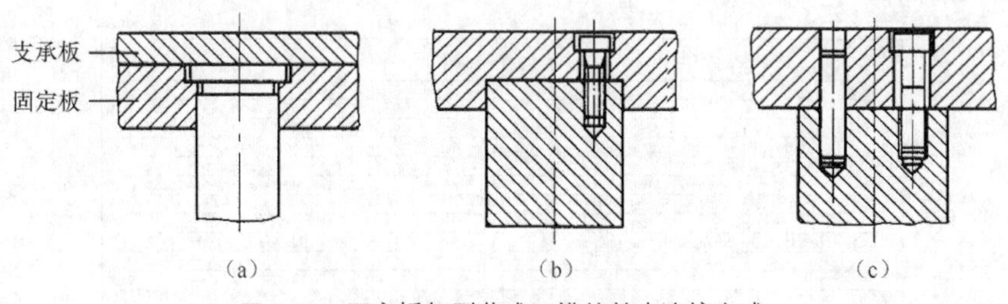

图 4-13 固定板与型芯或凹模的基本连接方式

（3）支承板：垫在固定板背面的模板。它的作用是防止型芯、凹模、导柱、导套等零件脱出，增强这些零件的稳定性并承受型芯和凹模等传递来的成型压力。支承板与固定板之间通常用螺钉和销钉连接，也可用铆接的形式。

支承板应具有足够的强度和刚度，以承受成型压力而不过量变形。其强度和刚度的计算方法与型腔底板的强度和刚度计算相似。现以矩形型腔动模支承板的厚度计算为例进行说明。

图 4-14 所示为矩形型腔动模支承板的受力示意图。动模支承板在安装时一般中部悬空而两边用支架支承，如果其刚度不足将引起制品在高度方向出现尺寸超差，或者在分型面上产生溢料而形成飞边。如图 4-14 所示，支承板是受均布载荷的简支梁，最大挠曲变形发生在中线上。如果动模板（型芯固定板）也承受成型压力，则支承板厚度可以适当减小。如果计算得到的支承板厚度过厚，则可在支架间增设支承块或支柱，以减小支承板厚度。

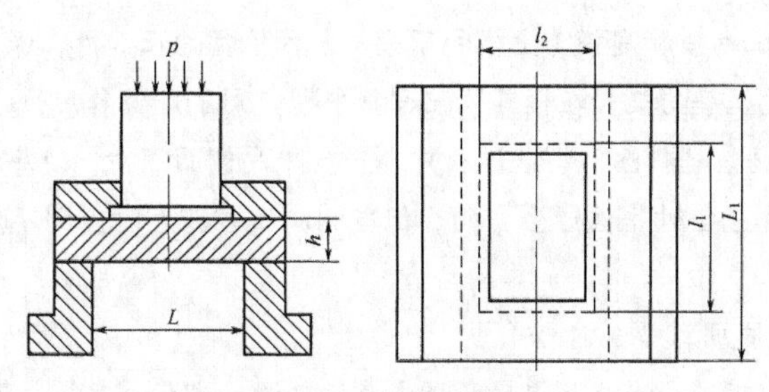

图 4-14　矩形型腔动模支承板受力示意

支承板与固定板的连接方式如图 4-15 所示。其中图（a）、（b）、（c）所示为螺纹连接，适用于顶杆分模的移动式模具和固定式模具，为了增加连接强度，一般采用圆柱头内六角螺钉；图（d）为铆钉连接，适用于移动式模具，其拆装麻烦，维修不便。

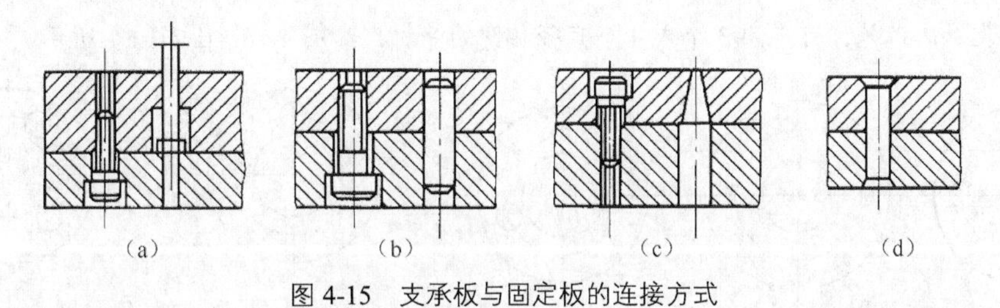

图 4-15　支承板与固定板的连接方式

（4）垫块：主要作用是使动模支承板与动模座板之间形成用于顶出机构运动的空间和调节模具总高度，以适应成型设备上模具安装空间对模具总高的要求。因此，垫块的高度应根据以上需求而定。垫块与支承板和座板的组装方法如图 4-16 所示，两端的垫块高度应一致。

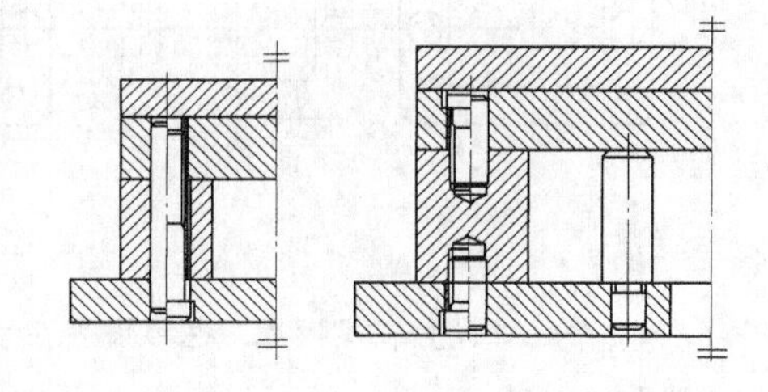

图 4-16　垫块的连接

2. 合模导向装置的结构设计

合模导向装置是保证动模与定模（或上模与下模）合模时正确定位和导向的装置。合模导向装置主要有导柱导向装置和锥面定位装置。通常采用导柱导向装置，如图 4-17 所示。导柱导向装置的主要零件是导柱和导套，有的在模板上用镗孔代替导套，该孔称为导向孔。

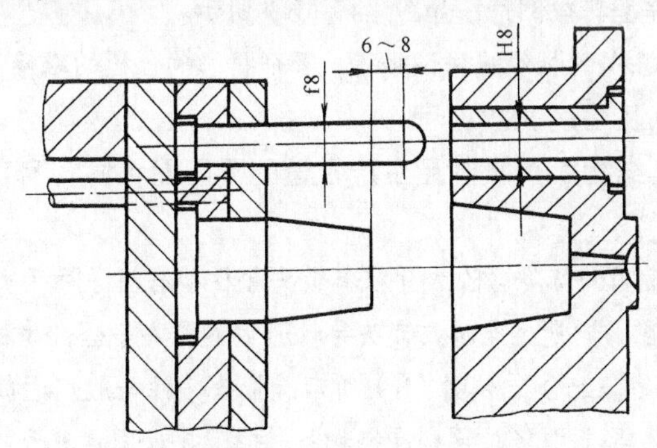

图 4-17　导柱导向装置

（1）导向装置的作用。

- 导向作用。动模和定模（上模和下模）合模时，导向零件首先接触，引导动（上）、定（下）模准确合模，避免凸模或型芯先进入型腔，保证不损坏成型零件。

• 定位作用。直接保证动模和定模（上模和下模）合模位置的正确性，保证模具型腔的形状和尺寸的正确性，从而保证制品精度。导向机构在模具装配过程中也起到了定位作用，便于装配和调整。

• 承受一定的侧向压力。塑料注入型腔过程中会产生单向侧面压力，使导柱在工作中承受一定的侧压力，此外，成型设备的精度也会对导柱产生影响。但当侧向压力很大时，则不能完全由导柱来承担，需要增设锥面定位装置。

（2）导向装置的设计原则。

• 导向零件应均匀、合理地分布在模具的周围或靠近边缘的部位，其中心至模具边缘应有足够的距离，以保证模具的强度，防止压入导柱和导套时发生变形。

• 根据模具的形状和大小，一副模具一般需要 2～3 个导柱。对于小型模具，通常只用两个直径相同且对称分布的导柱，如图 4-18（a）所示。如果模具的凸模与凹模合模时有方位要求，则用两个直径不同的导柱，如图 4-18（b）所示；或者用两个直径相同，但错开位置的导柱，如图 4-18（c）所示。对于大中型模具，为了简化加工工艺，可采用 3 个或 4 个直径相同的导柱，如图 4-18（d）、（e）所示。

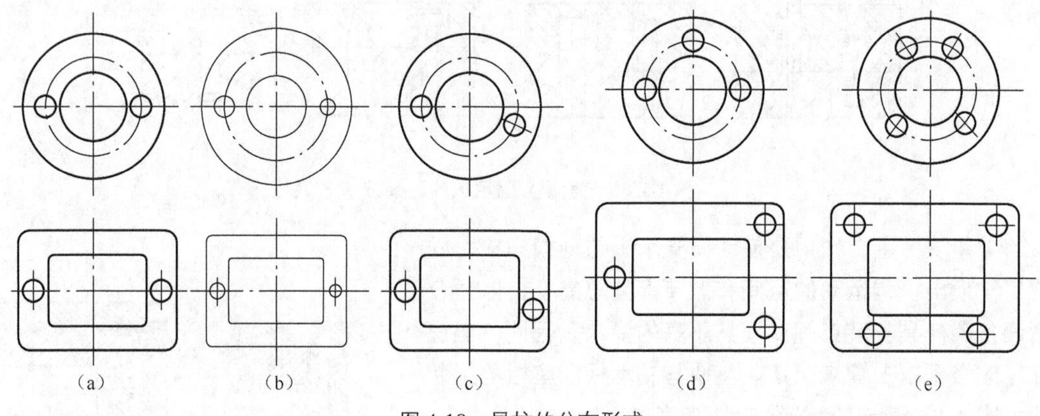

图 4-18　导柱的分布形式

• 导柱可设置在定模上，也可设置在动模上。在不妨碍脱模取件的条件下，导柱通常设置在型芯高出分型面的一侧。

• 当上模板与下模板采用合模加工工艺时，导柱装配处直径应与导套外径相等。

• 为保证分型面很好地接触，导柱和导套在分型面处应制有承屑槽，一般会削去一个面，如图 4-19（a）所示，或者在导套孔口倒角，如图 4-19（b）所示。

• 各导柱、导套（导向孔）的轴线应保证平行，否则将影响合模的准确性，甚至损坏导向零件。

（3）导柱的结构、特点及用途。

导柱的结构形式随模具结构大小及制品生产批量的不同而不同，目前在生产中常用的结构有以下几种。

• 台阶式导柱。注射模常用的标准台阶式导柱有带头导柱和有肩导柱两类，压缩模也采用类似的导柱。图 4-20 所示为台阶式导柱。在小批量生产时，带头导柱通常不需要导套，导柱直接与模板导向孔配合，如图（a）所示；导柱也可以与导套配合，如图（b）所示，带头导柱一般用于简单模具。有肩导柱一般与导套配合使用，如图（c）所示，导套内径与导柱直径相等，便于导柱固定孔和导套固定孔的加工。如果导柱固定板较薄，可采用图（d）所示的有肩导柱，其固定部分有两段，分别固定在两块模板上。

• 铆合式导柱。其结构如图 4-21 所示，图（a）所示结构的导柱固定不够牢固，稳定性较差，为此可将导柱沉入模板 1.5～2mm，如图（b）、（c）所示。铆合式导柱结构简单，加工方便，但导柱损坏后不易更换，这种结构主要用于小型简单的移动式模具。

- 合模销。其结构如图 4-22 所示。在垂直分型面的组合式凹模中，为了保证锥模套中拼块相对位置的准确性，常采用两个合模销。分模时，为了使合模销不被拔出，其固定端部分采用 H7/k6 过渡配合，另一滑动端部分采用 H9/f8 间隙配合。

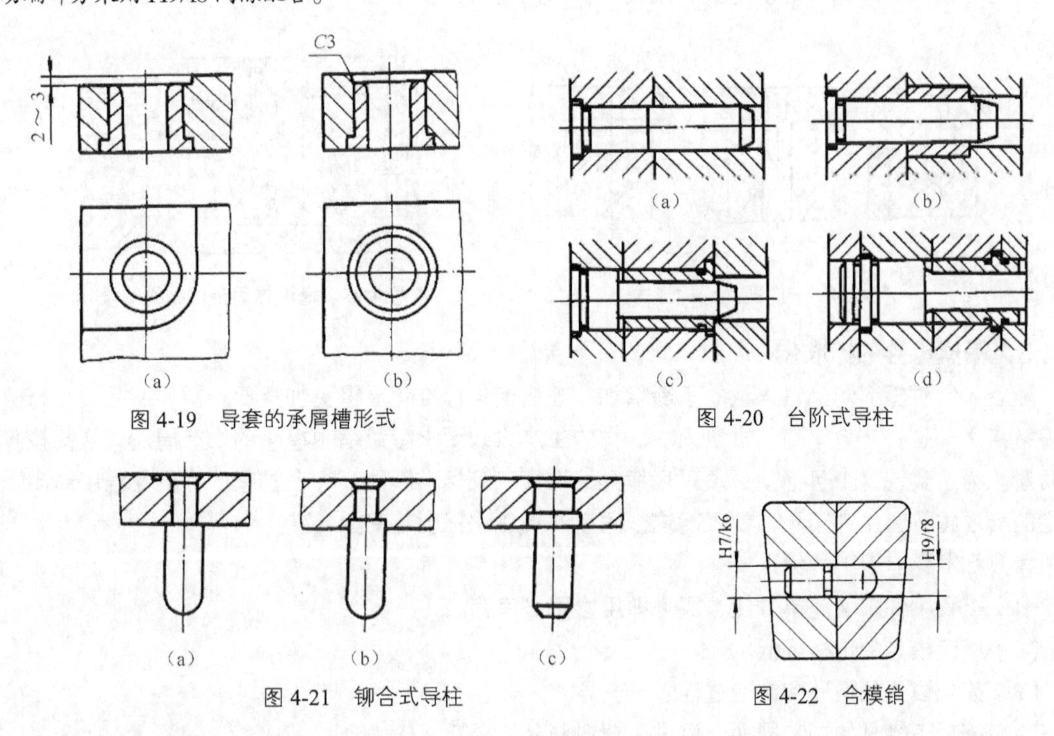

图 4-19　导套的承肩槽形式

图 4-20　台阶式导柱

图 4-21　铆合式导柱

图 4-22　合模销

（4）导套和导向孔的结构及特点。

- 导套。注射模常用的标准导套有直导套和带头导套两大类。导套的固定方式如图 4-23 所示，图（a）、（b）、（c）所示为直导套的固定方式，结构简单，制造方便，用于小型简单模具；图（d）所示为带头导套的固定方式，结构复杂，加工较难，主要用于精度要求高的大型模具。对于大型注射模或压缩模，为防止导套被拔出，导套头部安装方法如图（c）所示；如果导套头部无垫板，则应在头部加装盖板，如图（d）所示。根据生产需要，也可在导套的导滑部分开设油槽。

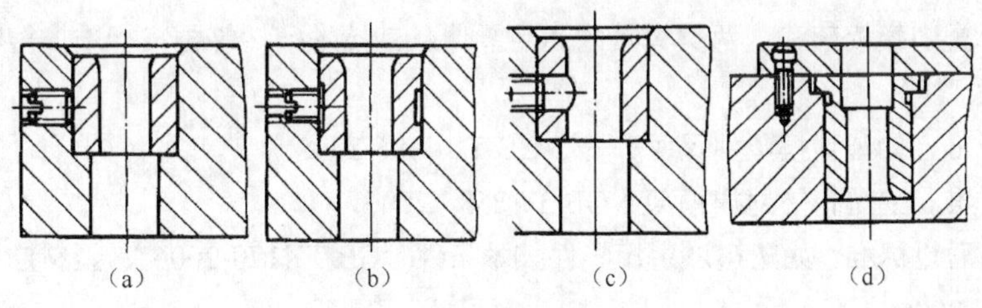

图 4-23　导套的固定方式

- 导向孔。导向孔直接开设在模板上，适用于生产批量小、精度要求不高的模具。导向孔应做成通孔，如图 4-24（b）所示，如果加工成盲孔，如图 4-24（a）所示，则会因孔内空气无法逸出而对导柱的进入产生反压缩作用，有碍导柱导入。如果模板很厚，导向孔必须做成盲孔时，则应在盲孔侧壁增加通孔或排除废料的孔，或者在导柱侧壁及导向孔开口端磨出排气槽，如图 4-24（c）所示。

在穿透的导向孔中，除按其直径大小需要一定长度的配合外，其余部分孔径可以扩大，以减少配合精加工面，并改善其配合状况。

（5）锥面定位结构。图 4-25 所示为增设锥面定位结构的模具，适用于模塑成型时侧向压力很大的情况。其锥面配合有两种形式：一种是两锥面之间镶上经淬火的零件 A；另一种是两锥面直接配合，此时两锥面均应热处理以达到一定硬度，从而增加其耐磨性。

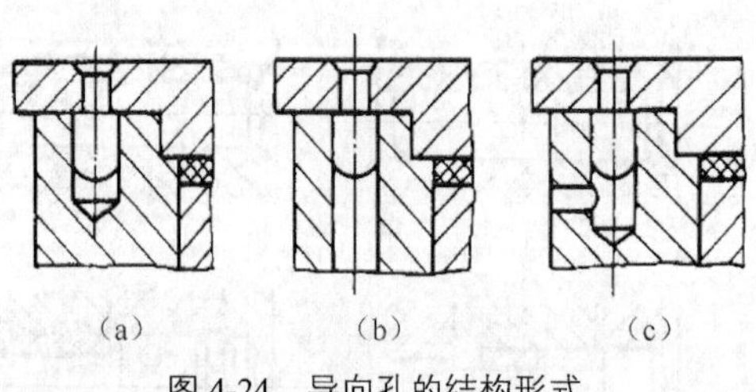

图 4-24　导向孔的结构形式

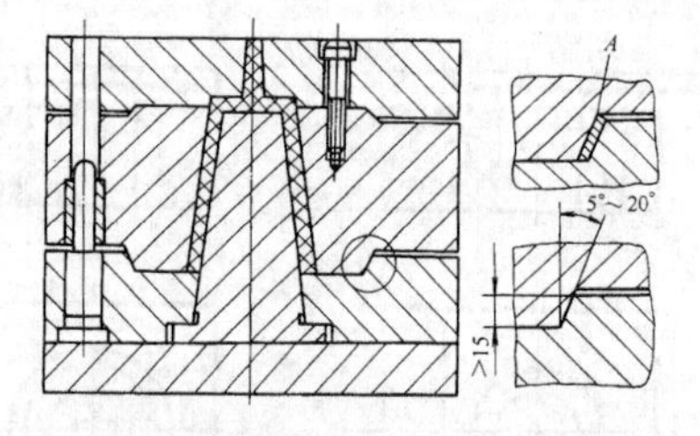

图 4-25　增设锥面定位结构的模具

3．模具零件的标准化

随着人们对塑料制品需求量的不断增加，塑料模具标准化显得更加重要。塑料制品加工行业的显著特点之一是生产效率高、批量大。这样的生产方式要求尽量缩短模具的生产周期，提高模具制造质量。为了实现这个目标就必须采用模具标准模架及标准零件。一个国家的标准化程度越高，所制定的标准越符合生产实际，就表明这个国家的工业化程度越高。

模具标准化有以下的优点。

（1）模具零件采购简单方便，买来即用，不必库存。

（2）能使模具的价格降低。

（3）简化模具的设计和制造过程。

（4）缩短了模具的加工周期，促进了塑料制品的更新换代。

（5）模具的精度及动作的可靠性得以保证。

（6）提高了模具中易损零件的互换性。

（7）模具标准化便于实现对外技术交流，扩大贸易，增强国家技术经济实力。

美国、德国、日本等国家都十分重视模具标准化工作，目前世界较流行的标准有：国际模具标准化组织 ISO/TC29/SC8 制定的国际通用模具技术标准、德国的 DIN 标准、美国 DME 公司标准、日本的 JIS 和 FUTABA 标准等。我国也十分重视模具标准化工作，由全国模具标准化技术委员会制定了冲模模架、塑料模模架和这两类模具的通用零件及其技术条件等国家标准。塑料模具国家标准大致分为 3 大类。

（1）基础标准，如塑料模塑件尺寸公差（GB/T 14486-2008）。

（2）产品标准，如塑料注射模模架（GB/T 12555-2006）。

（3）工艺与质量标准，如塑料注射模零件技术条件（GB/T 4170-2006）、塑料注射模模架技术条件（GB/T 12556-2006）等。

4.1.3　具体操作步骤

（1）单击“注塑模向导”选项卡“主要”面板上的“模架库”按钮，系统弹出“重用库”对话框和“模架库”对话框，在“重用库”对话框的“名称”列表中选择“HASCO_E”模架，在“成员选择”列表中选择“Type 1（F2M2）”，在“模架库”对话框的“详细信息”中设置“index”为 496×496，如图 4-26 所示。

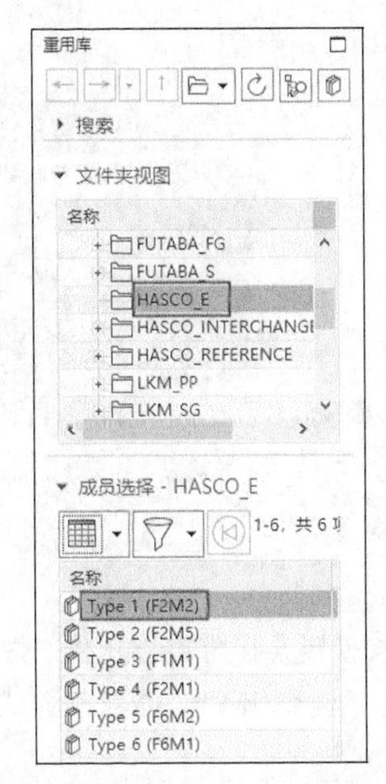

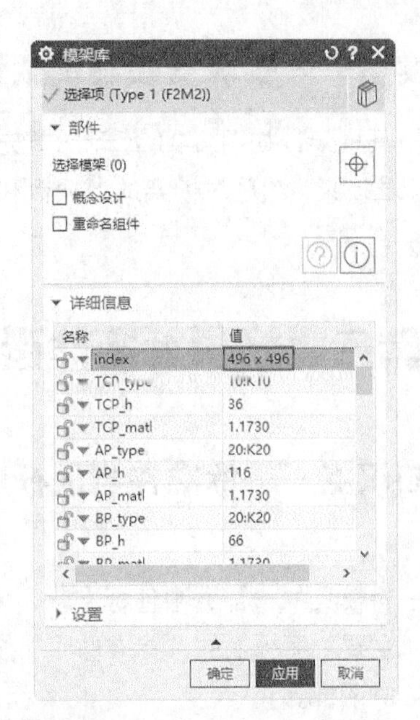

图 4-26　模架参数设置

（2）单击“应用”按钮，模架如图 4-27 所示。

（3）单击“模架库”对话框中的“旋转模架”按钮，旋转模架，调整模架的方向，如图 4-28 所示。

（4）可以看到模架上、下模板的厚度与型芯尺寸不匹配。在“AP_h”下拉列表框中选择模板的厚度为 76，在“BP_h”下拉列表框中选择模板的厚度为 36，如图 4-29 所示，单击“确定”按钮，完成的模架如图 4-30 所示。

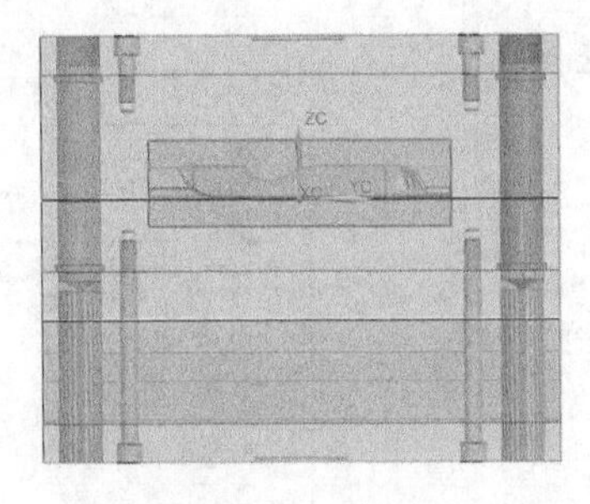

图 4-27　模架

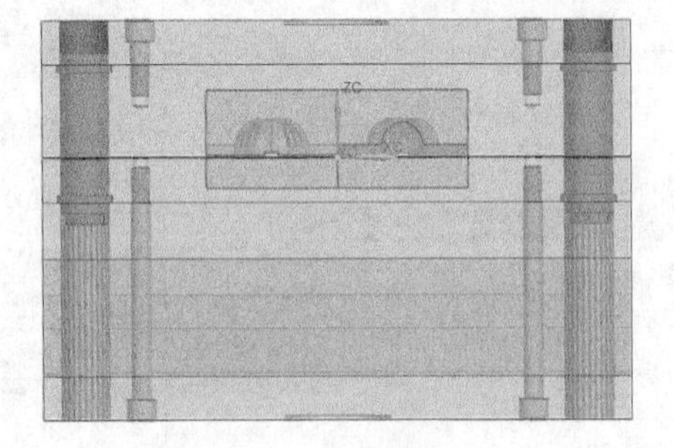

图 4-28　旋转模架

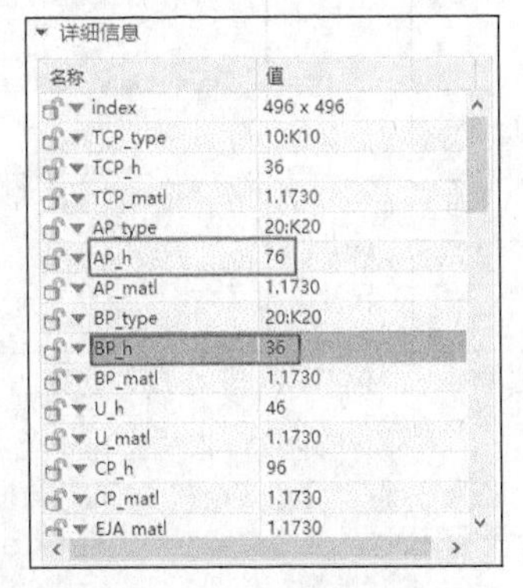

图 4-29　上、下模板参数设置

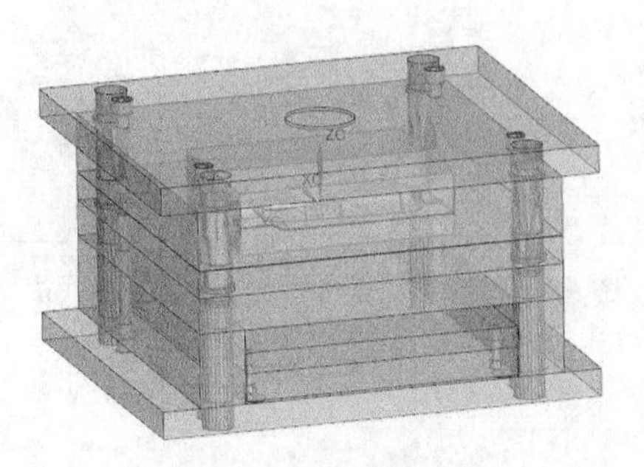

图 4-30　模架效果图

4.1.4 扩展实例——仪表盖模具模架设计

创建仪表盖模具模架，如图 4-31 所示。首先利用“模架库”命令添加标准模架，然后对模架的上模板和下模板进行修改。

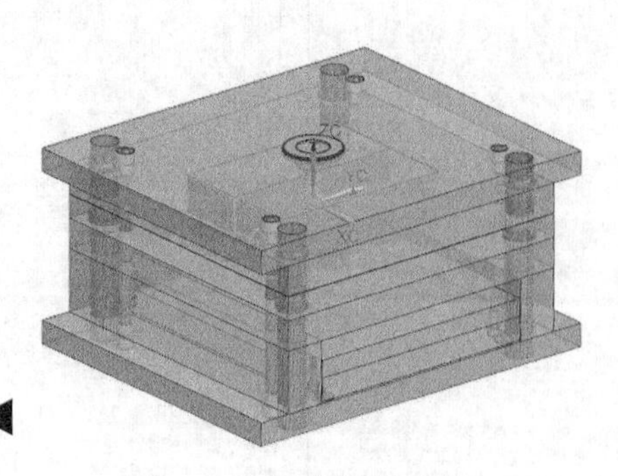

图 4-31 仪表盖模具模架

4.2 遥控器后盖模具标准件设计

4.2.1 相关知识点——标准件与顶杆后处理

1. 标准件

模具标准件是将模具的一部分附件标准化，便于替换使用，以提高模具生产效率。单击“注塑模向导”选项卡“主要”面板上的“标准件库”按钮，系统弹出图 4-32 所示的“标准件管理”对话框和“重用库”对话框。

（1）名称

“名称”列表中列出了可用的标准件库。国际单位制的库用于使用国际单位制单位初始化的模具工程，英制的库用于用英制单位初始化的模具工程。图 4-33 所示的标准件库包括 DME_MM、HASCO_MM、FUTABA_MM、MISUMI 等选项。日本 FUTABA 公司的标准件比较常用，表 4-1 列出了 FUTABA_MM 系列标准件名称和解释。

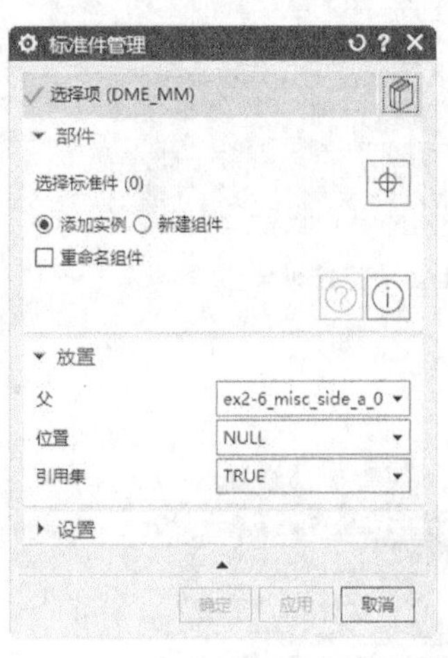

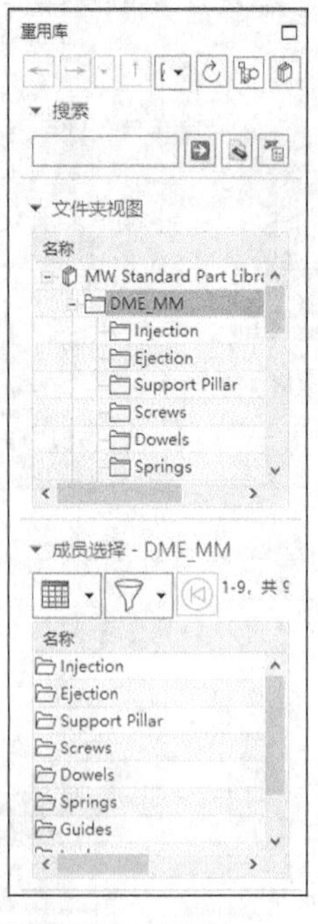

图 4-32 “标准件管理”对话框和“重用库”对话框

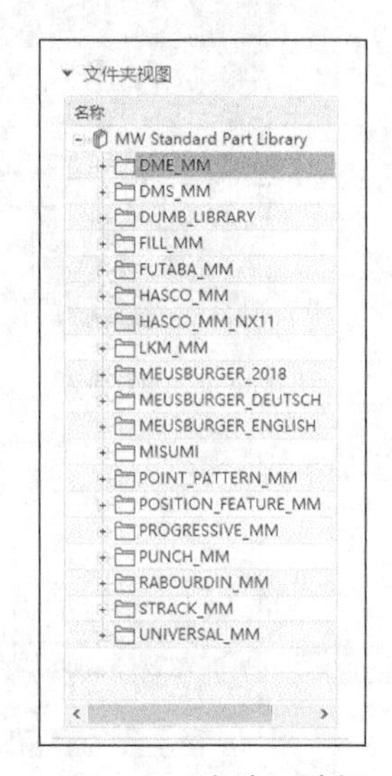

图 4-33 “名称”列表

表 4-1　FUTABA_MM 系列标准件名称和解释

名称	解释	名称	解释
Locating Ring Interchangeable	可互换定位环	Support	支承柱
Sprue Bushing	浇口套	Stop Buttons	限位钉
Ejector Pin	顶杆（推件杆）	Slide	滑块
Return Pins	复位杆	Lock Unit	定位杆
Ejector Sleeve	顶管（推件管）	Screws	定距螺钉
Ejector Blade	扁顶杆（扁推件杆）	Gate Bushings	点浇口嵌套
Sprue Puller	拉料杆	Strap	定距拉板
Guides	导柱导套	Pull Pin	尼龙扣
Spacers	垫圈	Springs	弹簧

（2）成员选择

在“名称”列表中选择不同的标准件库后，在“成员选择”列表中会显示不同的标准件规格，如图 4-34 所示。选择不同的对象，系统弹出图 4-35 所示的“信息”对话框，显示所选标准件的信息。

（3）放置

- 父：“父”下拉列表允许用户为所加入的标准件选择一个父装配，如图 4-36 所示。如果下拉列表框中没有要选的父装配名称，可以在加入标准件前，将该父装配设为工作部件。
- 位置：“位置”下拉列表为标准件选择主要的定义参数方式，包括“NULL”“WCS”“WCS_XY”“POINT”“POINT PATTERN”“PLANE”“ABSOLUTE”等选项，如图 4-37 所示。

图 4-34　“成员选择”列表

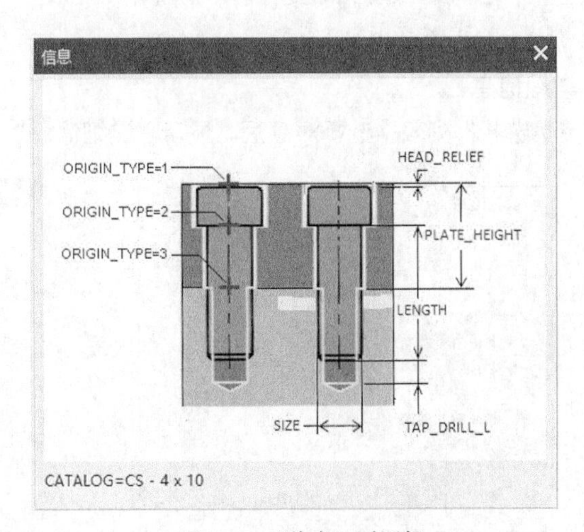

图 4-35　“信息”对话框

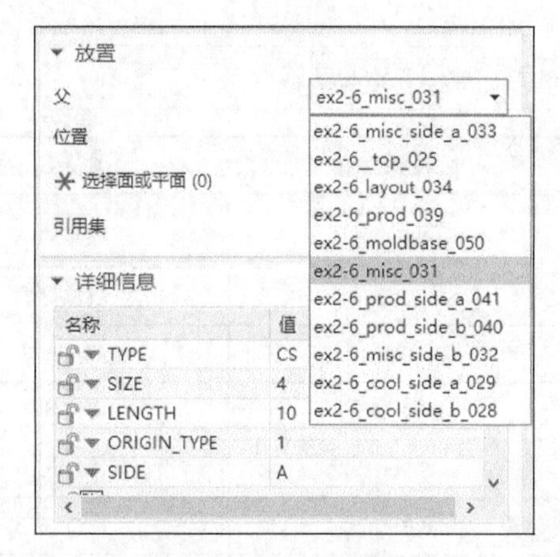

图 4-36 “父”下拉列表

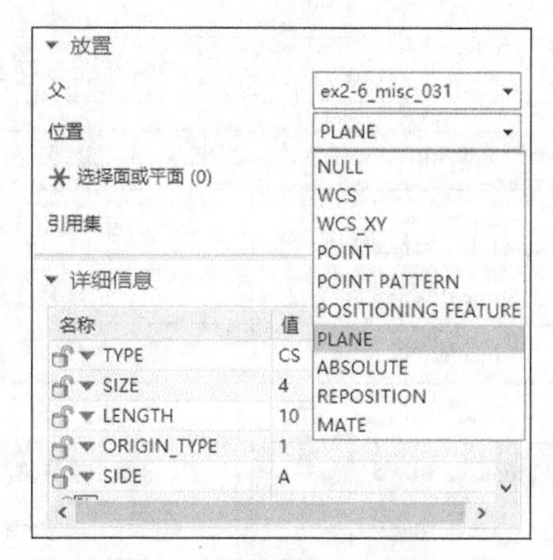

图 4-37 “位置”下拉列表

其中各选项含义如下。

➢ NULL：表示标准件的原点为装配树的绝对坐标原点（0, 0, 0）。

➢ WCS：表示标准件的原点为当前工作坐标系 WCS 原点（0, 0, 0）。

➢ WCS_XY：表示标准件的原点为工作坐标平面上的点。

➢ POINT：表示标准件的原点为用户所选 *XY* 平面上的点。

➢ PLANE：表示先选择一平面作为 *XY* 平面，然后定义标准件的原点为 *XY* 平面上的点。

➢ MATE：表示先在任意点处加入标准件，然后用 MATE 条件对标准件进行定位装配。

• 引用集：用于控制标准部件的显示状态。大多数模具组件要求创建一个在模架中剪切的腔体以放置组件。要求放置腔体的标准件会包含一个腔体剪切用的 FALSE 体，该体用于定义腔体的形状。

➢ TURE：表示显示标准件实体，不显示放置标准件用的腔体。

➢ FALSE：表示不显示标准件实体，显示标准件建腔后的型体。

➢ 整个部件：表示标准部件实体和建腔后的型体都会显示。

（4）部件

• 新建组件：允许该标准件作为新组件添加多个相同类型的组件，而不是作为组件的引用件来添加。

• 添加实例：默认安装一个组件的单独引用组件（假设没有选择组件编辑），或者可以从屏幕中选择现有的标准组件来添加一个现有标准件的引用组件。

• 重命名组件：在加载部件之前重命名组件。

（5）详细信息

在“成员选择”列表中选择对象后，显示“详细信息”选项组和“信息”对话框，如图 4-38 所示。

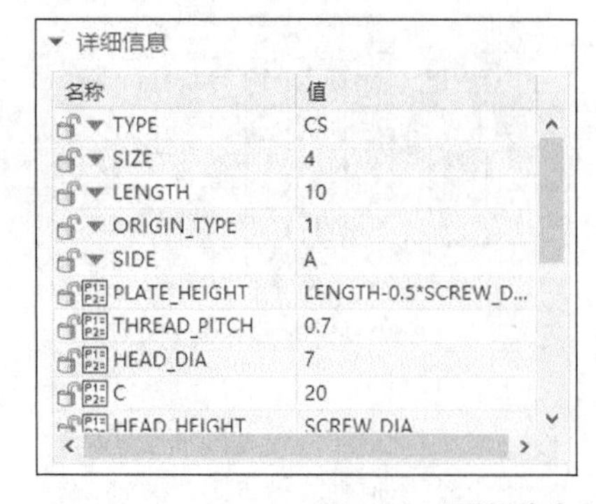

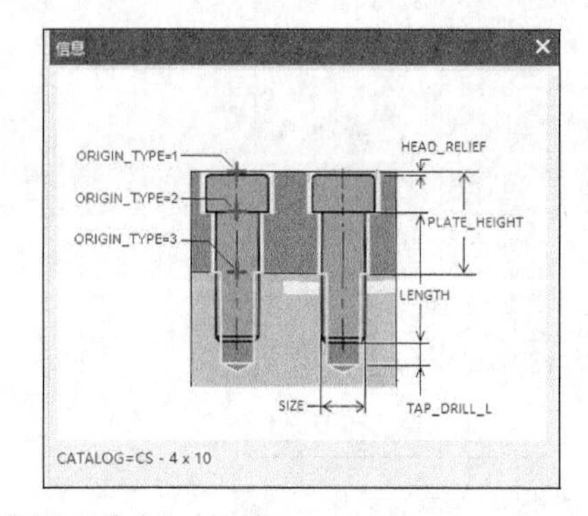

图 4-38 “详细信息”选项组和“信息”对话框

拖动“详细信息”选项组滚动条可以浏览整个标准件可编辑的尺寸，当选中一个尺寸时，它将显示在尺寸编辑窗口中。

（6）设置

- 单击“编辑注册器”按钮，打开标准件的注册文件，从而对其进行编辑和修改。
- 单击“编辑数据库”按钮，打开当前对话框中显示的标准件数据库电子表格文件，从而对其目录数据进行修改。数据库文件包括定义特定的标准件尺寸和选项的相关数据。

2. 顶杆后处理

顶杆后处理：使用顶杆后处理命令可以更改标准零件库中的顶杆长度，设置配合距离，即设置紧密配合的顶杆孔的长度及对顶杆进行修剪。

单击“注塑模向导”选项卡“主要”面板上的“顶杆后处理”按钮，系统弹出图 4-39 所示的“顶杆后处理”对话框，用于对顶杆进行修剪。

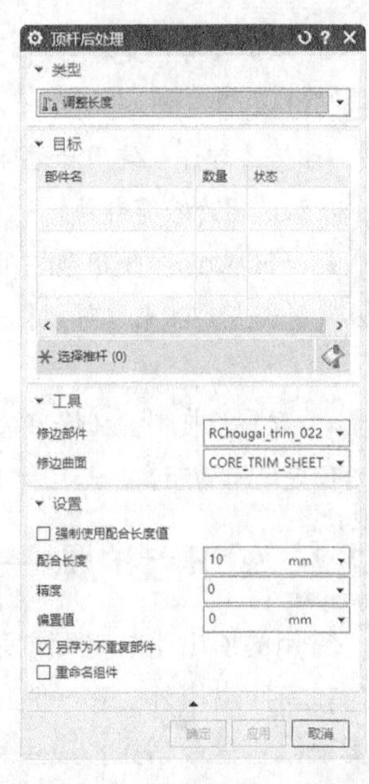

图 4-39 “顶杆后处理”对话框

（1）类型

- 调整长度：是指用参数来调整顶杆，而不是用建模面来修剪顶杆。若将顶杆的长度调整到与型芯表面的最高点一致，会造成产品实体凹痕，如图 4-40 所示。

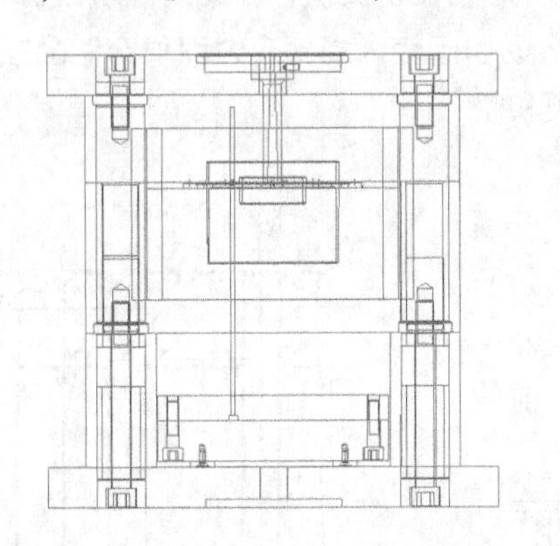 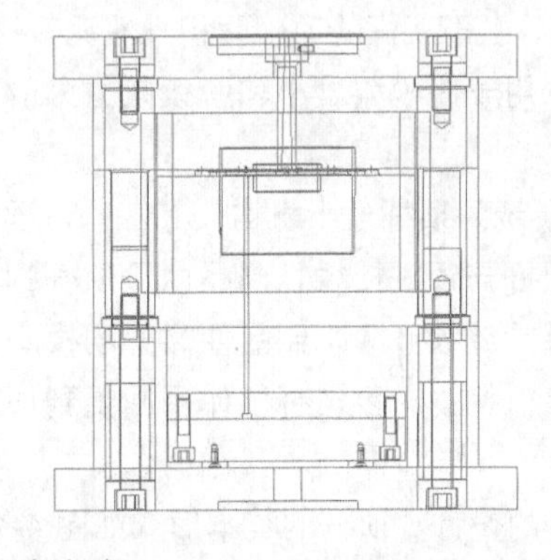

图 4-40 调整顶杆长度

- 修剪：用一个建模面（型腔侧面）来修剪顶杆，使顶杆头部与型芯表面相适应，如图 4-41 所示。

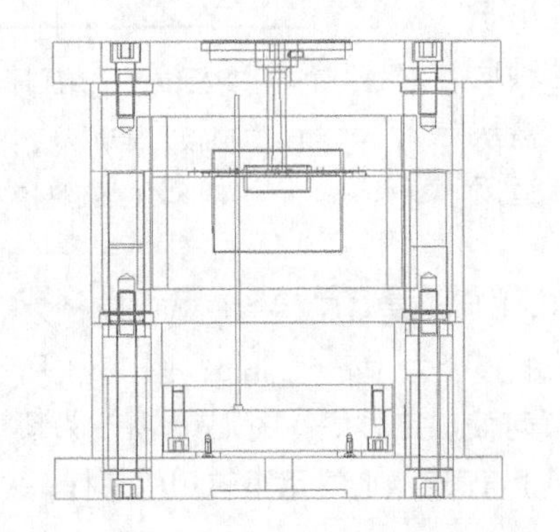 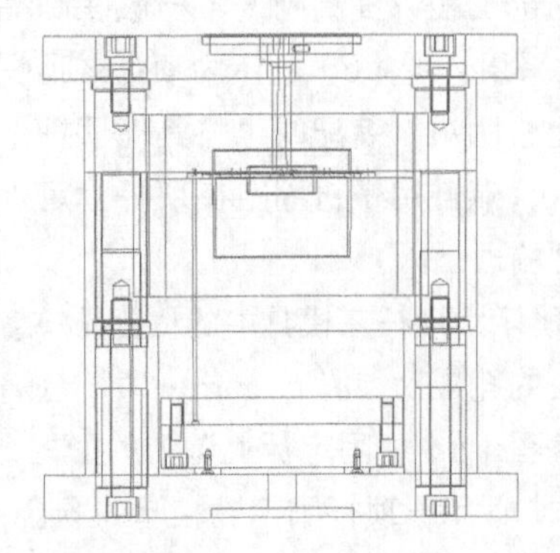

图 4-41 修剪顶杆

- 取消修剪：是指取消对顶杆的修剪。

（2）工具

- 修边部件：使用修边部件来定义包含顶杆修剪面的文件，默认选项为修剪部件。
- 修边曲面：使用型芯曲面、型腔曲面来修剪顶杆，也可以选择面或片体来修剪顶杆。

（3）设置

- 配合长度：定义修剪顶杆孔的最低点与顶杆孔偏置开始的位置之间的距离，如图 4-42 所示。

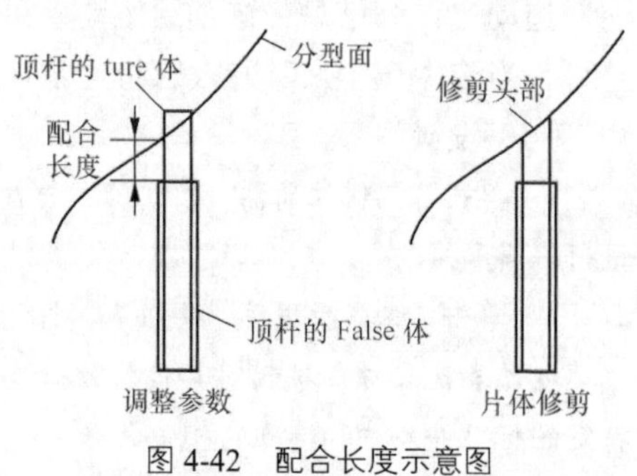

图 4-42　配合长度示意图

4.2.2　知识点扩展——顶出机构

常用的顶出机构是简单顶出机构，也叫一次顶出机构，即制品在顶出机构的作用下，通过一次动作就可脱出模外。它一般包括顶杆顶出机构、顶管顶出机构、推件板顶出机构、推块顶出机构等，这类顶出机构最常见，应用也最广泛。

1. 顶杆顶出机构

（1）顶杆的特点和工作过程。顶杆顶出机构是最简单、最常用的一种顶出机构。由于设置顶杆的自由度较大，而且顶杆截面大部分为圆形，容易达到顶杆与模板或型芯上顶杆孔的配合精度，同时顶杆顶出时运动阻力小，顶出动作灵活可靠，损坏后也便于更换，因此顶杆顶出机构在生产中应用广泛。但是，由于顶杆的顶出面积一般比较小，容易引起较大局部应力而顶穿制品或使制品变形，所以顶杆很少用于脱模斜度小和脱模阻力大的管类和箱类制品。

图 4-43 所示为顶杆顶出机构，其工作过程为：开模时，注射机顶杆与顶杆接触，制品由于顶杆的支承处于静止位置，模具继续开模，制品便离开动模脱出模外；合模时，顶出机构由于复位杆的作用回复到顶出之前的初始位置。

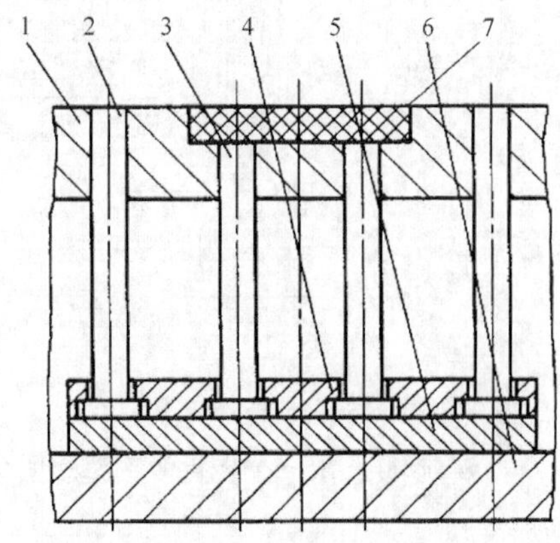

1-动模　2-复位杆　3-顶杆　4-顶杆固定板
5-顶板　6-动模底板　7-制品

图 4-43　顶杆顶出机构

（2）顶杆的设计。顶杆的基本形式如图 4-44 所示，图（a）所示为直通式顶杆，尾部采用台肩固定，是最常用的形式；图（b）所示为阶梯式顶杆，由于工作部分较细，故在其后部加粗以提高刚度，一般在制品直径小于 2.5～3mm 时采用；图（c）所示为顶盘式顶杆，这种顶杆加工起来比较困难，装配时也与其他顶杆不同，需从动模型芯插入，端部用螺钉固定在顶杆固定板上，适用于深筒形制品的顶出。

图 4-45 所示为顶杆在模具中的固定形式。图（a）所示是最常用的形式，直径为 d 的顶杆，在顶杆固定板上的孔应为（d+1）mm，顶杆台肩部分的直径为（d+6）mm；图（b）所示为采用垫块或垫圈来代替图（a）中固定板上沉孔的形式，这样可使加工方便；图（c）所示为顶杆底部采用顶丝拧紧的形式，适用于顶杆固定板较厚的场合；图（d）所示的形式用于较粗的顶杆，采用螺钉固定。

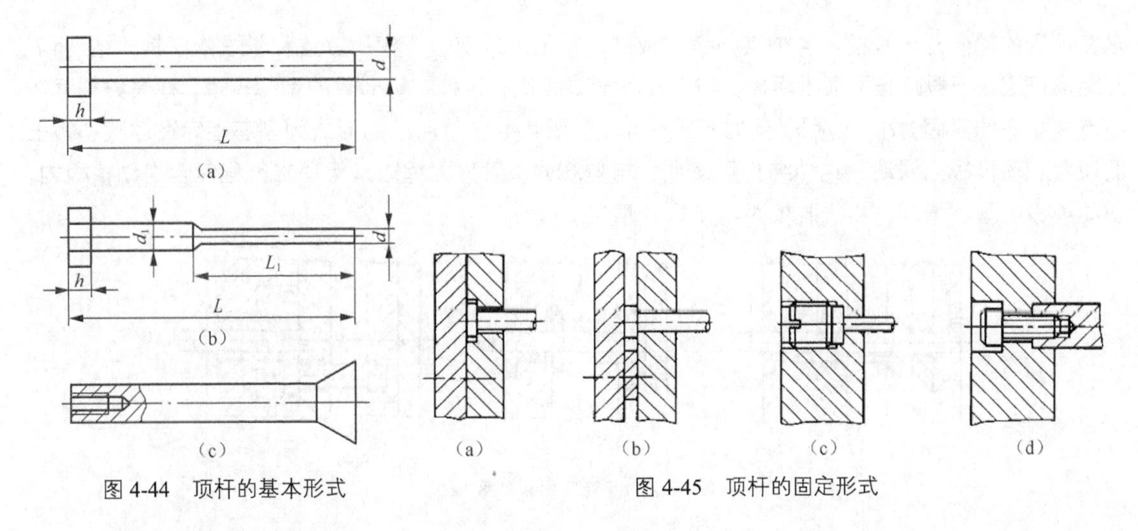

图 4-44　顶杆的基本形式　　　图 4-45　顶杆的固定形式

（3）顶杆设计的注意事项。

- 顶杆应设置在脱模阻力最大的地方，因制品对型芯的包紧力在四周最大，若制品较深，则应在制品内部靠近侧壁的地方设置顶杆，如图 4-46（a）所示；若制品局部有细而深的凸台或筋，则必须在该处设置顶杆，如图 4-46（b）所示。
- 顶杆不宜设在制品最薄处，否则很容易使制品变形甚至破坏，必要时可增大顶杆面积来降低制品单位面积上的受力，图 4-46（c）所示为采用顶盘式顶杆顶出制品。
- 当细长顶杆受到较大脱模力时，顶杆就会失稳变形，如图 4-47 所示。这时就必须增大顶杆直径或增加顶杆的数量，同时要保证制品顶出时受力均匀，从而使制品平稳顶出而且不变形。

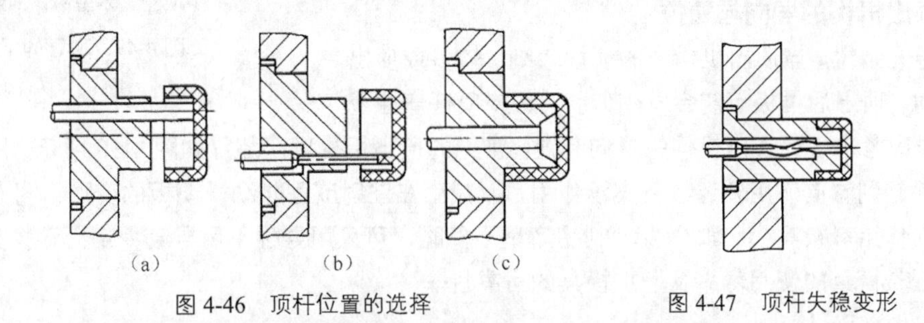

图 4-46　顶杆位置的选择　　　图 4-47　顶杆失稳变形

- 因顶杆的工作端面接触的是成型制品的部分内表面，如果顶杆的端面低于或高于该处型腔面，则制品上就会产生凸台或凹痕，影响其使用及美观。因此，顶杆装入模具后，其端面应与型腔面平齐或高出 0.05～0.1mm。
- 当制品各处脱模阻力相同时，应均匀布置顶杆，且数量不宜过多，以保证制品被顶出时受力均匀、平稳、不变形。

2. 顶管顶出机构

顶管顶出机构是用来顶出圆筒形、环形制品或带孔制品的一种特殊结构形式，其脱模运动方式和顶杆相同。由于顶管是一种空心顶杆，故整个周边接触制品，顶出的力量均匀，制品不易变形，也不会留下明显的顶出痕迹。

（1）顶管顶出机构的结构形式。图 4-48（a）所示的形式是最简单、最常用的结构形式，模具型芯穿过推板且固定于动模座板。这种结构的型芯较长，可兼作顶出机构的导向柱，多用于脱模距离不大的情况，结构比较可靠。图 4-48（b）所示的形式为型芯用销或键固定在动模板上。这种结构要求在顶管的轴向开一长槽，容纳其与销（或键）相干涉的部分，槽的位置和长短依模具的结构和顶出距离而定，一般略长于顶出距离。与上一种形式相比，这种结构形式的型芯较短，模具结构紧凑，缺点是型芯的紧固力小，适用于受力不大的型芯。图 4-48（c）所示的形式为型芯固定在动模垫板上，而顶管在动模板内滑动，这种结构可使顶管与型芯的长度大大缩短，但顶出行程包含在动模板内，使动模板的厚度增加，用于脱模距离不大的情况。

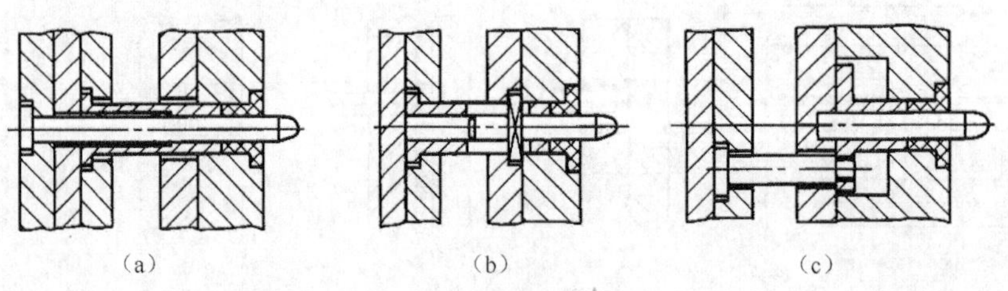

图 4-48　顶管顶出机构的形式

（2）顶管的配合。顶管的配合如图 4-49 所示。顶管的内径与型芯相配合，直径较小时选用 H8/f7 的配合，直径较大时选用 H7/f7 的配合；顶管的外径与模板上的孔相配合，直径较小时采用 H8/f8 的配合，直径较大时采用 H8/f 7 的配合。顶管与型芯的配合长度一般比顶出行程大 3 ~ 5mm，顶管与模板的配合长度一般为顶管外径的 1.5 ~ 2 倍，顶管固定端外径与模板有单边0.5mm 的装配间隙，顶管的材料、热处理硬度要求及配合部分的表面粗糙度要求与顶杆相同。

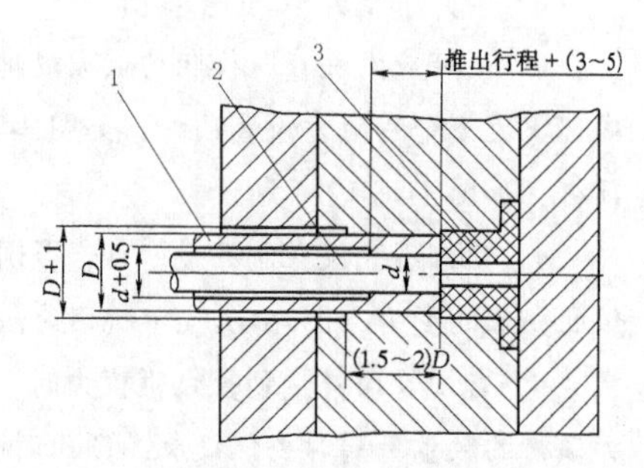

1-顶管　2-型芯　3-制品

图 4-49　顶管的配合

3. 顶出机构的导向与复位

（1）导向装置。当顶出机构中的顶杆较细、较多或顶出力不均匀时，顶出后推板可能会发生偏斜，造成顶杆弯曲或折断，此时应考虑设计顶出机构的导向装置。常见的顶出机构导向装置如图 4-50 所示。图（a）、（b）中的导柱除起到导向作用外还具备支承作用，以减小在注射成型时动模垫板的变形；图（c）中的结构只有导向作用。模具小、顶杆少、制品产量不多时，可只用导柱不用导套；反之，模具还需安装导套，以延长模具的使用寿命及增加模具的可靠性。

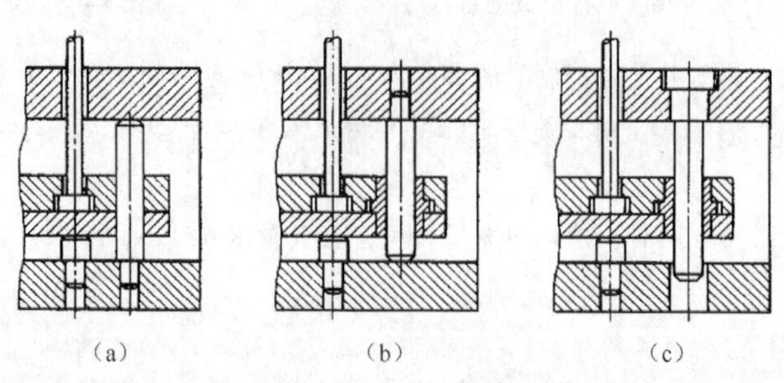

图 4-50　顶出机构的导向装置

（2）复位装置。顶出机构在开模顶出制品后，为下一次注射成型做准备，需使顶出机构复位，以便恢复模腔，所以必须设计顶出机构的复位装置。最简单的方法是顶杆固定板上同时安装复位杆，也叫回程杆。

4.2.3 具体操作步骤

本例添加遥控器后盖模架的标准件，如图 4-51 所示。

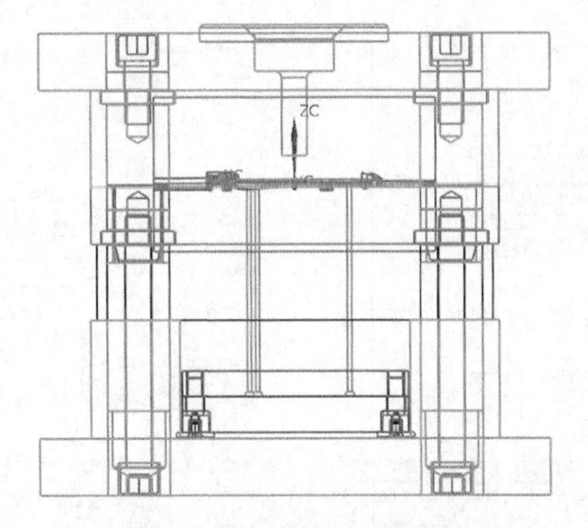

图 4-51 添加遥控器后盖模架的标准件

1. 添加标准件

（1）单击“注塑模向导”选项卡“主要”面板上的“标准件库”按钮，在系统弹出的“重用库”对话框中选择“名称”列表中的“HASCO_MM”→“Locating Ring”，在“成员选择”列表中选择“K100B”，如图 4-52 所示。

（2）单击“应用”按钮，将定位环加入模具装配中，如图 4-53 所示。

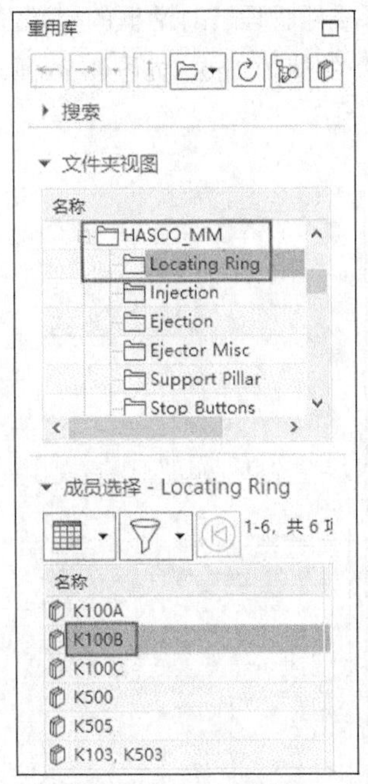

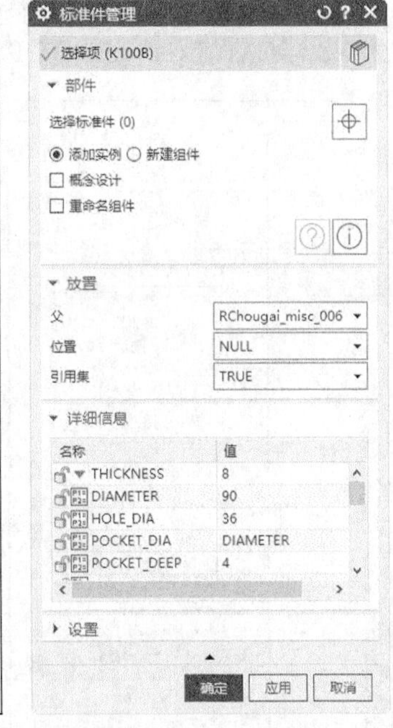

图 4-52 定位环参数设置

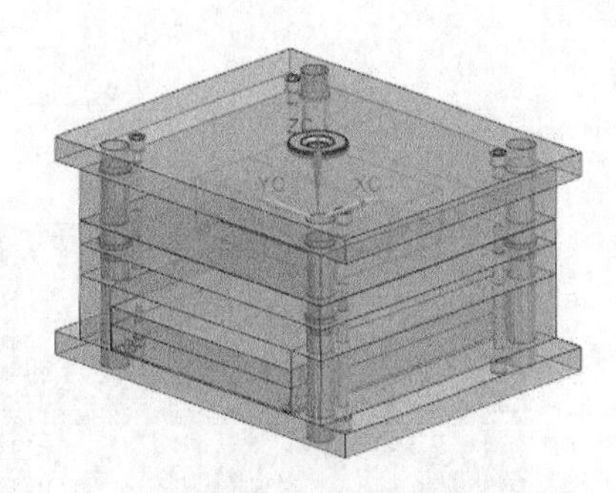

图 4-53 加入定位环

（3）在“重用库”对话框的“名称”列表中选择“HASCO_MM”→“Injection”，在“成员选择”列表中选择“Sprue Bushing [Z50, Z51, Z511, Z512]”，在“标准件管理”对话框的“详细信息”

列表中设置“CATALOG_DIA”的值为 24，“CATALOG_LENGTH”的值为 49，如图 4-54 所示。

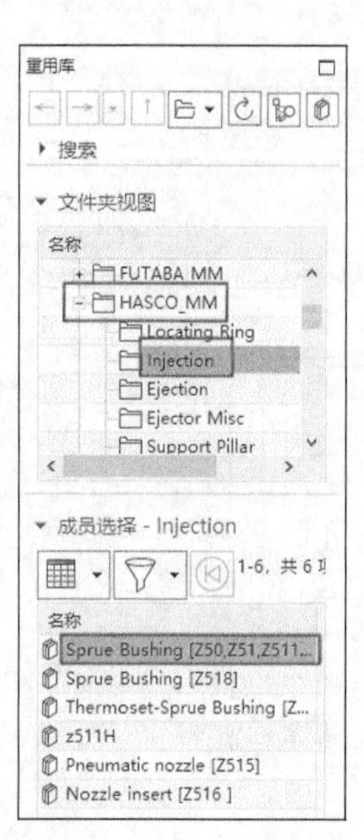
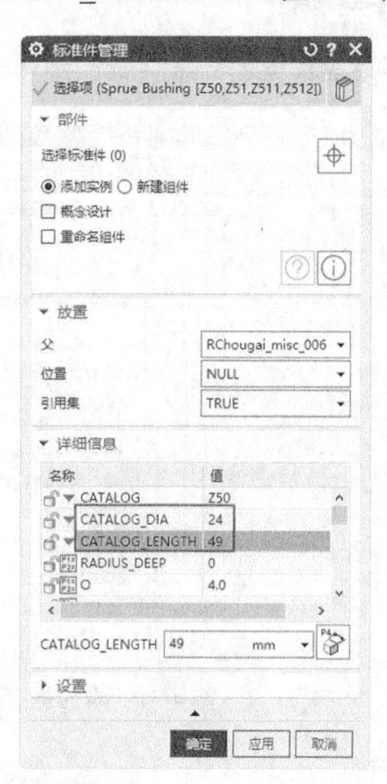

图 4-54　浇口套参数设置

（4）单击“确定”按钮，将主流道加入模具装配中，如图 4-55 所示。

（5）单击“注塑模向导”选项卡“主要”面板上的“标准件库”按钮，系统弹出“重用库”对话框和“标准件管理”对话框，在“重用库”对话框的“名称”列表中选择“HASCO_MM”→“Ejection”，在“成员选择”列表中选择“Ejector Pin(Straight)”，在“标准件管理”对话框的“详细信息”列表中设置“CATALOG_DIA”的值为 0.8，“CATALOG_LENGTH”的值为 160，如图 4-56 所示。

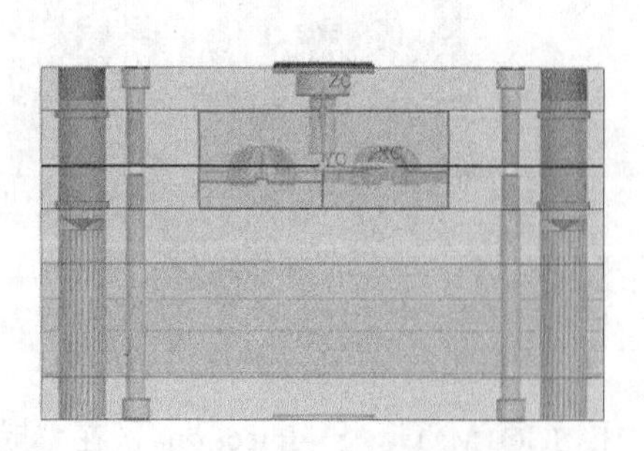

图 4-55　加入主流道

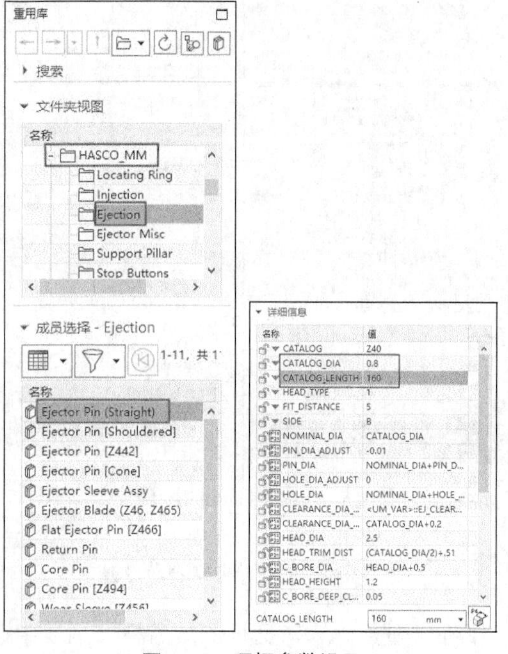

图 4-56　顶杆参数设置

（6）单击“确定”按钮，系统弹出图 4-57 所示的“点”对话框。在“坐标”栏中依次设置顶杆的基点坐标为（35, 65, 0），（35, 0, 0），（41, –65, 0），（75, 0, 0），（75, 65, 0），（73, –65, 0）。单击“确定”按钮。

（7）单击“取消”按钮，退出“点”对话框，放置顶杆效果如图 4-58 所示。

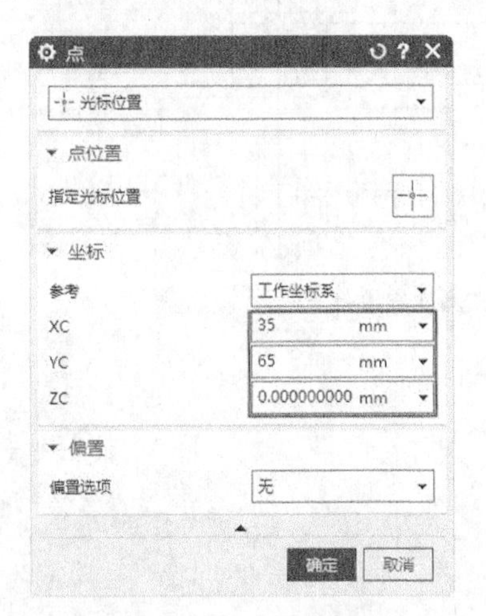

图 4-57 “点”对话框

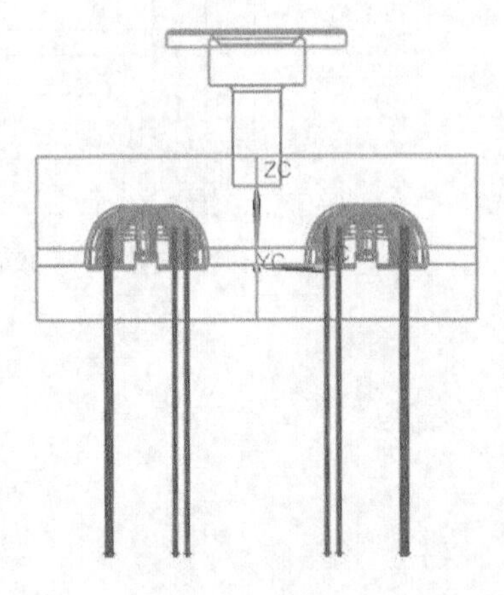

图 4-58 放置顶杆

2. 顶杆后处理

（1）单击“注塑模向导”选项卡“主要”面板上的“顶杆后处理”按钮，系统弹出图 4-59 所示的“顶杆后处理”对话框。“类型”选择“修剪”，在“目标”列表中选择已经创建的待处理的顶杆。

（2）“修边曲面”选择“CORE_TRIM_SHEET”。单击“确定”按钮，完成对顶杆的剪切，如图 4-60 所示。

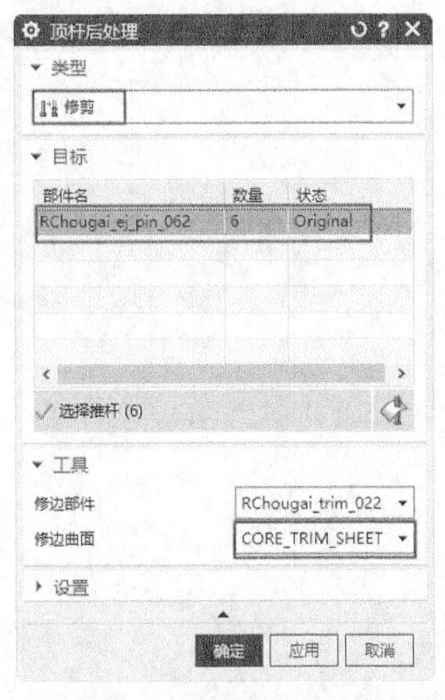

图 4-59 “顶杆后处理”对话框

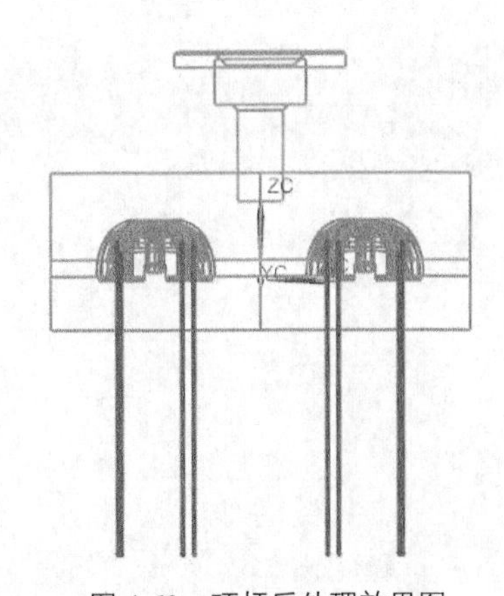

图 4-60 顶杆后处理效果图

4.2.4 扩展实例——仪表盖模具添加标准件

本实例添加仪表盖模具的标准件，如图 4-61 所示。利用“标准件库”命令添加定位环和浇口套。

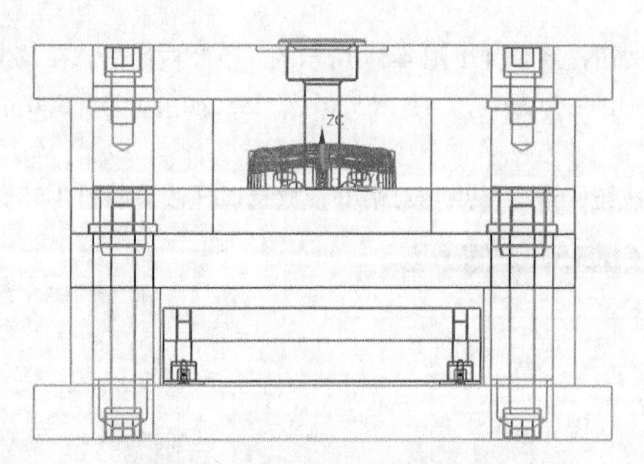

图 4-61　仪表盖模具添加标准件

第 5 章

浇注和冷却系统

浇注系统设计是注射模具设计中最重要的环节之一。浇注系统是引导塑料熔体从注塑机喷嘴到模具型腔的一种完整的输送通道。它具有传质和传压的功能，对塑件质量具有决定性影响。浇注系统的设计影响制品的质量、模具的整体结构及工艺操作的难易程度。

重点与难点

■ 流道与浇口

■ 冷却系统

5.1 遥控器后盖模具添加浇口

本例添加遥控器后盖模具浇口，如图 5-1 所示。

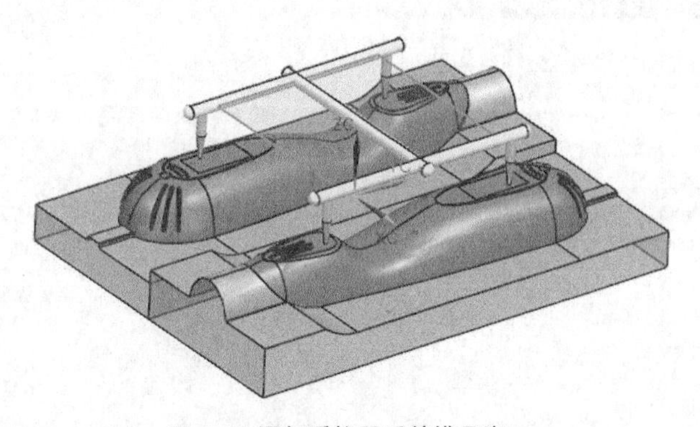

图 5-1　添加遥控器后盖模具浇口

5.1.1 相关知识点——流道与浇口

1. 主流道

主流道是熔体进入模具最先经过的一段流道，一般使用标准浇口套成型设计而成。

单击“注塑模向导”选项卡“主要”面板上的“标准件库”按钮，系统弹出图 5-2 所示的“重用库”对话框和“标准件管理”对话框，在“重用库”对话框的“名称”列表中选择“DMS_MM”→“Injection”，在“成员选择”列表中选择需要的标准浇口套。

2. 分流道

分流道是熔料经过主流道进入浇口之前的路径，设计要素分为流动路径和流道截面形状。

单击“注塑模向导”选项卡“主要”面板上的“流道”按钮，系统弹出图 5-3 所示的“流道”对话框和“信息”窗口。

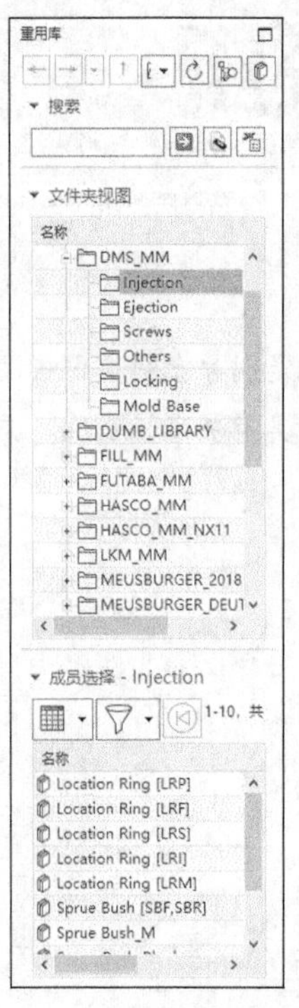

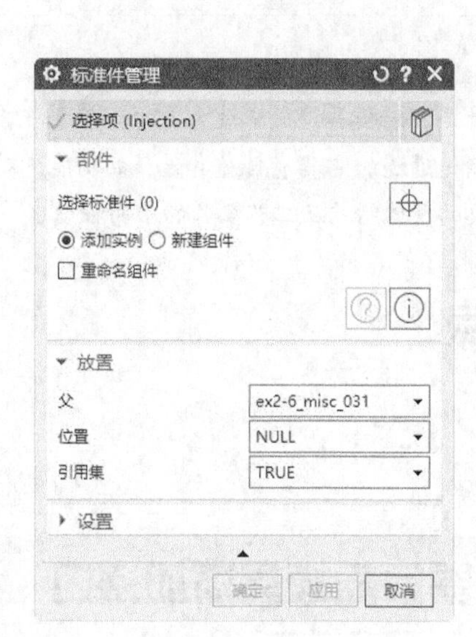

图 5-2 “重用库”对话框和“标准件管理”对话框

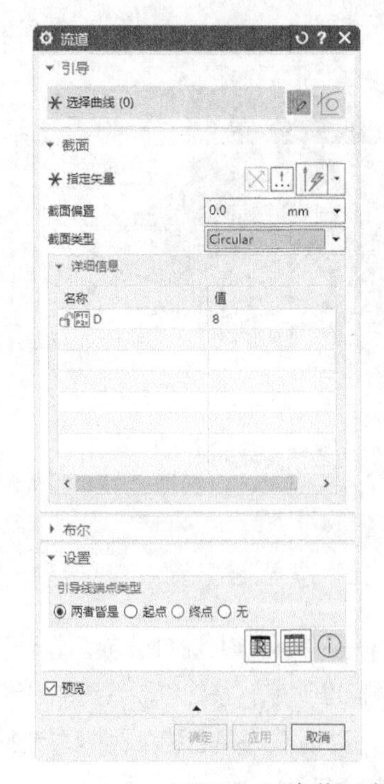

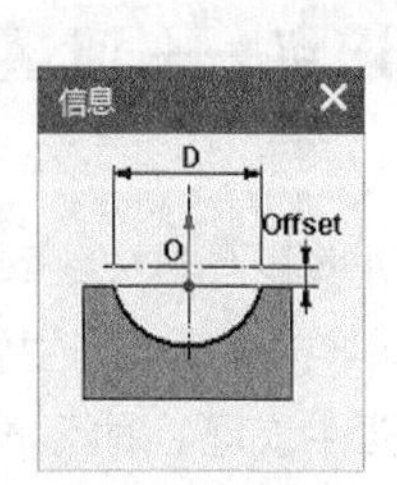

图 5-3 “流道”对话框和“信息”窗口

（1）引导。引导线串的设计根据流道管道、分型面和参数调整要求的综合情况来考虑，共分为 3 种方法。

- 输入草图式样。
- 曲线通过点。
- 从引导线上增加/去除曲线。

单击“绘制截面”按钮，进入草图绘制环境，绘制引导线，也可以单击“曲线”按钮，选择已有的曲线作为引导线。

（2）截面。系统提供了 5 种常用的流道截面形式：Circular（圆形）、Parabolic（抛物线形）、Trapezoidal（梯形）、Hexagonal（六边形）和 Semi_Circular（半圆形）。不同的截面形状有不同的控制参数。

（3）设置。

- 编辑注册文件：每个草图式样在使用之前都必须在注塑模向导中登记。
- 编辑数据库：显示一个草图数据的电子表格。

3. 浇口

浇口是指连接流道和型腔的熔料进入口，如图 5-4 所示。根据模型特点及产品外观要求的不同，浇口有很多种设计方法。

单击“注塑模向导”选项卡“主要”面板上的“设计填充”按钮，系统弹出图 5-5 所示的“重用库”对话框和“设计填充”对话框。

（1）名称：此列表中列出了可用的库文件。

（2）成员选择：在“成员选择”列表中会显示不同的规格，如图 5-6 所示，包括流道和浇口，选择不同的对象后，系统会弹出图 5-7 所示的“信息”窗口，显示所选部件的信息。

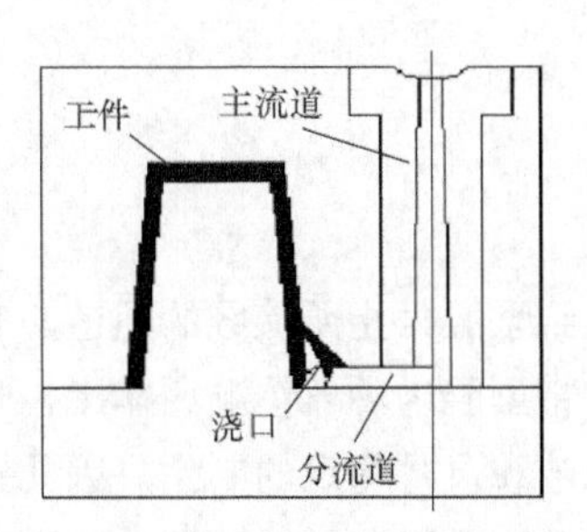

图 5-4　浇口示意图

图 5-5　“重用库”对话框和“设计填充”对话框

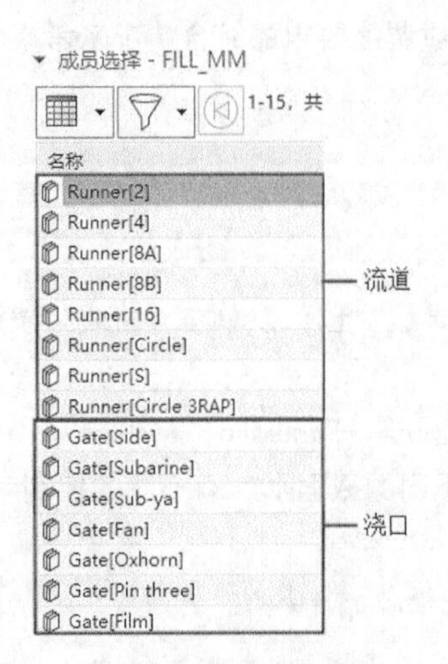

图 5-6 “成员选择”列表

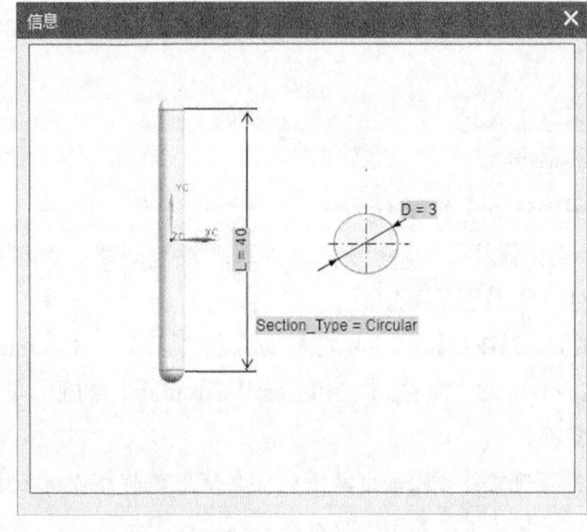

图 5-7 “信息”窗口

（3）组件：勾选“重命名组件”复选框，在加载部件之前重命名组件。

（4）详细信息：在“重用库”对话框的“成员选择”列表中选择对象后，系统会在“设计填充”对话框中显示“详细信息”列表并弹出“信息”对话框，如图 5-8 所示。拖动滚动条可以浏览整个标准件可编辑的尺寸。当选中一个尺寸时，它将显示在尺寸编辑窗口中，并可对其进行编辑。

（5）放置：指定位置放置所选的流道或浇口组件。

（6）编辑注册器：每个浇口模型都注册在注塑模向导模块中并可以对其进行编辑。

（7）编辑数据库：每个浇口模型的参数都保存在电子表格中并可以对其进行编辑。

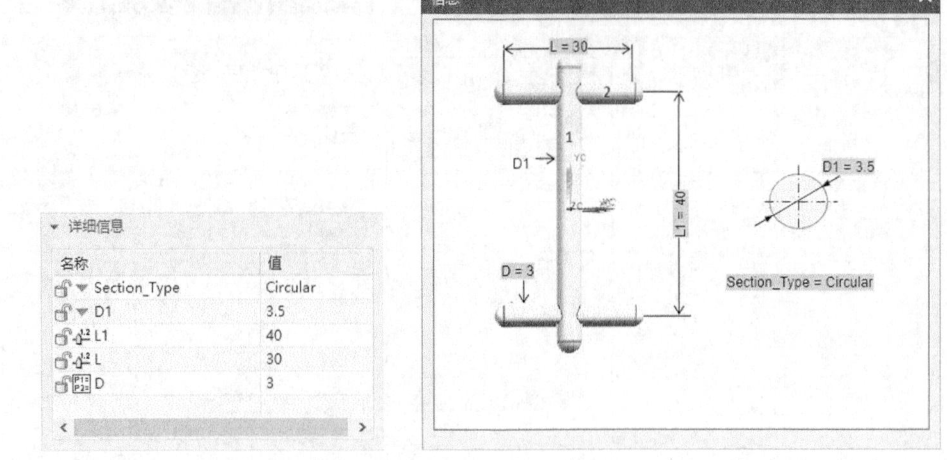

图 5-8 “详细信息”列表和“信息”窗口

5.1.2 知识点扩展——浇注系统

注射模的浇注系统是指塑料熔体从注射机喷嘴进入模具开始到型腔为止所流经的通道。它的作用是将熔体平稳地引入模具型腔，并在填充和固化定型过程中，将型腔内的气体顺利排出，且将压力传递到型腔的各个部位，以获得组织致密、外形清晰、表面光洁和尺寸稳定的制品。因此，浇注系统的设计直接关系到注射成型的效率和制品质量。浇注系统可分为普通浇注系统和热流道浇注系统两大类。

1. 普通浇注系统的组成

注射模的普通浇注系统组成如图 5-9 和图 5-10 所示，浇注系统由主浇道、分浇道、浇口和冷料穴 4 部分组成。

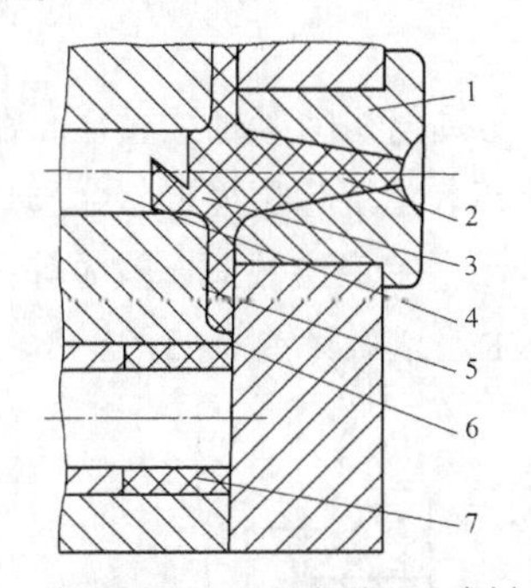

1-主浇道衬套　2-主浇道　3-冷料穴

4-拉料杆　5-分浇道　6-浇口　7-制品

图 5-9　卧式、立式注射机用模具普通浇注系统

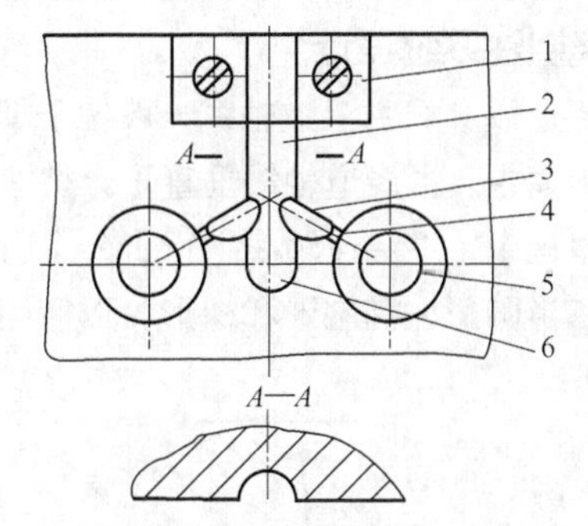

1-主浇道镶块　2-主浇道　3-分浇道

4-浇口　5-模腔　6-冷料穴

图 5-10　直角式注射机用模具普通浇注系统

（1）主浇道。主浇道是指从注射机喷嘴与模具接触处开始，到有分浇道支线为止的一段料流通道。它起到将熔体从喷嘴引入模具的作用，其尺寸的大小直接影响熔体的流动速度和填充时间。

（2）分浇道。分浇道是主浇道与型腔进料口之间的一段流道，主要起分流和转向作用，是浇注系统的断面变化和熔体流动转向的过渡通道。

（3）浇口。浇口是指料流进入型腔前最狭窄的部分，也是浇注系统中最短的一段，其尺寸狭小且短，目的是使料流进入型腔前加速，便于充满型腔，而且有利于封闭型腔口，防止熔体倒流。另外，也便于成型后冷料与制品分离。

（4）冷料穴。在每个注射成型周期开始时，最前端的熔体接触低温模具后会降温、变硬，被称为冷料，冷料穴是为防止此冷料堵塞浇口或影响制件的质量而设置的。冷料穴一般设在主浇道的末端，有时在分浇道的末端也增设冷料穴。

2. 浇注系统设计的基本原则

浇注系统设计是注射模设计的一个重要环节，它直接影响注射成型的效率和质量。设计时一般遵循以下基本原则。

（1）必须了解塑料的工艺特性，以便考虑浇注系统尺寸对熔体流动的影响。

（2）排气良好的浇注系统应能顺利地引导熔体充满型腔，料流快而不乱，并能把型腔内的气体顺利排出。图 5-11（a）所示的浇注系统，从排气角度考虑，浇口的位置设置得不合理，如改用图 5-11（b）和图 5-11（c）所示的浇注系统设置形式，则排气良好。

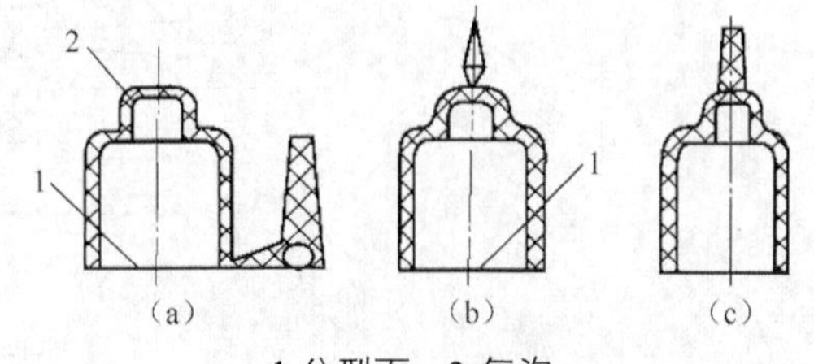

1-分型面　2-气泡

图 5-11　浇注系统与排气的关系

（3）为防止型芯和制品变形，高速熔融塑料进入型腔时，要尽量避免料流直接冲击型芯或嵌件。对于大型制品或精度要求较高的制品，可考虑多浇口进料，以防止浇口处由于收缩应力过大而造成制品变形。

（4）减少熔体流程及塑料耗量，在满足成型和排气良好的前提下，塑料熔体应以最短的流程充满型腔，这样可缩短成型周期，提高成型效果，减少塑料用量。

（5）便于去除与修整浇口，并保证制品的外观质量。

（6）减少热量及压力损失，浇注系统应尽量减少转弯，采用较低的表面粗糙度，在保证成型质量的前提下，尽量缩短流程，合理选用流道断面形状、尺寸等，以保证最终的压力传递。

3. 普通浇注系统设计

（1）主浇道设计。主浇道轴线一般位于模具中心线上，与注射机喷嘴轴线重合。在卧式和立式注射机用注射模中，主浇道轴线垂直于分型面，如图 5-12 所示，主浇道截面形状为圆形。在直角式注射机用注射模中，主浇道轴线平行于分型面，如图 5-13 所示，主浇道截面一般为等截面柱形，截面可为圆形、半圆形、椭圆形和梯形，以椭圆形应用最广。主浇道设计要点如下。

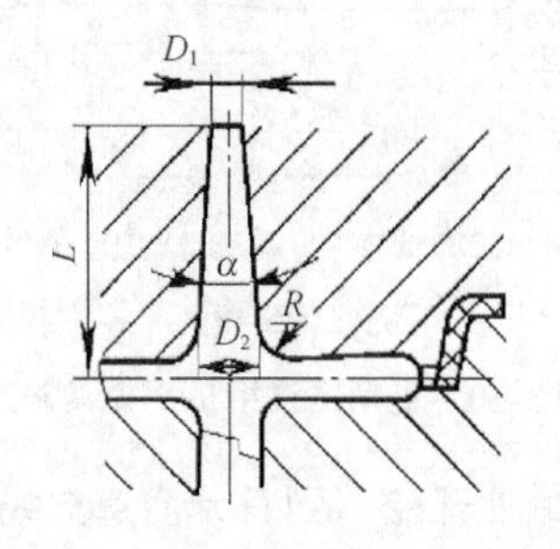

图 5-12　主浇道的形状和尺寸

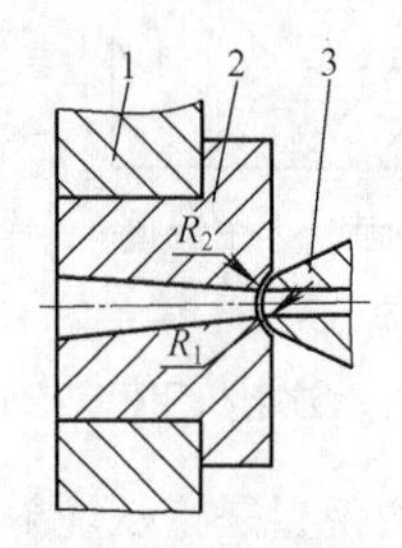

1-定模底板　2-主浇道衬套　3-喷嘴

图 5-13　注射机喷嘴头部与主浇道进口端弧面接触

- 为便于凝料从直浇道中拔出，主浇道设计成圆锥形（见图 5-12），锥角α=2°～4°，通常主浇道进口端直径应根据注射机喷嘴孔径确定。设计主浇道截面直径时，应注意将喷嘴轴线和主浇道轴线对中，主浇道进口端直径应比喷嘴直径大 0.5～1mm。主浇道进口端与喷嘴头部一般以弧面的形式接触，如图 5-13 所示。通常主浇道进口端凹下的球面半径 R_2 比喷嘴球面半径 R_1 大 1～2mm，凹下深度为 3～5mm。
- 主浇道与分浇道结合处采用圆角过渡，其半径 R 为 1～3mm，以减小料流转向过渡时的阻力。
- 在保证制品成型良好的前提下，尽量缩短主浇道的长度 L，以减少压力损失及废料，一般主浇道长度视模板的厚度、浇道的开设等具体情况而定。
- 设置主浇道衬套。由于主浇道要与高温塑料和喷嘴反复接触和碰撞，易损坏。所以，一般不将主浇道直接开在模板上，而是将它单独设在一个主浇道衬套中，如图 5-14 所示。

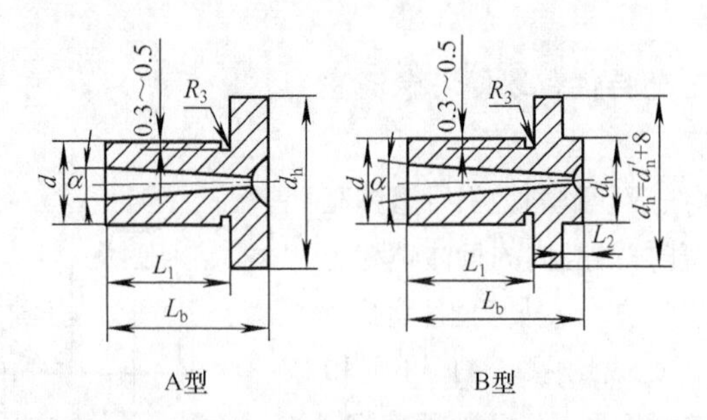

图 5-14　主浇道衬套的形式

（2）分浇道设计。对于小型制品的单型腔注射模，通常不设分浇道；对于大型制品，采用多点进料或多型腔注射模，且都需要设置分浇道。设计分浇道的要求：使塑料熔体在流动中的热量和压力损失最小，同时使流道中的塑料量最少；使塑料熔体能在相同的温度、压力条件下，从各个浇口尽可能地同时进入并充满型腔；从流动性、传热性等因素考虑，分浇道的比表面积（分浇道侧表面积与体积之比）应尽可能小。

- 分浇道的截面形状及尺寸。分浇道的形状尺寸主要取决于制品的体积、壁厚、形状及所用塑料的种类、注射速率、分浇道长度等。分浇道截面积过小，会降低单位时间内输送的塑料量，并使填充时间延长，塑料会出现缺料、波纹等缺陷；分浇道截面积过大，不仅会增多积存空气，使制品容易产生气泡，而且会增大塑料耗量，延长冷却时间。对于注射黏度较大或透明度要求较高的塑料，如有机玻璃，应采用截面积较大的分浇道。

常用的分浇道截面形状及特点见表 5-1。

圆形截面的分浇道直径一般为 2 ~ 12mm。实验证明，对多数塑料来说，分浇道直径在 5 ~ 6mm 以下时，对熔体流动性影响较大，直径在 8mm 以上时，再增大直径，对熔体流动性影响不大。

分浇道的长度一般为 8 ~ 30mm，一般根据型腔布置适当加长或缩短，但最短不宜小于 8mm，否则会给制品修磨和分割带来困难。

- 分浇道的布置形式。分浇道的布置形式取决于型腔的布局，其遵循的原则应是，排列紧凑，能缩小模板尺寸，缩短流程，使锁模力平衡。

分浇道的布置形式有平衡式和非平衡式两种，以平衡式布置最佳。

➢ 平衡式布置形式见表 5-2。其主要特征是，从主浇道到各个型腔的分浇道，其长度、截面形状及尺寸均相等，以达到各个型腔能同时均衡进料的目的。

➢ 非平衡布置形式见表 5-3。它的主要特征是，各型腔的流程不同，为了达到各型腔同时均衡进料，必须将浇口加工成不同尺寸。对于同样空间，非平衡式布置形式比平衡式布置形式容纳的型腔数目多，型腔排列紧凑，总流程短。因此，对于精度要求特别高的制品，不宜采用非平衡式的分浇道布置形式。

- 分浇道设计要点。

➢ 分浇道的截面尺寸和长度，应在保证顺利充模的前提下尽量取小值，尤其对于小型制品更为重要。

➢ 分浇道的表面粗糙度一般为 1.6μm，这样可以使熔融塑料的冷却皮层固定，有利于保温。

➢ 当分浇道较长时，在分浇道末端应开设冷料穴，见表 5-2 和表 5-3，以容纳冷料，保证制品的质量。

➢ 分浇道与浇口的连接处要以斜面或弧面过渡，如图 5-15 所示，这样有利于熔料的流动及填充，否则会引起反压力，消耗动能。

表 5-1 常用的分浇道截面形状及特点

截面形状	特点	截面形状	特点
圆形截面 $D = T_{max} + 1.5mm$（T_{max} 为制品最大壁厚）	优点：比表面积最小，因此阻力小，压力损失小，冷却速度最慢，流道中心冷凝慢，有利于保压。 缺点：同时在两半模上加工圆形凹槽，难度大，费用高	抛物线形截面（或 U 形） $h = 2r$（r 为圆的半径）α=10°	与 U 形截面特点近似，但比 U 形截面流道的热量损失及冷凝料都多，加工较方便，因此比较常用
梯形截面 b=4 ~ 12mm；h=（2/3）b r=1 ~ 3mm	优点：比表面积比圆形截面大，但单边加工方便，且易于脱模，因此比较常用。 缺点：与圆形截面流道相比，热量及压力损失大，冷凝料多	半圆形和矩形截面	两者的比表面积均较大，其中矩形最大，热量及压力损失大，一般不常用

表 5-2　分浇道平衡式布置形式

分型面为圆形时的环形排列	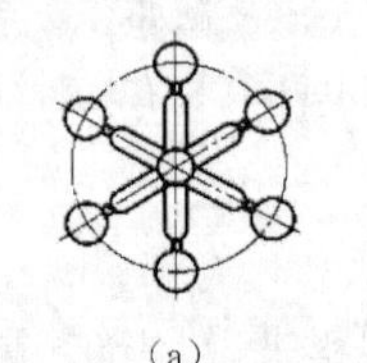 （a） 布局简单，加工方便，但只能布置有限的型腔	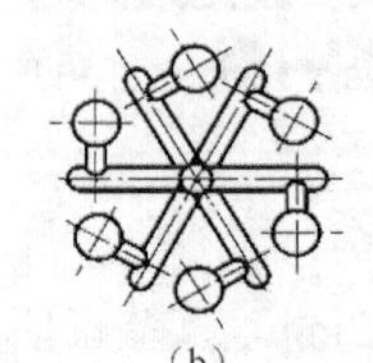 （b） 优于（a）形式，浇道末端有冷料井	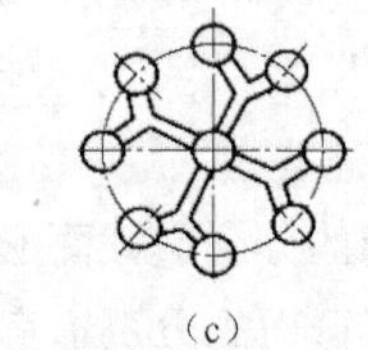 （c） 与（a）、（b）形式相比，型腔数目相同时，流道冷料少
分型面为矩形时的排列	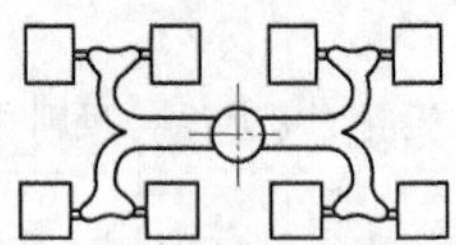 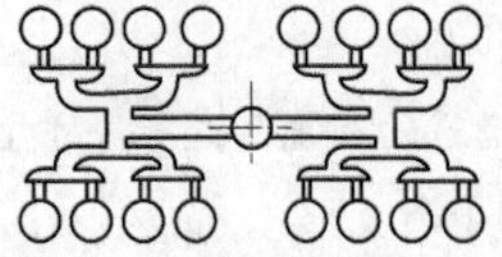 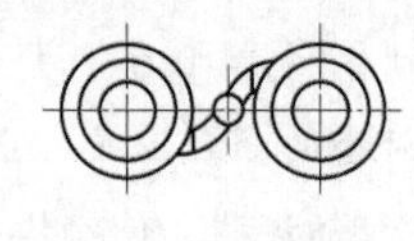 与环形排列相比，型腔数目相同时，可减小模板尺寸，但流道转弯较多，压力损失大，加工也较困难，且流道冷料多		

表 5-3　分浇道非平衡式布置形式

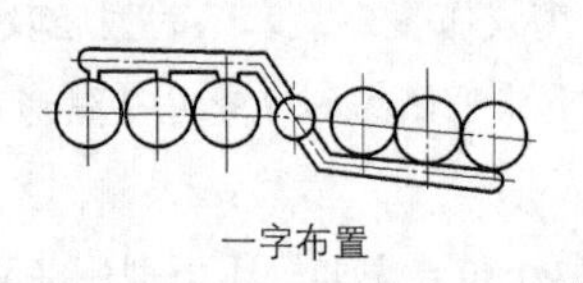 一字布置	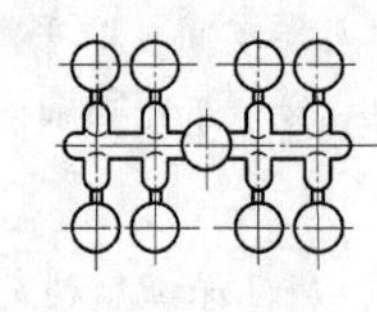 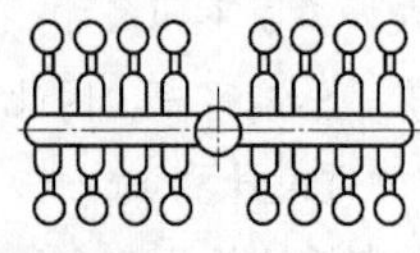 串联布置
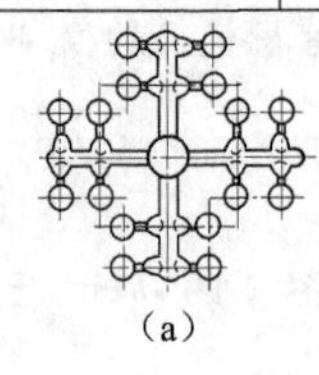 （a）　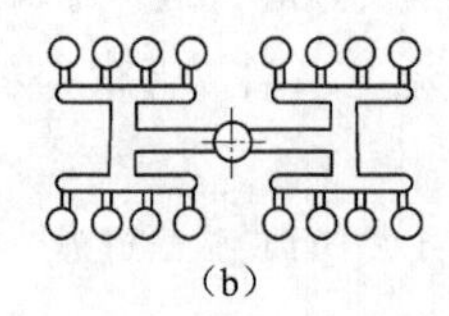 （b） 对称布置	

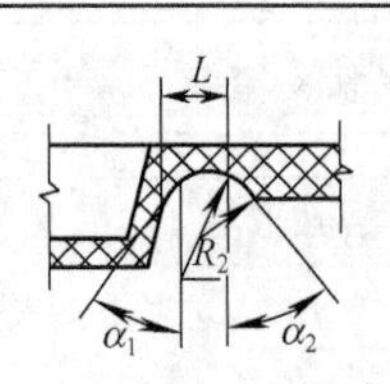

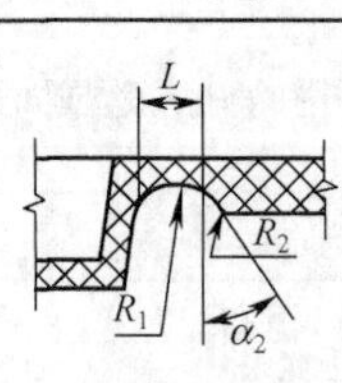

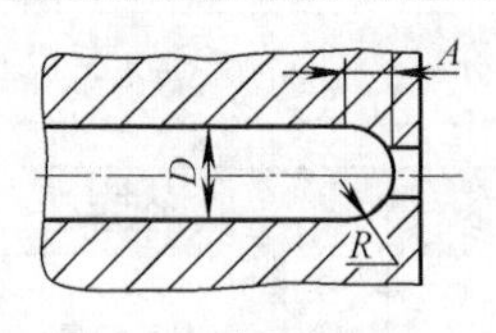

图 5-15　分浇道与浇口的连接形式

（3）浇口设计。浇口是连接分浇道与型腔的进料通道，是浇注系统中截面面积最小的部分。其作用是使熔料通过浇口时产生加速度，从而迅速充满型腔；浇注处的熔料首先冷凝，封闭型腔防止熔料倒流；成型后浇口处凝料最薄，利于与制品分离。浇口的形式很多，常见的有以下几种。

- 侧浇口：又称边缘浇口，设置在模具的分型面处，截面通常为矩形，其形状和尺寸见表 5-4，可用于各种形状的制品。
- 扇形浇口：和侧浇口类似，用于成型宽度较大的薄片制品，其形状和尺寸见表 5-5。
- 平缝式浇口：又叫薄片式浇口，该浇口可改善熔料流速，降低制品内应力和翘曲变形，适用于成型大面积扁平塑料，其形状和尺寸见表 5-6。
- 直接浇口：又叫主浇道型浇口，熔体经主浇道直接进入型腔，由于该浇口尺寸大，流动阻力小，常用于高黏度塑料的壳体类及大型、厚壁制品的成型，其形状和尺寸见表 5-7。

- 环形浇口：该形式浇口可获得各处相同的流程和良好的排气，适用于圆筒形或中间带孔的制品，其形状和尺寸见表 5-8。
- 轮辐式浇口：特点是浇口去除方便，但制品上往往留有熔接痕，适用范围与环形浇口相似，其形状和尺寸见表 5-9。
- 爪形浇口：轮辐式浇口的变异形式，尺寸可以参考轮辐式浇口，该浇口常设在分流锥上，适用于孔径较小的管状制品和同心度要求较高的制品，其形状和尺寸见表 5-10。
- 点浇口：又叫橄榄形浇口或菱形浇口，截面小如针点，适用于盆型及壳体类制品，而不适宜平且薄、易变形和复杂形状的制品及流动性较差和热敏性塑料，其形状和尺寸见表 5-11。
- 潜伏式浇口：又叫隧道式浇口或剪切式浇口，是点浇口的演变形式，其特点是利于脱模，适用于要求外表面不留浇口痕迹的制品，脆性塑料不宜采用该浇口，其形状和尺寸见表 5-12。

表 5-4　侧浇口形状和尺寸　（单位：mm）

模具类型	简图	塑料名称	*a*			*b*	*l*
			壁厚<1.5	壁厚 1.5～3	壁厚>3		
热塑性塑料注射模		聚乙烯、聚丙烯、聚苯乙烯	简单塑料 0.5～0.7 复杂塑料 0.5～0.6	简单塑料 0.6～0.9 复杂塑料 0.6～0.8	简单塑料 0.8～1.1 复杂塑料 0.8～1.0	中小型制品 3*a*～10*a*	0.7～2
		ABS 树脂、聚甲醛	简单塑料 0.6～0.8 复杂塑料 0.5～0.8	简单塑料 1.2～1.4 复杂塑料 0.8～1.2	简单塑料 0.8～1.1 复杂塑料 0.8～1.0		
		聚碳酸酯、聚苯醚	简单塑料 0.8～1.2 复杂塑料 0.6～1.0	简单塑料 1.3～1.6 复杂塑料 1.2～1.5	简单塑料 1.0～1.6 复杂塑料 1.4～1.6	大型制品>10*a*	
热固性塑料注射模		酚醛塑料	0.2～0.5			2～5	1～2

表 5-5　扇形浇口形状和尺寸　（单位：mm）

简图	尺寸
	$a=(0.33\sim0.67)c$ $l=0.7\sim2$ $b=(0.67\sim1)d$ $h=0.67d$ $\alpha=0^\circ\sim10^\circ$

表 5-6　平缝式浇口形状和尺寸　（单位：mm）

简图	尺寸
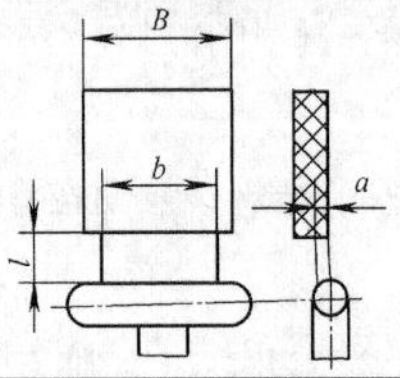	$a=0.2\sim1.5$ $l<1.5$ $b=(0.75\sim1)B$

表 5-7　直接浇口形状和尺寸　（单位：mm）

简图	尺寸
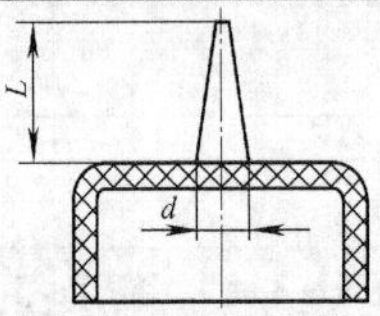	$L<30$ 时，$d=6$ $L>30$ 时，$d=9$

表 5-8　环形浇口形状和尺寸　（单位：mm）

模具类型	简图	尺寸
热塑性塑料注射模	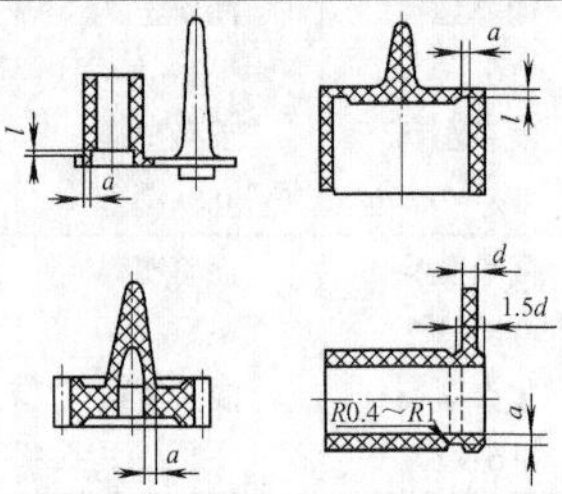	$a=0.25\sim1.6$ $l=0.8\sim2$ d 为直角式注射机用模具浇注系统的主浇道直径或立、卧式注射机用模具浇注系统的分浇道直径
热固性塑料注射模	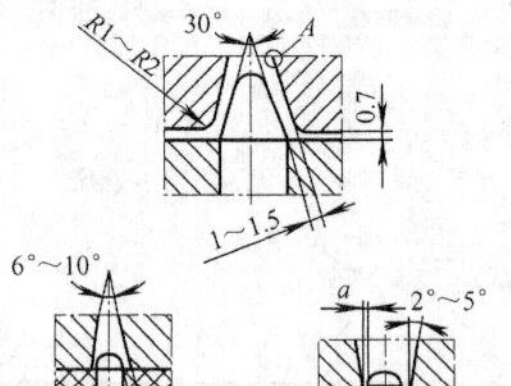	$a=0.3\sim0.5$ A 处应保持锐角

表 5-9　轮辐式浇口形状和尺寸　（单位：mm）

简图	尺寸
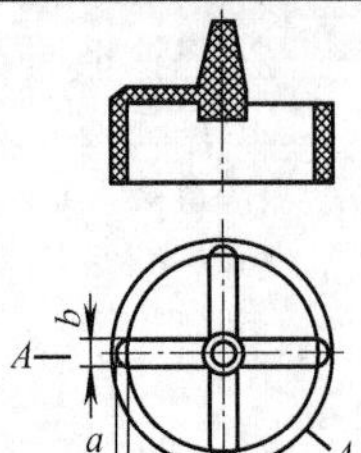	$a=0.8\sim1.8$ $b=1.6\sim6.4$

表 5-10 爪形浇口形状和尺寸 （单位：mm）

简图	尺寸
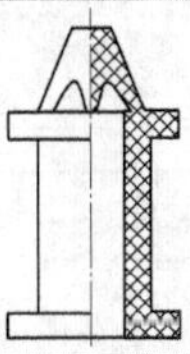	参考轮辐式浇口

表 5-11 点浇口形状和尺寸 （单位：mm）

模具类型	简图	尺寸	说明
热塑性塑料注射模	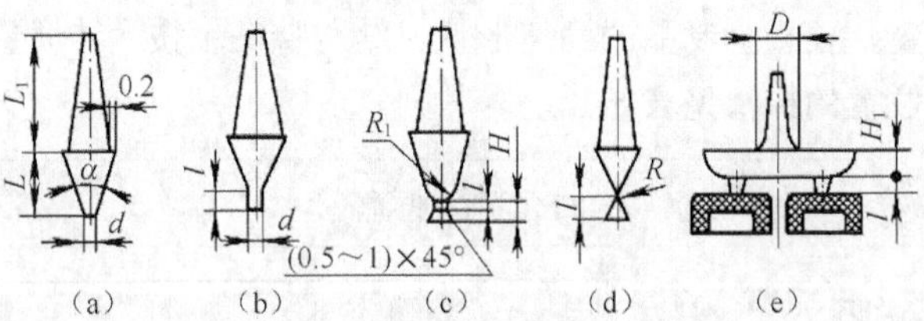 L_1 0.2 L α d （a） l d （b） R_1 H (0.5～1)×45° （c） l R （d） D H_1 l （e）	D=0.5 ~ 1.5 l=0.5 ~ 2 α=6° ~ 15° R=1.5 ~ 3 H=3 H_1=0.75D	图（a）、（b）所示形式适用于外观要求不高的制品，图（c）、（d）所示形式适用于外观要求较高的薄壁及热固性塑料，图（e）所示形式适用于多型腔结构
热固性塑料注射模	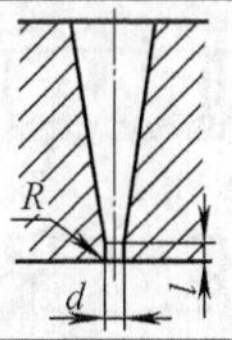 R d l	d=0.4 ~ 1.5 R=0.5 或 0.3 × 45° l=0.5 ~ 1.5	当一个进料口不能充满型腔时，不宜增大浇口孔径，而应采用多点进料

表 5-12 潜伏式浇口形状和尺寸 （单位：mm）

浇口类型	简图	尺寸
推切式	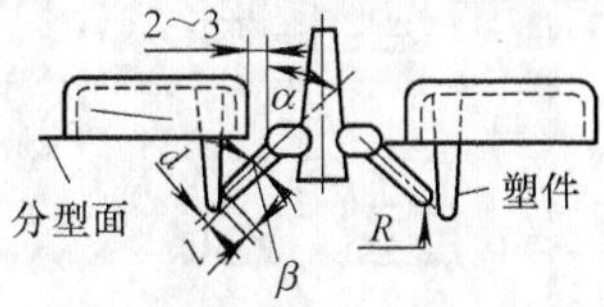 2～3 α 分型面 d l β R 塑件	d=0.8 ~ 1.5 α =30° ~ 45° β=5° ~ 20° l=1 ~ 1.5 R=1.5 ~ 3
拉切式	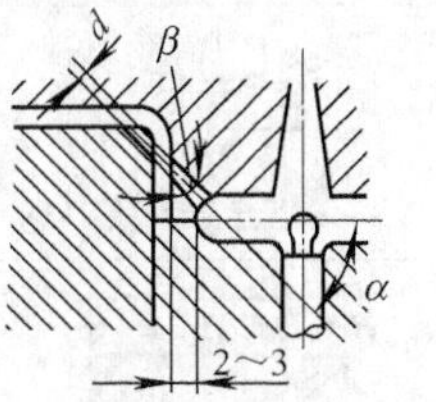 d β α 2～3	
二次浇道式	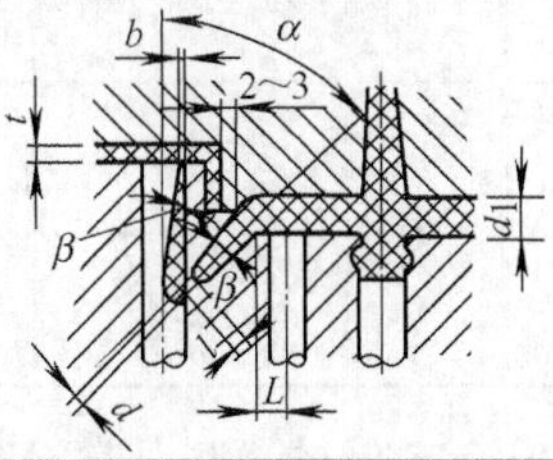 b α t 2～3 d_1 β β d L	d=1.5 ~ 2.5 α =30° ~ 45° β=5° ~ 20° l=1 ~ 1.5 b=（0.6 ~ 0.8）t θ=0° ~ 2° L>3d_1

- 护耳式浇口：又叫凸耳式浇口或冲击型浇口，适用于聚氯乙烯、聚碳酸酯、ABS 树脂及有机玻璃等塑料。其优点是可避免因喷射而造成的塑料的翘曲、层压、糊状斑等缺陷，缺点是浇口去除困难，制品上留有较大的浇口痕迹，其形状和尺寸见表 5-13。

表 5-13　护耳式浇口形状和尺寸　（单位：mm）

简图	护耳尺寸	浇口尺寸
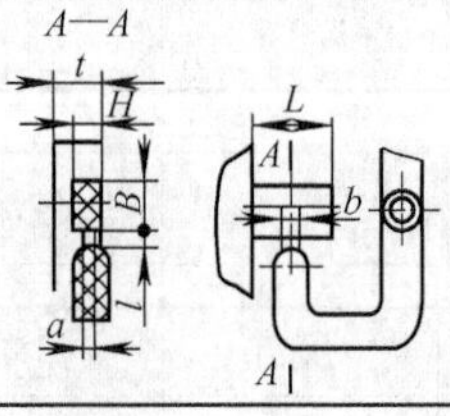 A—A t H B l a L A b A	L=10 ~ 20 B=1.0 ~ 1.5 H=0.8t t 为制品壁厚	a、b、l 参照表 5-4 选取

（4）浇口位置设计。浇口位置需要根据制品的几何形状、结构特征、技术和质量要求及塑料的流动性能等因素综合考虑。浇口位置的选择见表 5-14。

表 5-14　浇口位置的选择

简图	说明	简图	说明
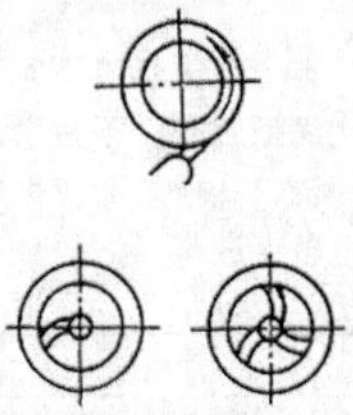	圆环形制品采用切向进料的方式，可减少熔接痕，提高熔接部位强度，有利于排气，但会增加熔接痕数量，适用于大型制品	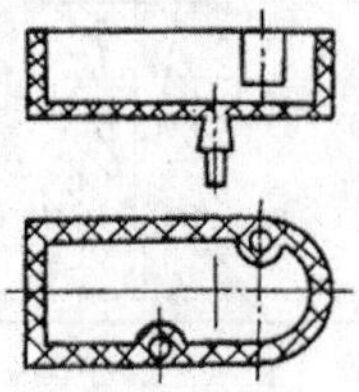	箱体形制品设置的浇口流程短，熔接痕少，熔接强度好
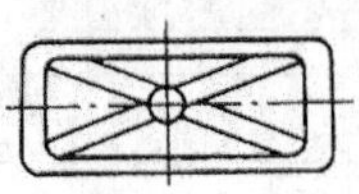	框形制品在对角处设置浇口，可减少制品收缩变形，圆角处有反料作用，增大熔料流速，利于成型	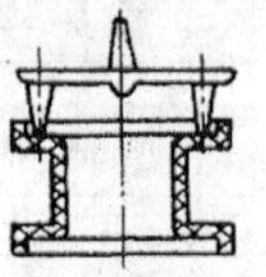	大型制品采用双点浇口进料的方式，可改善熔料流动性，提高制件质量
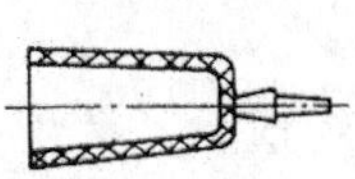	圆锥形制品，当其外观无特殊要求时，适合采用点浇口进料	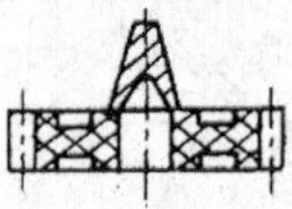	圆形齿轮制品采用直接浇口，可避免产生接缝线，也可以保证齿形外观质量
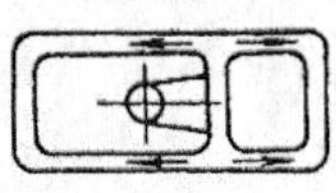	对于壁厚不均匀的制品，浇口位置应使流程一致，避免产生涡流而形成明显的焊接痕	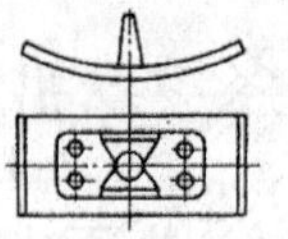	薄板形制品的浇口设在中间长孔中，可缩短流程，防止缺料和产生焊接痕，制件质量良好
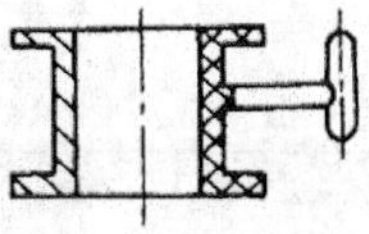	骨架形制品的浇口位置选择在中间，可缩短流程，减少填充时间	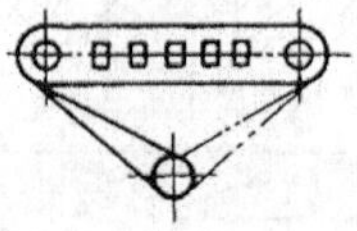	长条形制品采用从两端切线方向进料的方式，可缩短流程，如有纹理方向要求时，可改为从一端切线方向进料
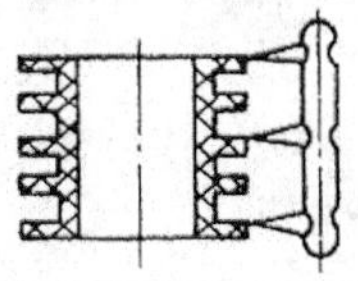	对于多层骨架而薄壁制品采用多点浇口，可改善填充条件	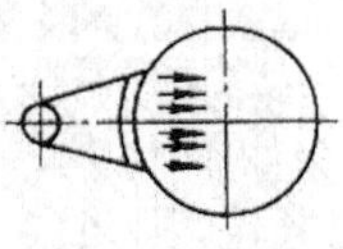	圆形扁平制品采用径向扇形浇口，可以防止涡流产生，利于排气，保证制件质量

（5）冷料穴和拉料杆设计。冷料穴用来收集料流前锋的冷料，常设在主浇道或分浇道末端；拉

料杆的作用是在开模时，将主浇道凝料从定模中拉出。其形状和尺寸见表 5-15。

表 5-15　冷料穴与拉料杆的形状和尺寸　（单位：mm）

类型	简图	说明	类型	简图	说明
带工形拉料杆的冷料穴	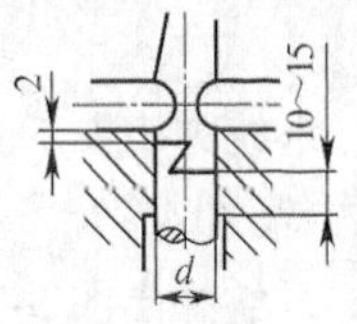 2　10～15　d	常用于热塑性塑料注射模，也可用于热固性塑料注射模。使用这种拉料杆，在制品脱模后，必须沿侧向移动，否则无法取出制品	带拉料杆的球形冷料穴	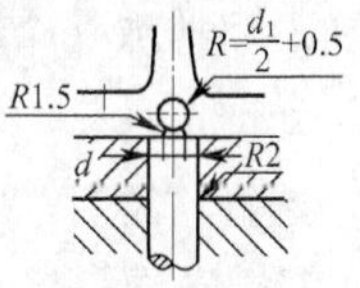 $R=\frac{d_1}{2}+0.5$　R1.5　d　R2	常用于推板推出制品的形式和弹性较好的塑料
带推杆的倒锥形冷料穴	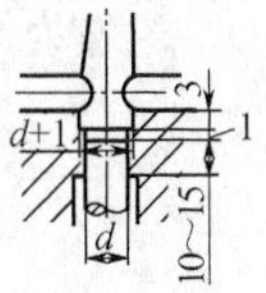 d+1　3　1　10～15　d	适用于软质塑料	带推杆的菌形冷料穴	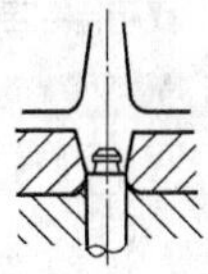	常用于推板推出制品的形式和弹性较好的塑料
带推杆的圆环形冷料穴	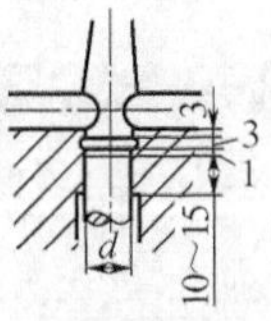 3　3　1　10～15　d	适用于弹性较好的塑料	主浇道延长式冷料穴	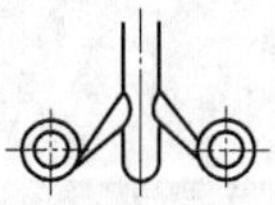	常用于直角式注射机用模具

（6）排气孔设计。排气孔常设在型腔最后充满熔料的部位，通过试模后确定。其形状和尺寸如表 5-16 所示。

表 5-16　排气孔的形状和尺寸　（单位：mm）

简图	说明
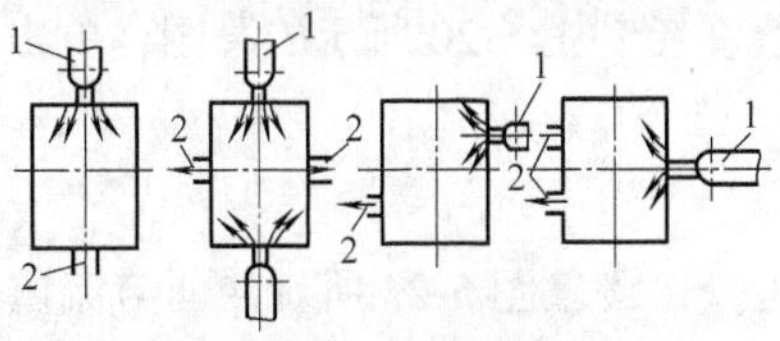 1-浇口　2-排气槽	排气槽开设在型腔最后充满熔料的部位
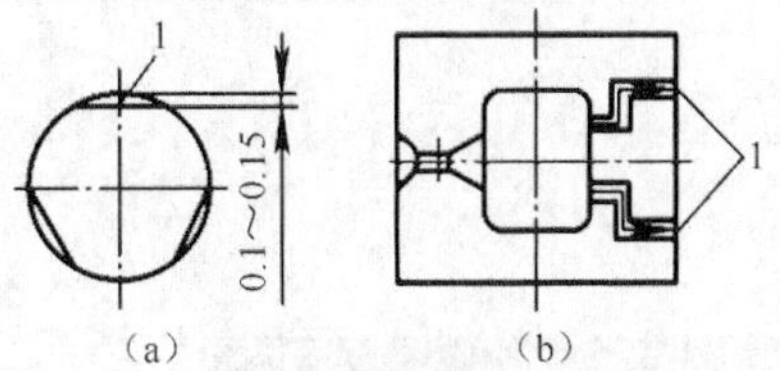 0.1～0.15　（a）　（b）　1-排气槽	图（a）所示为在推杆上开设排气槽的形式，图（b）所示为大型模具曲线型排气槽
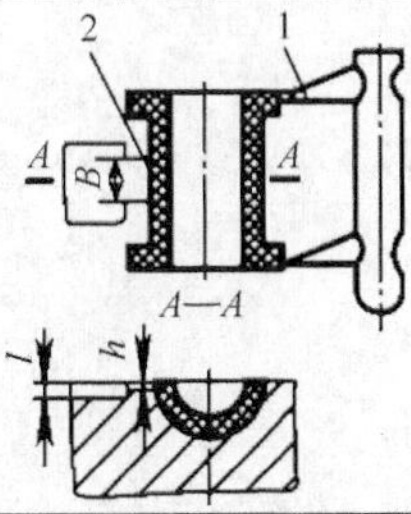 2　1　A　B　A　A—A　l　h	对于热塑性塑料注射模： $h<0.05$；$t=0.8\sim1.5$； $B=1.5\sim6$。 对于热固性塑料注射模： $h=0.03\sim0.06$；$B=3\sim15$

5.1.3 具体操作步骤

1. 设计流道

（1）单击“装配”选项卡“部件间链接”面板上的“WAVE 几何链接器”按钮，系统弹出图 5-16 所示的“WAVE 几何链接器”对话框。在绘图区分别拾取 2 个型腔，将其链接为一个整体，单击“应用”按钮。再拾取 2 个型芯，单击“确定”按钮。

（2）单击“主页”选项卡“构造”面板上的“基准平面”按钮，系统弹出图 5-17 所示的“基准平面”对话框，选择“XC-YC 平面”作为基准，在“距离”文本框中输入 47。

（3）单击“注塑模向导”选项卡“主要”面板上的“流道”按钮，系统弹出图 5-18 所示的“流道”对话框。选择“截面类型”为“Circular”（圆形截面），并且设置“D”的值为 8。

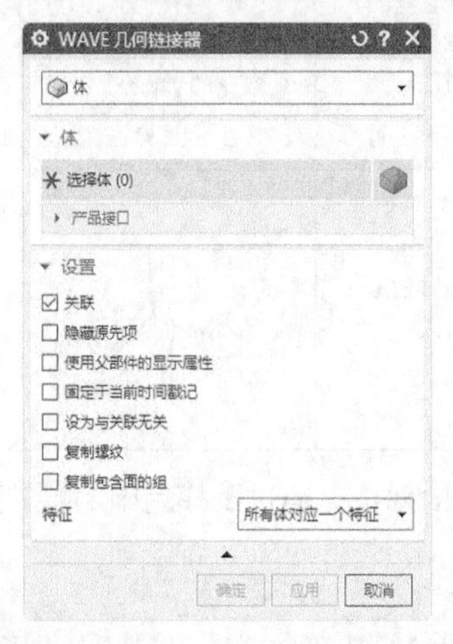

图 5-16 “WAVE 几何链接器”对话框

图 5-17 “基准平面”对话框

（4）单击“绘制截面”按钮，系统弹出图 5-19 所示的“创建草图”对话框，系统默认选取 *XC-YC* 平面为草图绘制平面，单击“确定”按钮，进入草图绘制环境。绘制图 5-20 所示的草图，单击“完成”按钮，完成草图绘制。

（5）单击“确定”按钮，添加流道的结果如图 5-21 所示。

（6）单击“分析”选项卡“测量”面板上的“测量”按钮，测量图 5-22 所示的面与流道实体之间的距离。

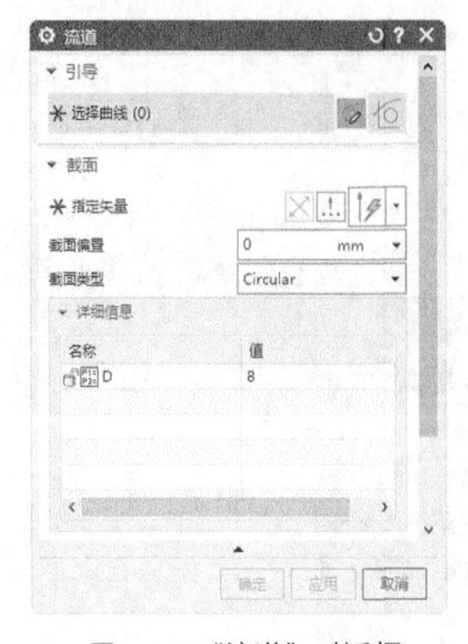

图 5-18 “流道”对话框

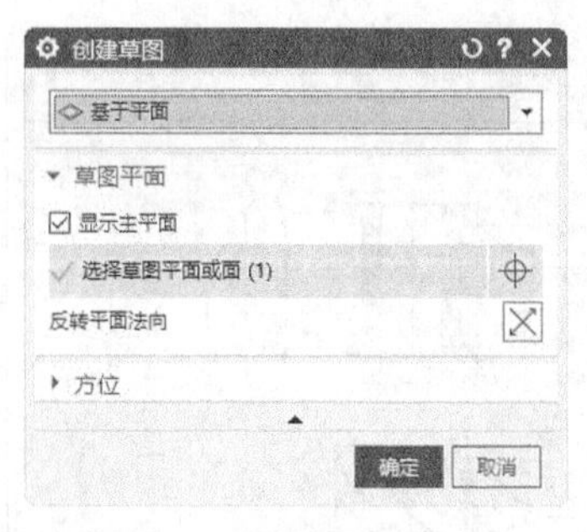

图 5-19 “创建草图”对话框

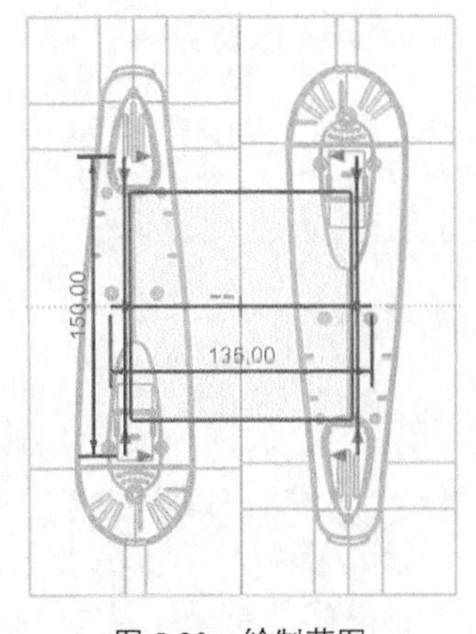

图 5-20 绘制草图

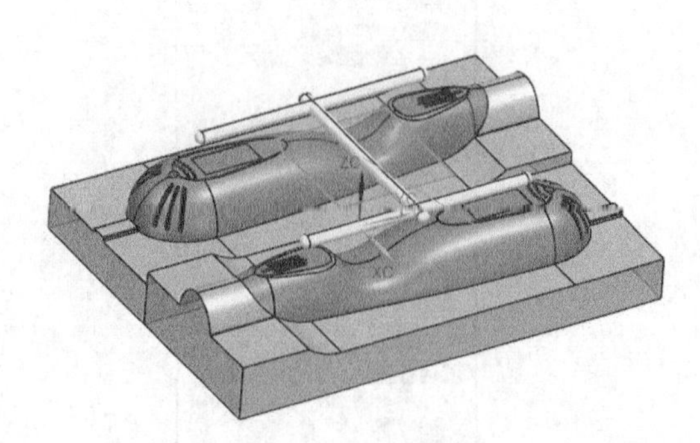

图 5-21 添加流道

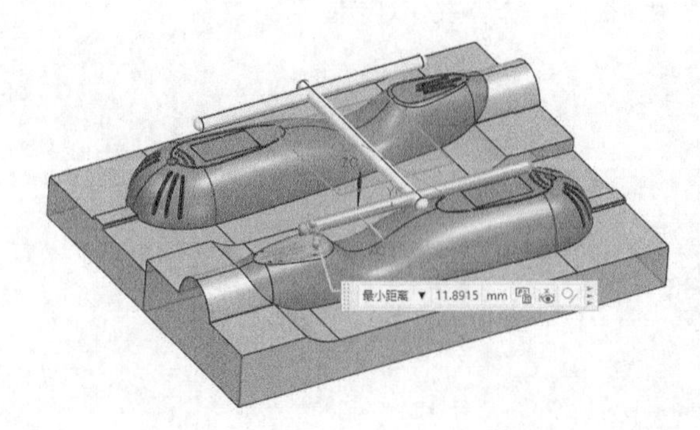

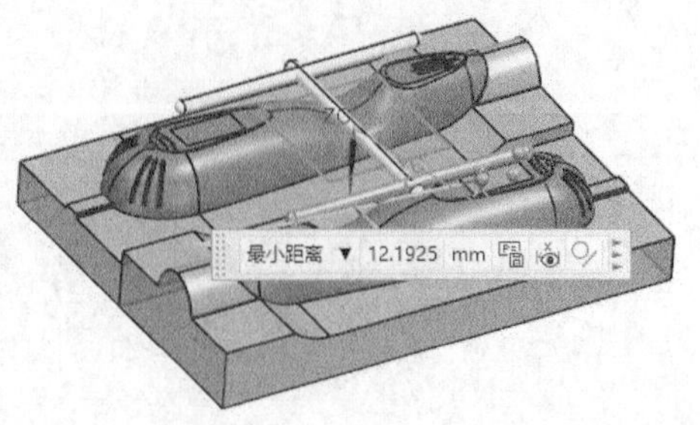

图 5-22 测量距离

2. 添加浇口

（1）单击“注塑模向导”选项卡“主要”面板上的“设计填充”按钮，系统弹出“重用库”对话框和“设计填充”对话框。

（2）在“重用库”对话框的“成员选择”列表中选择“Gate[Side]”，在“设计填充”对话框的“详细信息”列表中设置“D”的值为 6，“Position”为 Runner，“L”的值为 8，“L1”的值为 7.8，其他采用默认设置，如图 5-23 所示。

（3）在“放置”栏中单击“选择对象”按钮，捕捉图 5-24 所示流道上直线段的端点为放置浇口位置。

（4）选取视图中的动态坐标系上的绕 *YC* 轴旋转，输入“角度”的值为 90，按 Enter 键，将浇口绕 *YC* 轴旋转 90°，如图 5-25 所示。

（5）选取动态坐标系上的 *XC* 轴，输入“距离”的值为 4，将浇口沿 *XC* 轴正方向平移 4mm；选取动态坐标系上的 *YC* 轴，输入“距离”的值为 9，将浇口沿 *YC* 轴正方向平移 9mm。

（6）单击“确定”按钮，完成一个浇口的创建，如图 5-26 所示，采用相同的方法，在分流道附近创建余下的 3 个浇口，结果如图 5-27 所示。

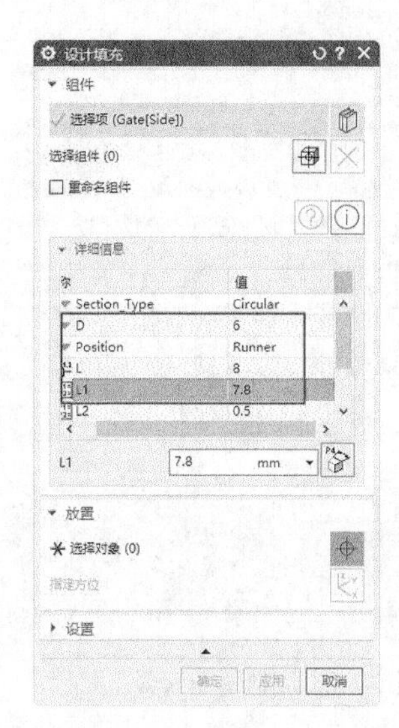

图 5-23 “重用库”对话框和“设计填充”对话框

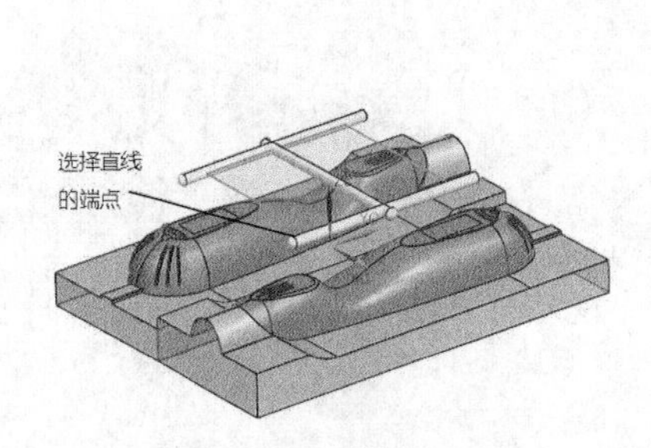

图 5-24 捕捉直线的端点

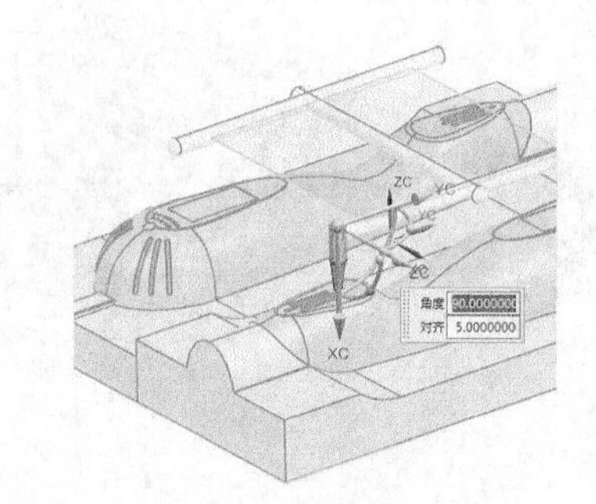

图 5-25 旋转浇口

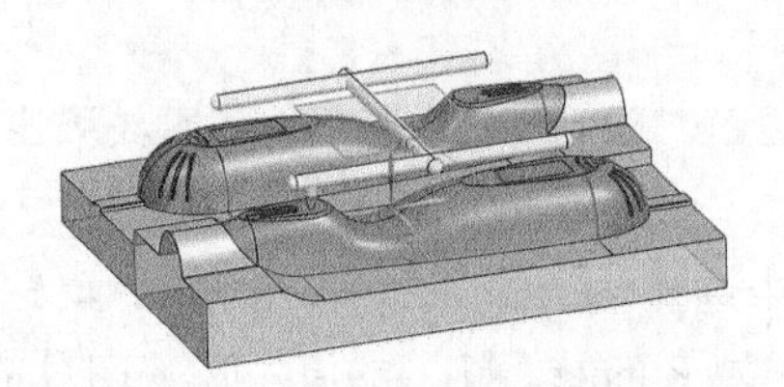

图 5-26 添加浇口 1 效果图

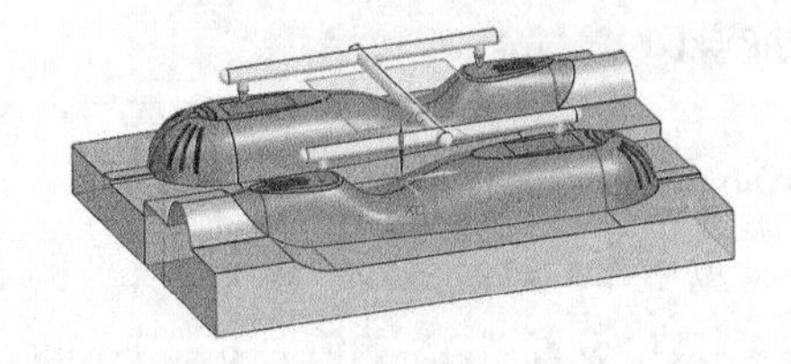

图 5-27 添加浇口最终效果图

5.1.4 扩展实例——仪表盖模具浇注系统

创建仪表盖模具浇注系统，如图 5-28 所示。首先利用“浇口库”命令创建扇形浇口，然后利用“流道”命令创建流道。

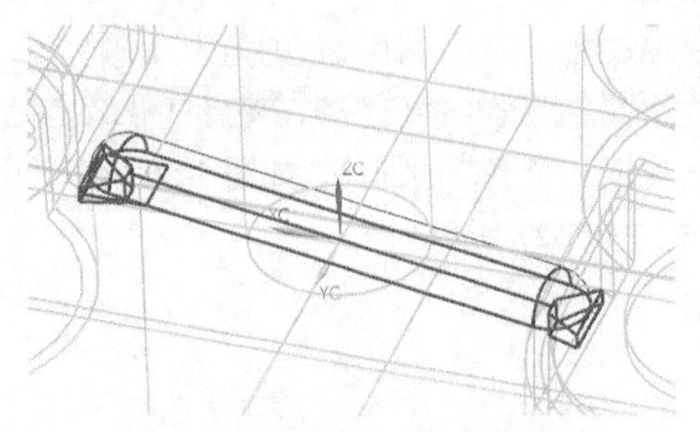

图 5-28 仪表盖模具浇注系统

5.2 遥控器后盖模具冷却系统设计

本例创建遥控器后盖模具冷却系统，如图 5-29 所示。

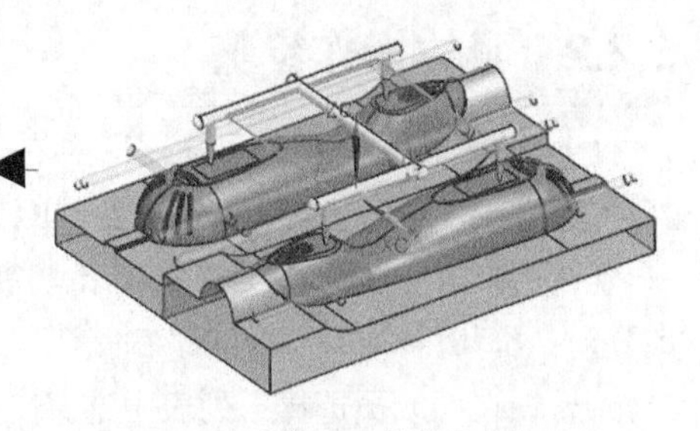

图 5-29　遥控器后盖模具冷却系统

5.2.1 相关知识点——冷却系统

注塑模具型腔壁的温度及其均匀性对成型效率和制品的质量影响很大，一般注入模具的塑料熔体温度为 200 ~ 300℃，而制品固化后从模具取出时的温度为 60 ~ 80℃。为了调节型腔的温度，需要在模具内开设冷却水通道（或油通道），进行冷却系统设计。

单击“注塑模向导”选项卡“冷却工具”面板上的“冷却标准件库”按钮，系统弹出图 5-30 所示的“冷却标准件库”对话框和“重用库”对话框，提供设计冷却系统用的标准件。

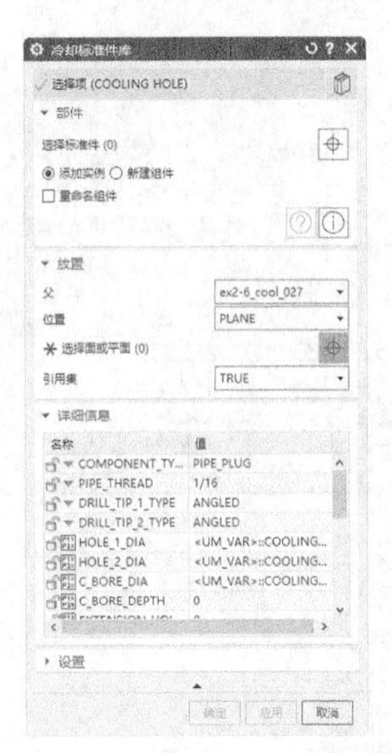

图 5-30　“冷却标准件库”对话框和“重用库”对话框

冷却管道模型可以从冷却部件库中输入，并由标准件管理系统来配置。可以使用标准件来创建冷却管道。使用标准件作为冷却管道的另外一个好处就是子组件可以附着详细的特征。标准件库包含“COOLING”（冷却）选项，该选项中包含不同的冷却组件。表 5-17 列出了“COOLING”（冷却）选项标准件名称和解释。

表 5-17　冷却选项标准件名称和解释

名称	解释	名称	解释
COOLING HOLE	冷却水管道	CONNECTOR PLUG	连接水嘴
PIPE PLUG	管路喉塞	EXTENSION PLUG	加长连接水嘴
BAFFLE SPIRAL	隔水螺旋板	DIVERTER	塞
BAFFLE	隔水板（导流板）	O-RING	O 形防水圈
COOLING THROUGH HOLE	冷却水管通孔	—	—

5.2.2 具体操作步骤

（1）在左侧的“装配导航器”中右击“RChougai_prod_014”选项，在系统弹出的快捷菜单中选择“在窗口中打开”命令，切换到“RChougai_prod_014”窗口。

（2）单击“注塑模向导”选项卡“冷却工具”面板上的“冷却标准件库”按钮，系统弹出“重用库”对话框和“冷却标准件库”对话框。在“重用库”对话框的“名称”列表中选择“COOLING”→“Water”，在“成员选择”列表中选择“COOLING HOLE”，在“冷却标准件库”对话框的“详细信息”列表中设置“PIPE_THREAD”为 M8，“HOLE_1_DEPTH”的值为 280，“HOLE_2_DEPTH”的值为 285，如图 5-31 所示。

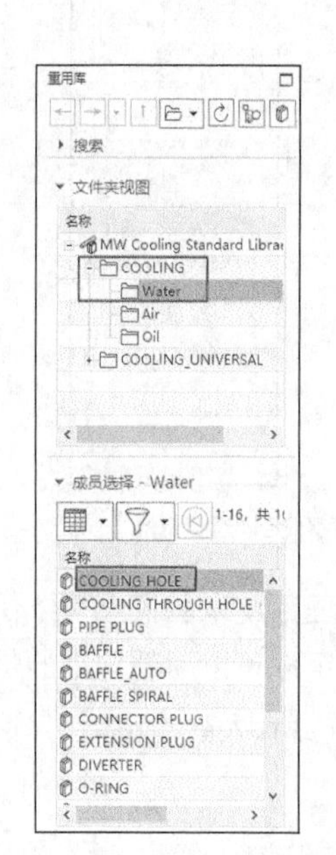

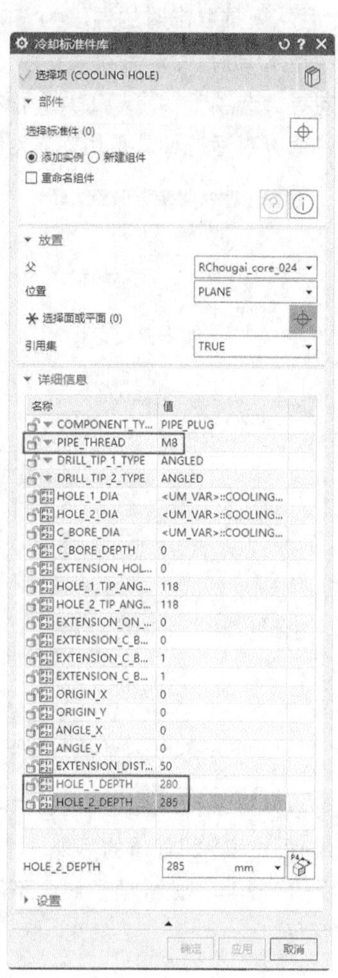

图 5-31 “重用库”对话框“冷却标准件库”对话框

（3）单击“冷却标准件库”对话框中的“选择面或平面”按钮，在绘图区选择图 5-32 所示的面，单击“确定”按钮，系统弹出图 5-33 所示的“标准件位置”对话框。单击“点对话框”按钮，系统弹出“点”对话框，在“坐标”栏中输入坐标为（40, 6, 0），如图 5-34 所示。

（4）单击“确定”按钮，返回“标准件位置”对话框。设置“*X* 偏置”的值为 0，“*Y* 偏置”的值为 0，单击“应用”按钮。再次单击“点对话框”按钮，系统弹出“点”对话框，在“坐标”栏中输入坐标为（–40, 6, 0），然后输入“*X* 偏置”的值为 0，“*Y* 偏置”的值为 0，单击“确定”按钮。得到的效果如图 5-35 所示。

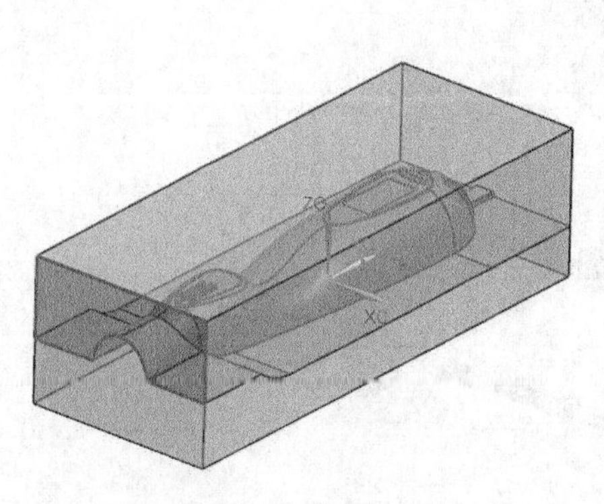

图 5-32　选择面

图 5-33　“标准件位置”对话框

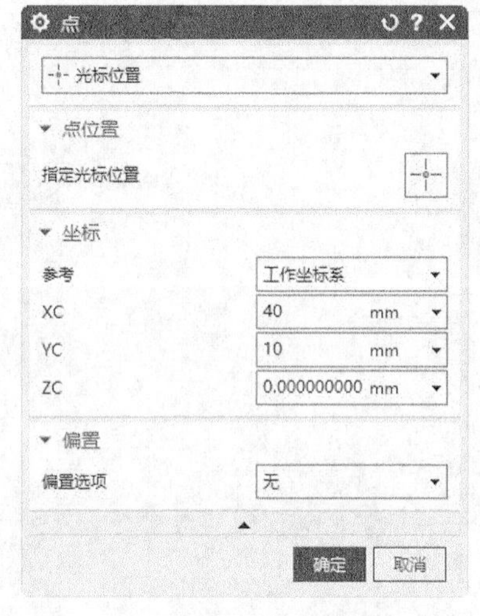

图 5-34　“点”对话框

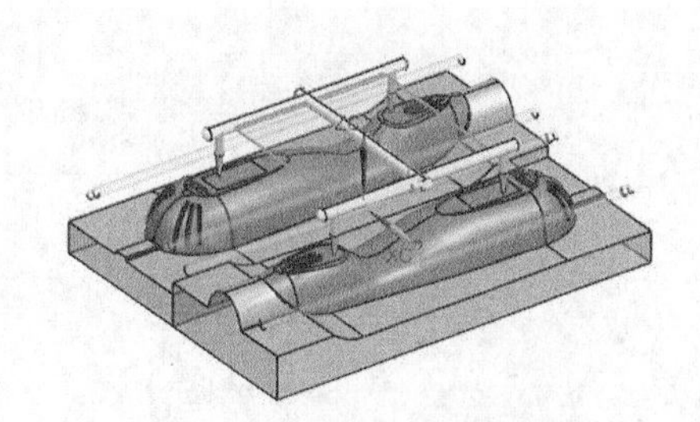

图 5-35　添加冷却管道效果图

（5）单击“注塑模向导”选项卡“冷却工具”面板上的“冷却标准件库”按钮，系统弹出“重用库”对话框和“冷却标准件库”对话框。在“重用库”对话框的“名称”列表中选择“COOLING”→“Water”，在“成员选择”列表中选择“COOLING HOLE”，在“冷却标准件库”对话框的“详细信息”中设置“PIPE_THREAD”为 M8，“HOLE_1_DEPTH”的值为 100，“HOLE_2_DEPTH”的值为 105。

（6）重复步骤（3）、步骤（4）的操作方法，在绘图区选择图 5-36 所示的面，设置冷却管道的坐标依次为（90, 10.5, 0）和（–90, 10.5, 0），得到的效果如图 5-37 所示。

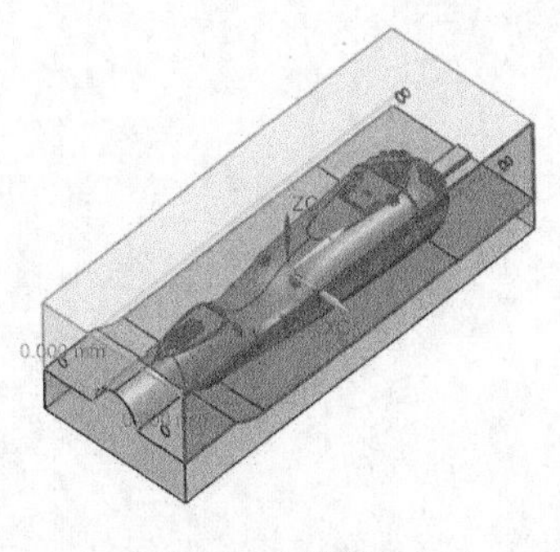

图 5-36　选择面

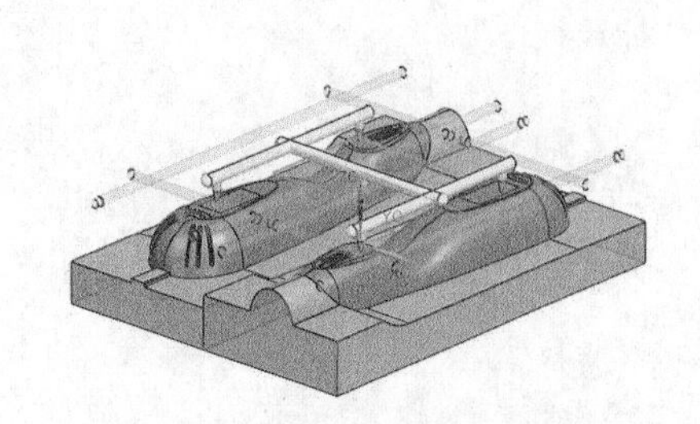

图 5-37　添加冷却管道最终效果

5.2.3 扩展实例——壳体模具冷却系统

利用“冷却标准件库”命令创建壳体模具冷却系统，如图 5-38 所示。

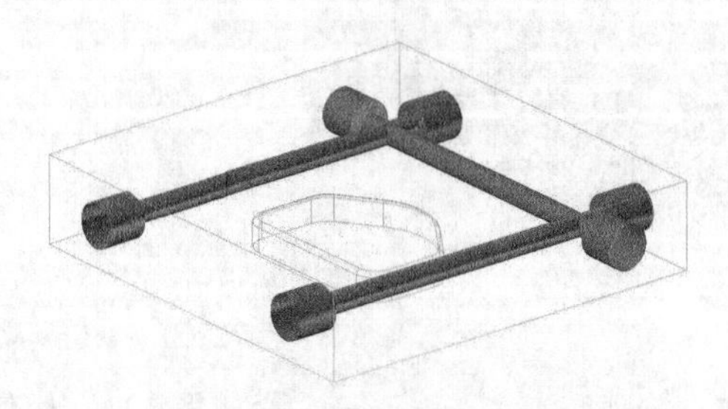

图 5-38 壳体模具冷却系统

第 6 章 其他工具

对于完整的模具设计，除了创建分型面进行分模、设计浇注系统和冷却系统，还需要添加其他工具，如镶块、滑块及电极等。

镶块用于型芯或型腔容易损耗的区域，也可以用于简化型芯或型腔的加工。在模具设计中，经常会考虑使用滑块和抽芯机构来完成产品实体的倒扣。

重点与难点

- 镶块
- 滑块
- 电极

6.1 遥控器后盖模具镶块设计

本例创建遥控器后盖模具镶块，如图 6-1 所示。

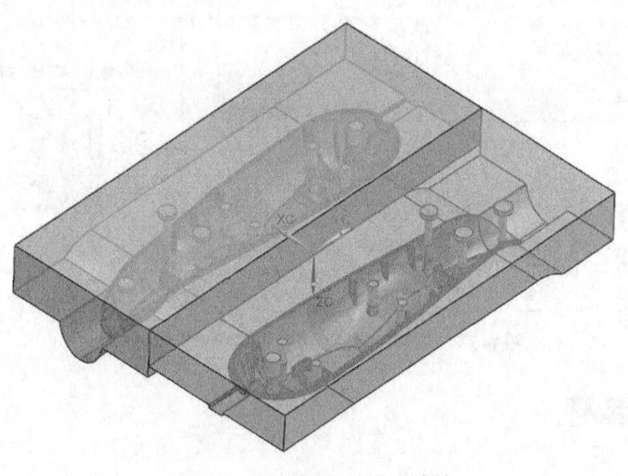

图 6-1 遥控器后盖模具镶块

6.1.1 相关知识点——镶块

一个完整的镶块装配由镶块头部和镶块足/体组成。

单击“注塑模向导”选项卡“主要”面板上的“子镶块库”按钮，系统弹出图 6-2 所示的“重用库”对话框和“子镶块设计”对话框。

单击“重用库”对话框的“成员选择”列表中的文件，系统弹出“信息”对话框，可在“子镶块库”对话框的“详细信息”列表中修改镶块的尺寸，如图 6-3 所示。修改完成后，单击“应用”按钮。

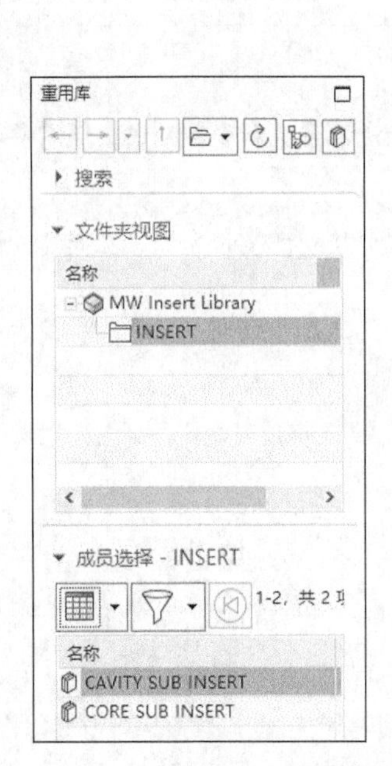

图 6-2 “重用库”对话框和“子镶块设计”对话框

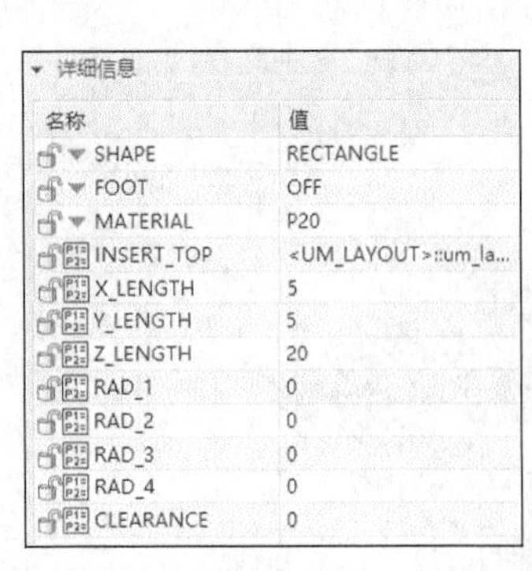

名称	值
SHAPE	RECTANGLE
FOOT	OFF
MATERIAL	P20
INSERT_TOP	<UM_LAYOUT>::um_la...
X_LENGTH	5
Y_LENGTH	5
Z_LENGTH	20
RAD_1	0
RAD_2	0
RAD_3	0
RAD_4	0
CLEARANCE	0

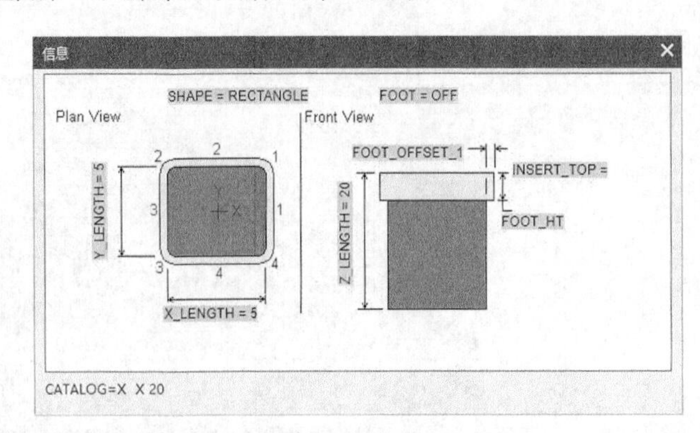

图 6-3 “详细信息”列表和“信息”对话框

6.1.2 具体操作步骤

1. 设计镶块

（1）单击“注塑模向导”选项卡“主要”面板上的“子镶块库”按钮，系统弹出“重用库”对话框和“子镶块设计”对话框。

（2）在“重用库”对话框中的“成员选择”列表中选择“CORE SUB INSERT”，在“子镶块库”对话框的“详细信息”列表的“SHAPE”下拉列表框中选择“ROUND”选项，在“FOOT”下拉列表框中选择“ON”选项，设置“X_LENGTH”的值为 4.8，“Z_LENGTH”的值为 70，如图 6-4 所示。

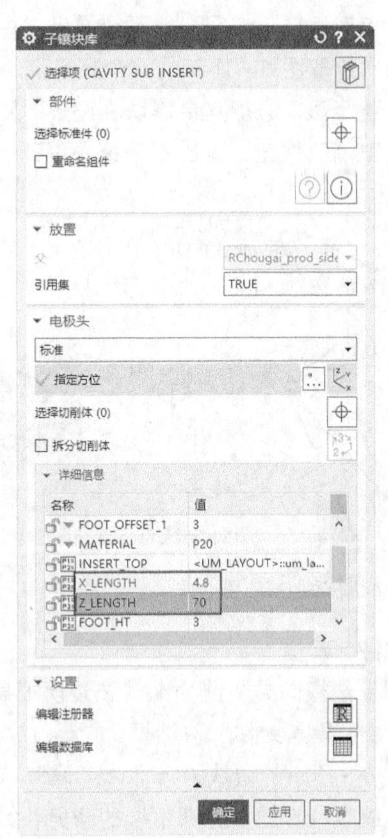

图 6-4　镶块参数设置

（3）单击“点对话框”按钮，系统弹出“点”对话框，在对话框中单击“圆弧中心/椭圆中心/球心”类型，拾取图 6-5 所示的 1 个圆心点，单击“确定”按钮，返回“子镶块库”对话框，单击“确定”按钮，1 个子镶块创建完成。同理，创建其他两个子镶块，得到的效果如图 6-6 所示。

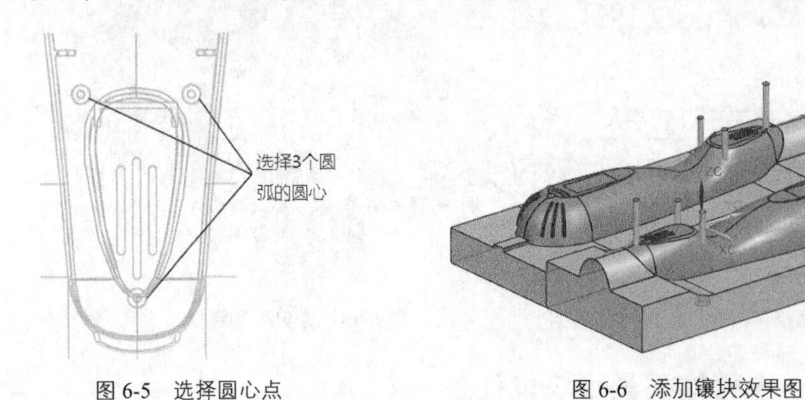

图 6-5　选择圆心点　　　　图 6-6　添加镶块效果图

（4）单击“注塑模向导”选项卡“主要”面板上的“子镶块库”按钮，系统弹出“重用库”对话框和“子镶块设计”对话框。

（5）在“重用库”对话框中的“成员选择”列表中选择“CAVITY SUB INSERT”，在“子镶块库”对话框的“详细信息”列表的“SHAPE”下拉列表框中选择“ROUND”选项，在“FOOT”下拉列表框中选择“ON”选项，设置“X_LENGTH”的值为 6，“Z_LENGTH”的值为 70。

（6）单击“点对话框”按钮，系统弹出“点”对话框，在对话框中单击“圆弧中心/椭圆中心/球心”类型，依次拾取图 6-7 所示的 4 个圆心点。

（7）按照上述步骤，添加其余镶块。设置“X_LENGTH”的值为 9，“Z_LENGTH”的值为 70。

（8）单击“取消”按钮，退出“子镶块设计”对话框，得到的效果如图 6-8 所示。

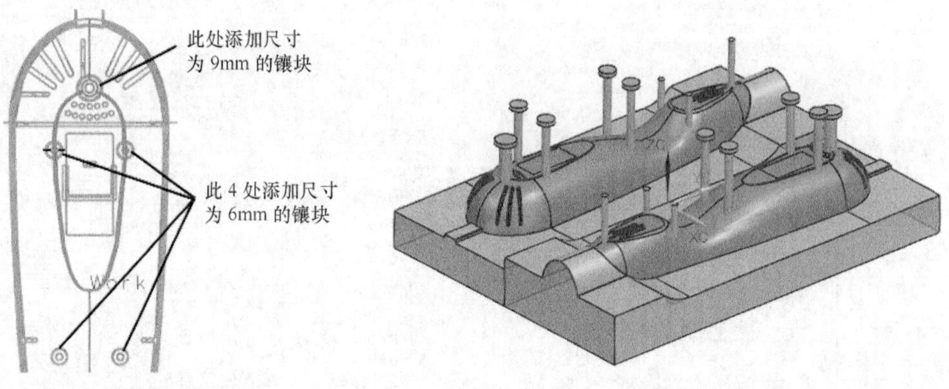

图 6-7　添加镶块的点　　　　图 6-8　添加镶块的效果图

2. 修剪组件

（1）单击“注塑模向导”选项卡“注塑模工具”面板上的“修边模具组件”按钮，系统弹出图 6-9 所示的“修边模具组件”对话框。

（2）选择图 6-8 所示的镶块为目标体。设置“修边曲面”为“CORE_TRIM_SHEET”。

（3）单击“确定”按钮，完成镶块的修剪，如图 6-10 所示。

图 6-9　“修边模具组件”对话框

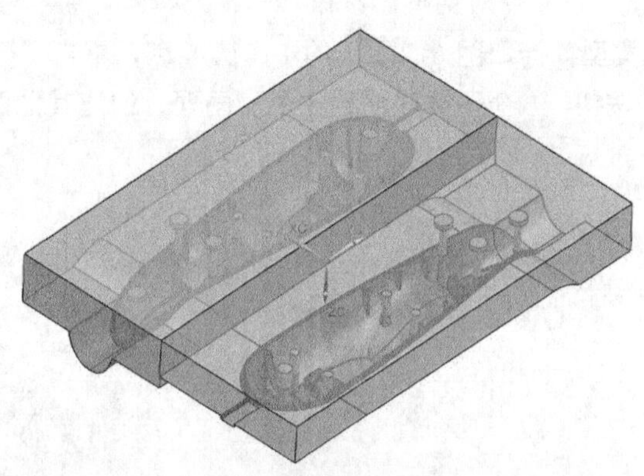

图 6-10　修剪后的镶块

6.1.3　扩展实例——壳体模具镶块设计

利用“子镶块库”命令创建壳体模具的镶块，如图 6-11 所示。

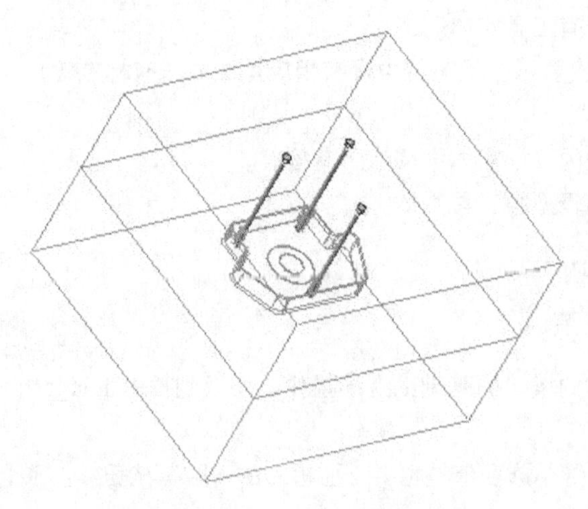

图 6-11 壳体模具的镶块

6.2 遥控器后盖开腔设计

本例进行遥控器后盖模具开腔设计，如图 6-12 所示。

6.2.1 相关知识点——开腔

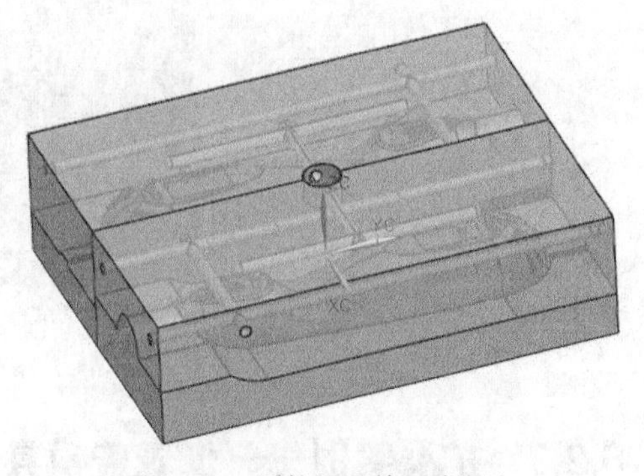

图 6-12 遥控器后盖开腔设计

添加完标准零件和其他零部件后，用户可以使用“腔”命令对冲模或模板、镶块和其他实体中的腔进行建模。

默认情况下，型腔与工具主体关联。用户可以选择将它们设为非关联以提高性能。

当用户创建型腔时，工具实体是在包含目标实体的零件中链接的几何图形，链接的实体会从目标实体中减去或与目标实体结合。

用户可以使用零件族成员作为工具组件来创建型腔。为了最大限度减少设计工具装配体时更新的特征数量，在设计的最后阶段创建型腔。

单击“注塑模向导”选项卡“主要”面板上的“腔”按钮，系统弹出图 6-13 所示的“开腔”对话框。

在创建型腔之前，用户可以隐藏目标和工具实体以外的零部件，便于选择和检查。该项操作必须在“注塑模向导”应用程序中进行。

（1）模式：选择添加材料或去除材料。

（2）目标：单击“选择体”，选择一个或多个目标对象。

（3）工具：在“工具类型”下拉列表中可以选择组件或实体。

（4）引用集：指定零件或组件作为工具类型后，可以选择“引用集”，包括 FALSE、TRUE、整个部件、无更改。

（5）查找相交：查找与选定工具实体相交的所有目标实体，或者查找与选定目标实体相交的所有工具实体。

（6）检查腔状态：突出显示在状态行中没有相应型腔的所有标准零件的总数。

（7）移除腔：从选定的目标实体中移除所有型腔。

（8）编辑工具体：编辑型腔工具主体。

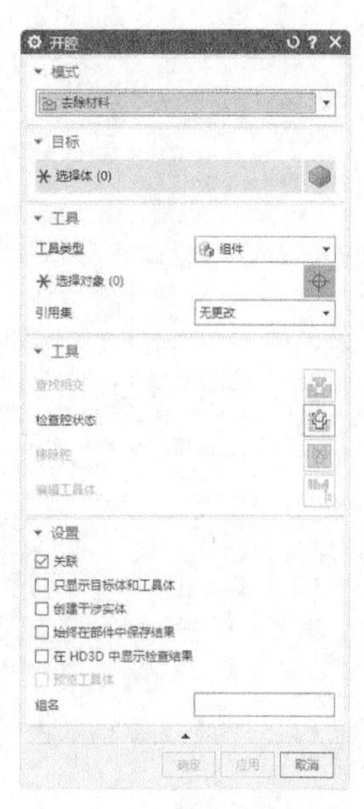

图 6-13 “开腔”对话框

6.2.2 具体操作步骤

具体操作步骤如下。

（1）在 6.1.2 节创建的镶块的基础上继续操作，切换到“RChougai_top_000.prt”文件窗口。

（2）单击“注塑模向导”选项卡“主要”面板上的“腔”按钮，系统弹出“开腔”对话框。

（3）选择模具的模板、型芯和型腔为目标体，选择建立的定位环、主流道、浇口、顶杆、和冷却系统为工具体。

（4）单击“确定”按钮，建立腔体。得到的效果如图 6-14 所示。

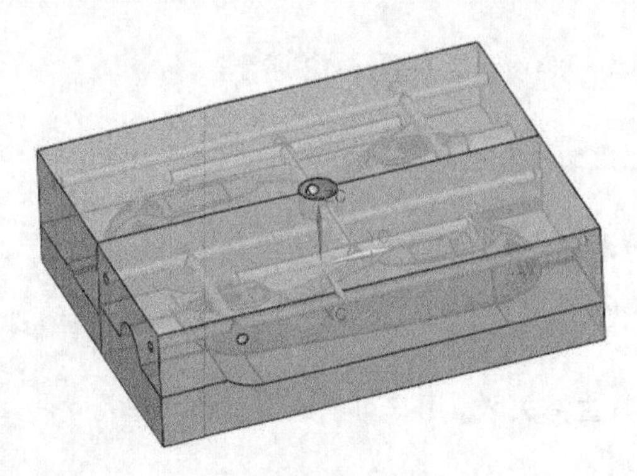

图 6-14 开腔效果图

6.2.3 扩展实例——仪表盖模具开腔

对仪表盖模具进行开腔，如图 6-15 所示。选择模具的模板、型芯和型腔为目标体，选择建立的定位环、主流道、浇口、顶杆、滑块和电极为工具体。

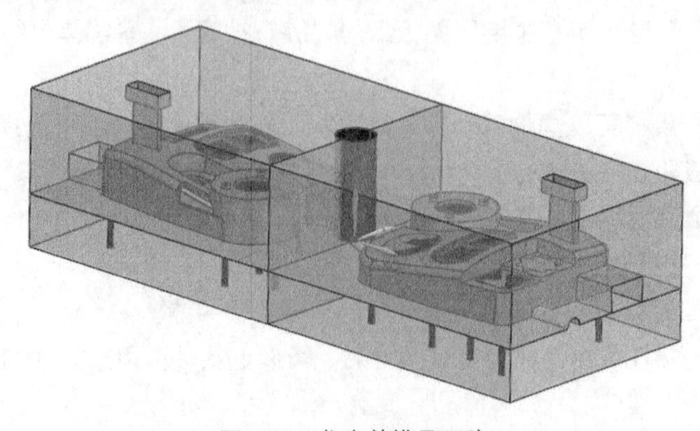

图 6-15 仪表盖模具开腔

6.3 阀体模具滑块和电极设计

本例进行阀体模具滑块和电极设计，如图 6-16 所示。

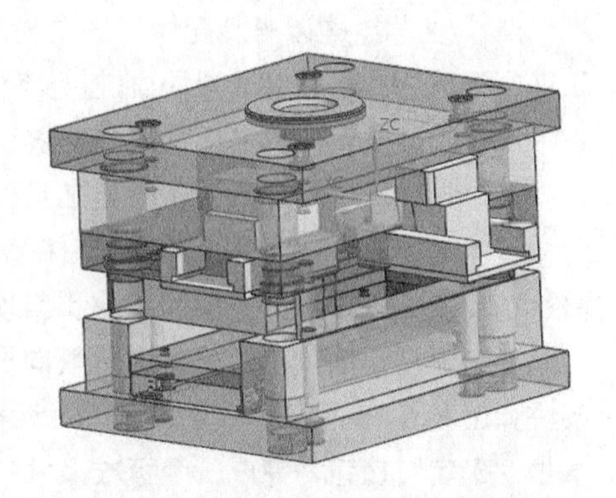

图 6-16　阀体模具滑块和电极设计

6.3.1 相关知识点——滑块与电极

1. 滑块

当制品上具有与开模方向不一致的侧孔、侧凹或凸台时，在脱模之前必须先抽掉侧向成型零件（或侧型芯），否则将无法脱模。这种带动侧向成型零件移动的机构称为侧向分型与抽芯机构。

根据动力来源的不同，自动侧向分型与抽芯机构一般可分为机动侧向分型与抽芯机构和液压或气动侧向分型与抽芯机构两大类。

- 机动侧向分型与抽芯机构：机动侧向分型与抽芯机构利用注射机的开模力，通过传动件使模具中的侧向成型零件移动一定距离，完成侧向分型与抽芯动作。这种机构结构复杂、制造困难、成本较高，但其优点是劳动强度小、操作方便、生产率较高、易实现自动化，故生产中应用较为广泛。
- 液压或气动侧向分型与抽芯机构：液压或气动侧向分型与抽芯机构以液压力或压缩空气作为侧向分型与抽芯的动力。它的特点是传动平稳、抽拔力大、抽芯距长，但液压或气动装置成本较高。

滑块/抽芯设计。从结构上来看，滑块/抽芯的组成大概可以分为两部分：滑块/抽芯头部和滑块/抽芯体。头部依赖于产品的形状，体则由可自定义的标准件组成。

- 头部设计。可以用以下方法来创建滑块或斜顶的头部。

方法 1：用实体头部方法创建滑块或斜顶头部。单击“注塑模向导”选项卡“注塑模工具”面板上的“分割实体”按钮。如果在型芯或型腔中创建了实体头部，并添加了滑块或斜顶体，就可以将该头部链接到滑块或斜顶体中，并将它们合并。也可以创建一个新的组件，再将头部链接到新组件中。实体头部方法经常用于滑块头部的设计。

方法 2：直接添加滑块或斜顶到模架中，然后设置滑块和抽芯的本体作为工作部件。使用“装配”选项卡“部件间链接”面板上的“WAVE 几何链接器”将型芯或型腔分型面链接到当前的工作部件中，最后用该分型面来修剪滑块或斜顶的本体。

- 体的设计。滑块/抽芯体一般由几个组件组成，如本体、导向件等。这些组件通过 NX 的装配功能装配。滑块/斜顶的大小由详细信息中的尺寸控制。滑块/斜顶的装配体可以视为标准件，因此标准件设计可以应用在滑块/抽芯设计中。图 6-17 所示为滑块的结构形式。

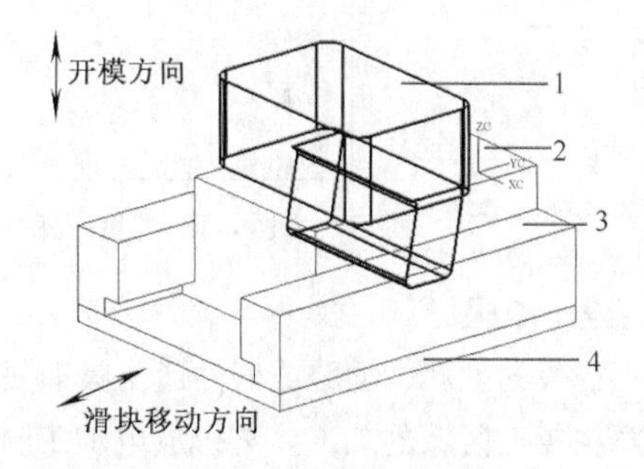

1-滑块驱动部分　2-滑块体　3-固定导轨　4-底板

图 6-17　滑块结构

注塑模向导提供了几种类型的滑块/抽芯结构。因为标准件功能是开放的，所以可以向注塑模向导中添加自定义的滑块/抽芯结构。

滑块/抽芯文件保存在文件目录“.../mold wizard/slider_lifter”中。所有滑块/抽芯在使用之前都需要进行注册。注册文件的名称是“slider_lifter_reg.xls”。有两种注册单位类型：SLIDE_IN 用于英制，SLIDE_MM 用于国际单位制。选择“编辑注册器”按钮，注册文件会加载到表格中编辑。

滑块/抽芯结构以子装配体的形式加入模具装配体的 prod 节点下，其装配体一般含有滑块头、斜楔、滑块体、导轨等使滑块/抽芯能够移动所必需的零部件。

滑块设计的用户界面同标准件的界面相同。下面举例说明滑块的设计步骤。

（1）设计滑块头部。使用模具工具中的交互建模的方法在型芯或型腔部件中创建滑块的头部。

（2）设置 WCS（工作坐标系）。将 WCS 原点设置在滑块头部的底线中心，+*ZC* 指向顶出方向，+*YC* 指向底切区域。其方向同滑块和斜顶杆库中的设计方向相关。

（3）添加滑块体。单击“注塑模向导”选项卡“主要”面板上的“滑块和斜顶杆库”按钮，系统弹出图 6-18 所示的“重用库”对话框和“滑块和斜顶杆设计”对话框，选择类型并设置参数，单击“确定”按钮，完成一个标准尺寸的滑块体。

（4）链接滑块体。单击“装配”选项卡“部件间链接”面板上的“WAVE 几何链接器”按钮，将滑块头部链接到滑块的本体部件中，修改滑块体的尺寸，并将它们布尔合并。

（5）如果有必要，可调整模架尺寸。

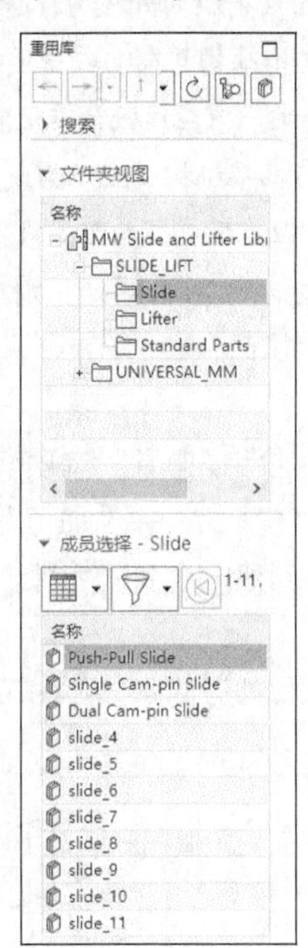

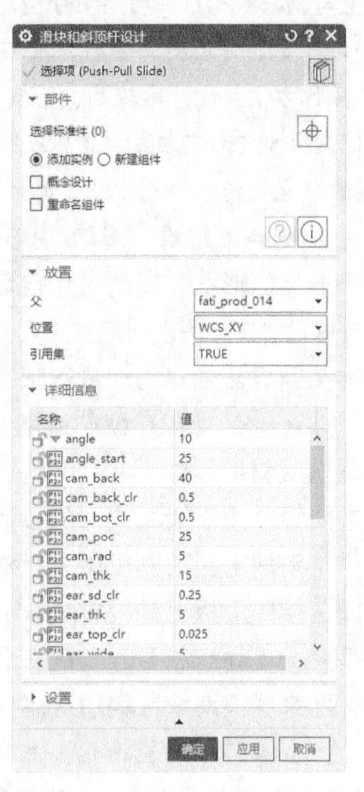

图 6-18 “重用库”对话框和“滑块和斜顶杆设计”对话框

2. 电极

模具的型芯、型腔或嵌件通常具有复杂的外形，有些加工非常困难，一般采用放电加工的方式来解决复杂区域的加工。进行放电加工时，首先要使用电极材料（一般是铜和石墨）制作电极，然后将电极安装到电火花机上，对型芯、型腔的某个区域或整个区域进行加工。

（1）初始化电极项目

单击“电极设计”选项卡“主要”面板上的“初始化电极项目”按钮，系统弹出图 6-19 所示的“初始化电极项目”对话框。

① 类型

- Original（原版的）：创建标准电极项目。
- No Working Part（无工作部分）：创建没有工作部分的电极项目。
- No Machine Set（无机组）：创建没有 MSET 零件的电极项目。
- No Template（没有模板）：基于当前零件创建电极项目，不使用模板。
- Only Top Part（仅顶部）：在没有可用的工作部件和机器组时创建电极项目。

② 工件

选择体：为电极项目选择实体。

③ 加工组

当类型设置为 Original（原版的）或 No Working Part（无工作部件）时可用。添加的加工组在列表框中列出，最近添加的加工组位于顶行。

- 添加加工组：单击右侧的“添加加工组”按钮⊕，可在列表中列出加工组。
- 选择面中心：选择一个中心定义 MSET CSYS 放置的面。
- 指定方位：指定加工组的方向。

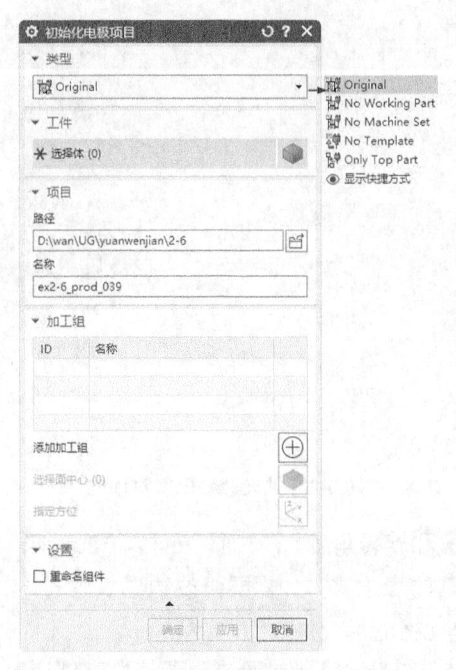

图 6-19 “初始化电极项目”对话框

（2）设计毛坯

单击“电极设计”选项卡“主要”面板上的“设计毛坯”按钮，系统弹出图 6-20 所示的“设计毛坯”对话框。

① 选择体：选择与设计电极相连接的实体。

② 选择毛坯：选择现有电极进行编辑。

③ 形状。

- 形状：定义毛坯的形状。包括 block_blank（块状）、cyc_blank（圆柱状）、undercut_blank（底切）和 slope_blank（斜面）4 种电极形状。

当因为模型的一部分被挡住而无法创建块状或圆柱状电极时，可以创建适合模型周围的底切毛坯，通过选择接合面和电极必须围绕的面来定义底切的形状。

- 延伸高度：设置连接体的高度。连接体是毛坯与实体之间的连接部分。
- 接合方法：指定用于在实体和电极之间创建混合体的方法。包括拉伸、偏置和无 3 种选项。
- 拔模角：设置拉伸或偏置的角度。
- 圆角半径：在电极头连接到电极的地方创建一个圆角并设置其半径。
- 指定方位：设置电极的放置位置。

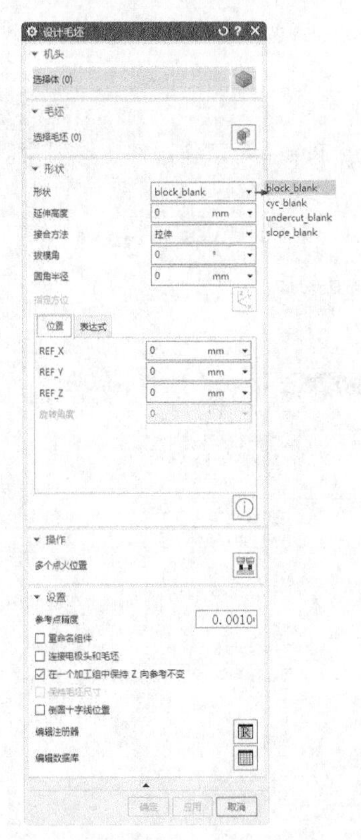

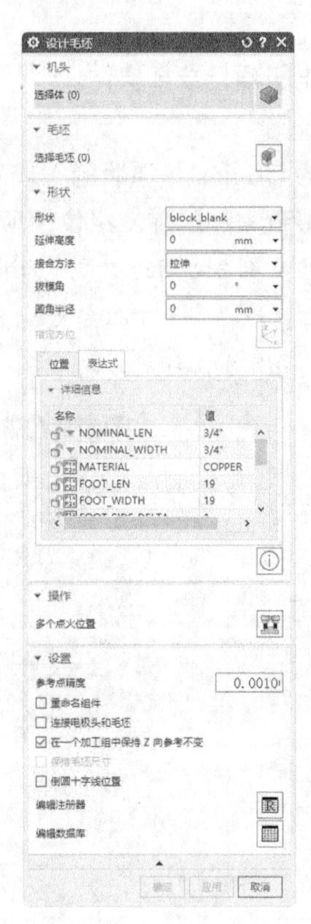

图 6-20 “设计毛坯”对话框

④ 位置：列出电极的位置和旋转角度。

⑤ 表达式：列出电极毛坯的表达式。如需要修改边界表达式的值，可在“值”列中双击单元格。

⑥ 信息窗口按钮ⓘ：单击该按钮，可以显示或隐藏信息窗口。

⑦ 多个点火位置：单击“多个点火位置”按钮，系统弹出图 6-21 所示的“多个点火位置”对话框。可以在对话框中为电极毛坯创建多个火花头。

⑧ 设置

- 连接电极头和毛坯：在电接头和毛坯之间创建过渡，并将其与实体合并为一个实体。
- 在一个加工组中保存 Z 向参考不变：如果有多个电极，则对所有电极使用相同的 Z 向参考位置。
- 保持毛坯尺寸：创建附加电极头时保持现有的毛坯尺寸。

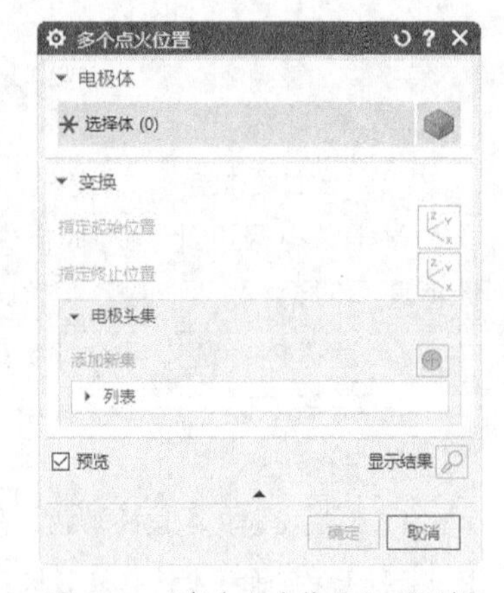

图 6-21 “多个点火位置”对话框

- 倒圆十字线位置：指定创建附加头时是否调整毛坯的位置。

（3）电极装夹

单击“电极设计”选项卡“主要”面板上的“电极装夹”按钮，系统弹出图 6-22 所示的“电极装夹”对话框。

① 选择项：选择该项时，用户可以从“重用库”中选择一个支架或托盘。

② 选择夹具：选择现有的支架或托盘进行编辑。

③ 选择组件：选择要添加夹具的毛坯或工作组件。

④ 选择面中心：选择毛坯或工作组件后，单击该按钮，选择要放置夹具的面。

⑤ 指定方位：指定放置夹具的位置。

图 6-22 “电极装夹”对话框

（4）复制电极

单击“电极设计”选项卡“主要”面板上的“复制电极”按钮，系统弹出图 6-23 所示的“复制电极”对话框。

① 类型。

- 变换：将电极从参考面转换到具有相同形状的目标面。
- 镜像：通过基准平面对电极进行镜像操作。选择该选项时的对话框如图 6-24 所示。

图 6-23 “复制电极”对话框

图 6-24 “镜像”类型

② 选择电极：选择要进行复制的电极。

③ 运动：选择复制电极的方法，包括面-面、坐标系-坐标系、旋转和动态 4 种方法。

④ 副本数：设置复制电报的数量。

⑤ 工具选项：用于选择镜像平面。

6.3.2 知识点扩展——侧向抽芯机构

利用斜导柱进行侧向抽芯的机构是一种常用的机动抽芯机构，如图 6-25 所示。其结构组成主要包括斜导柱、侧型芯滑块、滑块定位装置及锁紧楔。其工作过程为：开模时，开模力通过斜导柱作用于滑块，迫使滑块在开始开模时沿动模的导滑槽向外滑动，完成抽芯。滑块定位装置将滑块限制在抽芯终止的位置，以保证合模时斜导柱能插入滑块的斜孔中，使滑块顺利复位。锁紧楔用于在注射时锁紧滑块，防止侧型芯在受到成型压力时向外移动。

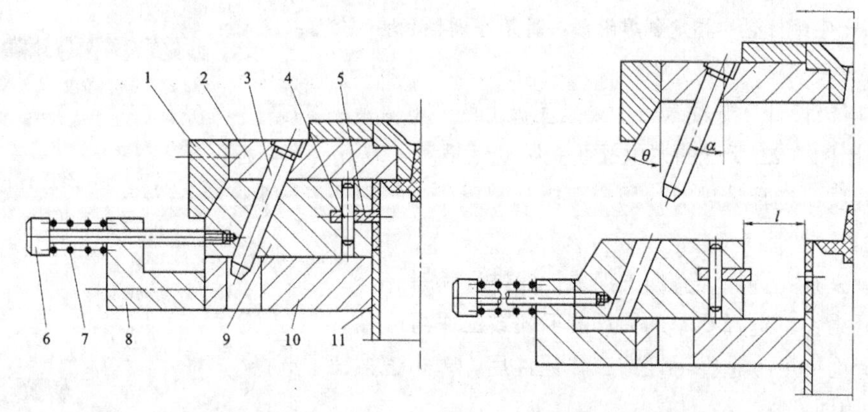

1-锁紧楔　2-定模板　3-斜导柱　4-销钉　5-型芯　6-螺钉　7-弹簧　8-支架　9-滑块　10-动模板　11-推管

图 6-25　利用斜导柱进行侧向抽芯

1. 斜导柱设计

（1）斜导柱的结构如图 6-26 所示。图（a）所示是圆柱形的斜导柱，有结构简单、制造方便和稳定性好等优点，所以使用广泛；图（b）所示是矩形的斜导柱，当滑块很狭窄或抽拔力大时使用，其头部可以比较安全地进入滑块；图（c）所示斜导柱适用于延时抽芯的情况，可在斜导柱内抽芯时使用；图（d）与图（c）所示斜导柱的使用情况类似。

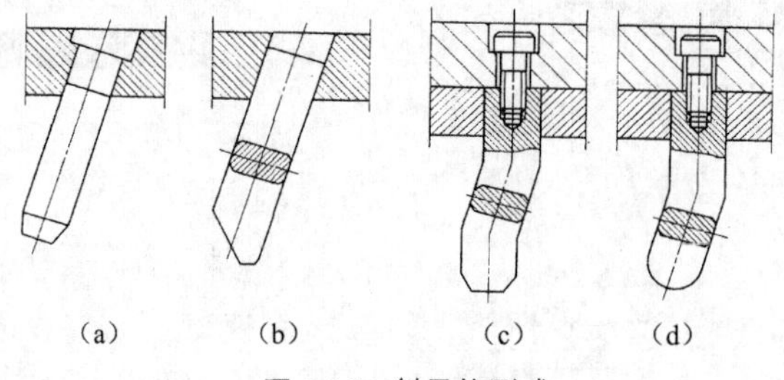

图 6-26　斜导柱形式

斜导柱固定端与模板之间的配合采用 H7/m6，与滑块之间的配合采用 0.5～1mm 的间隙。斜导柱的材料多为 T8、T10 等碳素工具钢，也可以采用渗碳处理的 20 号钢，要求热处理硬度 HRC≥55，表面粗糙度 Ra≤0.8μm。

（2）斜导柱倾斜角α是决定其抽芯工作效果的重要因素。倾斜角关系到斜导柱承受的弯曲力和实际达到的抽拔力，也关系到斜导柱的有效工作长度、抽芯距和开模行程。倾斜角实际上就是斜导柱与滑块之间的压力角，因此，α应小于 25°，一般为 12°～25°。

（3）斜导柱直径 d。根据材料力学，可推导出斜导柱 d 的计算公式为

$$d=\sqrt[3]{\frac{FL_{\mathrm{w}}}{0.1[\sigma_{\mathrm{w}}\cos\alpha]}} \tag{6-1}$$

式 6-1 中，d——斜导柱直径，单位为 mm；

F——抽出侧型芯的抽拔力，单位为 N；

L_{w}——斜导柱的弯曲力臂（见图 6-27），单位为 mm；

$[\sigma_{\mathrm{w}}]$——斜导柱的许用弯曲应力，对于碳素工具钢可取为 140MPa；

α——斜导柱倾斜角，单位为°。

（4）斜导柱长度的计算。斜导柱长度根据抽芯距 S、斜导柱直径 d、固定轴肩直径 D、倾斜角α

及安装导柱的模板厚度 h 来确定，如图 6-28 所示。

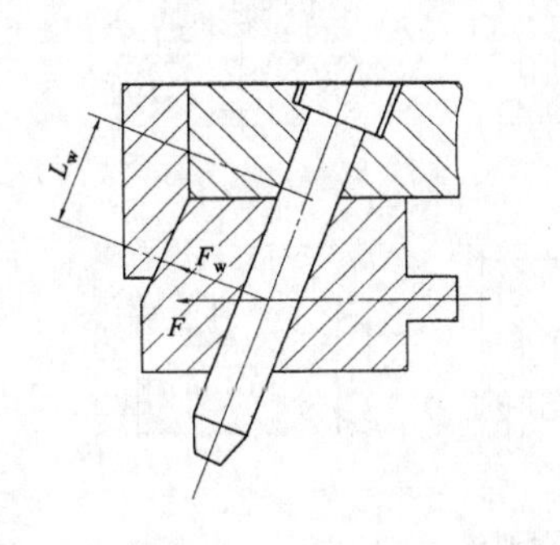

图 6-27　斜导柱的弯曲力臂

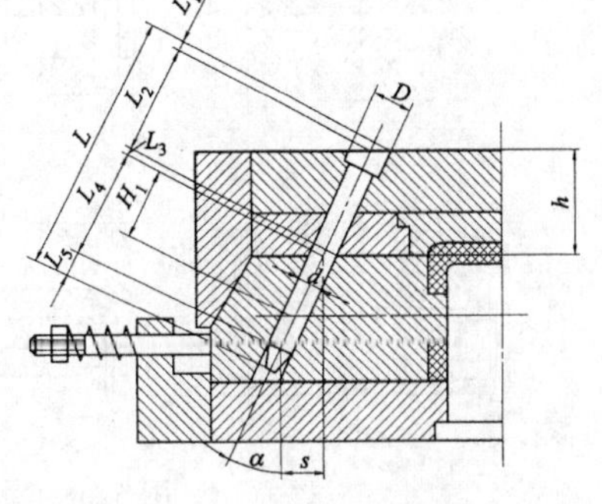

图 6-28　斜导柱长度的确定

$$
\begin{aligned}
L &= L_1 + L_2 + L_3 + L_4 + L_5 \\
&= \frac{D}{2}\tan\alpha + \frac{h}{\cos\alpha} + \frac{d}{2}\tan\alpha + \frac{s}{\sin\alpha} + (10\sim15)
\end{aligned}
\quad (6\text{-}2)
$$

式 6-2 中，L——斜导柱长度，单位为 mm；

D——斜导柱固定部分的大端直径，单位为 mm；

h——斜导柱固定板厚度，单位为 mm；

s——抽芯距离，单位为 mm。

2. 滑块

（1）滑块形式分为整体式和组合式两种。组合式滑块包含型芯，这样可以节省钢材，且加工方便，因而应用广泛。型芯与滑块的固定形式如图 6-29 所示。图（a）、（b）所示为较小型芯的固定形式，较小型芯也可采用图（c）所示的螺钉固定形式；图（d）所示为燕尾槽固定形式，用于较大型芯；对于多个型芯，可用图（e）所示的固定板固定形式；型芯为薄片时，可用图（f）所示的通槽固定形式。滑块材料一般采用 45 钢或 T8、T10 碳素工具钢，热处理硬度在 40HRC 以上。

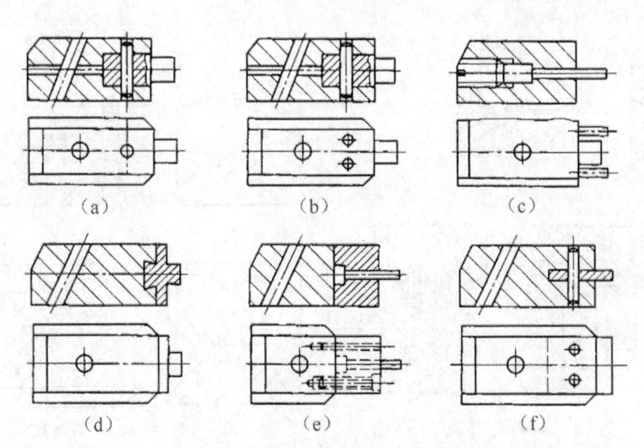

图 6-29　型芯与滑块的固定形式

（2）滑块的导滑形式如图 6-30 所示。图（a）、（e）所示为整体式；图（b）、（c）、（d）、（f）所示为组合式，加工方便。导滑槽常用 45 钢，调质热处理硬度为 28 ~ 32HRC。盖板的材料用 T8、T10 碳素工具钢或 45 钢，热处理硬度在 50HRC 以上。滑块与导滑槽的配合为 H8/f8，配合部分表面粗糙度 Ra≤0.8μm，滑块长度应大于滑块宽度的 1.5 倍，抽芯完毕，留在导滑槽内的长度不小于自身长度的 2/3。

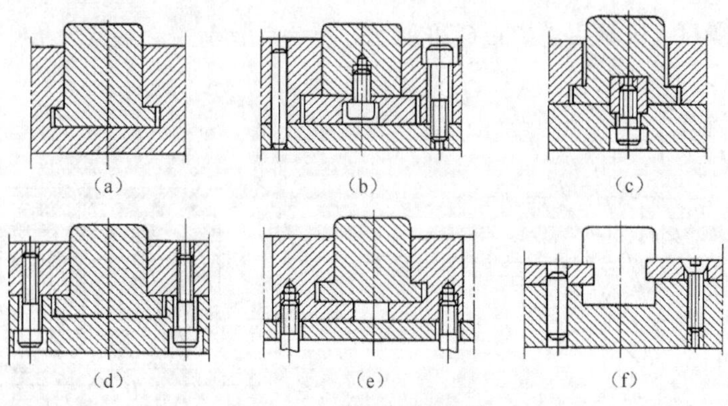

图 6-30　滑块的导滑形式

3. 滑块定位装置

滑块定位装置用于保证开模后滑块停留在刚脱离斜导柱的位置上，使合模时斜导柱能准确地进入滑块的孔内，顺利合模。滑块定位装置的结构如图 6-31 所示。图（a）所示的滑块利用自重停靠在限位挡块上，结构简单，适用于向下方抽芯的模具；图（b）所示的滑块靠弹簧力停留在挡块上，适用于各种抽芯的定位，定位比较可靠，经常被采用；图（c）、（d）、（e）所示为弹簧止动销和弹簧钢球定位的形式，结构比较紧凑。

4. 锁紧楔

锁紧楔的作用就是锁紧滑块，以防在注射过程中，活动型芯受到型腔内塑料熔体的压力而产生位移。常用的锁紧楔形式如图 6-32 所示。图（a）所示为整体式，结构牢固可靠，刚性好，但耗材多，加工不便，磨损后调整困难；图（b）所示的形式适用于锁紧力不大的情况，制造和调整都较方便；图（c）所示的形式利用 T 形槽固定锁紧楔，用销钉定位，能承受较大的侧向压力，但磨损后不易调整，适用于较小模具；图（d）所示为锁紧楔整体嵌入模板的形式，刚性较好，修配方便，适用于较大尺寸的模具；图（e）、（f）所示的形式对锁紧楔进行了加强，适用于锁紧力大的情况。

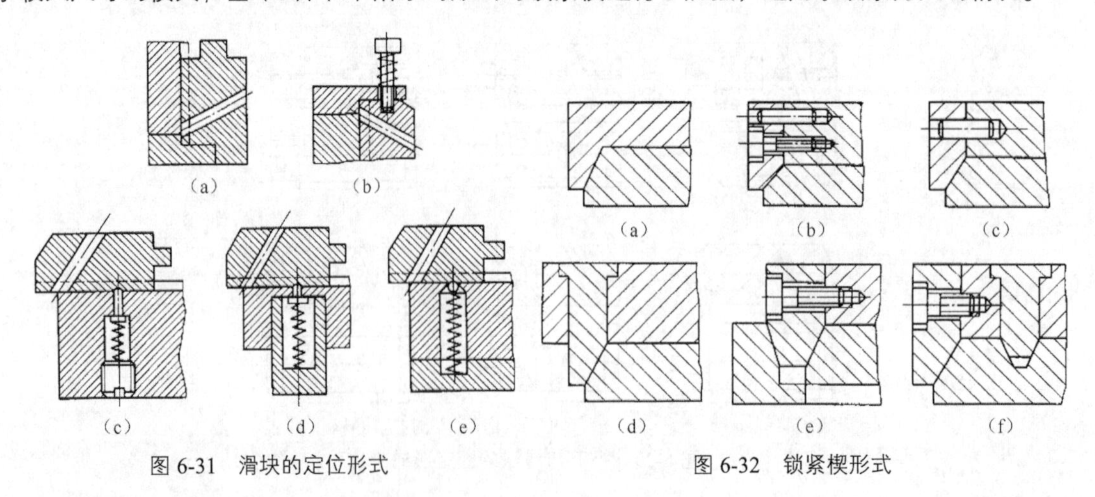

图 6-31　滑块的定位形式　　图 6-32　锁紧楔形式

6.3.3 具体操作步骤

1. 项目初始化

（1）单击“注塑模向导”选项卡中的“初始化项目”按钮，系统弹出“部件名”对话框，选择“yuanwenjian\2-6\fati.prt”文件，单击“确定”按钮。

（2）在系统弹出的图 6-33 所示的“初始化项目”对话框中，设置“项目单位”为毫米；“名称”为 fati；“材料”为 ABS。

（3）单击“确定”按钮，完成初始化操作，产品初始化的结果如图 6-34 所示。这里可以看到 WCS 的原点基本位于产品模型的底面中心。

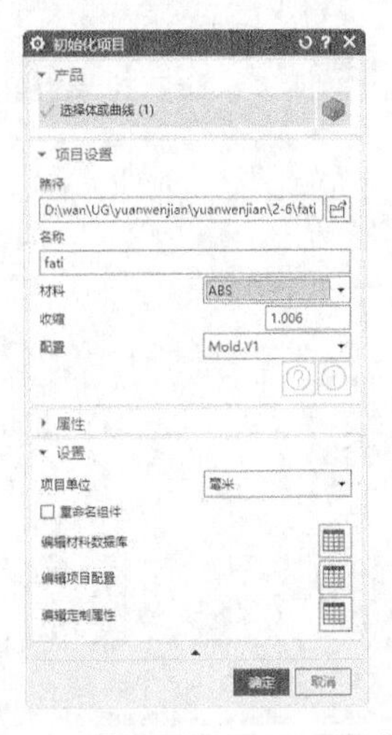

图 6-33 “初始化项目”对话框

图 6-34 阀体模型

2. 创建模具坐标系

（1）选择“菜单”→“格式”→“WCS”→“旋转”命令，系统弹出图 6-35 所示的“旋转 WCS 绕...”对话框，选择“+XC 轴：YC→ZC”选项，在“角度”文本框中输入 90。单击“应用”按钮，完成坐标系的旋转，如图 6-36 所示。再选择“+YC 轴：ZC→XC”选项，在“角度”文本框中输入 90。单击“应用”按钮，完成坐标系的旋转，如图 6-37 所示。

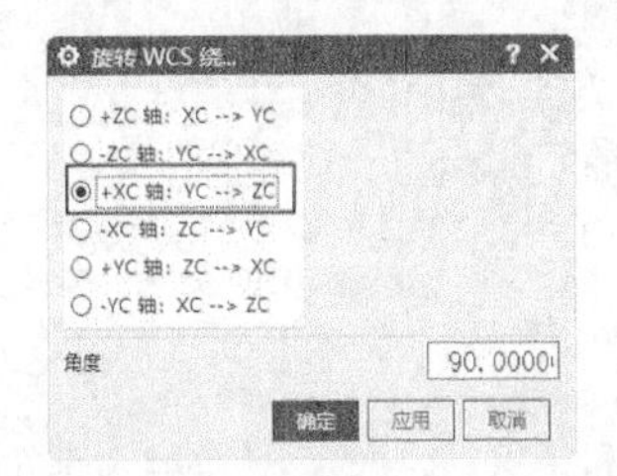

图 6-35 “旋转 WCS 绕...”对话框

图 6-36 旋转坐标系

（2）单击“注塑模向导”选项卡“主要”面板上的“模具坐标系”按钮，系统弹出图 6-38 所示的“模具坐标系”对话框。选择“当前 WCS”选项。

（3）单击“确定”按钮，完成模具坐标系的创建。

图 6-37 旋转坐标系

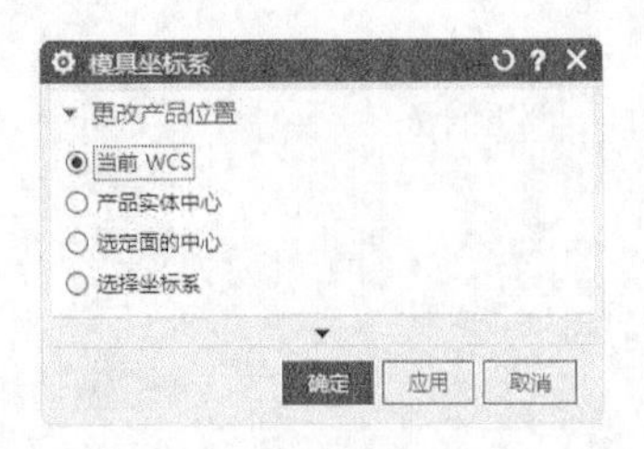

图 6-38 “模具坐标系”对话框

3. 定义成型工件

（1）单击“注塑模向导”选项卡“主要”面板上的“工件”按钮，系统弹出图 6-39 所示的“工件”对话框，在“定义类型”下拉列表中选择“参考点”选项。

（2）单击“重置大小”按钮，工件尺寸设置参照图 6-39。单击“确定”按钮，创建的成型工件如图 6-40 所示。

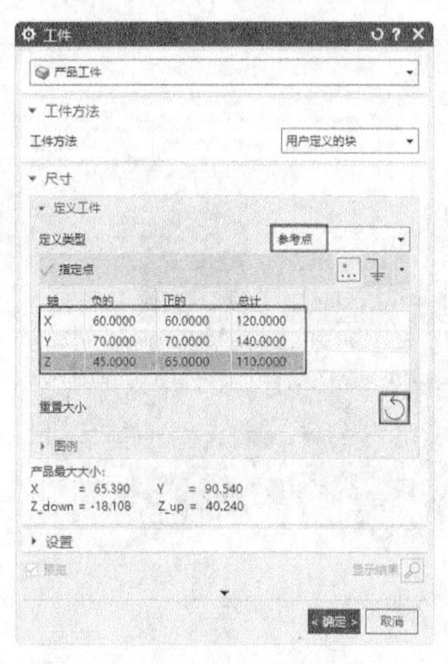

图 6-39 “工件”对话框

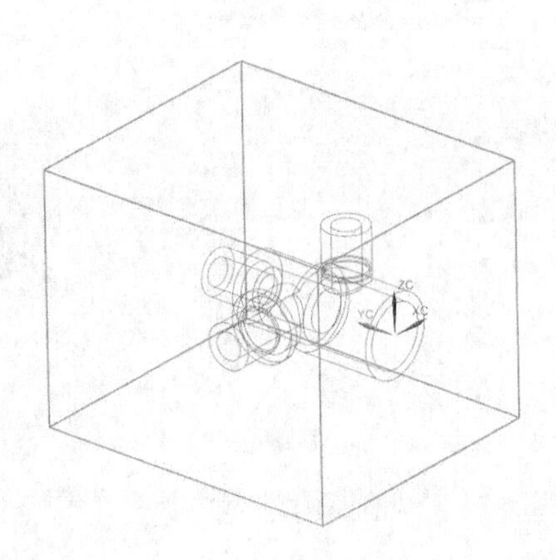

图 6-40 成型工件

4. 定义布局

（1）单击“注塑模向导”选项卡“主要”面板上的“型腔布局”按钮，系统弹出图 6-41 所示的“型腔布局”对话框，在“布局类型”中选择“矩形”和“平衡”选项，“指定矢量”为–XC 轴，设置“型腔数”为 2。

（2）单击“型腔布局”对话框的“自动对准中心”按钮，将该多腔模的几何中心移动到 layout 子装配的绝对坐标系（ACS）的原点上，如图 6-42 所示。

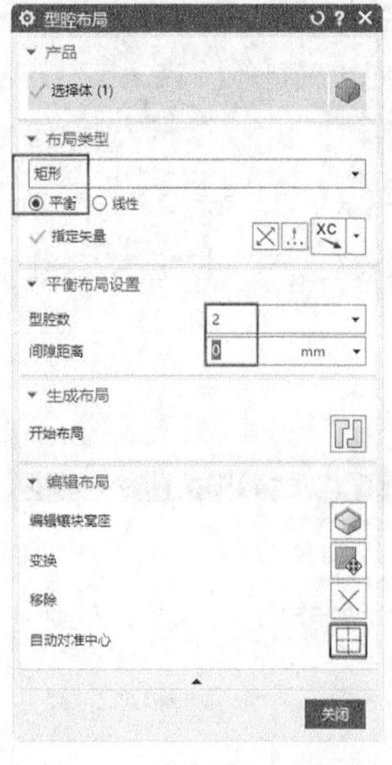

图 6-41 “型腔布局”对话框

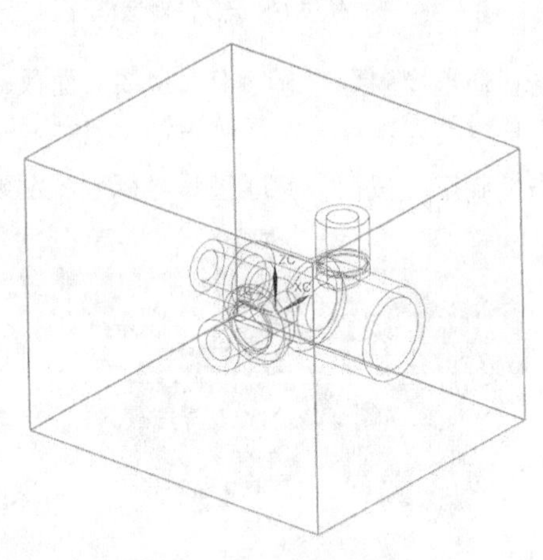

图 6-42 型腔布局结果

5. 修补包容体

（1）单击“注塑模向导”选项卡“分型”面板上的“曲面补片”按钮，进入零件界面，关闭对话框。单击“注塑模向导”选项卡“注塑模工具”面板上的“包容体”按钮，系统弹出图 6-43 所示的“包容体”对话框，选择“圆柱”类型，设置“偏置”的值为 0。选择图 6-44（a）所示的圆柱孔内表面建立修补包容体，单击“确定”按钮，完成包容体 1 的创建，结果如图 6-44（b）所示。

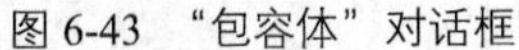
图 6-43 “包容体”对话框

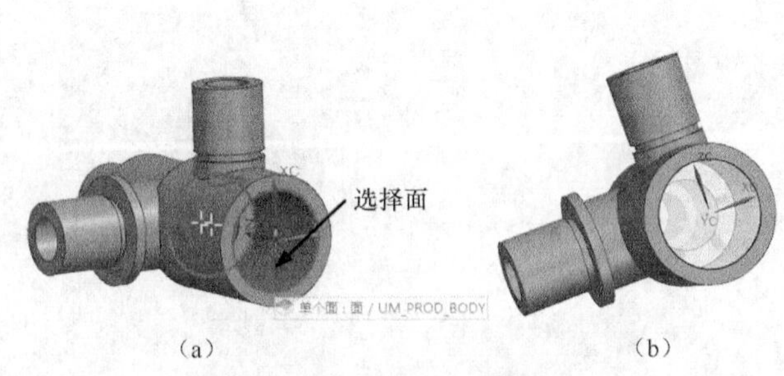

（a）（b）

图 6-44 选择面创建包容体 1

（2）同理，选择图 6-45（a）所示的两圆孔内表面，创建包容体，结果如图 6-45（b）所示。

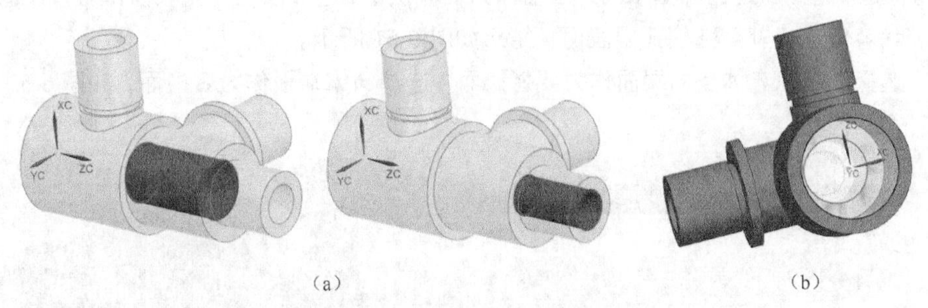

（a）（b）

图 6-45 选择面创建包容体 2、包容体 3

（3）单击“主页”选项卡“基本”面板上“合并”按钮，系统弹出图 6-46 所示的“合并”对话框。选择上一步修剪的包容体 1 作为目标体，选择包容体 2 和包容体 3 作为工具体，如图 6-47 所示，单击“确定”按钮，完成包容体的合并。

（4）单击“注塑模向导”选项卡“注塑模工具”面板上的“包容体”按钮，系统弹出“包容体”对话框，选择“圆柱”类型，设置“偏置”的值为 2，选择图 6-48 所示的圆柱孔内表面建立修补包容体，单击“确定”按钮，完成包容体 4 的创建。

图 6-46 “合并”对话框

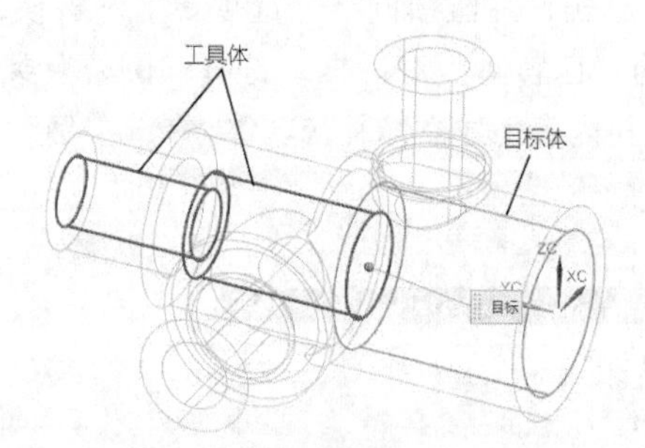

图 6-47 选择目标体和工具体

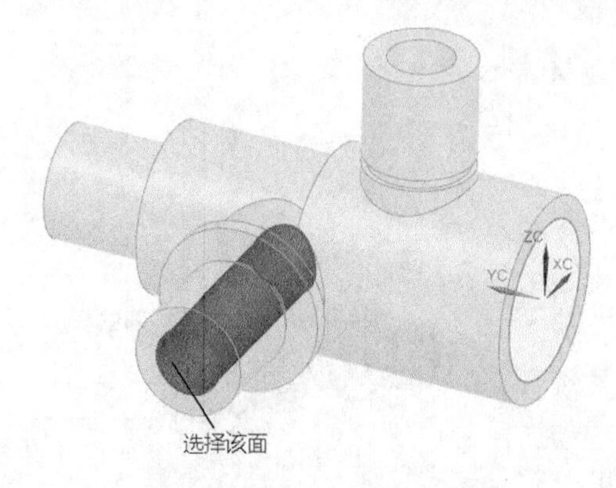

图 6-48 选择圆柱孔内表面

（5）单击“主页”选项卡“同步建模”面板上的“替换”按钮，系统弹出图 6-49 所示的“替换面”对话框。选择创建包容体 4 的外表面作为要替换面，选择圆柱孔内表面作为替换面，如图 6-50 所示。将包容体 4 修补至圆柱孔内表面，结果如图 6-51 所示。

（6）选择创建包容体 4 的端面作为要替换面，选择阀体端面作为替换面，如图 6-52 所示。将包容体修补至端面。

图 6-49 “替换面”对话框

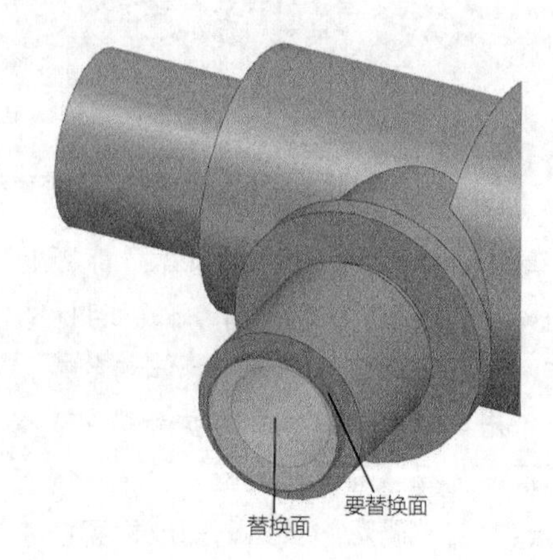

图 6-50 选择面

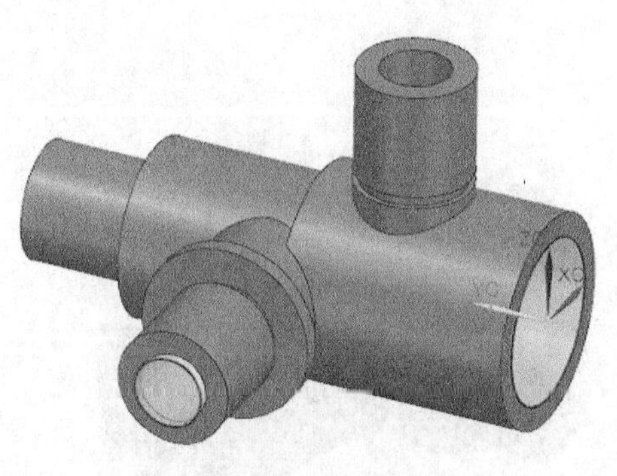

图 6-51　替换结果

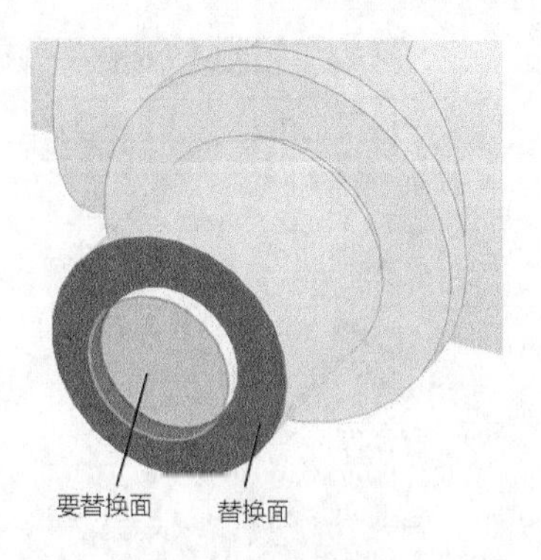

图 6-52　选择面

（7）选择创建包容体 4 的另一端的端面作为要替换面，选择阀体台阶面作为替换面，如图 6-53 所示。将包容体 4 修补至台阶面，如图 6-54 所示。

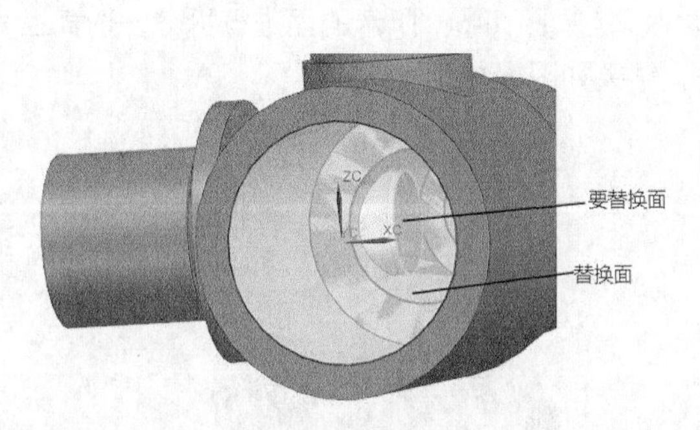

图 6-53　选择面

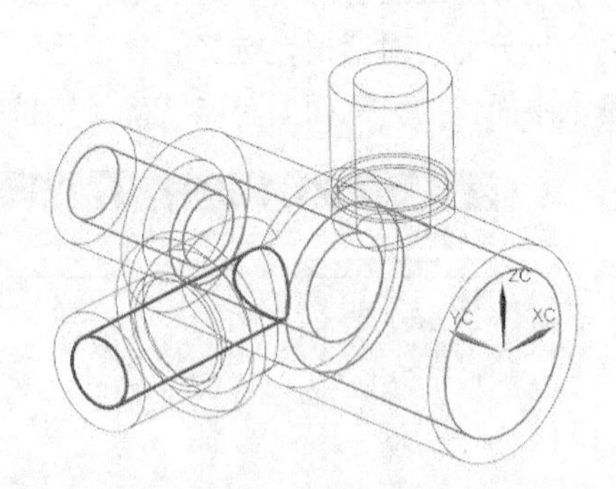

图 6-54　替换结果

（8）单击“注塑模向导”选项卡“注塑模工具”面板上的“实体补片”按钮，系统弹出图 6-55 所示的“实体补片”对话框，系统自动选择制品为产品实体，选择修补后的包容体为补片实体。单击“确定”按钮，完成实体修补的结果如图 6-56 所示。

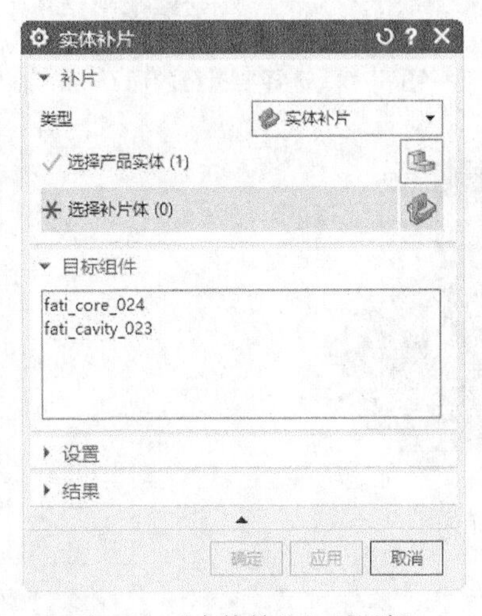

图 6-55　“实体补片”对话框

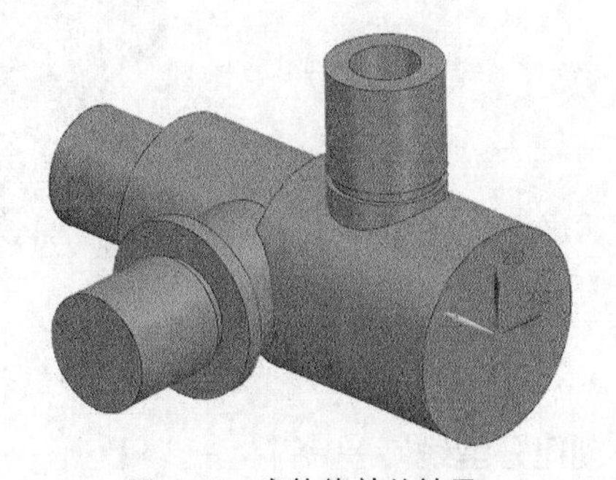

图 6-56　实体修补的结果

6. 创建分割面

（1）单击“主页”选项卡“构造”面板上的“基准平面”按钮，系统弹出图 6-57 所示的“基准平面”对话框，依图设置参数，单击“确定”按钮，创建基准平面，如图 6-58 所示。

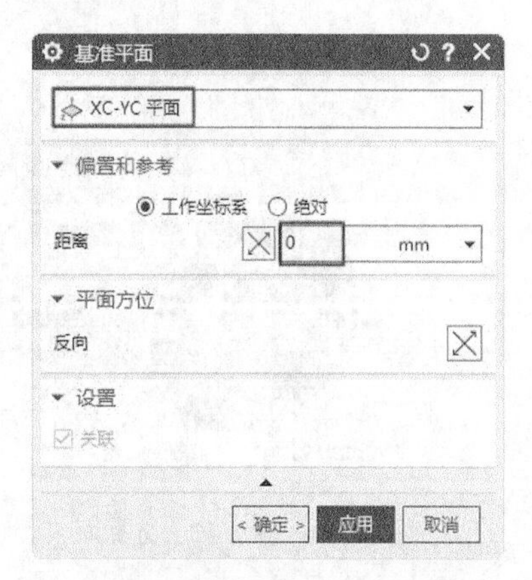

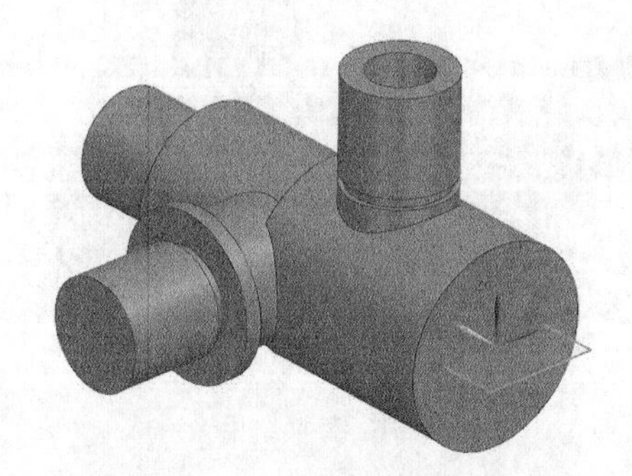

图 6-57 “基准平面”对话框　　图 6-58 创建基准平面

（2）单击“注塑模向导”选项卡“注塑模工具”面板上的“拆分面”按钮，系统弹出图 6-59 所示的“拆分面”对话框，选择“平面/面”类型。选择图 6-60 所示的面进行拆分，选择上一步创建的基准平面作为分割面。单击“确定”按钮，结果如图 6-61 所示。

图 6-59 “拆分面”对话框

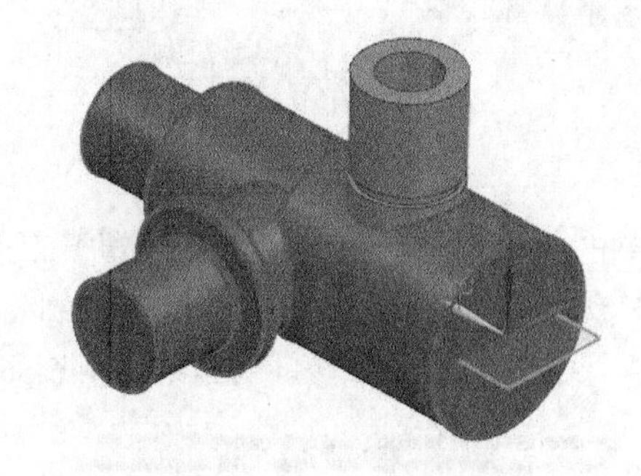

图 6-60 选择要拆分的面

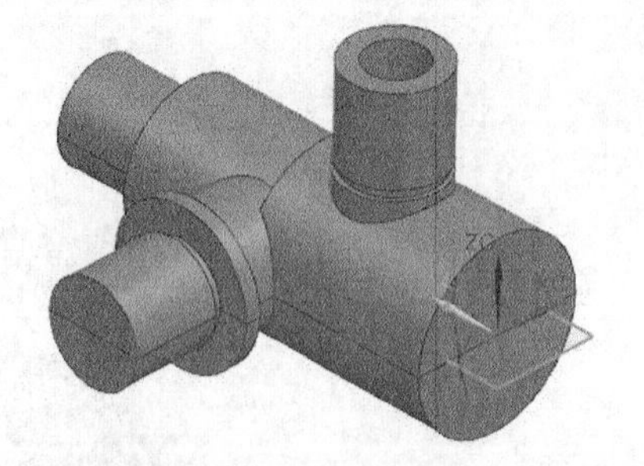

图 6-61 拆分面结果

7. 创建分型线

（1）单击“注塑模向导”选项卡“分型”面板上的“设计分型面”按钮，系统弹出图 6-62 所示的“设计分型面”对话框。

（2）单击“编辑分型线”栏中的“选择分型线”按钮，在视图上选择图 6-63 所示的分型线，单击“确定”按钮，系统自动生成图 6-64 所示的分型线。

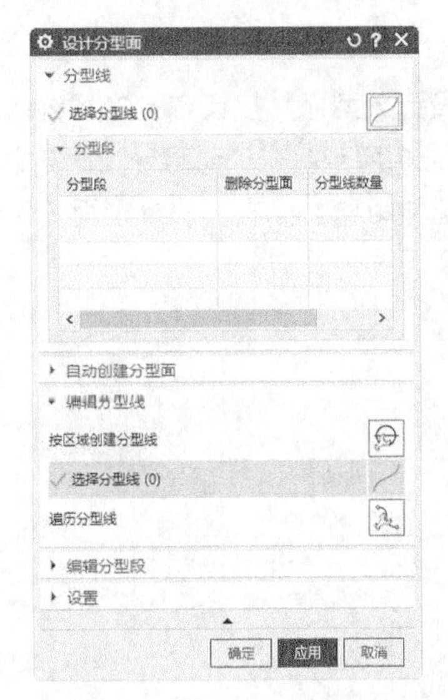

图 6-62 “设计分型面”对话框

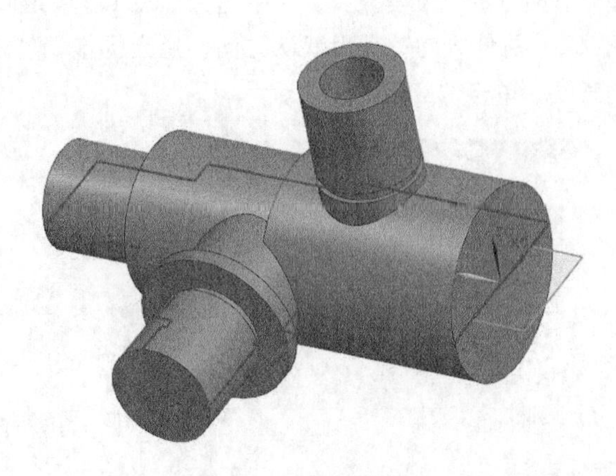

图 6-63 选择分型线

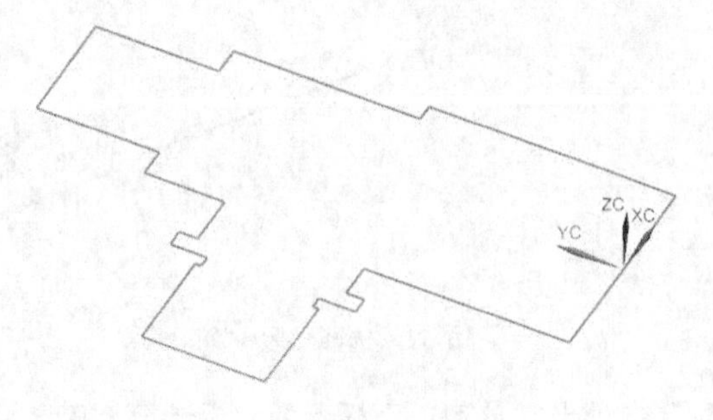

图 6-64 分型线

（3）单击“注塑模向导”选项卡“分型”面板上的“设计分型面”按钮，系统弹出图 6-65 所示的“设计分型面”对话框，单击“编辑分型段”栏中的“选择分型或引导线”选项，在图 6-66 所示的位置创建引导线，单击“确定”按钮，生成引导线。

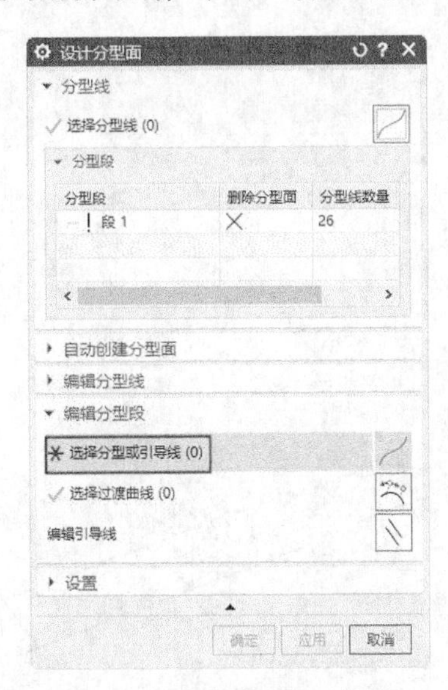

图 6-65 “设计分型面”对话框

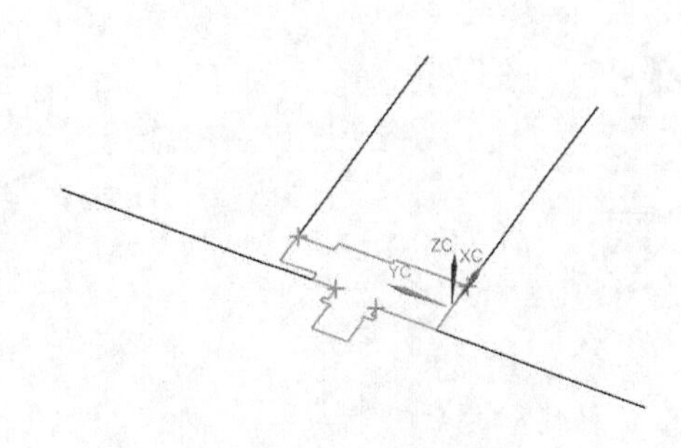

图 6-66 创建引导线

8. 创建分型面

（1）单击“注塑模向导”选项卡“分型”面板上的“设计分型面”按钮，在系统弹出的“设计分型面”对话框的“分型段”列表中选择“段 1”，如图 6-67 所示。在“创建分型面”中单击“拉伸”按钮，“拉伸方向”采用默认方向，用光标拖动“延伸距离”标志，使分型面的拉伸长度大于工件的长度。单击“应用”按钮。

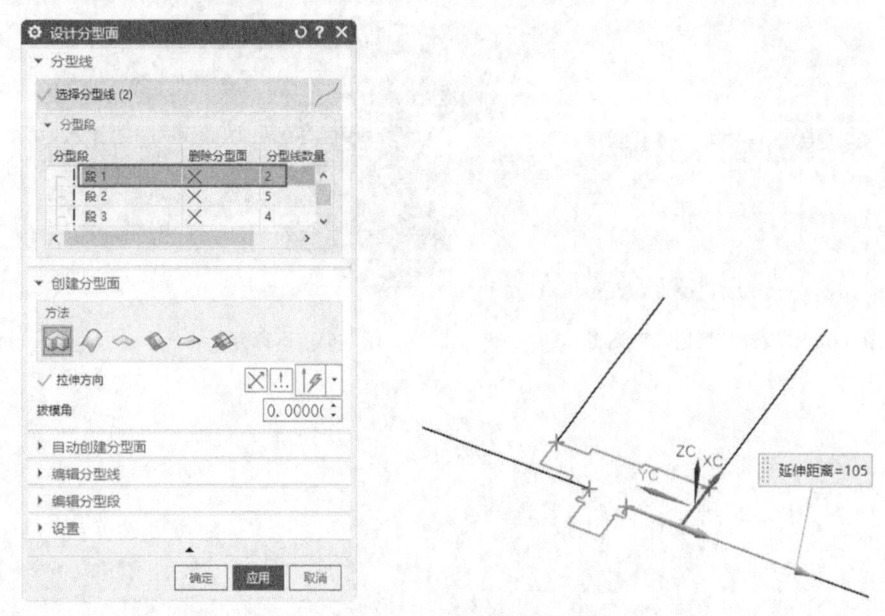

图 6-67　选择“段 1”

（2）单击“注塑模向导”选项卡“分型”面板上的“设计分型面”按钮，在弹出的“设计分型面”对话框的“分型段”列表中选择“段 2”，如图 6-68 所示。在“创建分型面”中单击“拉伸”按钮，“拉伸方向”采用默认方向，用光标拖动“延伸距离”标志，使分型面的拉伸长度大于工件的长度。单击“应用”按钮。

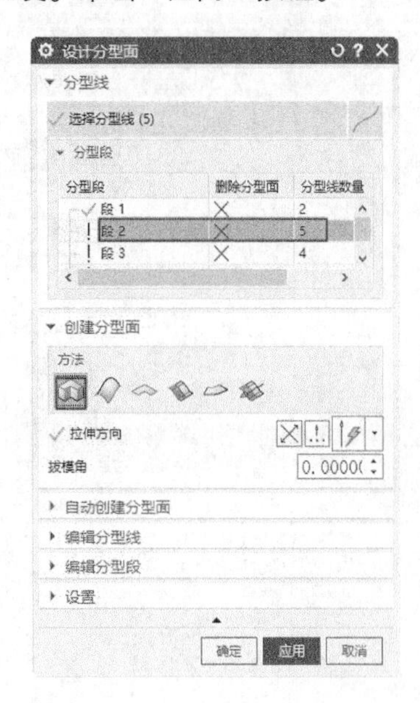

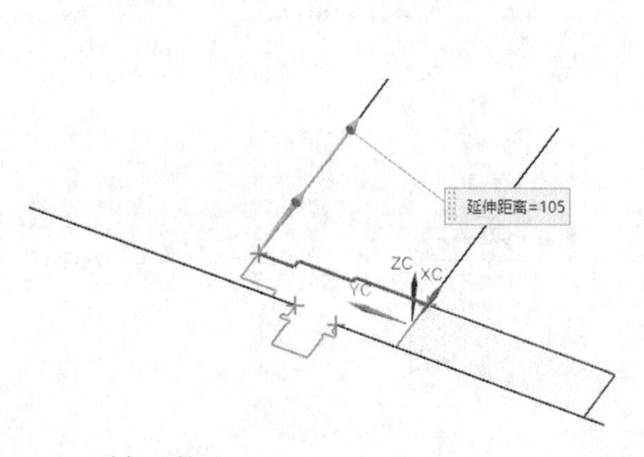

图 6-68　选择“段 2”

（3）单击“注塑模向导”选项卡“分型”面板上的“设计分型面”按钮，在系统弹出的“设计分型面”对话框的“分型段”列表中选择“段 3”，如图 6-69 所示。在“创建分型面”中单击“拉伸”按钮，“拉伸方向”采用默认方向，用光标拖动各方向的滑块，使分型面的拉伸长度大于工件的长度。单击“应用”按钮。

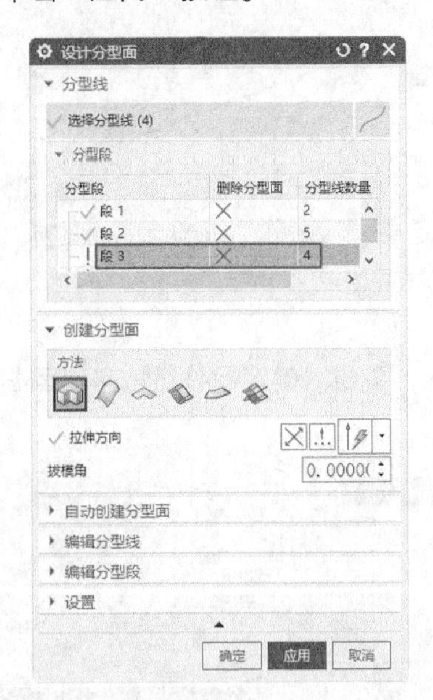

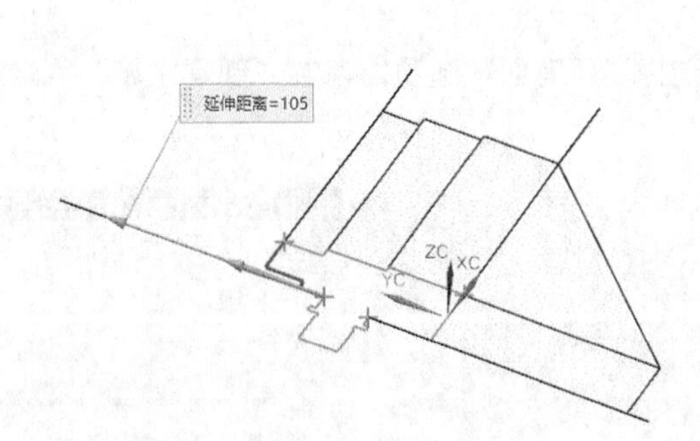

图 6-69　选择“段 3”

（4）单击“注塑模向导”选项卡“分型”面板上的“设计分型面”按钮，在系统弹出的“设计分型面”对话框的“分型段”列表中选择“段 4”，如图 6-70 所示。在“创建分型面”中单击“有界平面”按钮，“第一方向”和“第二方向”都采用默认方向，用光标拖动各方向的滑块，使分型面的拉伸长度大于工件的长度。单击“确定”按钮，结果如图 6-71 所示。

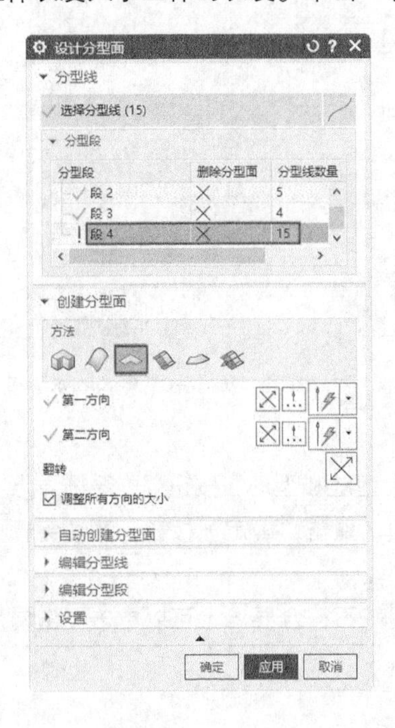

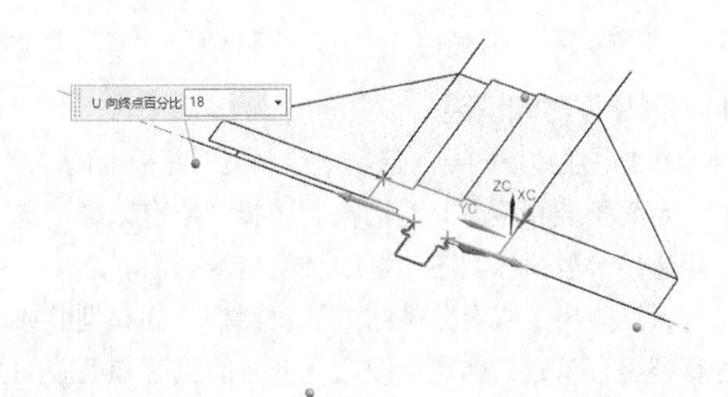

图 6-70　选择“段 4”

9. 设计区域

（1）单击“注塑模向导”选项卡“分型”面板上的“检查区域”按钮，系统弹出图 6-72 所示的“检查区域”对话框，选择“保留现有的”选项，“指定脱模方向”采用默认方向，单击“计算”按钮。

（2）选择“区域”选项卡，显示“未定义的区域”数量为 0，如图 6-73 所示。

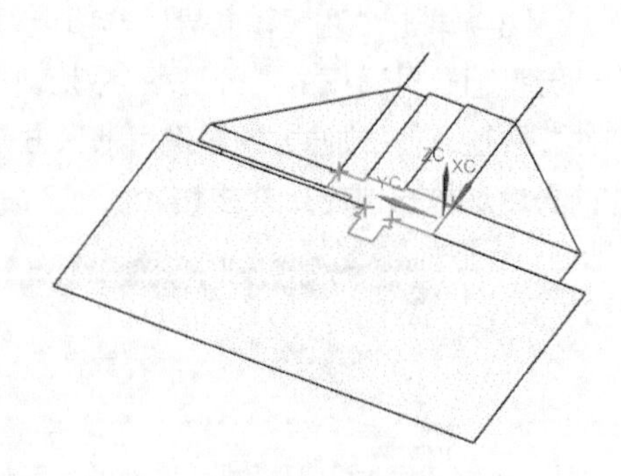

图 6-71　分型面

10. 抽取区域

（1）单击“注塑模向导”选项卡“分型”面板上的“定义区域”按钮，系统弹出图 6-74 所示的“定义区域”对话框。

（2）选择“所有面”选项，勾选“创建区域”复选框，单击“确定”按钮，完成型芯和型腔的抽取。

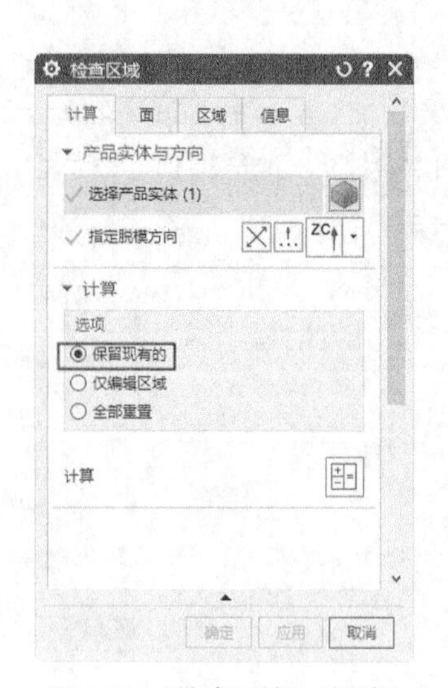

图 6-72　“检查区域”对话框

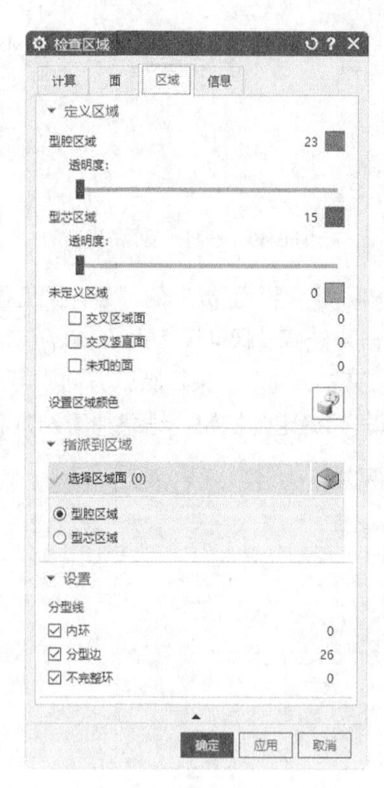

图 6-73　“区域”选项卡

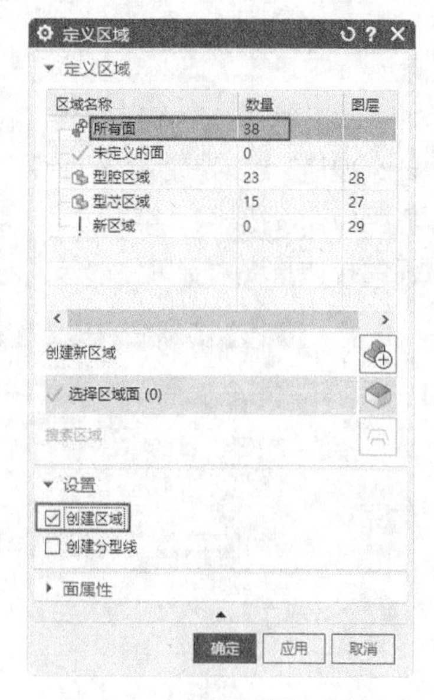

图 6-74　“定义区域”对话框

11. 创建型芯和型腔

（1）单击“注塑模向导”选项卡“分型”面板上的“定义型腔和型芯”按钮，系统弹出图 6-75 所示的“定义型腔和型芯”对话框。选择“所有区域”选项，单击“确定”按钮。系统会预先高亮显示并预选择分型面、型芯、型腔及所有修补面。

（2）系统弹出“查看分型结果”对话框，如果型腔或型芯不符合要求，可以单击“法向反向”按钮进行调整，单击“确定”按钮，创建的型芯和型腔如图 6-76 所示。

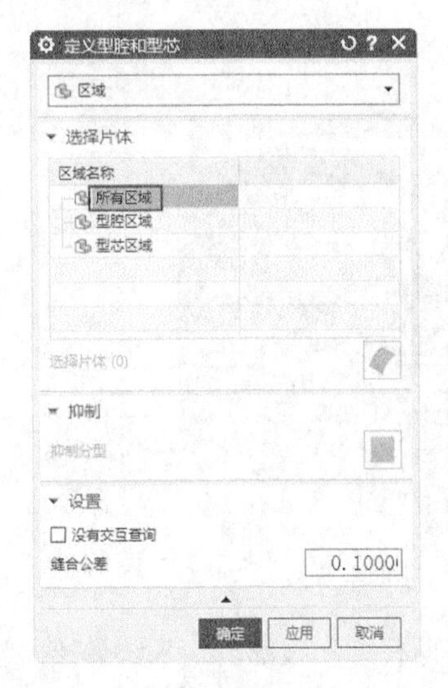

图 6-75 “定义型腔和型芯”对话框

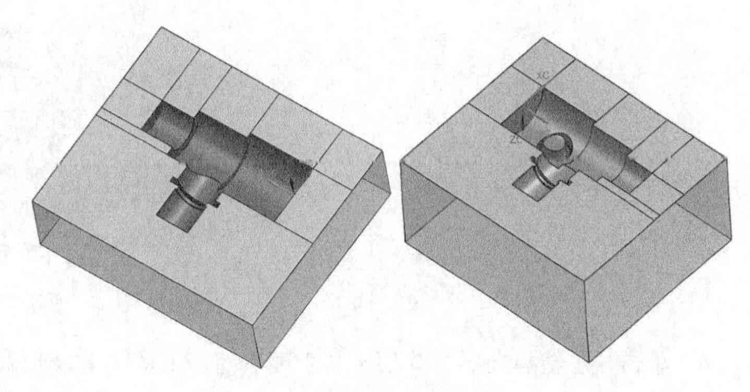

图 6-76 型芯和型腔

12. 设计滑块

（1）在“装配导航器”中右击“fati_prod_014”选项，在系统弹出的快捷菜单中选择“在窗口中打开”命令。

（2）单击“分析”选项卡“测量”面板上的“测量”按钮，系统弹出图 6-77 所示的“测量”对话框。测量坐标系所在面与图 6-78 所示面之间的距离，距离为 24.73mm。

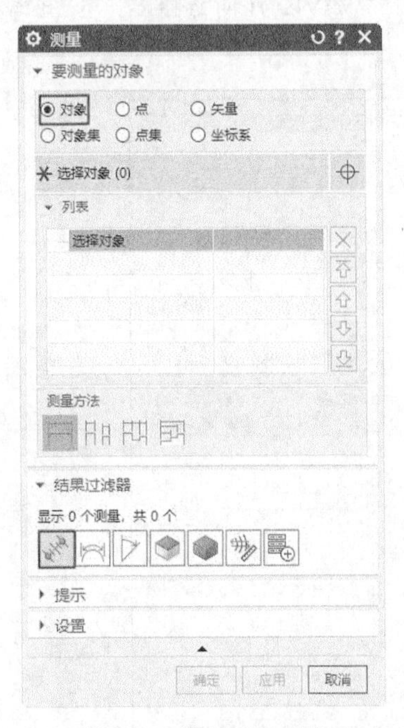

图 6-77 “测量”对话框

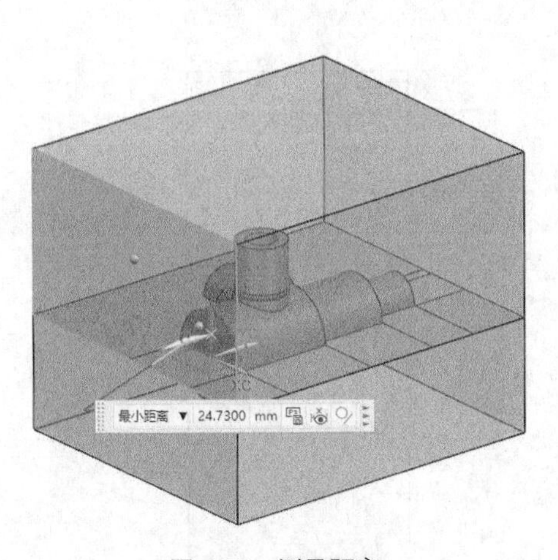

图 6-78 测量距离

（3）选择“菜单”→“格式”→“WCS”→“原点”命令，系统弹出图 6-79 所示的“点”对话框，在“输出坐标”栏的“YC”文本框中输入-24.73，单击“确定”按钮，移动坐标系，如图 6-80 所示。

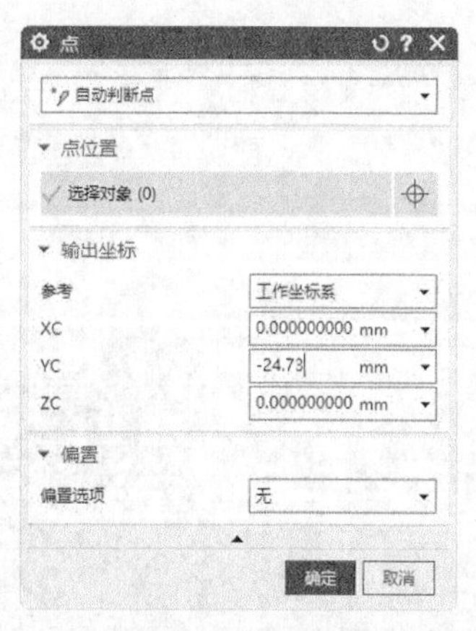

图 6-79 “点”对话框

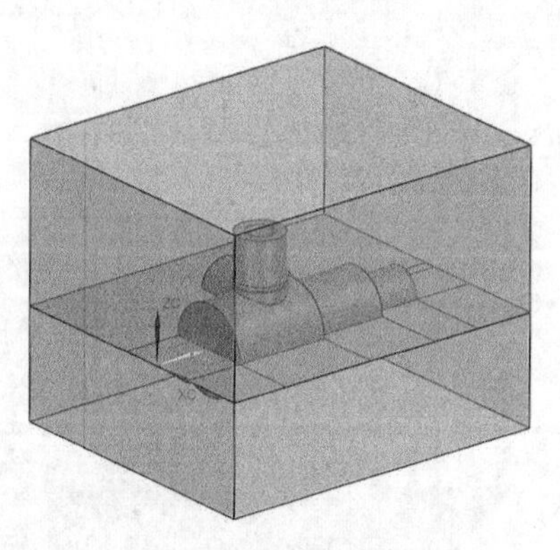

图 6-80 移动坐标系

（4）单击“注塑模向导”选项卡“主要”面板上的“滑块和斜顶杆库”按钮，系统弹出“重用库”对话框和“滑块和斜顶杆设计”对话框，在“重用库”对话框的“名称”列表中选择“SLIDE_LIFT”→“Slide”，在“成员选择”列表中选择“Push-Pull Slide”。

（5）设置“gib_long”的值为 108，“slide_top”的值为 20，“wide”的值为 50，如图 6-81 所示。单击“确定”按钮，加入滑块，如图 6-82 所示。

（6）在“装配导航器”中右击“fati_cavity_023”，在系统弹出的快捷菜单中选择“设为工作部件”选项。

（7）单击“装配”选项卡“部件间链接”面板上的“WAVE 几何链接器”按钮，系统弹出图 6-83 所示的“WAVE 几何链接器”对话框。

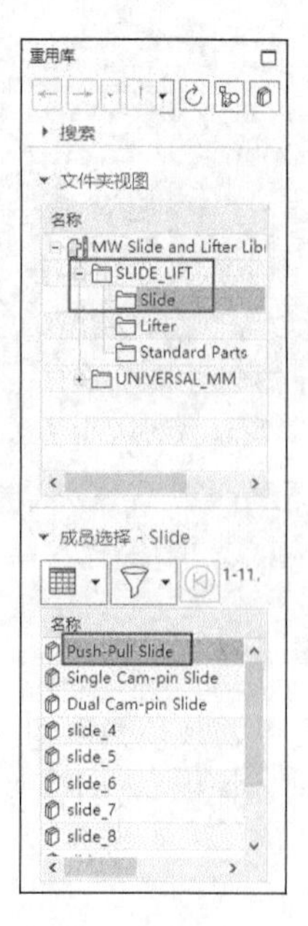

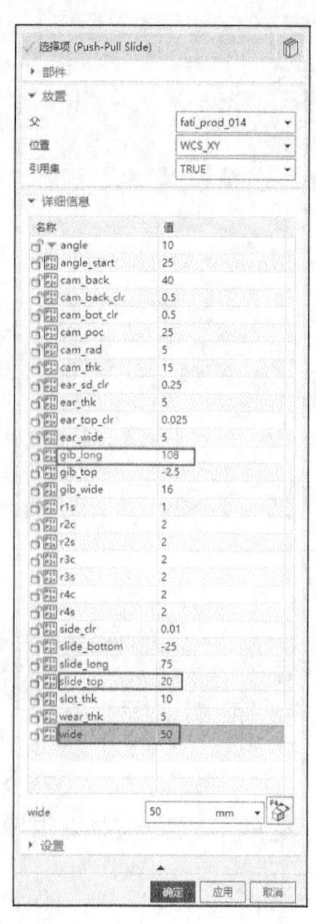

图 6-81 滑块参数设置

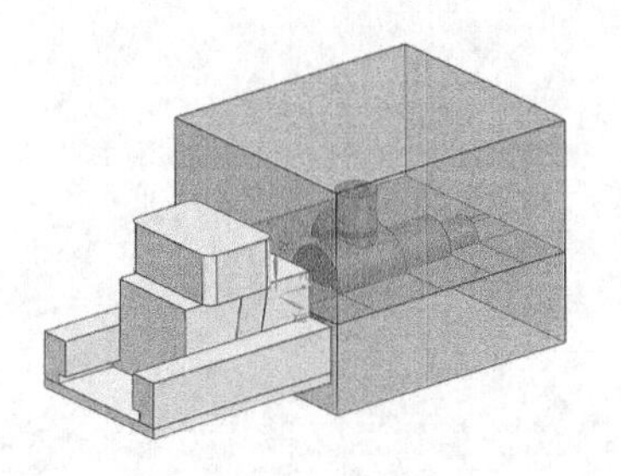

图 6-82　添加滑块

图 6-83　“WAVE 几何链接器”对话框

（8）在“WAVE 几何链接器”对话框中选择“类型”为“体”，在绘图区选择图 6-84 所示的滑块体，单击“确定”按钮，完成型腔和滑块体的链接。

（9）在“装配导航器”中右击“fati_cavity_023”，在系统弹出的快捷菜单中选择“仅显示”选项，显示的部件如图 6-85 所示。

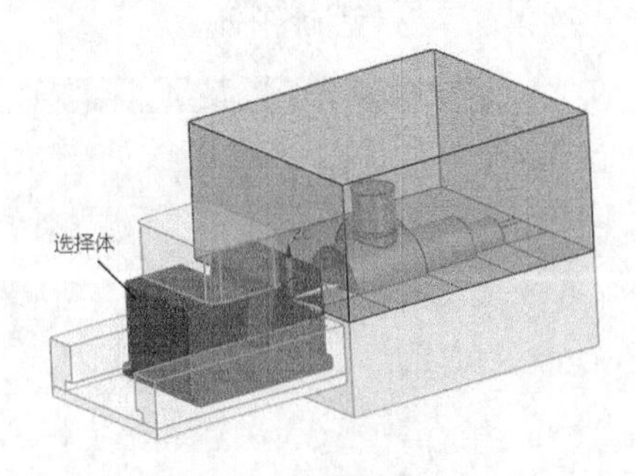

图 6-84　选择滑块体

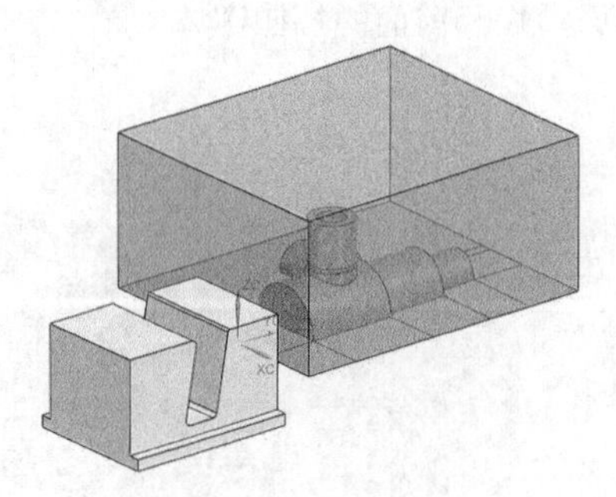

图 6-85　显示的部件

（10）单击“主页”选项卡“基本”面板上的“拉伸”按钮，系统弹出图 6-86 所示的“拉伸”对话框。选择图 6-87 所示的平面，进入草图绘制环境。

（11）单击“主页”选项卡“包含”面板上的“投影曲线”按钮，系统弹出“投影曲线”对话框，选择图 6-88 所示的线框，单击“确定”按钮，然后单击“完成”按钮，退出草图绘制界面并返回建模环境。

（12）在“拉伸”对话框中，将“起始距离”设置为“0”，将“终止距离”设置为“直至延伸部分”，选择图 6-89 所示的面。

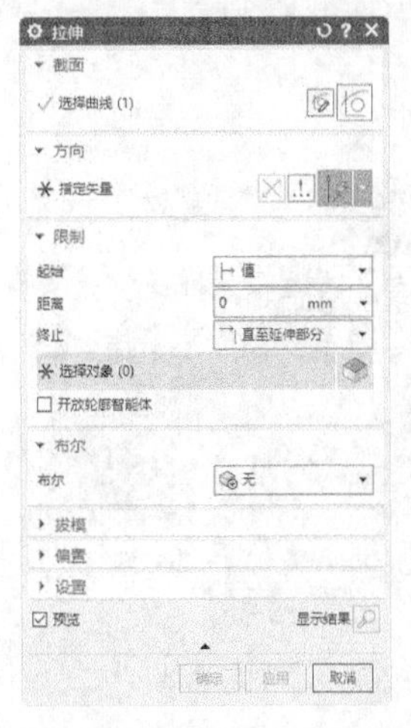

图 6-86　“拉伸”对话框

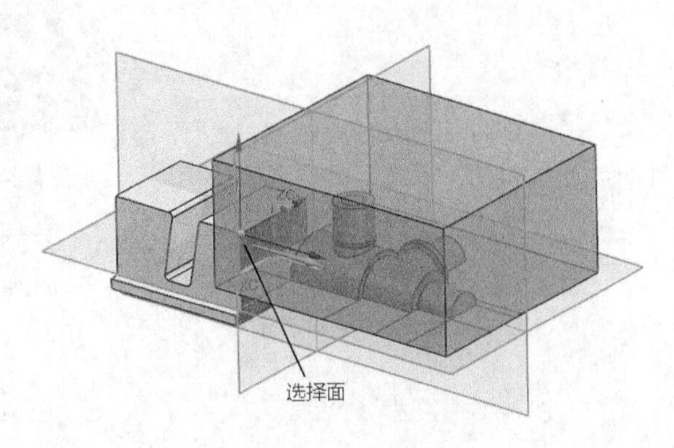

图 6-87　选择面

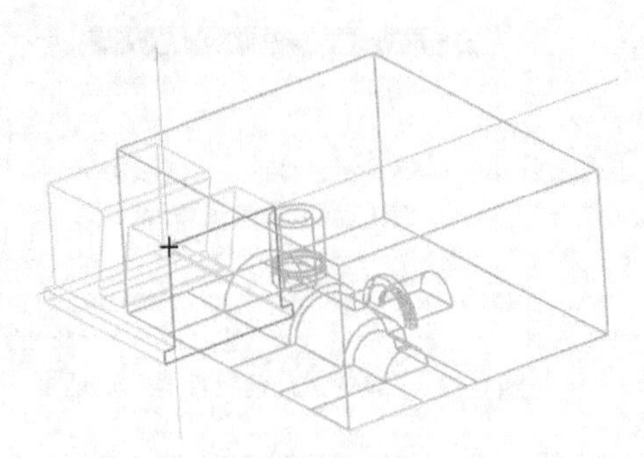

图 6-88　选择投影曲线

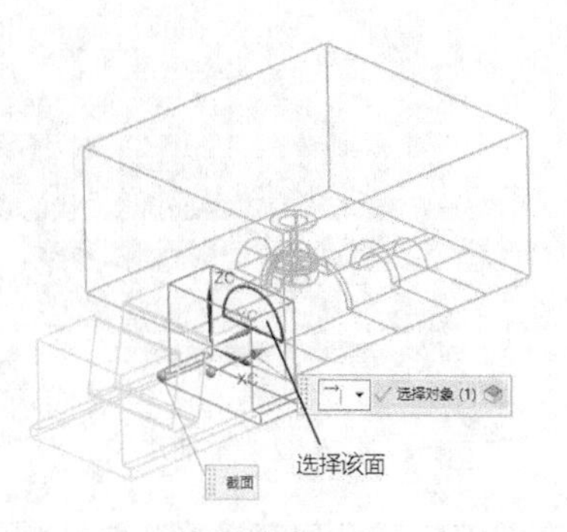

图 6-89　选择面

（13）单击“确定”按钮，得到拉伸效果如图 6-90 所示。

（14）单击“主页”选项卡“基本”面板上的“合并”按钮，系统弹出图 6-91 所示的“合并”对话框。选择滑块和前面的拉伸实体，单击“确定”按钮，完成合并操作。

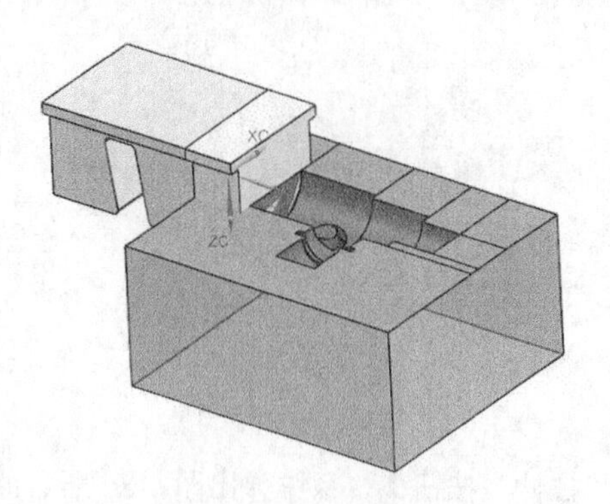

图 6-90　拉伸的效果

图 6-91　“合并”对话框

（15）单击“主页”选项卡“基本”面板上的“减去”按钮，系统弹出图 6-92 所示的“减去”对话框，选择“保存工具”复选框。选择型腔作为目标体，滑块作为工具体，如图 6-93 所示。单击“确定”按钮，得到“减去”的效果如图 6-94 所示。

（16）重复步骤（1）~（15）的操作方法，添加侧滑块，得到的效果如图 6-95 所示。

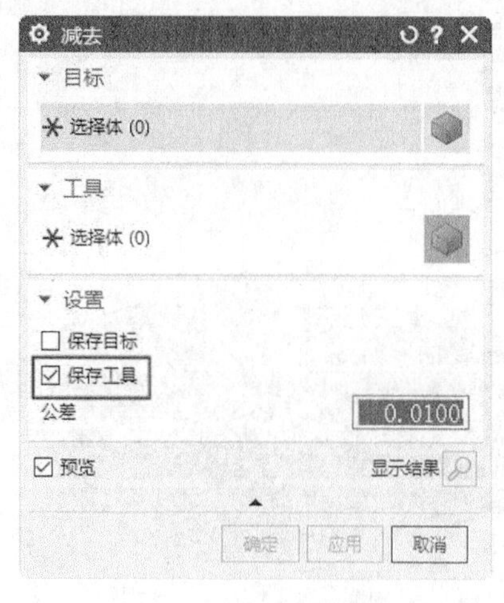

图 6-92　“减去”对话框

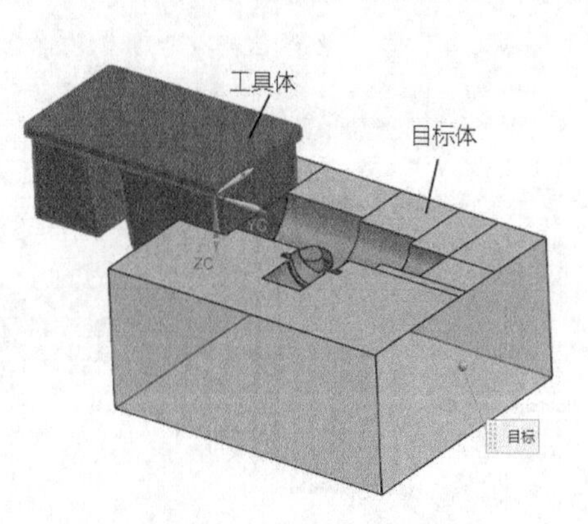

图 6-93　选择目标体和工具体

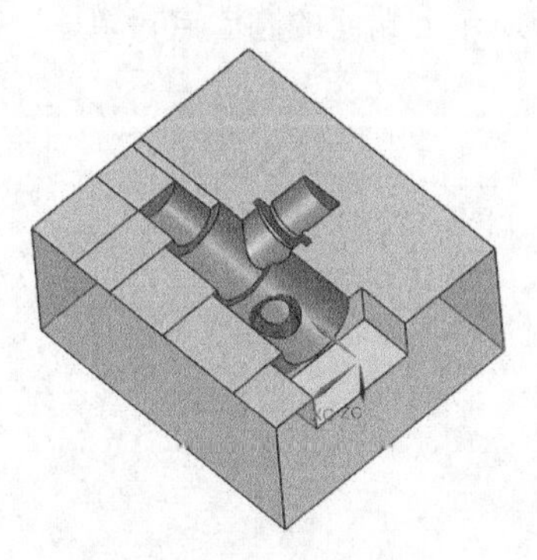

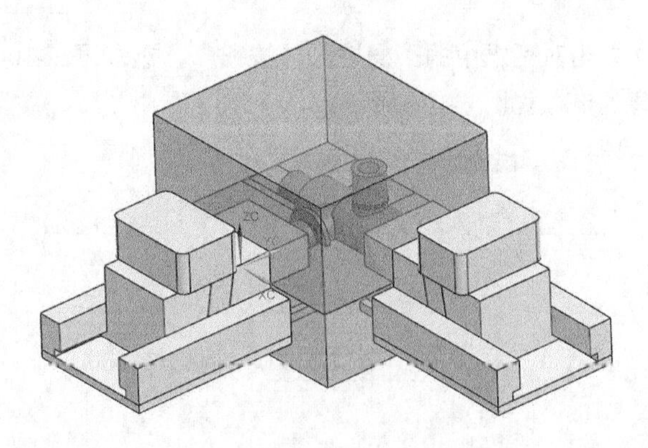

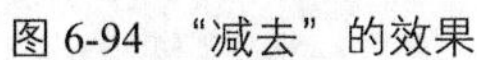

图 6-94 “减去”的效果

图 6-95 添加的侧滑块的效果

注意

本例中侧滑块的添加是重点和难点，零件侧面有多处孔道，不便于成型，所以应该加侧滑块，以便于零件的成型和出模。

13. 设计电极

（1）单击“电极设计”选项卡“主要”面板上的“初始化电极项目”按钮，系统弹出“初始化电极项目”对话框。单击“选择体”按钮，框选所有实体和组件，再单击“添加加工组”按钮⊕，此时对话框如图 6-96 所示。单击“确定”按钮，完成初始化。

（2）在“装配导航器”中取消“fati_top_000”的勾选，如图 6-97 所示。

图 6-96 “初始化电极项目”对话框

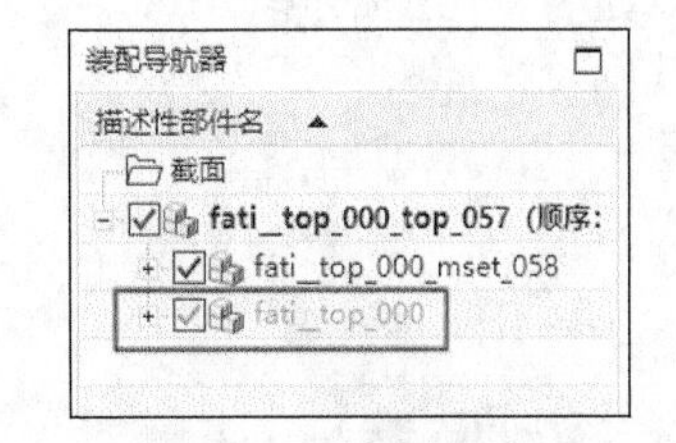

图 6-97 取消勾选

（3）单击“电极设计”选项卡“主要”面板上的“设计毛坯”按钮，系统弹出图 6-98 所示的“设计毛坯”对话框。选择图 6-99 所示的实体，“形状”选择“oyc_blank”。单击“表达式”选项卡，设置“FOOT PIA”的值为 25，“FOOT_HEIGHT”的值为 16，“SQUARE HEIGHT”的值为 40，“FOOT_HEIGHT”的值为 40。

（4）单击对话框中的“操控器”按钮，选取图 6-100 所示上端面的圆心点，单击“确定”按钮，创建的电极如图 6-101 所示。

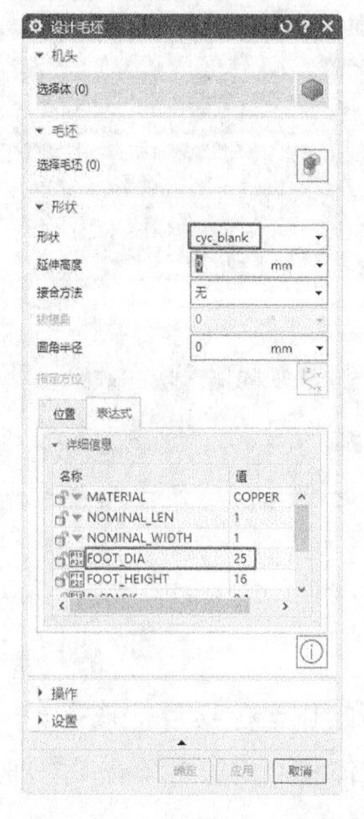

图 6-98 “设计毛坯”对话框

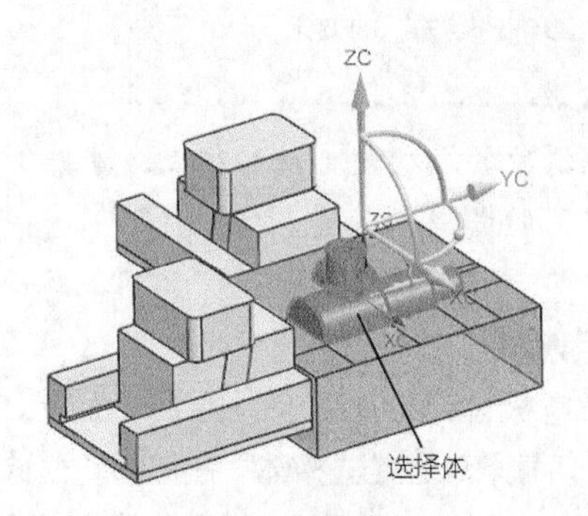

图 6-99 选择实体

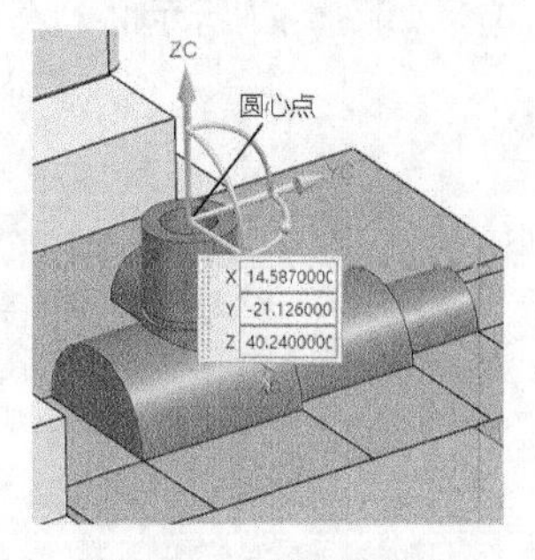

图 6-100 选取放置点

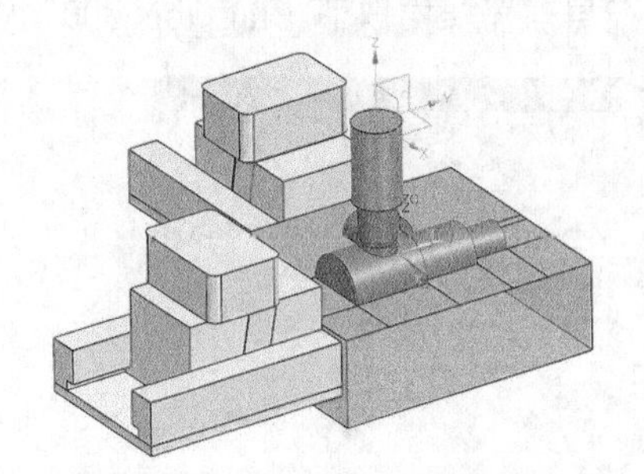

图 6-101 创建电极

（5）单击“主页”选项卡“同步建模”面板上的“替换”按钮，系统弹出“替换面”对话框。选择电极的下端面作为要替换面，选择圆柱外表面作为替换面，如图 6-102 所示。将电极修补至圆柱外表面，结果如图 6-103 所示。

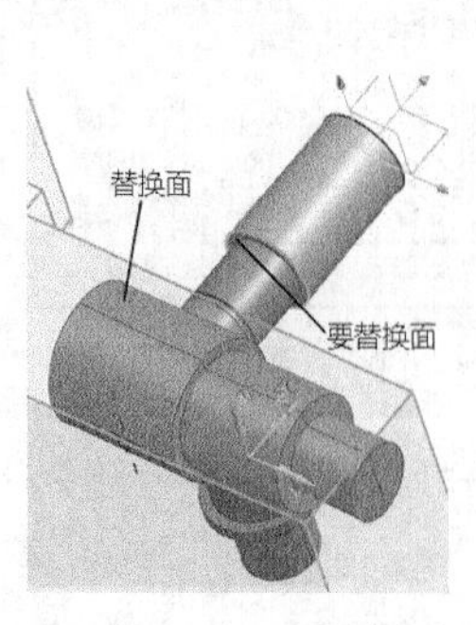

图 6-102 选择面

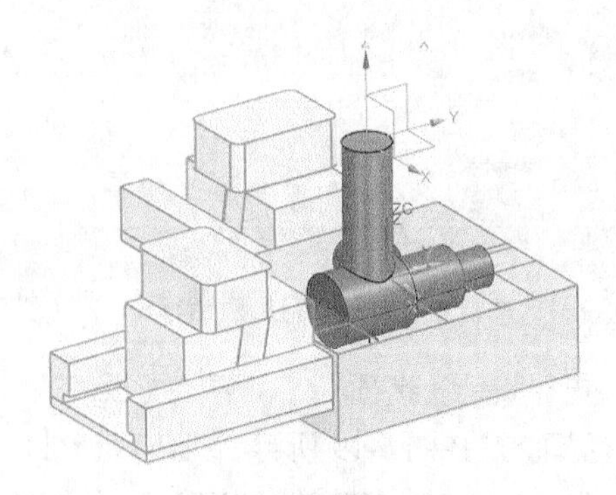

图 6-103 替换结果

（6）单击“主页”选项卡“基本”面板上的“减去”按钮，系统弹出“减去”对话框，选择“保存工具”复选框。选择电极作为目标体，产品实体作为工具体，如图 6-104 所示。单击“确定”按钮，得到“减去”的效果如图 6-105 所示。

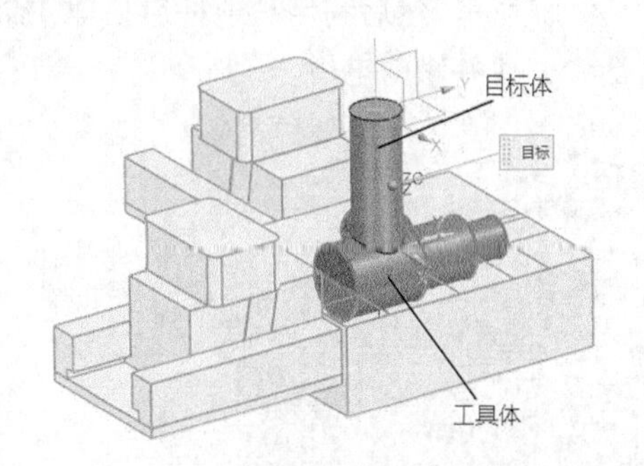

图 6-104　选择目标体和工具体

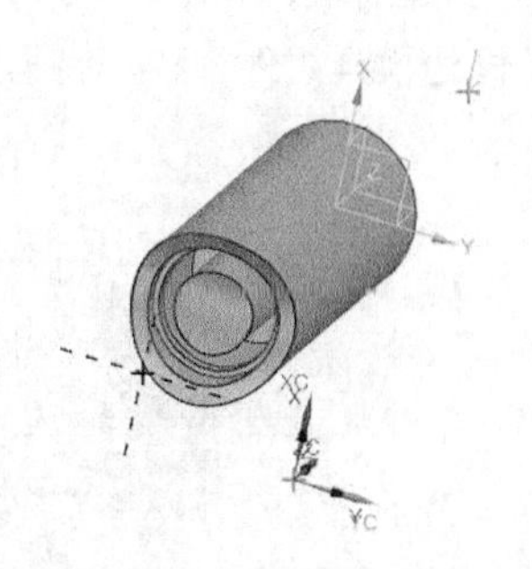

图 6-105　“减去”的效果

（7）单击“注塑模向导”选项卡“注塑模工具”面板上的“包容体”按钮，系统弹出图 6-106 所示的“包容体”对话框，选择“块”类型，设置“偏置”的值为 10。选择图 6-107 所示的圆柱面建立包容体，单击“确定”按钮，完成包容体的创建。

（8）单击“主页”选项卡“基本”面板上的“合并”按钮，系统弹出“合并”对话框。选择电极和包容体，单击“确定”按钮，完成合并操作，至此，电极创建完成，如图 6-108 所示。

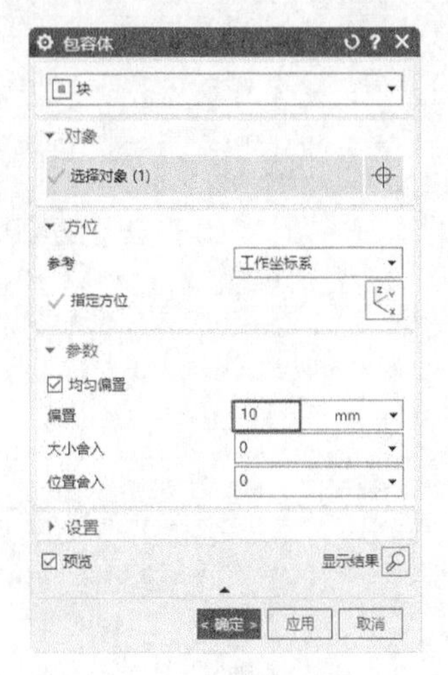

图 6-106　“包容体”对话框

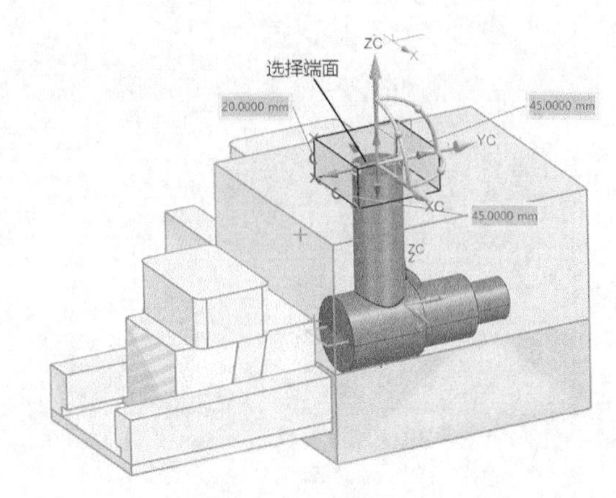

图 6-107　选择端面

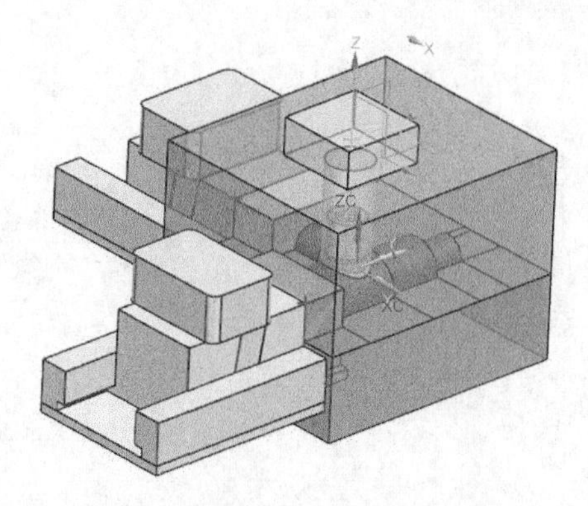

图 6-108　电极

6.3.4 扩展实例——仪表盖模具滑块和电极设计

为仪表盖模具添加滑块和电极，图 6-109 所示为添加滑块和电极后的型芯。首先利用“滑块和斜顶杆库”命令创建滑块，利用“标准件库”添加顶杆，然后利用“顶杆后处理”命令修剪顶杆，利用“电极”“修边模具组件”和“替换面”命令创建并修剪电极。

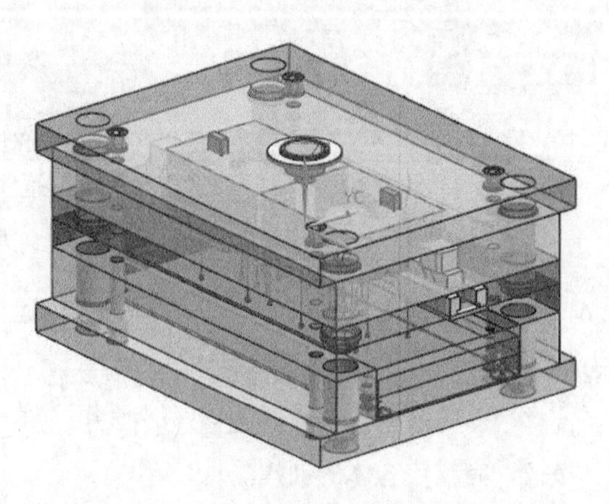

图 6-109 仪表盖模具滑块和电极设计

第 7 章

典型一模两腔模具设计

在塑料模具的设计中，一模两腔是比较常见的模具。一模两腔模具一般用在塑料件体积大而生产批量小的情况。本章将通过设计几个塑料模具来重点介绍一模两腔模具的设计方式。

重点与难点

- 散热盖模具设计
- 托盘模具设计

7.1 散热盖模具设计

本例创建散热盖模具，如图 7-1 所示。散热盖结构比较简单。首先使用分型工具对塑件产品进行修补，然后进行分型设计。零件下部的倒钩结构是一种典型的模具设计产品结构。

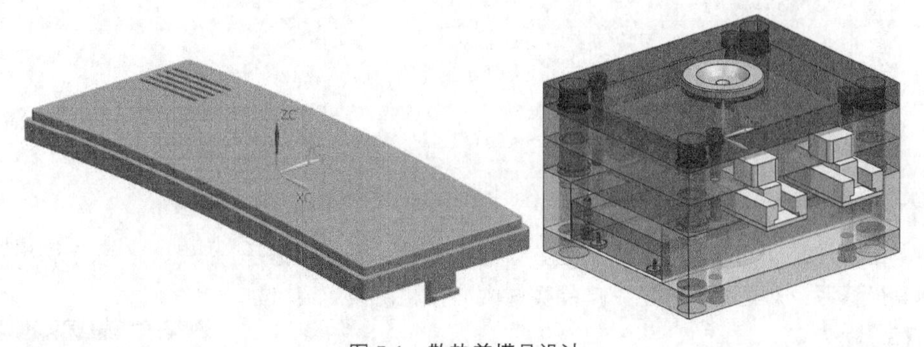

图 7-1 散热盖模具设计

7.1.1 具体操作步骤

1. 装载产品和初始化

（1）单击“注塑模向导”选项卡中的“初始化项目”按钮，在弹出的“部件名”对话框中选择“yuanwenjian\7\sanregai\sanregai.prt”文件，如图 7-2 所示。

（2）系统弹出图 7-3 所示的“初始化项目”对话框，设置“项目单位”为毫米，“材料”为 NYLON，在“名称”文本框中输入 sanregai，单击“确定”按钮，完成初始化。

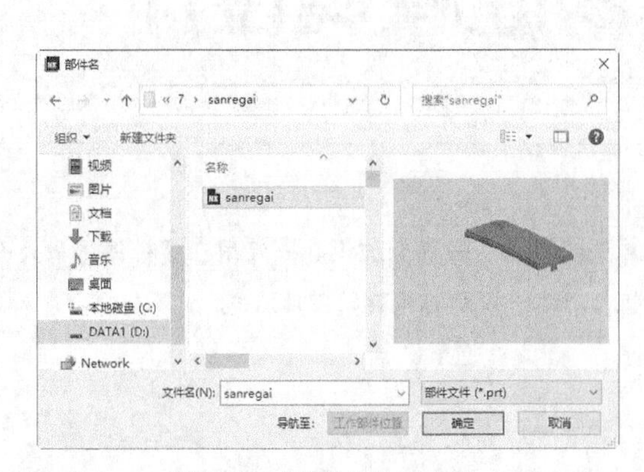

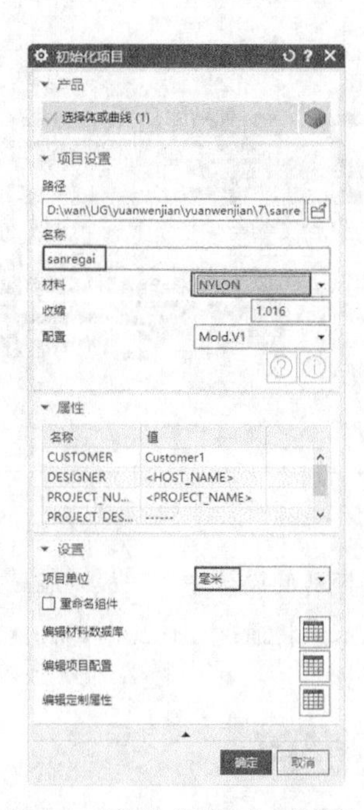

图 7-2 “部件名”对话框　　　　图 7-3 “初始化项目”对话框

（3）检查项目结构。单击“装配导航器”按钮，可在图 7-4 所示的“装配导航器”面板中观察生成的各个节点状况。加载产品模型的结果如图 7-5 所示。

图 7-4 “装配导航器”面板

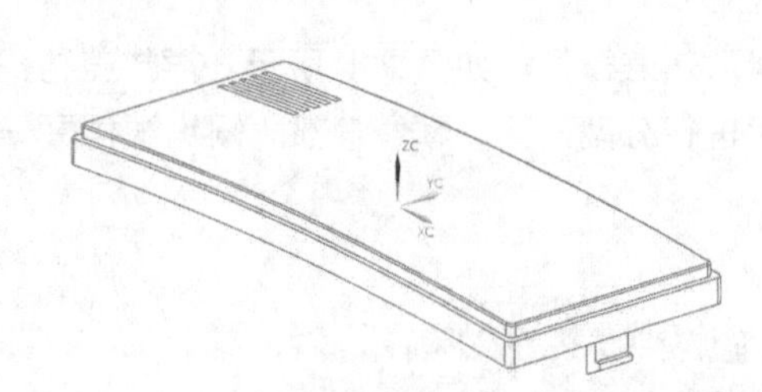

图 7-5 产品模型

2. 创建模具坐标系

（1）单击“注塑模向导”选项卡“主要”面板上的“模具坐标系”按钮，系统弹出图 7-6 所示的“模具坐标系”对话框。选择“产品实体中心”和“锁定 Z 位置”复选框。

（2）单击“确定”按钮，完成模具坐标系的创建。

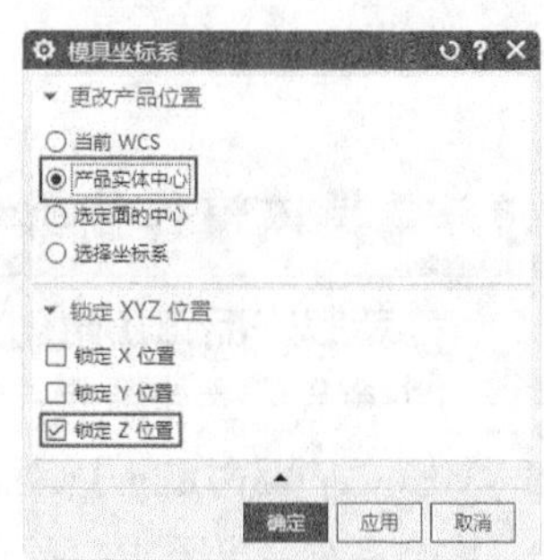

图 7-6 “模具坐标系”对话框

3. 设置收缩率

（1）单击“注塑模向导”选项卡“主要”面板上的“收缩”按钮，系统弹出图 7-7 所示的“缩放体”对话框。

（2）选择“均匀”类型，在“比例因子”中设置“均匀”的值为 1.005。

（3）单击“确定”按钮，完成收缩率的设置。

4. 创建工件和布局

（1）单击“注塑模向导”选项卡“主要”面板上的“工件”按钮，系统弹出图 7-8 所示的“工件”对话框，在“定义类型”下拉列表框中选择“参考点”，设置 X、Y、Z 轴方向的尺寸。

图 7-7 “缩放体”对话框

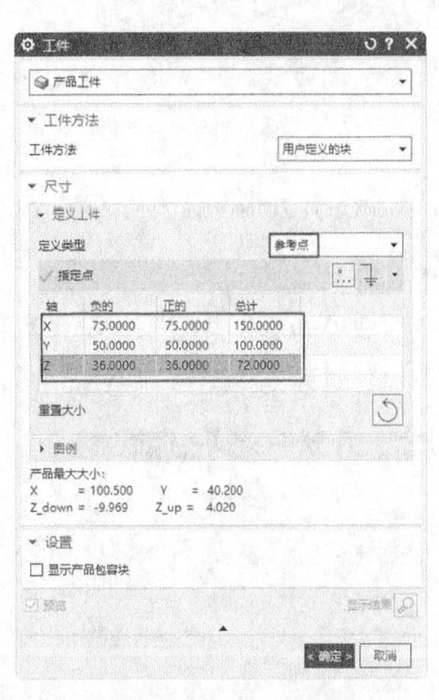

图 7-8 “工件”对话框

（2）单击“确定”按钮，视图区加载的成型工件如图 7-9 所示。

（3）单击“注塑模向导”选项卡“主要”面板上的“型腔布局”按钮，系统弹出图 7-10 所示的“型腔布局”对话框，在“布局类型”中选择“矩形”和“平衡”选项，设置“型腔数”为 2，选择“–YC”轴为布局方向。

（4）单击“开始布局”按钮，布局结果如图 7-11 所示。

（5）单击“型腔布局”对话框中的“自动对准中心”按钮，将该多腔模的几何中心移动到 layout 子装配的绝对坐标系（ACS）的原点上，如图 7-12 所示。

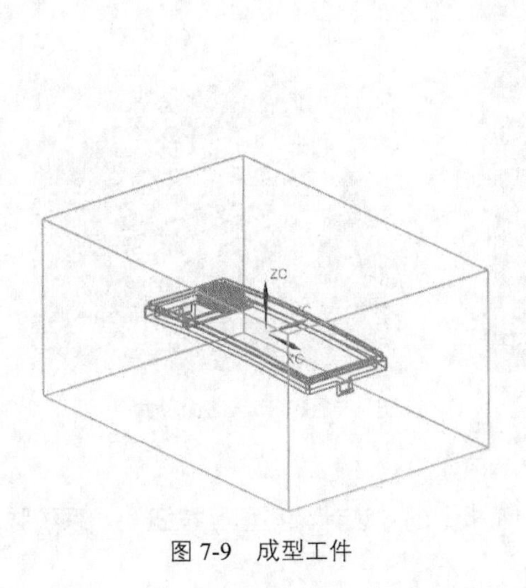

图 7-9 成型工件

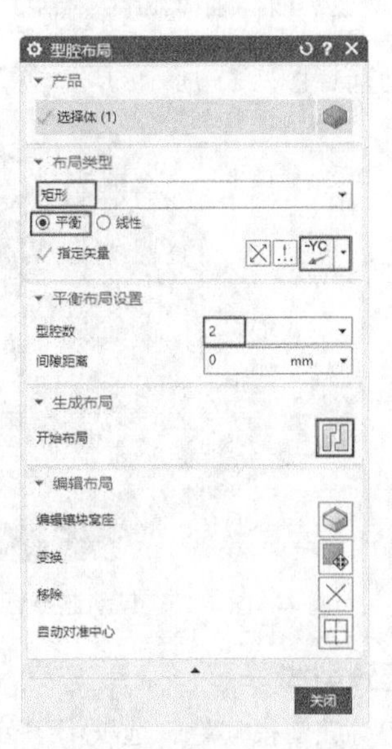

图 7-10 “型腔布局”对话框

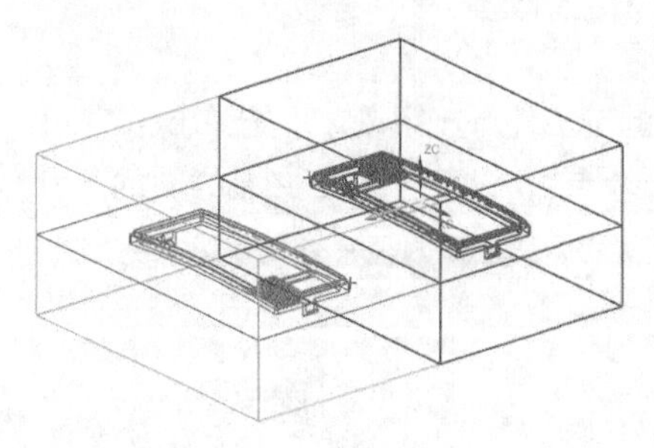

图 7-11 布局结果

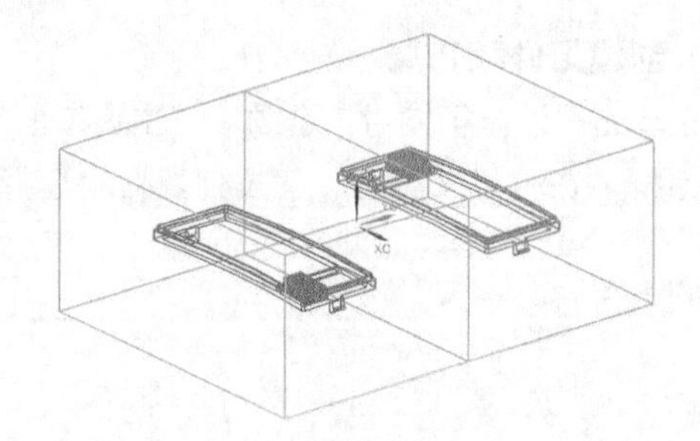

图 7-12 移动模具的几何中心

5. 修补产品补片

（1）单击“注塑模向导”选项卡“分型”面板上的“曲面补片”按钮，在系统弹出的图 7-13 所示的“曲面补片”对话框中选择“类型”为面，选择图 7-14 所示的面。

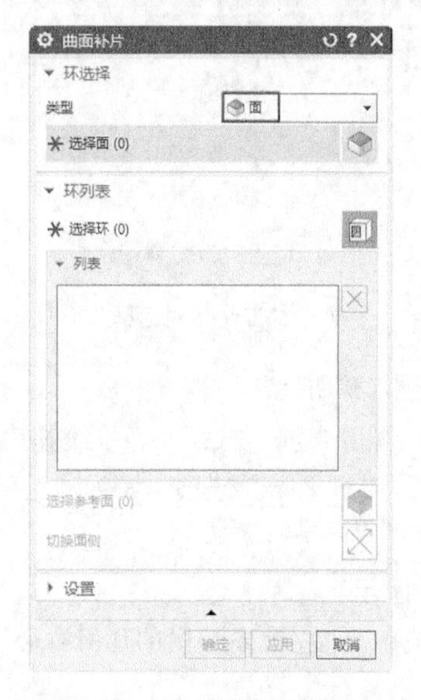

图 7-13 “曲面补片”对话框

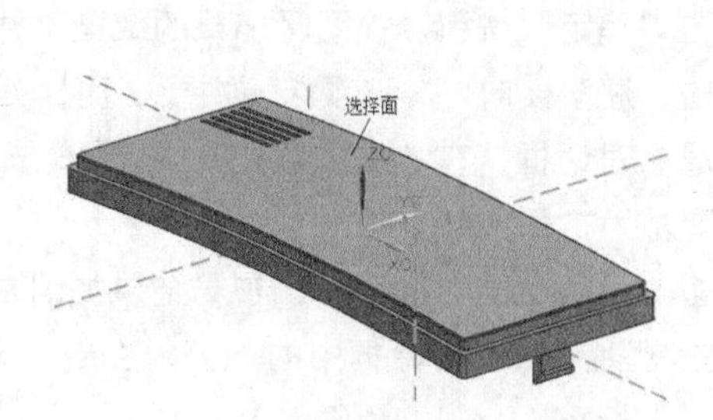

图 7-14 选择面

（2）自动选择图 7-15 所示的环，单击“确定”按钮，生成曲面补片如图 7-16 所示。

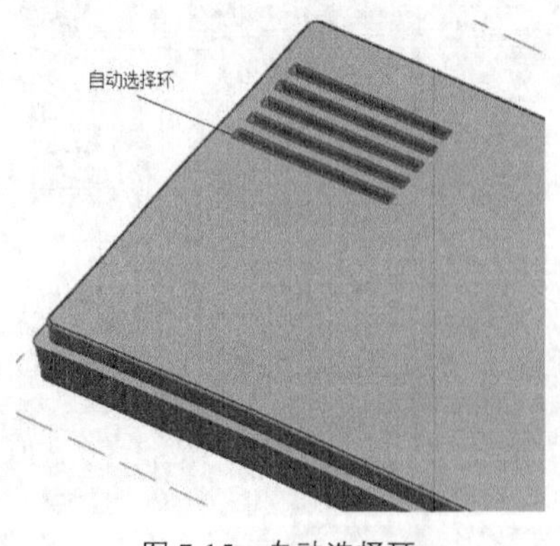

图 7-15 自动选择环

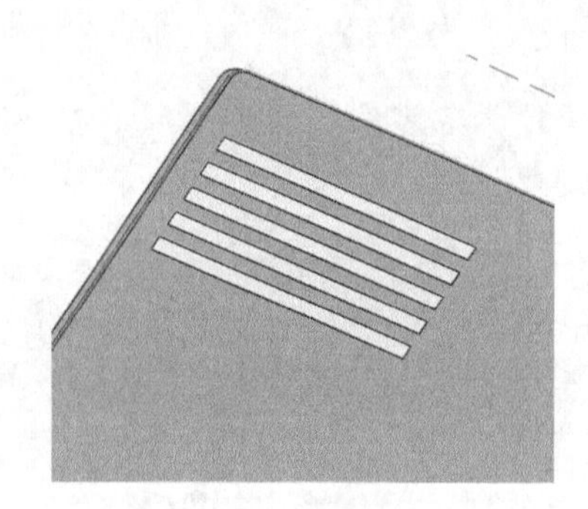

图 7-16 曲面补片

6. 创建分型线

（1）单击“注塑模向导”选项卡“分型”面板上的“设计分型面”按钮，系统弹出图 7-17 所示的“设计分型面”对话框。

（2）单击“编辑分型线”选项组中的“选择分型线”按钮，选择图 7-18（a）所示的边线，单击“确定”按钮，生成的分型线如图 7-18（b）所示。

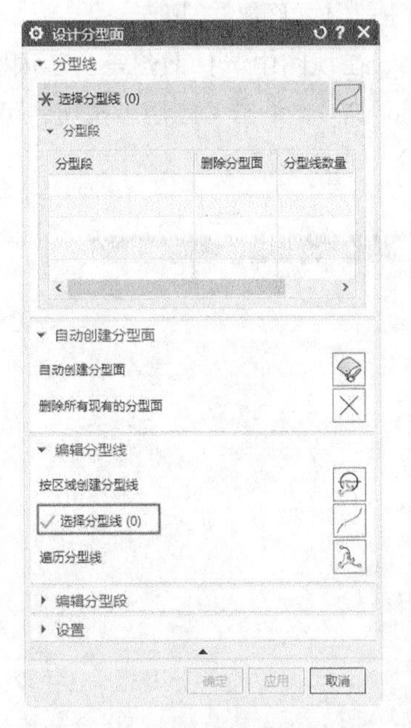

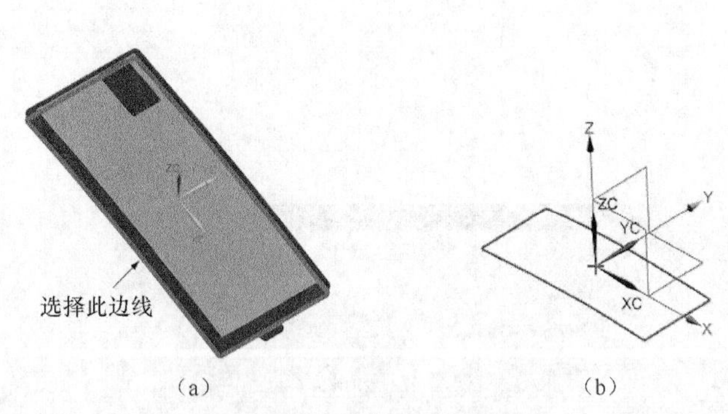

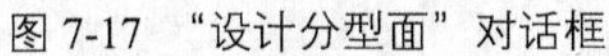

图 7-17 “设计分型面”对话框

图 7-18 选择边并生成分型线

7. 创建分型面

（1）单击“注塑模向导”选项卡“分型”面板上的“设计分型面”按钮，系统弹出图 7-17 所示的“设计分型面”对话框。

（2）在“创建分型面”选项组中单击“扩大的曲面”按钮，取消“调整所有方向的大小”复选框的勾选，如图 7-19 所示通过拖动滑动块改变扩大曲面的尺寸，如图 7-20（a）所示，使曲面的尺寸大于成型工件的尺寸。单击“确定”按钮，完成片体的创建，如图 7-20（b）所示。

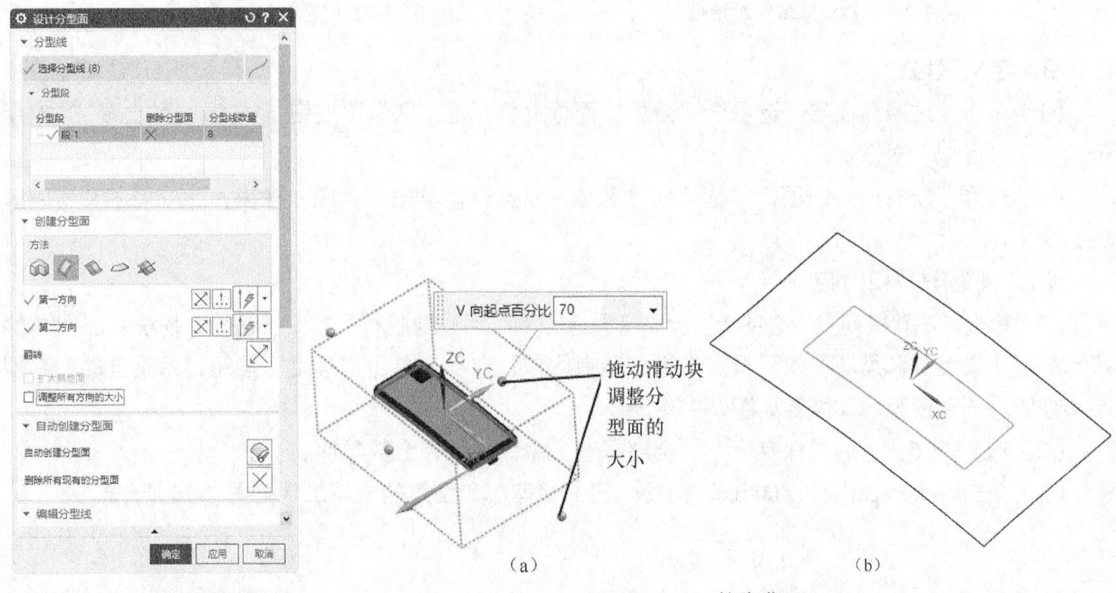

图 7-19 “设计分型面”对话框

图 7-20 扩大曲面

8. 设计区域

（1）单击“注塑模向导”选项卡“分型”面板上的“检查区域”按钮，系统弹出“检查区域”对话框，“指定脱模方向”选择 *ZC* 轴正方向，单击“计算”按钮，如图 7-21 所示。

（2）单击“区域”选项卡，显示“未定义的区域”数量为 28，在视图中选择散热盖的四周区域，将其定义为“型腔区域”数量，将剩余未定义的面定义为“型芯区域”，单击“应用”按钮，可以看到型腔区域数量（26）与型芯区域（50）的和等于总面数（76），如图 7-22 所示。

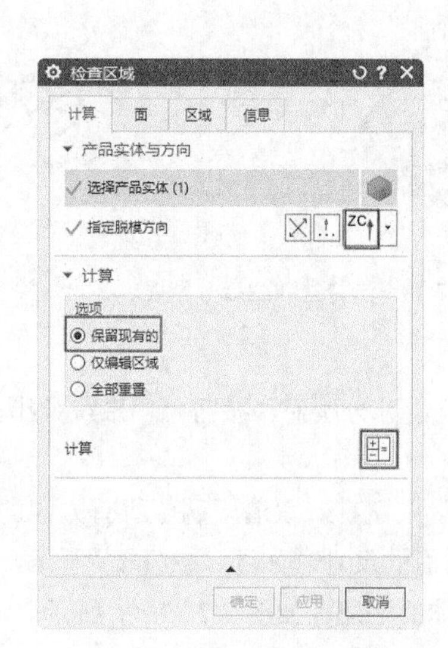

图 7-21 “检查区域”对话框

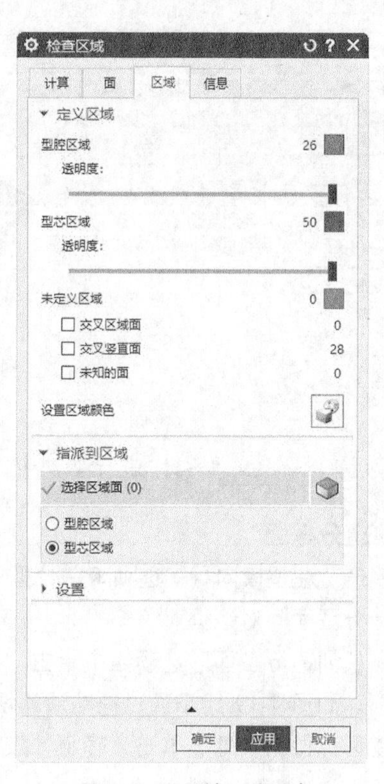

图 7-22 “区域”选项卡

9. 定义区域

（1）单击“注塑模向导”选项卡“分型”面板上的“定义区域”按钮，系统弹出图 7-23 所示的“定义区域”对话框。

（2）选择“所有面”选项，勾选“创建区域”复选框，单击“确定”按钮，完成型芯和型腔区域的定义。

10. 创建型芯和型腔

（1）单击“注塑模向导”选项卡“分型”面板上的“定义型腔和型芯”按钮，系统弹出图 7-24 所示的“定义型腔和型芯”对话框。选择“所有区域”选项，单击“确定”按钮，系统自动创建型芯和型腔。创建的型芯和型腔如图 7-25 所示。

（2）选择“文件”→“保存”→“全部保存”命令，保存全部零件。

（3）单击“sanregai_top_000.prt”选项，已创建型芯和型腔的成型工件如图 7-26 所示。

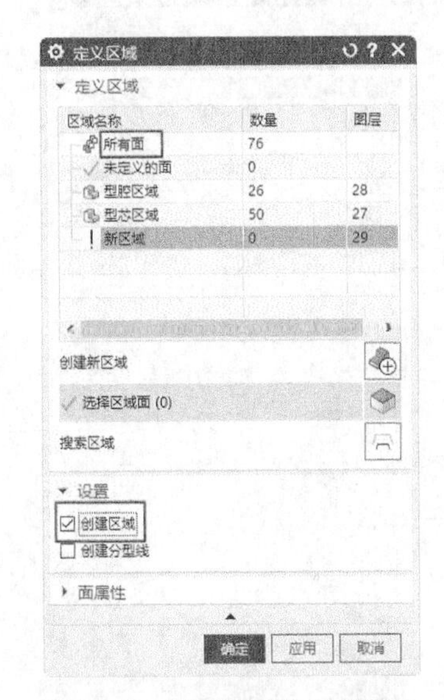

图 7-23 “定义区域”对话框

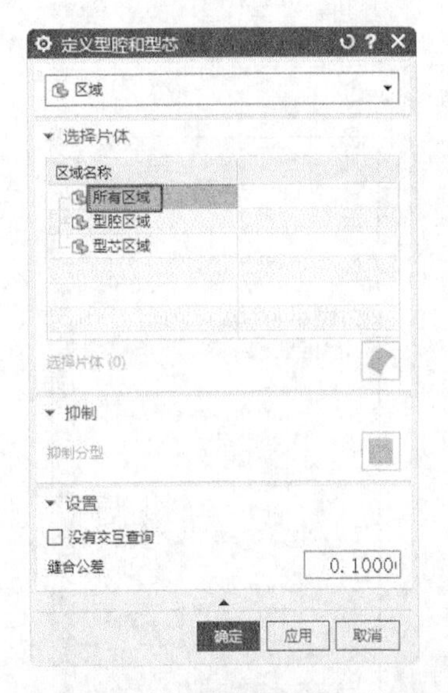

图 7-24 “定义型腔和型芯”对话框

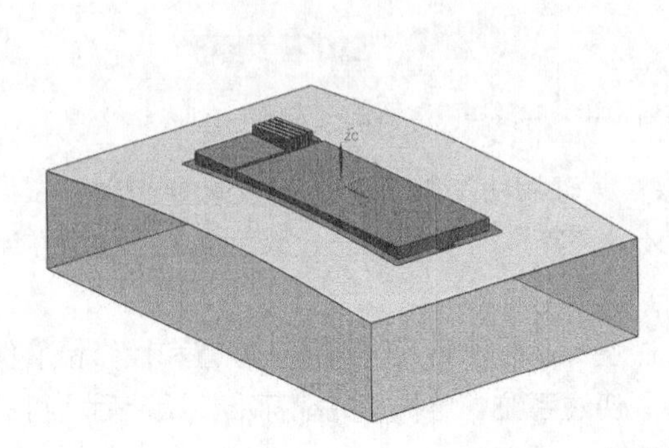

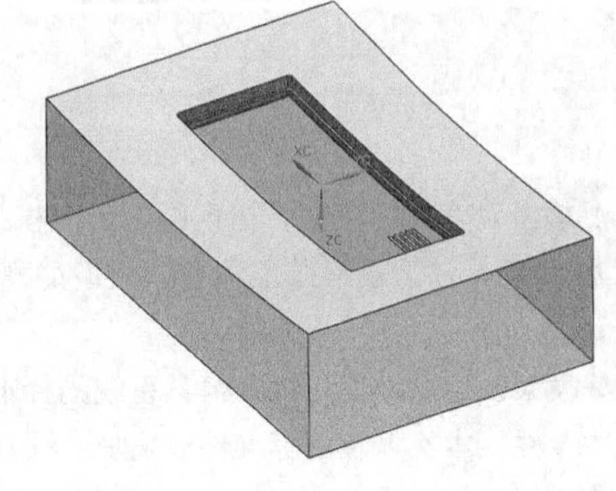

图 7-25 模具型芯和型腔

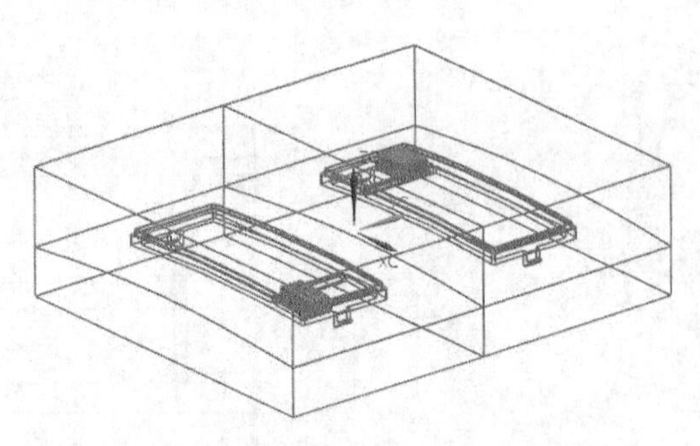

图 7-26 已创建型芯和型腔的成型工件

11. 加入模架

（1）单击“注塑模向导”选项卡“主要”面板上的“模架库”按钮，系统弹出图 7-27 所示的“重用库”对话框和“模架库”对话框，在“重用库”对话框的“名称”列表中选择“DME”，在“成员选择”列表中选择“2A”，在“模架库”对话框的“详细信息”列表中设置“AP_h”的值为 36，“BP_h”的值为 36。

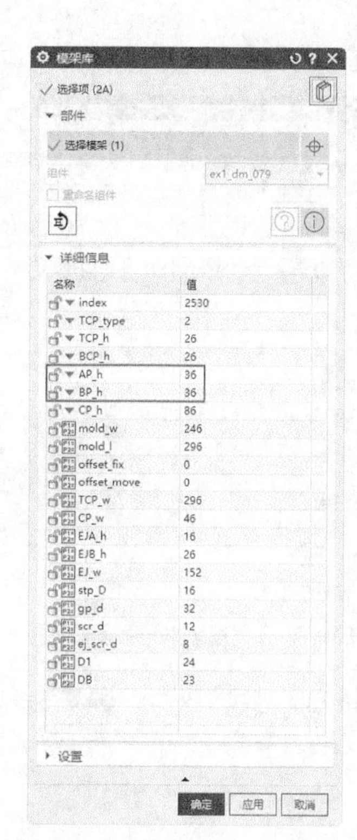

图 7-27 “重用库”对话框和“模架库”对话框

（2）单击“确定”按钮，在视图区创建模架，其轴测图如图 7-28 所示。切换模架到左视图，如图 7-29 所示，注意观察装配体各个线条的意义，尤其是成型工件、分型面及产品模型在装配体中的位置。

完成模架设计后，便可进入模具系统的标准件设计阶段。可通过调用、放置和编修标准件系统设计相关零件。本例涉及的标准件有滑块、顶杆、浇注系统、电极。完成标准件设计后，再进行腔体的创建工作。

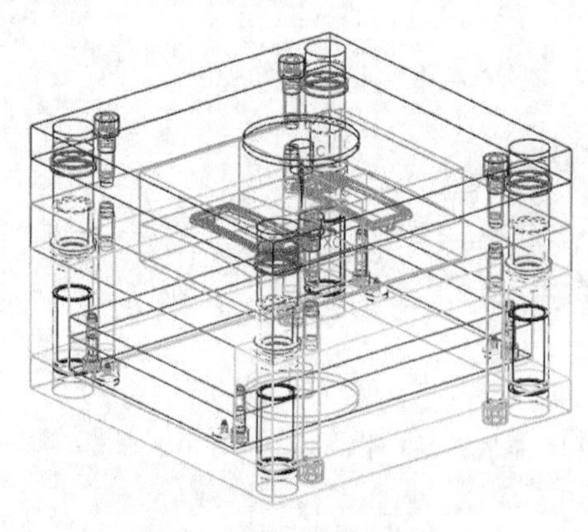

图 7-28 模架轴测图

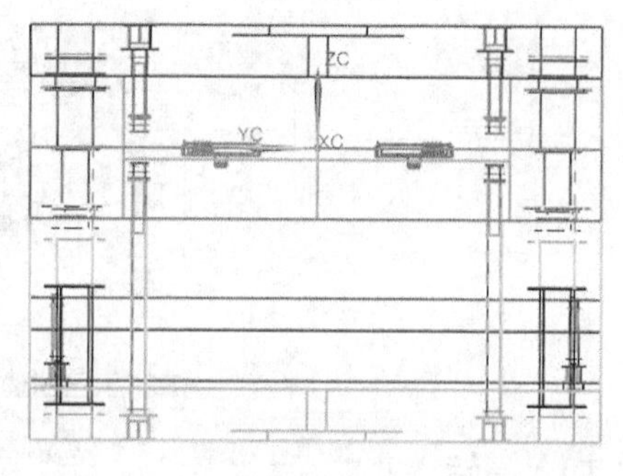

图 7-29 模架左视图

12. 创建滑块头

（1）切换到“sanregai_parting_019.prt”窗口，选择“菜单”→“格式”→“图层设置”命令，在系统弹出的“图层设置”对话框中设置第 10 层为工作层。

（2）单击“注塑模向导”选项卡“注塑模工具”面板上的“包容体”按钮，系统弹出图 7-30

所示的“包容体”对话框，选择“块”类型。选择图 7-31 所示的外侧面，并设置“偏置”的值为 5。单击“确定”按钮，创建方块。

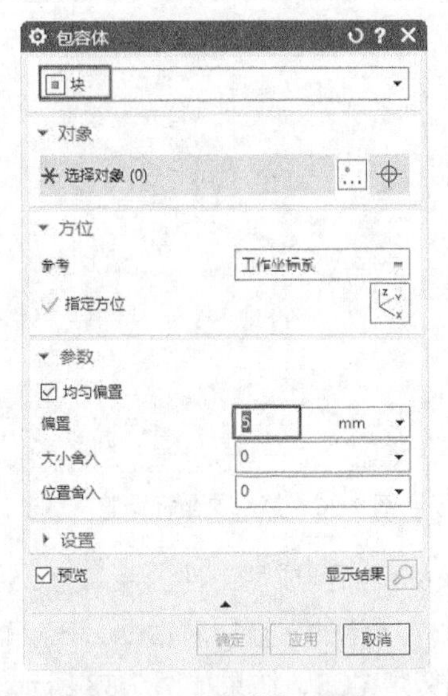

图 7-30 “包容体”对话框

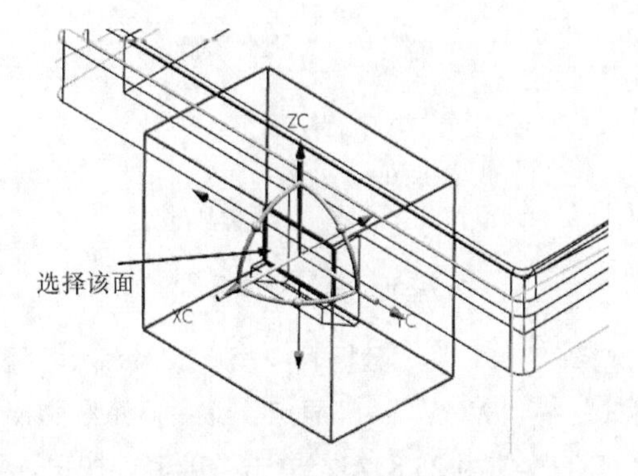

图 7-31 选择外侧面

（3）单击“主页”选择卡“同步建模”面板上的“替换”按钮，系统弹出“替换”对话框。选择创建的方块侧面为要替换的面，选择图 7-32 所示的 4 个平面为替换面，1 为倒钩的两个侧面，2 为倒钩的上端面，3 为产品模型的下底面，4 为倒钩的内外侧面，替换后结果如图 7-33 所示。

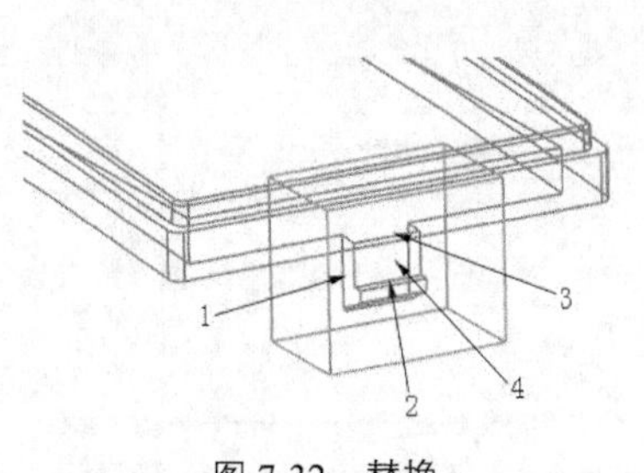

图 7-32 替换

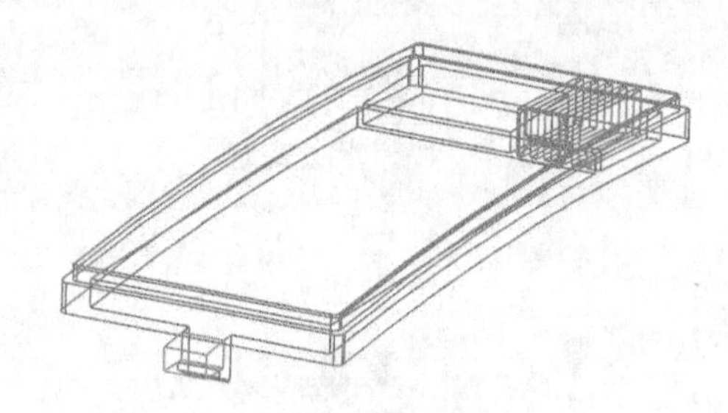

图 7-33 替换结果

（4）切换到“sanregai_top_000”文件，并将其展开。在“装配导航器”中右击“sanregai_prod_014”选项，在系统弹出的快捷菜单中选择“在窗口中打开”命令。选择“菜单”→“格式”→“图层设置”命令，在系统弹出的“图层设置”对话框中设置第 10 层为工作层。在“视图组”中单击“立即隐藏”命令，绘图区拾取所显示的型腔零件，将其隐藏，显示的模型如图 7-34 所示。

（5）选择“菜单”→“格式”→“WCS”→“原点”命令，系统弹出图 7-35 所示的“点”对话框。选择“自动判断点”选项，选中滑块头的下边缘线，单击“确定”按钮，完成坐标原点的调整。调整后的结果如图 7-36 所示。

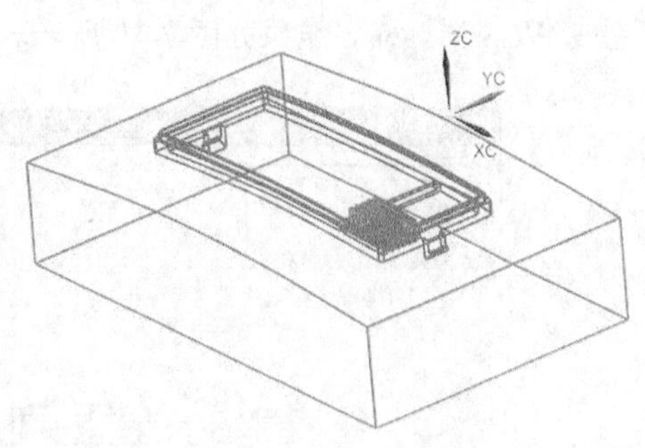

图 7-34 产品和型芯

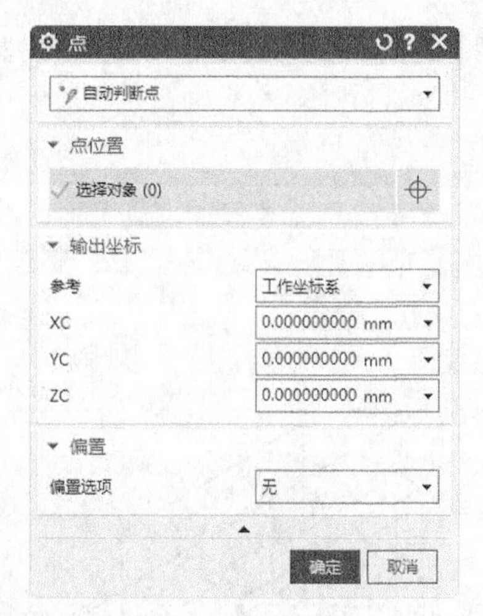

图 7-35 “点”对话框

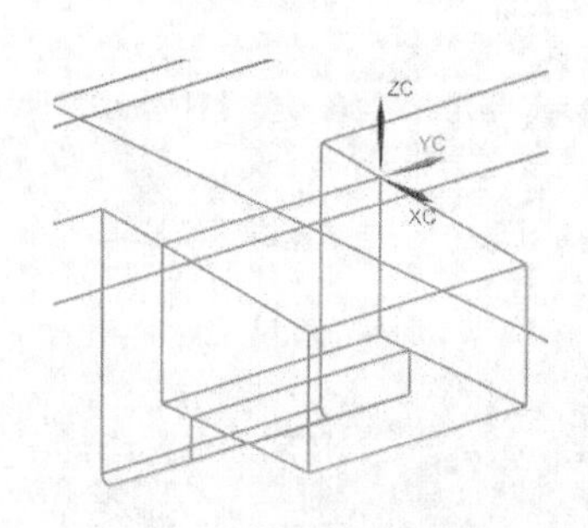

图 7-36 第一次坐标调整

（6）选择“菜单”→“分析”→“测量”命令，测量滑块头侧面到成型工件的距离为 25.8375mm。选择“格式”→“WCS”→“原点”命令，系统弹出图 7-37 所示的“点”对话框，在“输出坐标”栏中输入“XC”值为 25.8375，单击“确定”按钮，再次移动 WCS，结果如图 7-38 所示。

图 7-37 “点”对话框

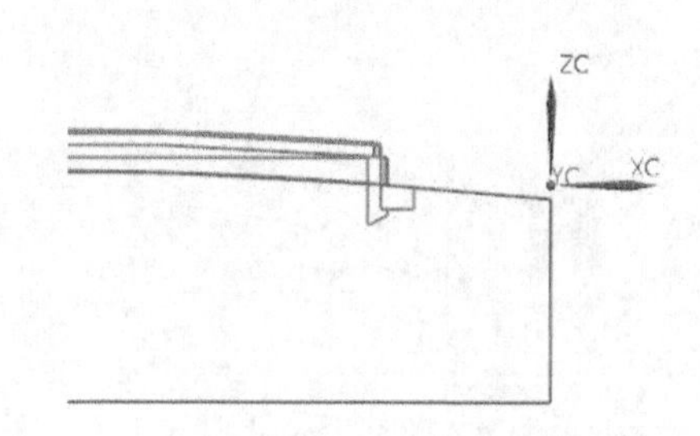

图 7-38 第二次坐标调整

（7）选择“菜单”→“格式”→“WCS”→“旋转”命令，系统弹出图 7-39 所示的“旋转 WCS 绕...”对话框。选择“+ZC 轴：XC→YC”选项，在“角度”文本框中输入 90。单击“确定”按钮，完成 WCS 的旋转，结果如图 7-40 所示。

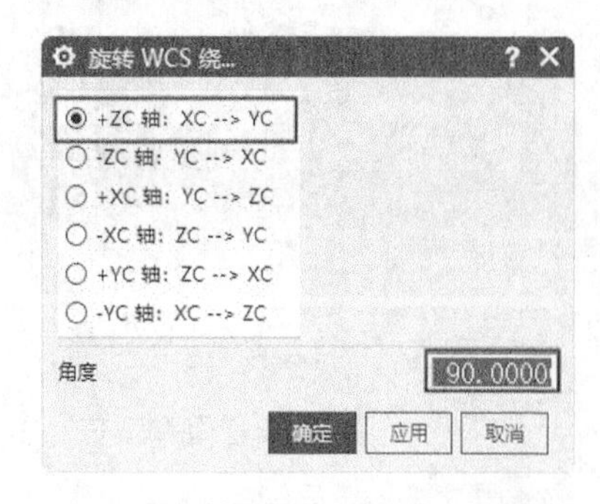

图 7-39 “旋转 WCS 绕...”对话框

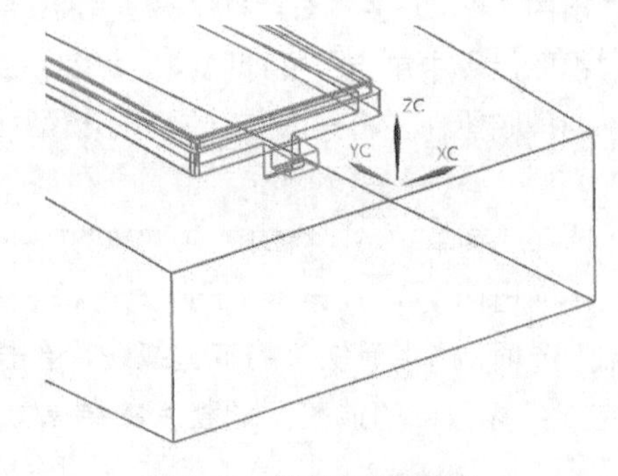

图 7-40 第三次坐标调整

（8）单击“注塑模向导”选项卡“主要”面板上的“滑块和斜顶杆库”按钮，系统弹出“重用库”对话框和“滑块和斜顶杆设计”对话框，在“重用库”选项卡的“名称”列表中选择“Slide”，在“成员选择”列表中选择“Push-Pull Slide”，在“滑块和斜顶杆设计”对话框的“详细信息”中设置“slide_top”的值为 6，“wide”的值为 25，如图 7-41 所示，注意需要按下 Enter 键输入。注意对话框里面位图区域所示的滑块结构图，以及坐标系的原点位置，*Y* 轴正方向指向滑块头的方向。单击“确定”按钮，添加的结果如图 7-42 所示。

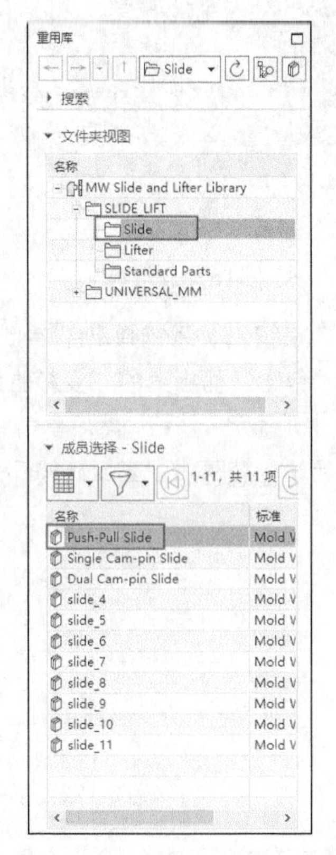

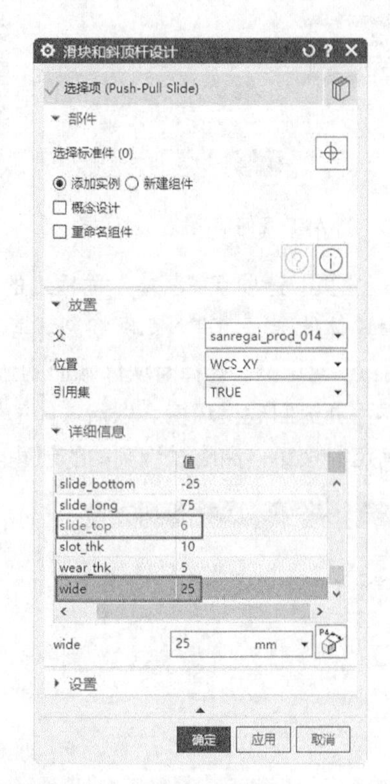

图 7-41 “重用库”对话框和“滑块和斜顶杆设计”对话框

（9）选择“菜单”→“格式”→“图层设置”命令，在系统弹出的“图层设置”对话框中，双击图层 1，设置第 1 层为工作层，勾选图层 10 前的复选框，使第 10 层（成型工件）可见。

（10）在“装配导航器”中设置“sanregai_prod_014”为显示零部件，并把型芯转为工作部件。

（11）选择“菜单”→“插入”→“关联复制”→“WAVE 几何链接器”命令，系统弹出图 7-43 所示的“WAVE 几何链接器”对话框。选择“体”类型，并选择图 7-44 所示的滑块部件的滑块体部分，单击“确定”按钮，创建滑块体到目前工作零件的几何链接体，即型芯。

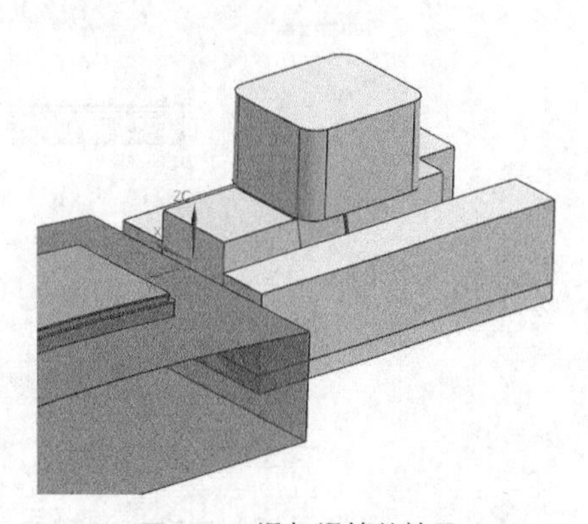

图 7-42 添加滑块的结果

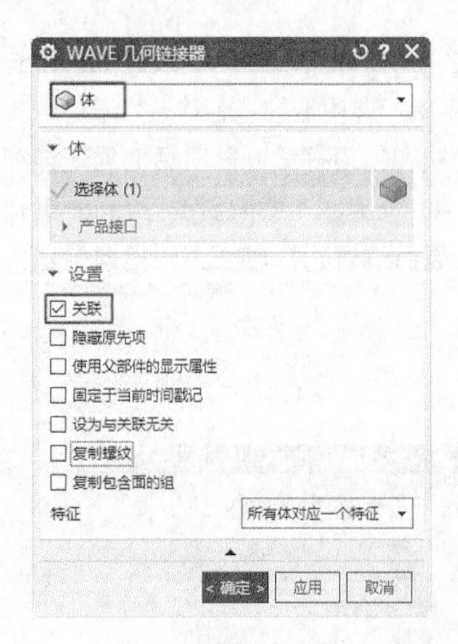

图 7-43 “WAVE 几何链接器”对话框

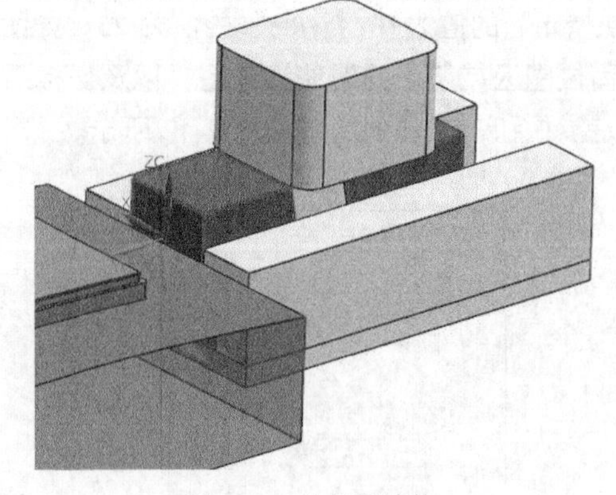

图 7-44 选择滑块体

（12）单击“主页”选项卡“基本”面板上的“拉伸”按钮，系统弹出图 7-45 所示的“拉伸”对话框。选择滑块体的端面，进入草图绘制环境。单击“包含”面板上的“投影曲线”按钮，系统弹出“投影曲线”对话框，选择滑块体端面的边线，单击“确定”按钮，然后单击“完成”按钮，退出草图绘制界面并返回建模环境。以滑块体的端面为起始，结束为“直至延伸部分”，如图 7-46 所示。单击“确定”按钮，完成过渡实体的创建。

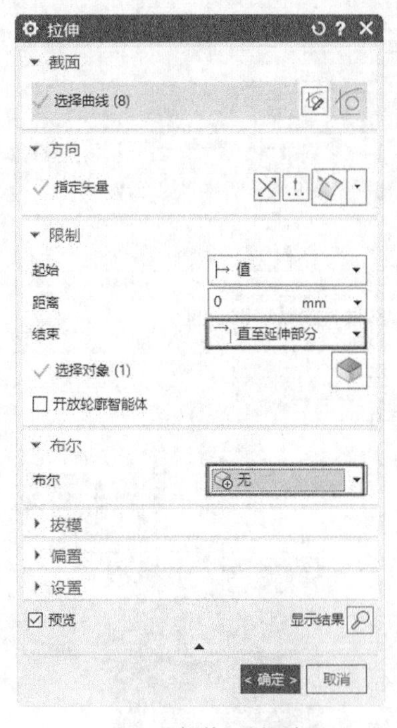

图 7-45 “拉伸”对话框

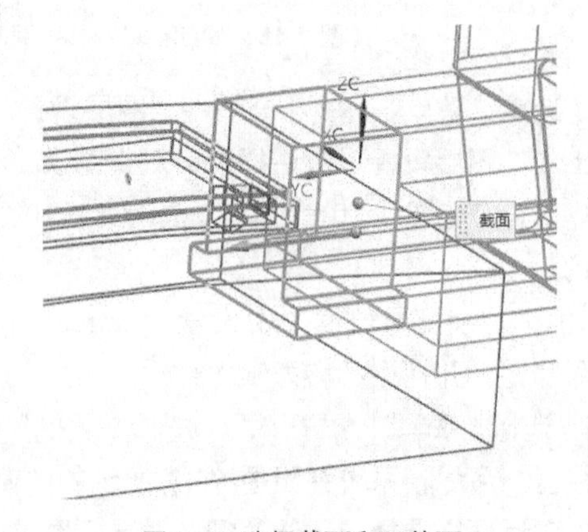

图 7-46 选择截面和延伸面

（13）单击“主页”选项卡“同步建模”面板上“更多”库下的“偏置”按钮，在系统弹出的“偏置区域”对话框中输入“距离”的值为–15，选择偏置面，如图 7-47 所示。单击“确定”按钮，完成偏置。

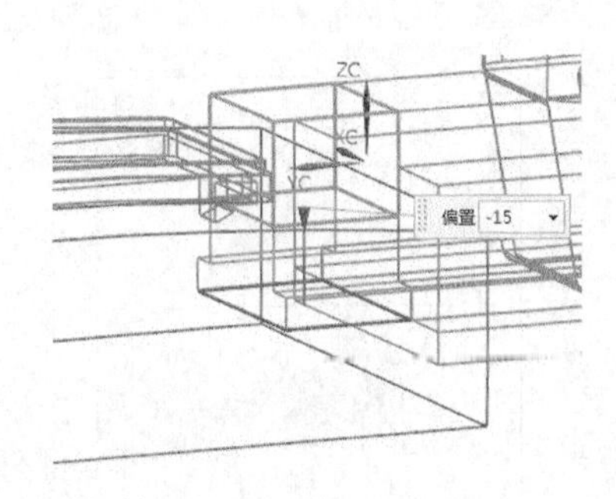

图 7-47 “偏置区域”对话框

（14）单击“主页”选项卡“特征”面板上的“合并”按钮，在系统弹出的“合并”对话框中选择该拉伸实体和滑块头，将两者进行求和，然后再和滑块部件的滑块体合并，结果如图 7-48 所示。

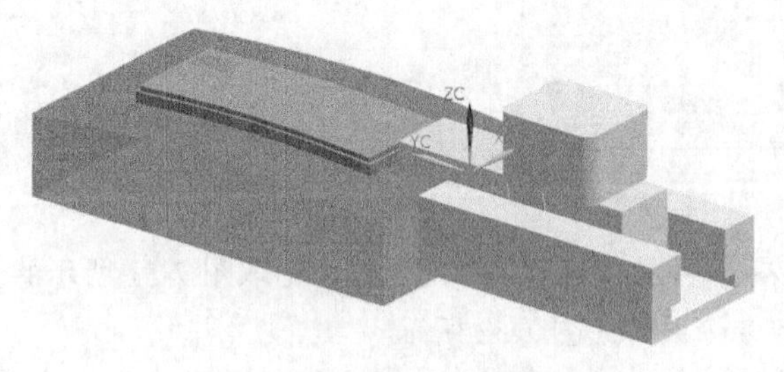

图 7-48 合并拉伸实体和滑块头

13．创建另一个滑块

用同样的方法创建另一个滑块，结果如图 7-49 所示。

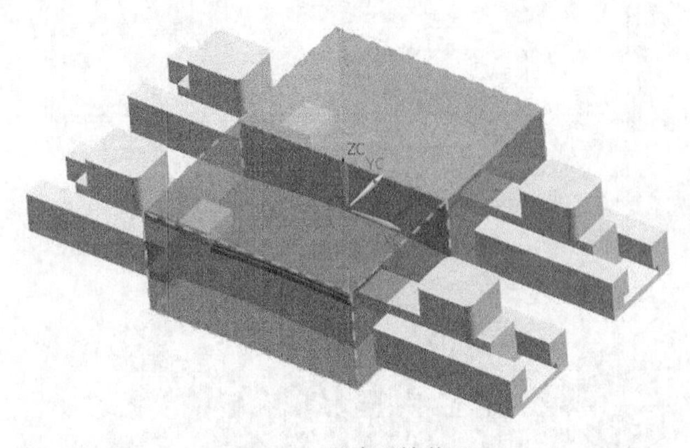

图 7-49 两个滑块装配

14．设计顶杆

（1）单击“注塑模向导”选项卡“主要”面板上的“标准件库”按钮，系统弹出“重用库”对话框和“标准件管理”对话框，在“重用库”对话框的“名称”列表中选择“FUTABA_MM”→“Ejector Pin”，在“成员选择”列表中选择“Ejector Pin Straight”，在“标准件管理”对话框的“详细信息”列表中设置“CATALOG_DIA”的值为 2.0，“CATALOG_LENGTH”的值为 100，如图 7-50 所示。

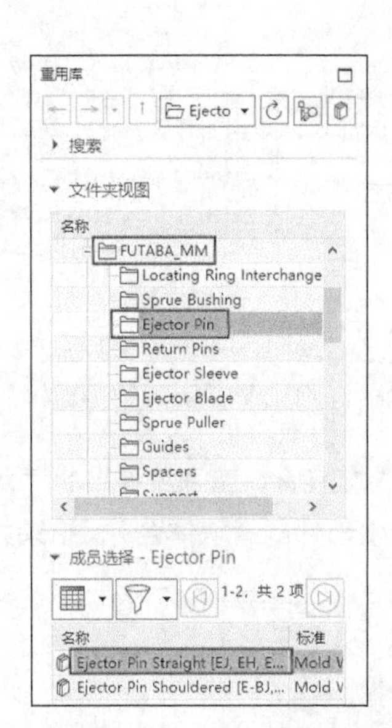

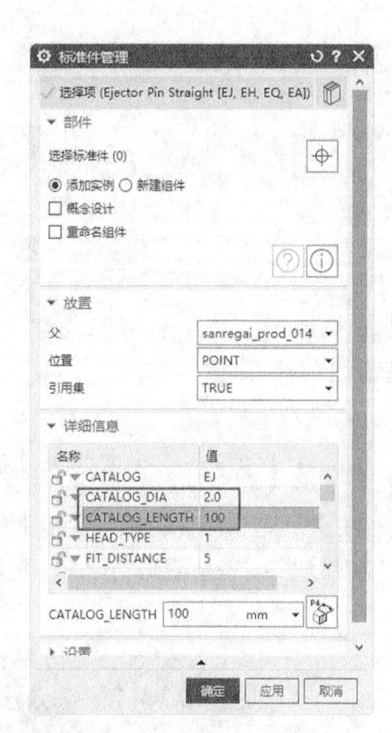

图 7-50　顶杆参数设置

（2）单击“应用”按钮，系统弹出“点”对话框，拾取图 7-51 所示的凸缘直边的端点作为加载点，加载顶杆。加载后的 8 个顶杆如图 7-52 所示。

图 7-51　拾取点

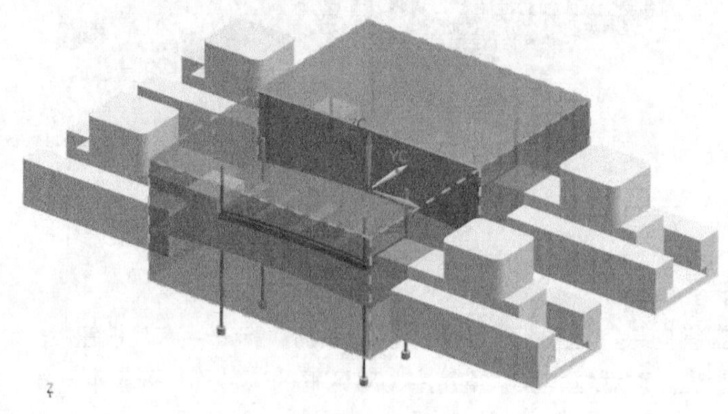

图 7-52　顶杆

（3）单击“注塑模向导”选项卡“主要”面板上的“顶杆后处理”按钮，系统弹出图 7-53 所示的“顶杆后处理”对话框，在“目标”列表中选择已经创建的顶杆。

（4）“修边曲面”选择“CORE_TRIM_SHEET”，如图 7-53 所示。

（5）单击“确定”按钮，完成顶杆的修剪，结果如图 7-54 所示。

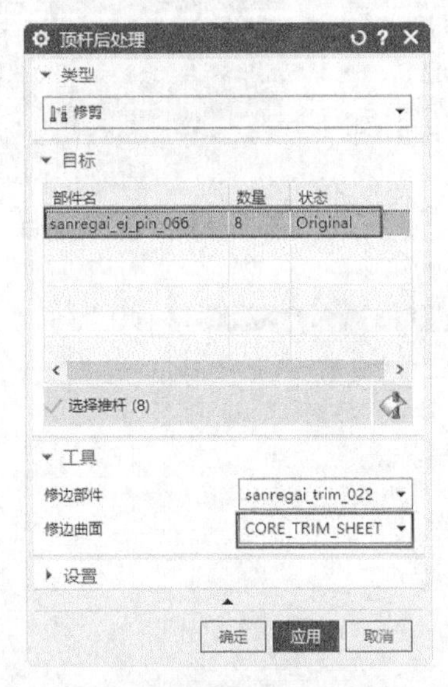

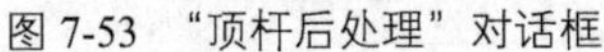

图 7-53 “顶杆后处理”对话框

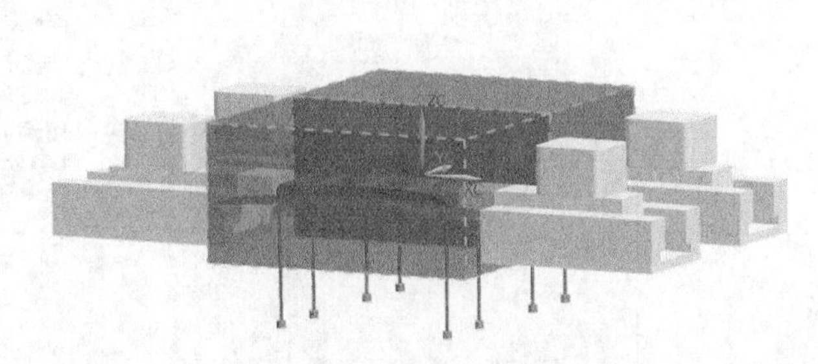

图 7-54 顶杆修剪的结果

15. 设计定位环

（1）单击“注塑模向导”选项卡“主要”面板上的“标准件库”按钮，系统弹出“重用库”对话框和“标准件管理”对话框。

（2）在“重用库”对话框的“名称”列表中选择“HASCO_MM_NX11”→“Locating Ring”，在“成员选择”列表中选择“K100[Locating_Ring]”，在“标准件管理”对话框的“详细信息”列表中设置“TYPE”的值为 2，“h1”的值为 8，“d1”的值为 90，“d2”的值为 36，如图 7-55 所示。

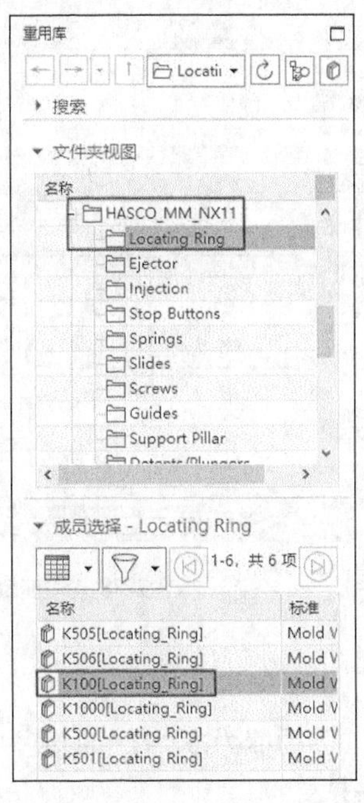

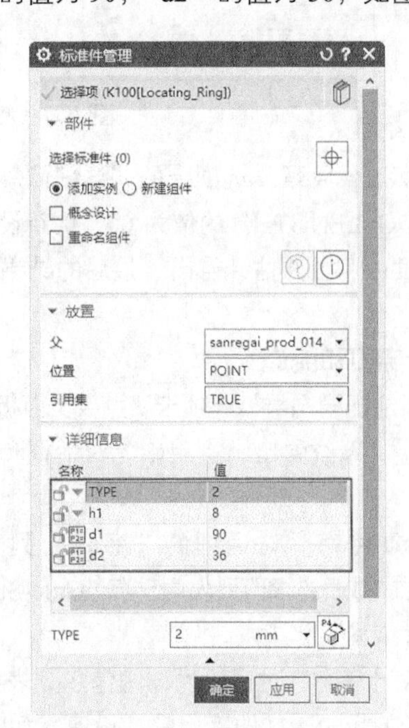

图 7-55 定位环参数设置

（3）单击“确定”按钮，生成的定位环如图 7-56 所示。

16．设计浇口套

（1）单击“注塑模向导”选项卡“主要”面板上的“标准件库”按钮，在“重用库”对话框的“名称”列表中选择“FUTABA_MM”→“Sprue Bushing”，在“成员选择”列表中选择“Sprue Bushing”，如图 7-57 所示。

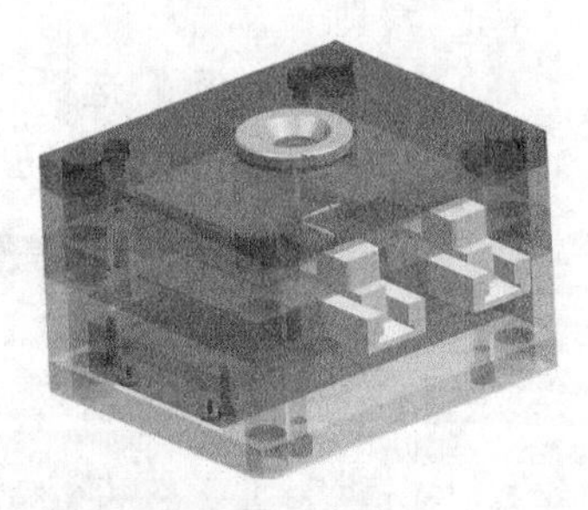

图 7-56　定位环

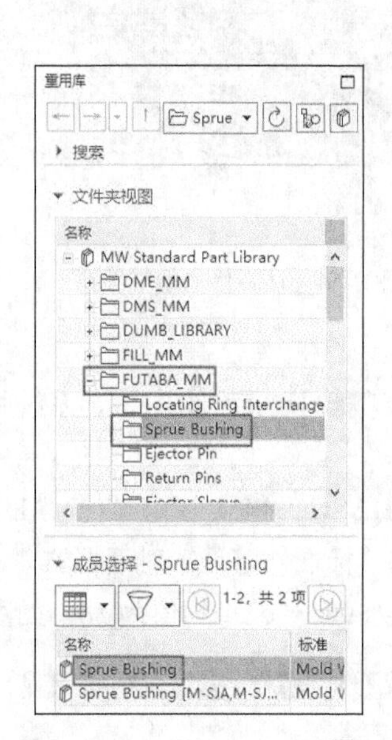

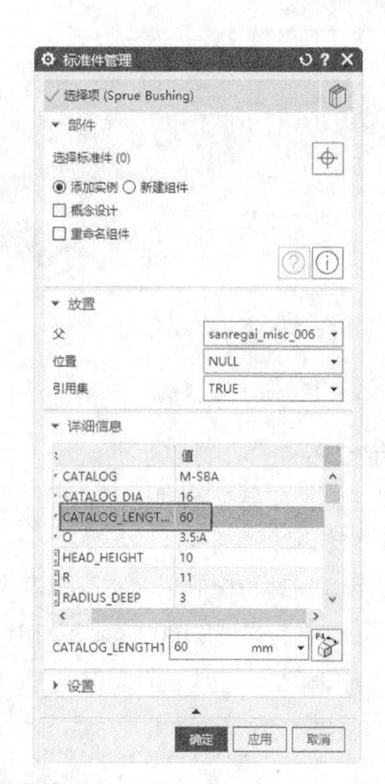

图 7-57　浇口套参数设置

（2）在“标准件管理”选项卡的“详细信息”列表中设置“CATALOG_LENGTH”的值为 60，重新设计浇口套的长度。其长度由测量并估计得出，最后的结果如图 7-58 所示。

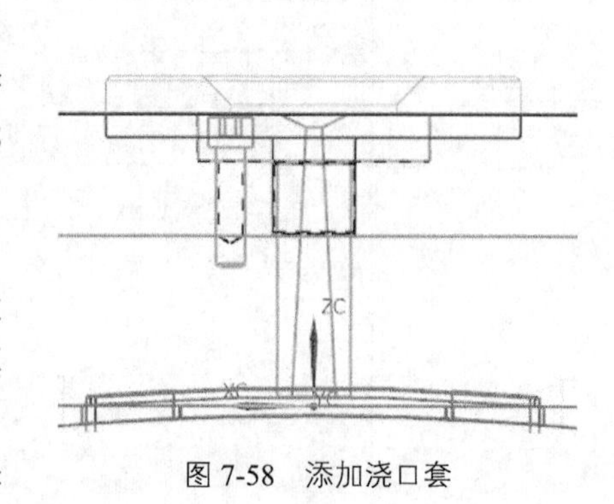

图 7-58　添加浇口套

17．设计浇口和流道

（1）单击“注塑模向导”选项卡“主要”面板上的“设计填充”按钮，系统弹出“重用库”对话框和“设计填充”对话框。

（2）在“重用库”对话框的“名称”列表中选择“FILL_MM”，在“成员选择”列表中选择“Gate[Subarine]”，显示“信息”对话框。

（3）在“设计填充”对话框的详细信息列表中设置“D”的值为 6，“L”的值为 23，“D1”的值为 1，“A1”的值为 60，其他采用默认设置，如图 7-59 所示。

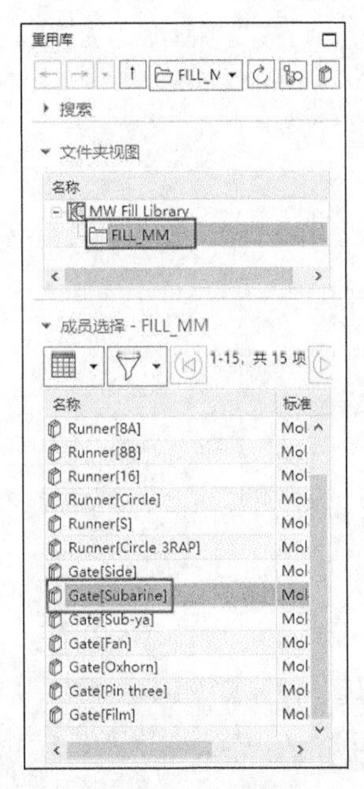

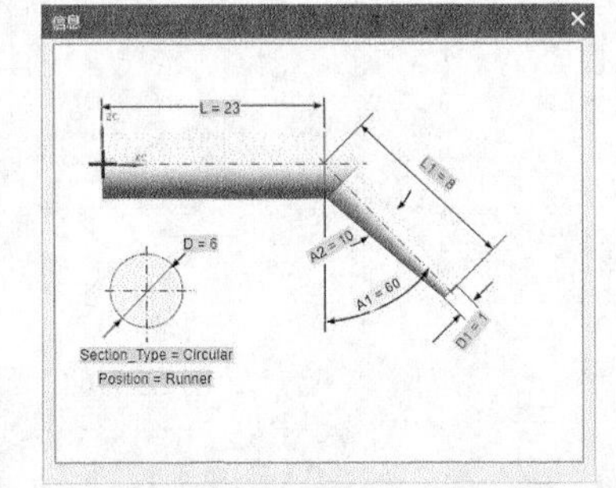

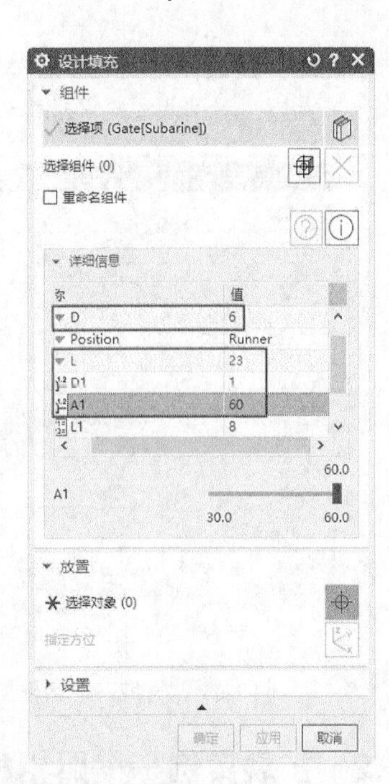

图 7-59 “重用库”对话框、“信息”对话框和“设计填充”对话框

（4）在视图中选取浇口套下端圆心点放置流道和浇口，然后单击指定方位栏中的“点对话框”按钮，系统弹出“点”对话框，设置参考系为 WCS，输入坐标为（0, 0, 1），单击“确定”按钮，如图 7-60 所示。

（5）将流道和浇口绕 *ZC* 轴旋转–90°，使其与 *YC* 轴重合，单击“确定”按钮，完成一侧流道和浇口的创建，如图 7-61 所示。

（6）采用相同的方法，在另一侧创建相同尺寸的流道和浇口，如图 7-62 所示。

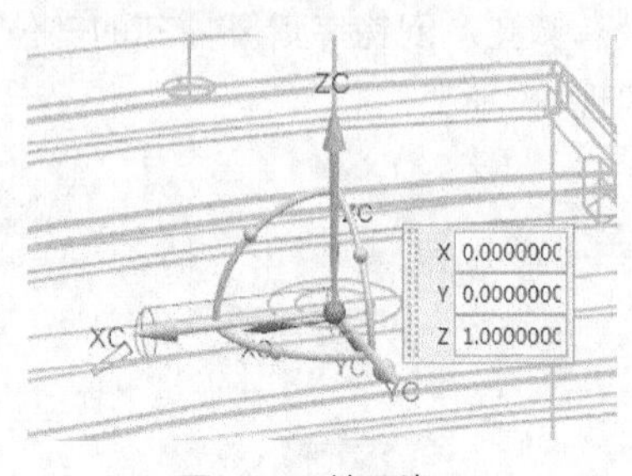

图 7-60 放置浇口

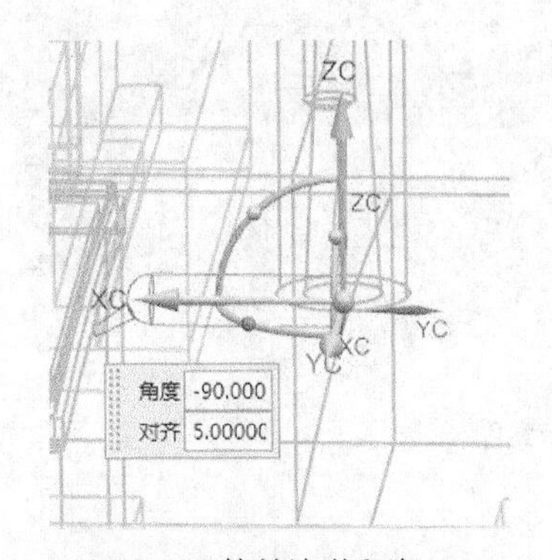

图 7-61 旋转流道和浇口

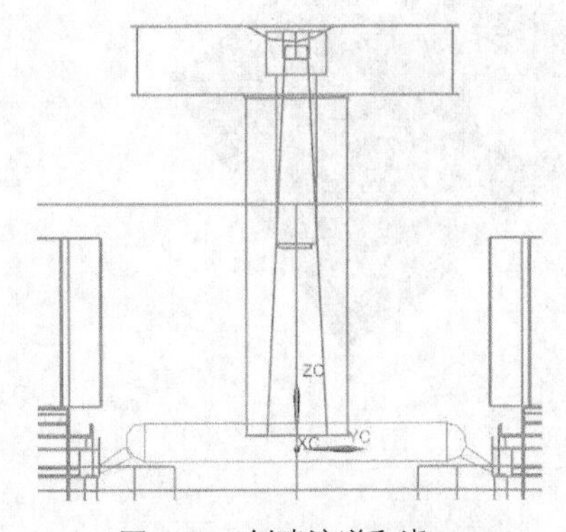

图 7-62 创建流道和浇口

18. 创建腔体

（1）单击“注塑模向导”选项卡“主要”面板上的“腔”按钮，系统弹出图 7-63 所示的“开腔”对话框。

（2）选择模具的型芯和型腔作为目标体，选择加载的顶杆、浇注系统零件和块零件作为工具体，单击“确定”按钮，完成建立腔体的工作。独立显示的型芯如图 7-64 所示。

（3）选择“文件”→“保存”→“全部保存”命令，保存全部零件。

图 7-63 “开腔”对话框

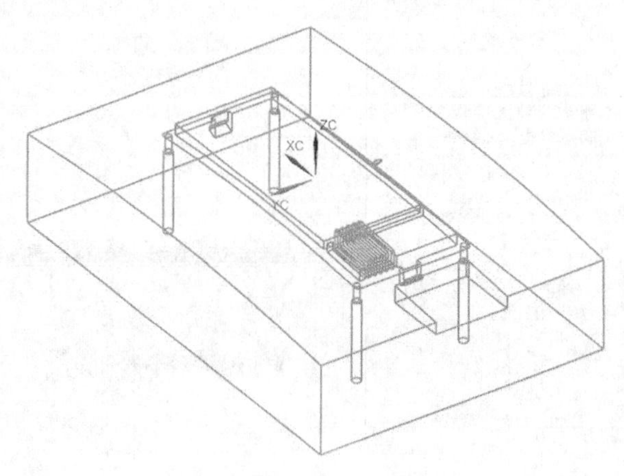

图 7-64 型芯

7.1.2 扩展实例——照相机

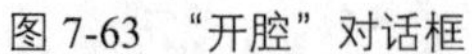

照相机是日常生活中经常使用的产品，其模具示意如图 7-65 所示。该零件结构形状比较简单，没有侧孔、倒钩等需要抽芯的部位，所以分型面的设计就相对简单一些，利用自动分模功能就能实现。

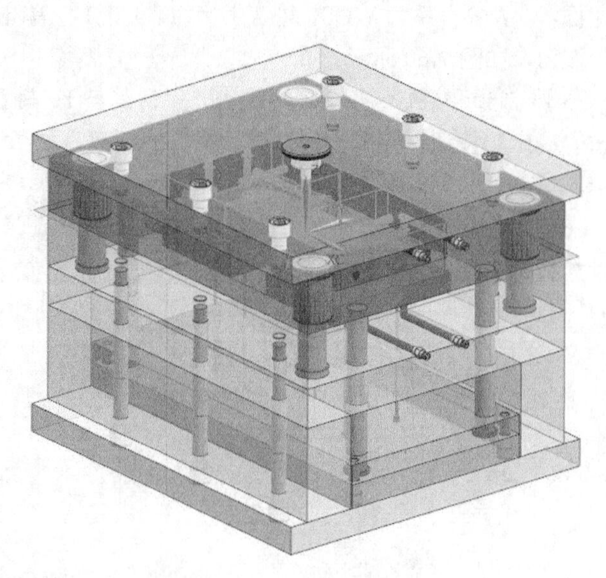

图 7-65 照相机模具示意图

7.2 托盘模具设计

托盘广泛应用于家庭厨房中，该零件结构简单，包含底部曲面破面，需要利用模具工具进行修补。本例采用一模两腔进行设计，注塑材料选择 NONE，托盘模具如图 7-66 所示。

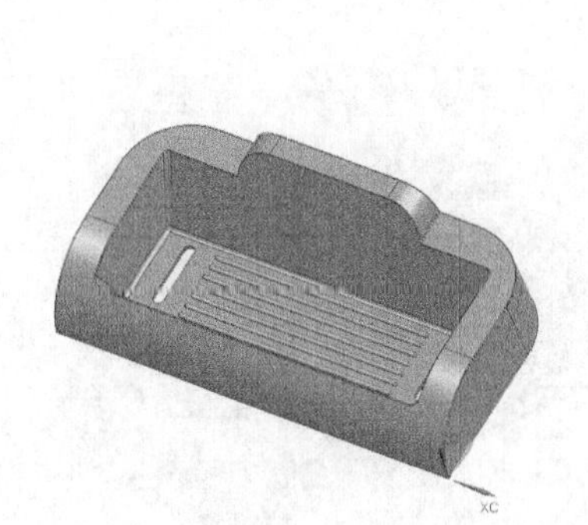

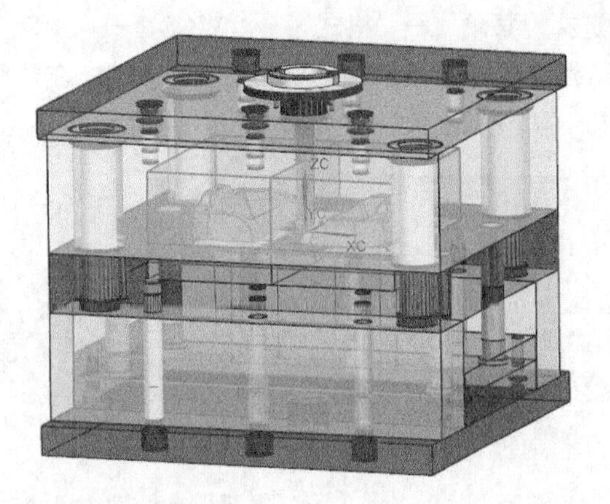

图 7-66 托盘模具示意图

7.2.1 具体操作步骤

1. 项目初始化

单击“注塑模向导”选项卡中的“初始化项目”按钮，在弹出的“部件名”对话框中选择“yuanwenjian\7\tray\tray.prt”文件，单击“确定”按钮，系统弹出图 7-67 所示的“初始化项目”对话框，装载产品，并设置“路径”和“名称”，完成装载后的产品模型如图 7-68 所示。

图 7-67 “初始化项目”对话框

图 7-68 托盘模型

2. 设置模具坐标系和收缩率

如图 7-68 所示为加载后的产品模型。这里+*ZC* 轴方向指向模具注入口，也就是顶出方向，而其原点位于模架分型面。需要旋转坐标系使模架的宽度方向（短边）同模具坐标系的 *XC* 轴方向一致。

然后再设置模具坐标系和注塑件的收缩率。

（1）选择“菜单”→“格式”→“WCS”→“旋转”命令，系统弹出图 7-69 所示的“旋转 WCS 绕...”对话框，选择“+ZC 轴：XC→YC”选项，在“角度”文本框中输入 90，单击“确定”按钮，WCS 旋转后的结果如图 7-70 所示。

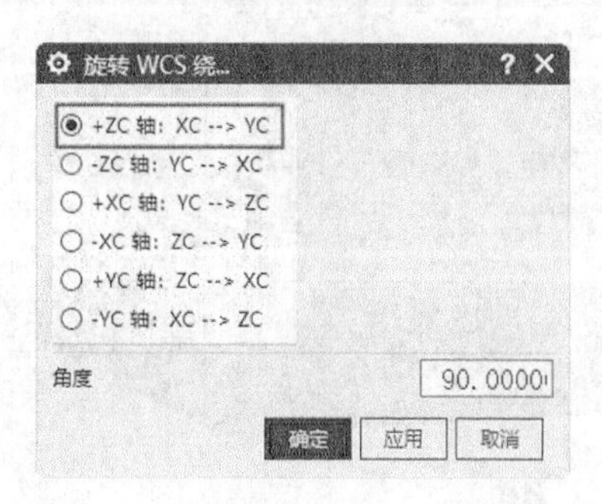

图 7-69 “旋转 WCS 绕...”对话框

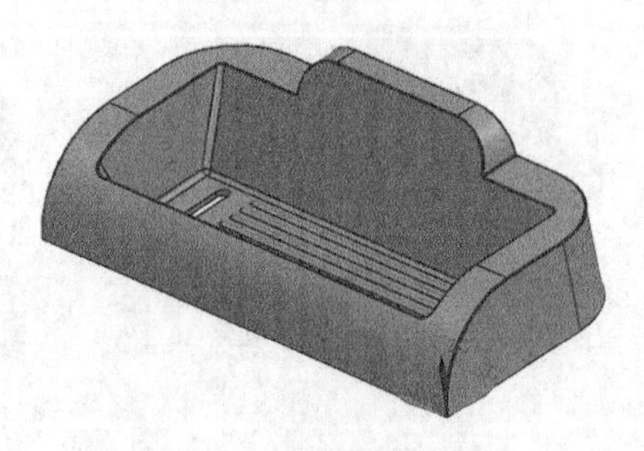

图 7-70 旋转坐标系

（2）单击“注塑模向导”选项卡“主要”面板上的“模具坐标系”按钮，系统弹出图 7-71 所示的“模具坐标系”对话框，选择“当前 WCS”选项，单击“确定”按钮。

（3）单击“注塑模向导”选项卡“主要”面板上的“收缩”按钮，系统弹出图 7-72 所示的“缩放体”对话框，选择“均匀”类型，在“比例因子”栏中设置“均匀”的值 1.005。

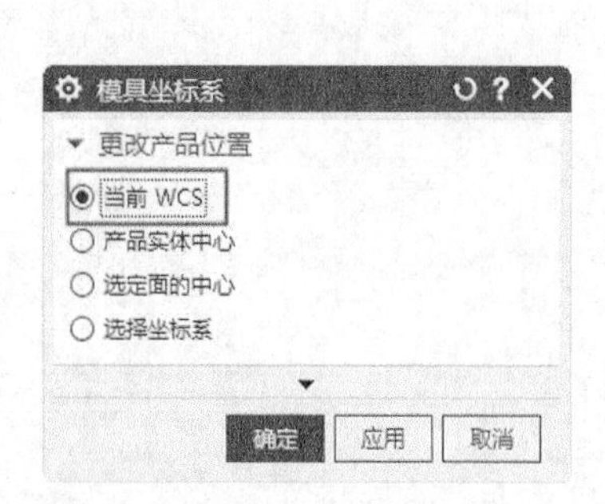

图 7-71 “模具坐标系”对话框

图 7-72 “缩放体”对话框

3. 创建工件和布局

工件用于定义型腔和型芯的镶块体，在创建工件时需要考虑模具的强度要求。利用“布局”功能来对准坐标系。

（1）单击“注塑模向导”选项卡“主要”面板上的“工件”按钮，系统弹出图 7-73 所示的“工件”对话框，在“定义类型”下拉列表框中选择“参考点”，单击“重置大小”按钮，并依图设置工件尺寸，单击“确定”按钮，完成工件的创建。

（2）单击“注塑模向导”选项卡“主要”面板上的“型腔布局”按钮，系统弹出图 7-74 所示的“型腔布局”对话框，在“布局类型”选项组中选择“矩形”和“平衡”选项，“指定矢量”为“–XC”轴，设置“型腔数”为 2，“间隙距离”为 0mm，单击“开始布局”按钮。

（3）单击“自动对准中心”按钮，将模腔设置在模具的装配中心。然后单击“关闭”按钮，生成的工件如图 7-75 所示。

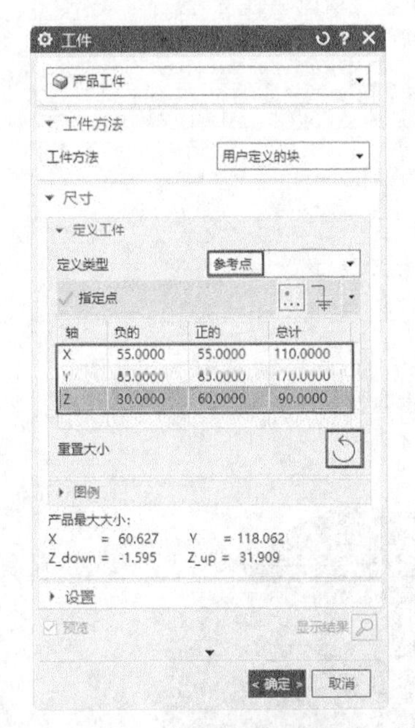

图 7-73 “工件”对话框

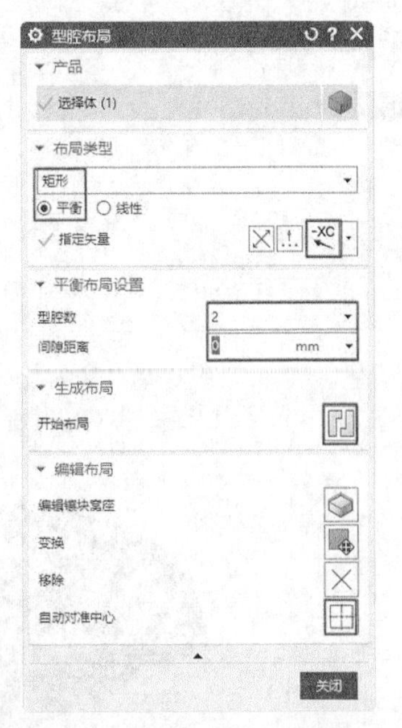

图 7-74 “型腔布局”对话框

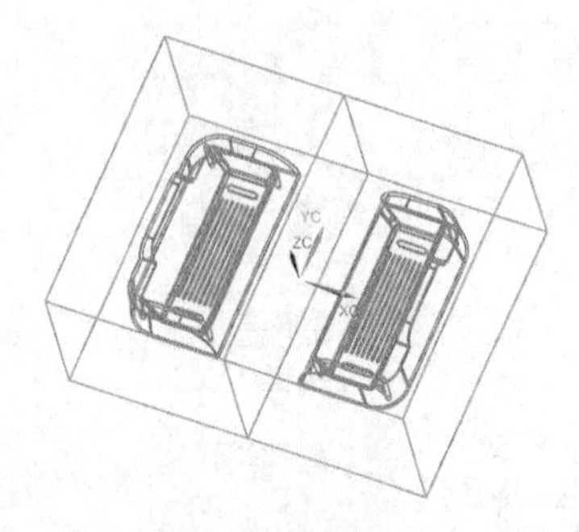

图 7-75 成型工件

4. 修补实体

由于该产品实体存在破面，需要利用模具工具进行补面操作。单击“注塑模向导”选项卡“分型”面板上的“曲面补片”按钮，进入零件界面，同时系统弹出图 7-76 所示的“曲面补片”对话框。“类型”选择“面”，绘图区选取图 7-77 所示的面，单击“确定”按钮。结果如图 7-78 所示。

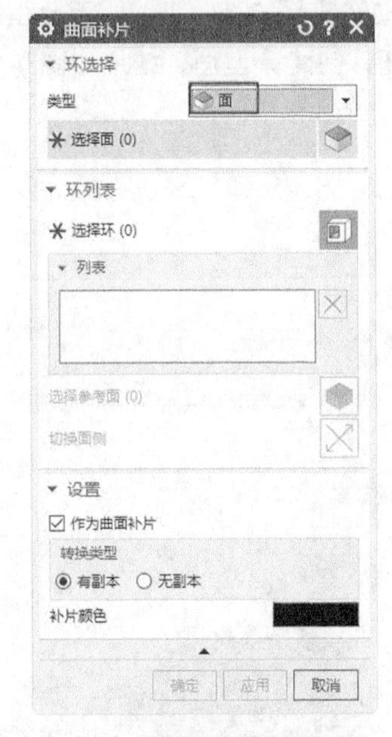

图 7-76 “曲面补片”对话框

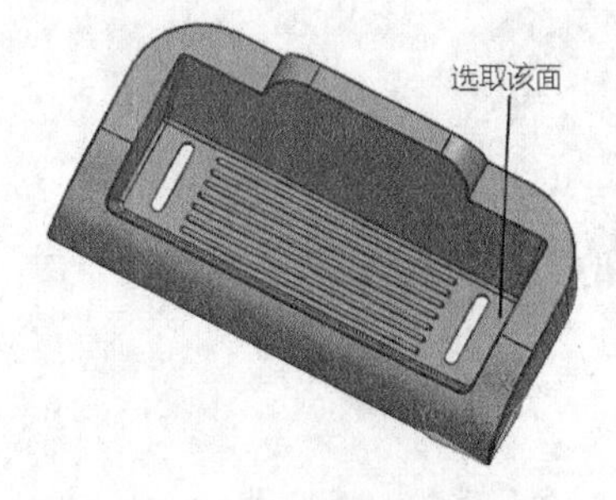

图 7-77 选取要补片的面

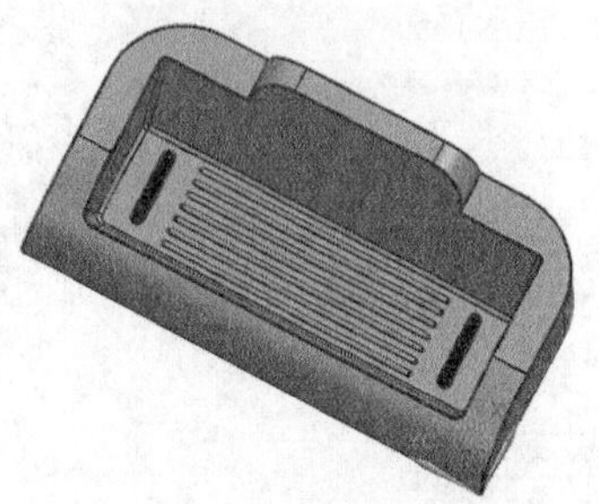

图 7-78 曲面补片结果

5. 创建分型面

（1）单击“注塑模向导”选项卡“分型”面板上的“设计分型面”按钮，系统弹出图 7-79 所示的“设计分型面”对话框。

（2）选择“编辑分型线”中的“选择分型线”按钮，在视图上选择实体的底面边线，单击“确定”按钮，系统自动生成图 7-80 所示的分型线。

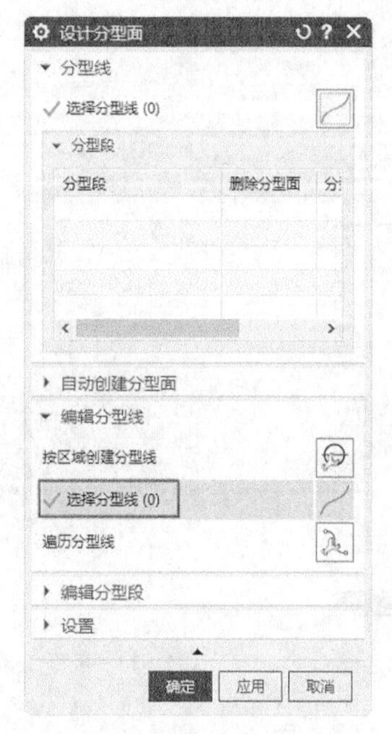

图 7-79 “设计分型面”对话框 1

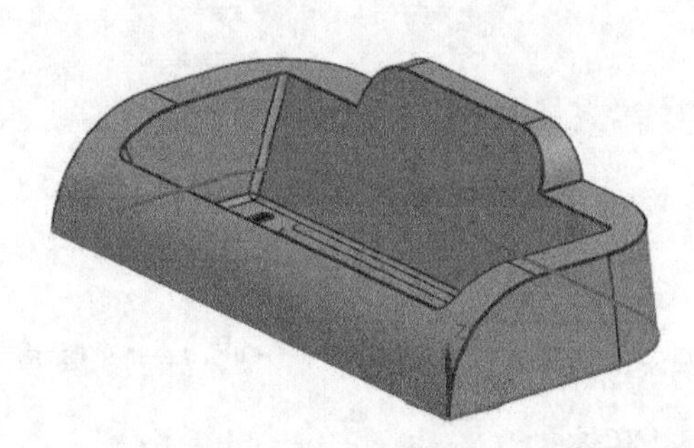

图 7-80 生成分型线

（3）单击“注塑模向导”选项卡“分型”面板上的“设计分型面”按钮，系统弹出图 7-81（a）所示的“设计分型面”对话框，生成图 7-81（b）所示的分型面。

（4）在“创建分型面”中选择“有界平面”按钮，系统自动选择图 7-81（b）所示分型线作为母线，勾选“调整所有方向的大小”复选框。单击“确定”按钮，创建分型面，结果如图 7-82 所示。

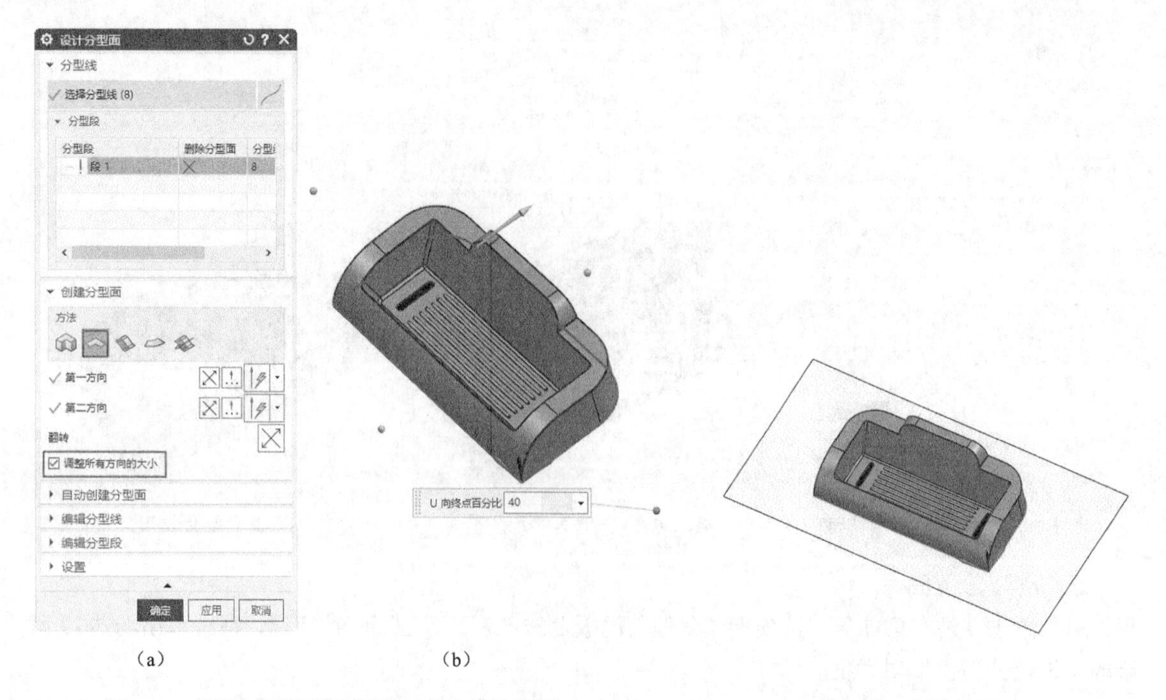

（a）　　（b）

图 7-81 “设计分型面”对话框 2 与生成的分型面

图 7-82 创建分型面

6. 创建型腔和型芯

（1）单击“注塑模向导”选项卡“分型”面板上的“检查区域”按钮，系统弹出图 7-83 所示的“检查区域”对话框，选择“保留现有的”选项，“指定脱模方向”选择 *ZC* 轴正方向，单击“计算”按钮。

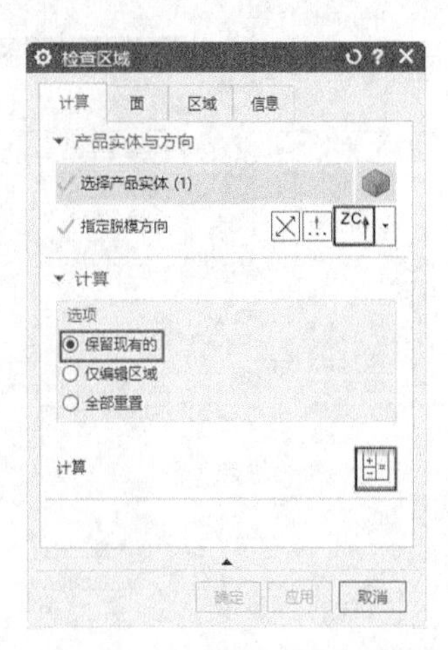

图 7-83 “检查区域”对话框

（2）单击“区域”选项卡，可以看到“型腔区域”数量为 94，“型芯区域”数量为 57，“未定义区域”数量为 0，如图 7-84 所示。单击“确定”按钮。

（3）单击“注塑模向导”选项卡“分型”面板上的“定义区域”按钮，系统弹出图 7-85 所示的“定义区域”对话框。选择“所有面”选项，勾选“创建区域”复选框，单击“确定”按钮，完成型芯和型腔的抽取。

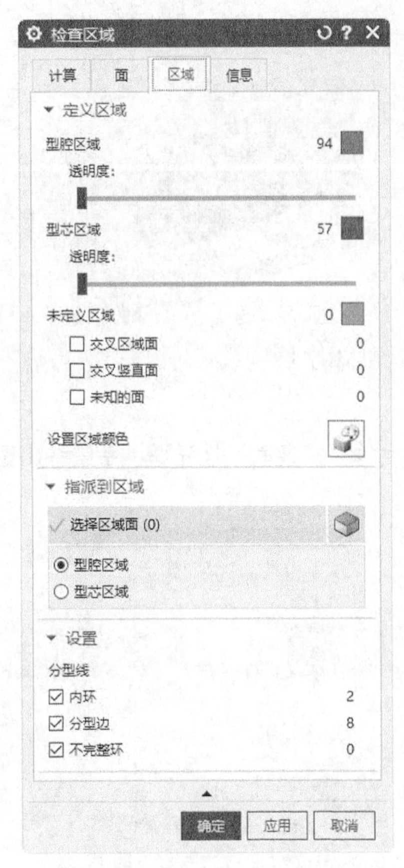

图 7-84 “区域”选项卡

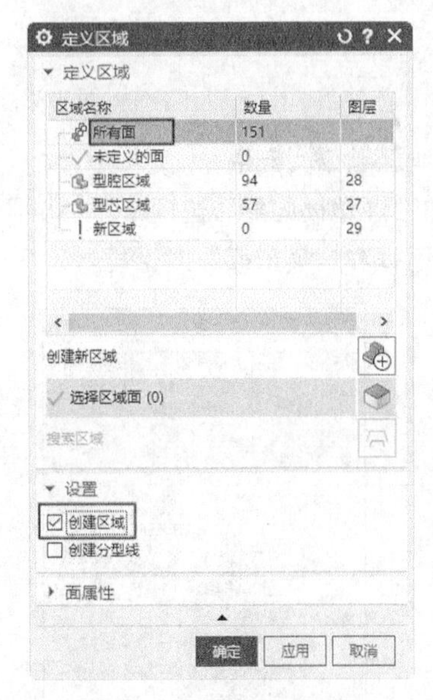

图 7-85 “定义区域”对话框

（4）单击“注塑模向导”选项卡“分型”面板上的“定义型腔和型芯”按钮，系统弹出图 7-86 所示的“定义型腔和型芯”对话框，选择“型腔区域”选项，单击“确定”按钮，系统弹出图 7-87 所示的“查看分型结果”对话框，接受默认方向。单击“确定”按钮，创建型腔，同理，创建型芯，结果如图 7-88 所示。

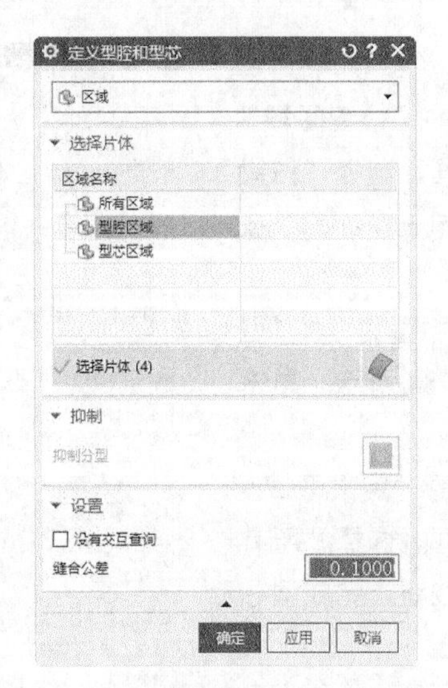

图 7-86 “定义型腔和型芯”对话框

图 7-87 “查看分型结果”对话框

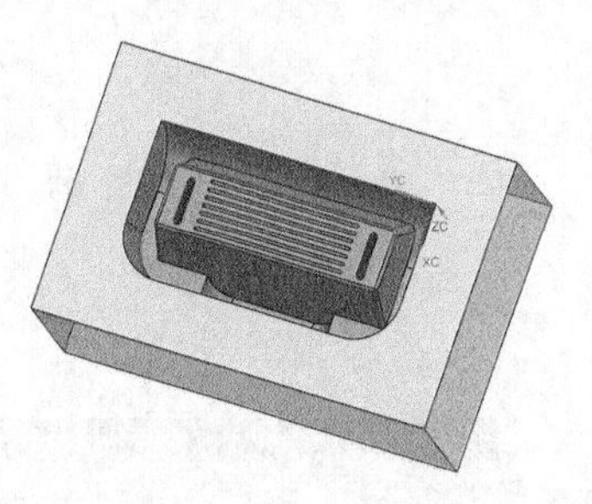

图 7-88 创建的型腔和型芯

7. 设计模架和标准件

（1）单击“注塑模向导”选项卡“主要”面板上的“模架库”按钮，系统弹出图 7-89 所示的“重用库”对话框和“模架库”对话框。

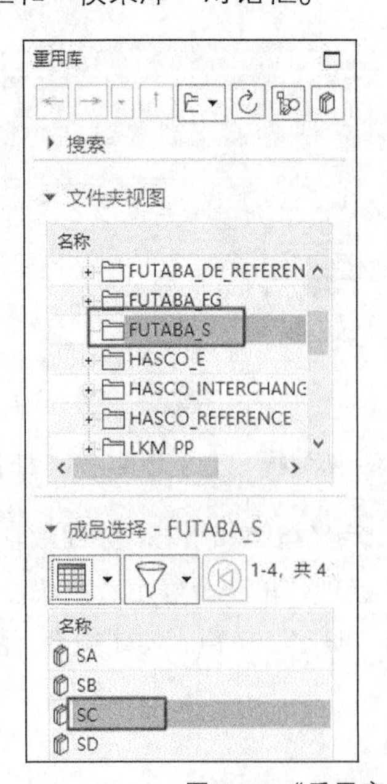

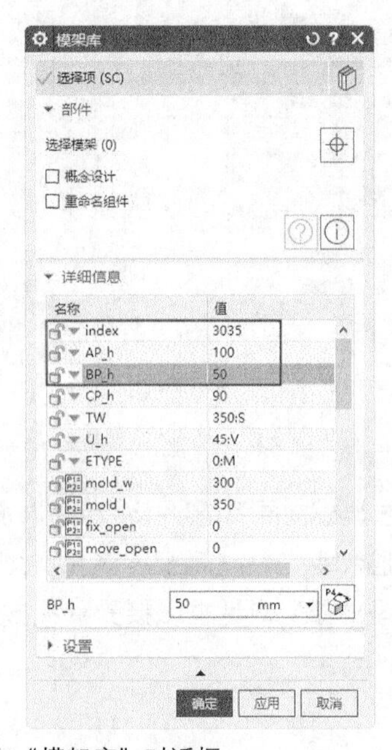

图 7-89 “重用库”对话框和“模架库”对话框

（2）在“重用库”对话框的“名称”列表中选择“FUTABA_S”模架，并在“成员选择”列表中选择“SC”。

（3）在“模架库”对话框的“详细信息”列表中设置“index”为 3035，设置“mold_w”的值为 300，“mold_l”的值为 350，“AP_h”的值为 100，“BP_h”的值为 50，如图 7-89 所示，单击“应用”按钮。

（4）单击“旋转模架”按钮，调整模架方向。单击“确定”按钮，创建的模架如图 7-90 所示。

（5）选择“文件”→“保存”→“全部保存”命令，保存所有模具文件。

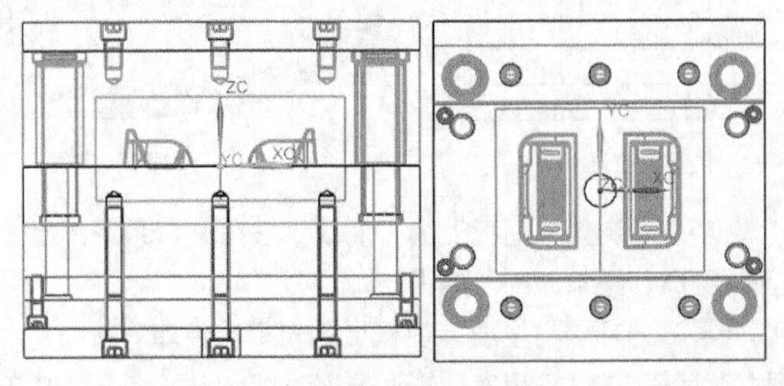

图 7-90　创建模架

（6）单击“注塑模向导”选项卡“主要”面板上的“标准件库”按钮，系统弹出“重用库”对话框和“标准件管理”对话框。在“重用库”对话框的“名称”列表中选择“FUTABA_MM”→“Locating Ring Interchangeable”，在“成员选择”列表中选择“Locating Ring”，在“标准件管理”对话框的“详细信息”列表中设置“TYPE”为“M-LRG（TYPE 0）”，参数采用默认设置，如图 7-91 所示。然后单击“确定”按钮，生成的定位环如图 7-92 所示。

（7）在“装配导航器”中右击“tray_misc_006”，在系统弹出的快捷菜单中选择“仅显示”命令，在视图区里则显示图 7-93 所示的定位环。

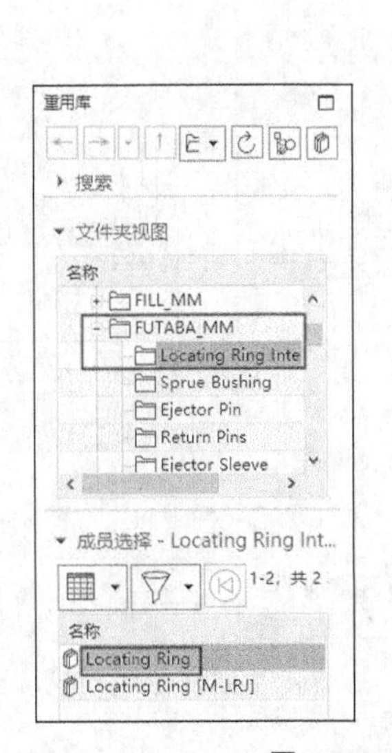

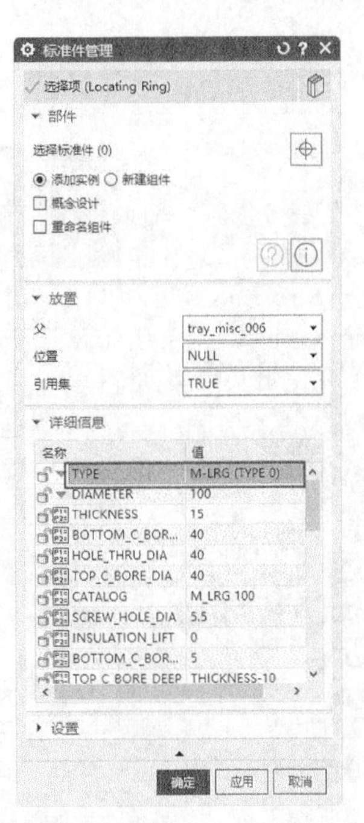

图 7-91　定位环参数设置

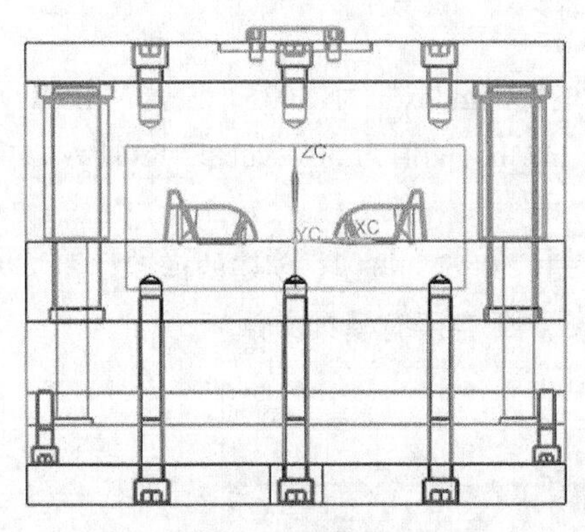

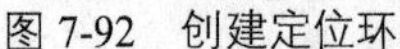

图 7-92　创建定位环

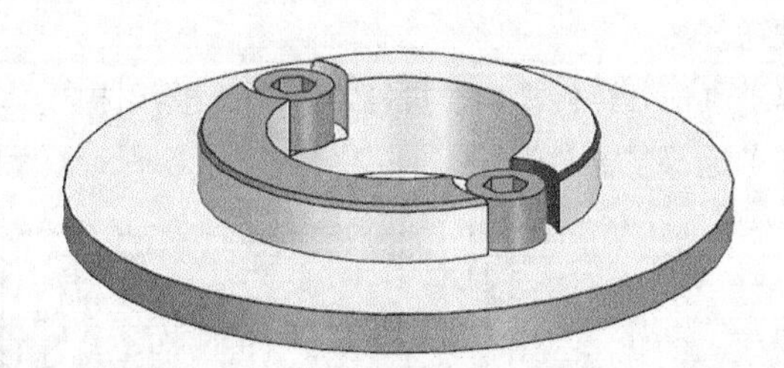

图 7-93　定位环

（8）单击“分析”选项卡“测量”面板上的“测量”按钮，系统弹出“测量”对话框，测量坐标系原点到模架顶面的距离，结果如图 7-94 所示。

（9）单击“注塑模向导”选项卡“主要”面板上的“标准件库”按钮，系统弹出“重用库”对话框和“标准件管理”对话框。在“重用库”对话框“名称”列表中选择“FUTABA_MM”→“Sprue Bushing”，在“成员选择”列表中选择“Sprue Brushing”，在“标准件管理”对话框的“详细信息”列表中设置“CATALOG_DIA”的值为 16，“CATALOG_LENGTH”的值为 89，“HEAD_HEIGHT”的值为 30，如图 7-95 所示，然后单击“确定”按钮，生成的浇口套如图 7-96 所示。

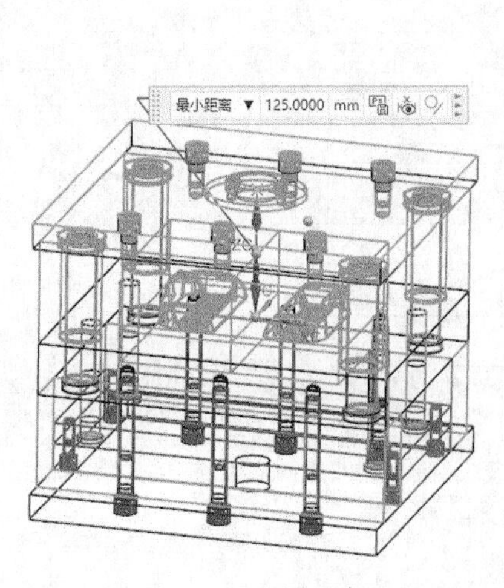

图 7-94　测量距离

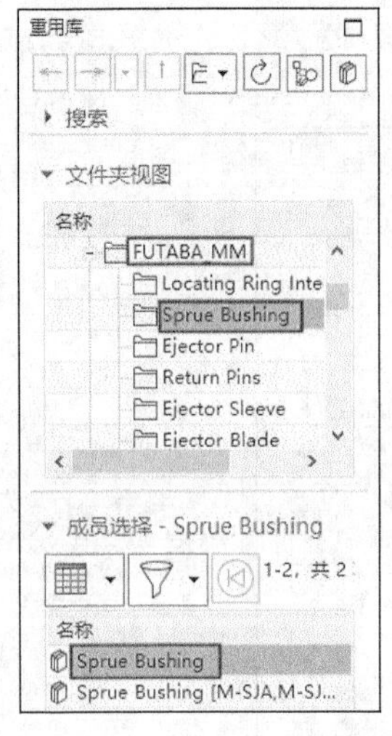

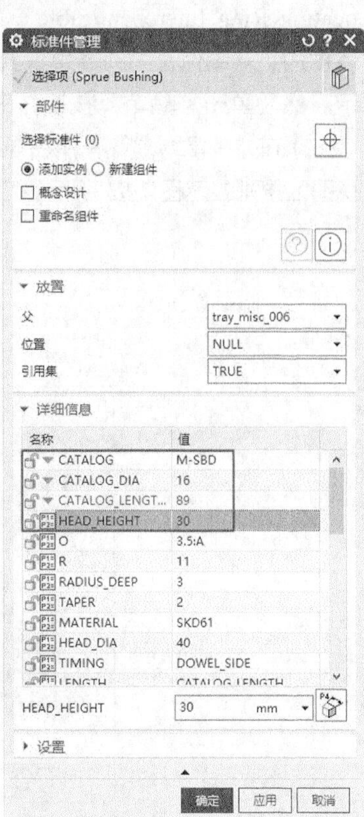

图 7-95　浇口套参数设置

8. 设计顶出系统

(1) 单击“注塑模向导”选项卡“主要”面板上的“标准件库”按钮，系统弹出“重用库”对话框和“标准件管理”对话框。

(2) 在“重用库”对话框的“名称”列表中选择“FUTABA_MM”→“Ejector Pin”，在“成员选择”列表中选择“Ejector Pin Straight [EJ, EH, EQ, EA]”，在“标准件管理”对话框的“详细信息”列表中设置“CATALOG_LENGTH”的值为 150，如图 7-97 所示。

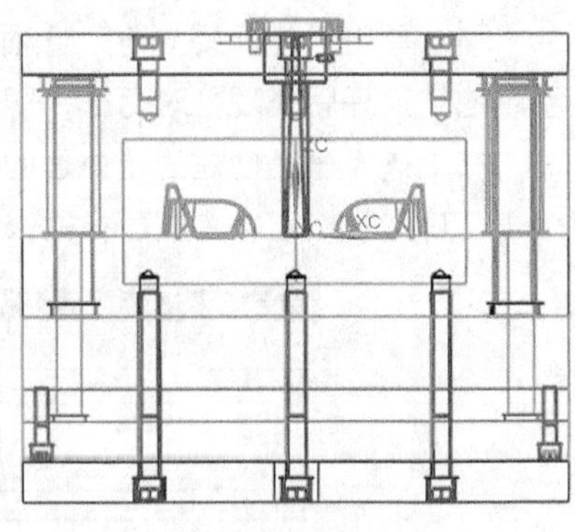

图 7-96 浇口套

(3) 单击“确定”按钮，系统弹出图 7-98 所示的“点”对话框，在“坐标”栏中依次输入坐标 (68, 36, 0)、(40, -40, 0)、(70, -10, 0)，每输入一个点，单击“确定”按钮一次，生成的顶杆如图 7-99 所示。

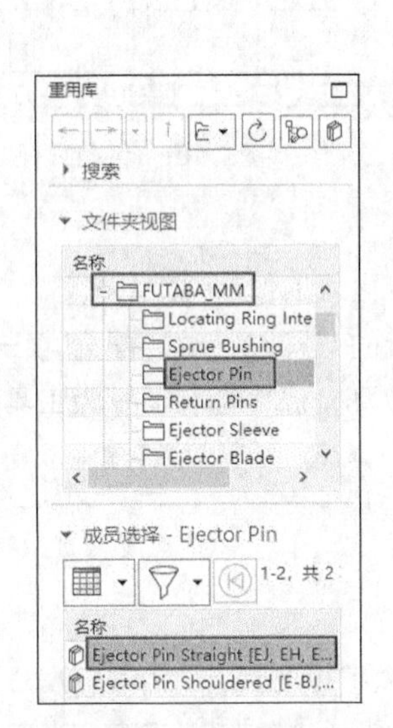

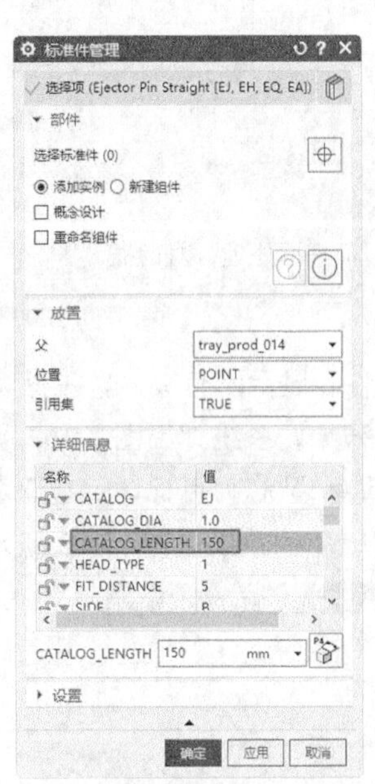

图 7-97 顶杆参数设置

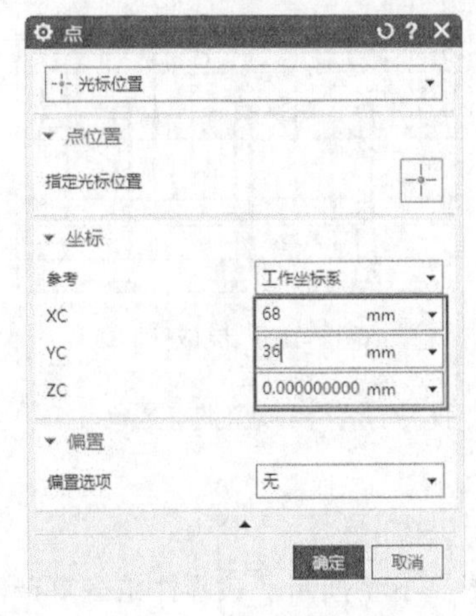

图 7-98 “点”对话框

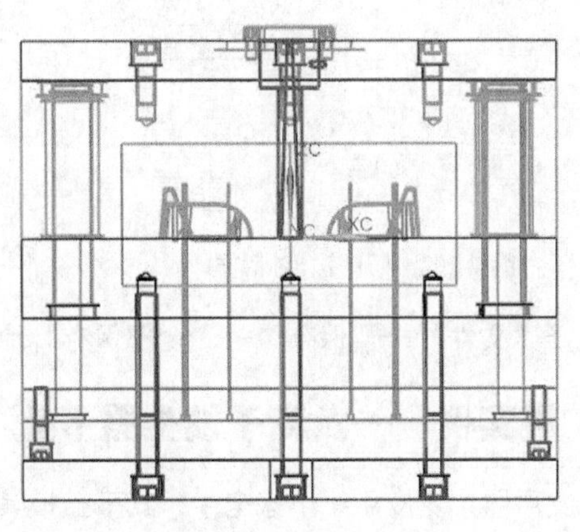

图 7-99 顶杆

（4）单击“注塑模向导”选项卡“主要”面板上的“顶杆后处理”按钮，系统弹出图 7-100 所示的“顶杆后处理”对话框，“类型”选择“修剪”。

（5）选择已经创建的待处理的 3 个顶杆为目标体，“修边曲面”选择“CORE_TRIM_SHEET”，单击“确定”按钮，完成顶杆的修剪，结果如图 7-101 所示。

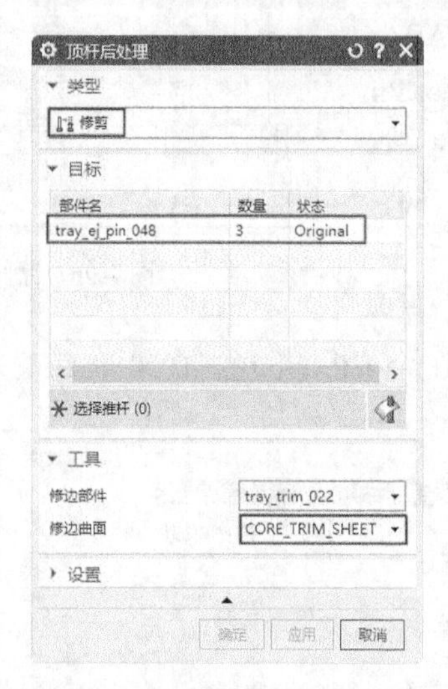

图 7-100 “顶杆后处理”对话框

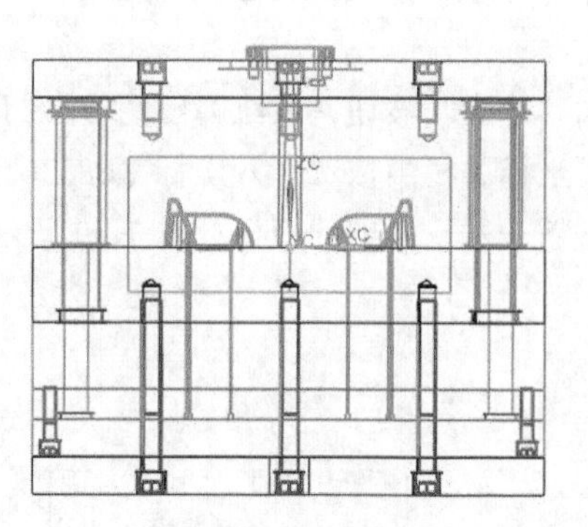

图 7-101 修剪顶杆

9. 创建腔体

（1）打开总装配文件，显示所有文件，并将其转化为工作部件。单击“注塑模向导”选项卡“主要”面板上的“腔”按钮，系统弹出图 7-102 所示的“开腔”对话框，“模式”选择“去除材料”。

（2）选择模架、型腔和型芯为目标体，选取定位环、浇口套和顶杆为工具体，然后单击“确定”按钮进行开腔，开腔完成后的效果如图 7-103 所示。

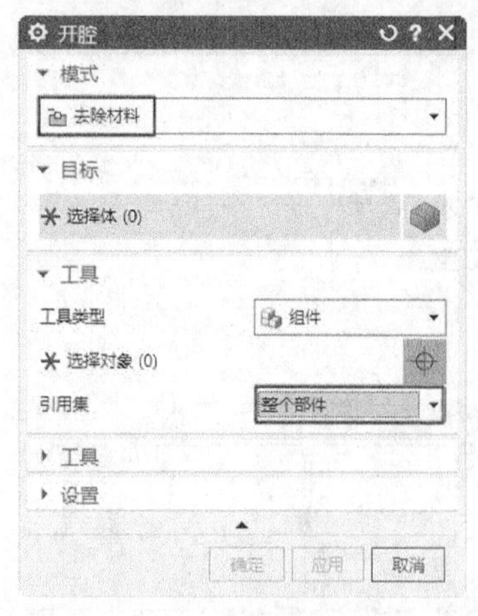

图 7-102 “开腔”对话框

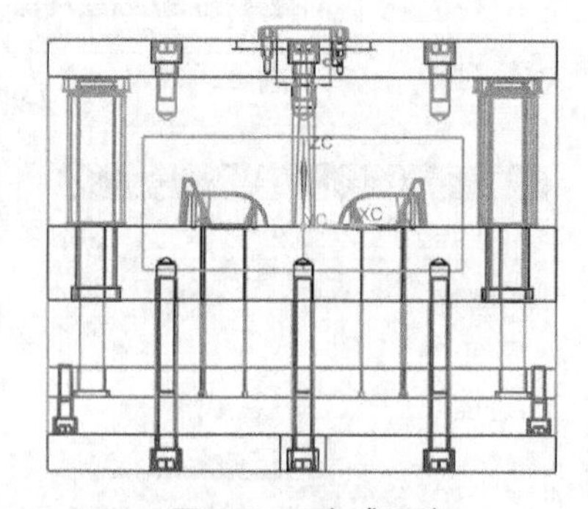

图 7-103 完成开腔

（3）选择“文件”→“保存”→“全部保存”命令，保存所有模具文件。

7.2.2 扩展实例——负离子发生器下盖

负离子发声器广泛应用于小家电中，其下盖模具如图 7-104 所示。该零件结构复杂，包含一些破面，需要利用模具工具进行修补，另外还需要用滑块装置对侧孔进行设计。本实例采用一模两腔的方式进行设计，注塑材料采用 PS（聚苯乙烯）。

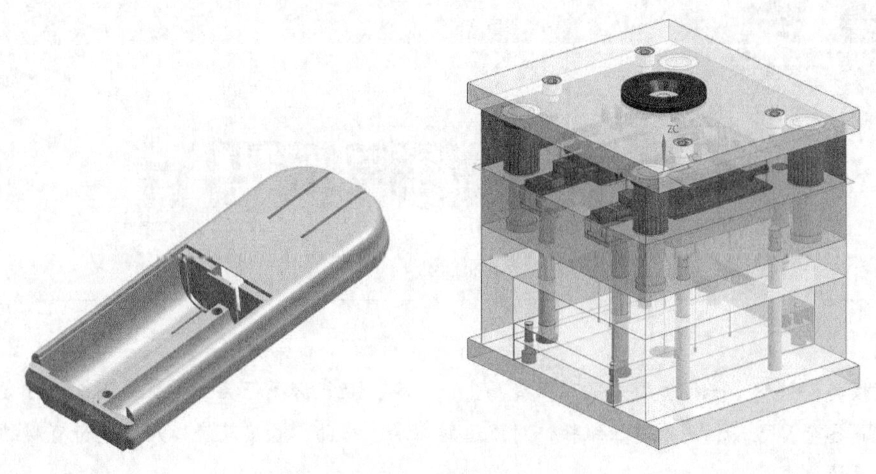

图 7-104　负离子发声器下盖模具

第 8 章 典型多腔模模具设计

在注塑模具设计中，一模多腔方案可以提高生产效率，且能提高产品质量。采用这种方案时，保证流体能同时充满各个型腔，利用模具三维软件对流道的布局、截面、长度及浇口尺寸进行直观的设置，可以很好地完成设计要求。

重点与难点

- 机械零件模具设计
- 按钮模具设计

8.1 机械零件模具设计

机械零件模具如图 8-1 所示。该零件结构复杂，包含一些破面，需要利用模具工具进行修补，另外还需要用滑块装置对侧孔进行设计。本例采用一模四腔的方式进行布局，注塑材料采用 NONE。

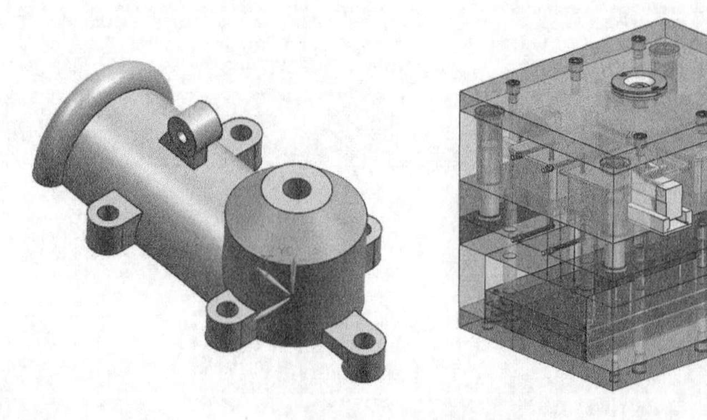

图 8-1　机械零件模具

8.1.1 具体操作步骤

1. 项目初始化

（1）单击“注塑模向导”选项卡中的“初始化项目”按钮，系统弹出“部件名”对话框,选择面壳壳体的产品文件“yuanwenjian\8\ JXLJ10\ JXLJ10.prt”，单击“确定”按钮。

（2）系统弹出图 8-2 所示的“初始化项目”对话框，在“项目设置”列表中设置“路径”和“名称”，设置“项目单位”为毫米，设置部件“材料”为 NONE，“收缩”为 1.000，如图 8-2 所示。

（3）单击“确定”按钮，完成产品装载，如图 8-3 所示。此时，在“装配导航器”中显示系统自动产生的模具装配结构。

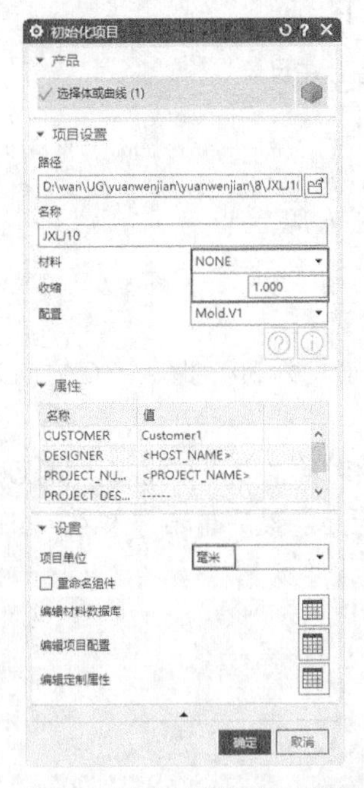

图 8-2 “初始化项目”对话框

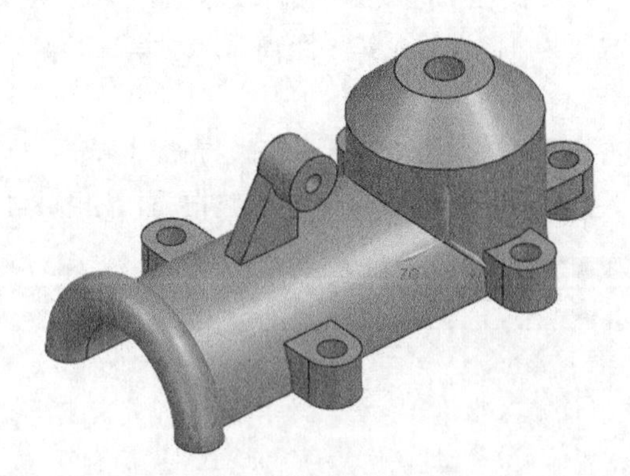

图 8-3 机械零件模型

2. 创建模具坐标系和设置收缩率

（1）选择“菜单”→“格式”→“WCS”→“旋转”命令，系统弹出图 8-4 所示的“旋转 WCS 绕...”对话框，选择“–XC 轴：ZC→YC”选项，在“角度”文本框中输入 90。单击“应用”按钮，然后单击“取消”按钮，WCS 旋转后的结果如图 8-5 所示。

（2）单击“注塑模向导”选项卡“主要”面板上的“模具坐标系”按钮，系统弹出图 8-6 所示的“模具坐标系”对话框，选择“当前 WCS”选项。单击“确定”按钮，系统会自动把模具坐标系与当前坐标系相匹配，并且锁定 *ZC* 轴，完成模具坐标系的设置。

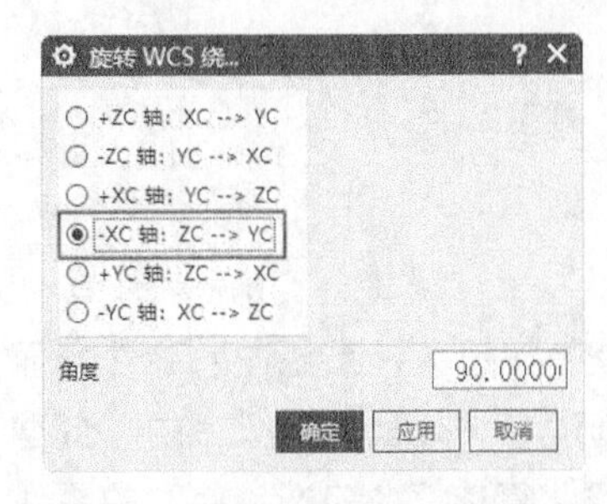

图 8-4 “旋转 WCS 绕...”对话框

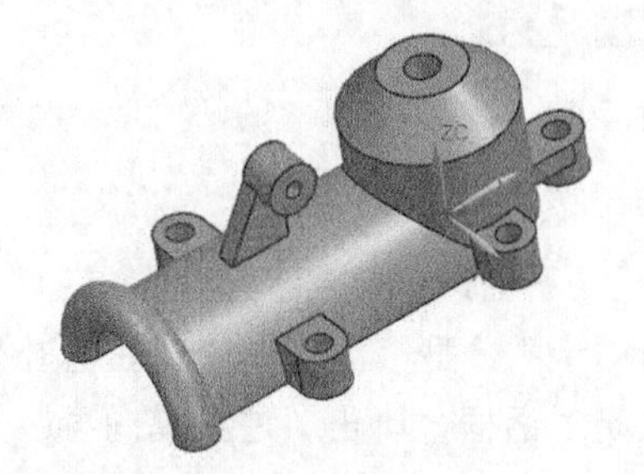

图 8-5 新建坐标系

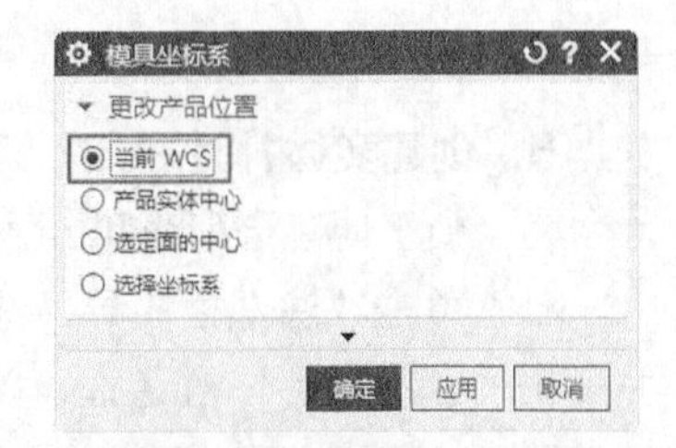

图 8-6 “模具坐标系”对话框

（3）单击“注塑模向导”选项卡“主要”面板上的“收缩”按钮，系统弹出图 8-7 所示的“缩放体”对话框，选择“均匀”类型，在“比例因子”栏中设置“均匀”的值为 1.006。

3. 设置工件

工件用于定义型腔和型芯的镶块体，在创建工件时需要考虑模具的强度要求。利用“布局”功能来对准坐标系。

单击“注塑模向导”选项卡“主要”面板上的“工件”按钮，系统弹出图 8-8 所示的“工件”对话框，在“定义类型”下拉列表框中选择“参考点”，单击“重置大小”按钮，依图设置工件尺寸。单击“确定”按钮，完成工件的设置，如图 8-9 所示。

图 8-7 “缩放体”对话框

4. 设置布局

（1）单击“注塑模向导”选项卡“主要”面板上的“型腔布局”按钮，系统弹出“型腔布局”对话框。

（2）在“布局类型”选项组中选择“矩形”和“平衡”选项，设置“型腔数”为 4，设置“第一距离”和“第二距离”的值均为 30，指定–XC 方向为布局方向，如图 8-10 所示。

（3）单击“开始布局”按钮，开始布局，单击“自动对准中心”按钮，将模腔设置在模具的装配中心，完成最终的矩形平衡式型腔布局，如图 8-11 所示。然后单击“关闭”按钮。

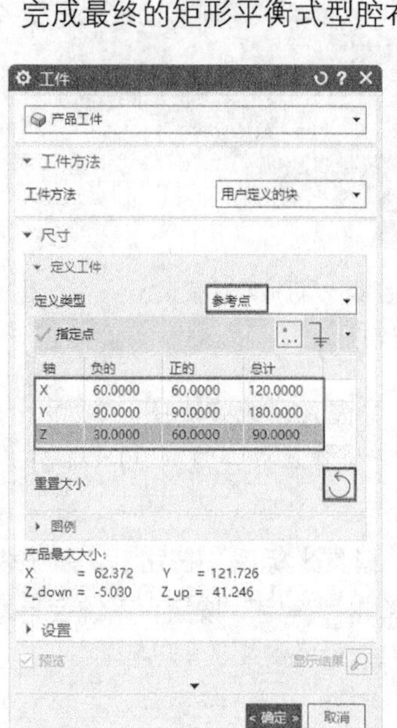

图 8-8 “工件”对话框

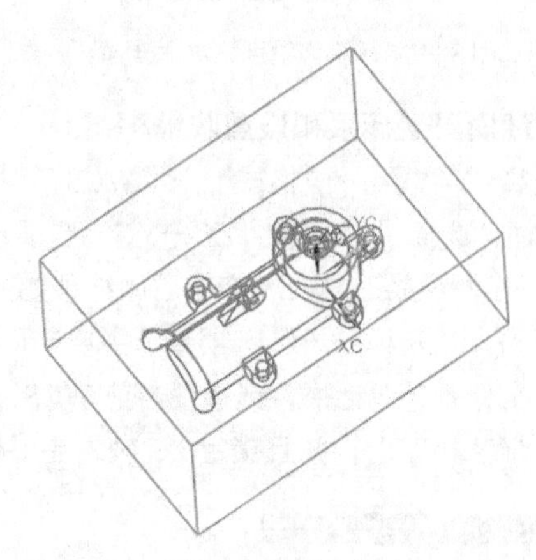

图 8-9 成型工件

5. 创建实体补片

为了便于创建分型线和分型面，下面进行补实体操作。

（1）单击“注塑模向导”选项卡“分型”面板上的“曲面补片”按钮，系统进入零件界面并弹出“曲面补片”对话框，关闭对话框。单击“注塑模向导”选项卡“分型”面板上的“分型导航器”按钮，系统弹出“分型导航器”对话框，取消“工件线框”复选框的勾选。此时的零件如图 8-12 所示。

（2）单击“注塑模向导”选项卡“注塑模工具”面板上的“包容体”按钮，系统弹出图 8-13 所示的“包容体”对话框，选择“块”类型，设置“偏置”的值为 1。

（3）选择图 8-14 所示的面，单击“确定”按钮，系统自动创建包容体 1，结果如图 8-15 所示。

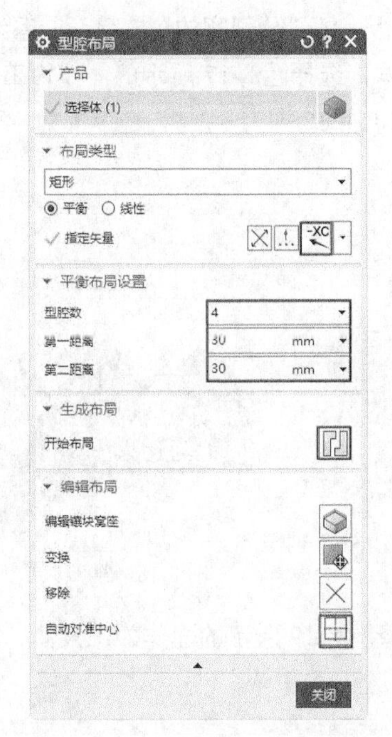

图 8-10 “型腔布局”对话框

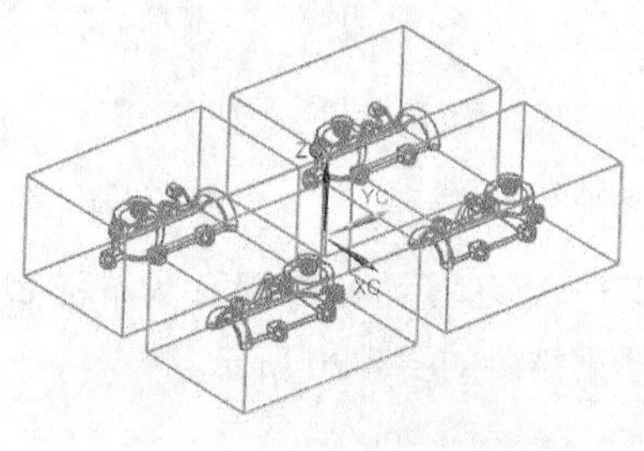

图 8-11 矩形平衡式布局

图 8-12 零件显示

图 8-13 “包容体”对话框

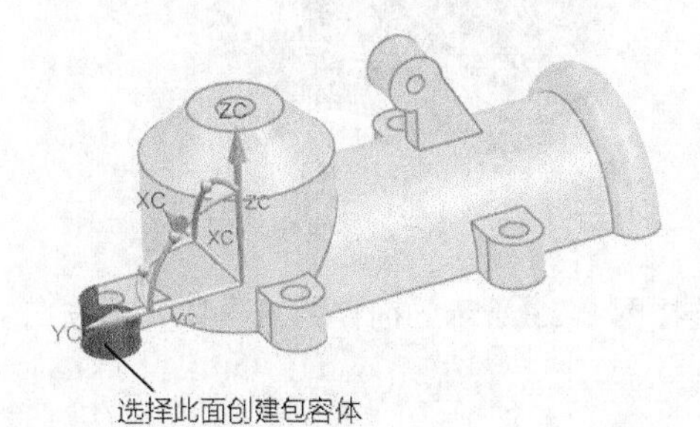

图 8-14 选择面

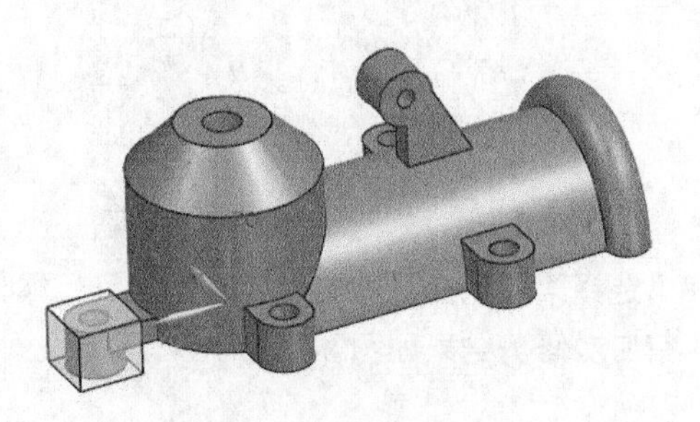

图 8-15 创建包容体 1

（4）单击“注塑模向导”选项卡“注塑模工具”面板上的“分割实体”按钮，系统弹出图 8-16 所示的“分割实体”对话框。选择包容体 1 作为目标体，选择图 8-17 所示的面作为工具体。

（5）单击“应用”按钮，第一次修剪结果如图 8-18 所示。

图 8-16 “分割实体”对话框

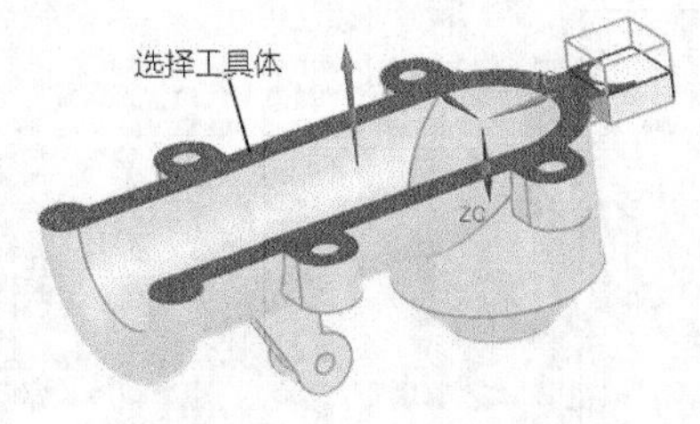

图 8-17 第一次选择工具体

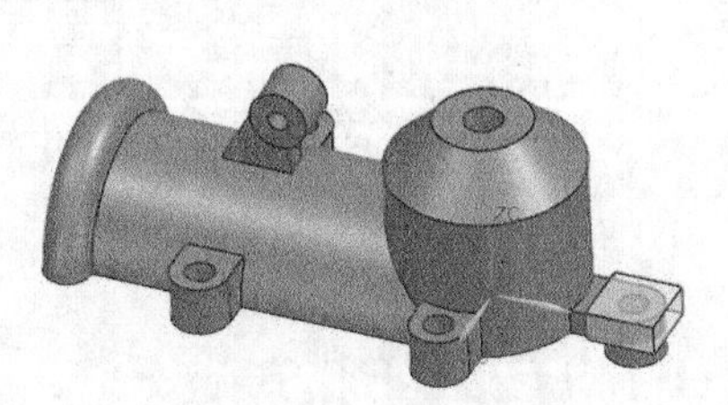
图 8-18 第一次修剪包容体

（6）选择第一次修剪后的包容体作为目标体，选择图 8-19 所示的面作为工具体，单击“应用”按钮，第二次修剪结果如图 8-20 所示。

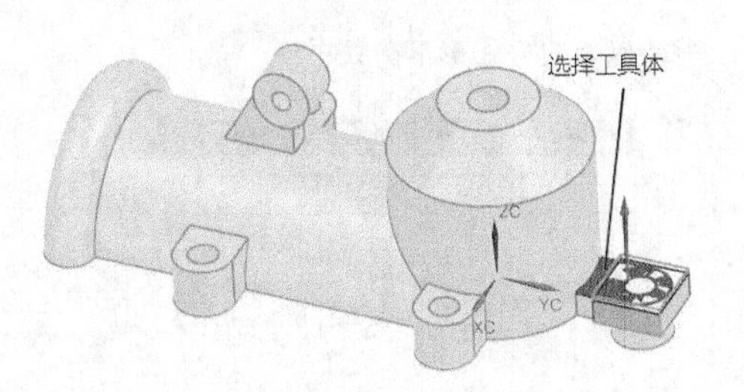

图 8-19 第二次选择工具体

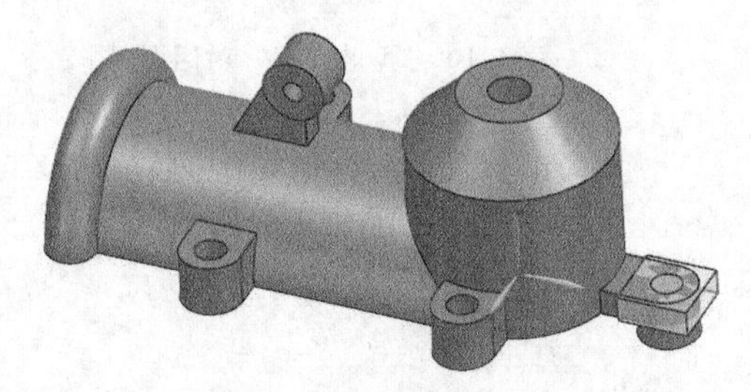
图 8-20 第二次修剪包容体

（7）选择第二次修剪后的包容体作为目标体，选择图 8-21 所示的面作为工具体，单击“应用”按钮，第三次修剪结果如图 8-22 所示。

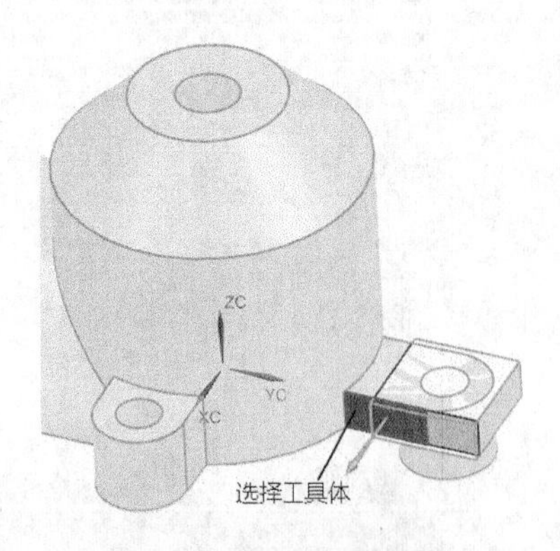

图 8-21 第三次选择工具体

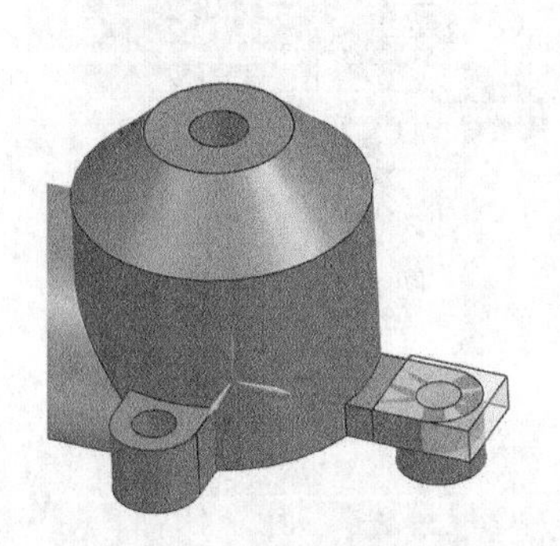
图 8-22 第三次修剪包容体

（8）选择第三次修剪后的包容体作为目标体，选择图 8-23 所示的面作为工具体，单击“应用”按钮，第四次修剪结果如图 8-24 所示。

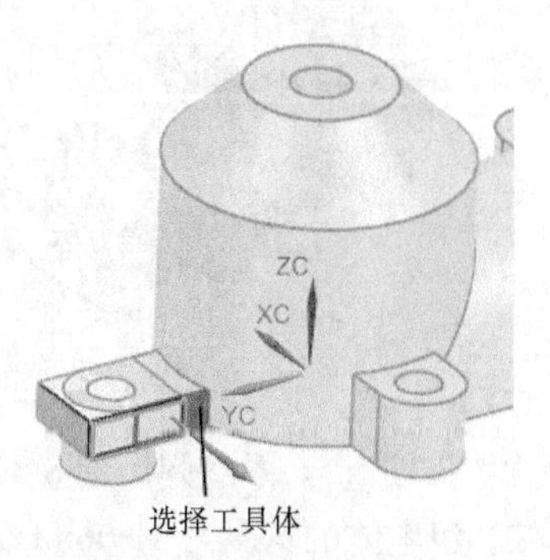

图 8-23　第四次选择工具体

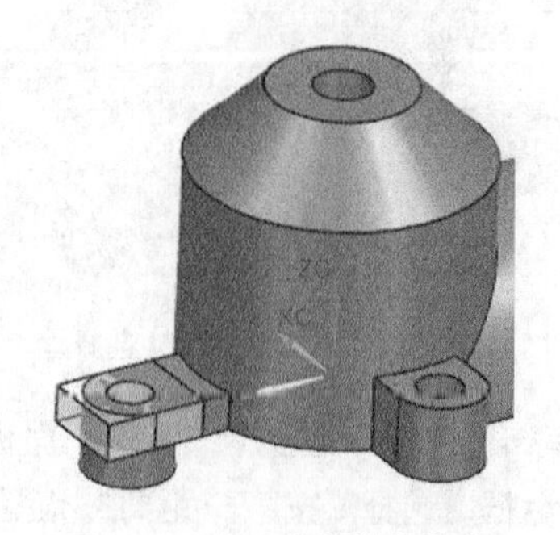

图 8-24　第四次修剪包容体

（9）选择第四次修剪后的包容体作为目标体，选择图 8-25 所示的面作为工具体，单击“应用”按钮，第五次修剪结果如图 8-26 所示。单击“主页”选项卡“基本”面板上的“减去”按钮，系统弹出图 8-27 所示的“减去”对话框。选取第五次修剪后的包容体为目标体，选取产品实体作为工具体，完成“减去”操作，结果如图 8-28 所示。

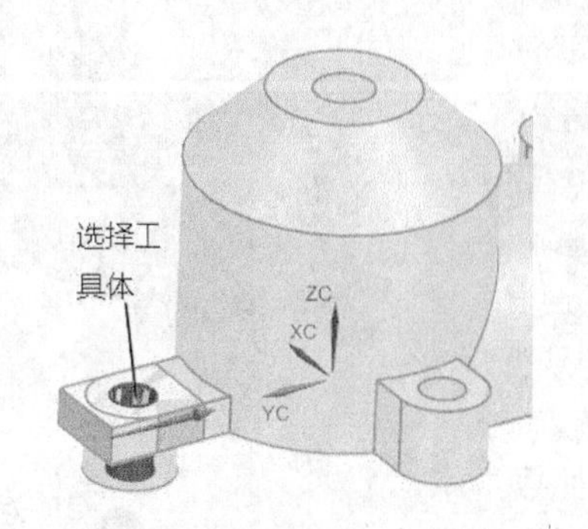

图 8-25　第五次选择工具体

图 8-26　第五次修剪包容体

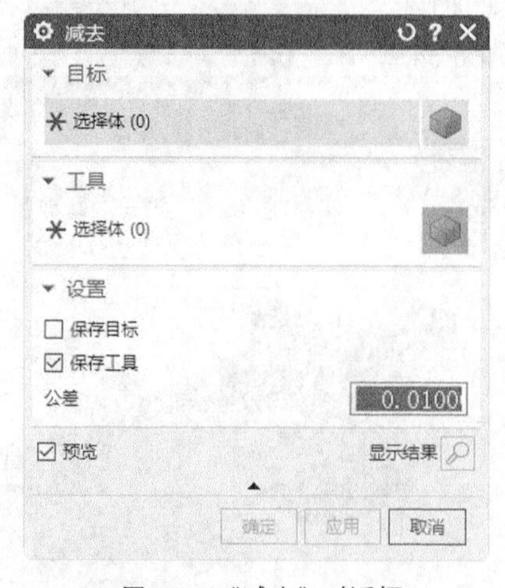

图 8-27　“减去”对话框

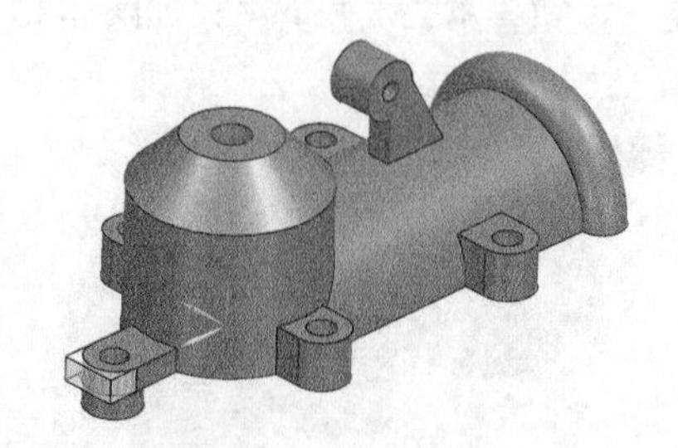

图 8-28　“减去”结果

（10）单击“注塑模向导”选项卡“注塑模工具”面板上的“包容体”按钮，系统弹出“包容体”对话框，选择“块”类型，设置“偏置”的值为 0。

（11）选择图 8-29 所示的面，单击“确定”按钮，系统自动创建包容体 2，结果如图 8-30 所示。

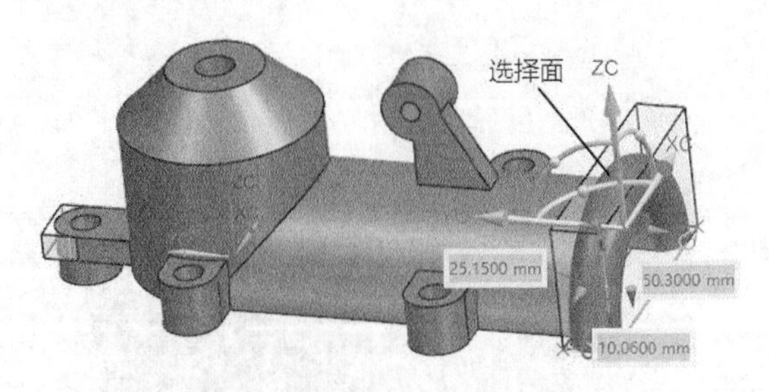

图 8-29　选择面

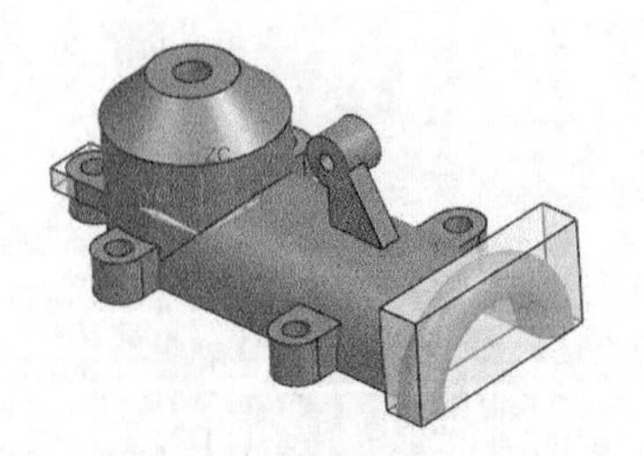

图 8-30　创建包容体 2

（12）单击“主页”选项卡“构造”面板上的“基准平面”按钮，系统弹出图 8-31 所示的“基准平面”对话框，选择“按某一距离”类型，由图 8-29 可知，包容体的宽度为 10.06mm，所以在“偏置”中设置“距离”的值为 5.03。选择图 8-32 所示的平面作为参考面，单击“反向”按钮，调整箭头方向向右，创建的基准平面如图 8-33 所示。

图 8-31　“基准平面”对话框

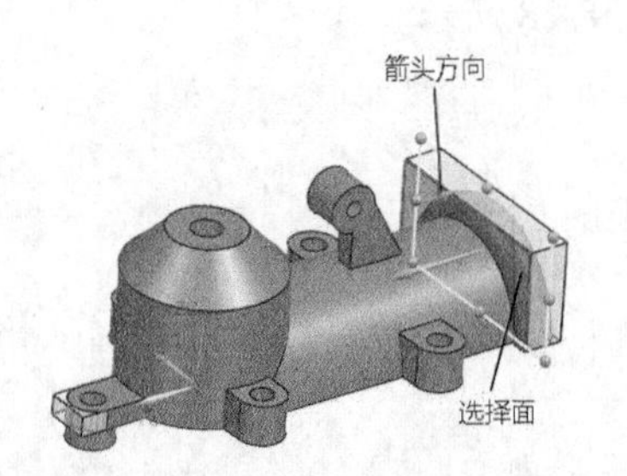

图 8-32　选择面

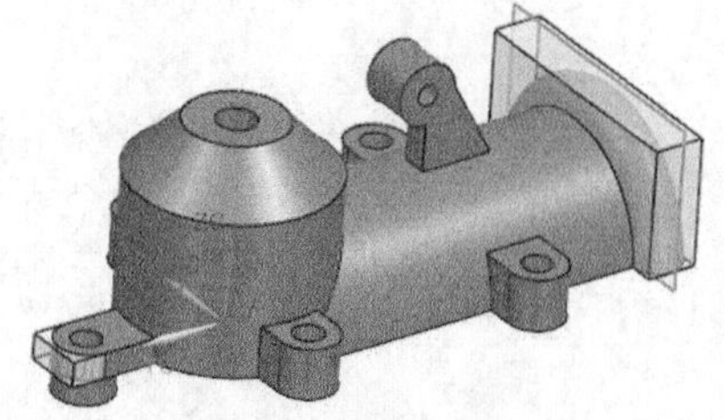

图 8-33　创建的基准平面

（13）单击“注塑模向导”选项卡“注塑模工具”面板上的“分割实体”按钮，系统弹出“分割实体”对话框。选择包容体 2 作为目标体，选择图 8-33 创建的基准平面作为工具体，单击“应用”按钮，第一次修剪结果如图 8-34 所示。

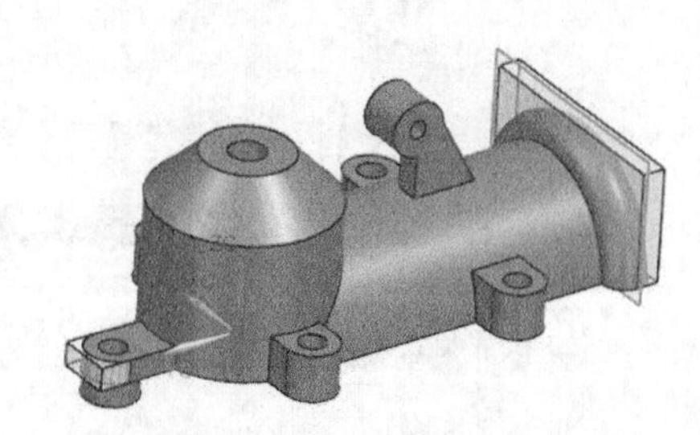

图 8-34　第一次修剪包容体

（14）选择第一次修剪后的包容体作为目标体，选择图 8-35 所示的面作为工具体，并勾选“扩大面”复选框，单击“确定”按钮，第二次修剪结果如图 8-36 所示。

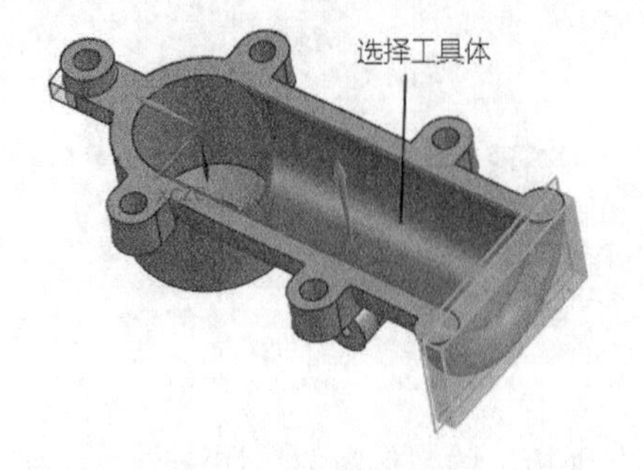

图 8-35　选择工具体

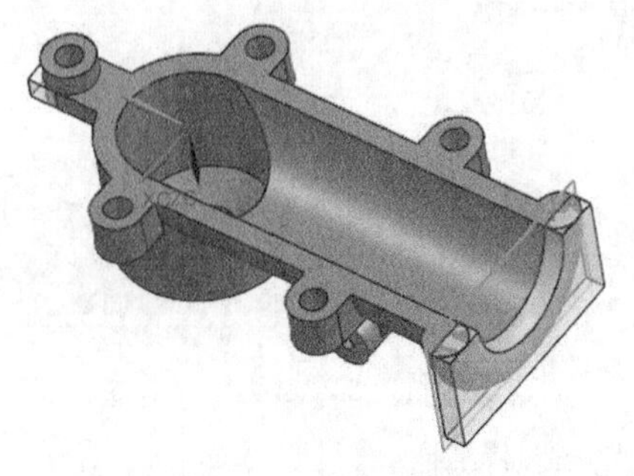

图 8-36　第二次修剪包容体

（15）单击“主页”选项卡“基本”面板上的“边倒圆”按钮，系统弹出图 8-37 所示的“边倒圆”对话框，在文本框中输入圆角半径的值为 5.03，选择图 8-38 所示的棱边作为倒圆边，单击“确定”按钮，倒圆结果如图 8-39 所示。单击“主页”选项卡“基本”面板上的“减去”按钮，系统弹出“减去”对话框，选取包容体 2 作为目标体，选取产品实体作为工具体，完成“减去”操作，结果如图 8-40 所示。

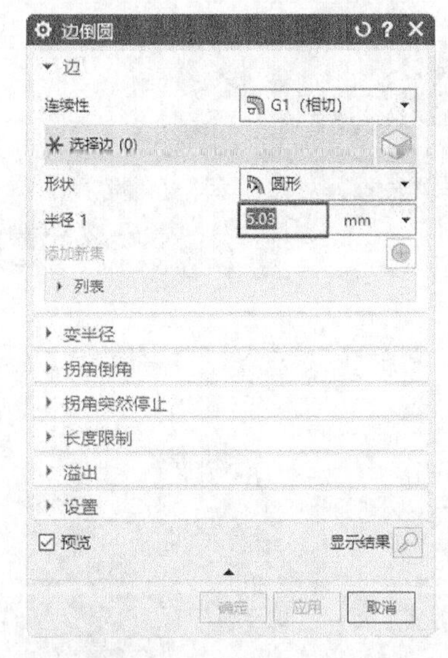

图 8-37 “边倒圆”对话框

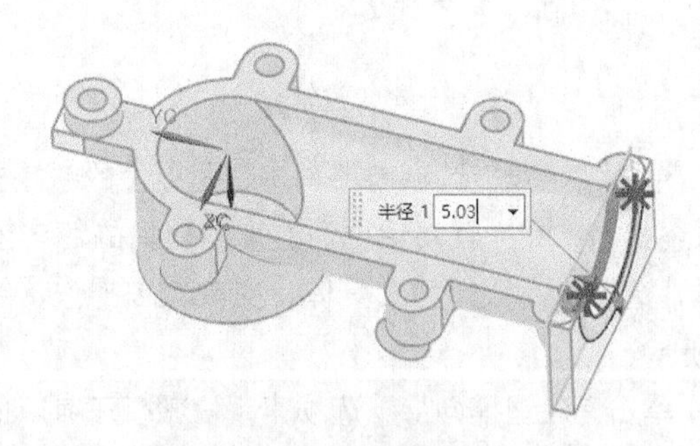

图 8-38 选择倒圆边

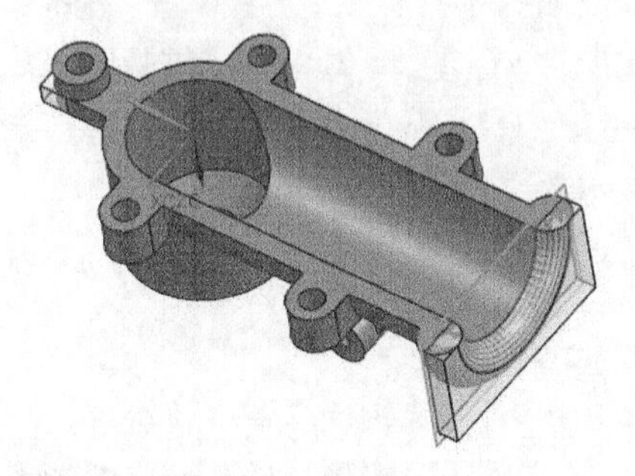

图 8-39 倒圆结果

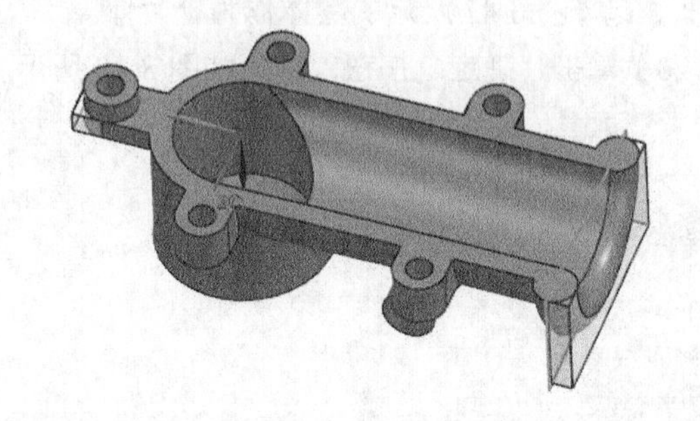

图 8-40 “减去”结果

（16）单击“注塑模向导”选项卡“注塑模工具”面板上的“包容体”按钮，系统弹出“包容体”对话框，选择“块”类型，设置“偏置”的值为 1。选择图 8-41 所示的面，单击“确定”按钮系统自动创建包容体，结果如图 8-42 所示。

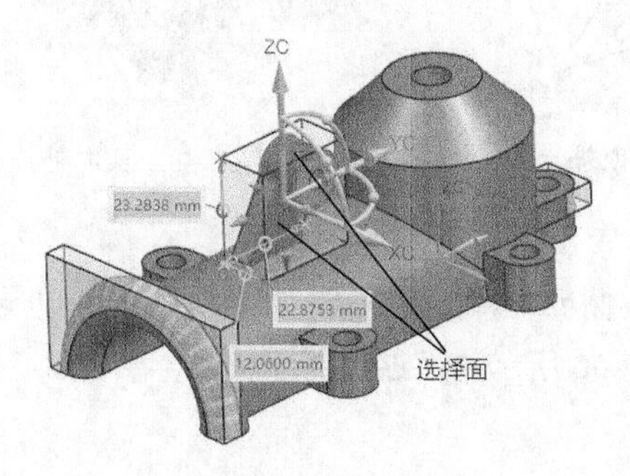

图 8-41 选取面

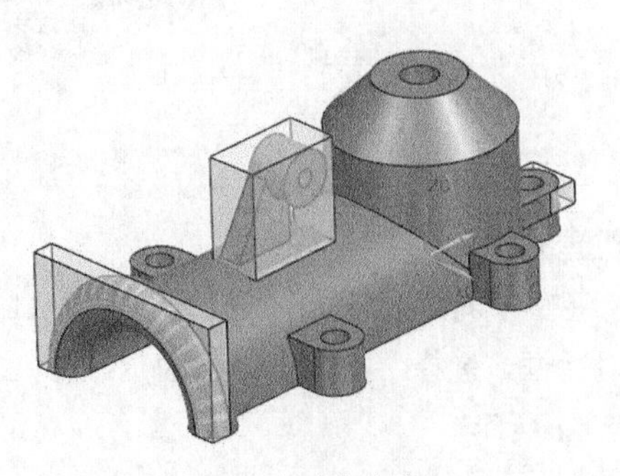

图 8-42 创建包容体 3

（17）单击“注塑模向导”选项卡“注塑模工具”面板上的“分割实体”按钮，系统弹出“分割实体”对话框，选择包容体 3 作为目标体，选择图 8-43 所示的面作为工具体，单击“应用”按钮，修剪结果如图 8-44 所示。

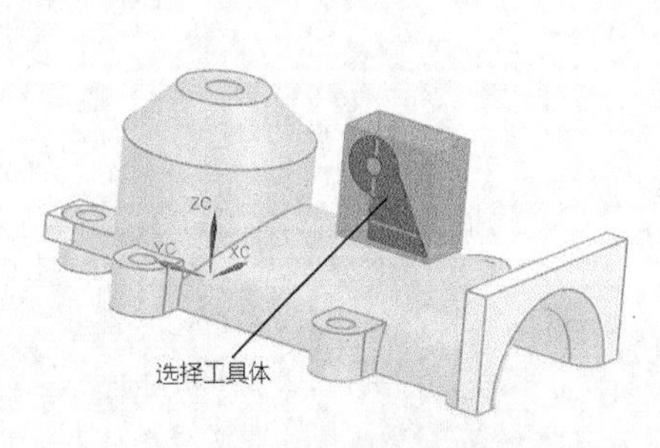

图 8-43　选择工具体

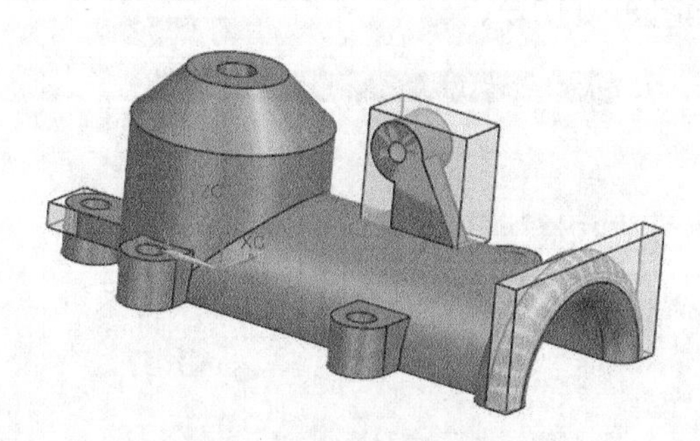

图 8-44　第三次修剪包容体

（18）单击“主页”选项卡“基本”面板上的“减去”按钮，系统弹出“减去”对话框，选取修剪后的包容体 3 作为目标体，选取产品实体为工具体，完成减去操作，结果如图 8-45 所示。

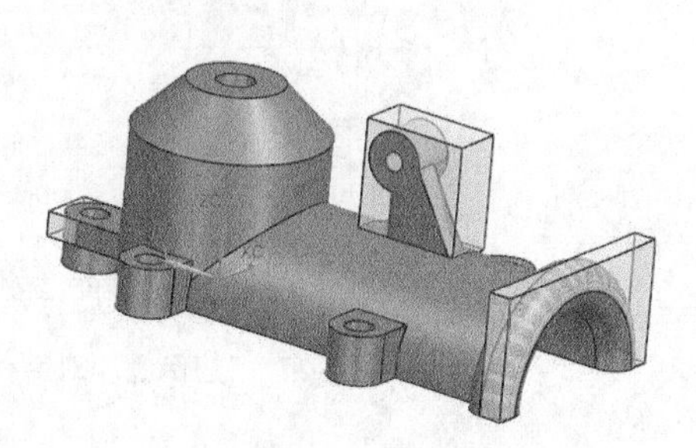

图 8-45　减去操作结果

（19）单击“注塑模向导”选项卡“注塑模工具”面板上的“实体补片”按钮，系统弹出图 8-46 所示的“实体补片”对话框。选择图 8-47 所示的实体作为补片体。

（20）单击“确定”按钮，结果如图 8-48 所示。

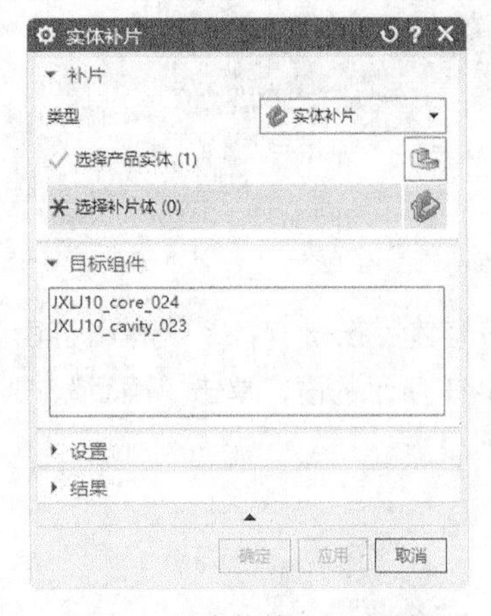

图 8-46　“实体补片”对话框

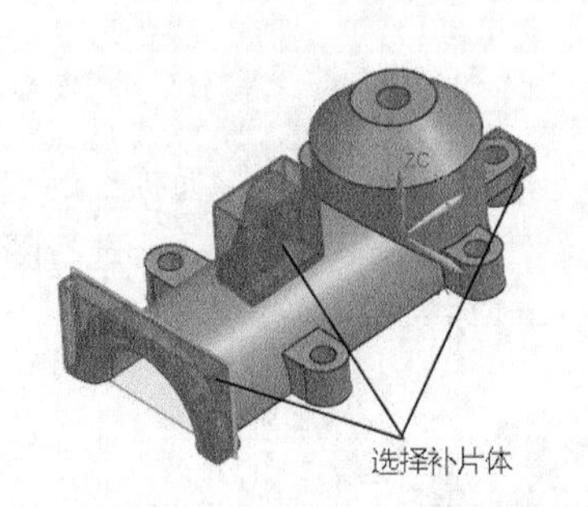

图 8-47　选取补片体

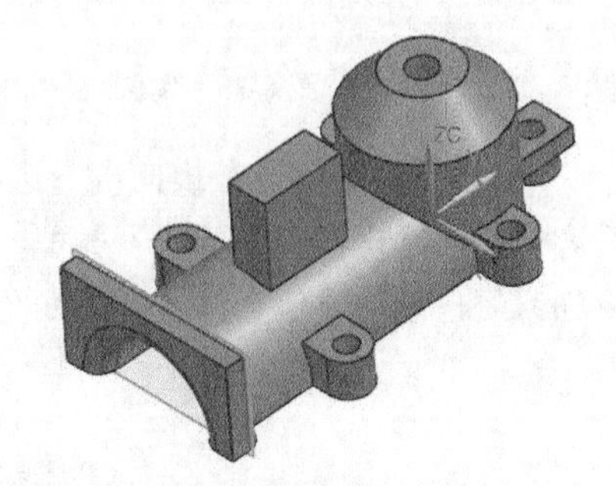

图 8-48　实体补片结果

6. 创建曲面补片

单击“注塑模向导”选项卡“分型”面板上的“曲面补片”按钮，系统弹出图 8-49 所示的“曲面补片”对话框，选择“类型”为“面”。选择图 8-50 所示的面进行曲面补片，单击“确定”按钮，结果如图 8-51 所示。

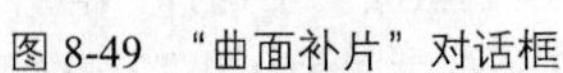

图 8-49 “曲面补片”对话框

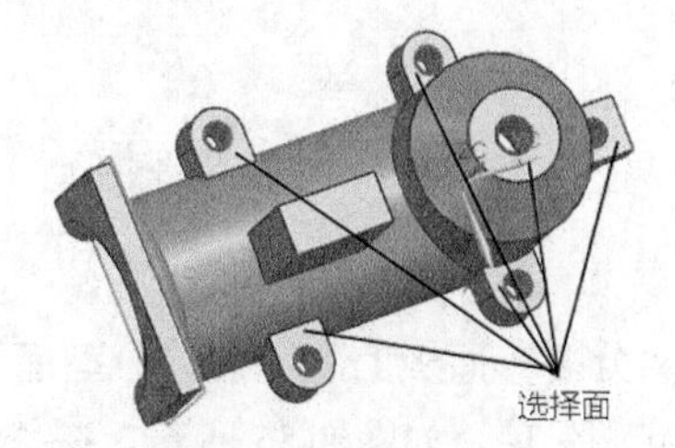

图 8-50 选择面

图 8-51 曲面补片结果

7. 创建分型线

在创建分型面前需要先创建分型线，由于该产品实体的分型线不在一个平面上，所以还需要创建引导线。

（1）单击“注塑模向导”选项卡“分型”面板上的“设计分型面”按钮，系统弹出图 8-52 所示的“设计分型面”对话框。

（2）单击“编辑分型线”选项组中的“选择分型线”，选择图 8-53 所示的曲线，单击“确定”按钮，得到的分型线如图 8-54 所示。

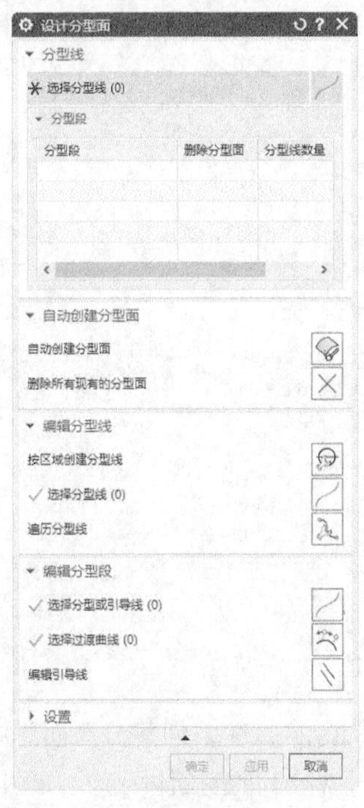

图 8-52 “设计分型面”对话框

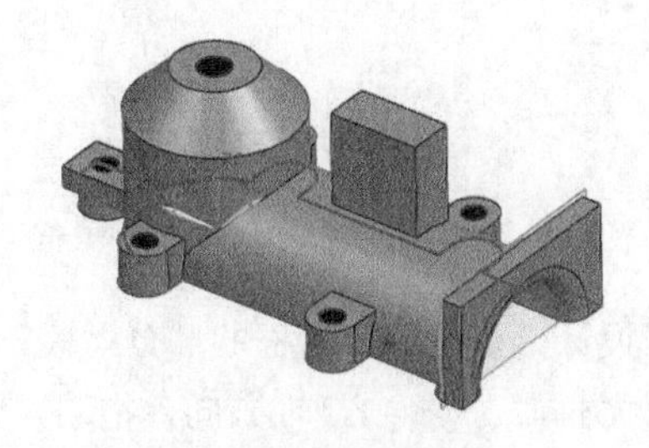

图 8-53 选择曲线

（3）单击“注塑模向导”选项卡“分型”面板上的“设计分型面”按钮，系统弹出“设计分型面”对话框，在“编辑分型段”栏中单击“选择分型或引导线”选项，在图 8-55 所示的位置创建引导线。

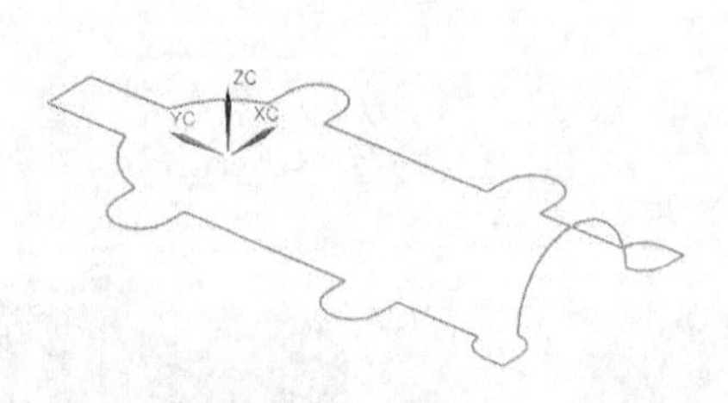

图 8-54　分型线

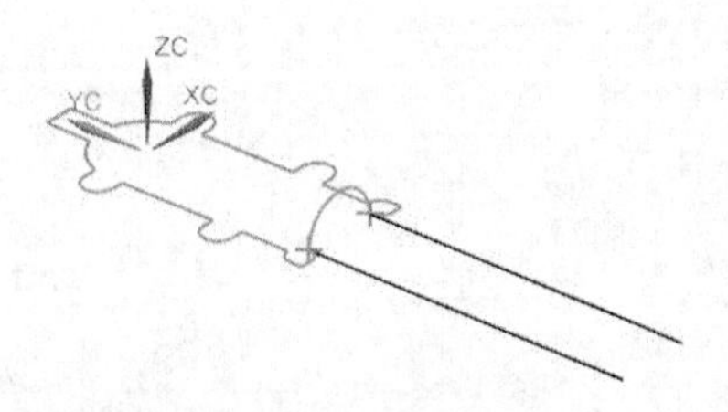

图 8-55　创建引导线

8．创建分型面

（1）单击“注塑模向导”选项卡“分型”面板上的“设计分型面”按钮，在系统弹出的“设计分型面”对话框的“分型段”中选择“段 1”，如图 8-56 所示。在“创建分型面”中选择“有界平面”按钮，“第一方向”和“第二方向”都采用默认方向，勾选“调整所有方向的大小”复选框，拖动“U 向起点百分比”标志调整分型面大小，单击“应用”按钮。

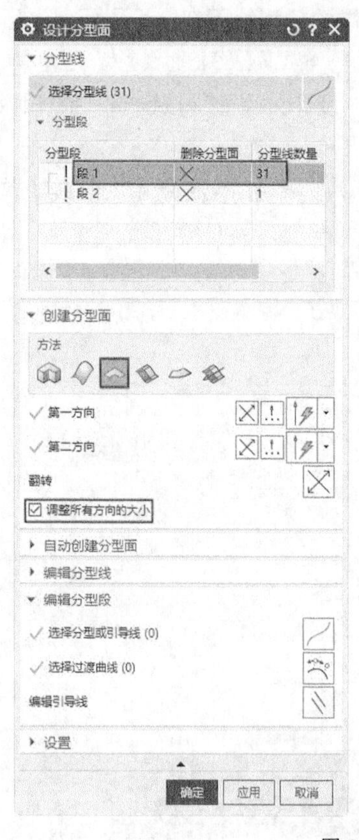

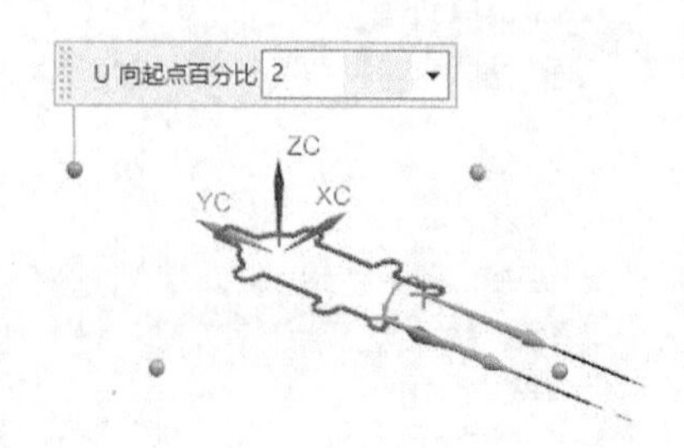

图 8-56　选择“段 1”

（2）在“设计分型面”对话框的“分型段”中选择“段 2”，在“创建分型面”中选择“拉伸”按钮，“拉伸方向”选择$-YC$轴方向，拖动“延伸距离”标志调整拉伸距离，如图 8-57 所示。

（3）单击“确定”按钮，创建的分型面如图 8-58 所示。

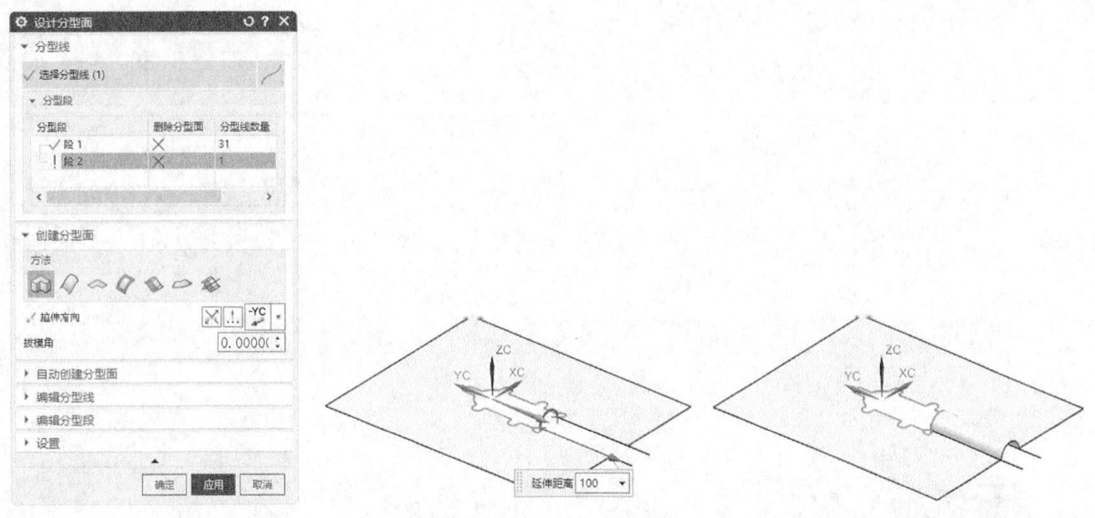

图 8-57　选择“段 2”　　　　图 8-58　分型面

9. 创建型腔和型芯

（1）单击“注塑模向导”选项卡“分型”面板上的“检查区域”按钮，系统弹出图 8-59 所示的“检查区域”对话框。设置“指定脱模方向”为 *ZC* 轴方向，在“计算”选项组中选择“保留现有的”选项，单击“计算”按钮。

（2）单击“区域”选项卡，如图 8-60 所示，显示“未定义区域”的数量为 18。在视图中选择图 8-61 所示的 6 个圆柱面，将其定义为“型芯区域”，将其他未定义的区域定义为“型腔区域”；然后选择图 8-62 所示的型芯面，将其修改为“型腔区域”。单击“确定”按钮，图 8-63 中可以看到型腔区域数量（38）与型芯区域数量（16）的和等于总面数（54）。

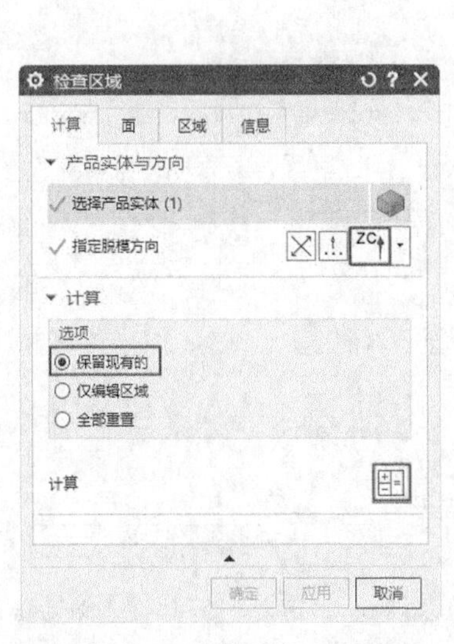

图 8-59　“检查区域”对话框

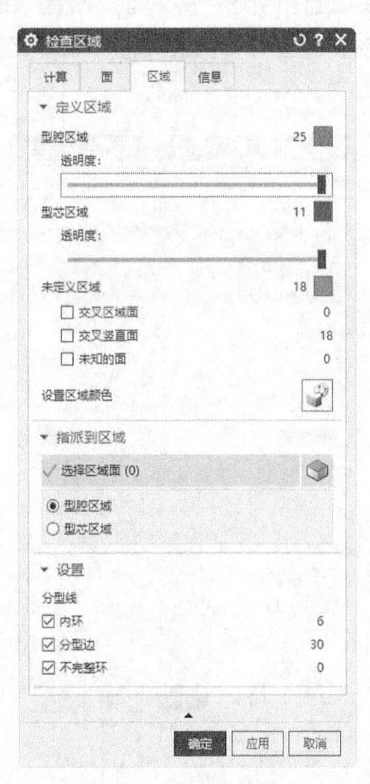

图 8-60　“区域”选项卡

图 8-61　选择圆柱面　　　图 8-62　选择型芯面　　　图 8-63　修改后的“区域”选项卡

（3）单击“注塑模向导”选项卡“分型”面板上的“定义区域”按钮，系统弹出图 8-64 所示的“定义区域”对话框，选择“所有面”选项，勾选“创建区域”复选框，单击“确定”按钮。

（4）单击“注塑模向导”选项卡“分型”面板上的“定义型腔和型芯”按钮，系统弹出图 8-65 所示的“定义型腔和型芯”对话框。设置“缝合公差”的值为 0.1，选择“所有区域”选项，单击“确定”按钮，创建的型芯和型腔如图 8-66 所示。

（5）选择“文件”→“保存”→“全部保存”命令，保存所有零件。

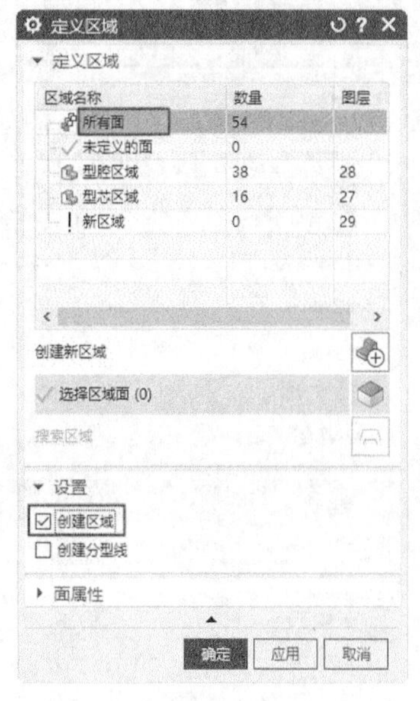

图 8-64　“定义区域”对话框

图 8-65　“定义型腔和型芯”对话框

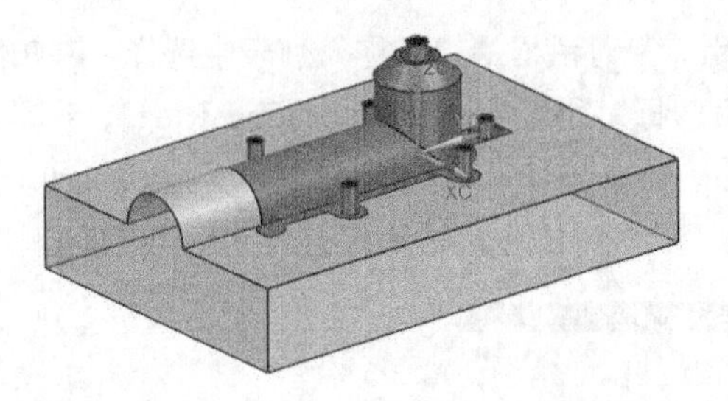
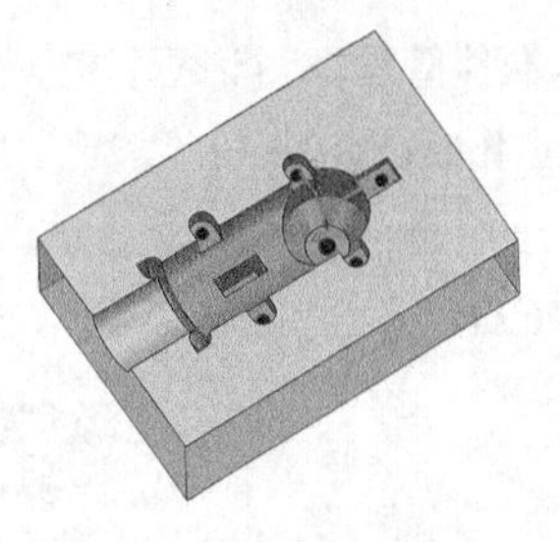

图 8-66　创建的型芯和型腔

10. 添加模架

单击“注塑模向导”选项卡“主要”面板上的“模架库”按钮，系统弹出“重用库”对话框和“模架库”对话框。在“重用库”对话框的“名称”列表中选择“LKM_SG”模架，在“成员选择”列表中选择“A”，“信息”窗口显示所选模架的结构图，在“模架库”对话框的“详细信息”列表中设置“index”为 4050，设置“AP_h”的值为 130，“BP_h”的值为 70，如图 8-67 所示。单击“确定”按钮，分别切换到前视图和正等侧视图，创建的模架如图 8-68 所示。

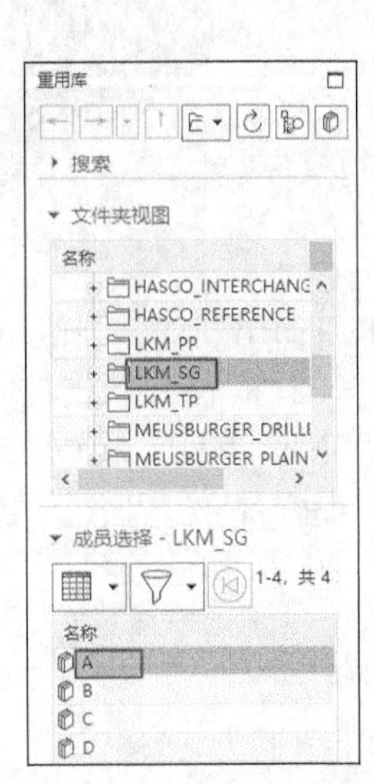

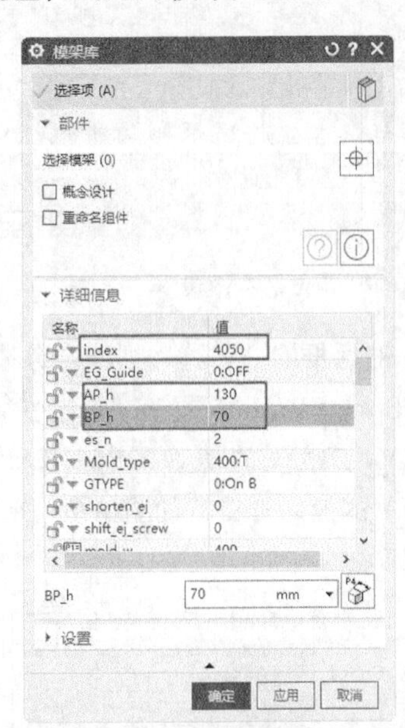

图 8-67　模架参数设置

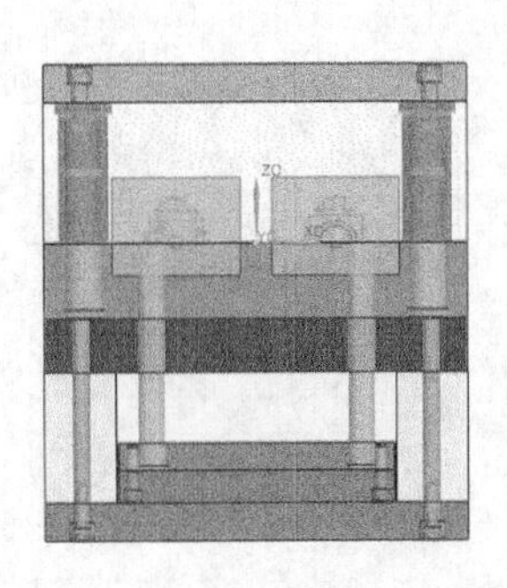
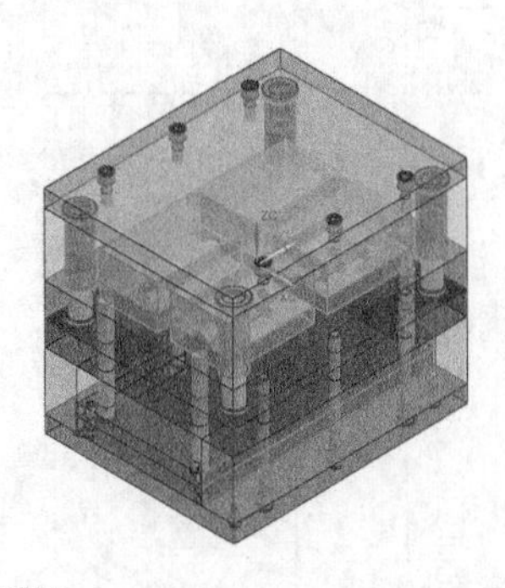

图 8-68　模架

11. 添加标准件

（1）单击“注塑模向导”选项卡“主要”面板上的“标准件库”按钮，系统弹出“重用库”

对话框和“标准件管理”对话框，在“重用库”对话框的“名称”列表中选择“FUTABA_MM”→“Locating Ring Interchangeable”，在“成员选择”列表中选择“Locating Ring”，在“标准件管理”对话框的“详细信息”列表中设置“TYPE”为 M-LRB，“DIAMETER”的值为 100。其他采用默认设置，如图 8-69 所示。单击“应用”按钮，加入定位环，结果如图 8-70 所示。

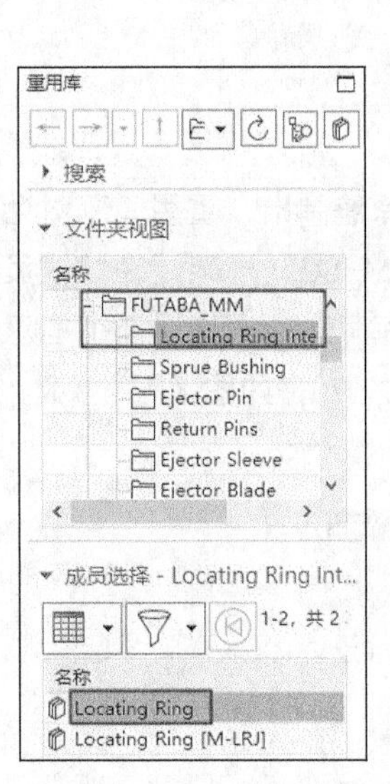

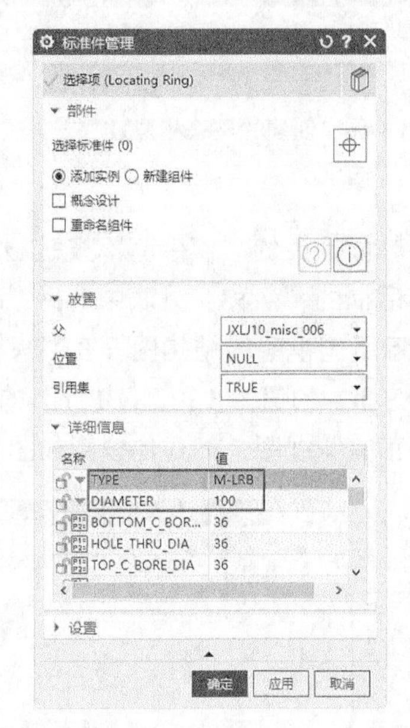

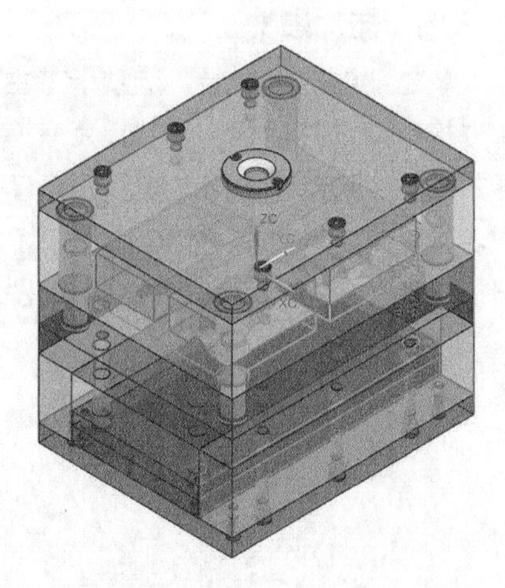

图 8-69　定位环参数设置　　　　图 8-70　加入定位环

（2）在“重用库”对话框的“名称”列表中选择“FUTUBA_MM”→“Sprue Bushing”，在“成员选择”列表中选择“Spruce Bushing”，在“标准件管理”对话框的“详细信息”中设置“CATALOG”为 M-SBJ，“CATALOG_DIA”的值为 25，“TAPER”的值为 1，“CONE_DIA”的值为 15.9，“CATALOG_LENGTH”的值为 165，如图 8-71 所示。单击“确定”按钮，将主流道加入模具装配中，结果如图 8-72 所示。

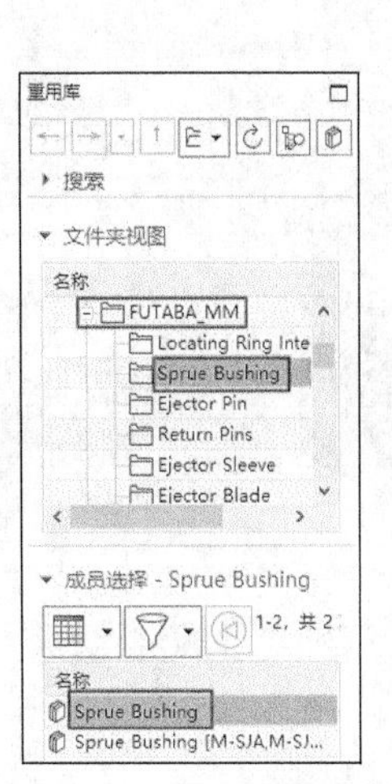

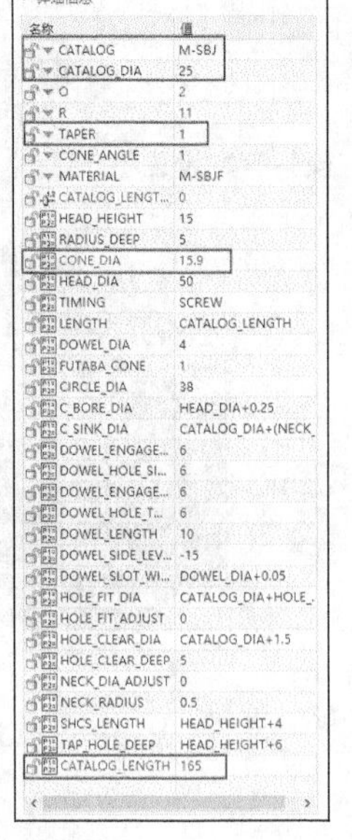

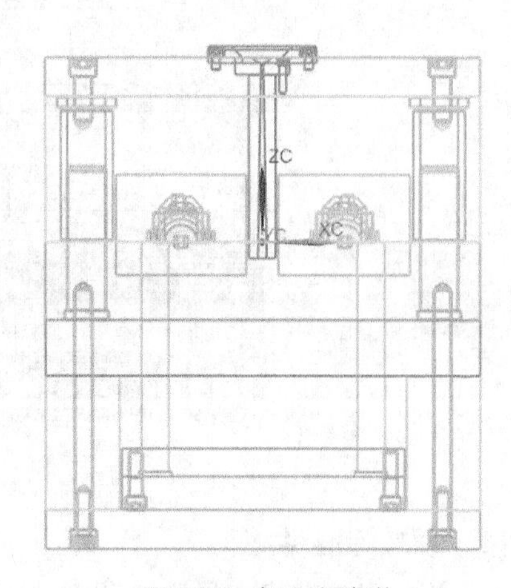

图 8-71　主流道参数设置　　　　图 8-72　加入主流道

（3）单击“注塑模向导”选项卡“主要”面板上的“标准件库”按钮，在系统弹出的“重用库”对话框的“名称”列表中选择“DME_MM”→“Ejection”，在“成员选择”列表中选择“Ejector Pin[Straight]”，在“标准件管理”对话框的“详细信息”中设置“CATALOG_DIA”的值为 3，“CATALOG_LENGTH”的值为 250，如图 8-73 所示。

（4）单击“确定”按钮，系统弹出图 8-74 所示的“点”对话框。依次设置顶杆的基点坐标为（55, 50, 0）、（95, 50, 0）、（57, 103, 0）、（93, 103, 0）、（75, 152, 0），坐标点必须位于工作件上，单击“确定”按钮。

（5）单击“取消”按钮，退出“点”对话框，放置顶杆效果如图 8-75 所示。

注意

本节后续采用了斜顶杆，它一方面可以帮助制件成型，另一方面还能起到顶出制件的作用。因此，只有前半部分使用了顶杆。

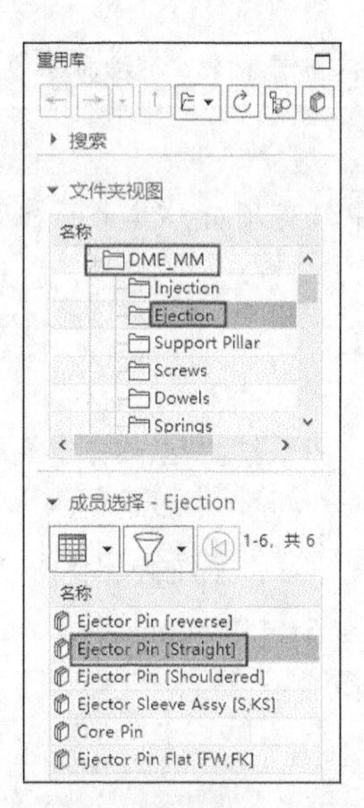

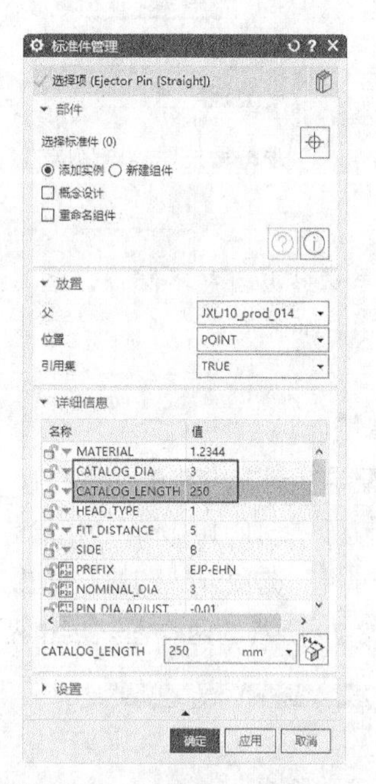

图 8-73　顶杆参数设置

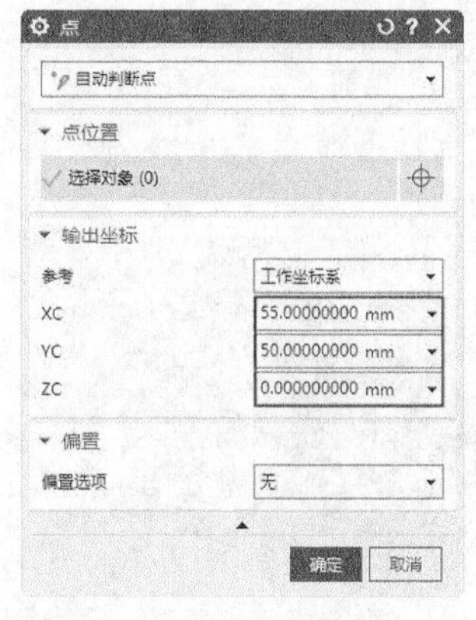

图 8-74　“点”对话框

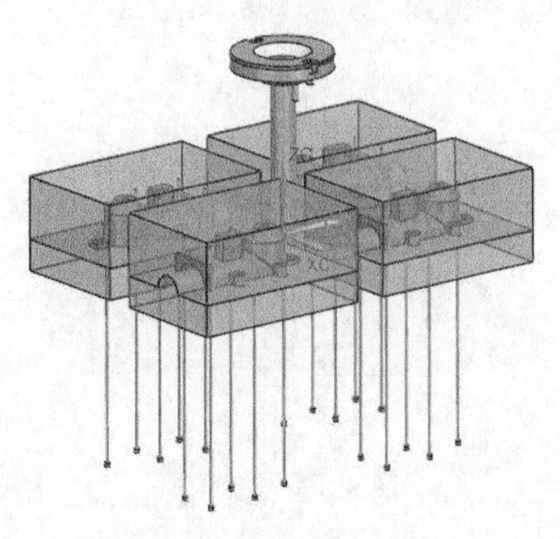

图 8-75　放置顶杆

12．顶杆后处理

（1）单击“注塑模向导”选项卡“主要”面板上的“顶杆后处理”按钮，系统弹出如图 8-76 所示的“顶杆后处理”对话框。“类型”选择为“修剪”，在“目标”中选择已经创建的待处理的顶杆。

（2）单击“确定”按钮，完成对顶杆的修剪，结果如图 8-77 所示。

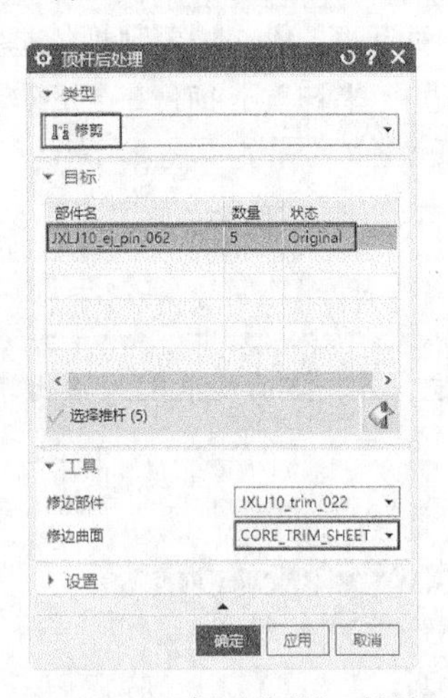

图 8-76 “顶杆后处理”对话框

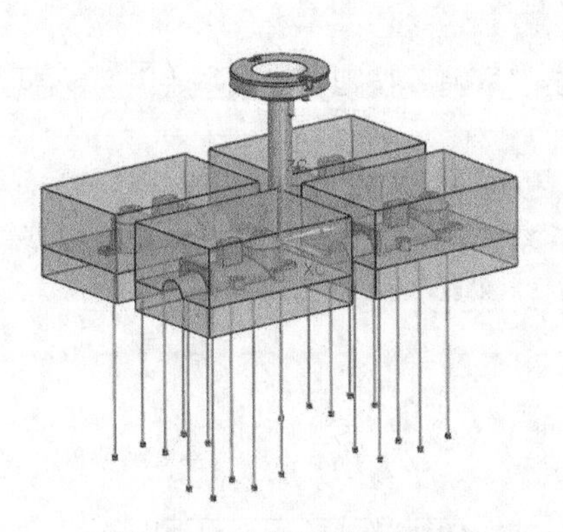

图 8-77 顶杆后处理效果

注意

由于 UG 系统具有自动跟踪性，只需要在基准型芯中修剪顶杆，其余的相同型芯可由系统自动完成相应顶杆的修剪。

13．设计滑块

（1）在“装配导航器”中右击“JXLJ10_prod_014×4”，在系统弹出的快捷菜单中选择“在窗口中打开”命令，打开“JXLJ10_prod_014.prt”窗口。

（2）单击“分析”选项卡“测量”面板上的“测量”按钮，系统弹出图 8-78 所示的“测量”对话框。选取图 8-79 所示的两个面，测量两面之间的距离为 51.4550mm。

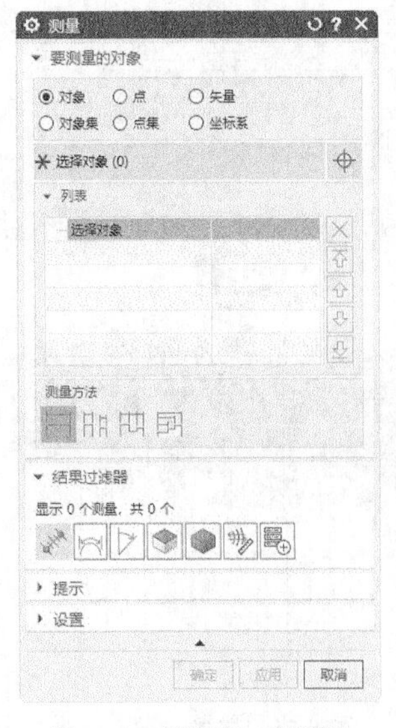

图 8-78 “测量”对话框

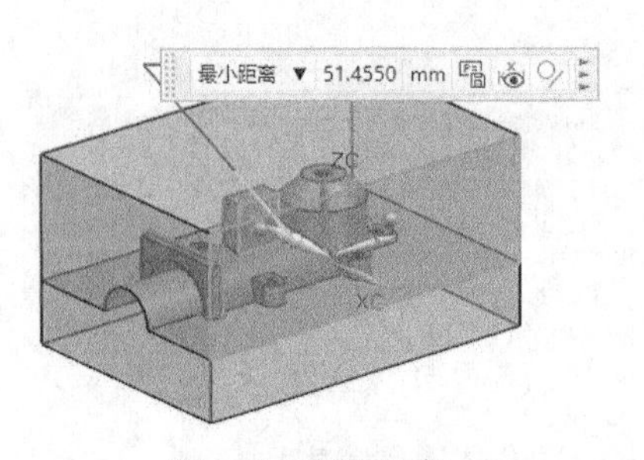

图 8-79 测量距离

（3）选择“菜单”→“格式”→“WCS”→“原点”命令，系统弹出图 8-80 所示的“点”对话框。选择图 8-81（a）所示的边界中点作为 WCS 的原点，单击“确定”按钮，结果如图 8-81（b）所示。

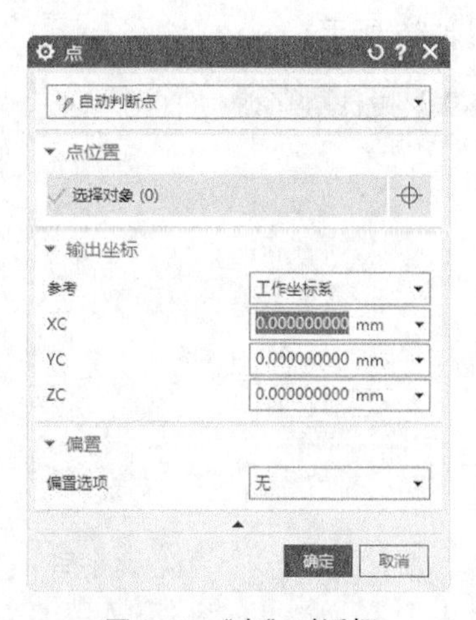

图 8-80 “点”对话框

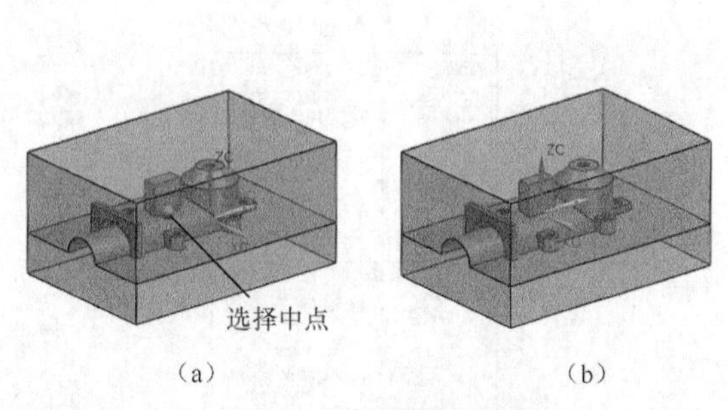

图 8-81 定义坐标原点

（4）选择“菜单”→“格式”→“WCS”→“原点”命令，系统弹出“点”对话框，在“坐标”栏的“XC”输入框中输入 51.4550，如图 8-82 所示。单击“确定”按钮，结果如图 8-83 所示。

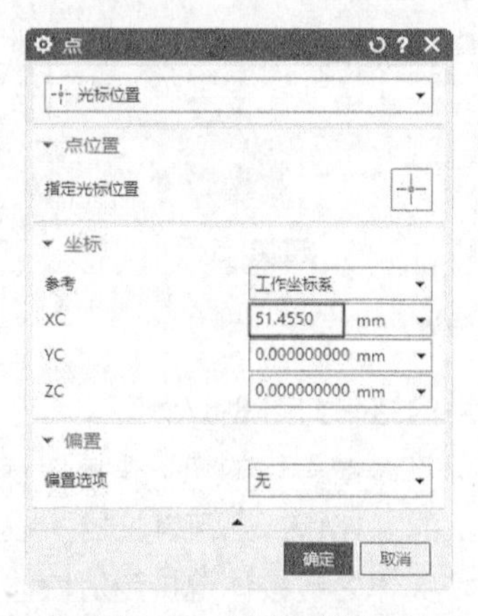

图 8-82 “点”对话框

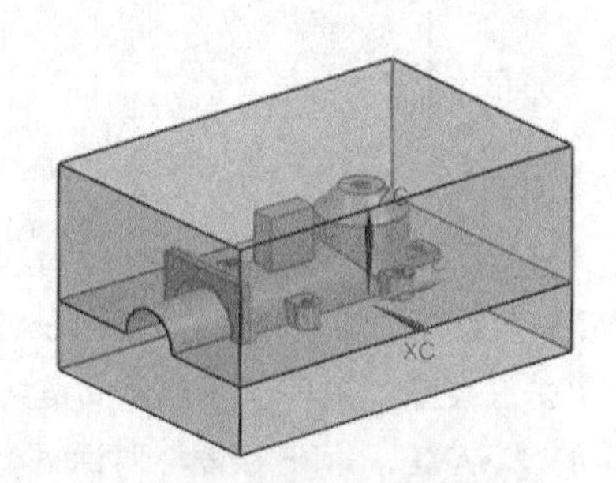

图 8-83 移动坐标原点

（5）选择“菜单”→“格式”→“WCS”→“旋转”命令，系统弹出图 8-84 所示的“旋转 WCS 绕...”对话框，选择“+ZC 轴：XC→YC”选项，在“角度”文本框中输入 90。单击“应用”按钮，再单击“取消”按钮，结果如图 8-85 所示。

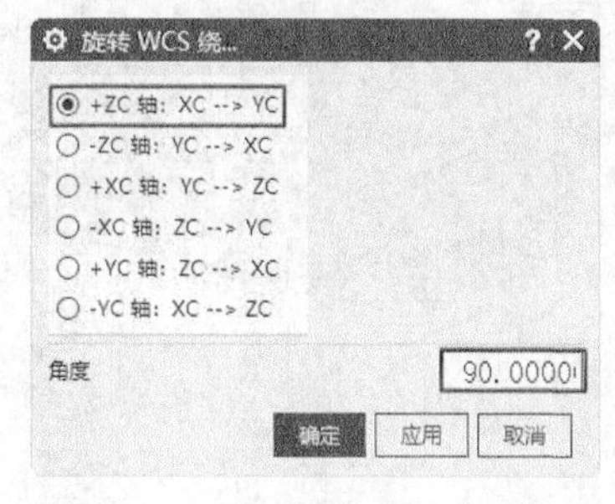

图 8-84 “旋转 WCS 绕...”对话框

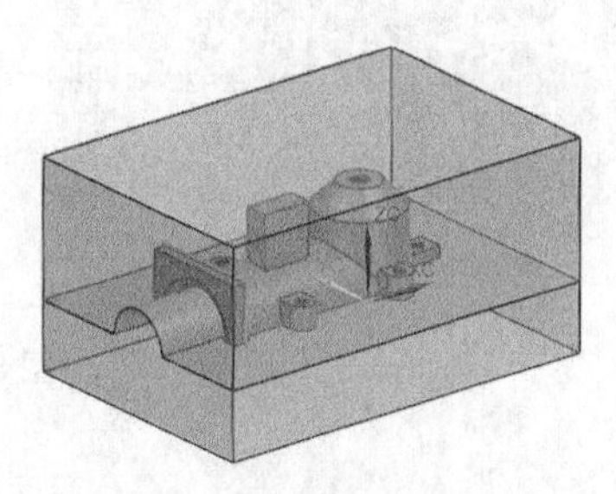

图 8-85 旋转坐标系

（6）单击“注塑模向导”选项卡“主要”面板上的“滑块和斜顶杆库”按钮，系统弹出“重用库”对话框和“滑块和斜顶杆设计”对话框，在“重用库”对话框的“名称”列表中选择“SLIDE_LIFT”→“Slide”，在“成员选择”列表中选择“Single Cam-pin Slide”，在“滑块和斜顶杆设计”对话框的“详细信息”中设置“slide_top”的值为 55，如图 8-86 所示。

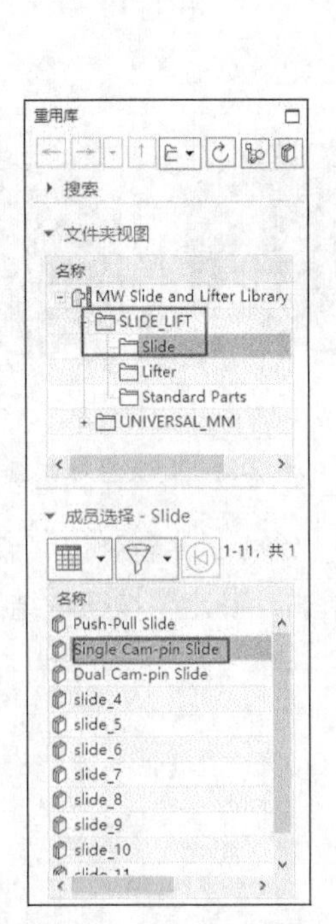

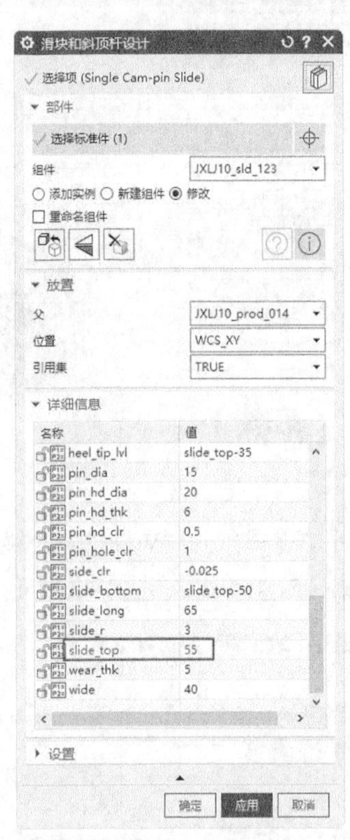

图 8-86　滑块参数设置

（7）单击“应用”按钮，系统自动加载滑块，加载后的结果如图 8-87 所示。

（8）在“装配导航器”中右击“JXLJ10_cavity_023”，在系统弹出的快捷菜单中选择“设为工作部件”选项。单击“装配”选项卡“部件间链接”面板上的“WAVE 几何链接器”按钮，系统弹出图 8-88 所示的“WAVE 几何链接器”对话框，选择滑块头作为链接体链接到滑块体上，如图 8-89 所示。

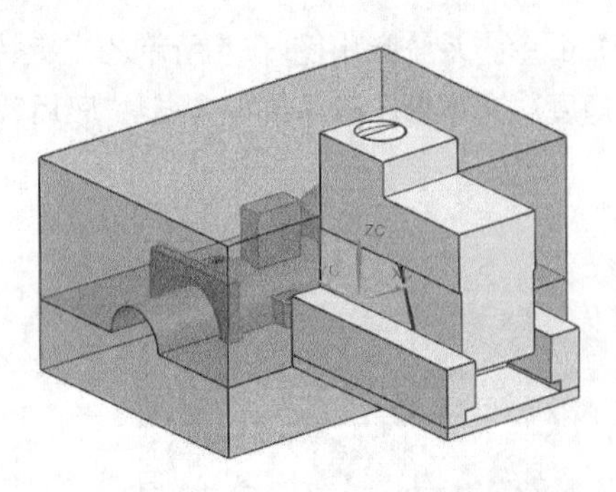

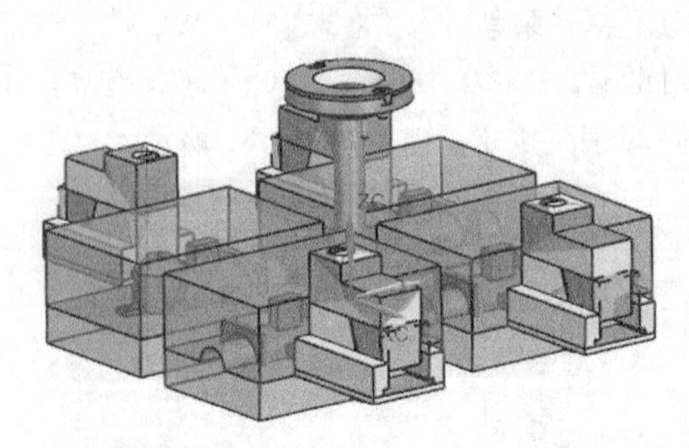

图 8-87　加载滑块

图 8-88 “WAVE 几何链接器”对话框

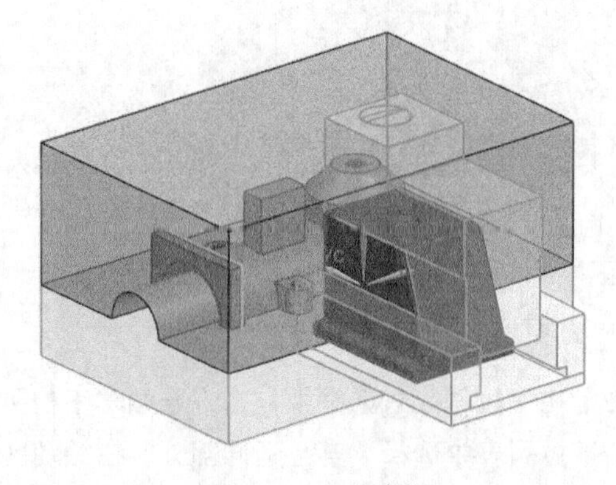

图 8-89 选择链接体

（9）在“装配导航器”中使用鼠标右键单击“JXLJ10_cavity_023”，在系统弹出的快捷菜单中选择“在窗口中打开”命令，显示的部件如图 8-90 所示。

（10）单击“主页”选项卡“基本”面板上的“拉伸”按钮，系统弹出图 8-91 所示的“拉伸”对话框。

（11）选择图 8-92 所示的平面，进入草图绘制环境。单击“包含”面板上的“投影曲线”按钮，系统弹出“投影曲线”对话框，选择图 8-93 所示的线框，单击“确定”按钮，然后单击“完成”按钮，退出草图绘制界面并返回建模环境。

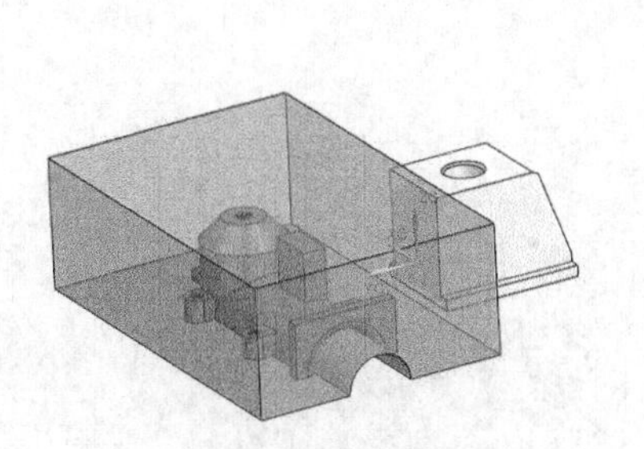

图 8-90 显示的部件

图 8-91 “拉伸”对话框

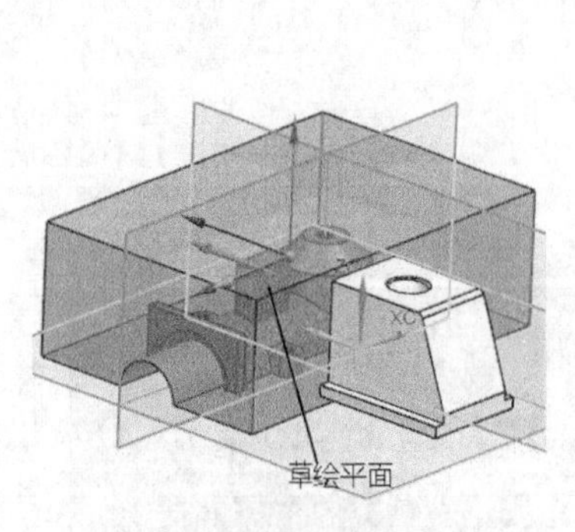

图 8-92　选择草绘平面

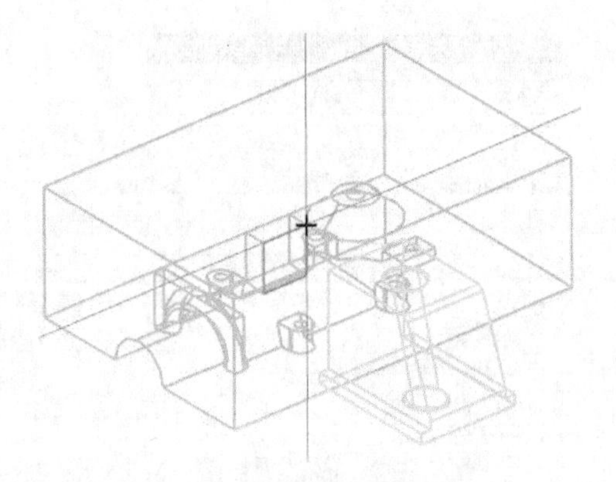

图 8-93　选择投影曲线

（12）在“拉伸”对话框中，在“起始”下拉列表框中选择“值”，输入“距离”的值为 0，在“结束”下拉列表中选择“直至延伸部分”在绘图区选择图 8-94 所示的面。

（13）单击“确定”按钮，得到拉伸实体如图 8-95 所示。

（14）单击“主页”选项卡“基本”面板上的“合并”按钮，系统弹出图 8-96 所示的“合并”对话框。选择滑块和拉伸实体，单击“确定”按钮，完成合并操作。

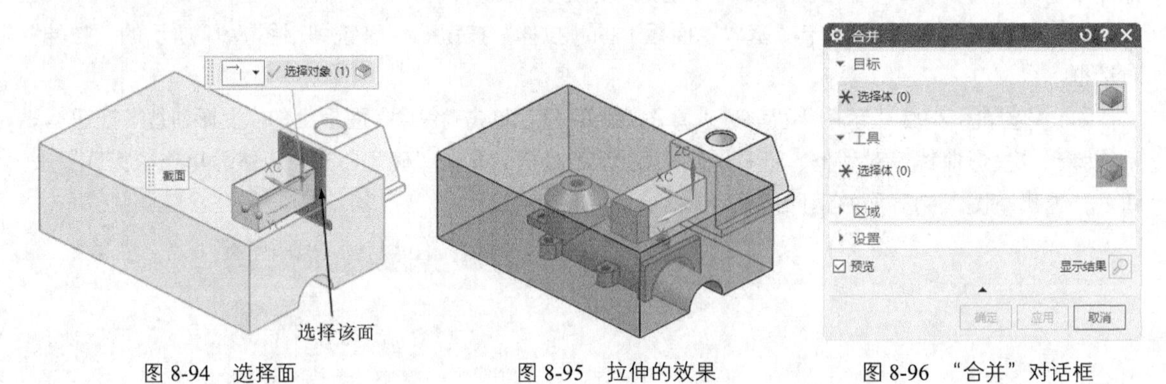

图 8-94　选择面　　图 8-95　拉伸的效果　　图 8-96　“合并”对话框

（15）单击“主页”选项卡“基本”面板上的“减去”按钮，系统弹出图 8-97 所示的“减去”对话框，选择“保存工具”复选框。

（16）选择型腔作为目标体，滑块作为工具体，单击“确定”按钮，得到“减去”的效果如图 8-98 所示。

图 8-97　“减去”对话框

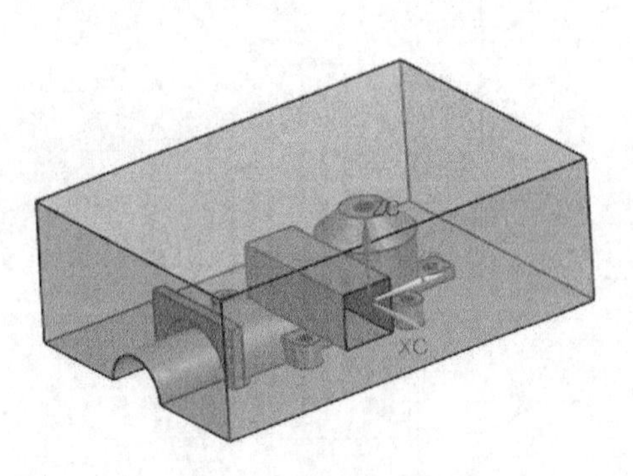

图 8-98　“减去”的结果

14. 设计浇注系统

机械零件模具作为一模四腔模具，根据其形状进行如下流道设计。

（1）切换到“JXLJ10_top_000”窗口，只保留图 8-99 所示的部分结构，将其余零部件隐藏。

（2）单击“装配”选项卡“部件间链接”面板上的“WAVE 几何链接器”按钮，系统弹出“WAVE 几何链接器”对话框，将 4 个型腔设置为链接体，如图 8-100 所示。同理，将 4 个型芯设置为链接体。

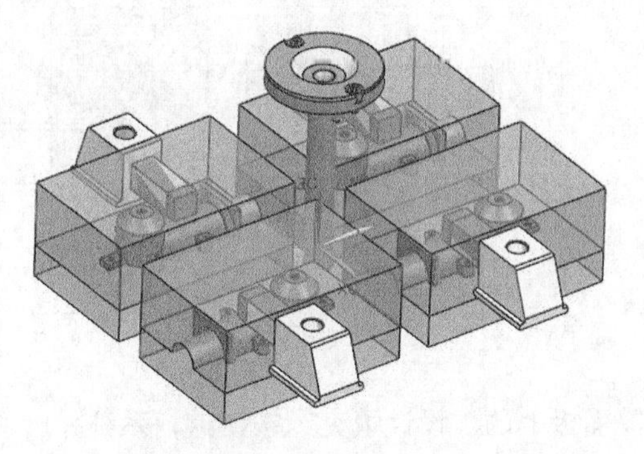

图 8-99　显示部分结构

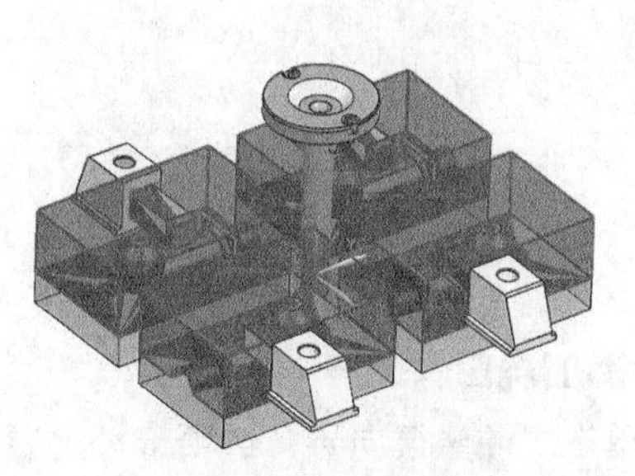

图 8-100　选取 4 个型腔

（3）单击“注塑模向导”选项卡“主要”面板上的“流道”按钮，系统弹出图 8-101 所示的“流道”对话框。选择“截面类型”为“Circular”（圆形截面），并且设置“D”的值为 8。

（4）单击“绘制截面”按钮，系统弹出图 8-102 所示的“创建草图”对话框，选择平面创建方法为“基于平面”，在绘图区选择 *XC-YC* 平面，单击“确定”按钮，进入草图绘制环境。

（5）绘制图 8-103 所示的草图，单击“完成”按钮，返回“流道”对话框，单击“确定”按钮，加入分流道，将定位环和主流道隐藏后的效果如图 8-104 所示。

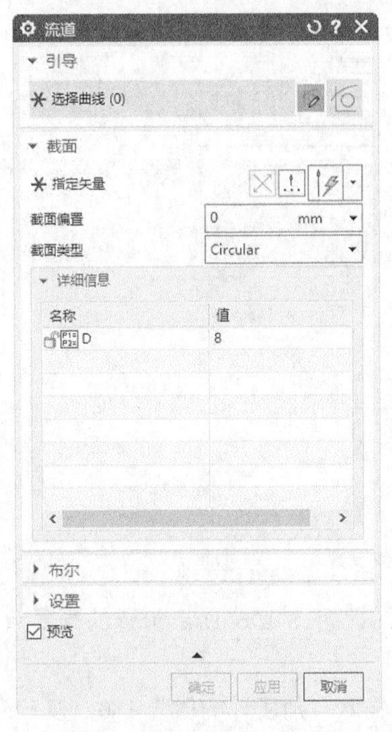

图 8-101　“流道”对话框

图 8-102　“创建草图”对话框

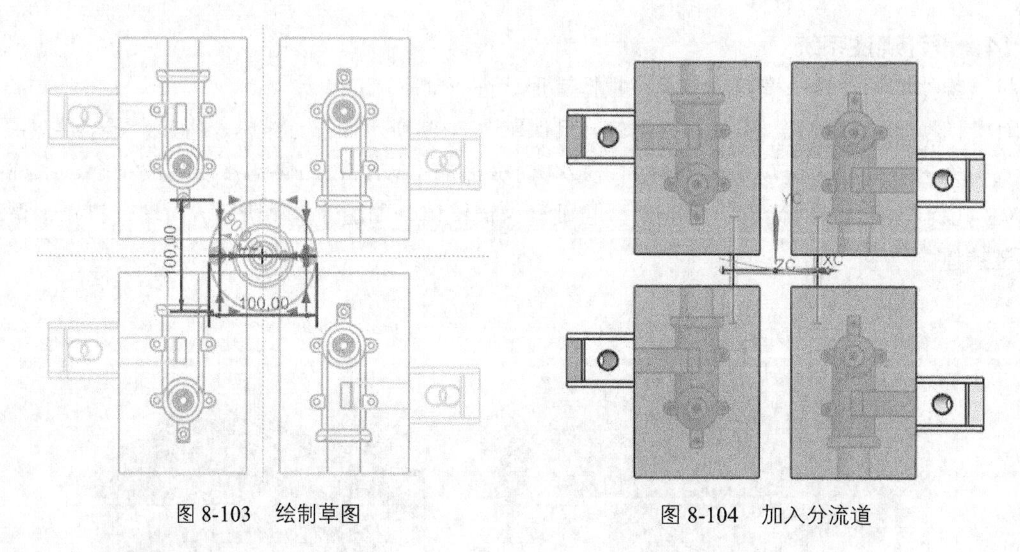

图 8-103　绘制草图　　　　图 8-104　加入分流道

15. 添加浇口

（1）单击“注塑模向导”选项卡“主要”面板上的“设计填充”按钮，系统弹出“重用库”对话框和“设计填充”对话框。

（2）在“重用库”对话框的“名称”列表中选择“FILL_MM”，在“成员选择”列表中选择“Gate[Side]”成员，在“设计填充”对话框的“详细信息”列表中设置“D”的值为 4，“L”的值为 7，其他采用默认设置，如图 8-105 所示。

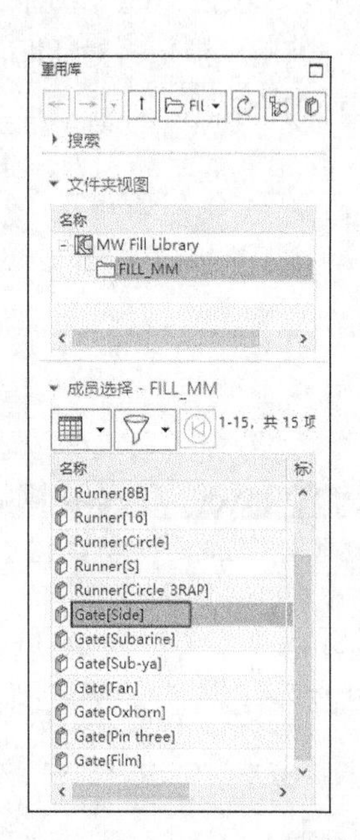

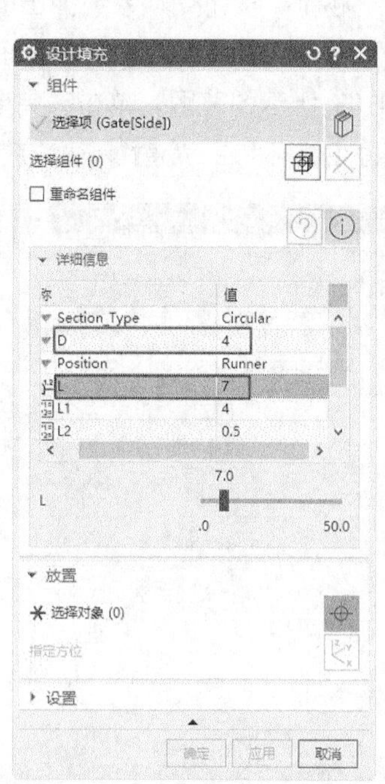

图 8-105　浇口参数设置

（3）在“放置”栏中单击“选择对象”按钮，捕捉图 8-106 所示流道的象限点为放置浇口位置。

（4）选取视图中的动态坐标系上的绕 *ZC* 轴旋转，输入“角度”的值为 180，按 Enter 键，将浇口绕 *ZC* 轴旋转 180°，如图 8-107 所示。

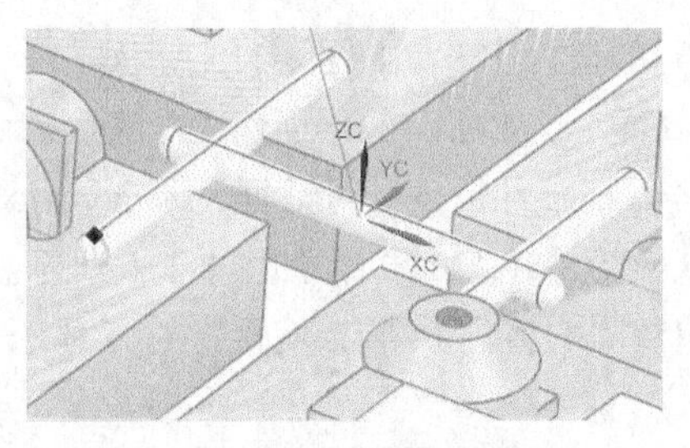

图 8-106　捕捉象限点

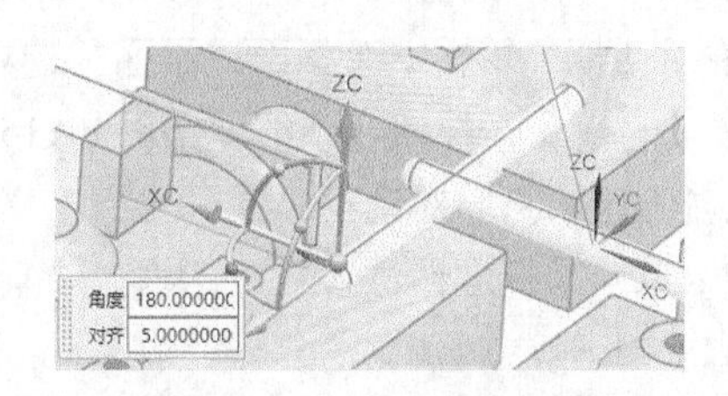

图 8-107　绕 *ZC* 轴旋转浇口

（5）选取视图中的动态坐标系上的 *ZC* 轴，输入“距离”的值为–4，按 Enter 键，将浇口沿 *ZC* 轴负方向移动 4mm，如图 8-108 所示。

（6）选取视图中的动态坐标系上的 *YC* 轴，输入“距离”的值为–2，按 Enter 键，将浇口沿 *YC* 轴负方向移动 2mm，如图 8-109 所示。

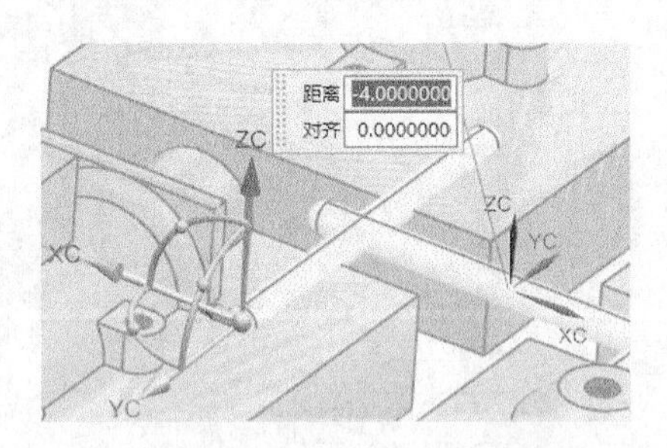

图 8-108　沿 *ZC* 轴移动浇口

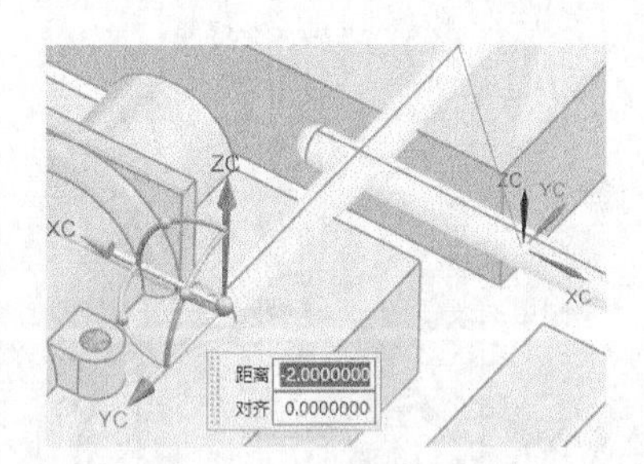

图 8-109　沿 *YC* 轴移动浇口

（7）单击“确定”按钮，完成一个浇口的创建，如图 8-110 所示，采用相同的方法，创建另一端的浇口，设置“L”的值为 25，结果如图 8-111 所示。同理，创建另一条流道上的浇口，结果如图 8-112 所示。

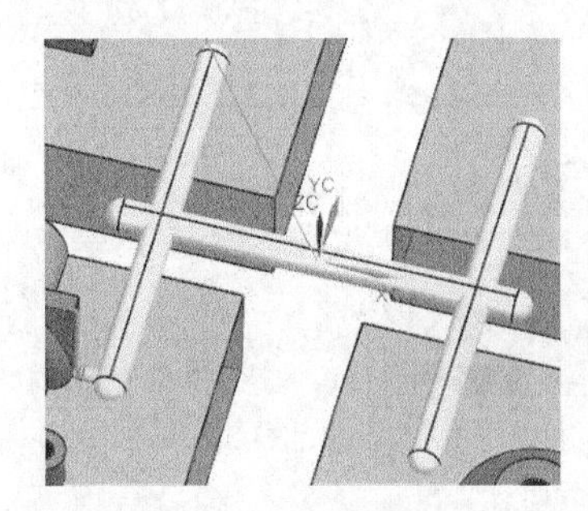

图 8-110　创建浇口 1

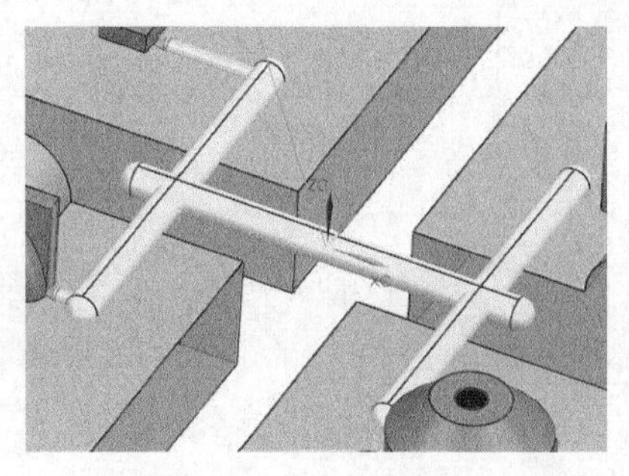

图 8-111　创建浇口 2

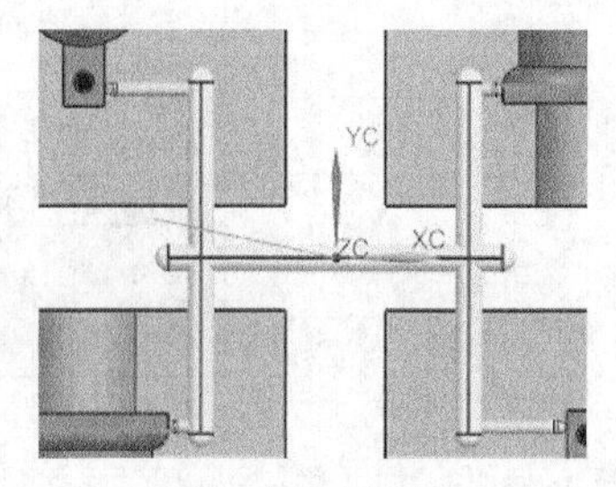

图 8-112　全部浇口

16. 设计冷却系统

根据产品实体特点，考虑把冷却系统开在模架的侧面上。为方便操作，隐藏全部部件，只打开型腔部件。

（1）创建型腔冷却水管道 1。

① 单击“注塑模向导”选项卡“冷却工具”面板上的“冷却标准件库”按钮，系统弹出“重用库”对话框和“冷却标准件库”对话框。

② 在“重用库”对话框的“名称”列表中选择“COOLING”→“Water”，在“成员选择”列表中选择“COOLING HOLE”，在“冷却标准件库”对话框的“详细信息”列表中设置“PIPE_THREAD”为 M10，设置“HOLE_1_TIP_ANGLE”的值为 0，“HOLE_2_TIP_ANGLE”的值为 0，

“HOLE_1_DEPTH”的值为 120，“HOLE_2_DEPTH”的值为 120，如图 8-113 所示。

③ 在对话框中单击“选择面或平面”选项，选择图 8-114 所示的平面作为放置面。

④ 单击“确定”按钮，系统弹出图 8-115 所示的“标准件位置”对话框，单击“点对话框”按钮，系统弹出“点”对话框，在“坐标”栏中输入坐标（70, 20, 0），如图 8-116 所示。单击“确定”按钮，返回“标准件位置”对话框，设置“X 偏置”的值为 0，“Y 偏置”的值为 0，单击“应用”按钮。

⑤ 再次单击“点对话框”按钮系统，弹出“点”对话框，在“坐标”栏中输入坐标（–280, 20, 0），单击“确定”按钮，返回“标准件位置”对话框，设置“X 偏置”的值为 0，“Y 偏置”的值为 0，单击“确定”按钮。冷却水管道的效果如图 8-117 所示。

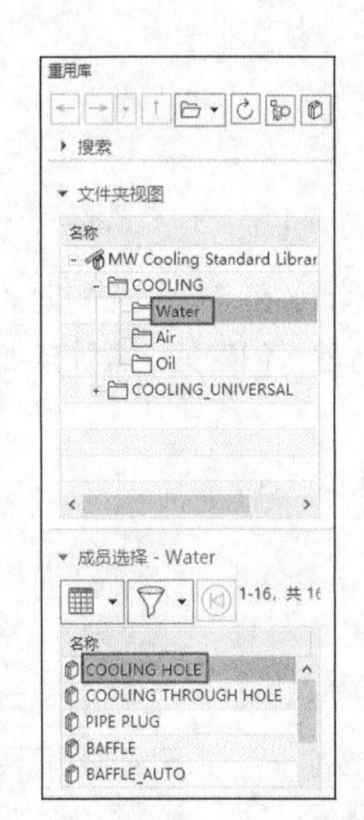

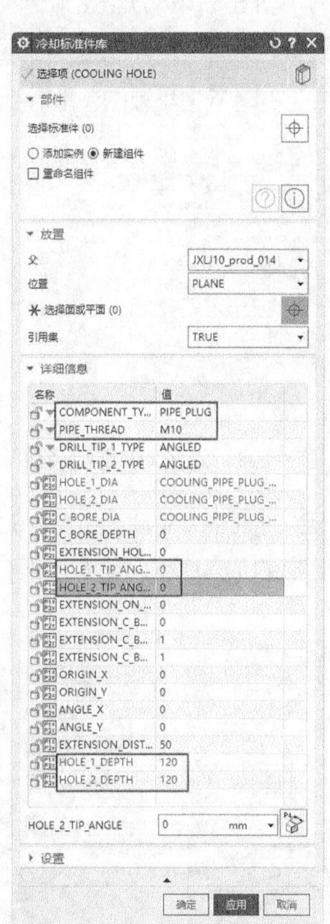

图 8-113　冷却水管道参数设置

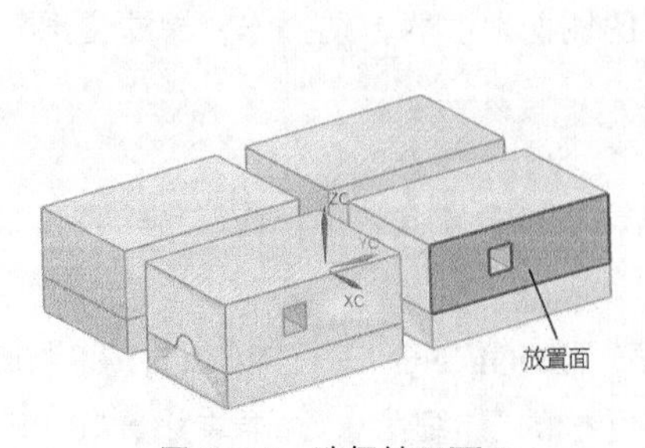

图 8-114　选择放置面 1

图 8-115　“标准件位置”对话框

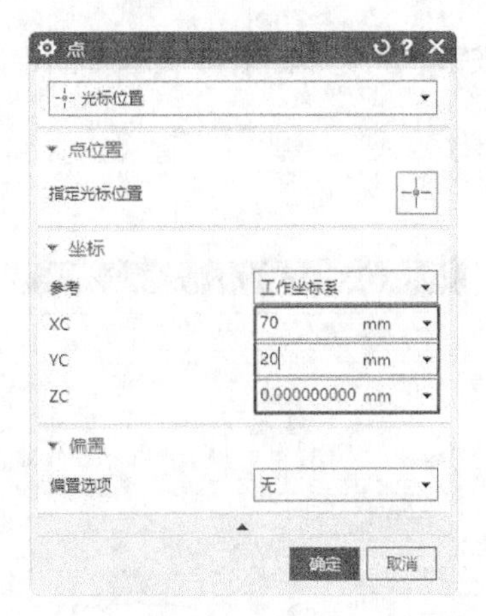

图 8-116 “点”对话框

图 8-117 冷却水管道 1

⑥ 单击“注塑模向导”选项卡“冷却工具”面板上的“冷却标准件库”按钮，系统弹出“重用库”对话框和“冷却标准件库”对话框，在“重用库”对话框的“名称”列表中选择“COOLING”→“Water”，在“成员选择”列表中选择“COOLING HOLE”，在“冷却标准件库”对话框的“详细信息”列表中设置“PIPE_THREAD”为 M10，设置“HOLE_1_TIP_ANGLE”的值为 0，“HOLE_2_TIP_ANGLE”的值为 0，“HOLE_1_DEPTH”的值为 180，“HOLE_2_DEPTH”的值为 180。

⑦ 在对话框中单击“选择面或平面”选项，选择图 8-118 所示的平面作为放置面。

⑧ 单击“确定”按钮，系统弹出“标准件位置”对话框，单击“点对话框”按钮，系统弹出“点”对话框，在“坐标”栏中输入坐标（45, 20, 0），单击“确定”按钮，返回“标准件位置”对话框，设置“X 偏置”的值为 0，“Y 偏置”的值为 0，如图 8-115 所示。单击“应用”按钮。

⑨ 再次单击“点对话框”按钮，系统弹出“点”对话框，在“坐标”栏中输入坐标（–195, 20, 0），单击“确定”按钮，返回“标准件位置”对话框，设置“X 偏置”的值为 0，“Y 偏置”的值为 0，单击“确定”按钮。隐藏型腔后冷却水管道的效果如图 8-119 所示。

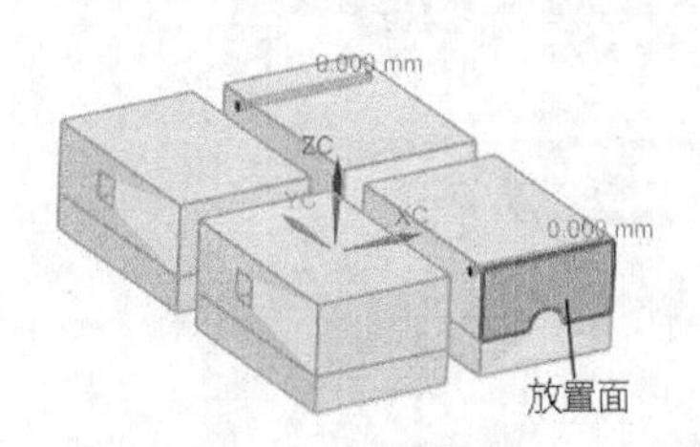

图 8-118 选择放置面 2

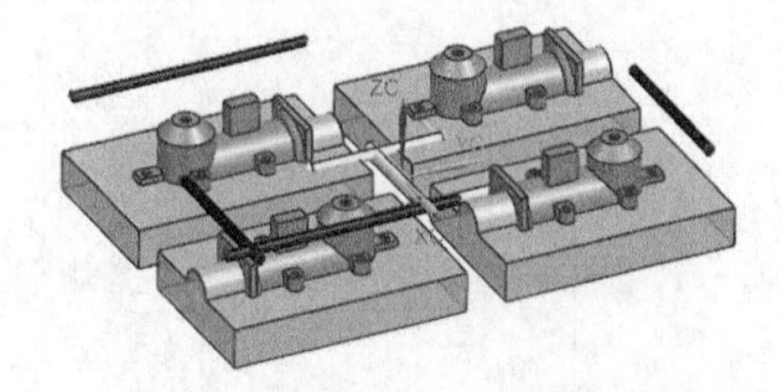

图 8-119 隐藏型腔后的冷却水管道 2

⑩ 在“装配导航器”中选择“JXLJ10_coo_hole_081”和“JXLJ10_cool_hole_082”，单击“装配”选项卡“组件”面板上的“镜像装配”按钮，系统弹出图 8-120 所示的“镜像装配向导”对话框。

⑪ 单击“创建基准平面”按钮，系统弹出图 8-121 所示的“基准平面”对话框，选择“YC-ZC 平面”，单击“确定”按钮。

⑫ 返回“镜像装配向导”对话框，连续单击“下一步”按钮，直至完成操作。结果如图 8-122 所示。

⑬ 在“装配导航器”中选择“JXLJ10_cool_hole_079×2”，单击“装配”选项卡“组件”面板上的“镜像装配”按钮，系统弹出“镜像装配向导”对话框。

⑭ 单击“创建基准平面”按钮，系统弹出“基准平面”对话框，从中选择“XC-ZC 平面”，单击“确定”按钮。

⑮ 返回“镜像装配向导”对话框，连续单击“下一步”按钮，直至完成操作。结果如图 8-123 所示。

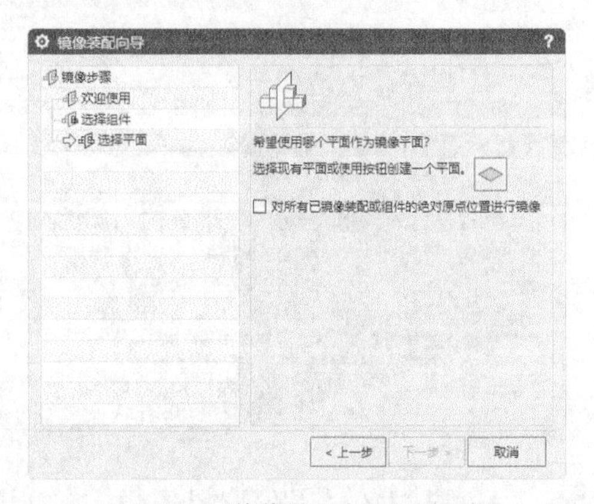

图 8-120 “镜像装配向导”对话框

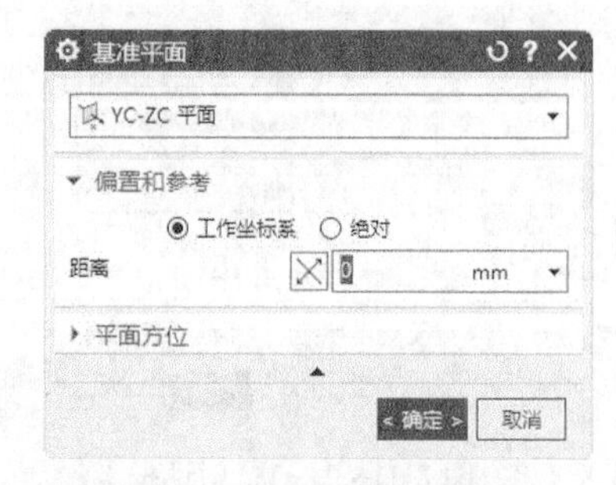

图 8-121 “基准平面”对话框

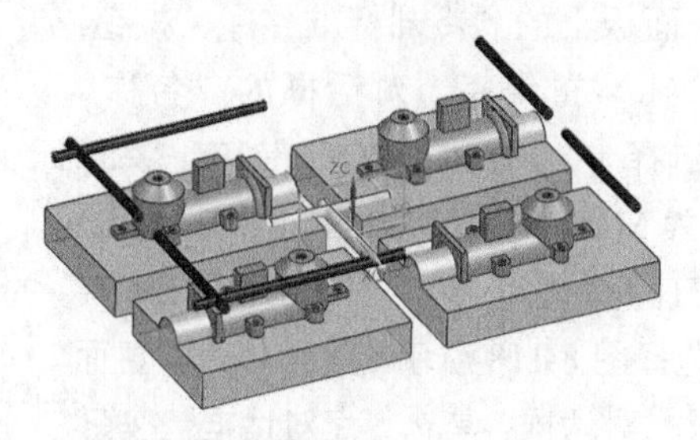

图 8-122 镜像冷却水管道结果 1

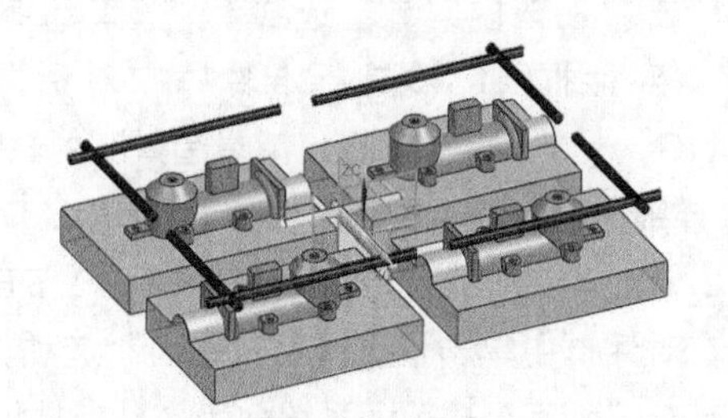

图 8-123 镜像冷却水管道结果 2

（2）创建型腔冷却系统喉塞

为了使型腔的冷却系统中的水定向流动，必须在冷却水管道的端部设置喉塞。

① 单击“注塑模向导”选项卡“冷却工具”面板上的“冷却标准件库”按钮，系统弹出图 8-124 所示的“重用库”对话框和“冷却标准件库”对话框。

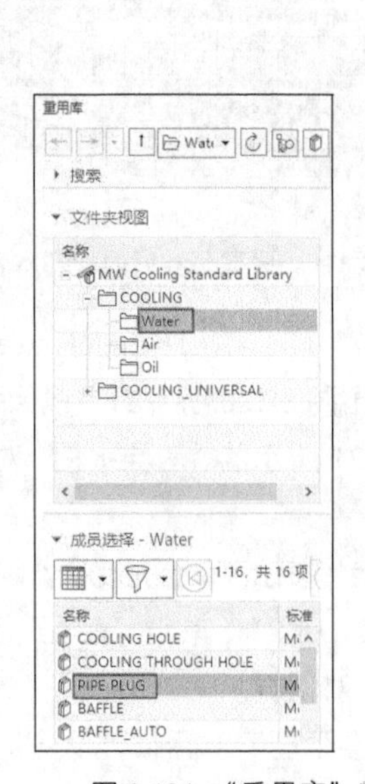

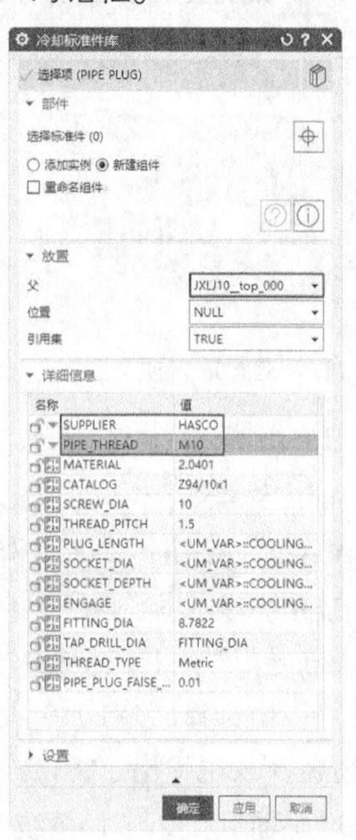

图 8-124 “重用库”对话框和“冷却标准件库”对话框

② 在“重用库”对话框的“名称”列表中选择“COOLING”→“Water”，在“成员选择”列表中选择“PIPE PLUG”，在“父”项下选择“JXLJ10_top_000”在“冷却标准件库”对话框的“详细信息”列表中设置“SUPPLIER”为 HASCO，“PIPE_THREAD”为 M10。单击“应用”按钮，此时的“冷却标准件库”对话框如图 8-125 所示。

③ 单击“重定位”按钮，系统弹出图 8-126 所示的“移动组件”对话框。单击“点对话框”按钮，系统弹出“点”对话框，在绘图区选取图 8-127 所示的端面圆心点作为喉塞放置位置，单击“确定”按钮，结果如图 8-128 所示。

图 8-125 “冷却标准件库”对话框

图 8-126 “移动组件”对话框

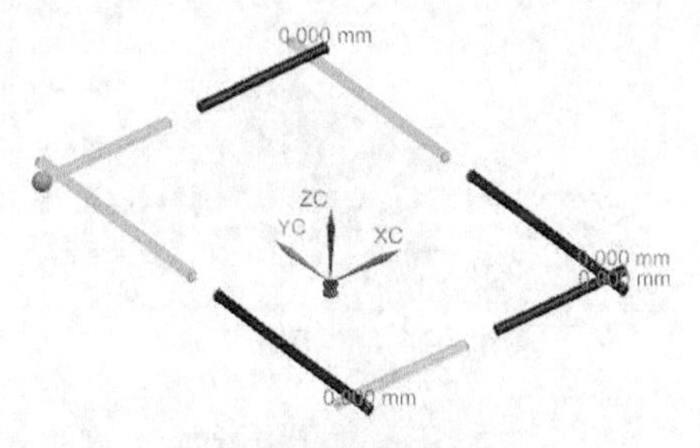

图 8-127 选取端面圆心点

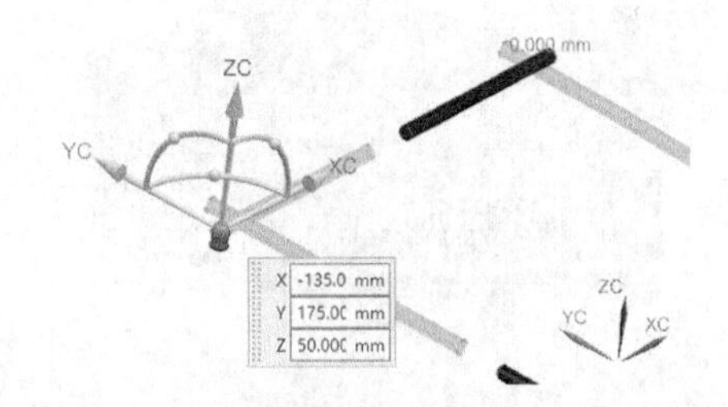

图 8-128 放置喉塞

④ 选取视图中的动态坐标系上的绕 *YC* 轴旋转，输入“角度”的值为−90，按 Enter 键，将喉塞绕 *YC* 轴旋转−90°，如图 8-129 所示。

⑤ 同理，创建其他位置的喉塞，结果如图 8-130 所示。

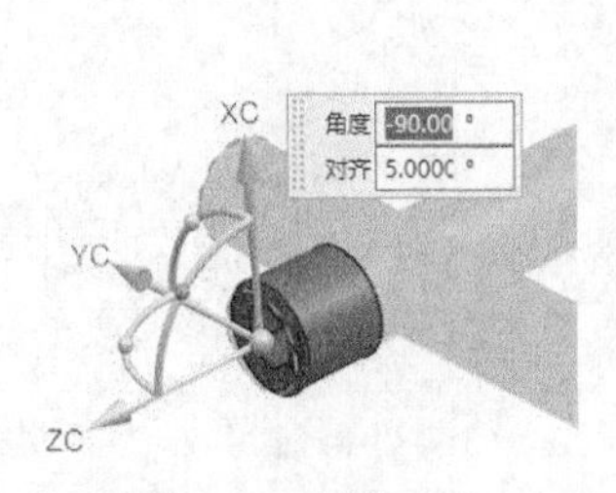

图 8-129 旋转喉塞

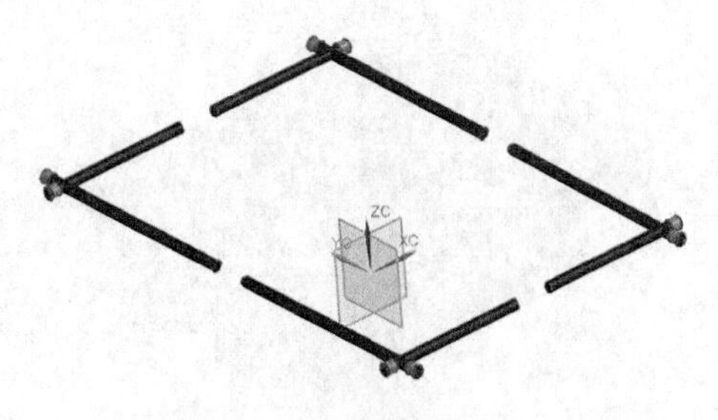

图 8-130 喉塞效果图

（3）创建型腔和型芯圆角特征

① 在“装配导航器”中使用鼠标右键单击“JXLJ10_cavity_023”，在系统弹出的快捷菜单中选择“在窗口中打开”命令，打开“JXLJ10_cavity_023.prt”窗口。

② 单击“主页”选项卡“基本”面板上的“边倒圆”按钮，系统弹出图 8-131 所示的“边倒圆”对话框，在文本框中输入圆角半径的值为 10，选择图 8-132 所示的型腔的 4 条棱边作为倒圆边，单击“确定”按钮，完成型腔边倒圆，如图 8-133 所示。

③ 同理，创建型芯的边倒圆特征，如图 8-134 所示。

④ 切换到“JXLJ10_top_000.prt”窗口，结果如图 8-135 所示。

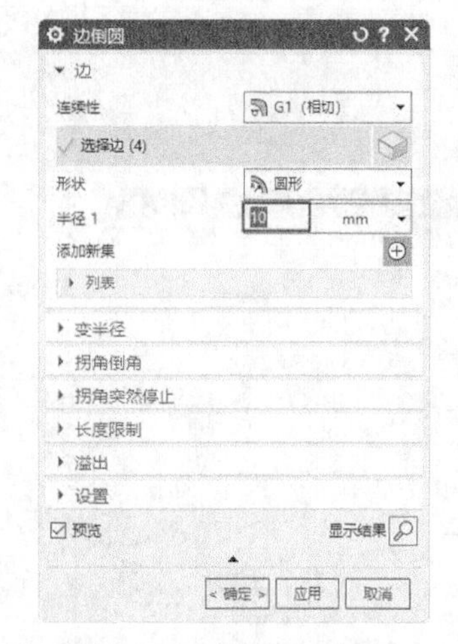

图 8-131 “边倒圆”对话框

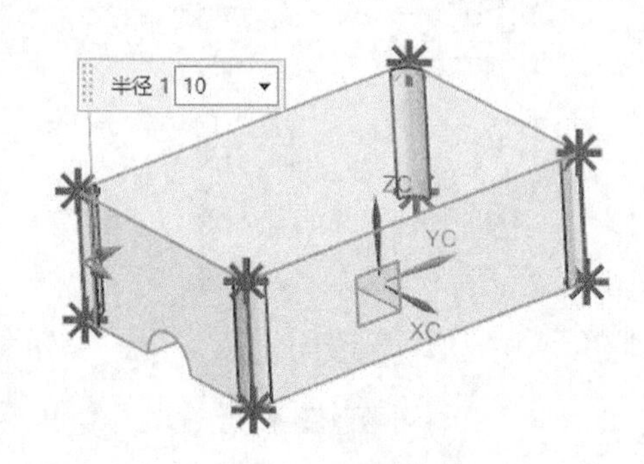

图 8-132 选择倒圆边

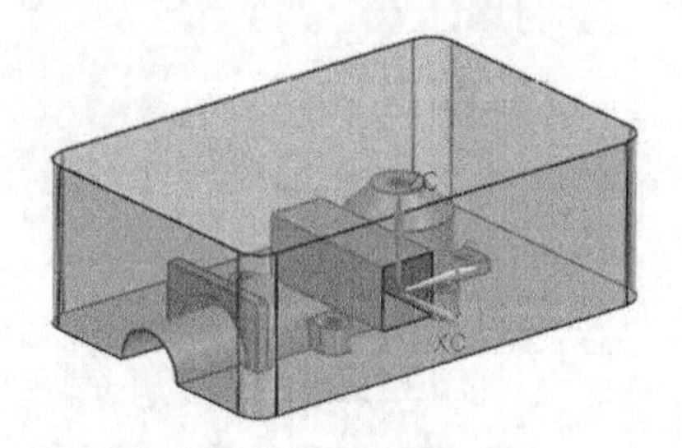

图 8-133 型腔边倒圆

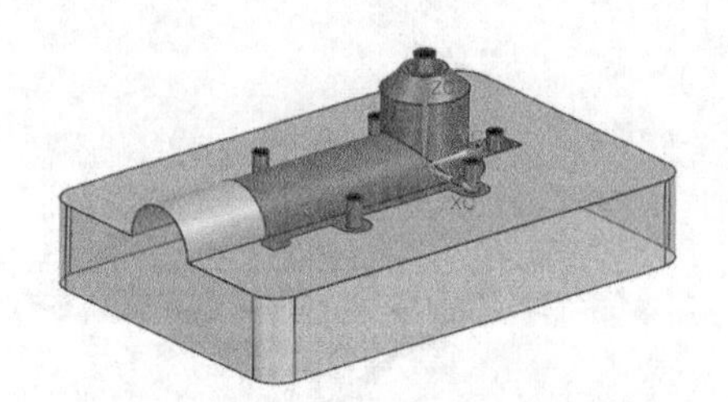

图 8-134 型芯边倒圆

（4）创建 a 板拉伸特征

① 在“装配导航器”中使用鼠标右键单击“JXLJ10_a_plate_035”，在系统弹出的快捷菜单中选择“设为工作部件”和“仅显示”命令，显示 a 板如图 8-136 所示。

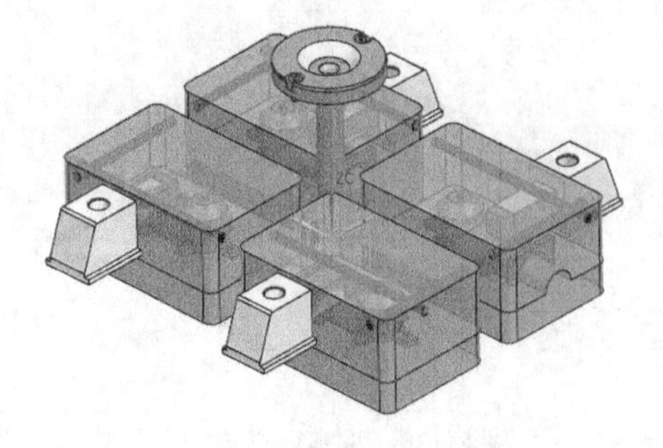

图 8-135 总装图倒圆角结果

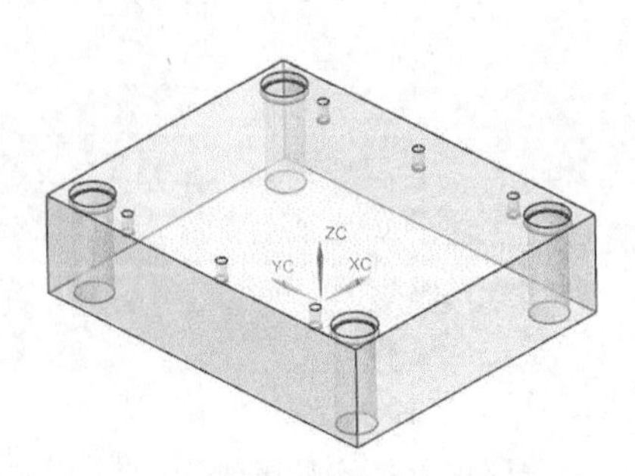

图 8-136 a 板

② 单击“主页”选项卡“基本”面板上的“拉伸”按钮，系统弹出“拉伸”对话框，单击“绘制截面”按钮，系统弹出“创建草图”对话框，选取图 8-137 所示的面作为草图绘制平面，单击“创建草图”对话框中的“点对话框”按钮，系统弹出“点”对话框，在“输出坐标”栏中设置坐标为（0, 0, 0），单击“确定”按钮，将坐标系移至草图绘制平面的中心，如图 8-138 所示。

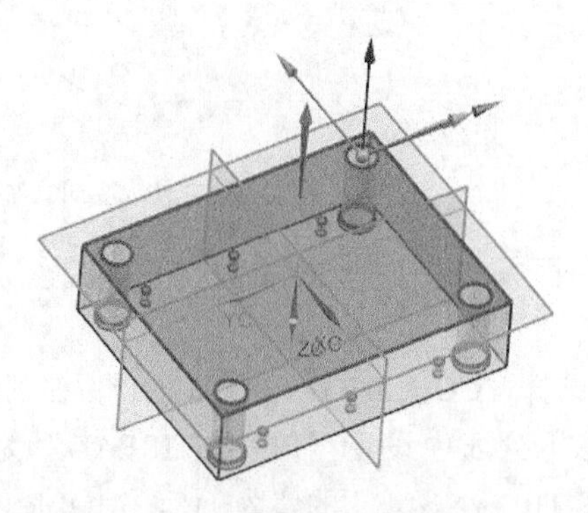

图 8-137　选取草图绘制平面

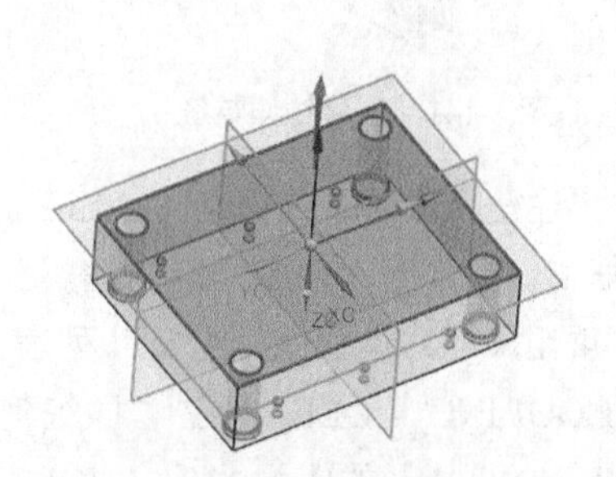

图 8-138　移动坐标系

③ 单击“确定”按钮，进入草图绘制界面，绘制图 8-139 所示的草图。

④ 单击“完成”按钮，返回“拉伸”对话框，单击“反向”按钮，设定拉伸的深度为 65mm，在“布尔”下拉列表框中选择“减去”选项，如图 8-140 所示。

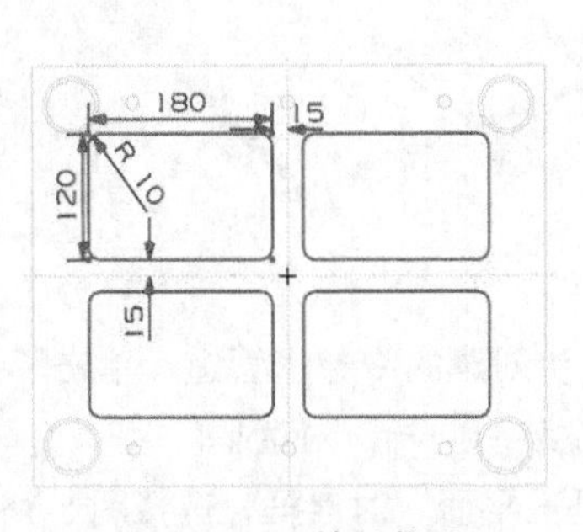

图 8-139　绘制草图

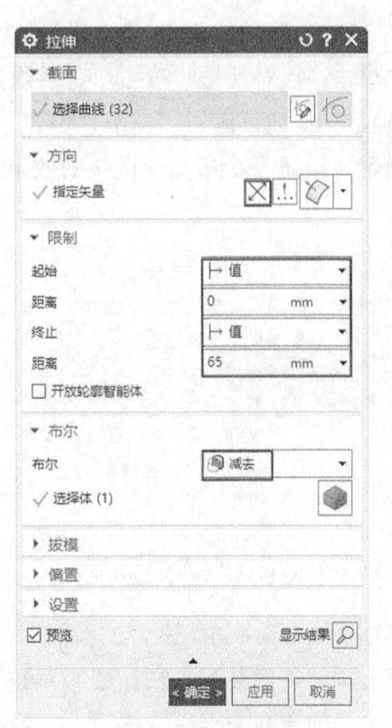

图 8-140　“拉伸”对话框

⑤ 单击“确定”按钮，结果如图 8-141 所示。

（5）创建型腔冷却水管道 2

① 显示隐藏的冷却系统。如图 8-142 所示。

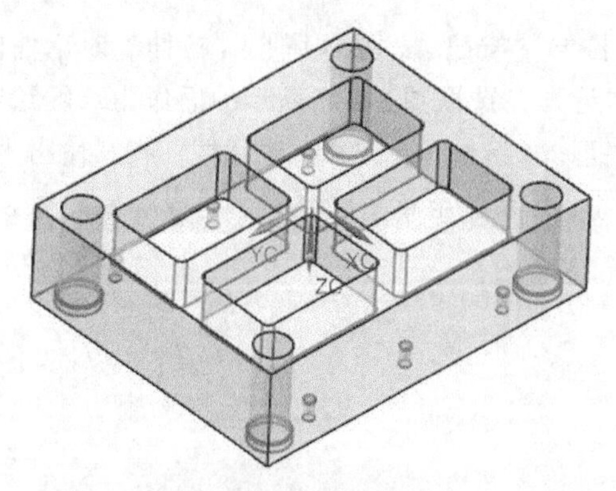

图 8-141　创建拉伸特征

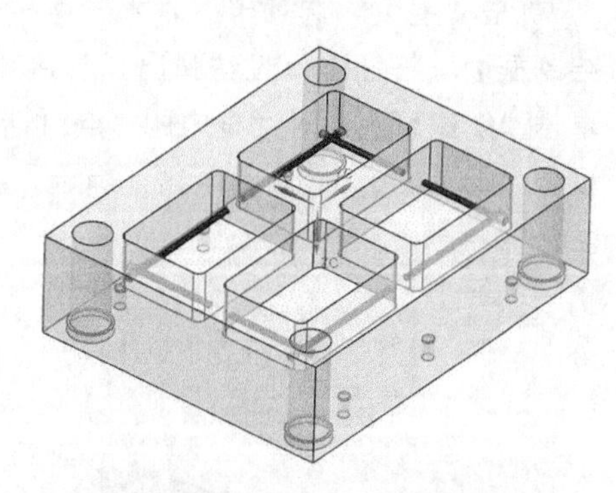

图 8-142　显示冷却系统

② 单击“注塑模向导”选项卡“冷却工具”面板上的“冷却标准件库”按钮，系统弹出“重用库”对话框和“冷却标准件库”对话框。

③ 在“重用库”对话框的“名称”列表中选择“COOLING”→“Water”，在“成员选择”列表中选择“COOLING HOLE”，在“详细信息”列表中设置“PIPE_THREAD”为 M10，设置“HOLE_1_TIP_ANGLE”的值为 118，“HOLE_2_TIP_ANGLE”的值为 118，“HOLE_1_DEPTH”的值为 20，“HOLE_2_DEPTH”的值为 20。

④ 在对话框中单击“选择面或平面”选项，选择如图 8-143 所示的平面作为放置面。

⑤ 单击“确定”按钮，系统弹出“标准件位置”对话框，单击“点对话框”按钮，系统弹出“点”对话框，在“坐标”栏中输入坐标（–35, 70, 0），单击“确定”按钮，返回“标准件位置”对话框，设置“X 偏置”的值为 0，“Y 偏置”的值为 0，单击“应用”按钮。

⑥ 再次单击“点对话框”按钮，系统弹出“点”对话框，在“坐标”栏中输入坐标（115, 70, 0），单击“确定”按钮，返回“标准件位置”对话框，设置“X 偏置”的值为 0，“Y 偏置”的值为 0，单击“确定”按钮。冷却水管道 2 的效果如图 8-144 所示。

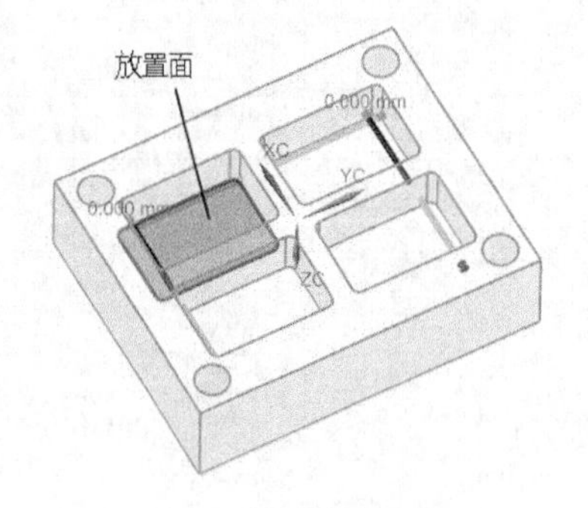

图 8-143　选择放置面

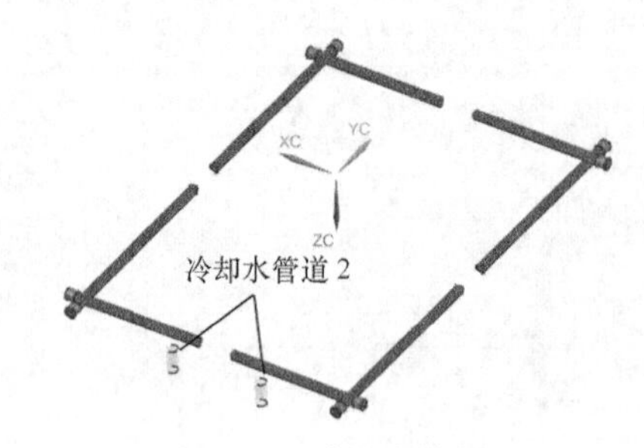

图 8-144　冷却水管道 2

⑦ 将“JXL10_top_000”设为工作部件，选中上一步创建的冷却水管道，单击“装配”选项卡“组件”面板上的“镜像装配”按钮，系统弹出“镜像装配向导”对话框。

⑧ 单击的“创建基准平面”按钮，系统弹出“基准平面”对话框，选择图 8-143 所示的放置面作为镜像平面，单击“确定”按钮。

⑨ 返回“镜像装配向导”对话框，连续单击“下一步”按钮，直至完成操作。删除原冷却水管道，只保留镜像后的冷却水管道，结果如图 8-145 所示。

（6）创建型腔冷却水管道 3

① 单击“注塑模向导”选项卡“冷却工具”面板上的“冷却标准件库”按钮，系统弹出“重用库”对话框和“冷却标准件库”对话框。

② 在“重用库”对话框的“名称”列表中选择“COOLING”→“Water”，在“成员选择”列表中选择“COOLING HOLE”，在“详细信息”列表中设置“PIPE_THREAD”为 M10，设置“HOLE_1_TIP_ANGLE”的值为 118，“HOLE_2_TIP_ANGLE”的值为 118，“HOLE_1_DEPTH”的值为 30，“HOLE_2_DEPTH”的值为 30。

③ 在对话框中单击“选择面或平面”选项，选择图 8-143 所示的平面作为放置面。

④ 单击“确定”按钮，弹出“标准件位置”对话框，单击“点对话框”按钮，系统弹出“点”对话框，在“坐标”栏中输入坐标（35, –70, 0），单击“确定”按钮，返回“标准件位置”对话框，设置“X 偏置”的值为 0，“Y 偏置”的值为 0，单击“应用”按钮。

⑤ 再次单击“点对话框”按钮，系统弹出“点”对话框，在“坐标”栏中输入坐标（115, –70, 0），单击“确定”按钮，返回“标准件位置”对话框，设置“X 偏置”的值为 0，“Y 偏置”的值为 0，单击“确定”按钮。冷却水管道 3 的效果如图 8-146 所示。

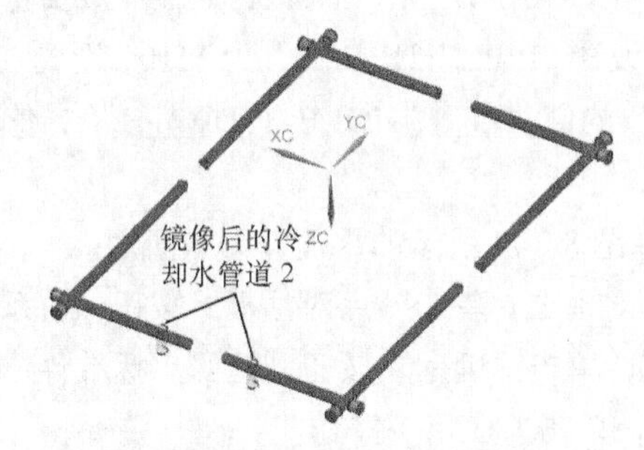

图 8-145　镜像后的冷却水管道 2

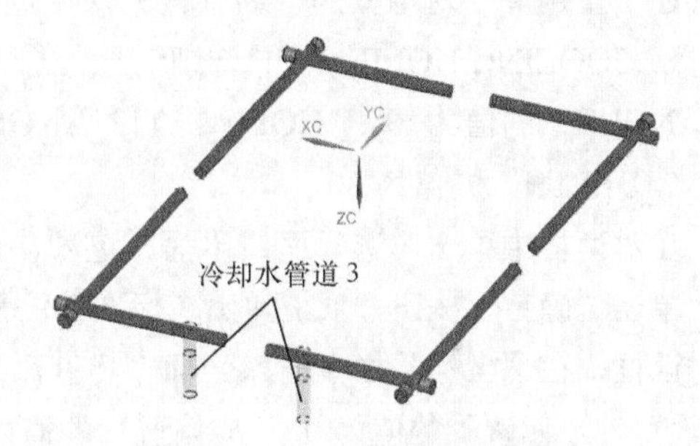

图 8-146　冷却水管道 3

（7）创建型腔冷却水管道 4

① 单击“注塑模向导”选项卡“冷却工具”面板上的“冷却标准件库”按钮，系统弹出“重用库”对话框和“冷却标准件库”对话框。

② 在“重用库”对话框的“名称”列表中选择“COOLING”→“Water”，在“成员选择”列表中选择“COOLING HOLE”，在“详细信息”列表中设置“PIPE_THREAD”为 M10，设置“HOLE_1_TIP_ANGLE”的值为 118，“HOLE_2_TIP_ANGLE”的值为 118，“HOLE_1_DEPTH”的值为 80，“HOLE_2_DEPTH”的值为 80。

③ 在对话框中单击“选择面或平面”选项，选择图 8-147 所示的平面作为放置面。

④ 单击“确定”按钮，系统弹出“标准件位置”对话框，单击“点对话框”按钮，系统弹出“点”对话框，在“坐标”栏中输入坐标（40, 30, 0），单击“确定”按钮，返回“标准件位置”对话框，设置“X 偏置”的值为 0，“Y 偏置”的值为 0，单击“应用”按钮。

⑤ 再次单击“点对话框”按钮，系统弹出“点”对话框，在“坐标”栏中输入坐标（–40, 30, 0），单击“确定”按钮，返回“标准件位置”对话框，设置“X 偏置”的值为 0，“Y 偏置”的值为 0，单击“确定”按钮。冷却水管道 4 的效果如图 8-148 所示。

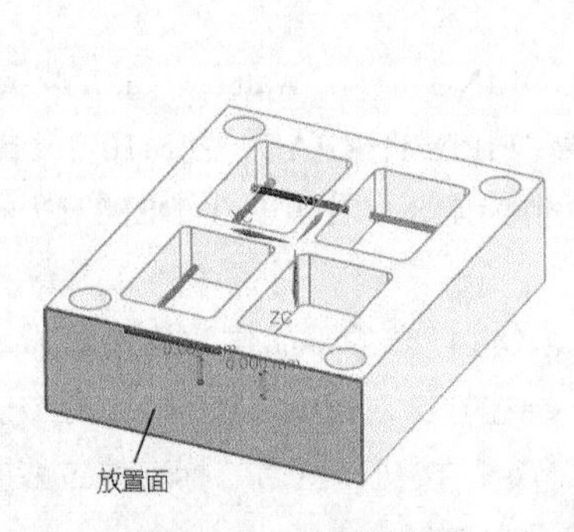

图 8-147　选择放置面

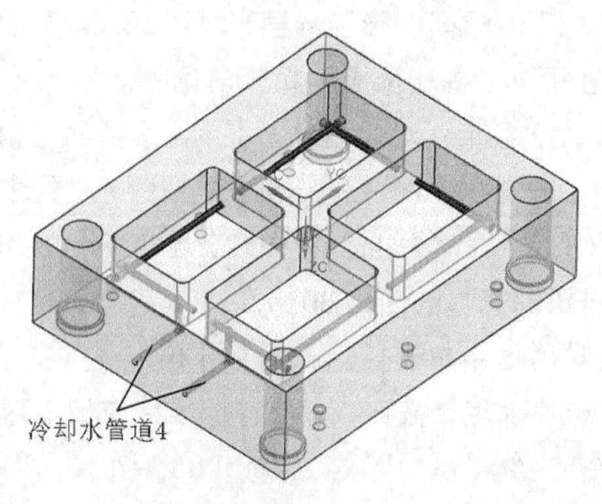

图 8-148　冷却水管道 4

（8）创建型腔冷却水管道 5

① 单击“注塑模向导”选项卡“冷却工具”面板上的“冷却标准件库”按钮，系统弹出“重用库”对话框和“冷却标准件库”对话框。

② 在“重用库”对话框的“名称”列表中选择“COOLING”→“Water”，在“成员选择”列表中选择“COOLING HOLE”，在“详细信息”列表中设置“PIPE_THREAD”为 M10，设置“HOLE_1_TIP_ANGLE”的值为 0，“HOLE_2_TIP_ANGLE”的值为 0，“HOLE_1_DEPTH”的值为 30，“HOLE_2_DEPTH”的值为 30。

③ 在对话框中单击“选择面或平面”选项，选择图 8-149 所示的平面作为放置面。

④ 单击“确定”按钮，系统弹出“标准件位置”对话框，单击“点对话框”按钮，系统弹出“点”对话框，在“坐标”栏中输入坐标（45, 17.5, 0），单击“确定”按钮，返回“标准件位置”对话框，设置“X 偏置”的值为 0，“Y 偏置”的值为 0，单击“应用”按钮。

⑤ 再次单击“点对话框”按钮，系统弹出“点”对话框，在“坐标”栏中输入坐标（–195, 17.5, 0），单击“确定”按钮，返回“标准件位置”对话框，设置“X 偏置”的值为 0，“Y 偏置”的值为 0，单击“确定”按钮。第一组冷却水管道 5 的效果如图 8-150 所示。

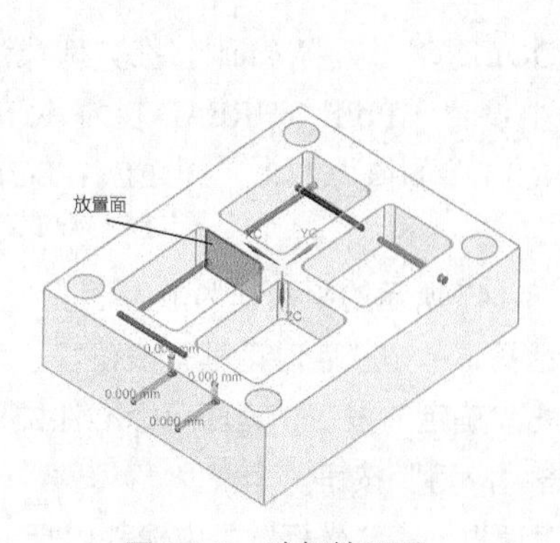

图 8-149　选择放置面

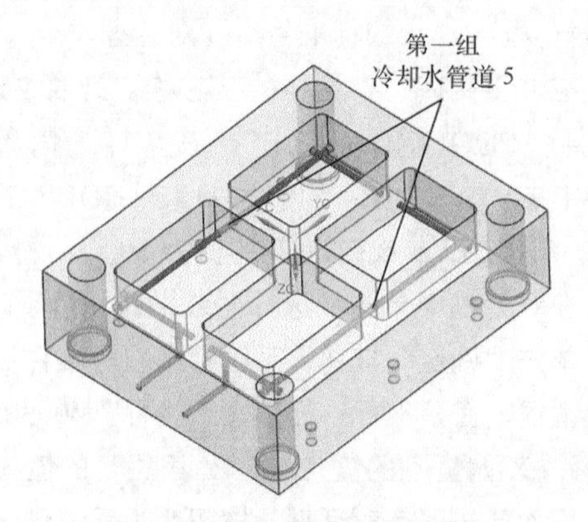

图 8-150　第一组冷却水管道 5

⑥ 同理，选择图 8-151 所示的平面作为放置面，创建第二组冷却水管道 5，点坐标分别为（70, 17.5, 0）和（–280, 17.5, 0）。结果如图 8-152 所示。

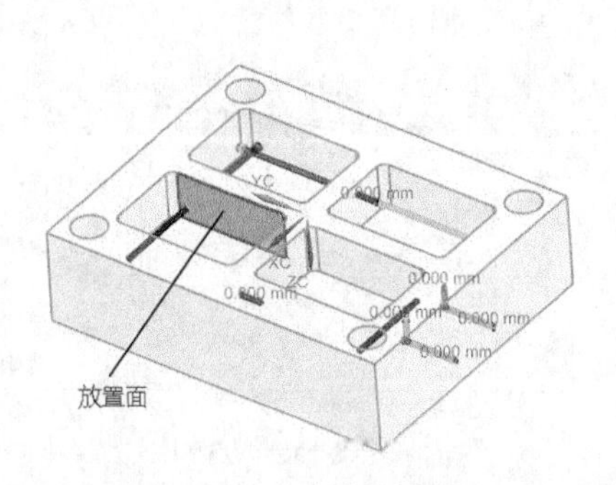

图 8-151　选择放置面

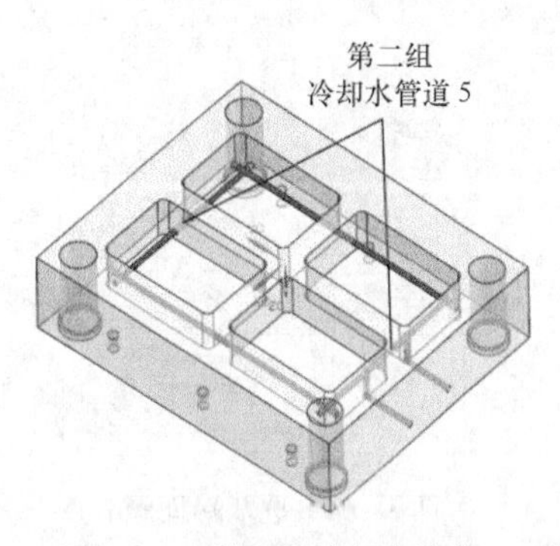

图 8-152　第二组冷却水管道 5

（9）创建防水圈

① 隐藏 a 板。在"装配导航器"中右击"JXLJ10_cool_hole_088×2"，在系统弹出的快捷菜单中选择"设为工作部件"命令。单击"注塑模向导"选项卡"冷却工具"面板上的"冷却标准件库"按钮，系统弹出"重用库"对话框和"冷却标准件库"对话框。

② 在"重用库"对话框的"名称"列表中选择"COOLING"→"Water"，在"成员选择"列表中选择"O-RING"，在"冷却标准件库"对话框的"放置"列表的"父"选项下拉列表中选择"JXLJ10_cool_hole_088"，在"详细信息"中设置"SUPPLIER"为 MISUMI，设置"FITING_DIA"的值为 10，"SECTION_DIA"的值为 1.5，如图 8-153 所示。

③ 单击"应用"按钮，再单击"重定位"按钮，系统弹出"移动组件"对话框，单击"点对话框"按钮，系统弹出"点"对话框，选取图 8-154 所示的管道端面圆心点作为防水圈放置位置。

④ 同理，创建另一端的防水圈。结果如图 8-155 所示。

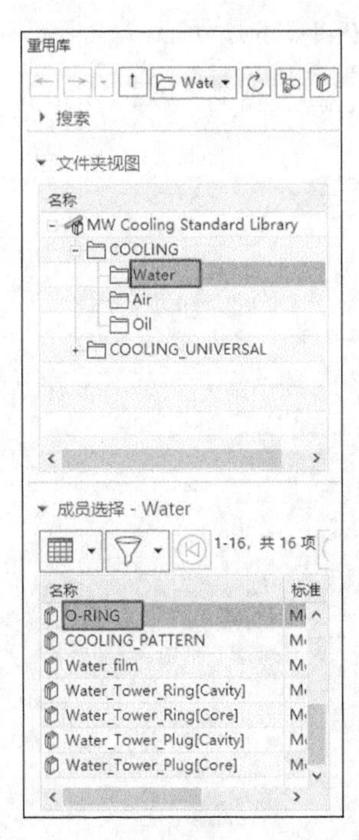

图 8-153　"重用库"对话框和"冷却标准件库"对话框

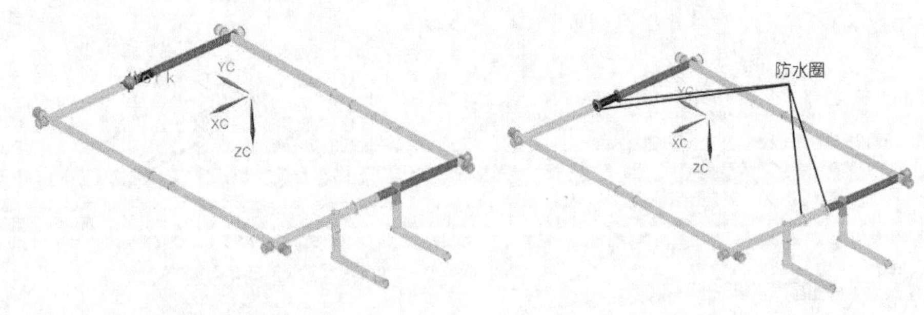

图 8-154　选取端面圆心点　　　　图 8-155　防水圈

⑤ 采用相同的方法，分别将“JXLJ10_cool_hole_087×2”和“JXLJ10_cool_hole_084×2”设为工作部件，并在“父”选项下拉列表中选择相应管道，创建防水圈，结果如图 8-156 所示。

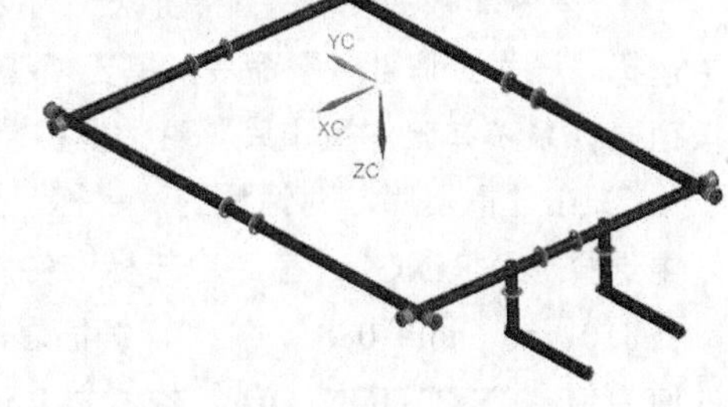

图 8-156　全部防水圈

（10）创建水嘴

① 在“装配导航器”中使用鼠标右键单击“JXLJ10_cool_hole_085×2”，在系统弹出的快捷菜单中选择“设为工作部件”命令。单击“注塑模向导”选项卡“冷却工具”面板上的“冷却标准件库”按钮，系统弹出“重用库”对话框和“冷却标准件库”对话框。

② 在“重用库”对话框的“名称”列表中选择“COOLING”→“Water”，在“成员选择”列表中选择“CONNECTOR PLUG”，在“冷却标准件库”对话框的“放置”列表的“父”选项下拉列表中选择“JXLJ10_cool_hole_085”，在“详细信息”列表中设置“SUPPLIER”为 DMS，“PIPE_THRAED”为 M10，如图 8-157 所示。

③ 单击“应用”按钮，再单击“确定”按钮，结果如图 8-158 所示。

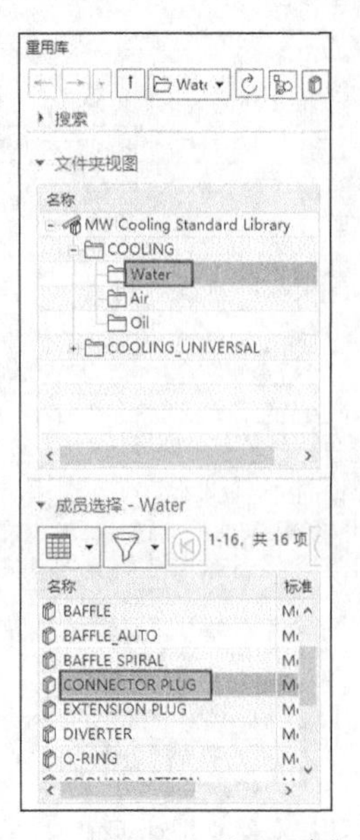

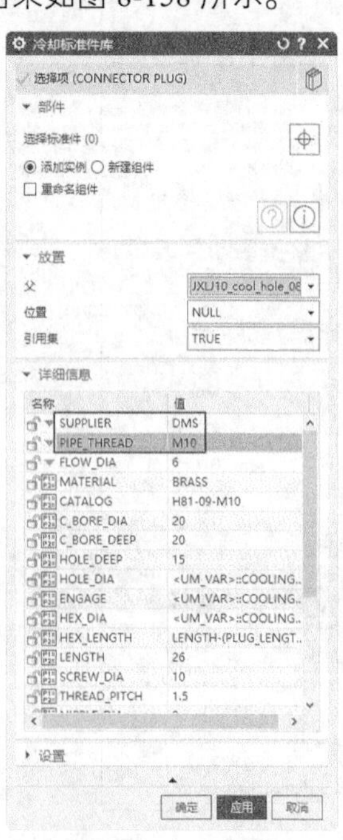

图 8-157　“重用库”对话框和“冷却标准件库”对话框

（11）创建型芯冷却水管道

① 选中图 8-158 所示的所有管道部件，单击“装配”选项卡“组件”面板上的“镜像装配”按钮，系统弹出“镜像装配向导”对话框。

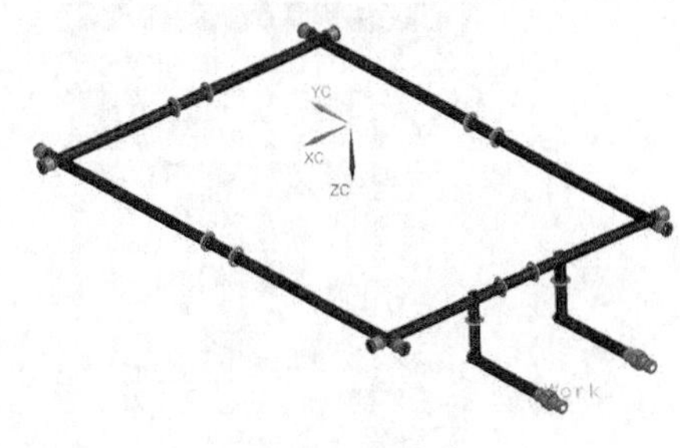

图 8-158　水嘴

② 单击“创建基准平面”按钮，系统弹出图 8-159 所示的“基准平面”对话框，选择“XC-YC 平面”，在“偏置和参考”列表中输入“距离”的值为 17.5，单击“确定”按钮。

③ 返回“镜像装配向导”对话框，连续单击“下一步”按钮，直至完成操作。结果如图 8-160 所示。

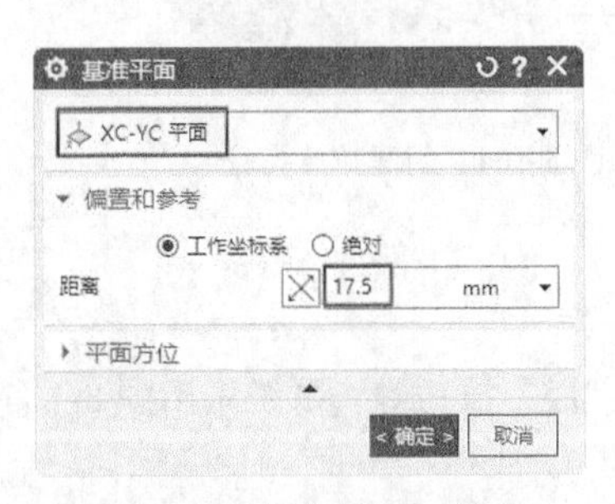

图 8-159　“基准平面”对话框

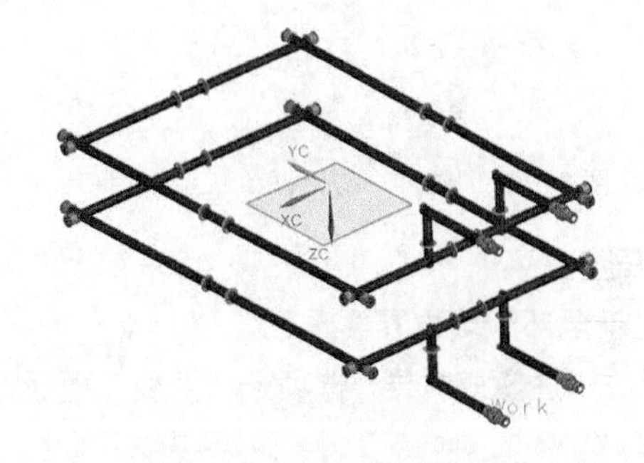

图 8-160　镜像结果

（12）创建 b 板拉伸特征

① 在“装配导航器”中使用鼠标右键单击“JXLJ10_b_plate_052”，在系统弹出的快捷菜单中选择“设为工作部件”命令。

② 单击“注塑模向导”选项卡“主要”面板上的“拉伸”按钮，系统弹出“拉伸”对话框，单击“绘制截面”按钮，系统弹出“创建草图”对话框，选取图 8-161 所示的面作为草图绘制平面，单击“创建草图”对话框中的“点对话框”按钮，系统弹出“点”对话框，设置坐标为（0, 0, 0），单击“确定”按钮，将坐标系移至草图绘制平面的中心。

③ 单击“确定”按钮，进入草图绘制界面，绘制图 8-162 所示的草图。

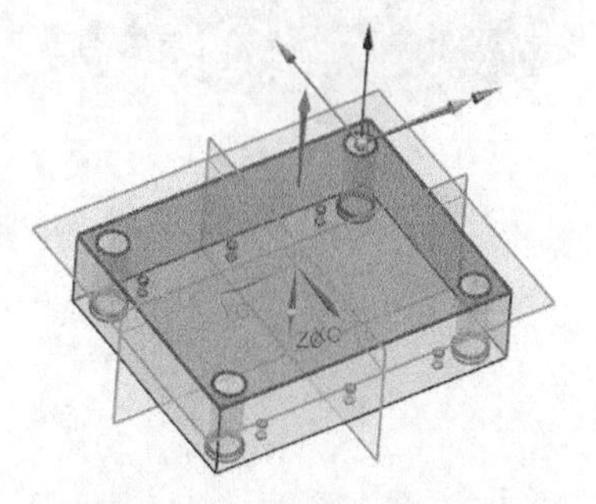
图 8-161　选取草图绘制平面

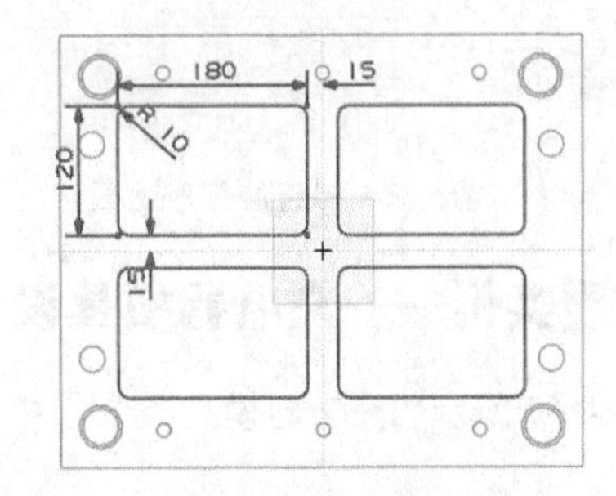

图 8-162　绘制草图

④ 单击“完成”按钮，返回“拉伸”对话框，单击“反向”按钮，设定拉伸的深度为 30mm，在“布尔”下拉列表框中选择“减去”选项，如图 8-163 所示。

⑤ 单击“确定”按钮，结果如图 8-164 所示。

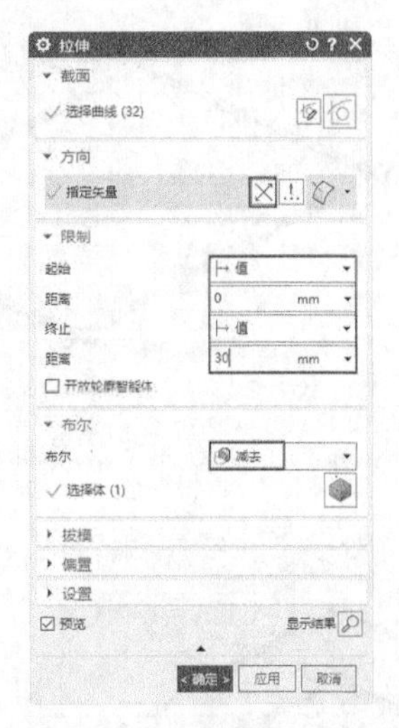

图 8-163 “拉伸”对话框

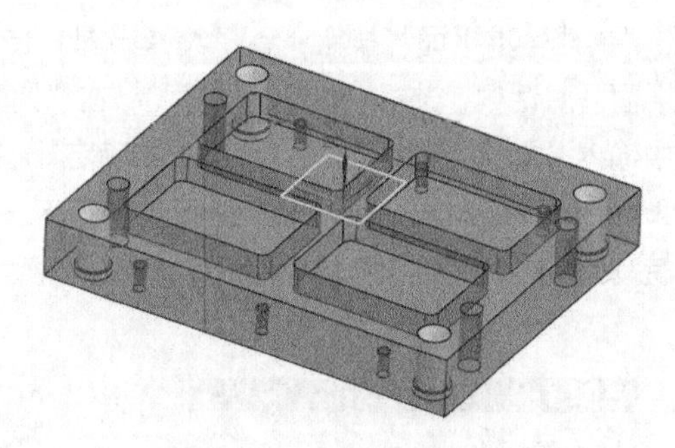

图 8-164 创建拉伸特征

17. 开腔

（1）显示全部隐藏的零件。

（2）单击“注塑模向导”选项卡“主要”面板上的“腔”按钮，系统弹出图 8-165 所示的“开腔”对话框。

（3）选择模具的模板、型芯和型腔作为目标体，选择创建的定位环、主流道、浇口、顶杆、滑块和冷却系统作为工具体。

（4）单击“确定”按钮，建立腔体。得到整体模具的效果如图 8-166 所示。

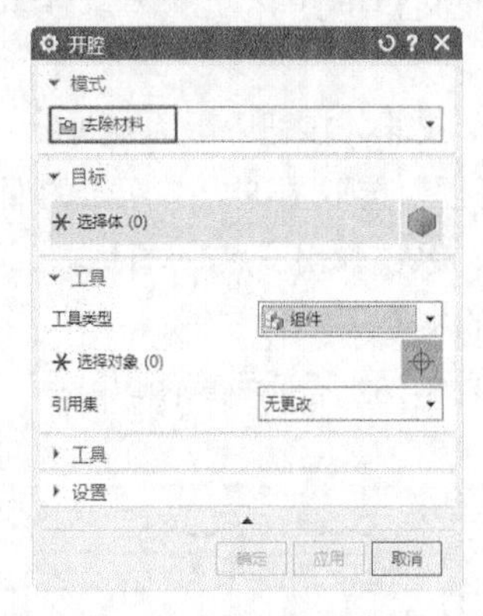

图 8-165 “开腔”对话框

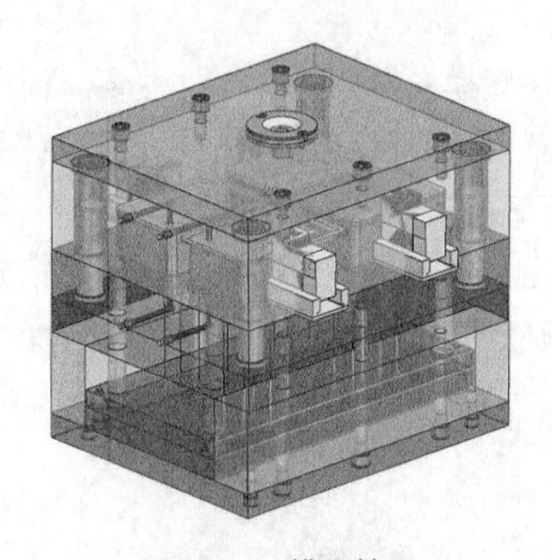

图 8-166 模具效果

8.1.2 扩展实例——充电器模具设计

创建图 8-167 所示的充电器模具。

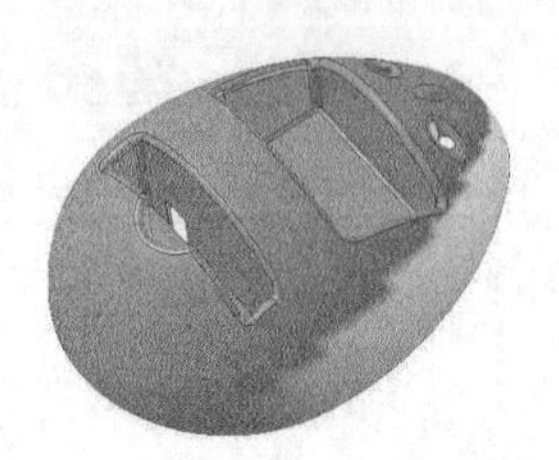

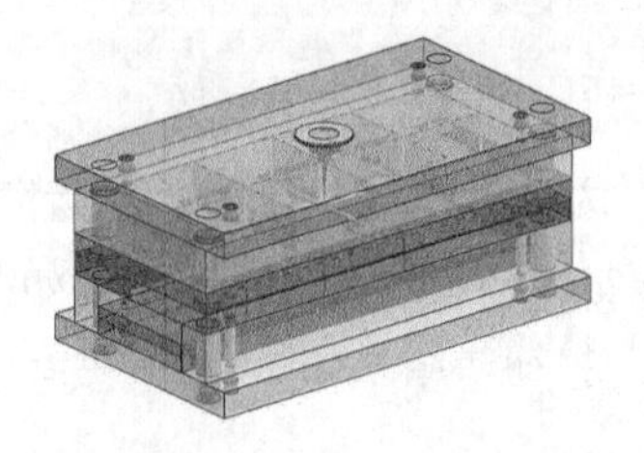

图 8-167 充电器模具

8.2 按钮模具设计

本套模具将采用一模两腔的方式进行分模，也就是在一套模具中有 2 个相同的型腔。按钮的形状比较复杂，分模时需要进行大量的补面。分析按钮的形状可知，该套模具使用三板模，采用 LKM_SG 模架。产品材料采用 ABS 树脂，收缩率为 0.6%。本节所用的按钮模具如图 8-168 所示。

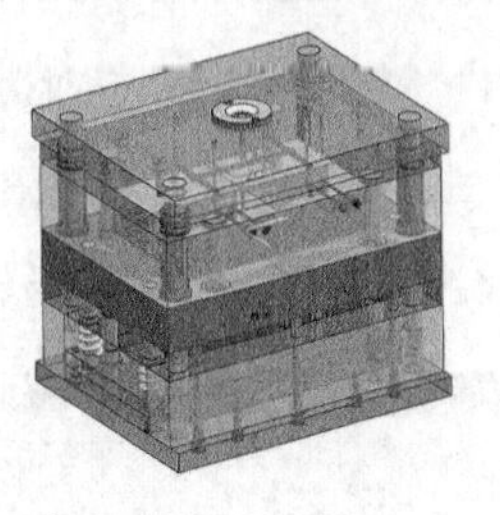

图 8-168　按钮模具示意图

8.2.1 具体操作步骤

1. 装载产品

（1）启动程序，进入注塑模设计环境并打开“注塑模向导”选项卡。

（2）单击“注塑模向导”选项卡中的“初始化项目”按钮，系统弹出“部件名”对话框，选择按钮的产品文件“yuanwenjian\8\pb\pb_stp.prt”，单击“确定”按钮。在系统弹出的“初始化项目”对话框中，设置“项目单位”为毫米，“材料”为 ABS，“收缩”为 1.006，如图 8-169 所示。

（3）单击“确定”按钮，完成产品装载，如图 8-170 所示。此时，在“装配导航器”中显示系统自动产生的模具装配结构。

2. 设定模具坐标系

（1）选择“菜单”→“格式”→“WCS”→“旋转”命令，系统弹出图 8-171 所示的“旋转 WCS 绕...”对话框，选择“+ZC 轴：XC→YC”选项，在“角度”文本框中输入 90。单击“确定”按钮，完成坐标系的旋转，如图 8-172 所示。

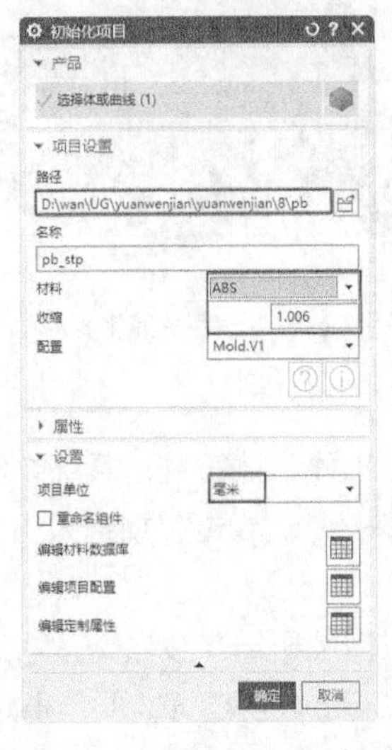

图 8-169　“初始化项目”对话框

图 8-170　装载产品

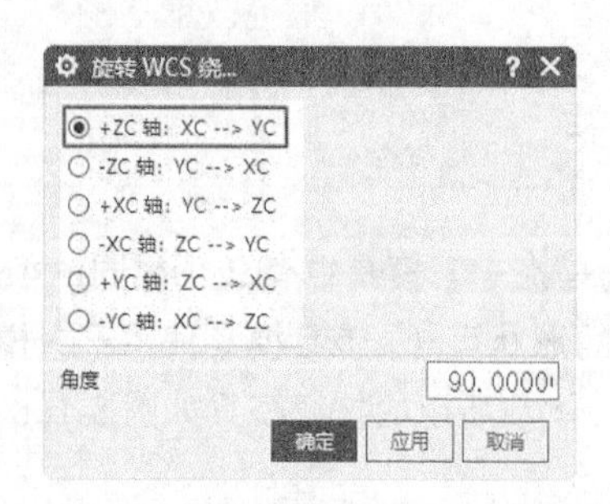

图 8-171 “旋转 WCS 绕...”对话框

图 8-172 旋转坐标系

（2）选择“菜单”→“格式”→“WCS”→“原点”命令，系统弹出“点”对话框，在“坐标”栏中输入“ZC”的值为–4.37，如图 8-173 所示。单击“确定”按钮，完成坐标系的移动，如图 8-174 所示。

图 8-173 “点”对话框

图 8-174 移动坐标系

（3）单击“注塑模向导”选项卡“主要”面板上的“模具坐标系”按钮，系统弹出图 8-175 所示的“模具坐标系”对话框，选择“当前 WCS”选项，单击“确定”按钮，系统会自动把模具坐标系与当前坐标系相匹配，完成模具坐标系的设置，如图 8-176 所示。

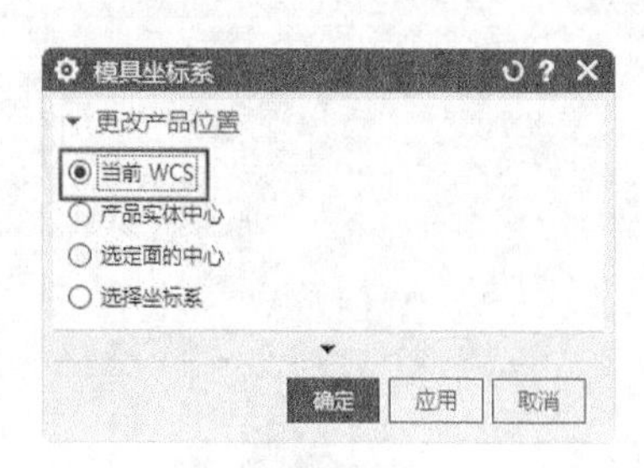

图 8-175 “模具坐标系”对话框

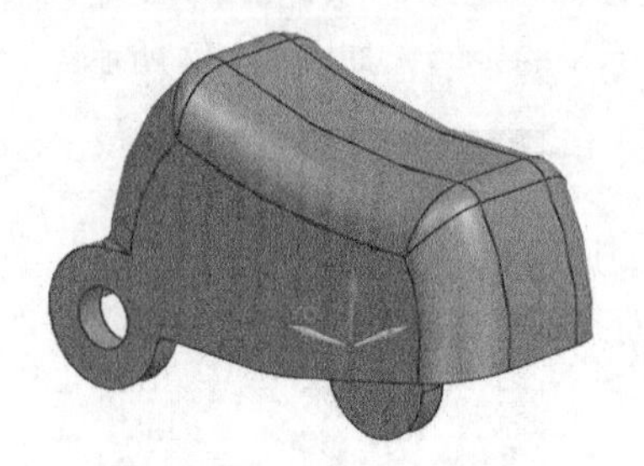

图 8-176 设定模具坐标系

3. 设置布局

（1）单击“注塑模向导”选项卡“主要”面板上的“工件”按钮，系统弹出图 8-177 所示的“工件”对话框，在“定义类型”下拉列表框中选择“参考点”，单击“重置大小”按钮，设置工件尺寸如图 8-178 所示。

（2）单击“注塑模向导”选项卡“主要”面板上的“型腔布局”按钮，系统弹出图 8-179 所示的“型腔布局”对话框。在“布局类型”中选择“矩形”和“平衡”选项，“指定矢量”为“–YC”轴，设置“腔型数”为 2，“间隙距离”的值为 0，然后单击“开始布局”按钮，生成型腔布局。

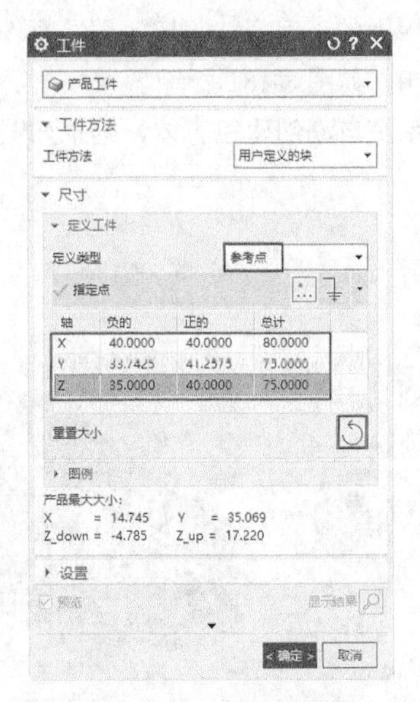

图 8-177 “工件”对话框

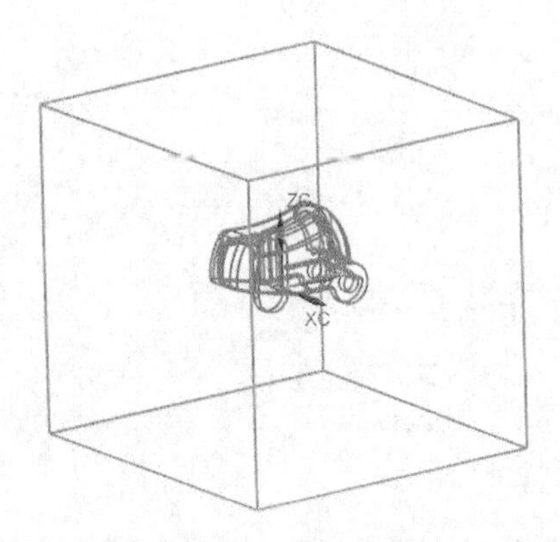

图 8-178 成型工件

（3）再单击“自动对准中心”按钮⊞，将模腔设置在模具的装配中心，完成最终的型腔布局，如图 8-180 所示。然后单击“关闭”按钮。

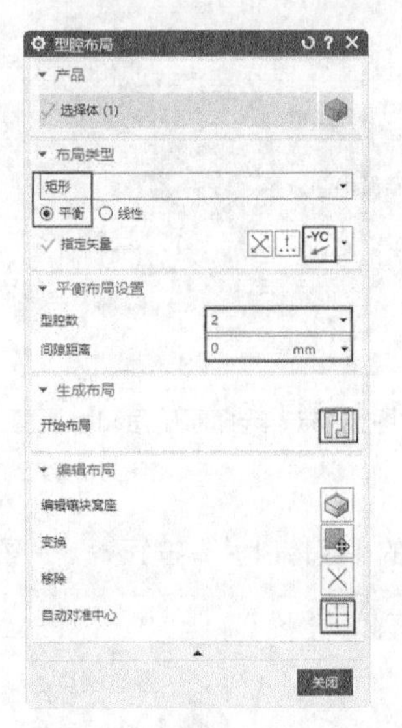

图 8-179 “型腔布局”对话框

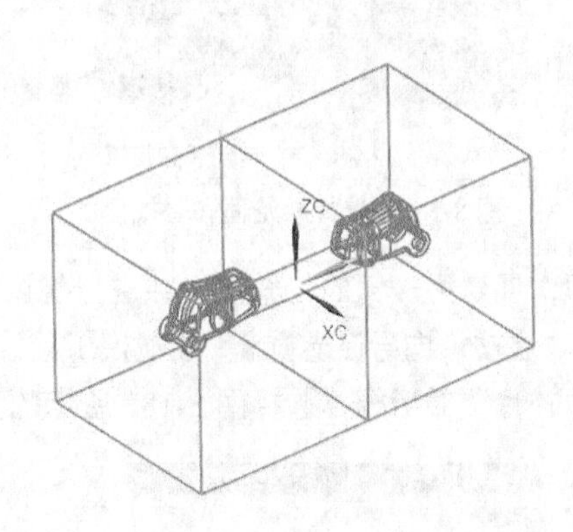

图 8-180 型腔布局结果

注意

由于该套模具是一模多腔，所以在生成多腔模之后，一定要单击“自动对准中心”按钮，以将其调整到多腔模的中心。该步骤在多腔模具设计中是必不可少的，其直接影响模架的装配位置。

4. 创建分型线

（1）单击“注塑模向导”选项卡“注塑模工具”面板上的“曲面补片”按钮，系统进入零件界面，同时弹出“曲面补片”对话框，关闭对话框。

（2）单击“注塑模向导”选项卡“注塑模工具”面板上的“包容体”按钮，系统弹出“包容体”对话框，选择“圆柱”类型，设置“偏置”的值为 0，如图 8-181 所示。

（3）选择图 8-182 所示的面，单击“确定”按钮，系统自动创建包容体，结果如图 8-183 所示。

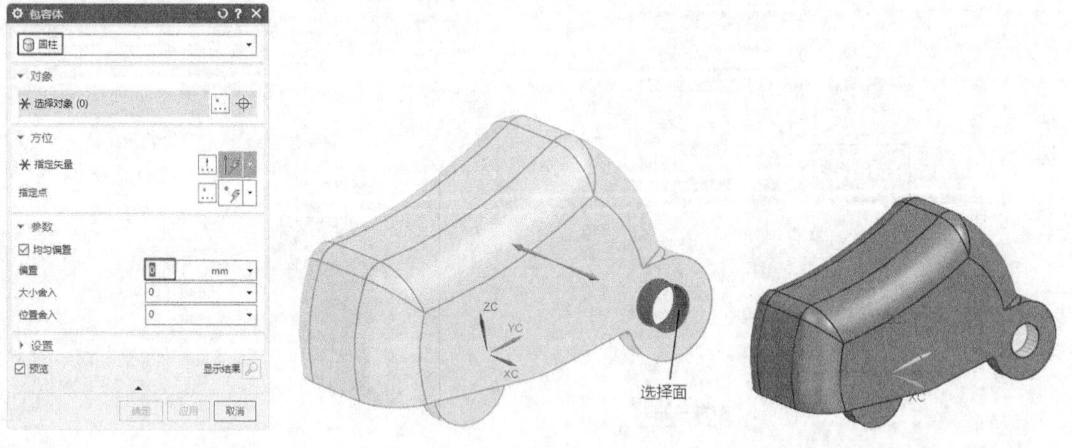

图 8-181 “包容体”对话框　　图 8-182 选择面　　图 8-183 创建包容体

（4）单击“主页”选项卡“同步建模”面板上的“替换面”按钮，选择图 8-184 所示的原始面和替换面，单击“应用”按钮。再选择图 8-185 所示的原始面和替换面，单击“确定”按钮。

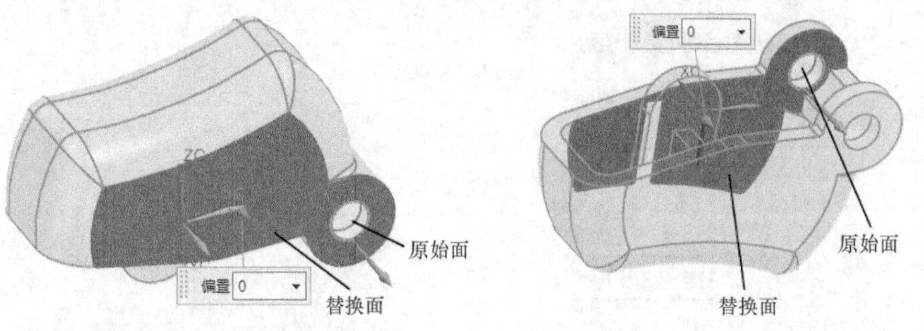

图 8-184 选择原始面和替换面 1　　图 8-185 选择原始面和替换面 2

（5）同理，创建另一侧的包容体，并进行替换面操作。

（6）单击“注塑模向导”选项卡“注塑模工具”面板上的“实体补片”按钮，系统弹出图 8-186 所示的“实体补片”对话框，选择图 8-187 所示的实体为目标体。

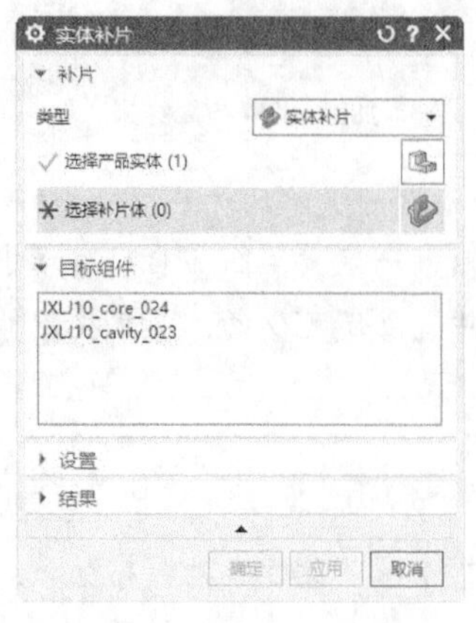

图 8-186 “实体补片”对话框

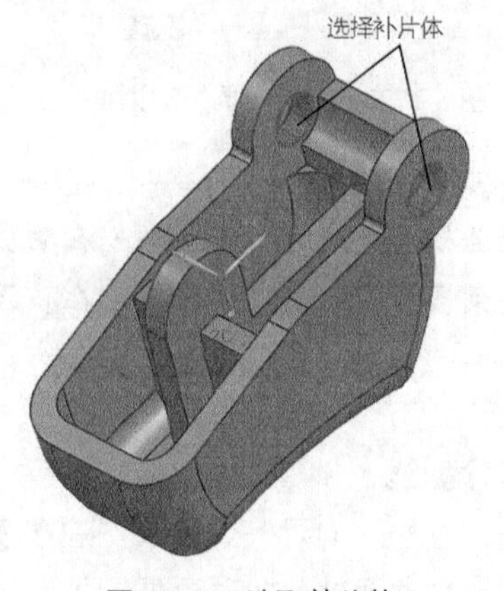

图 8-187 选取补片体

（7）单击“确定”按钮，结果如图 8-188 所示。

（8）单击“曲线”选项卡“基本”面板上的“直线”按钮 ，绘制图 8-189 所示的直线。

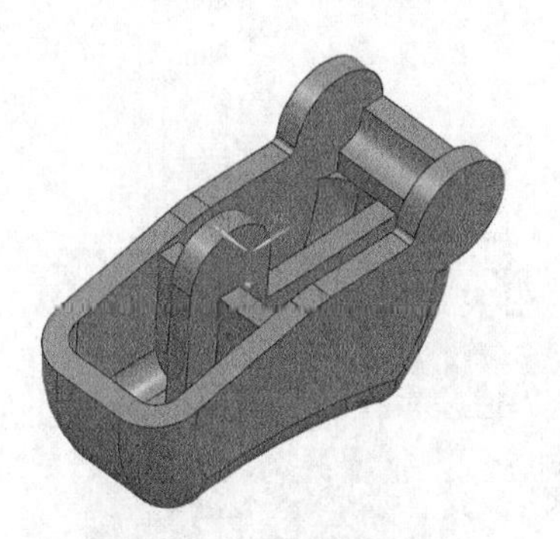

图 8-188　实体补片结果

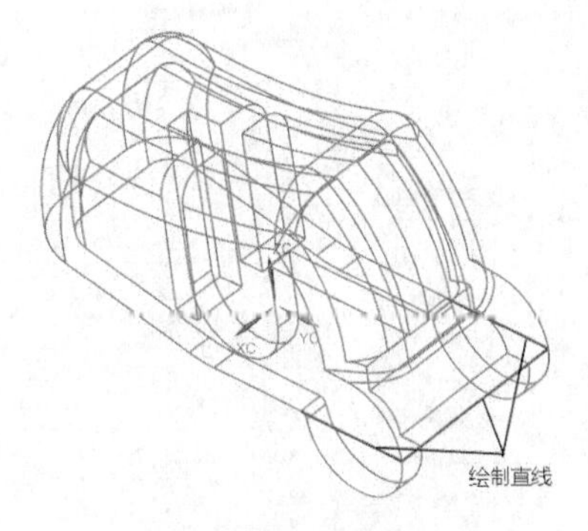

图 8-189　绘制直线

（9）单击“注塑模向导”选项卡“注塑模工具”面板上的“拆分面”按钮 ，系统弹出图 8-190 所示的“拆分面”对话框。

（10）选择拆分面，再单击“选择对象”按钮 ，选择拆分线，如图 8-191 所示，然后单击“确定”按钮，拆分后的结果如图 8-192 所示。

（11）应用同样的方法用另外两条线分割其所在的面，结果如图 8-193 和图 8-194 所示。

图 8-190　“拆分面”对话框

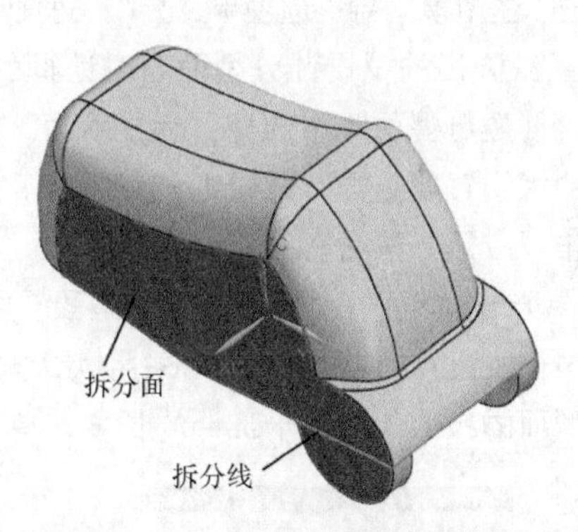

图 8-191　选择拆分面和拆分线

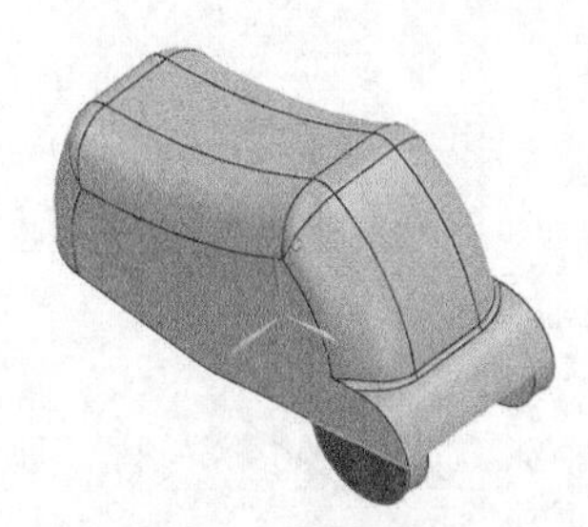

图 8-192　面拆分结果

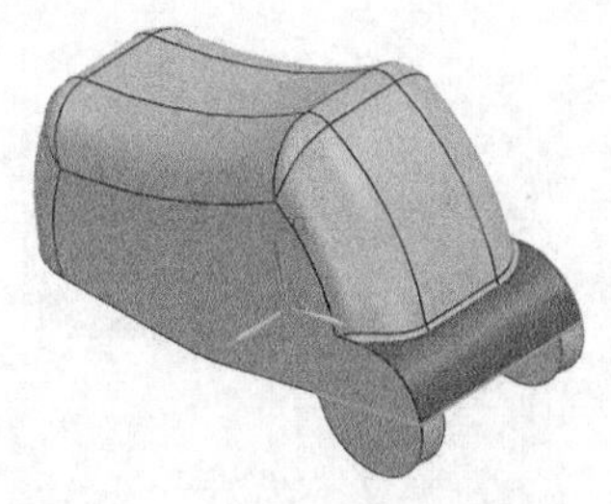

图 8-193　拆分第二个面

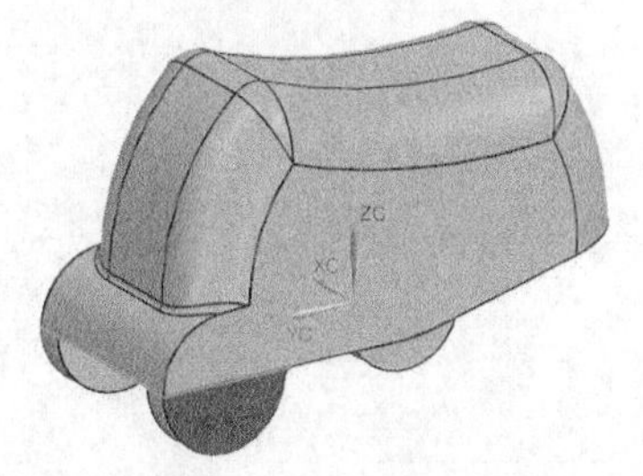

图 8-194　拆分第三个面

（12）单击“注塑模向导”选项卡“分型”面板上的“设计分型面”按钮 ，系统弹出图 8-195 所示的“设计分型面”对话框。单击“编辑分型线”中的“选择分型线”按钮 ，选择实体的底面边线，系统提示分型线没有封闭，接着选取凹槽部分边线，直至分型线封闭，单击“确定”按钮，生成图 8-196 所示的分型线。

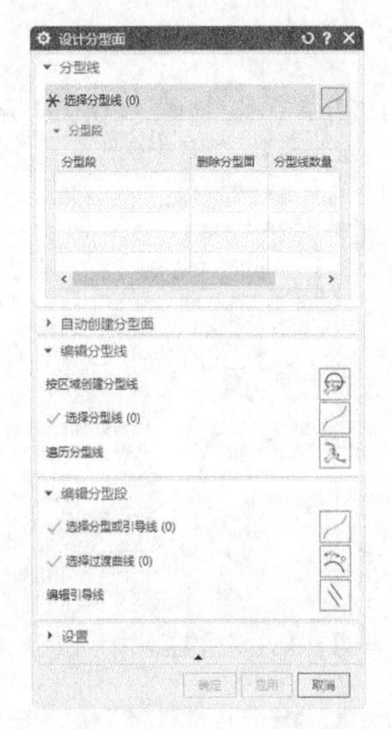

图 8-195 “设计分型面”对话框

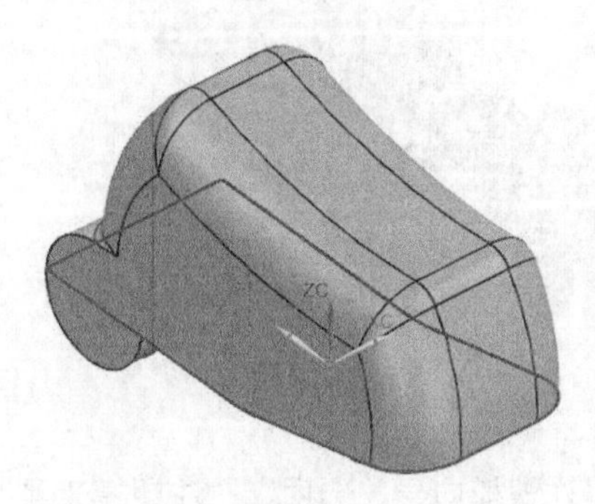

图 8-196 分型线

（13）单击“注塑模向导”选项卡“分型”面板上的“设计分型面”按钮，系统弹出“设计分型面”对话框，单击“编辑分型段”中的“选择分型或引导线”选项，在图 8-197 所示的位置创建引导线。

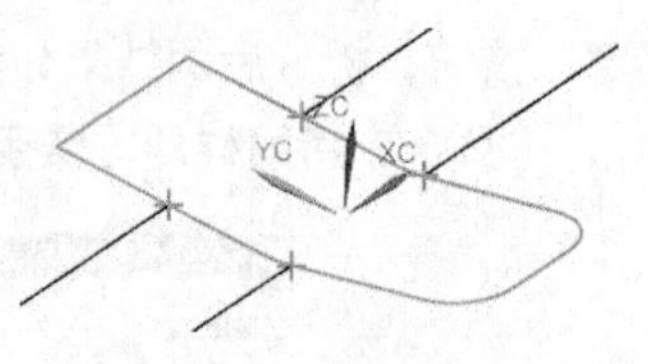

图 8-197 引导线位置

5. 创建分型面

（1）单击“注塑模向导”选项卡“分型”面板上的“设计分型面”按钮，在系统弹出的“设计分型面”对话框的“分型段”中选择“段 1”，在“创建分型面”中选择“有界平面”按钮，勾选“调整所有方向的大小”复选框，如图 8-198 所示。用鼠标指针拖动“U 向起点百分比”标志，调节曲面大小，单击“应用”按钮。

（2）在“设计分型面”对话框的“分型段”中选择“段 2”，如图 8-199 所示。在“创建分型面”中选择“拉伸”按钮，“拉伸方向”采用默认方向，用鼠标拖动“延伸距离”标志，调节曲面延伸距离，使分型面的拉伸长度大于工件的长度，单击“应用”按钮，完成分型面的创建。

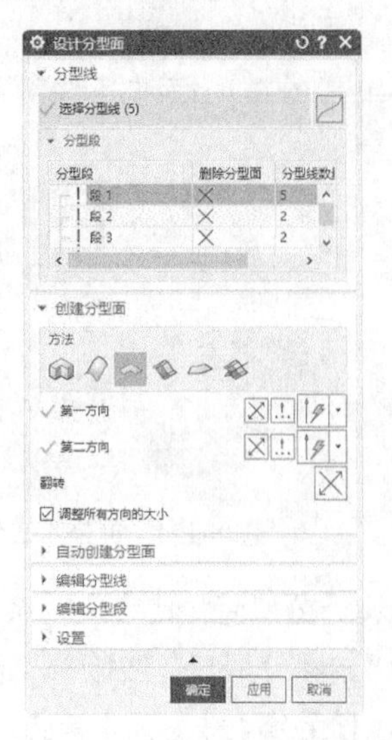

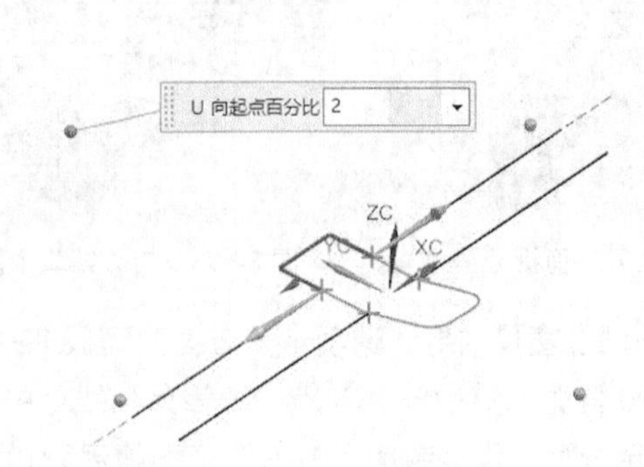

图 8-198 选择“段 1”

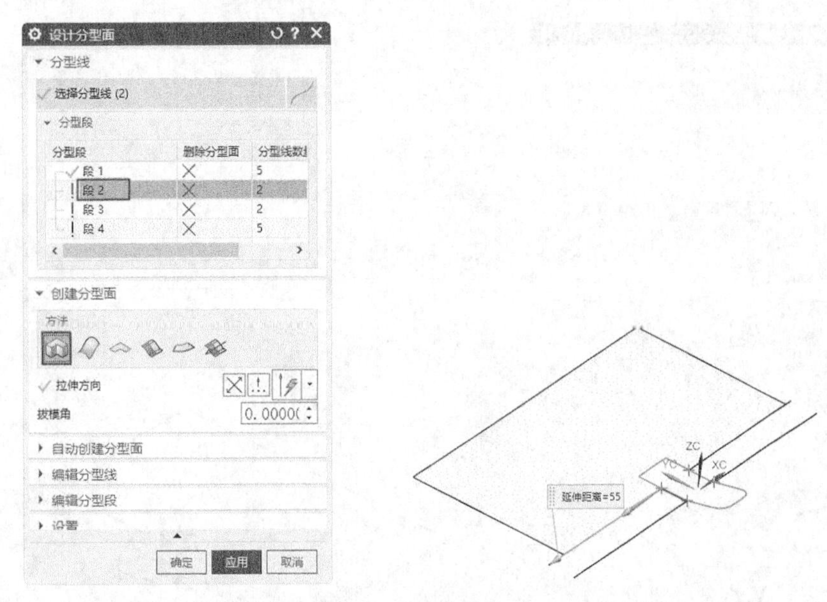

图 8-199　选择“段 2”

（3）单击“注塑模向导”选项卡“分型”面板上的“设计分型面”按钮，在系统弹出的“设计分型面”对话框的“分型段”中选择“段 3”，在“创建分型面”中选择“有界平面”按钮，勾选“调整所有方向的大小”复选框，如图 8-200 所示。用鼠标指针拖动“U 向起点百分比”标志，调节曲面大小，单击“应用”按钮。

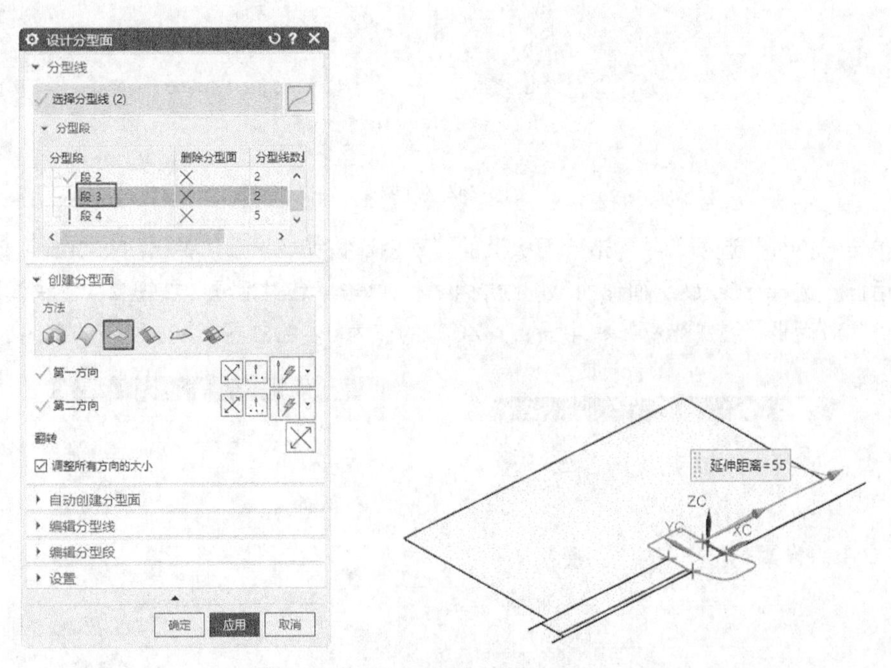

图 8-200　选择“分段 3”

（4）在“设计分型面”对话框的“分型段”中选择“段 4”，在“创建分型面”中选择“有界平面”按钮，“第一方向”和“第二方向”采用默认拉伸方向，用鼠标指针拖动“曲面延伸距离”标志，调节曲面延伸距离，使分型面的拉伸长度大于工件的长度，如图 8-201 所示。单击“确定”按钮，完成分型面的创建，如图 8-202 所示。

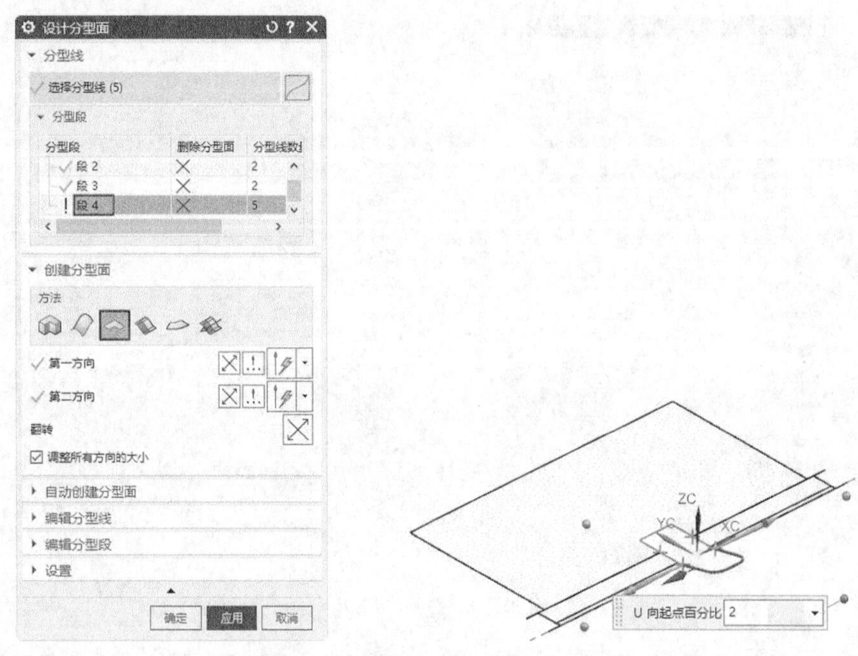

图 8-201　选择“段 4”

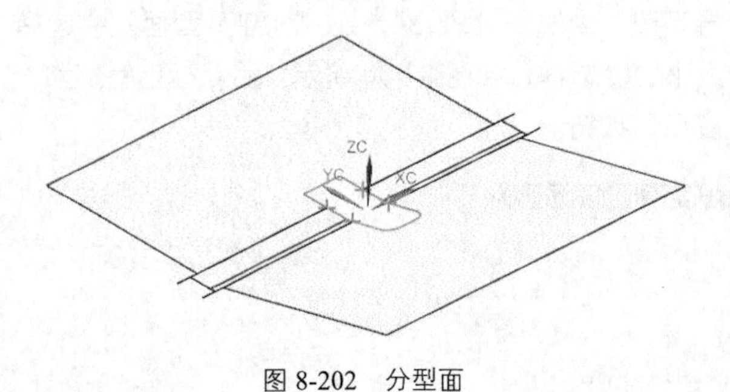

图 8-202　分型面

（5）单击“主页”选项卡“构造”面板上的“草图”按钮，系统弹出图 8-203 所示的“创建草图”对话框。选择 *YC-ZC* 平面作为草图绘制平面，单击“点对话框”按钮，系统弹出图 8-204 所示的“点”对话框，在“坐标”栏中设置“ZC”的值为 0。绘制图 8-205 所示的草图。

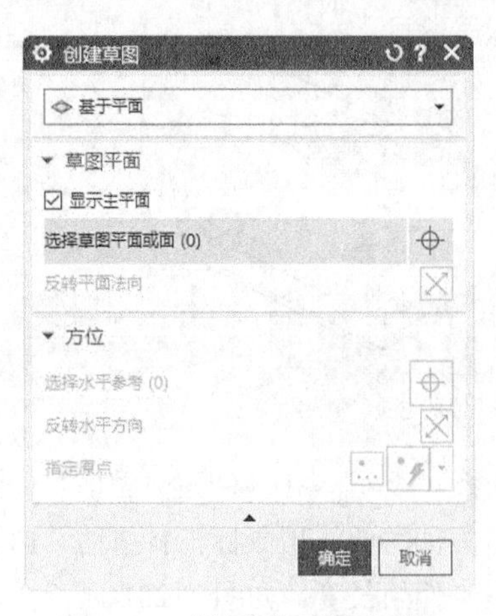

图 8-203　“创建草图”对话框

图 8-204　“点”对话框

（6）单击“主页”选项卡“基本”面板上的“拉伸”按钮，系统弹出图 8-206 所示的“拉伸”对话框，依图设置参数。单击“确定”按钮，结果如图 8-207 所示。

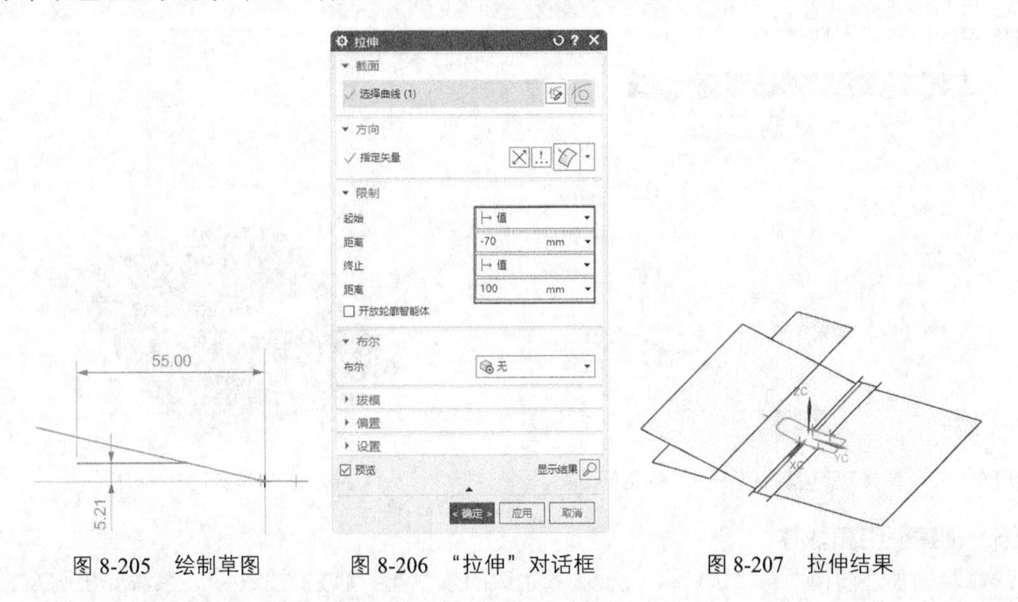

图 8-205　绘制草图　　图 8-206　“拉伸”对话框　　图 8-207　拉伸结果

（7）单击“曲面”选项卡“组合”面板上的“修剪片体”按钮，系统弹出图 8-208 所示的“修剪片体”对话框，选择图 8-209 所示的目标片体和边界对象，单击“确定”按钮，结果如图 8-210 所示。

图 8-208　“修剪片体”对话框

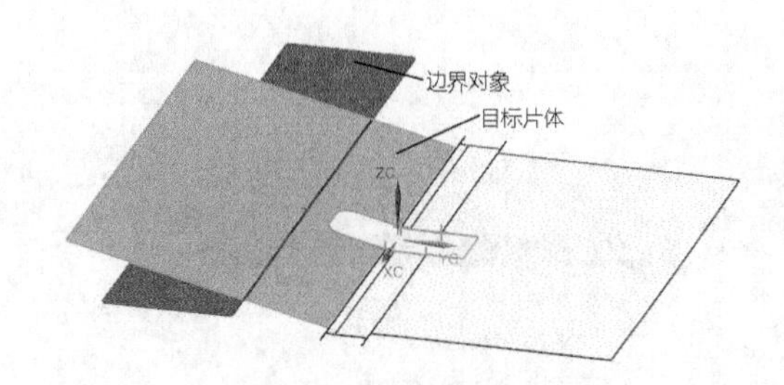

图 8-209　选择对象

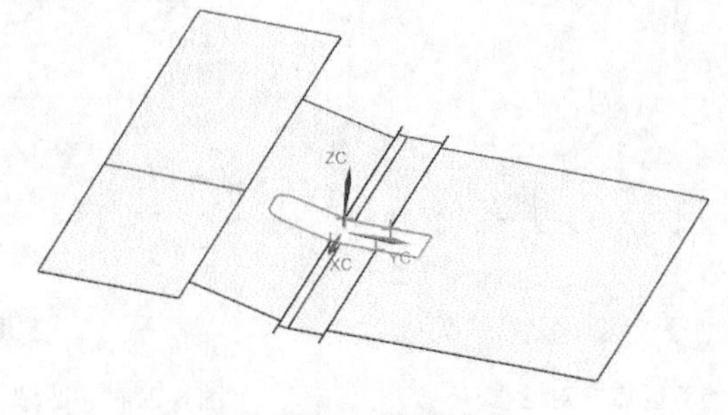

图 8-210　修剪结果

（8）单击“注塑模向导”选项卡“分型”面板上的“编辑分型面和曲面补片”按钮，系统弹出图 8-211 所示的“编辑分型面和曲面补片”对话框，并选择图 8-212 所示面进行编辑。单击“确定”按钮，完成分型面编辑。

图 8-211 “编辑分型面和曲面补片”对话框

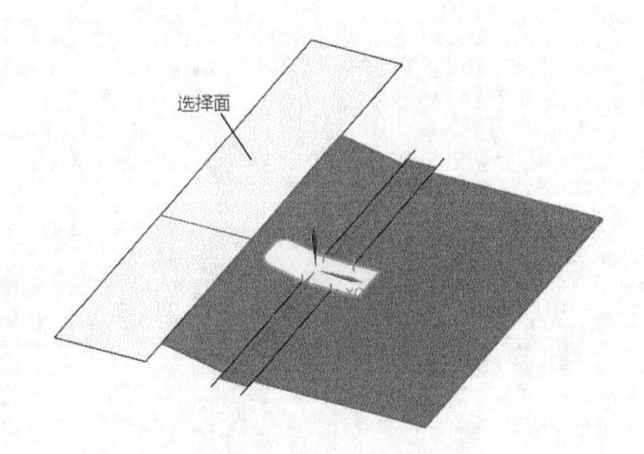

图 8-212 选择面

6. 创建型腔和型芯

（1）单击“注塑模向导”选项卡“分型”面板上的“检查区域”按钮，系统弹出图 8-213 所示的“检查区域”对话框。在“计算”选项组中选择“保留现有的”选项，其他采用默认设置，单击“计算”按钮。

（2）单击“区域”选项卡，如图 8-214 所示，从对话框中可以看到“型腔区域”的数量为 24，“型芯区域”的数量为 55，“未定义区域”的数量为 3。选择图 8-215（a）所示的 3 个未定义面，将其全部定义为“型腔区域”，单击“应用”按钮。再选择图 8-215（b）所示的面，将其修改为“型芯区域”，可以看到型腔区域数量（25）与型芯区域数量（57）的和等于总面数（82），如图 8-216 所示。

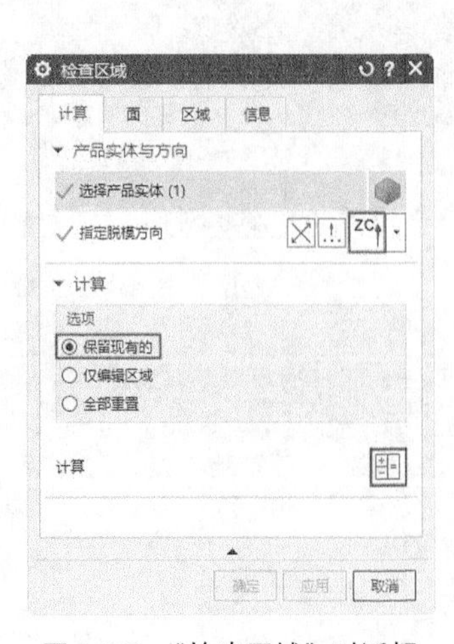

图 8-213 “检查区域”对话框

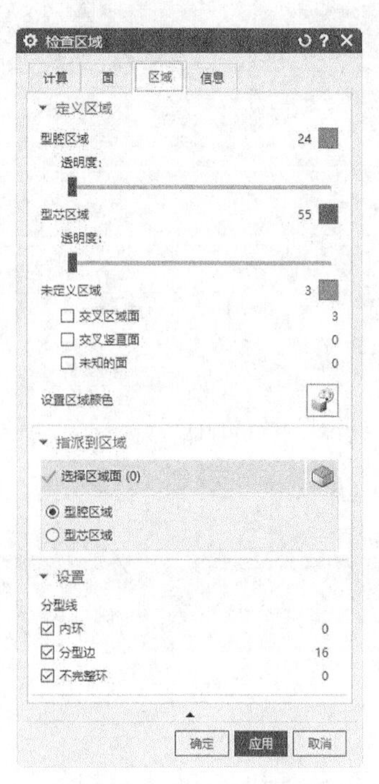

图 8-214 “区域”选项卡

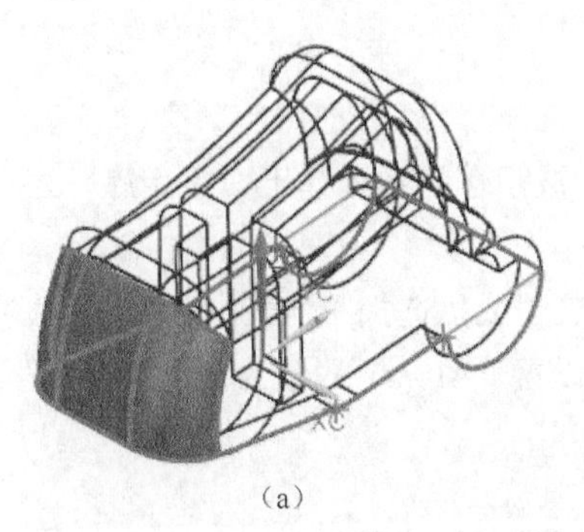

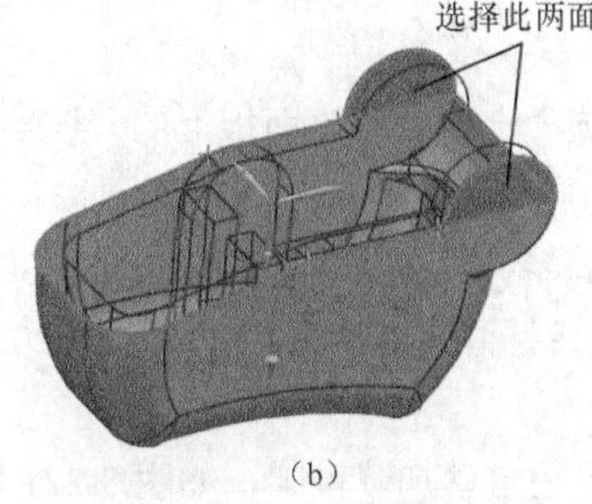

（a） （b）

图 8-215 选择面

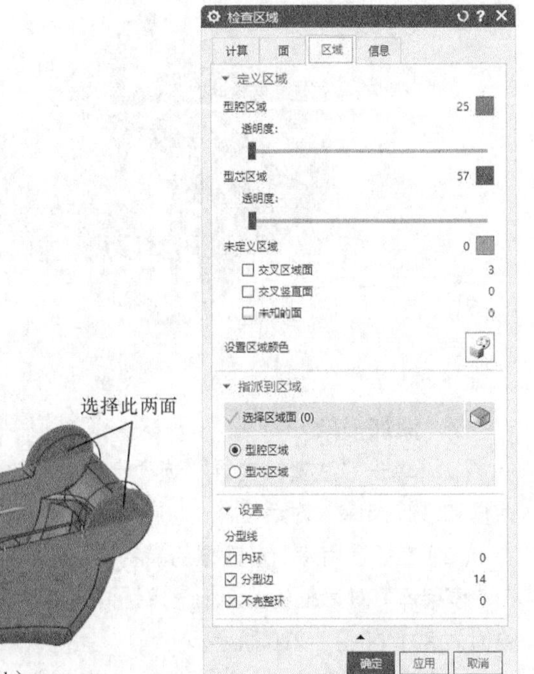

图 8-216 修改后的“区域”选项卡

（3）单击“注塑模向导”选项卡“分型”面板上的“定义区域”按钮，系统弹出图 8-217 所示的“定义区域”对话框。选择“所有面”选项，勾选“创建区域”复选框，单击“确定”按钮，完成型芯和型腔的抽取。

（4）单击“注塑模向导”选项卡“分型”面板上的“定义型腔和型芯”按钮，系统弹出图 8-218 所示的“定义型腔和型芯”对话框，选择“所有区域”选项，单击“确定”按钮，此时，系统自动弹出“查看分型结果”对话框，如果型腔或型芯不符合要求，可以单击“法向反向”按钮进行调整，此处不再调整。系统自动生成型芯和型腔片体，如图 8-219 所示。

（5）选择“文件”→“保存”→“全部保存”命令，保存所有零件。

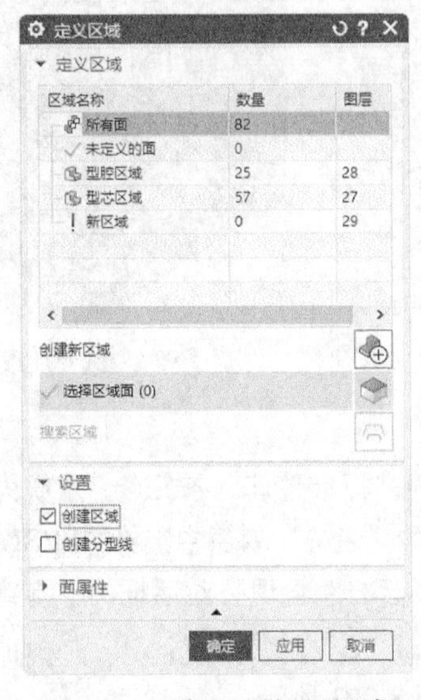

图 8-217 “定义区域”对话框

图 8-218 “定义型腔和型芯”对话框

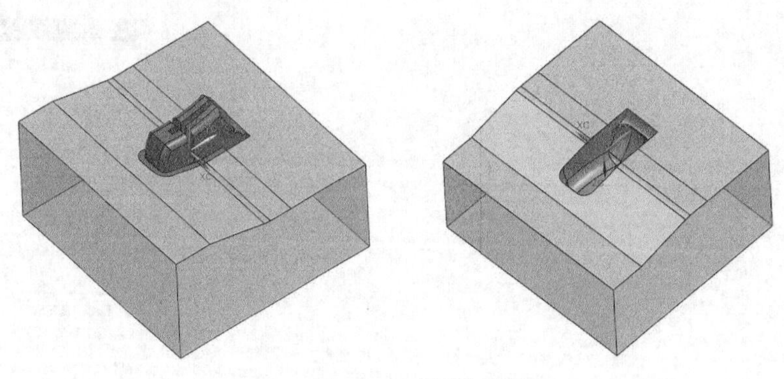

图 8-219 型芯和型腔

7. 添加模架

（1）单击“注塑模向导”选项卡“主要”面板上的“模架库”按钮，系统弹出“重用库”对话框和“模架库”对话框。

（2）在“重用库”对话框的“名称”列表中选择“LKM_SG”，在“成员选择”列表中选择“A”，在“模架库”对话框的“详细信息”列表中设置“index”为2023，设置“AP_h”的值为70，“BP_h”的值为80，如图8-220所示。

（3）单击“确定”按钮，系统自动加载模架，如图8-221所示。

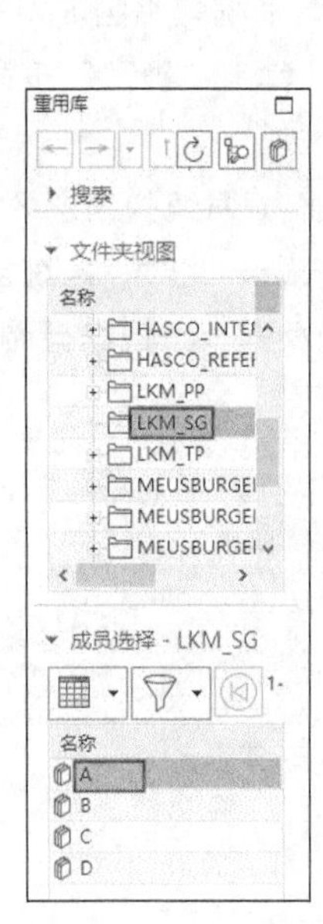

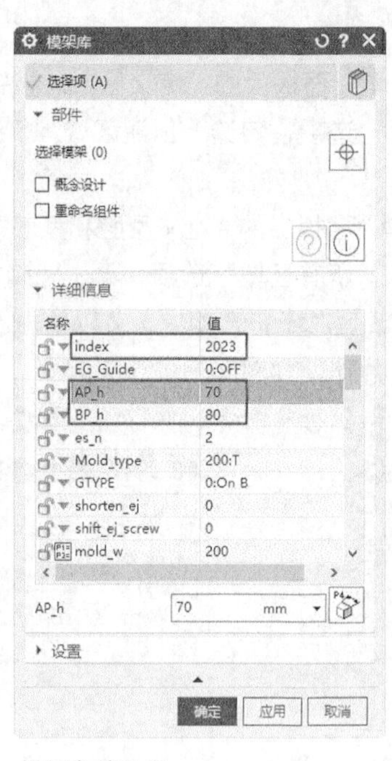

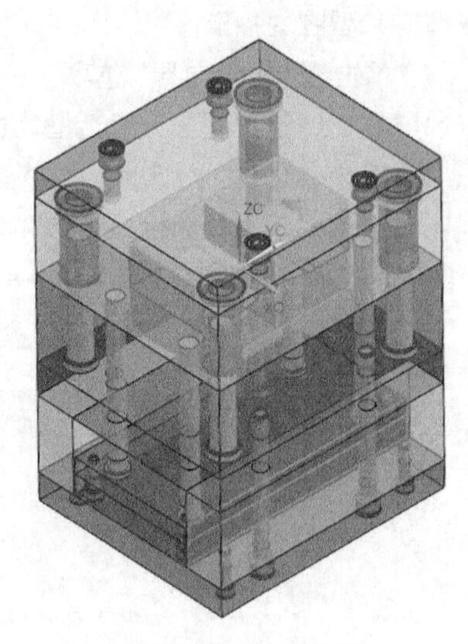

图 8-220 模架参数设置　　　　图 8-221 加载模架

8. 添加标准件和镶块

（1）单击“注塑模向导”选项卡“主要”面板上的“标准件库”按钮，系统弹出“重用库”对话框和“标准件管理”对话框。在“重用库”对话框的“名称”列表中选择“MISUMI”→“Sprue Bushings”，在“成员选择”列表中选择“SBJE”，在“标准件管理”对话框的“详细信息”列表中设置“D”的值为16，“SR”的值为13，“P”的值为3，“A”的值为2，“L”为84.7，如图8-222所示。单击“应用”按钮，创建浇口套部件，结果如图8-223所示。

（2）单击“重定位”按钮，系统弹出“移动组件”对话框，在绘图区的动态坐标系中输入 *Z* 值为 100，单击“确定”按钮，结果如图 8-224 所示。

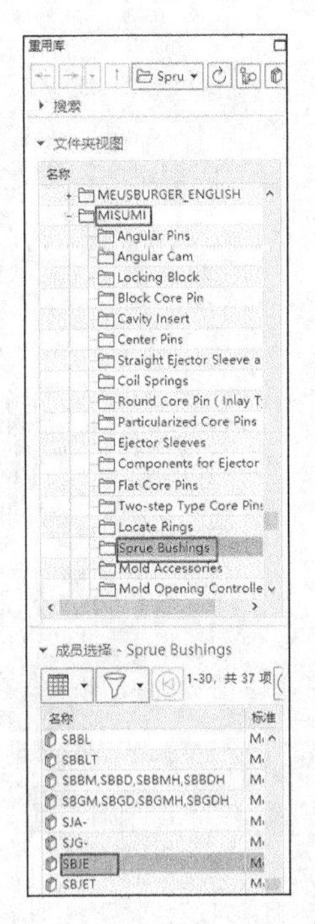

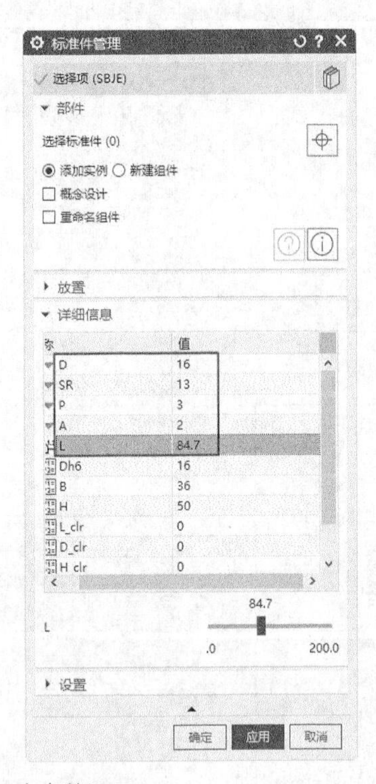

图 8-222　浇口套参数设置

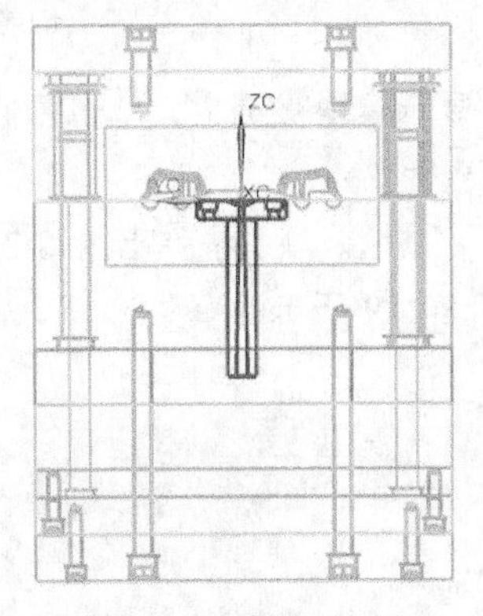

图 8-223　创建浇口套

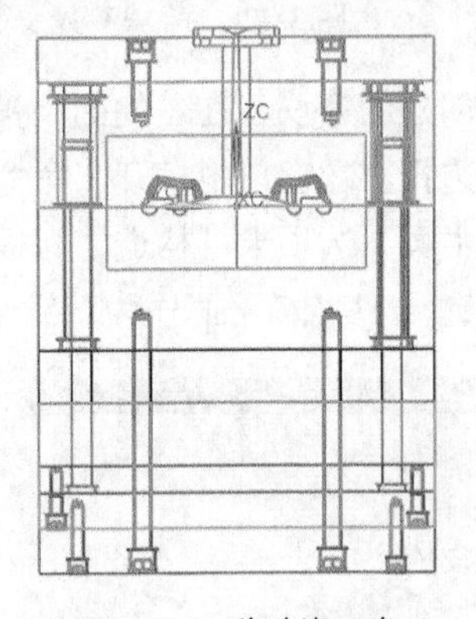

图 8-224　移动浇口套

（3）通过“装配导航器”显示型芯部件，将其余部件隐藏，如图 8-225 所示。

（4）单击“注塑模向导”选项卡“主要”面板上的“子镶块库”按钮，系统弹出“重用库”对话框和“子镶块库”对话框。在“重用库”对话框的“名称”列表中选择“INSERT”，在“成员选择”列表中选择“CORE SUB INSERT”，在“子镶块库”对话框的“详细信息”列表中设置“SHAPE”为 RECTANGLE，“FOOT”为 ON，“X_LENGTH”为 20，设置“Y_LENGTH”的值为 33.939，“Z_LENGTH”的值为

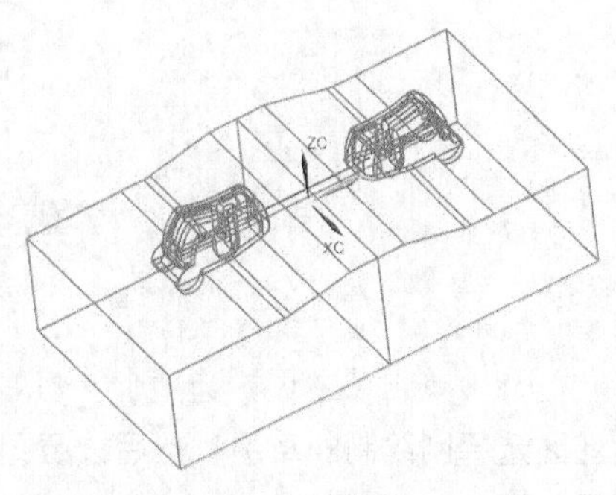

图 8-225　型芯

40.213，“FOOT_OFFSET_1”的值为 3，“FOOT_OFFSET_3”的值为 3，“FOOT_HT”的值为 5，如图 8-226 所示。

（5）单击“确定”按钮，结果如图 8-227 所示。

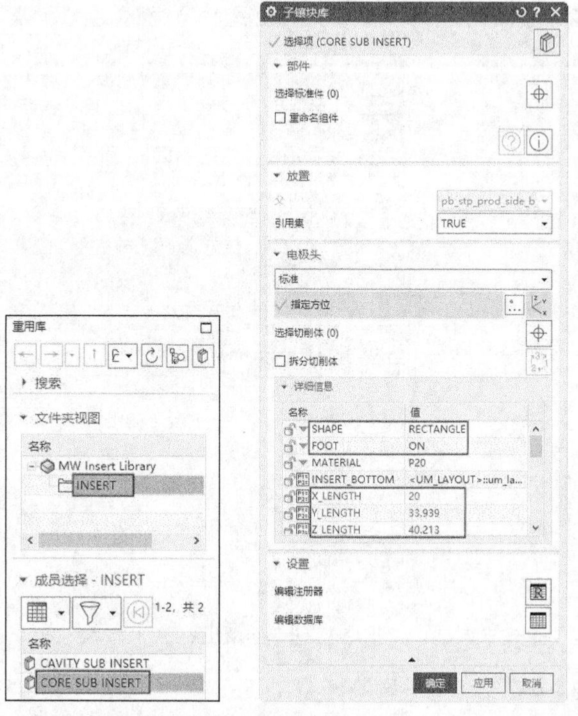

图 8-226　镶块参数设置

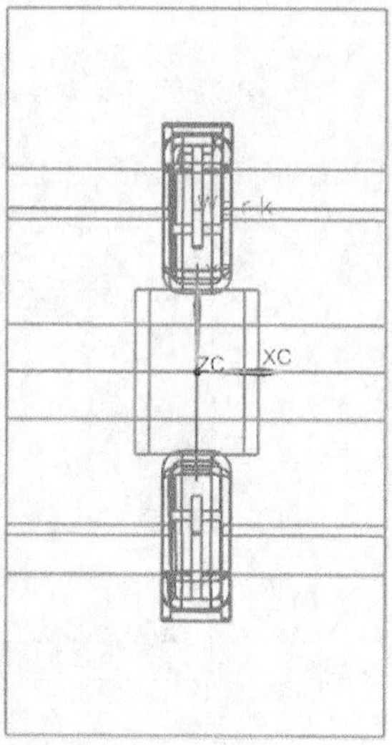

图 8-227　创建镶块

（6）选中刚创建的镶块，在左侧的“预览”窗格中显示镶块被选中，单击鼠标右键，在系统弹出的快捷菜单中选择“在窗口中打开”命令，进入零件界面。

（7）单击“主页”选项卡“构造”面板上的“草图”按钮，系统弹出图 8-228 所示的“创建草图”对话框，选择 *YC-ZC* 平面作为草绘平面，绘制图 8-229 所示的草图。

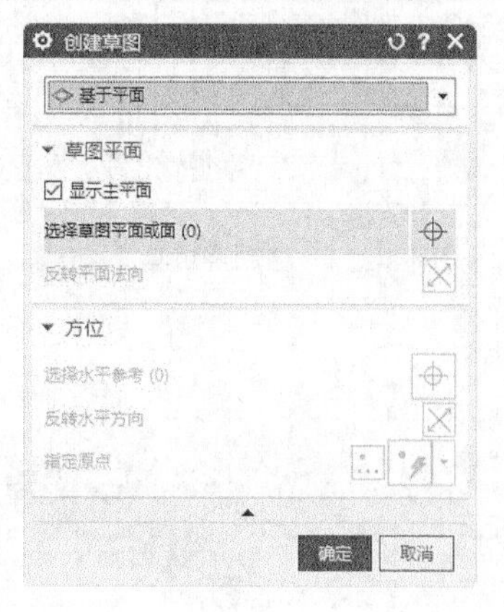

图 8-228　“创建草图”对话框

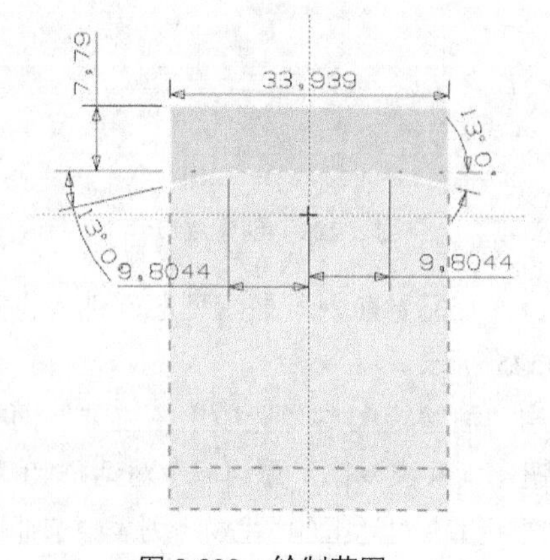

图 8-229　绘制草图

（8）单击“主页”选项卡“基本”面板上的“拉伸”按钮，系统弹出“拉伸”对话框，在绘图区选择刚绘制的草图，然后按照图 8-230 所示设置参数，单击“确定”按钮，完成拉伸操作，结果如图 8-231 所示。

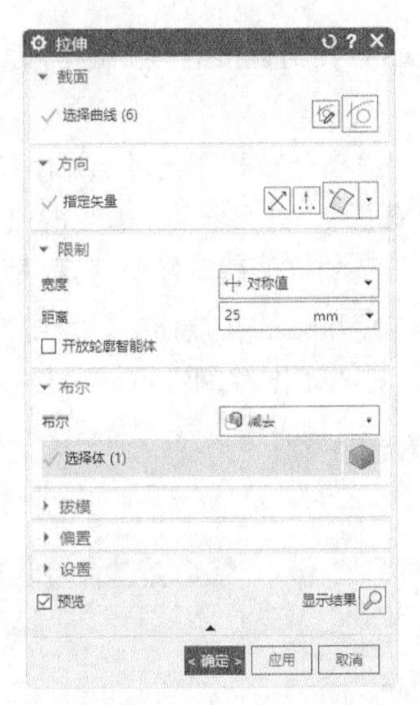

图 8-230 “拉伸”对话框

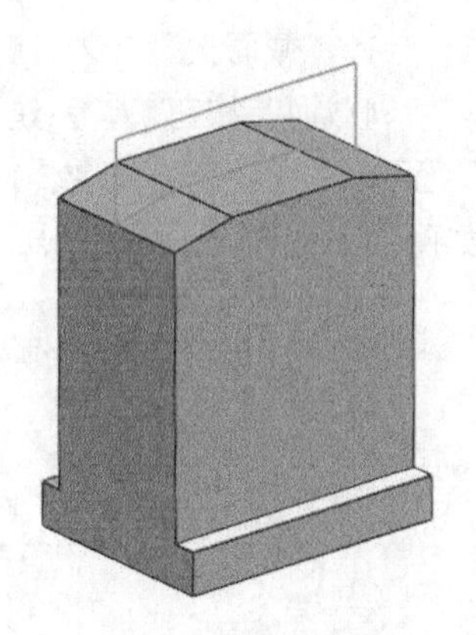

图 8-231 拉伸结果

（9）返回“pb_stp_top_000.prt”窗口。

（10）单击“主页”选项卡“基本”面板上的“减去”按钮，系统弹出图 8-232 所示的“减去”对话框，在绘图区选择型芯作为目标体，镶块作为工具体，如图 8-233 所示，单击“确定”按钮，结果如图 8-234 所示。此时，单独打开型芯，型芯如图 8-235 所示。

图 8-232 “减去”对话框

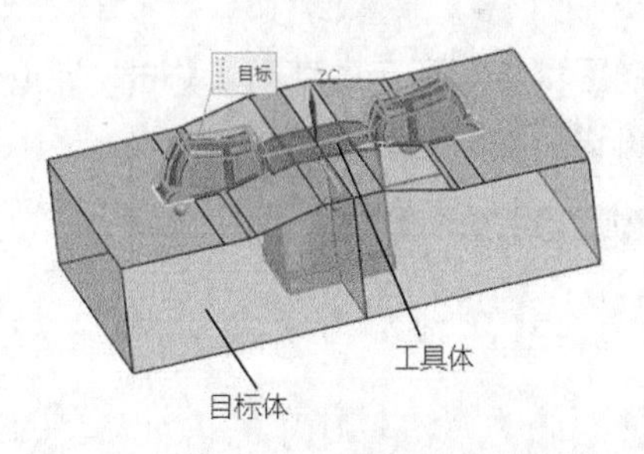

图 8-233 选择目标体和工具体

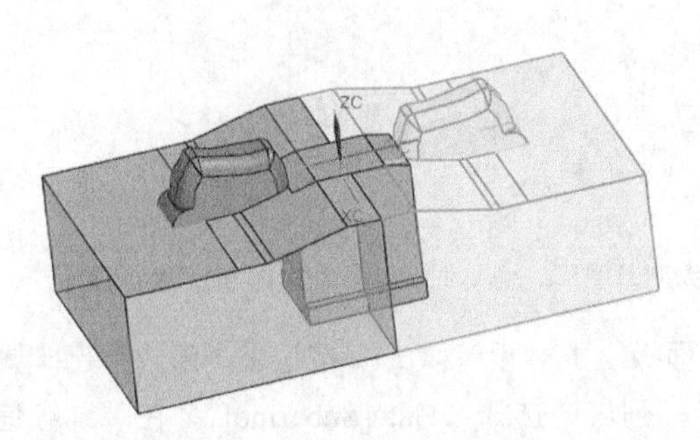

图 8-234 “减去”结果

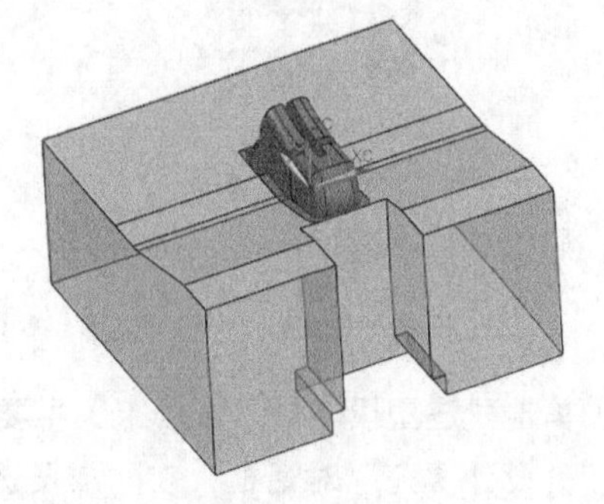

图 8-235 型芯

9. 设计浇注系统

（1）返回“pb_stp_top_000.prt”窗口。只保留图 8-236 所示的部分结构，将其余零部件隐藏。

（2）单击“装配”选项卡“部件间链接”面板上的“WAVE 几何链接器”按钮，系统弹出“WAVE 几何链接器”对话框，将 2 个型芯设置为链接体。

（3）单击“注塑模向导”选项卡“主要”面板上的“流道”按钮，系统弹出图 8-237 所示的“流道”对话框，选择“截面类型”为“Circular”（圆形截面），并且设置“D”的值为 5。

（4）单击“绘制截面”按钮，系统弹出图 8-238 所示的“创建草图”对话框，选择“平面方法”为“基于平面”，在绘图区选择 *XC-YC* 平面，单击“点对话框”按钮，系统弹出“点”对话框，设置参数如图 8-239 所示。单击两次“确定”按钮，进入草图绘制环境。

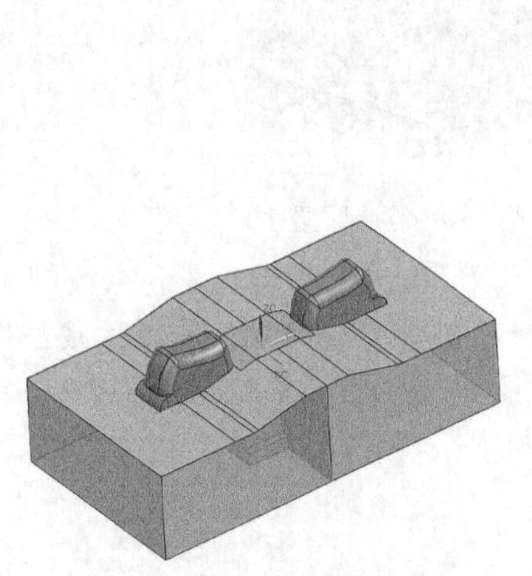

图 8-236　显示部分结构

图 8-237　“流道”对话框

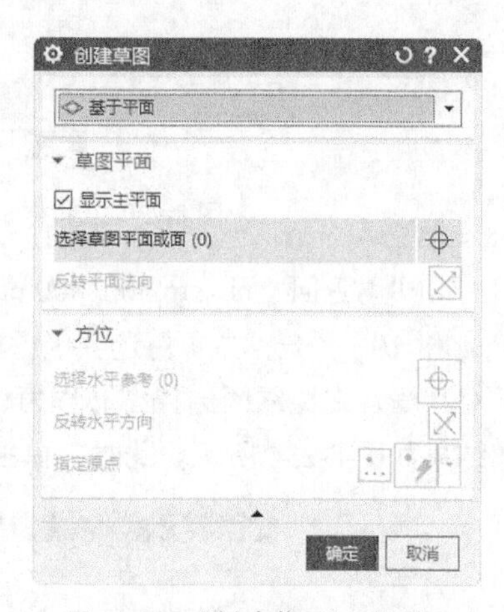

图 8-238　“创建草图”对话框

（5）绘制图 8-240 所示的草图，单击“完成”按钮，返回“流道”对话框，单击“确定”按钮，加入分流道，如图 8-241 所示。

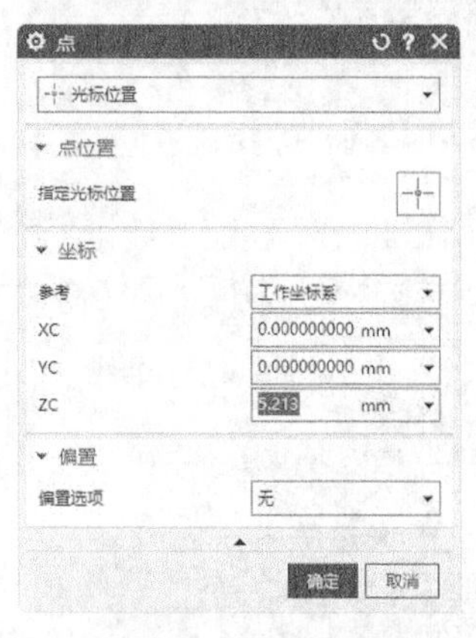

图 8-239　“点”对话框

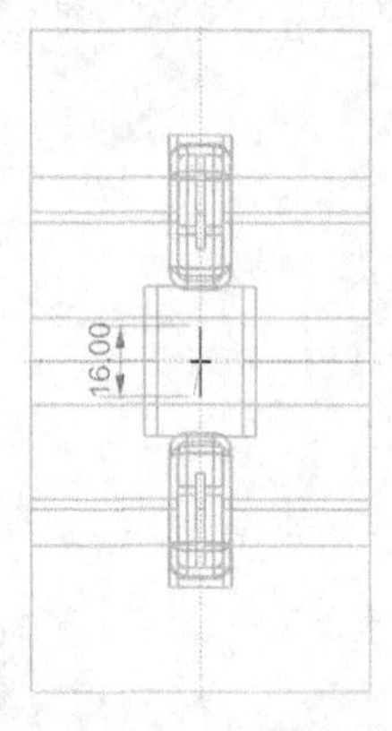

图 8-240　绘制草图

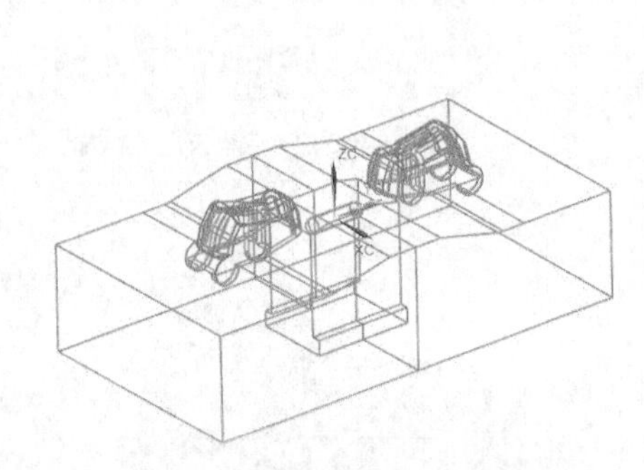

图 8-241　加入分流道

（6）单击“注塑模向导”选项卡“主要”面板上的“设计填充”按钮，系统弹出“重用库”对话框和“设计填充”对话框，在“成员选择”列表中选择“Gate[Subarine]”，在“详细信息”列表中设置“Section_Type”为 Circular，设置“D”的值为 4，“L”的值为 5，“D1”的值为 1.2，“A1”的值为 45，“L1”的值为 6，如图 8-242 所示。

（7）单击“放置”组中的“选择对象”选项，选择图 8-243（a）所示的位置为浇口放置位置，结果如图 8-243（b）所示。选取动态坐标系上的 *ZC* 轴，输入“距离”的值为–2.5，将浇口沿 *ZC* 轴负方向移动 2.5mm，如图 8-244 所示。

（8）选取动态坐标系的“绕 ZC 轴旋转”操控点，输入“角度”的值为 90，将浇口绕 *ZC* 轴旋转 90° ，结果如图 8-245 所示。

（9）选取动态坐标系的“绕 XC 轴旋转”操控点，输入“角度”的值为 180，将浇口绕 *XC* 轴选择 180° ，结果如图 8-246 所示。单击“确定”按钮，浇口 1 创建完毕。

（10）同理，创建另一端的浇口，结果如图 8-247 所示。

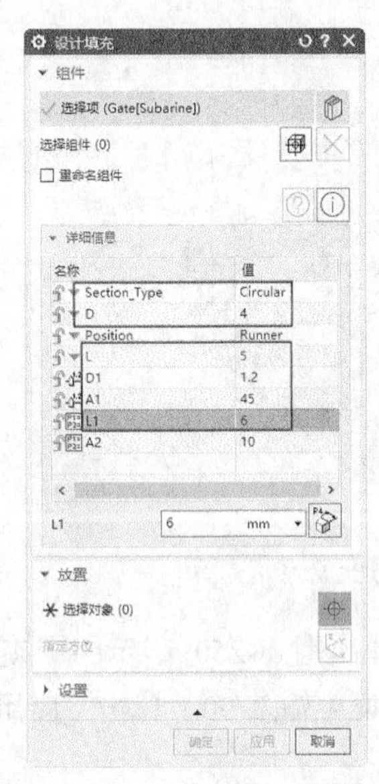

图 8-242 “设计填充”对话框

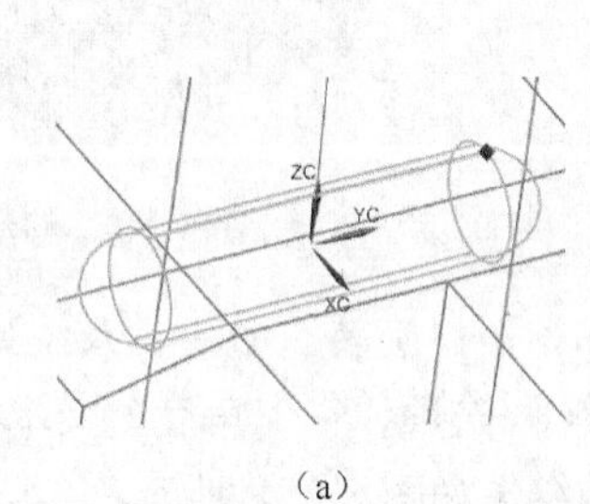

（a）

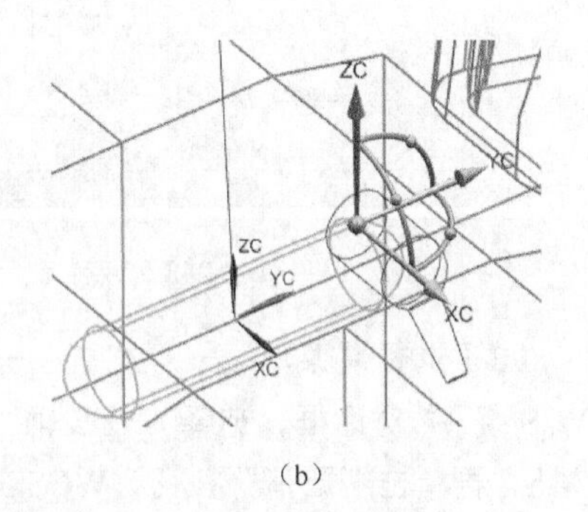

（b）

图 8-243 放置浇口

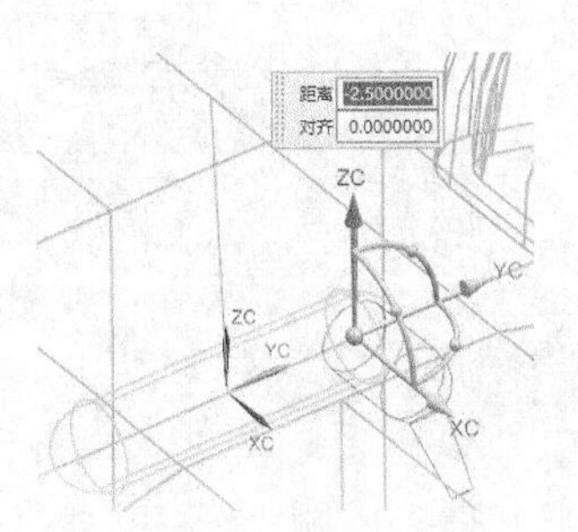

图 8-244 沿 *ZC* 轴移动浇口

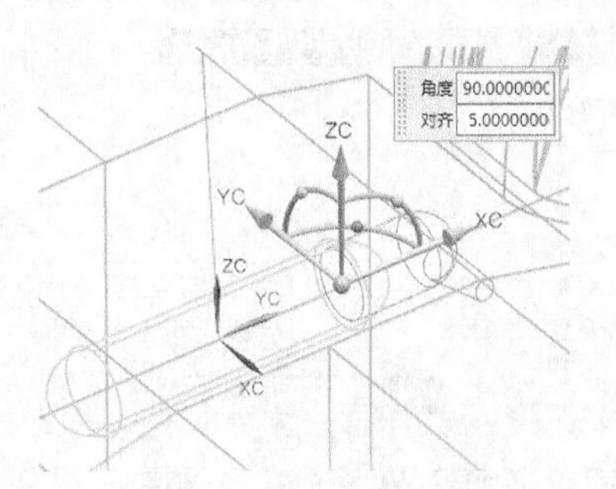

图 8-245 绕 *ZC* 轴旋转浇口

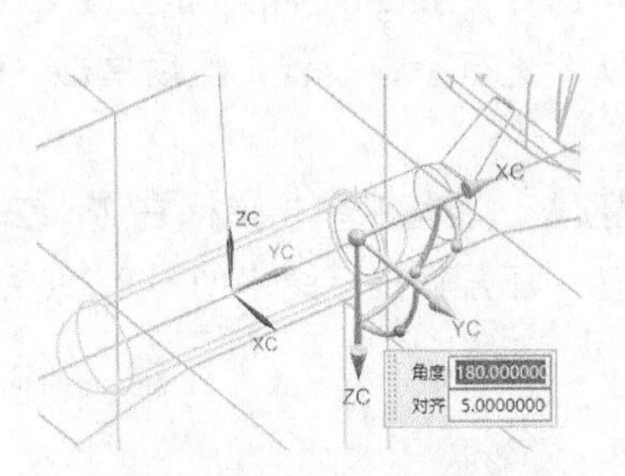

图 8-246 绕 *XC* 轴旋转浇口

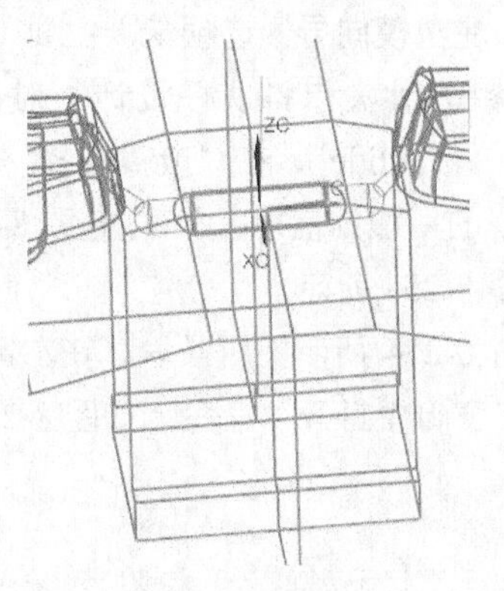

图 8-247 创建浇口

10．设计抽芯机构

（1）通过“装配导航器”隐藏浇注系统。

（2）选择“菜单”→“格式”→“WCS”→“原点”命令，系统弹出“点”对话框，在“坐标”栏中设置“XC”的值为 50，“YC”的值为–45.508，如图 8-248 所示。单击“确定”按钮，完成坐标系的移动，如图 8-249 所示。

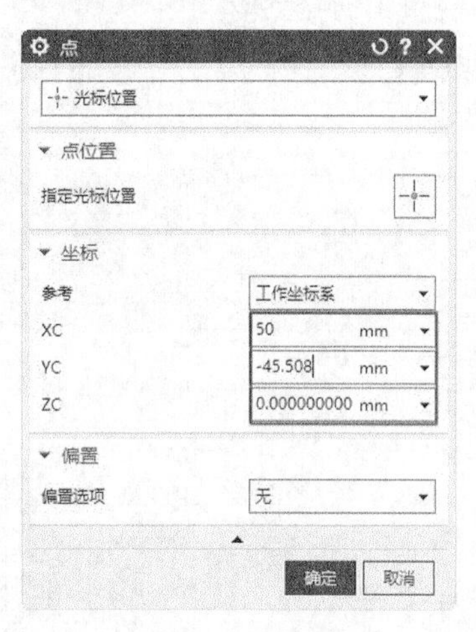

图 8-248 “点”对话框

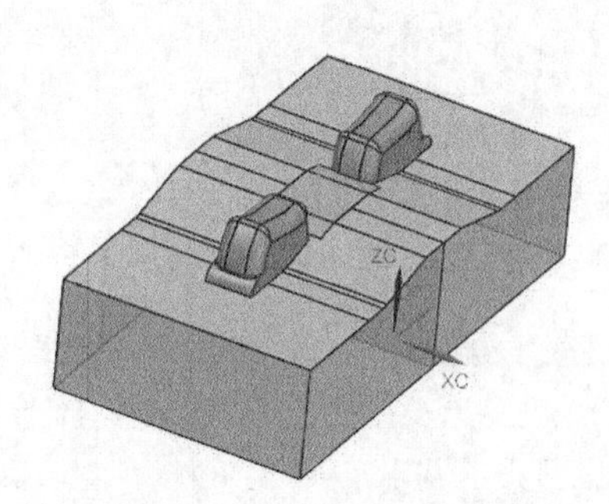

图 8-249 移动坐标系

（3）选择“菜单”→“格式”→“WCS”→“旋转”命令，系统弹出图 8-250 所示的“旋转 WCS 绕...”对话框，选择“+ZC 轴：XC→YC”选项，在“角度”文本框中输入 90。单击“应用”按钮，再单击“取消”按钮，WCS 旋转后的结果如图 8-251 所示。

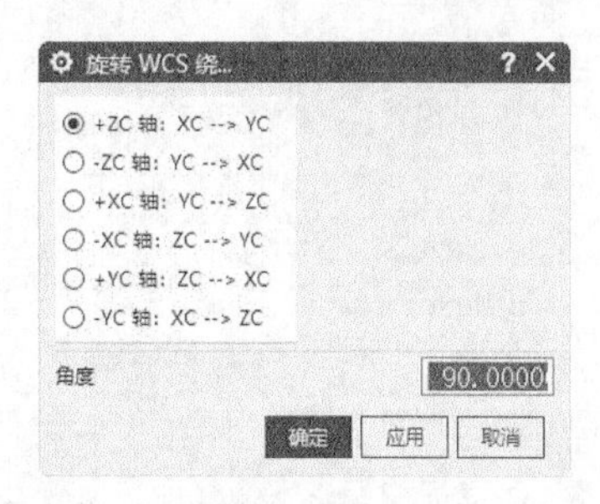

图 8-250 “旋转 WCS 绕...”对话框

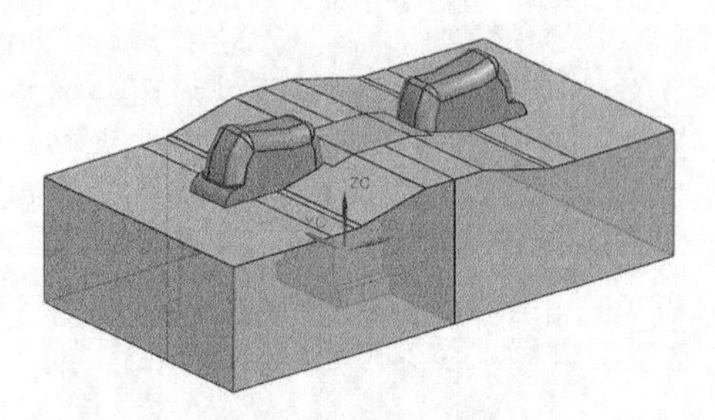

图 8-251 旋转坐标系

（4）单击“注塑模向导”选项卡“主要”面板上的“滑块和斜顶杆库”按钮，系统弹出“重用库”对话框和“滑块和斜顶杆设计”对话框，在“重用库”对话框的“名称”列表中选择“SLIDE_LIFT”→“Slide”，在“成员选择”列表中选择“Single Cam-pin Slide”，在“滑块和斜顶杆设计”对话框的“详细信息”列表按图 8-252 所示进行参数设置，然后单击“确定”按钮，放置滑块结果如图 8-253 所示。

（5）选中图 8-254 所示的压紧块，在左侧的“预览”窗格中单击鼠标右键，在系统弹出的快捷菜单中选择“在窗口中打开”命令，如图 8-255 所示。压紧块显示结果如图 8-256 所示。

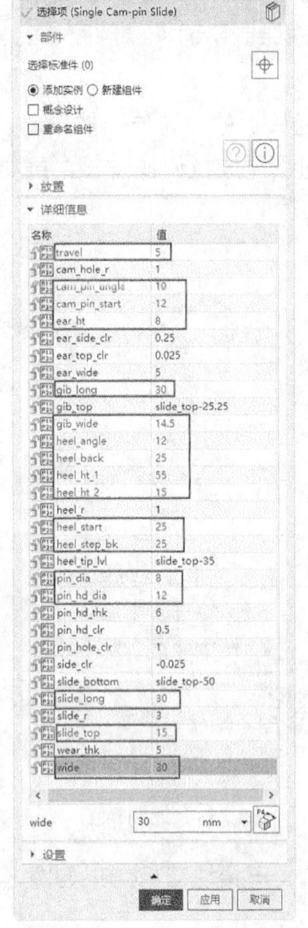

图 8-252　滑块参数设置

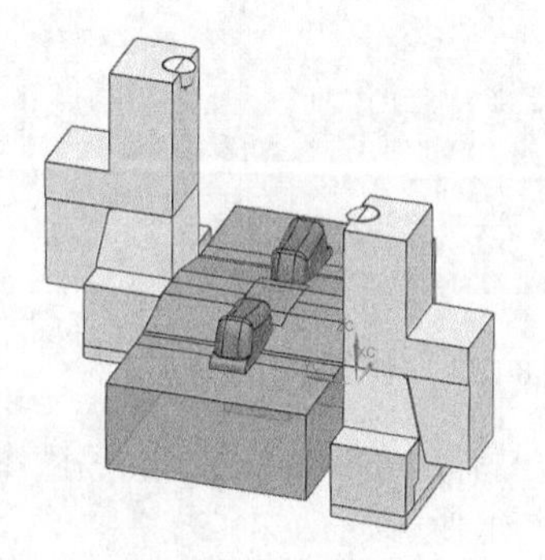

图 8-253　放置滑块

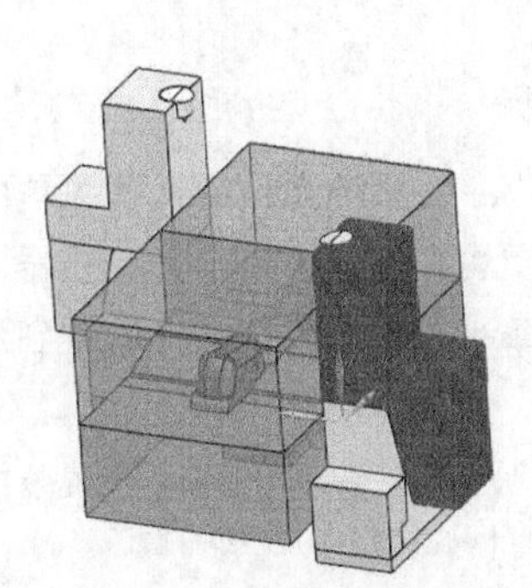

图 8-254　选中压紧块

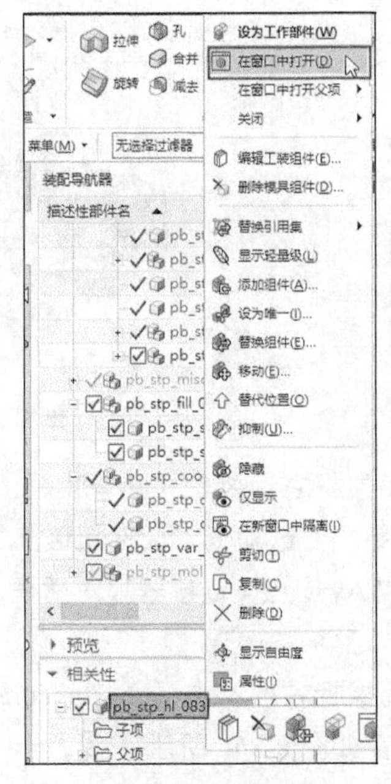

图 8-255　右键菜单

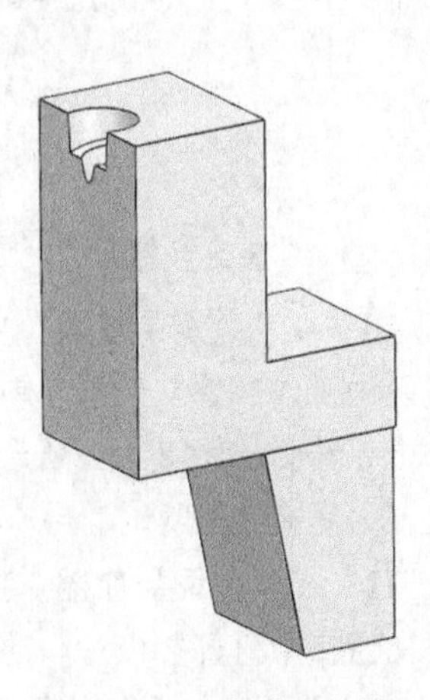

图 8-256　压紧块显示结果

（6）单击“主页”选项卡“构造”面板上的“草图”按钮，系统弹出图 8-257 所示的“创建草图”对话框。选择 *YC-ZC* 平面作为草图绘制平面，绘制图 8-258 所示的草图。

（7）单击“完成”按钮，退出草图。

（8）单击“主页”选项卡“基本”面板上的“拉伸”按钮，系统弹出“拉伸”对话框，参数设置如图 8-259 所示。单击“确定”按钮，完成拉伸操作，结果如图 8-260 所示。

图 8-257 “创建草图”对话框

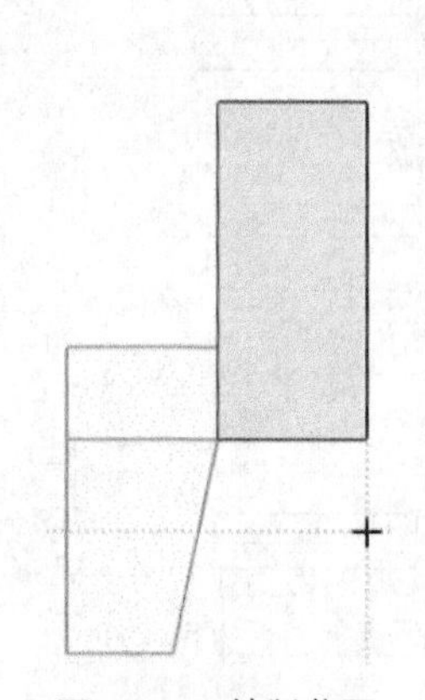

图 8-258 绘制草图

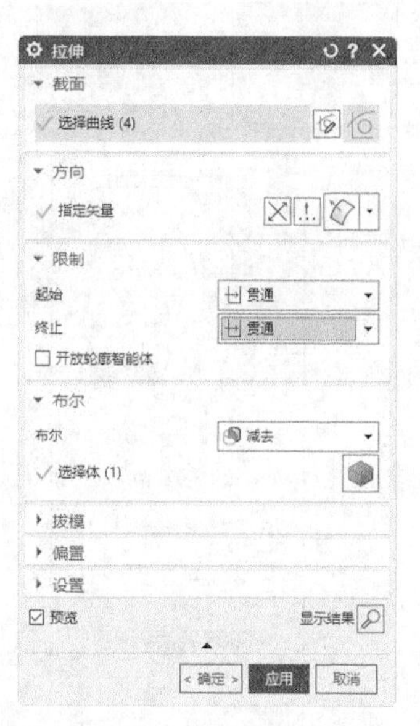

图 8-259 “拉伸”对话框

（9）打开“pb_stp_top_000.prt”窗口，压紧块修剪结果如图 8-261 所示。

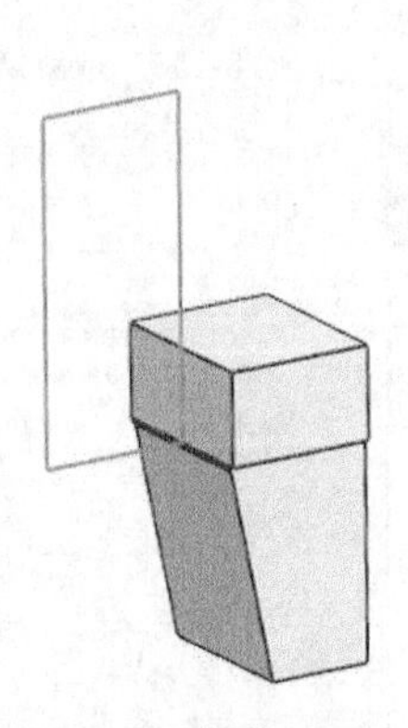

图 8-260 拉伸结果

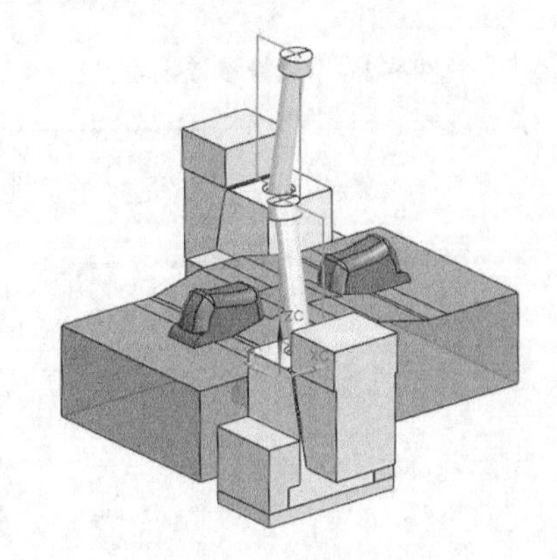

图 8-261 修剪结果

（10）在“装配导航器”中使用鼠标右键单击“pb_stp_core_024”，在系统弹出的快捷菜单中选择“设为工作部件”选项。单击“装配”选项卡“部件间链接”面板上的“WAVE 几何链接器”按钮，系统弹出图 8-262 所示的“WAVE 几何链接器”对话框，选择滑块头作为链接体链接到滑块体上，如图 8-263 所示。

（11）在“装配导航器”中使用鼠标右键单击“pb_stp_core_024”，在系统弹出的快捷菜单中选择“在窗口中打开”命令，显示部件如图 8-264 所示。

（12）单击“主页”选项卡“基本”面板上的“拉伸”按钮，系统弹出图 8-265 所示的“拉伸”对话框。

（13）选择图 8-266 所示的平面，进入草图绘制环境。绘制图 8-267 所示的草图，单击“完成”按钮🏁，退出草图绘制界面并返回“拉伸”对话框。

图 8-262 “WAVE 几何链接器”对话框

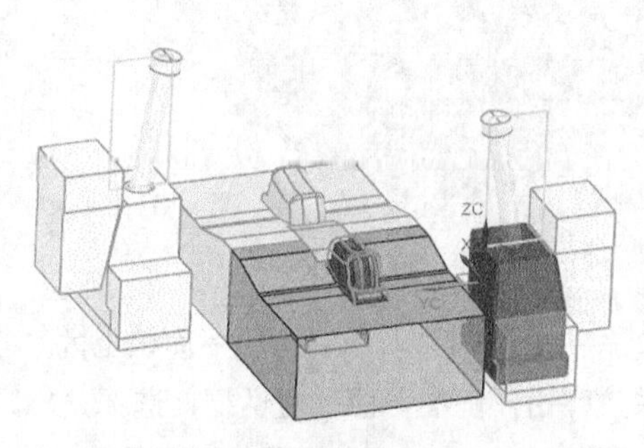

图 8-263 选择链接体

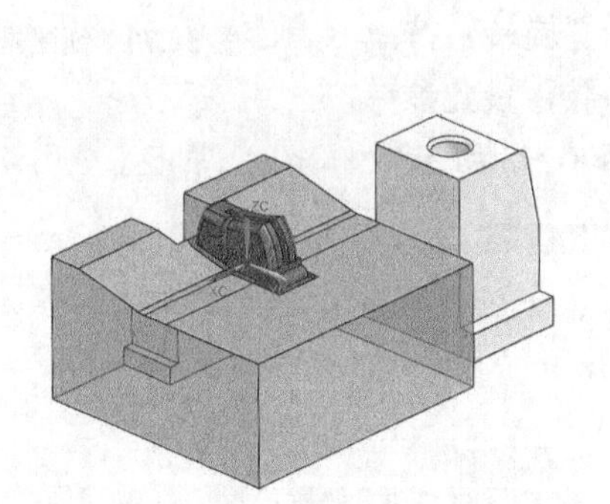

图 8-264 显示的部件

图 8-265 “拉伸”对话框

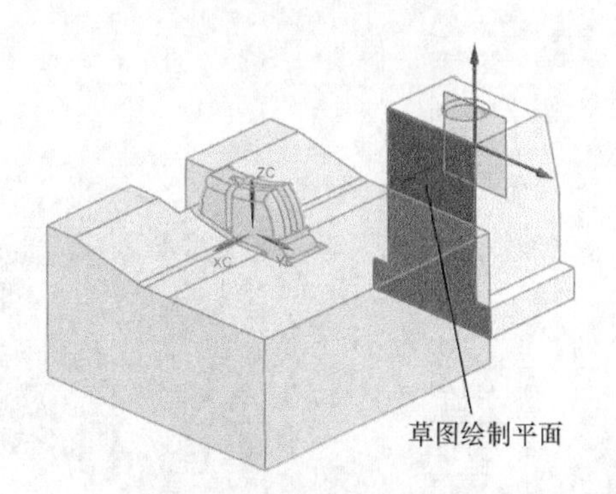

图 8-266 选择草图绘制平面

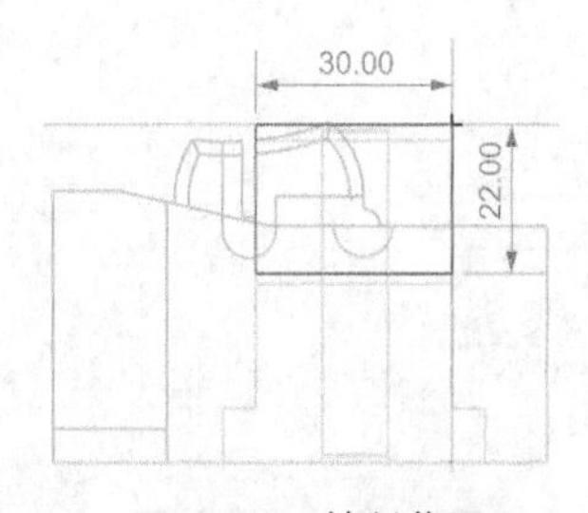

图 8-267 绘制草图

（14）在“拉伸”对话框“起始”下拉列表中选择“值”，设置“距离”值为“0”，在“结束”下拉列表框中选择“值”，设置“距离”的值为 10，单击“确定”按钮，得到拉伸实体如图 8-268 所示。

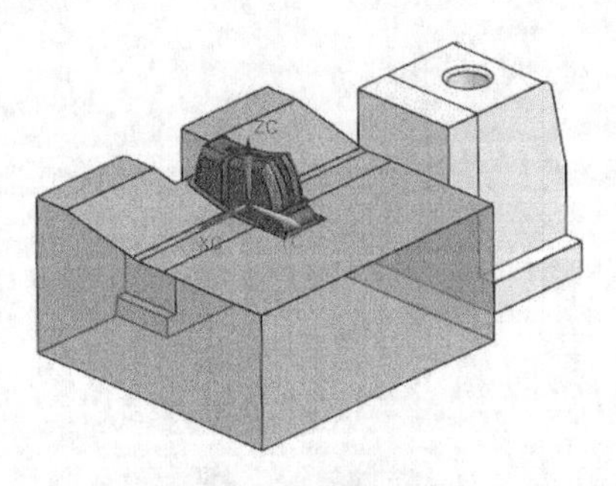

图 8-268　拉伸实体

图 8-269　“基准平面”对话框

（15）单击“主页”选项卡“构造”面板上的“基准平面”按钮，系统弹出“基准平面”对话框，选择“XC-ZC 平面”选项，设置“距离”为 15mm，如图 8-269 所示。单击“确定”按钮，创建的基准平面如图 8-270 所示。

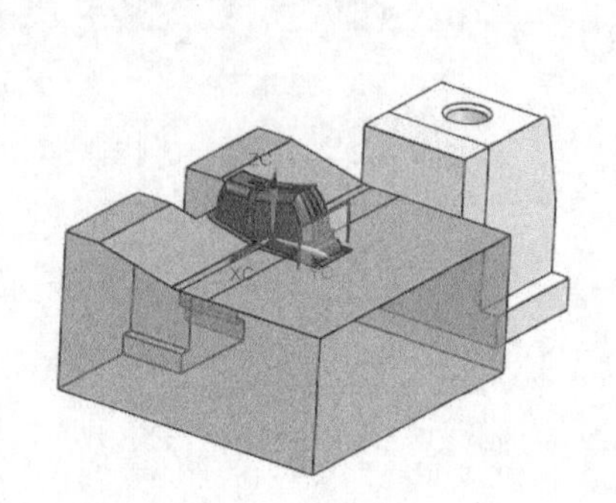

图 8-270　创建基准平面

（16）单击“主页”选项卡“构造”面板上的“草图”按钮，系统弹出“创建草图”对话框，选择上一步创建的基准平面作为草图绘制平面，单击“确定”按钮，绘制图 8-271 所示的草图。单击“完成”按钮，退出草图。

（17）单击“主页”选项卡“基本”面板上的“旋转”按钮，系统弹出图 8-272 所示的“旋转”对话框，依图设置参数。单击“确定”按钮，完成旋转操作，结果如图 8-273 所示。

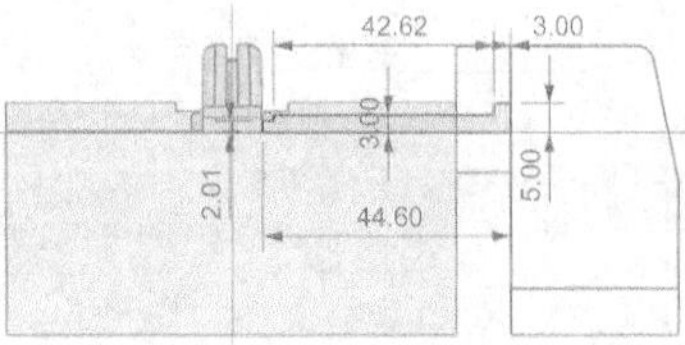

图 8-271　绘制草图

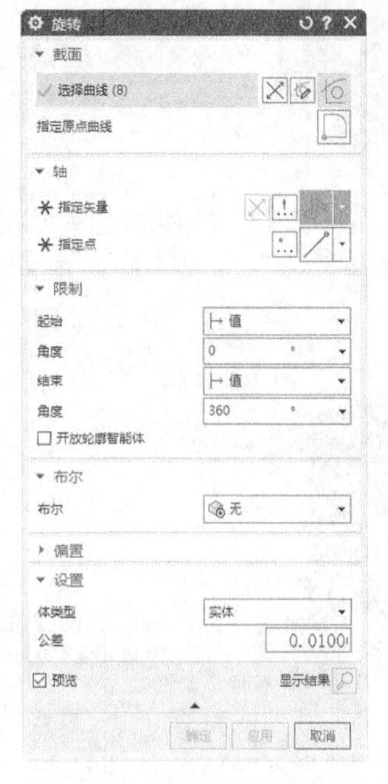

图 8-272　“旋转”对话框

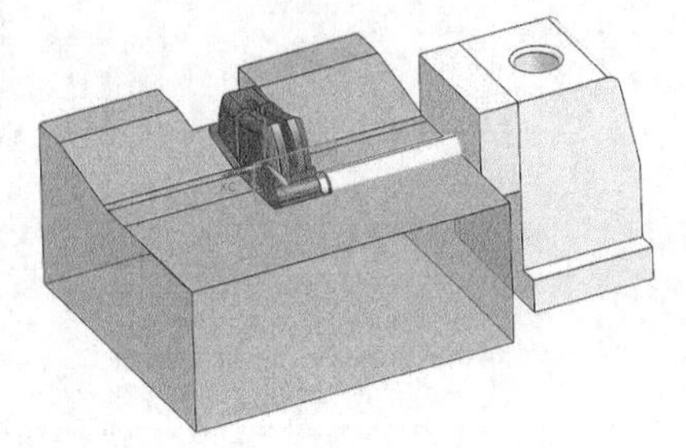

图 8-273　旋转实体

（18）返回“pb_stp_top_000”窗口。在“装配导航器”中使用鼠标右键单击“pb_stp_layout_009”，在弹出的快捷菜单中选择“设为工件部件”选项。

（19）选中滑块组件，单击“装配”选项卡“组件”面板上的“镜像装配”按钮，系统弹出图 8-274 所示的“镜像装配向导”对话框。单击“创建基准平面”按钮，系统弹出“基准平面”对话框，选择“XC-ZC 平面”选项，设置“距离”为 50mm，如图 8-275 所示。单击“确定”按钮，返回“镜像装配向导”对话框。连续单击“下一步”按钮，直至完成操作。结果如图 8-276 所示。

（20）重复步骤（10）~（17），创建拉伸实体和旋转实体，结果如图 8-277 所示。

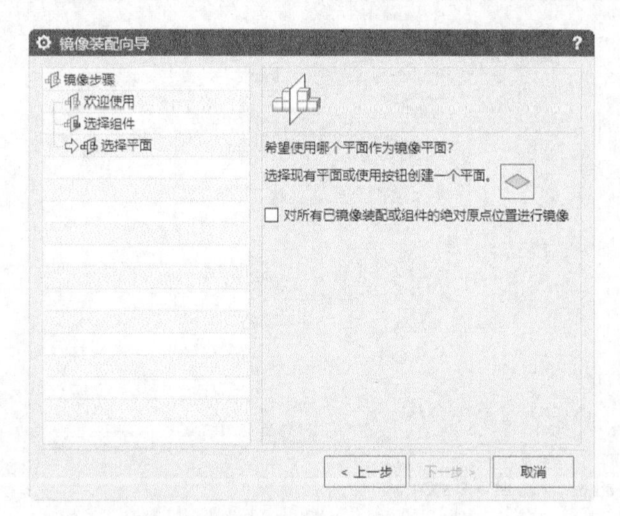

图 8-274 “镜像装配向导”对话框

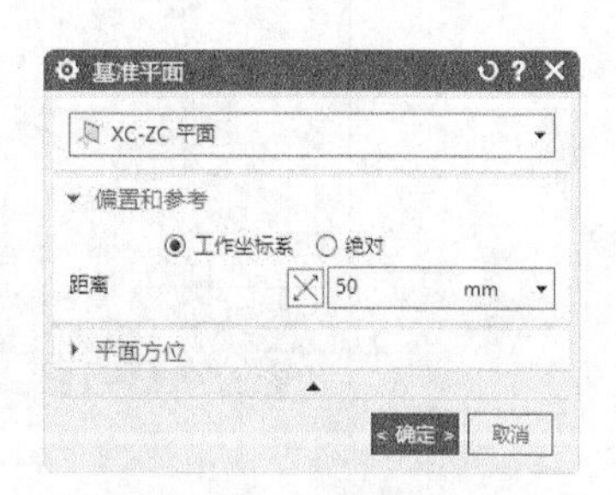

图 8-275 “基准平面”对话框

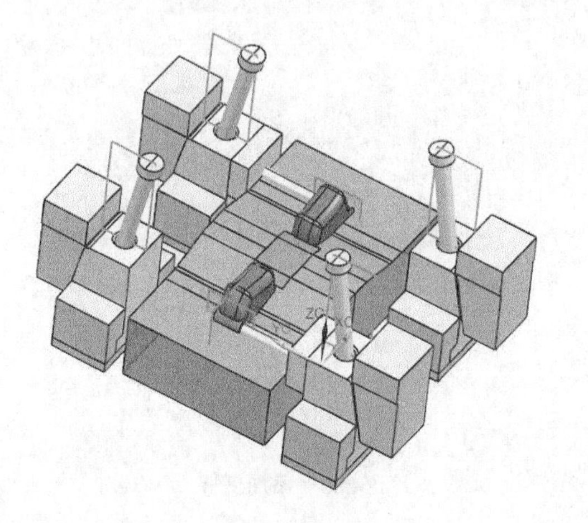

图 8-276 镜像滑块

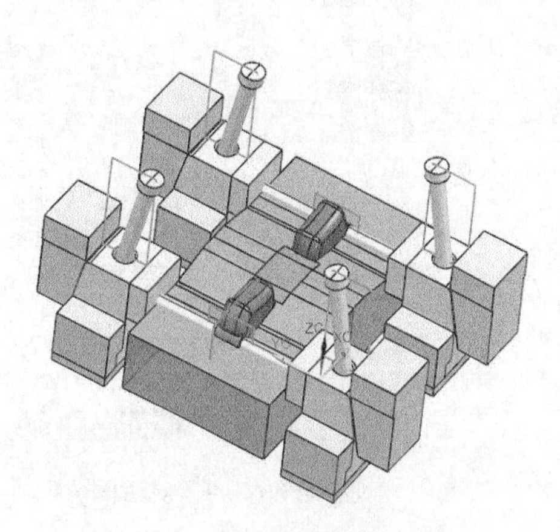

图 8-277 创建拉伸实体和旋转实体

11. 设计顶杆机构与支承

（1）单击“注塑模向导”选项卡“主要”面板上的“标准件库”按钮，系统弹出“重用库”对话框和“标准件管理”对话框，在“重用库”对话框的“名称”列表中选择“FUTABA_MM”→“Ejector Pin”，在“成员选择”列表中选择“Ejector Pin Straight[EJ, EH, EQ, EA]”，在“标准件管理”对话框的“详细信息”列表中设置“CATALOG_DIA”的值为 3.0，“CATALOG_LENGTH”的值为 200，如图 8-278 所示。

（2）单击“确定”按钮，系统弹出“点”对话框，设置放置点坐标如图 8-279 所示。单击“确定”按钮，继续在“坐标”栏中输入坐标（–3, 38, 0）、（3, 23, 0）和（3, 38, 0），添加顶杆的结果如图 8-280 所示。

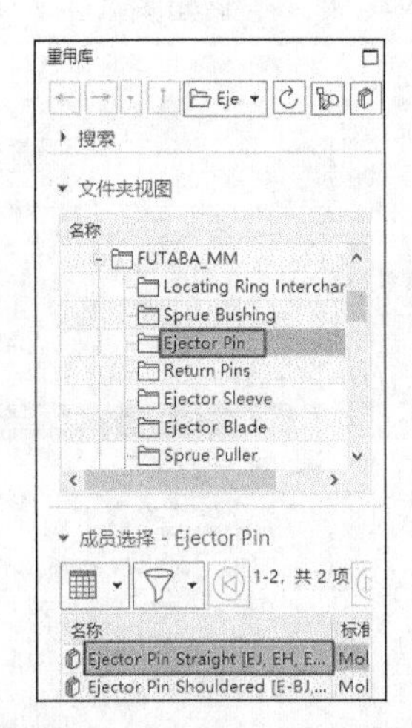

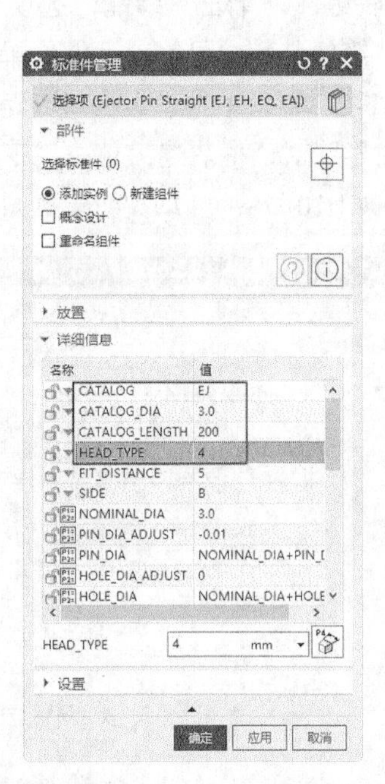

图 8-278　顶杆参数设置

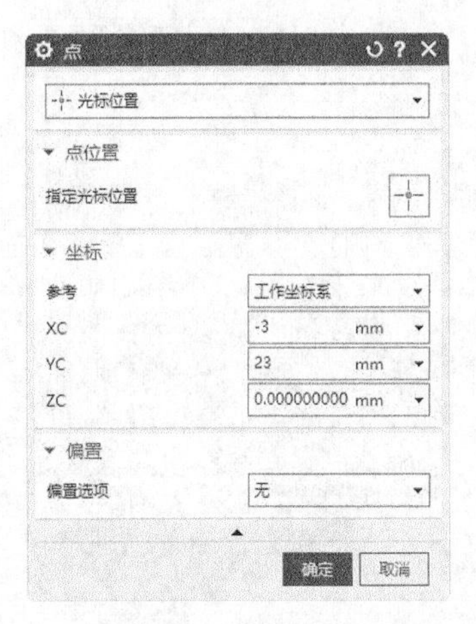

图 8-279　“点”对话框

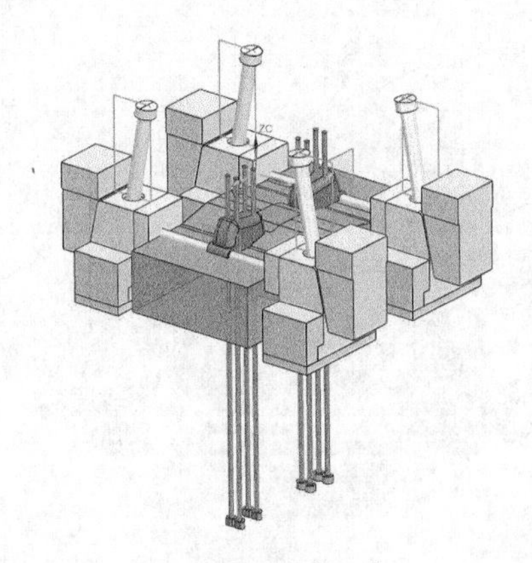

图 8-280　添加顶杆

（3）单击“注塑模向导”选项卡“主要”面板上的“顶杆后处理”按钮，系统弹出图 8-281 所示的“顶杆后处理”对话框。“类型”选择“修剪”，在“目标”栏中选择已经创建的待处理的顶杆。

（4）单击“确定”按钮，完成对顶杆的修剪，结果如图 8-282 所示。

（5）单击“注塑模向导”选项卡“主要”面板上的“标准件库”按钮，系统弹出图 8-283 所示的“重用库”对话框和“标准件管理”对话框，在“重用库”对话框的“名称”列表中选择“FUTABA_MM”→“Ejector Pin”，在“成员选择”列表中选择“Ejector Pin Straight[EJ, EH, EQ, EA]”，在“标准件管理”对话框的“详细信息”列表中设置“CATALOG_DIA”的值为 5，“CATALOG_LENGTH”的值为 160，单击“确定”按钮，弹出“点”对话框，设置放置点坐标为（0, 0, 0），单击“确定”按钮，结果如图 8-284 所示。

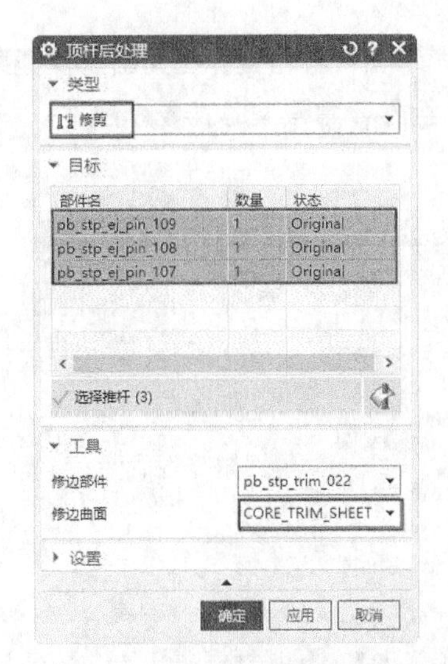

图 8-281 “顶杆后处理”对话框

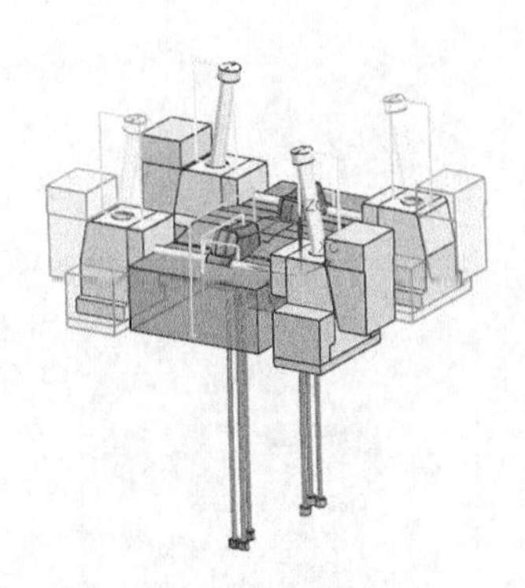

图 8-282 顶杆后处理

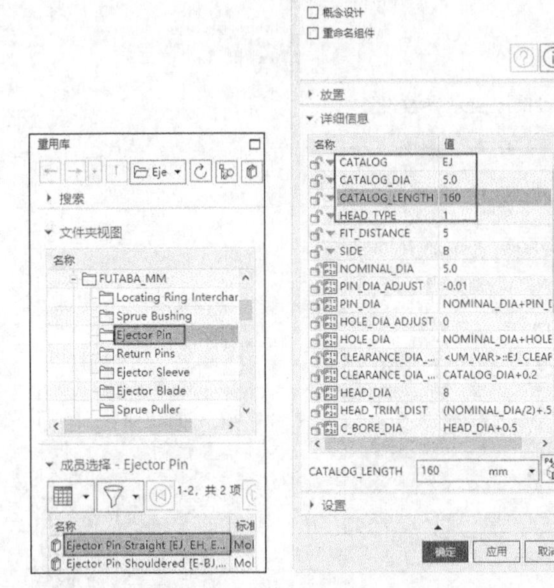

图 8-283 顶杆参数设置

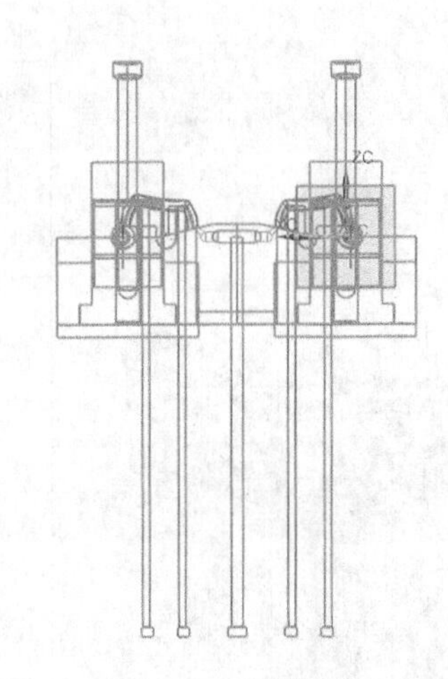

图 8-284 创建顶杆

（6）单击“注塑模向导”选项卡“主要”面板上的“标准件库”按钮，系统弹出“重用库”对话框和“标准件管理”对话框，在“重用库”对话框的“名称”列表中选择“DME_MM”→“Support Pillar”，在“成员选择”列表中选择“Support Pillar (FW28)”，在“标准件管理”对话框的“详细信息”列表中设置“D”的值为 30，“L”的值为 70，如图 8-285 所示，然后单击“确定”按钮，系统弹出“点”对话框，分别设置基点坐标为（–35, –50, 0）、（–35, 50, 0）、（35, –50, 0）和（35, 50, 0），依次单击“确定”按钮创建支承，然后单击“取消”按钮退出“点”对话框，结果如图 8-286 所示。

（7）在“装配导航器”中选中“pb_stp_top_000”，单击鼠标右键，在弹出的快捷菜单中选择“设为工作部件”命令，在“装配导航器”中勾选保留的组件，隐藏型芯，显示部件，如图 8-287 所示。

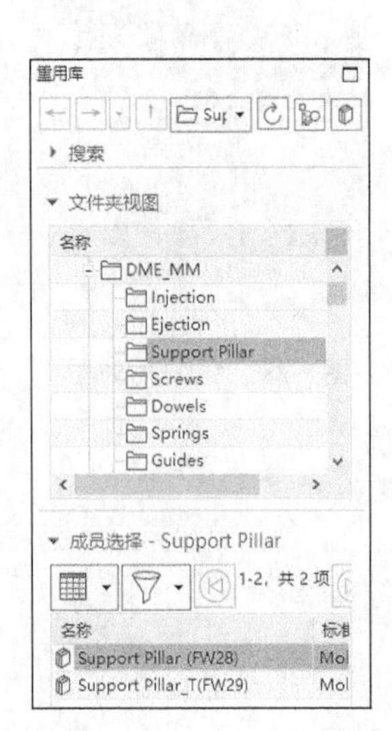

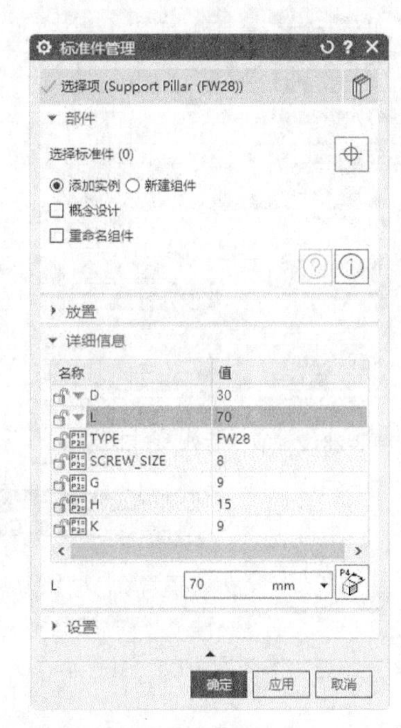

图 8-285　支承参数设置

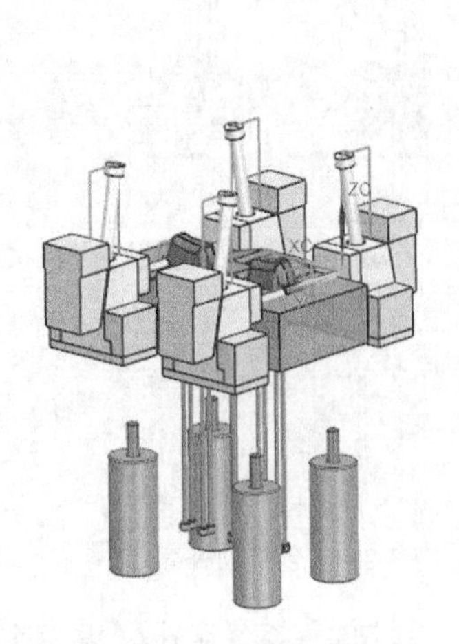

图 8-286　创建支承

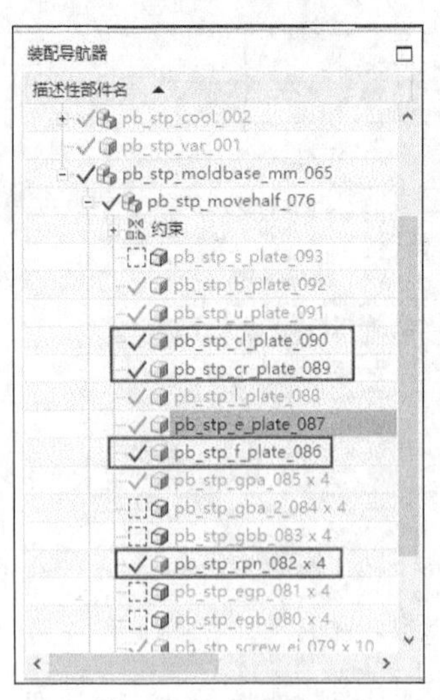

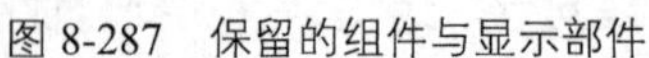

图 8-287　保留的组件与显示部件

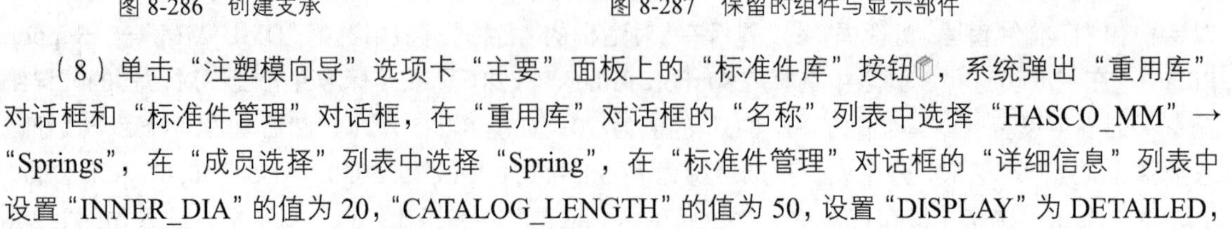

（8）单击“注塑模向导”选项卡“主要”面板上的“标准件库”按钮，系统弹出“重用库”对话框和“标准件管理”对话框，在“重用库”对话框的“名称”列表中选择“HASCO_MM”→“Springs”，在“成员选择”列表中选择“Spring”，在“标准件管理”对话框的“详细信息”列表中设置“INNER_DIA”的值为 20，“CATALOG_LENGTH”的值为 50，设置“DISPLAY”为 DETAILED，如图 8-288 所示。

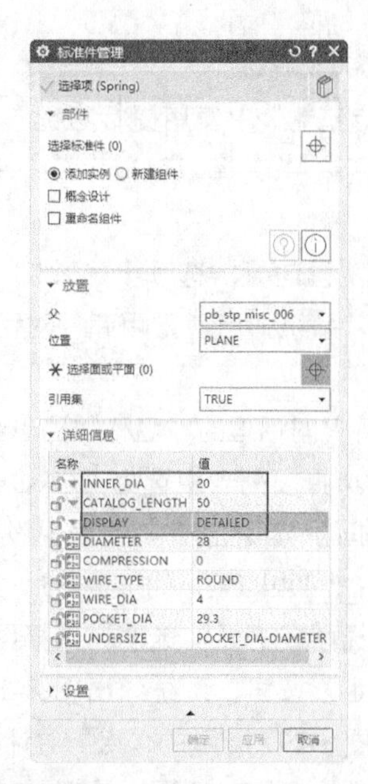

图 8-288　弹簧参数设置

（9）单击“选择面或平面”选项，在绘图区选择图 8-289 所示的面，单击“确定”按钮，系统弹出图 8-290 所示的“标准件位置”对话框。单击“点对话框”按钮，系统弹出“点”对话框，在“类型”栏中选择“圆弧中心/椭圆中心/球心”，接着在绘图区选择如图 8-291 所示的圆心点 1，单击“确定”按钮，返回“标准件位置”对话框，设置“X 偏置”和“Y 偏置”的值均为 0，单击“应用”按钮。采用同样的方式选择 2、3、4 这 3 个圆心点，完成弹簧的创建，结果如图 8-292 所示。

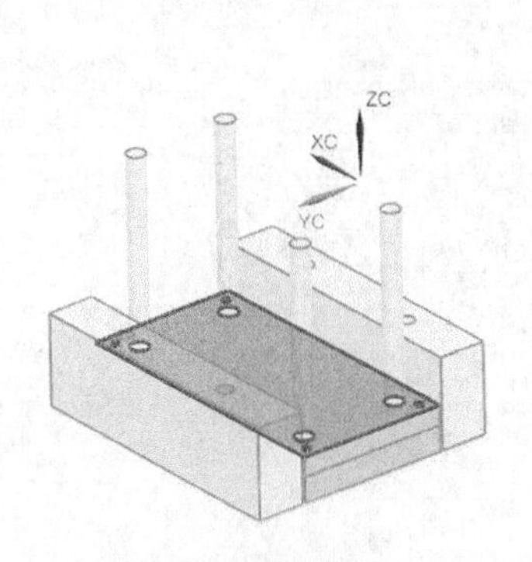

图 8-289　选择面

图 8-290　“标准件位置”对话框

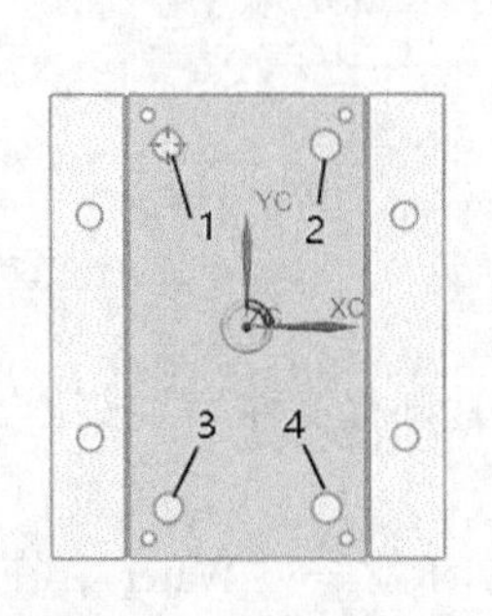

图 8-291　选择圆心点

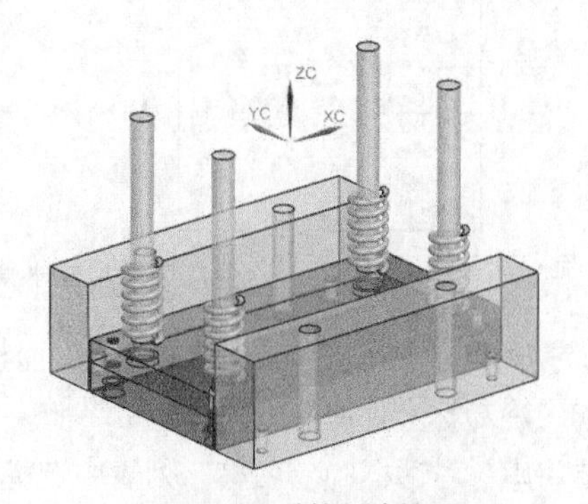

图 8-292　弹簧创建结果

12．设计型芯冷却系统

（1）在“装配导航器”中使用鼠标右键单击“pb_stp_core_024”，在系统弹出的快捷菜单中选择“仅显示”命令，显示型芯部件，如图 8-293 所示。

图 8-293　型芯

（2）单击“注塑模向导”选项卡“冷却工具”面板上的“冷却标准件库”按钮，系统弹出“重用库”对话框和“冷却标准件库”对话框。

（3）在“重用库”对话框的“名称”列表中选择“COOLING”→“Water”，在“成员选择”列表中选择“COOLING HOLE”，在“冷却标准件库”对话框的“详细信息”列表中设置“PIPE_THREAD”为 M8，设置“HOLE_1_DEPTH”的值为 55，“HOLE_2_DEPTH”的值为 55，如图 8-294 所示。

（4）单击“选择面或平面”选项，选择图 8-295 所示的平面作为放置面。

（5）单击“确定”按钮，系统弹出图 8-296 所示的“标准件位置”对话框，单击“点对话框”按钮，系统弹出图 8-297 所示的“点”对话框，在“坐标”栏中输入坐标（20, 0, 0）。单击“确定”按钮，返回“标准件位置”对话框，设置“X 偏置”的值为 0，“Y 偏置”的值为 0，单击“应用”按钮。

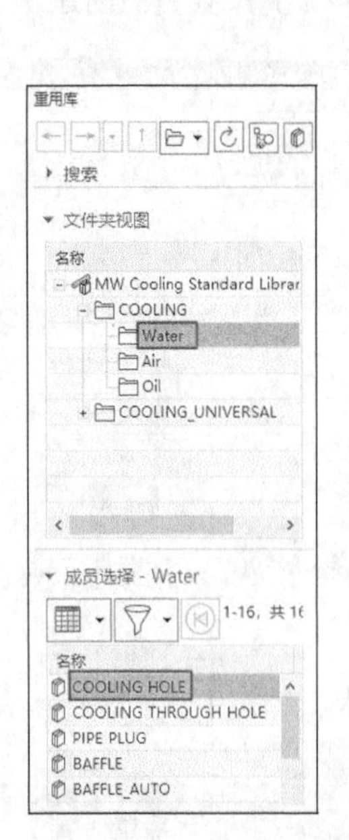

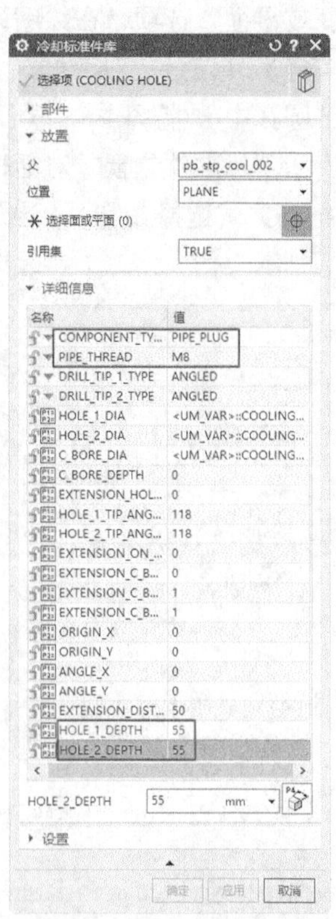

图 8-294　冷却水管道参数设置

（6）单击“注塑模向导”选项卡“冷却工具”面板上的“冷却标准件库”按钮，系统弹出“重用库”对话框和“冷却标准件库”对话框。

（7）在“重用库”对话框的“名称”列表中选择“COOLING”→“Water”，在“成员选择”列表中选择“COOLING HOLE”，在“冷却标准件库”对话框的“详细信息”列表中设置“PIPE_THREAD”

为 M8，设置“HOLE_1_DEPTH”的值为 75，“HOLE_2_DEPTH”的值为 75，生成的冷却水管道 1 如图 8-298 所示。

（8）单击“选择面或平面”选项，选择图 8-295 所示的面作为放置面。

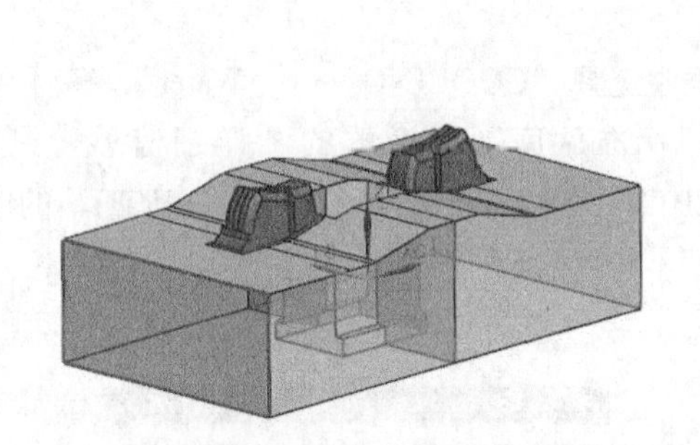

图 8-295　选择放置面

图 8-296　“标准件位置”对话框

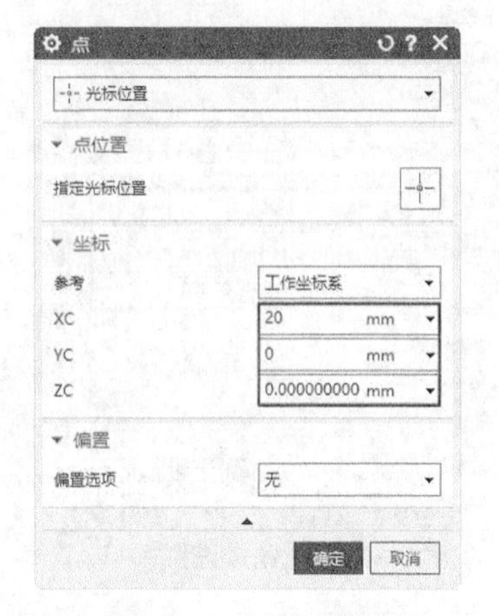

图 8-297　“点”对话框

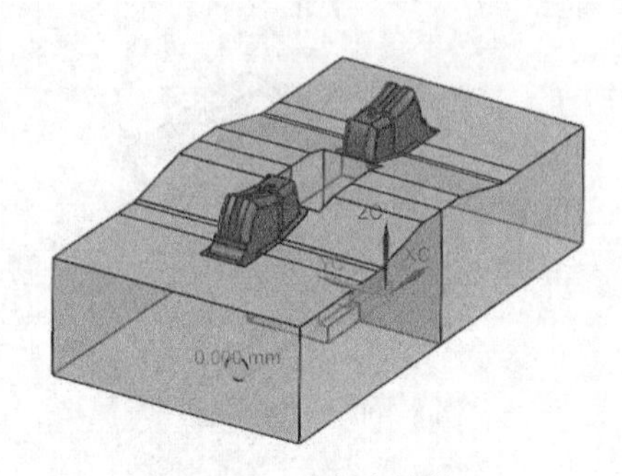

图 8-298　冷却水管道 1

（9）单击“确定”按钮，系统弹出“标准件位置”对话框，再单击“点对话框”按钮，系统弹出“点”对话框，在“坐标”栏中输入坐标（–20, 0, 0），单击“确定”按钮，返回“标准件位置”对话框，设置“X 偏置”的值为 0，“Y 偏置”的值为 0，单击“确定”按钮。得到的效果如图 8-299 所示。

（10）单击“注塑模向导”选项卡“冷却工具”面板上的“冷却标准件库”按钮，系统弹出“重用库”对话框和“冷却标准件库”对话框。

（11）在“重用库”对话框的“名称”列表中选择“COOLING”→“Water”，在“成员选择”列表中选择“COOLING HOLE”，在“冷却标准件库”对话框的“详细信息”列表中设置“PIPE_THREAD”为 M8，设置“HOLE_1_DEPTH”的值为 75，“HOLE_2_DEPTH”的值为 75。

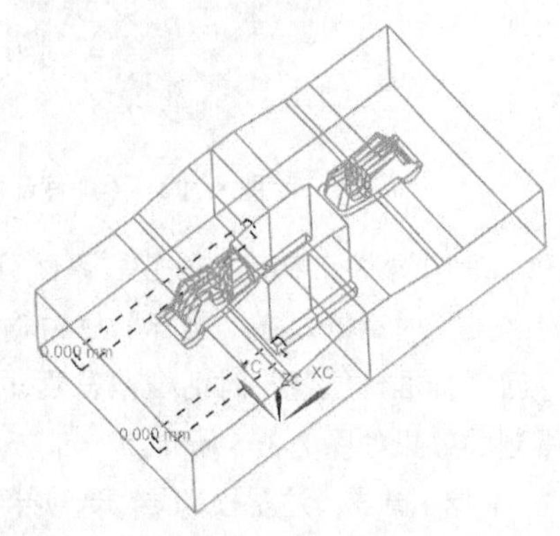

图 8-299　冷却水管道 2

（12）单击“选择面或平面”选项，选择图 8-300 所示的面作为放置面。

（13）单击“确定”按钮，系统弹出“标准件位置”对话框，单击“点对话框”按钮，系统弹出“点”对话框，在“坐标”栏中输入坐标（–25, –2.6, 0），如图 8-301 所示。单击“确定”按钮，返回“标准件位置”对话框，设置“X 偏置”的值为 0，“Y 偏置”的值为 0，单击“确定”按钮。得到的效果如图 8-302 所示。

（14）单击“注塑模向导”选项卡“冷却工具”面板上的“冷却标准件库”按钮，系统弹出“重用库”对话框和“冷却标准件库”对话框。

（15）在“重用库”对话框的“名称”列表中选择“COOLING”→“Water”，在“成员选择”列表中选择“COOLING HOLE”，在“冷却标准件库”对话框的“详细信息”列表中设置“PIPE_THREAD”为 M8，设置“HOLE_1_DEPTH”的值为 25，“HOLE_2_DEPTH”的值为 25。

（16）单击“选择面或平面”选项，选择图 8-303 所示的面。

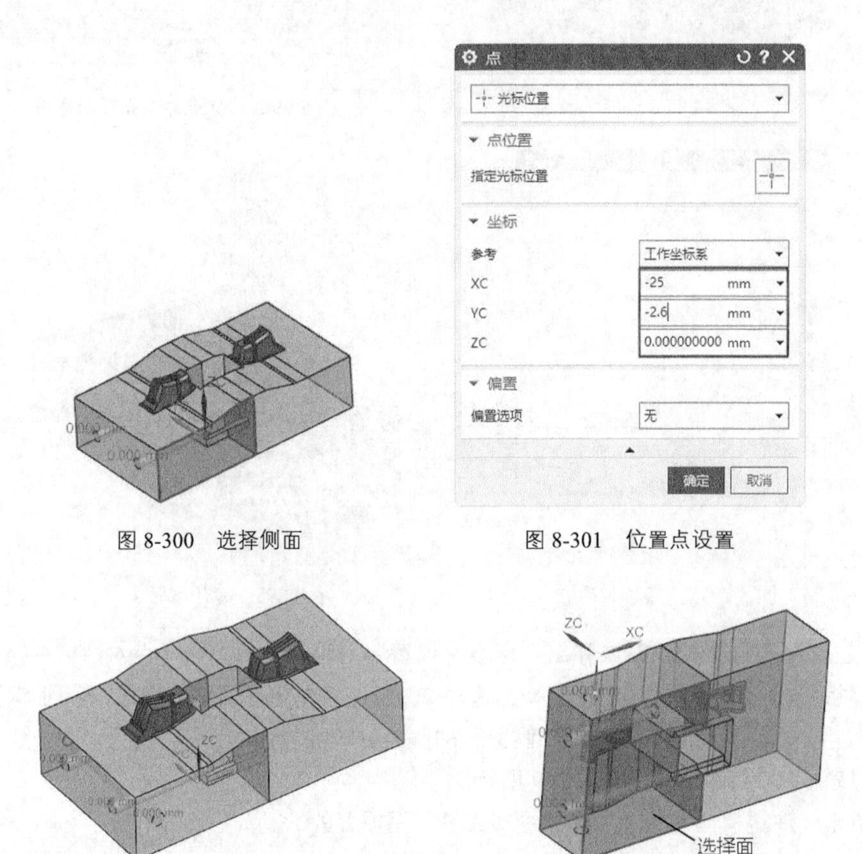

图 8-300　选择侧面

图 8-301　位置点设置

图 8-302　添加冷却水管

图 8-303　选择面

（17）单击“确定”按钮，系统弹出“标准件位置”对话框，单击“点对话框”按钮，系统弹出“点”对话框，在“坐标”栏中输入坐标（20, –17.5, 0），如图 8-304 所示。单击“确定”按钮，返回“标准件位置”对话框，设置“X 偏置”的值为 0，“Y 偏置”的值为 0，单击“确定”按钮。得到的效果如图 8-305 所示。

（18）单击“注塑模向导”选项卡“冷却工具”面板上的“冷却标准件库”按钮，系统弹出“重用库”对话框和“冷却标准件库”对话框。

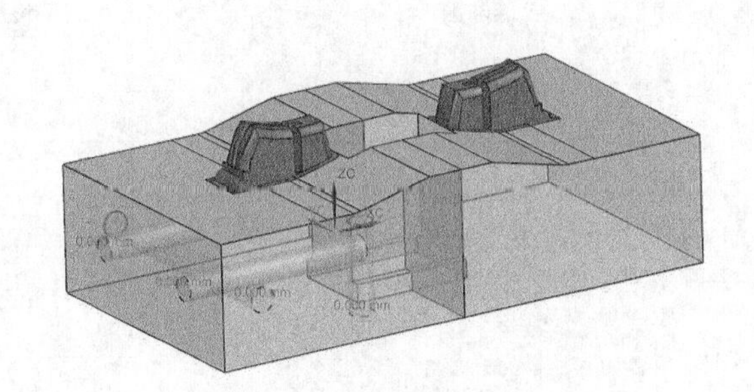

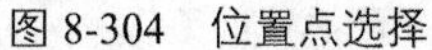

图 8-304 位置点选择 图 8-305 冷却孔创建

（19）在“重用库”对话框的“名称”列表中选择“COOLING”→“Water”，在“成员选择”列表中选择“PIPE PLUG”，在“冷却标准件库”对话框的“详细信息”列表中设置“SUPPLIER”为 HASCO，设置“PIPE_THREAD”为 M8，如图 8-306 所示，然后单击“应用”按钮，“冷却标准件库”对话框如图 8-307 所示。

（20）单击“重定位”按钮，系统弹出图 8-308 所示的“移动组件”对话框。单击“点对话框”按钮，系统弹出“点”对话框，在绘图区选取图 8-309 所示的端面圆心点作为喉塞放置位置，单击“确定”按钮，结果如图 8-310 所示。

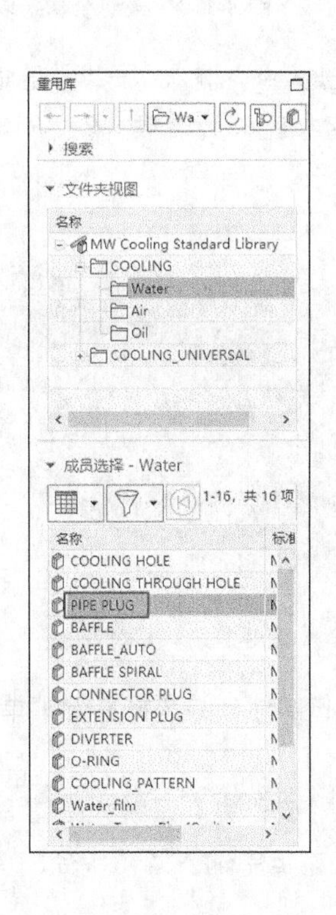

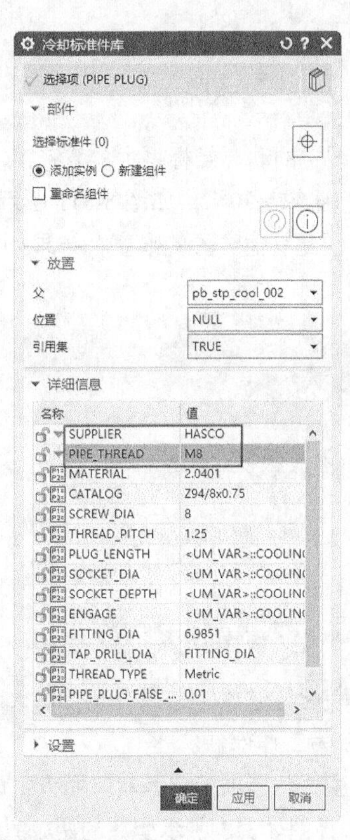

图 8-306 喉塞参数设置

图 8-307 “冷却标准件库”对话框

图 8-308 “移动组件”对话框

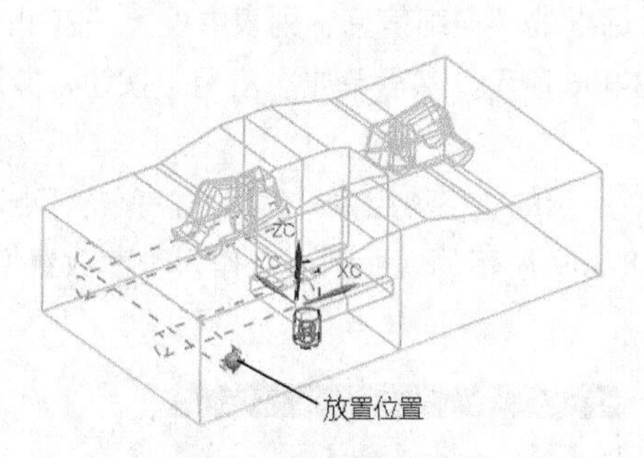

图 8-309 选择端面圆心点

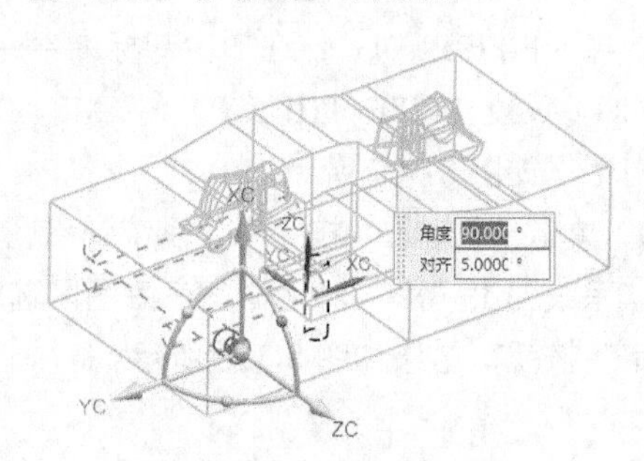

图 8-310 移动喉塞结果

（21）单击视图中的动态坐标系上的“绕 YC 轴旋转”操控点，输入“角度”的值为 90，按 Enter 键，将喉塞绕 *YC* 轴旋转 90°，如图 8-311 所示。单击确定按钮，旋转喉塞。

（22）同理，创建其他位置的喉塞，结果如图 8-312 所示。

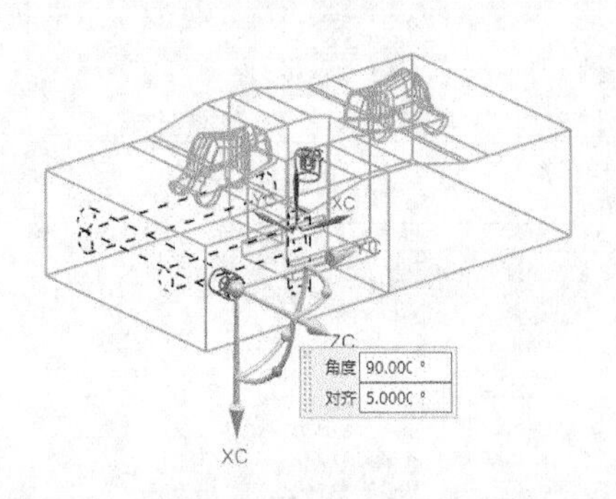

图 8-311 旋转坐标系

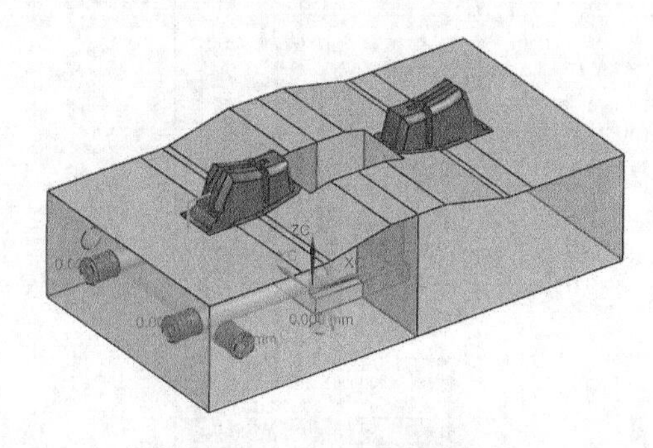

图 8-312 喉塞效果图

（23）通过“装配导航器”选择“pb_stp_core_024”型芯部件，并选择右键菜单中的“设为工作部件”命令将其转为工作部件。

（24）单击“主页”选项卡“基本”面板上的“边倒圆”按钮，系统弹出图 8-314 所示的“边倒圆”对话框，选择图 8-313 所示型芯的两条直角边，在文本框中输入圆角半径的值为 8，单击“确定”按钮，型芯完成边倒圆操作，结果如图 8-315 所示。

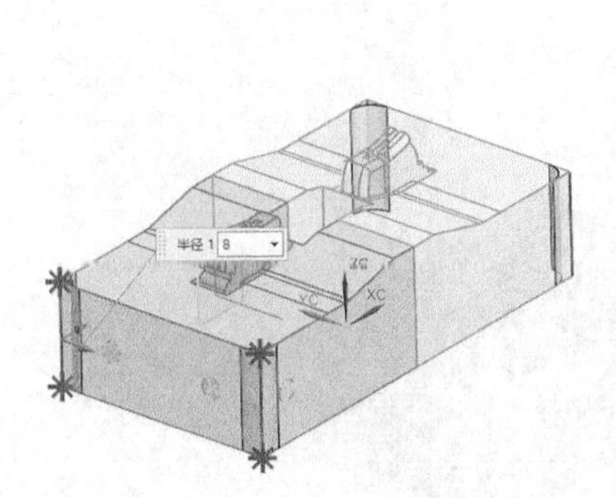
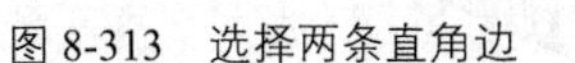

图 8-313　选择两条直角边

图 8-314　“边倒圆”对话框

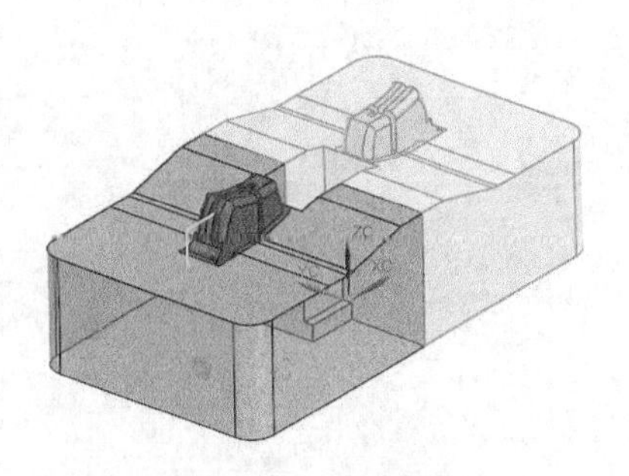

图 8-315　倒圆结果

（25）在“装配导航器”中使用鼠标右键单击“pb_stp_b_plate_052”，在系统弹出的快捷菜单中选择“仅显示”命令，显示 b 板，如图 8-316 所示。并选择右键菜单中的“设为工作部件”命令将其设置为当前工作部件。

（26）单击“主页”选项卡“构造”面板上的“草图”按钮，系统弹出图 8-317 所示的“创建草图”对话框，选择上表面作为草图绘制平面，单击“点对话框”按钮，系统弹出“点”对话框，设置原点坐标为（0, 0, 0），如图 8-318 所示。单击“确定”按钮进入草图绘制界面，绘制图 8-319 所示的草图。单击“完成”按钮，退出草图绘制界面。

（27）单击“主页”选项卡“基本”面板上的“拉伸”按钮，系统弹出图 8-320 所示的“拉伸”对话框，依图设置参数。单击“确定”按钮完成拉伸操作，结果如图 8-321 所示。

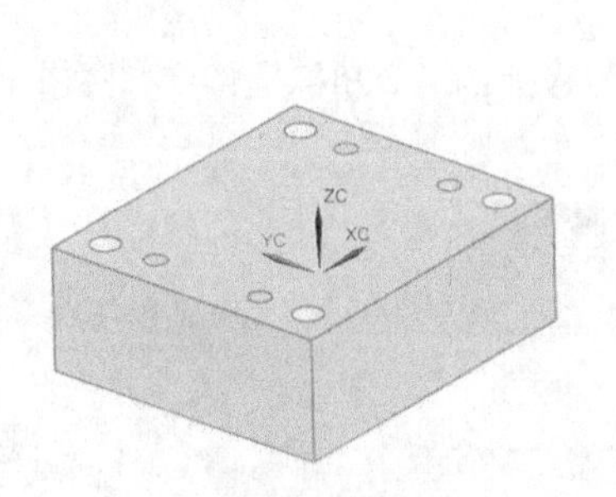

图 8-316　显示 b 板

图 8-317　“创建草图”对话框

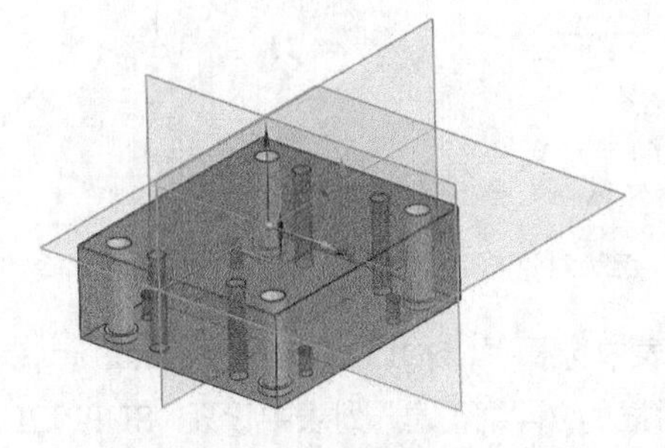

图 8-318　选择草图绘制平面

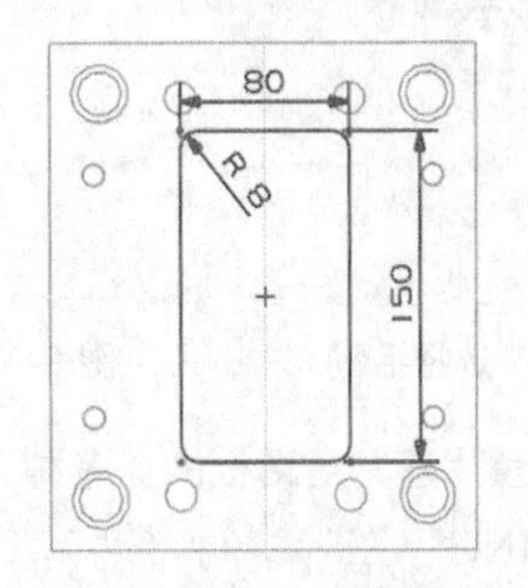

图 8-319　绘制草图

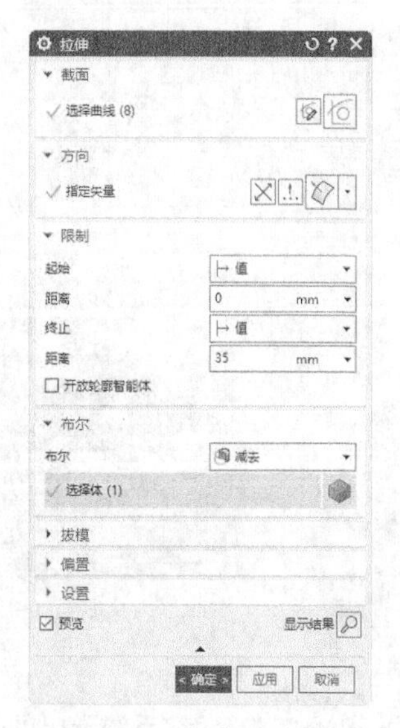

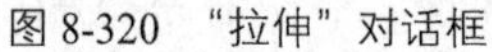
图 8-320 “拉伸”对话框

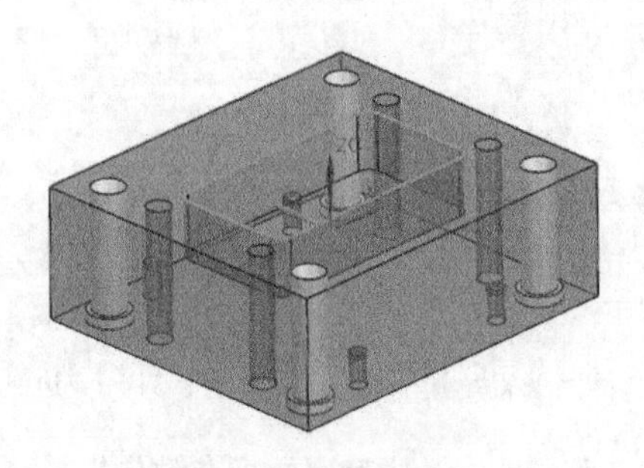
图 8-321 拉伸结果

（28）单击“注塑模向导”选项卡“冷却工具”面板上的“冷却标准件库”按钮，系统弹出“重用库”对话框和“冷却标准件库”对话框。

（29）在“重用库”对话框的“名称”列表中选择“COOLING”→“Water”，在“成员选择”列表中选择“COOLING HOLE”，在“冷却标准件库”对话框的“详细信息”列表中设置“PIPE_THREAD”为 M8，设置“HOLE_1_DEPTH”的值为 25，“HOLE_2_DEPTH”的值为 25。

（30）在“冷却标准件库”对话框中单击“选择面或平面”选项，选择图 8-322 所示的面作为放置面。

（31）单击“确定”按钮，系统弹出“标准件位置”对话框，单击“点对话框”按钮，系统弹出“点”对话框，在“坐标”栏中输入坐标（20, –20, 0），如图 8-323 所示。单击“确定”按钮，返回“标准件位置”对话框，设置“X 偏置”的值为 0，“Y 偏置”的值为 0，单击“确定”按钮。结果如图 8-324 所示。

（32）单击“注塑模向导”选项卡“冷却工具”面板上的“冷却标准件库”按钮，系统弹出“重用库”对话框和“冷却标准件库”对话框。

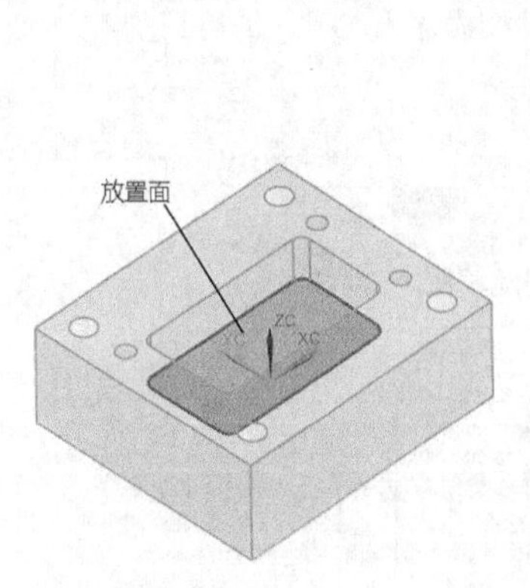

图 8-322 选择平面

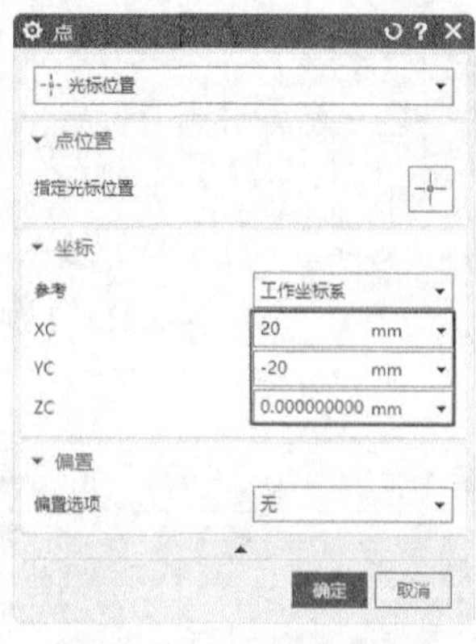

图 8-323 “点”对话框

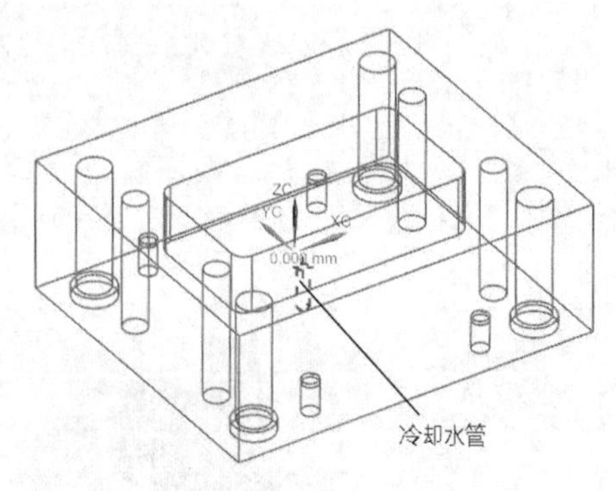

图 8-324 创建冷却孔结果

（33）在“重用库”对话框的“名称”列表中选择“COOLING”→“Water”，在“成员选择”列表中选择“O_RING”，在“冷却标准件库”对话框的“详细信息”列表中设置“SUPPLIER”为 MISUMI，设置“FITTING_DIA”的值为 8。如图 8-325 所示。单击“应用”按钮，结果如图 8-326 所示。

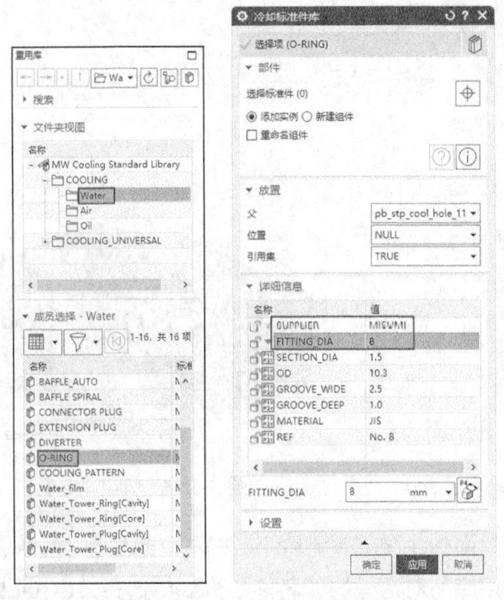

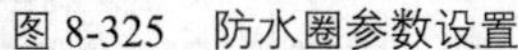

图 8-325　防水圈参数设置

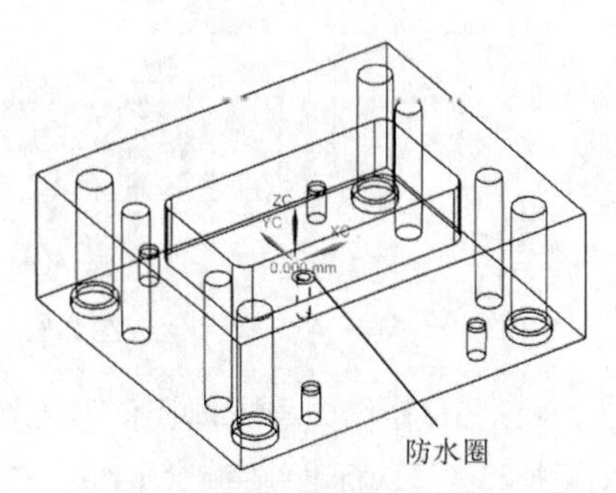

图 8-326　创建防水圈

（34）单击“注塑模向导”选项卡“冷却工具”面板上的“冷却标准件库”按钮，系统弹出“重用库”对话框和“冷却标准件库”对话框。在“重用库”对话框的“名称”列表中选择“COOLING”→“Water”，在“成员选择”列表中选择“COOLING HOLE”，在“冷却标准件库”对话框的“详细信息”列表中设置“PIPE_THREAD”为 M8，设置“HOLE_1_DEPTH”的值为 85，“HOLE_2_DEPTH”的值为 85，如图 8-327 所示。

（35）在“冷却标准件库”对话框中单击“选择面或平面”选项，选择图 8-328 所示的面。

（36）单击“确定”按钮，系统弹出“标准件位置”对话框，单击“点对话框”按钮，系统弹出“点”对话框，在“坐标”栏中输入坐标（–20, –15, 0），如图 8-329 所示。单击“确定”按钮，返回“标准件位置”对话框，设置“X 偏置”的值为 0，“Y 偏置”的值为 0，单击“确定”按钮。得到的效果如图 8-330 所示。

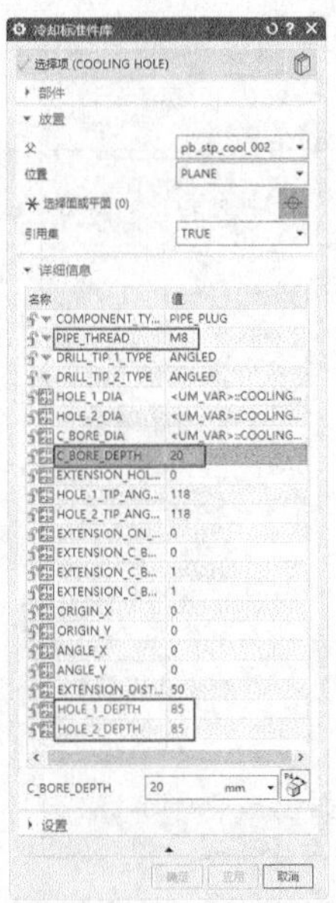

图 8-327　冷却孔参数设置

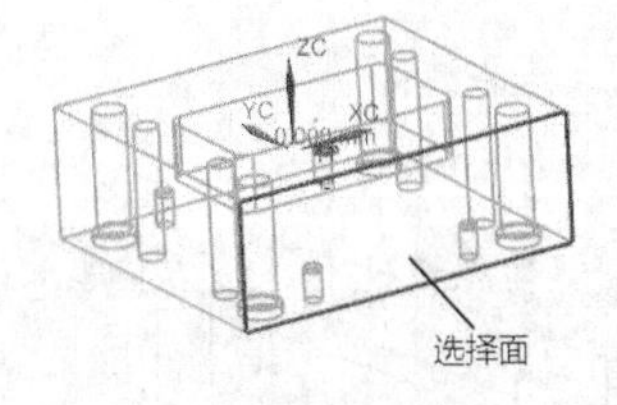

图 8-328 选择面

图 8-329 位置点设置

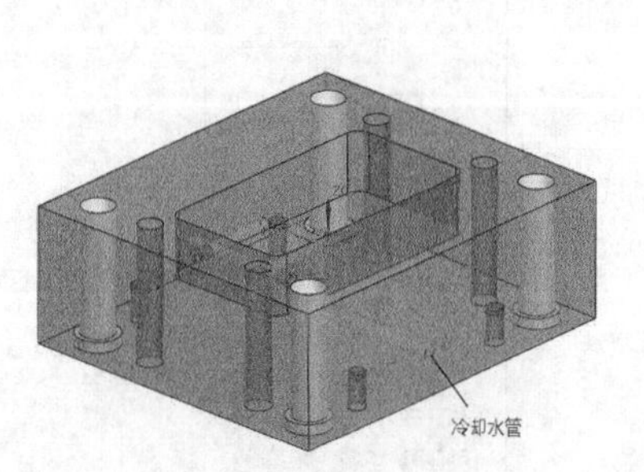

图 8-330 创建冷却孔

（37）单击“注塑模向导”选项卡“冷却工具”面板上的“冷却标准件库”按钮，系统弹出“重用库”对话框和“冷却标准件库”对话框。在“重用库”对话框的“名称”列表中选择“COOLING”→“Water”，在“成员选择”列表中选择“CONNECTOR PLUG”，在“冷却标准件库”对话框的“父”选项下拉列表中选择“pb_stp_cool_hole_119”，在“详细信息”列表中设置“SUPPLIER”为 HASCO，“PIPE_THREAD”为 M8，如图 8-331 所示。

（38）单击“确定”按钮，得到的效果如图 8-332 所示。

（39）通过“装配导航器”选择隐藏 b 板，显示冷却系统，并选择右键菜单中的“设为工作部件”命令使其成为当前工作部件，如图 8-333 所示。

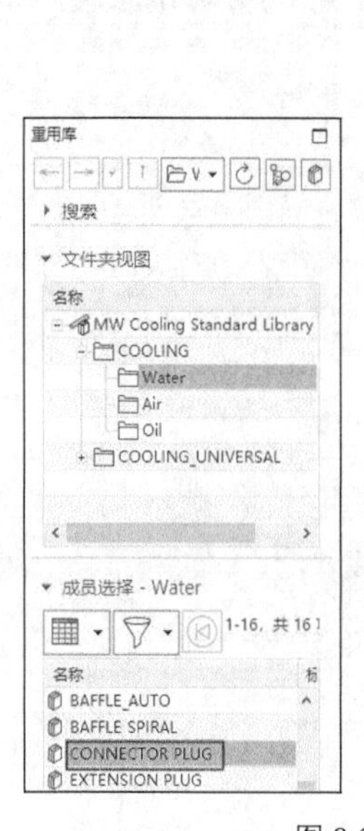

图 8-331 水嘴参数设置

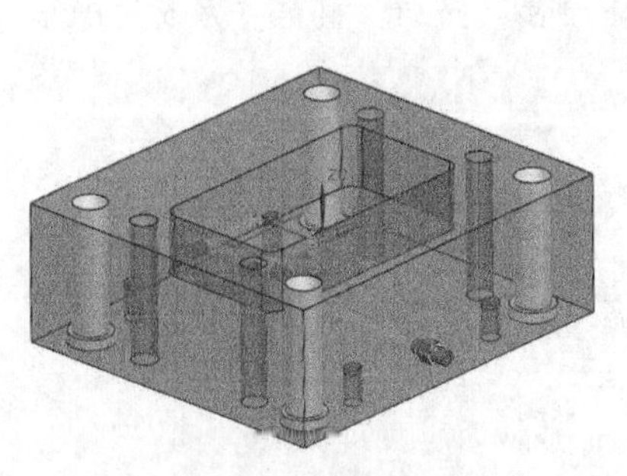

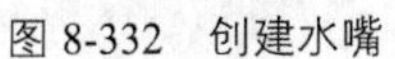

图 8-332　创建水嘴

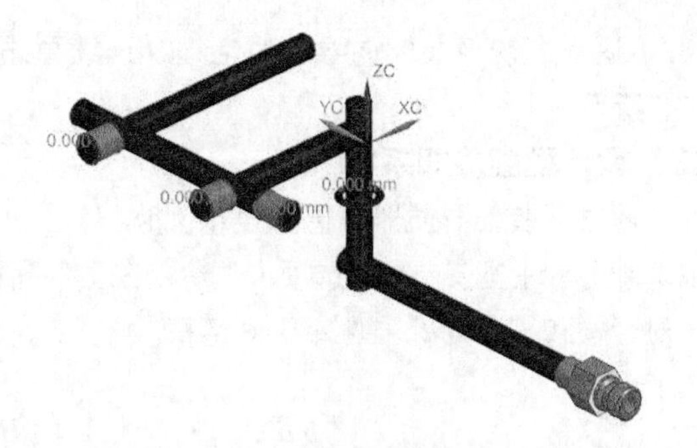

图 8-333　显示冷却系统

（40）单击“装配”选项卡“组件”面板上的“镜像装配”按钮，系统弹出图 8-334 所示的“镜像装配向导”对话框。

（41）单击“下一步”按钮，进入图 8-335 所示的“镜像装配向导”对话框，在绘图区选择冷却系统部件。

（42）单击“下一步”按钮，进入图 8-336 所示的对话框。单击对话框中的“创建基准平面”按钮，系统弹出“基准平面”对话框，按照图 8-337 所示设置参数，并单击“确定”按钮。

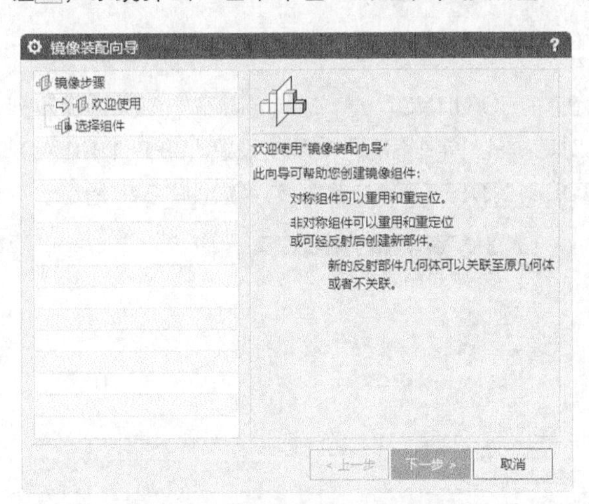

图 8-334　“镜像装配向导”对话框

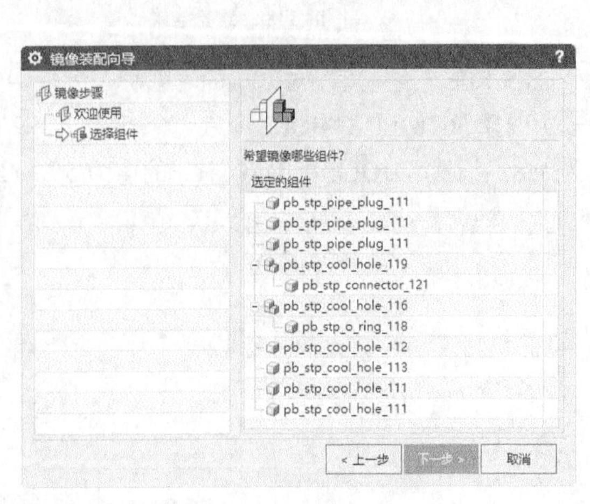

图 8-335　选择组件

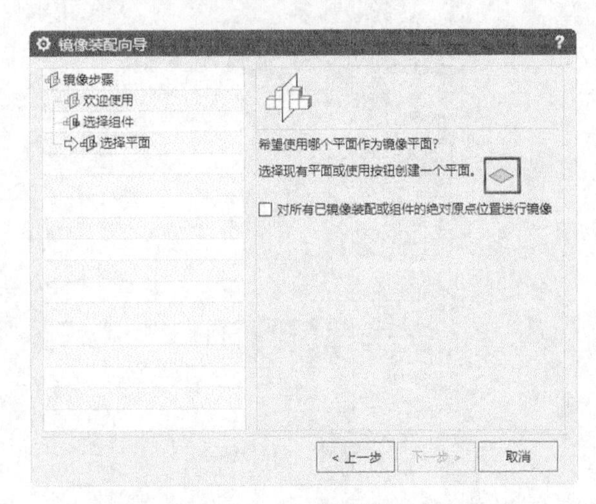

图 8-336　设置镜像平面

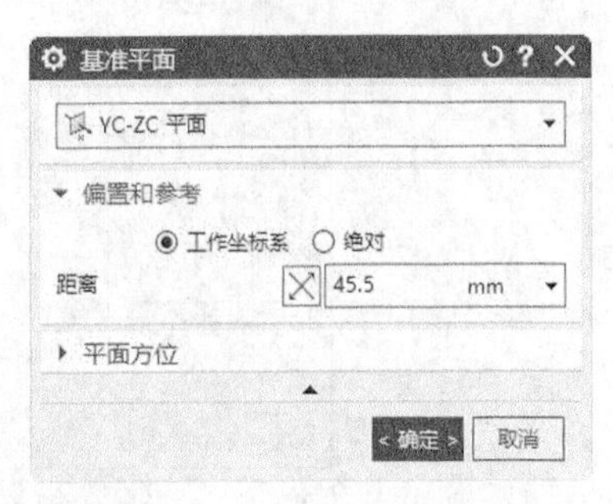

图 8-337　“基准平面”对话框

（43）返回“镜像装配向导”对话框，连续单击“下一步”按钮，直至“完成”操作。结果如图 8-338 所示。

13. 设计型腔冷却系统

（1）通过“装配导航器”选择显示型腔部件，如图 8-339 所示。

（2）单击“注塑模向导”选项卡“冷却工具”面板上的“冷却标准件库”按钮，系统弹出“重用库”对话框和“冷却标准件库”对话框。

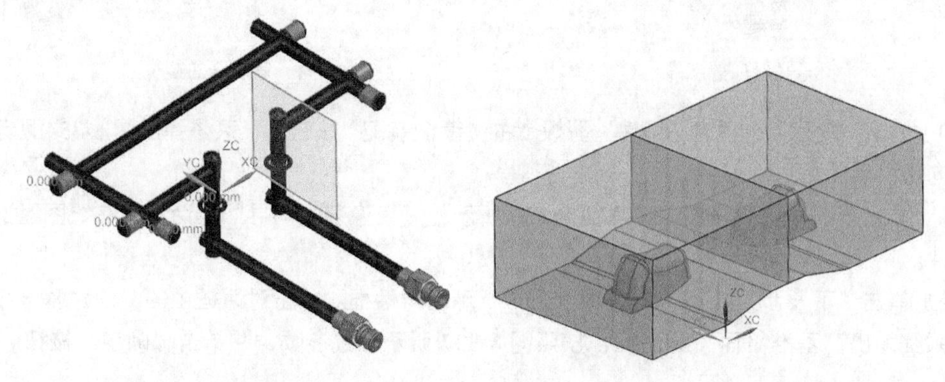

图 8-338　镜像结果　　　　图 8-339　显示型腔部件

（3）在“重用库”对话框的“名称”列表中选择“COOLING”→“Water”，在“成员选择”列表中选择“COOLING HOLE”，在“冷却标准件库”对话框的“详细信息”列表中设置“PIPE_THREAD”为 M8，设置“HOLE_1_DEPTH”的值为 55，“HOLE_2_DEPTH”的值为 55，如图 8-340 所示。

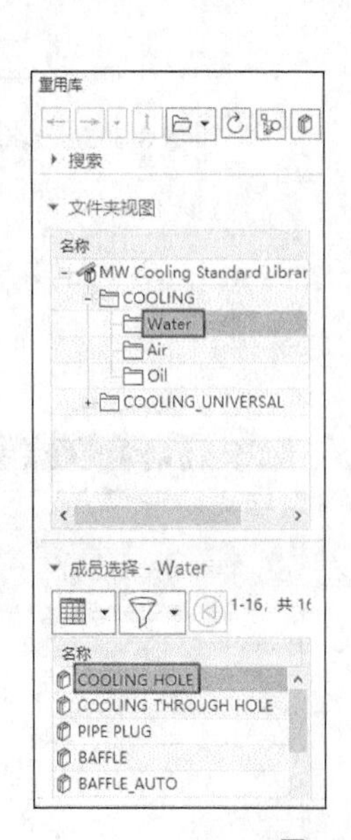

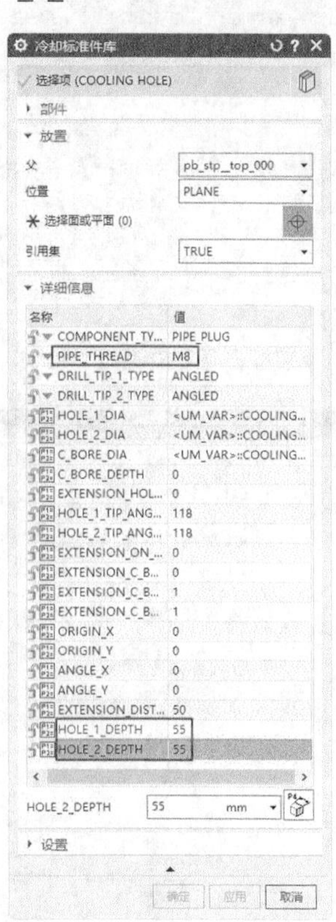

图 8-340　冷却组件参数设置

（4）在“冷却标准件库”对话框中单击“选择面或平面”选项，选择图 8-341 所示的平面作为放置面。

（5）单击“确定”按钮，系统弹出图 8-342 所示的“标准件位置”对话框，单击“点对话框”按钮，系统弹出图 8-343 所示的“点”对话框，在“坐标”栏中输入坐标（20, 0, 0）。单击“确定”按钮，返回“标准件位置”对话框，设置“X 偏置”的值为 0，“Y 偏置”的值为 0，如图 8-342 所示。单击“应用”按钮。

（6）单击“注塑模向导”选项卡“冷却工具”面板上的“冷却标准件库”按钮，系统弹出“重用库”对话框和“冷却标准件库”对话框。

（7）在“重用库”对话框的“名称”列表中选择“COOLING”→“Water”，在“成员选择”列表中选择“COOLING HOLE”，在“冷却标准件库”对话框的“详细信息”列表中设置“PIPE_THREAD”为 M8，设置“HOLE_1_DEPTH”的值为 75，“HOLE_2_DEPTH”的值为 75，生成的冷却水管道 1 如图 8-344 所示。

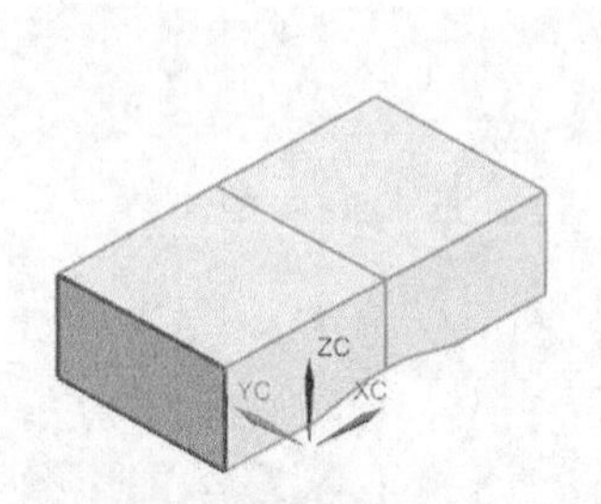

图 8-341　选择放置面

图 8-342　“标准件位置”对话框

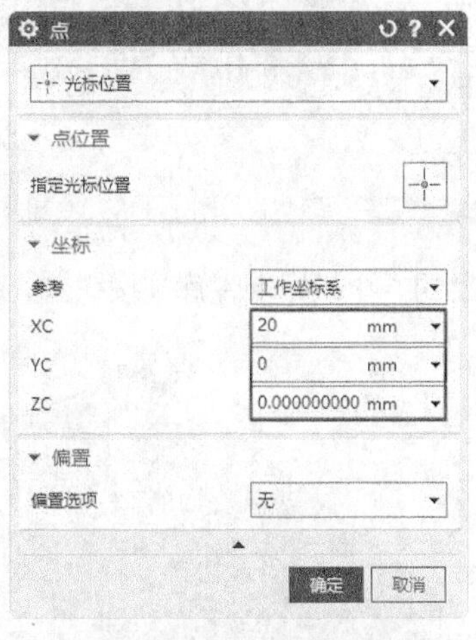

图 8-343　“点”对话框

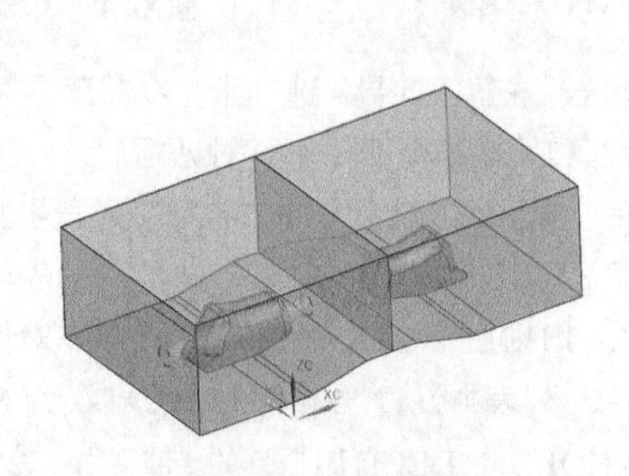

图 8-344　冷却水管道 1

（8）在“冷却标准件库”对话框中单击“选择面或平面”选项，选择图 8-341 所示的面作为放置面。

（9）再单击“点对话框”按钮，系统弹出“点”对话框，在“坐标”栏中输入坐标（–20, 0, 0），单击“确定”按钮，返回“标准件位置”对话框，设置“X 偏置”的值为 0，“Y 偏置”的值为 0，单击“确定”按钮。得到的效果如图 8-345 所示。

（10）单击“注塑模向导”选项卡“冷却工具”面板上的“冷却标准件库”按钮，系统弹出“重用库”对话框和“冷却标准件库”对话框。

（11）在“重用库”对话框的“名称”列表中选择“COOLING”→“Water”，在“成员选择”列表中选择“COOLING HOLE”，在“冷却标准件库”对话框的“详细信息”列表中设置“PIPE_THREAD”为 M8，设置“HOLE_1_DEPTH”的值为 75，“HOLE_2_DEPTH”的值为 75。

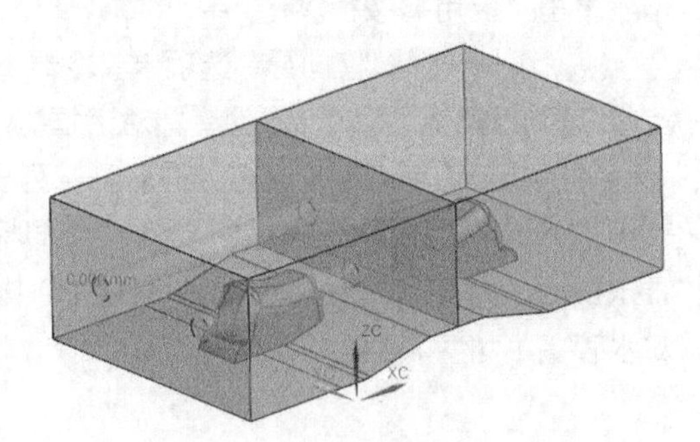

图 8-345　冷却水管道 2

（12）在“冷却标准件库”对话框中单击“选择面或平面”选项，选择图 8-346 所示的面作为放置面。

（13）单击“确定”按钮，系统弹出“标准件位置”对话框，单击“点对话框”按钮，系统弹出“点”对话框，在“坐标”栏中输入坐标（–25, 0.46, 0），如图 8-347 所示。单击“确定”按钮，返回“标准件位置”对话框，设置“X 偏置”的值为 0，“Y 偏置”的值为 0，单击“确定”按钮。得到的效果如图 8-348 所示。

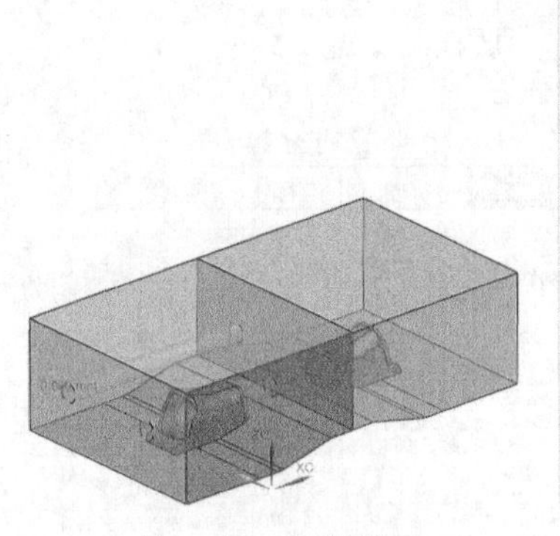

图 8-346　选择侧面

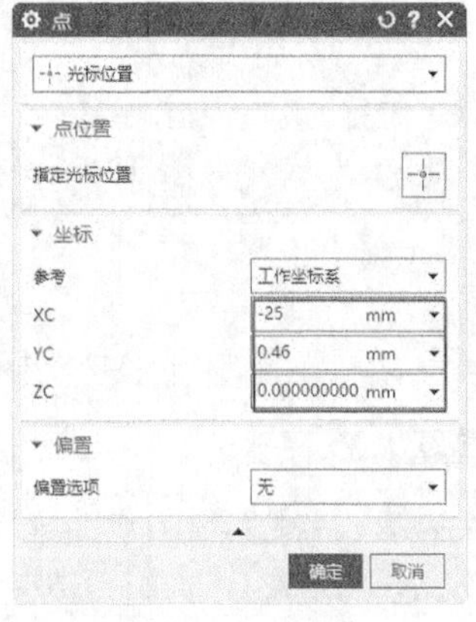

图 8-347　位置点设置

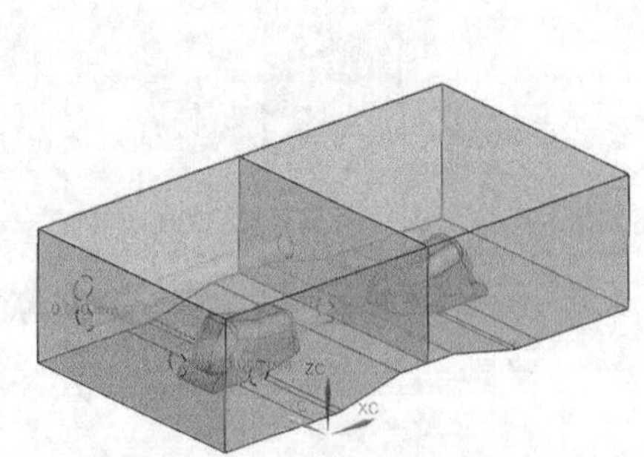

图 8-348　冷却水管道 3

（14）单击“注塑模向导”选项卡“冷却工具”面板上的“冷却标准件库”按钮，系统弹出“重用库”对话框和“冷却标准件库”对话框。

（15）在“重用库”对话框的“名称”列表中选择“COOLING”→“Water”，在“成员选择”列表中选择“COOLING HOLE”，在“冷却标准件库”对话框的“详细信息”列表中设置“PIPE_THREAD”为 M8，设置“HOLE_1_DEPTH”的值为 25，“HOLE_2_DEPTH”的值为 25。

（16）在“冷却标准件库”对话框中单击“选择面或平面”选项，选择图 8-349 所示的面作为放置面。

（17）单击“确定”按钮，系统弹出“标准件位置”

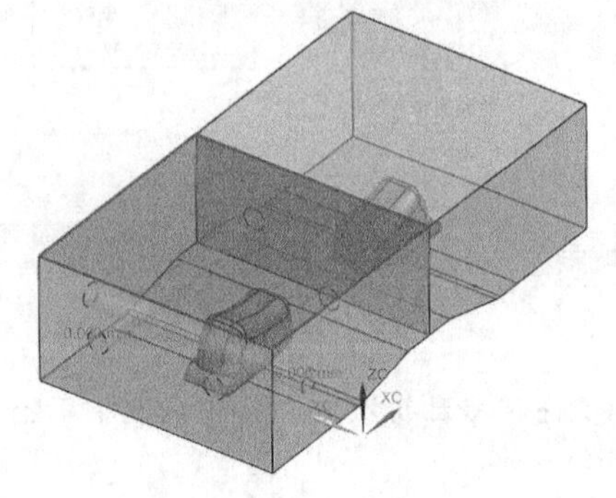

图 8-349　选择面

对话框，单击“点对话框”按钮[...]，系统弹出“点”对话框，在“坐标”栏中输入坐标（20, 17.5, 0），如图 8-350 所示。单击“确定”按钮，返回“标准件位置”对话框，设置“X 偏置”的值为 0，“Y 偏置”的值为 0，单击“确定”按钮。得到的效果如图 8-351 所示。

图 8-350　位置点选择

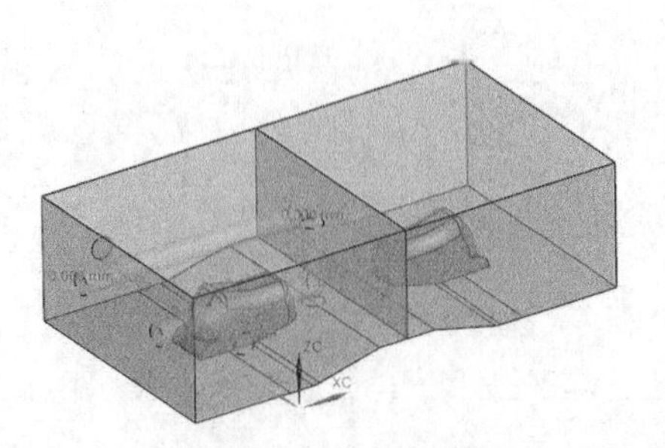

图 8-351　冷却水管道 4

（18）单击“注塑模向导”选项卡“冷却工具”面板上的“冷却标准件库”按钮，系统弹出“重用库”对话框和“冷却标准件库”对话框。

（19）在“重用库”对话框的“名称”列表中选择“COOLING”→“Water”，在“成员选择”列表中选择“PIPE PLUG”，在“冷却标准件库”对话框的“详细信息”列表中设置“SUPPLIER”为 HASCO，“PIPE_THREAD”为 M8，如图 8-352 所示，然后单击“应用”按钮，“冷却标准件库”对话框如图 8-353 所示。

（20）单击“重定位”按钮，系统弹出图 8-354 所示的“移动组件”对话框。单击“点对话框”按钮[...]，系统弹出“点”对话框，在绘图区选取图 8-355 所示的端面圆心点作为喉塞放置位置，单击“确定”按钮，结果如图 8-356 所示。

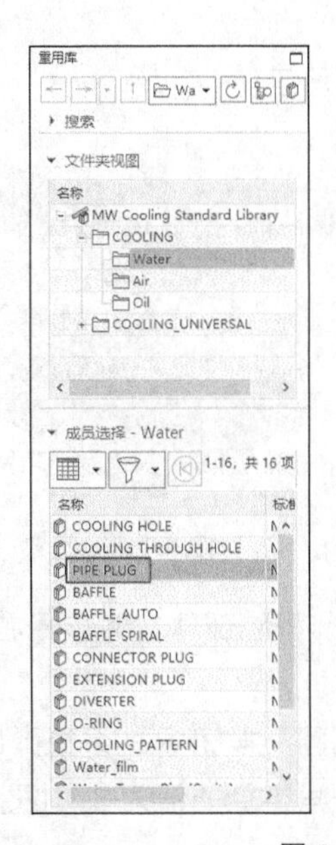

图 8-352　喉塞参数设置

图 8-353 “冷却标准件库”对话框

图 8-354 “移动组件”对话框

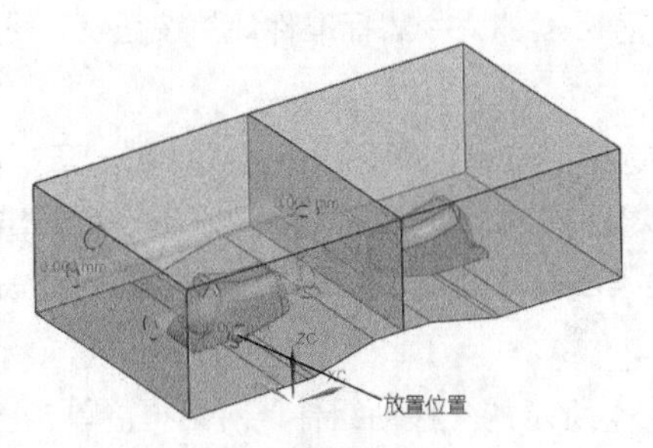

图 8-355 选择端面圆心点

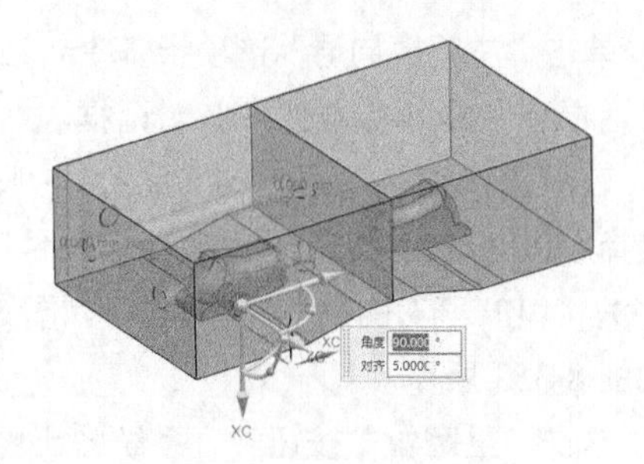

图 8-356 喉塞放置

（21）选取视图中的动态坐标系上 *YC* 轴，输入“角度”的值为 90，按 Enter 键，将喉塞绕 *YC* 轴旋转 90°，如图 8-357 所示。

（22）同理，创建其他位置的喉塞，结果如图 8-358 所示。

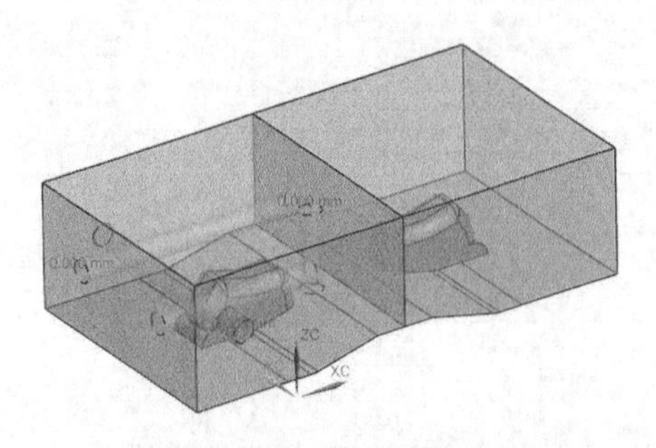

图 8-357 旋转喉塞

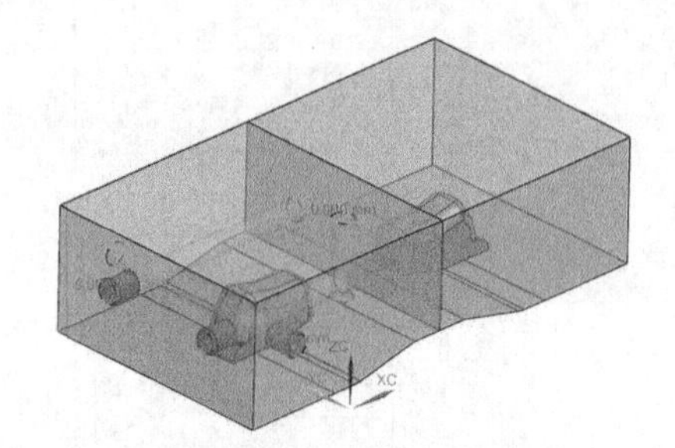

图 8-358 喉塞效果图

（23）在“装配导航器”中选择“pb_stp_cavity_003”型腔部件，并选择右键菜单中的“设为工作部件”命令将其转为工作部件。

（24）单击“主页”选项卡“基本”面板上的“边倒圆”按钮，系统弹出“边倒圆”对话框，选择图 8-359 所示型腔的两条直角边，在文本框中输入圆角半径的值为 8，如图 8-360 所示，单击“确定”按钮，型腔完成边倒圆操作，结果如图 8-361 所示。

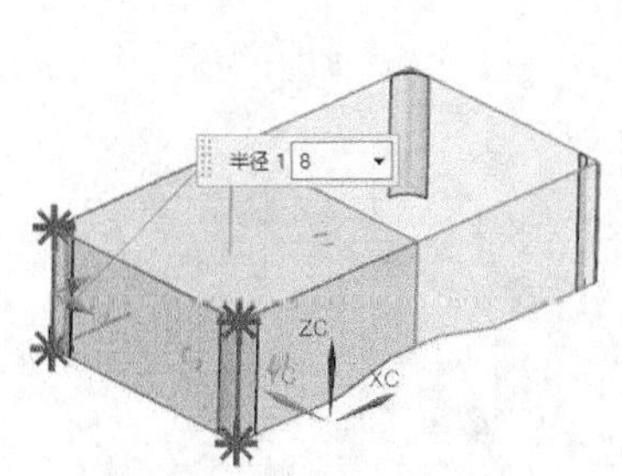

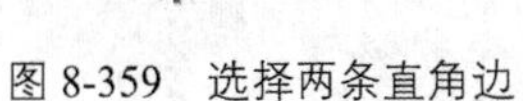

图 8-359　选择两条直角边

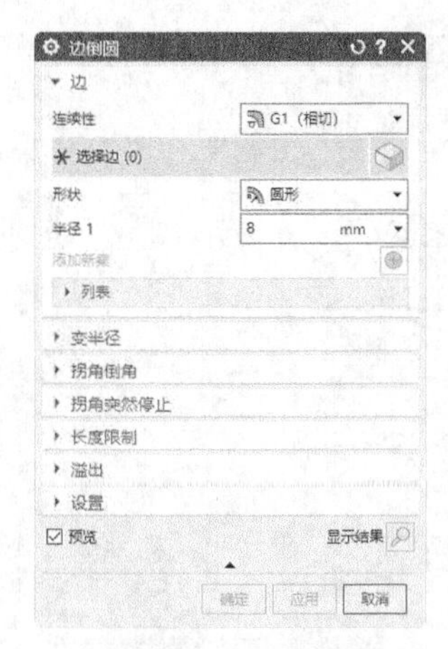

图 8-360　设置半径

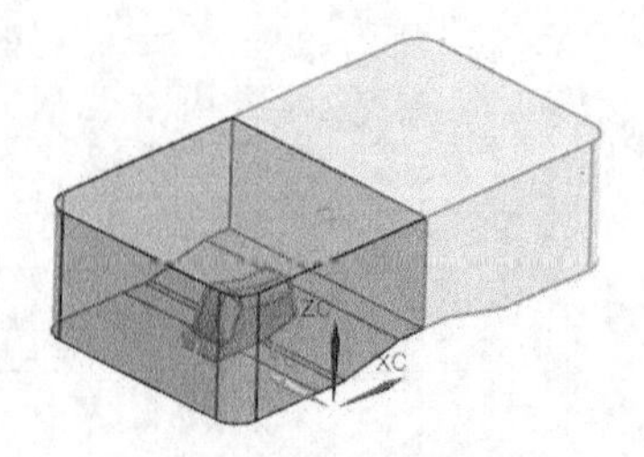

图 8-361　倒圆结果

（25）在“装配导航器”中选中“pb_stp_a_plate_035”，单击鼠标右键，在系统弹出的快捷菜单中选择“仅显示”命令，显示 a 板，如图 8-362 所示。并选择右键菜单中的“设为工作部件”命令将其设置为当前工作部件。

（26）单击“主页”选项卡“构造”面板上的“草图”按钮，系统弹出图 8-363 所示的“创建草图”对话框，选择下表面作为草图绘制平面，单击“点对话框”按钮，系统弹出“点”对话框，设置原点坐标为（0, 0, 0），如图 8-364 所示。单击“确定”按钮进入草图绘制界面，绘制图 8-365 所示的草图。单击“完成”按钮，退出草图绘制界面。

（27）单击“主页”选项卡“基本”面板上的“拉伸”按钮，系统弹出图 8-366 所示的“拉伸”对话框，依图设置参数。单击“确定”按钮完成拉伸操作，结果如图 8-367 所示。

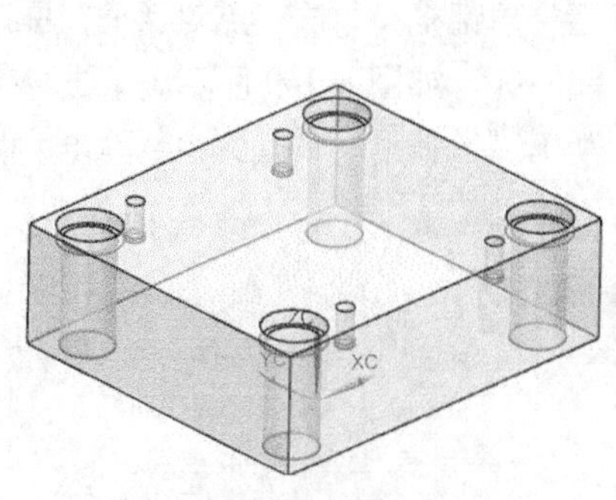

图 8-362　a 板

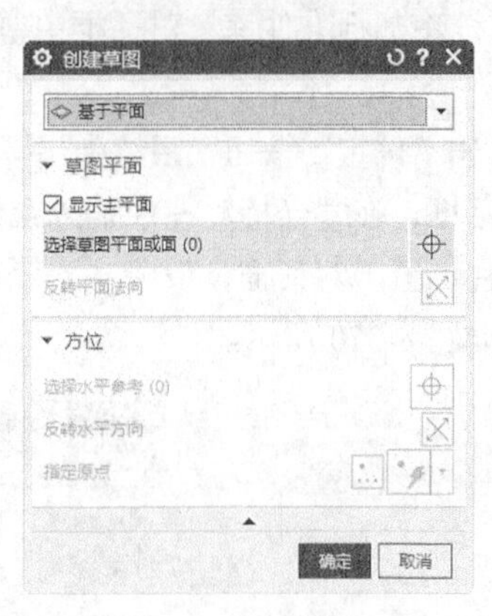

图 8-363　“创建草图”对话框

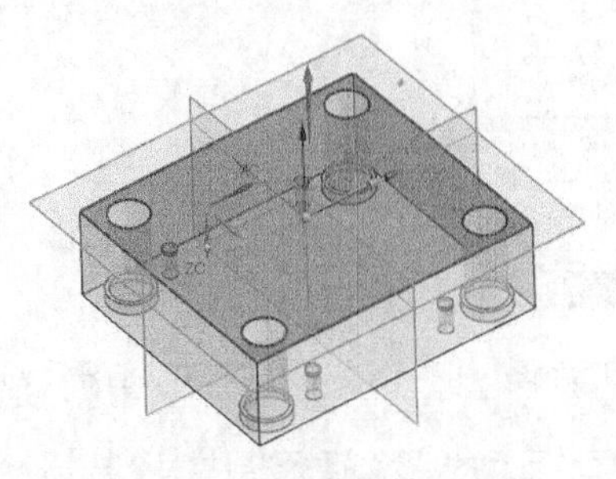

图 8-364　选择草图绘制平面

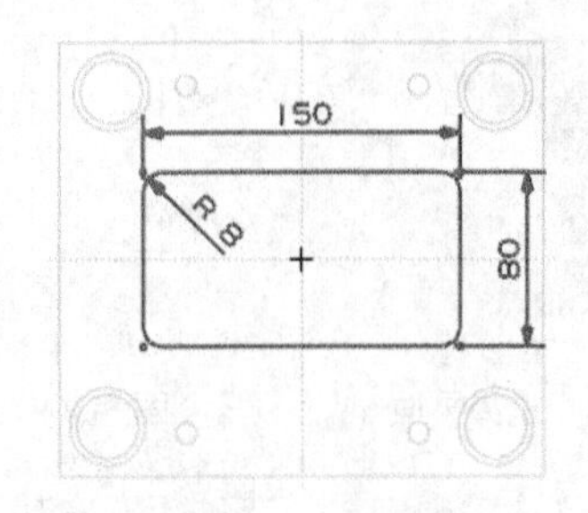

图 8-365　绘制草图

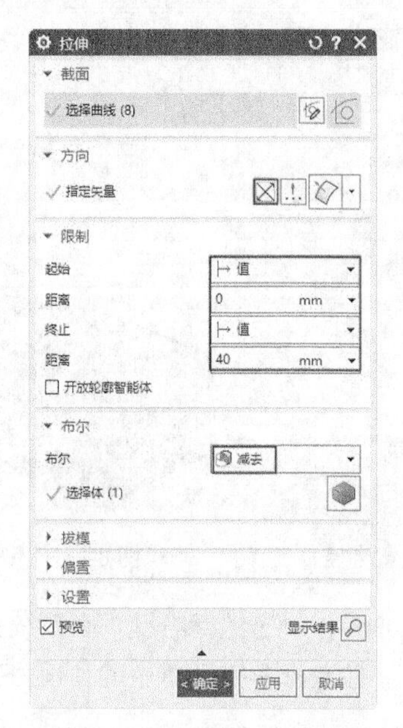

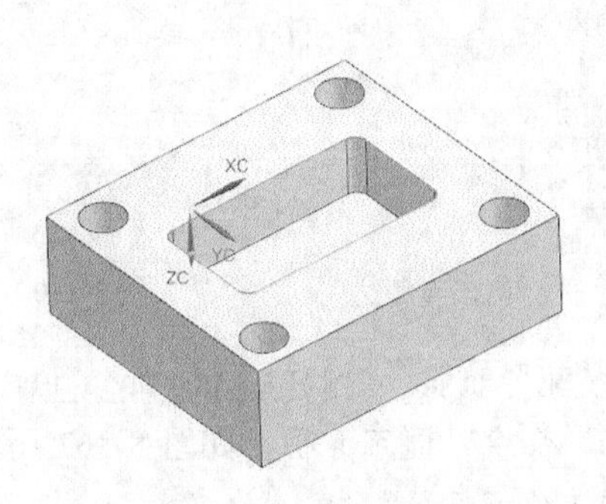

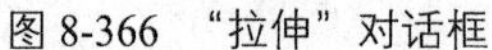

图 8-366 “拉伸”对话框　　图 8-367 拉伸切除结果

（28）单击“注塑模向导”选项卡“冷却工具”面板上的“冷却标准件库”按钮，系统弹出“重用库”对话框和“冷却标准件库”对话框。

（29）在“重用库”对话框的“名称”列表中选择“COOLING”→“Water”，在“成员选择”列表中选择“COOLING HOLE”，在“冷却标准件库”对话框的“详细信息”列表中设置“PIPE_THREAD”为 M8，设置“HOLE_1_DEPTH”的值为 20，“HOLE_2_DEPTH”的值为 20。

（30）在“冷却标准件库”对话框中单击“选择面或平面”选项，选择图 8-368 所示的面作为放置面。

（31）单击“确定”按钮，系统弹出“标准件位置”对话框，单击“点对话框”按钮，系统弹出“点”对话框，在“坐标”栏中输入坐标（–20, –20, 0），如图 8-369 所示。单击“确定”按钮，返回“标准件位置”对话框，设置“X 偏置”的值为 0，“Y 偏置”的值为 0，单击“确定”按钮。得到的效果如图 8-370 所示。

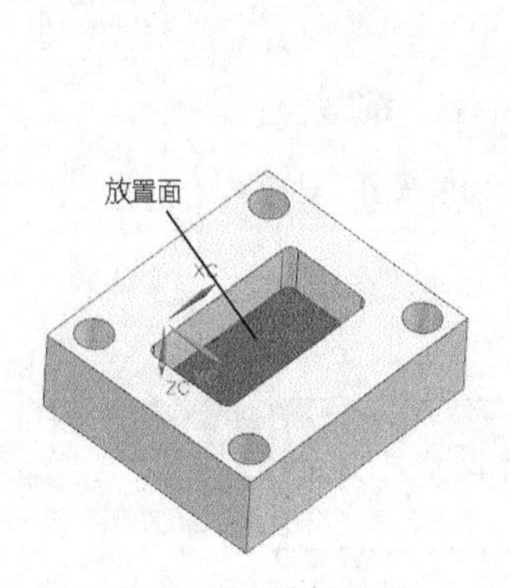

图 8-368 选择平面

图 8-369 “点”对话框

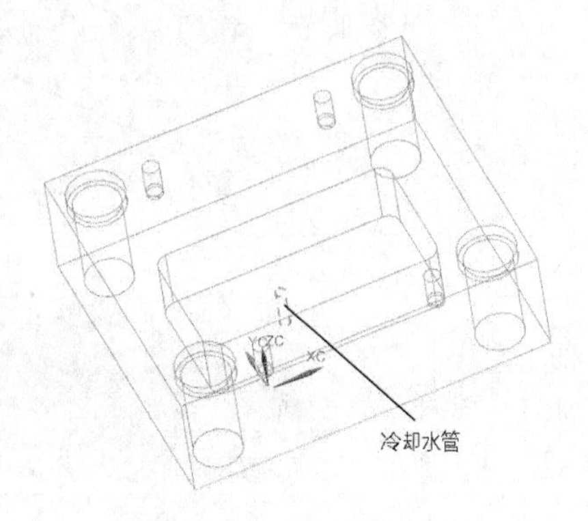

图 8-370 创建冷却孔结果

（32）单击“注塑模向导”选项卡“冷却工具”面板上的“冷却标准件库”按钮，系统弹出“重用库”对话框和“冷却标准件库”对话框。

（33）在“重用库”对话框的“名称”列表中选择“COOLING”→“Water”，在“成员选择”列表中选择“O_RING”，在“冷却标准件库”对话框的“详细信息”列表中设置“SUPPLIER”为MISUMI，设置“FITTING_DIA”的值为 8。如图 8-371 所示。单击“应用”按钮，结果如图 8-372 所示。

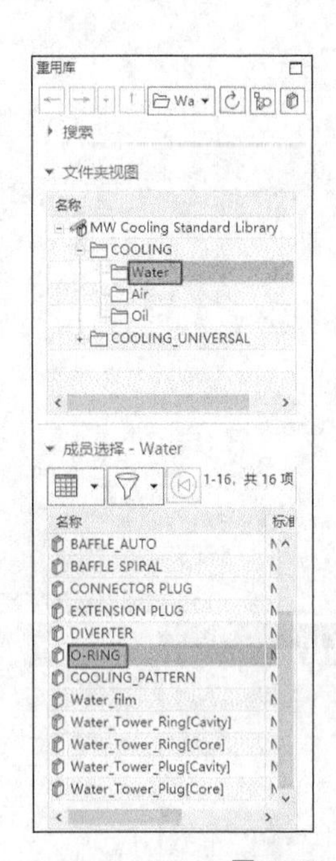

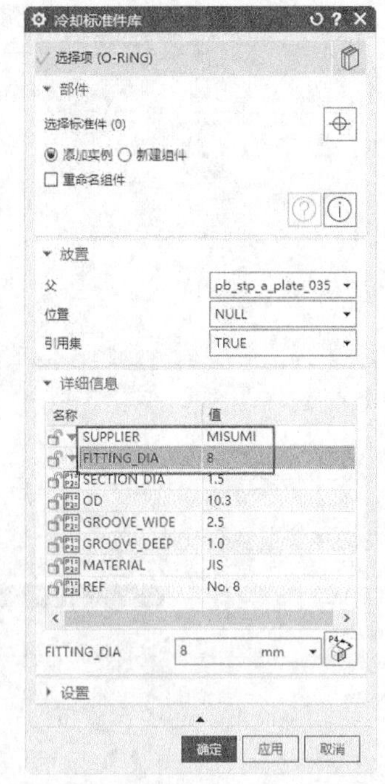

图 8-371　防水圈参数设置

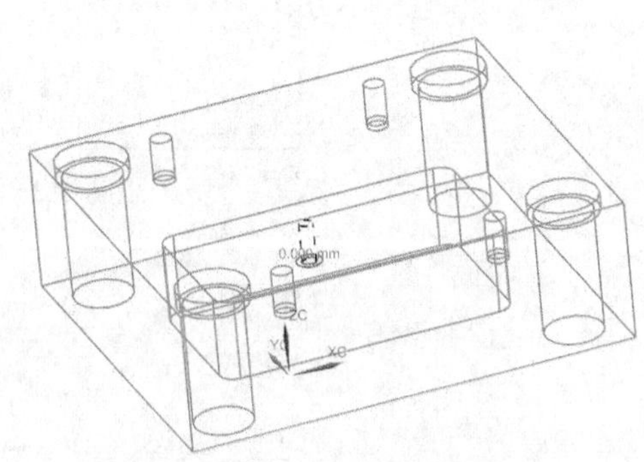

图 8-372　防水圈

（34）单击“注塑模向导”选项卡“冷却工具”面板上的“冷却标准件库”按钮，系统弹出“重用库”对话框和“冷却标准件库”对话框。在“重用库”对话框的“名称”列表中选择“COOLING”→“Water”，在“成员选择”列表中选择“COOLING HOLE”选项，在“冷却标准件库”对话框的“详细信息”列表中设置“PIPE_THREAD”为 M8，设置“HOLE_1_DEPTH”的值为 85，“HOLE_2_DEPTH”的值为 85，如图 8-373 所示。

（35）在“冷却标准件库”对话框中单击“选择面或平面”选项，选择图 8-374 所示的面作为放置面。

（36）单击“确定”按钮，系统弹出“标准件位置”对话框，单击“点对话框”按钮，系统弹出“点”对话框，在“坐标”栏中输入坐标（–20, 15, 0），如图 8-375 所示。单击“确定”按钮，返回“标准件位置”对话框，设置“X 偏置”的值为 0，“Y 偏置”的值为 0，单击“确定”按钮。得到的效果如图 8-376 所示。

（37）单击“注塑模向导”选项卡“冷却工具”面板上的“冷却标准件库”按钮，系统弹出“重用库”对话框和“冷却标准件库”对话框。在“重用库”对话框的“名称”列表中选择“COOLING”→“Water”，在“成员选择”列表中选择“CONNECTOR PLUG”，在“冷却标准件库”对话框的“详细信息”列表中设置“SUPPLIER”为 HASCO，“PIPE_THREAD”为 M8，如图 8-377 所示。

（38）单击“确定”按钮，得到的效果如图 8-378 所示。

（39）通过“装配导航器”选择隐藏 a 板，显示冷却系统，并选择右键菜单中的“设为工作部件”命令使其成为当前工作部件，如图 8-379 所示。

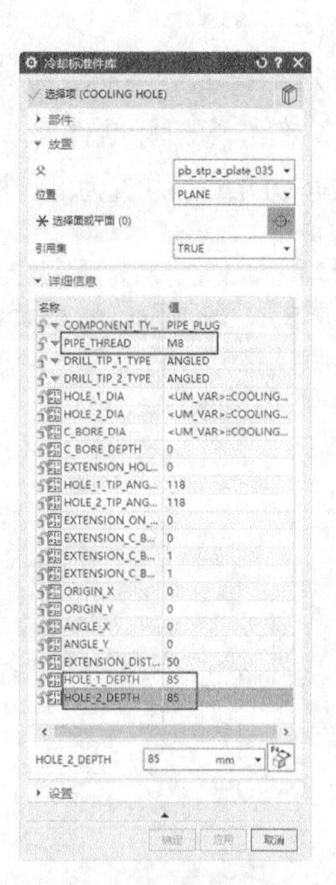

图 8-373　冷却水管道参数设置

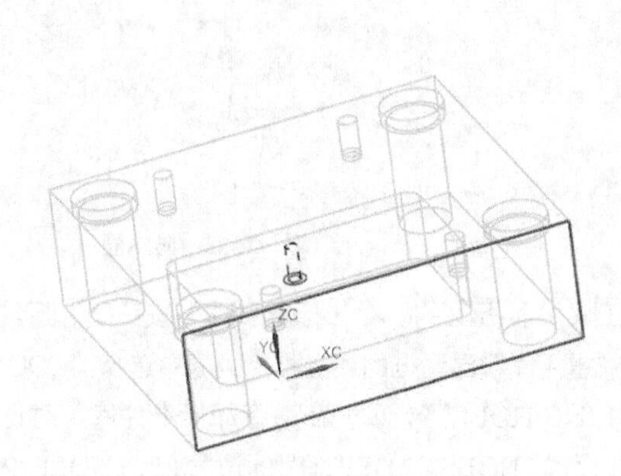

图 8-374　面选择

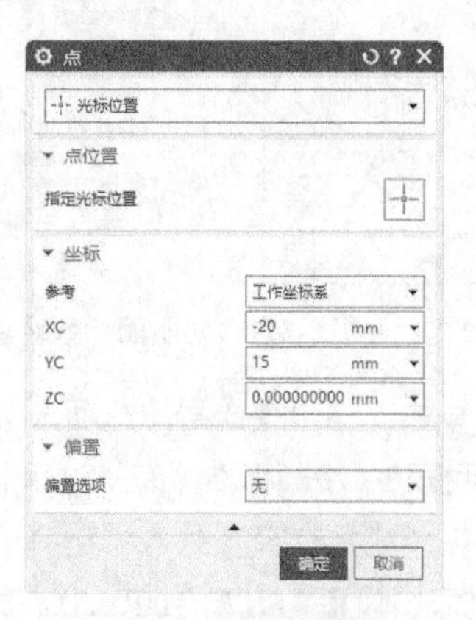

图 8-375　位置点设置

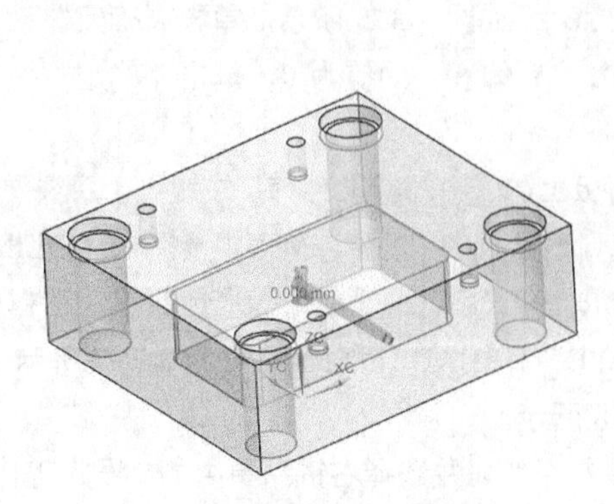

图 8-376　创建冷却水管道

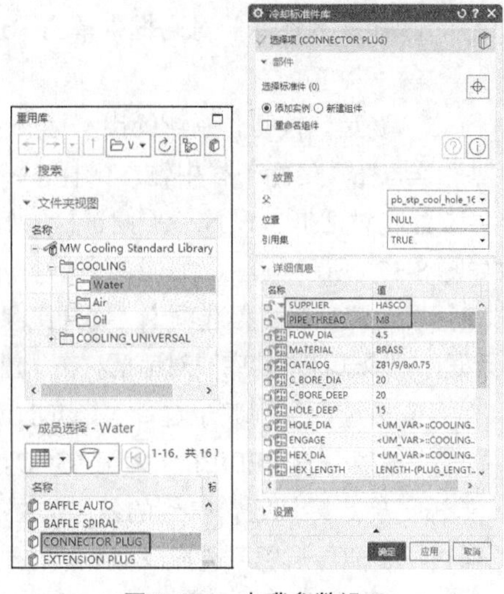

图 8-377　水嘴参数设置

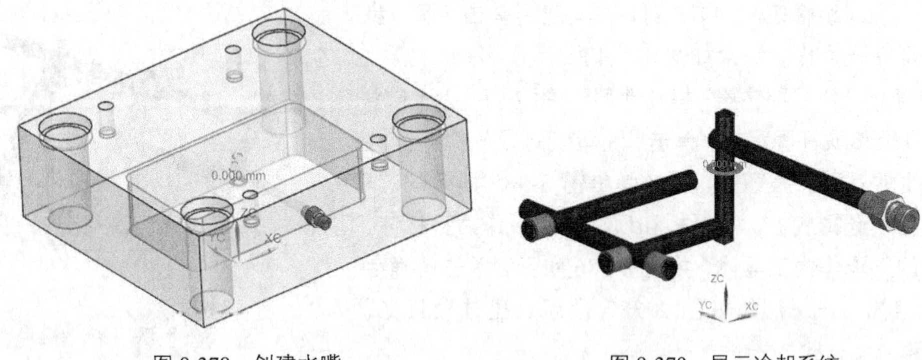

图 8-378　创建水嘴　　　　图 8-379　显示冷却系统

（40）单击“装配”选项卡“组件”面板上的“镜像装配”按钮，系统弹出图 8-380 所示的“镜像装配向导”对话框。

（41）单击“下一步”按钮，进入图 8-381 所示的“镜像装配向导”对话框，在绘图区选择冷却系统部件。

（42）单击“下一步”按钮，进入图 8-382 所示的对话框。单击对话框中的“创建基准平面”按钮，系统弹出“基准平面”对话框，按照图 8-383 所示设置系数，并单击“确定”按钮。

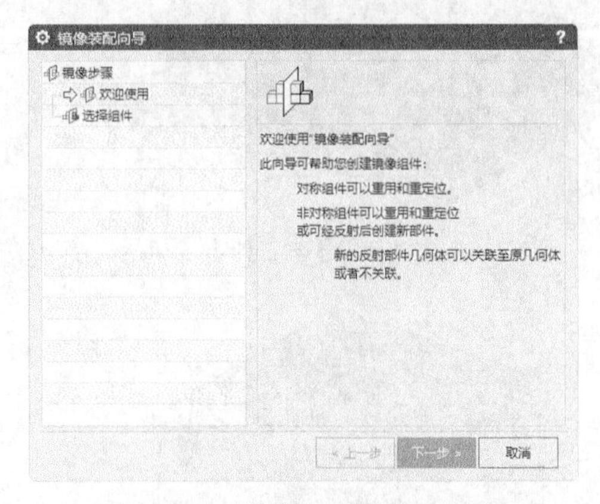

图 8-380　“镜像装配向导”对话框

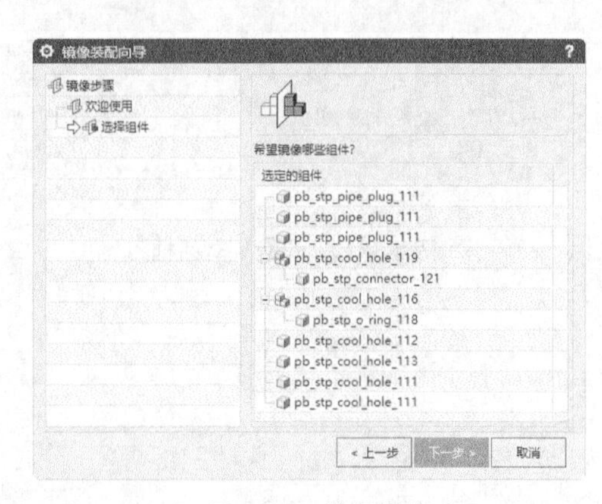

图 8-381　选择组件

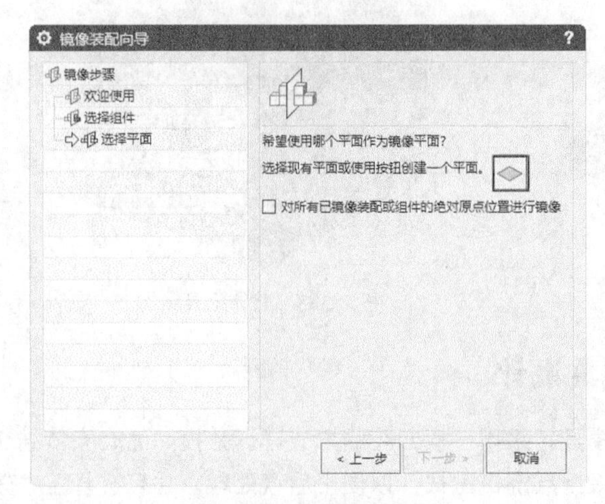

图 8-382　设置镜像平面

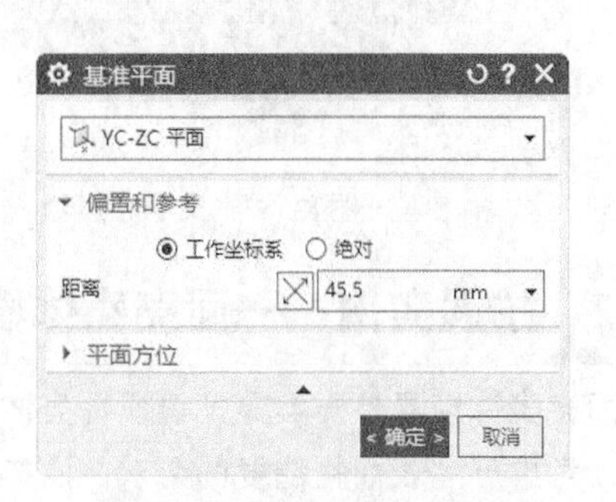

图 8-383　“基准平面”对话框

（43）返回“镜像装配向导”对话框，连续单击“下一步”按钮，直至完成操作。结果如图 8-384 所示。

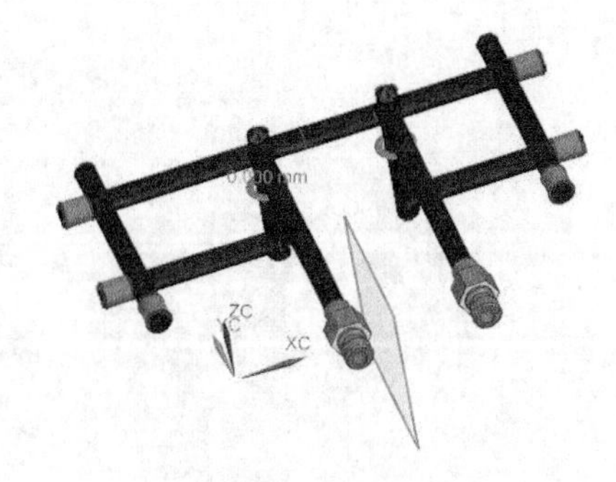

图 8-384　镜像结果

（44）通过“装配导航器”将其他部件隐藏，只显示支承、底板、顶杆板和顶杆固定板，单击“注塑模向导”选项卡“主要”面板上的“腔”按钮，系统弹出图 8-385 所示的“开腔”对话框，选择底板、顶杆板和顶杆固定板作为目标体，选择建立的支承作为工具体，如图 8-386 所示，单击“确定”按钮建立腔体，支承腔体如图 8-387 所示，整体模具如图 8-388 所示。

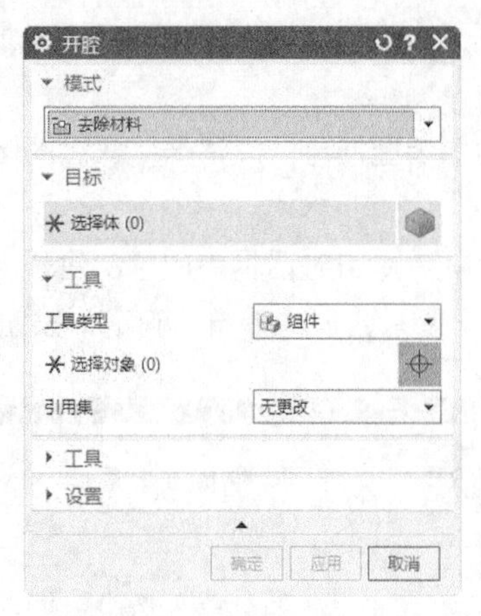

图 8-385　“开腔”对话框

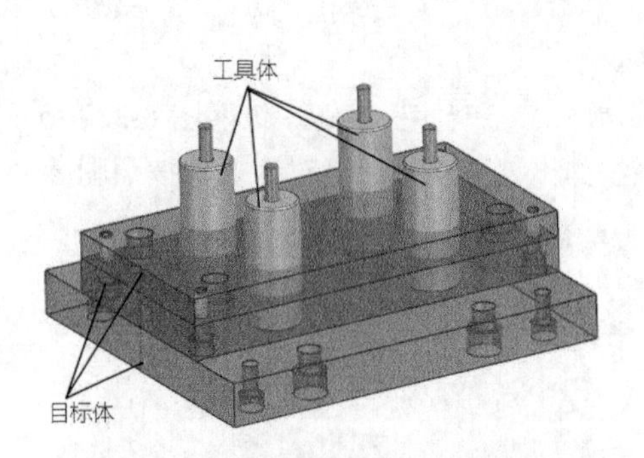

图 8-386　选择目标体与工具体

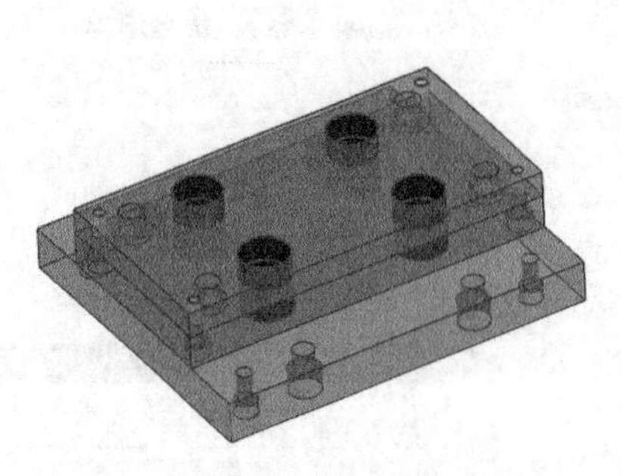

图 8-387　支承腔体

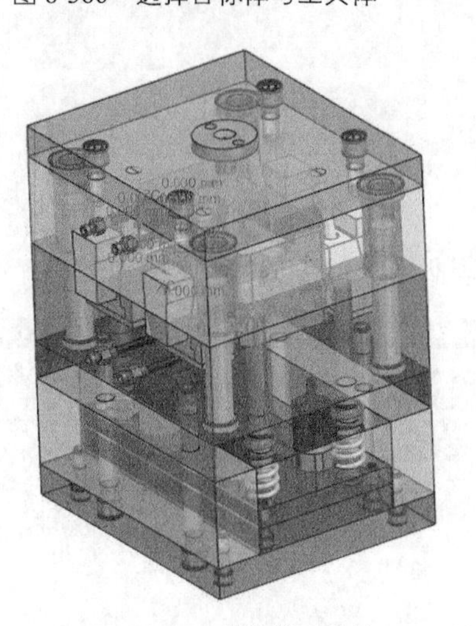

图 8-388　整体模具结构

8.2.2　扩展实例——面壳壳体模具设计

面壳壳体模具是一类典型斜顶杆壳体模具，采用一模四腔的方式进行分模。面壳壳体结构比较复杂，考虑产品表面粗糙度的要求，浇口采用点浇口方式，以便于后续处理，并且选择压力较大、精度较高的注塑机。根据该套模具的结构及要求，模架选择三板式。设计难点是分型面的选择和建立、斜顶杆的建立及浇口位置的选择。产品材料采用 ABS 树脂，收缩率为 1.006。面壳壳体模具如

图 8-389 所示。

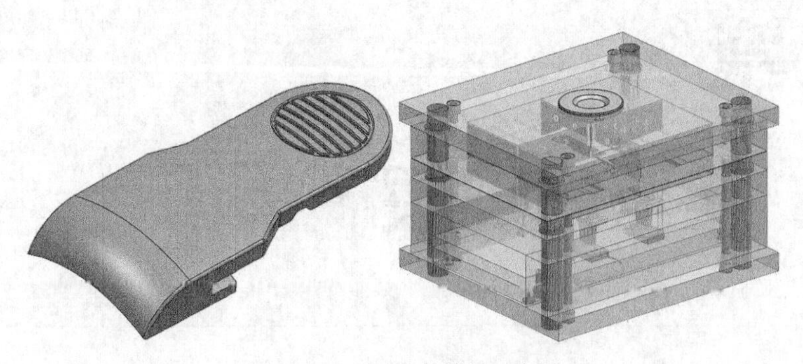

图 8-389　面壳壳体模具示意图

第 9 章

典型分型模模具设计

在注塑模设计中，分型面的选择和创建是至关重要的一步，它为后续的浇注和冷却系统的设计奠定了基础。本章着重于模具的分型面设计，以日常生活中常见的播放器盖和电器外壳为例，对这一问题进行了详细的阐述。

重点与难点

- 播放器盖模具设计
- 电器外壳模具设计

9.1 播放器盖模具设计

本实例中的塑件是一种典型的板孔类零件，即在基本上是平板壳体的零件表面开有若干通孔或凸起的凹槽结构。设计流程遵循修补/分型的基本思路，其分型线比较清晰，分型面位于最大截面或底部端面处，播放器盖模具如图 9-1 所示。

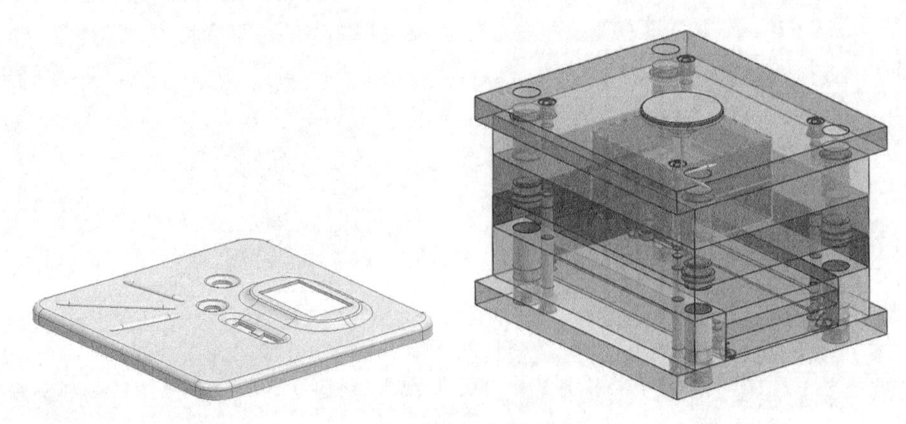

图 9-1 播放器盖模具

9.1.1 具体操作步骤

1. 装载产品和初始化

（1）单击“注塑模向导”选项卡中的“初始化项目”按钮，在“部件名”对话框中选择

“yuanwenjian\9\bofangqigai\ex3.prt”文件，打开的产品模型如图 9-2 所示。

（2）系统弹出“初始化项目”对话框，进行初始化，如图 9-3 所示。设置“项目单位”为毫米，“名称”为 ex3，“材料”为 PS，如图 9-3 所示，单击“确定”按钮，完成初始化。

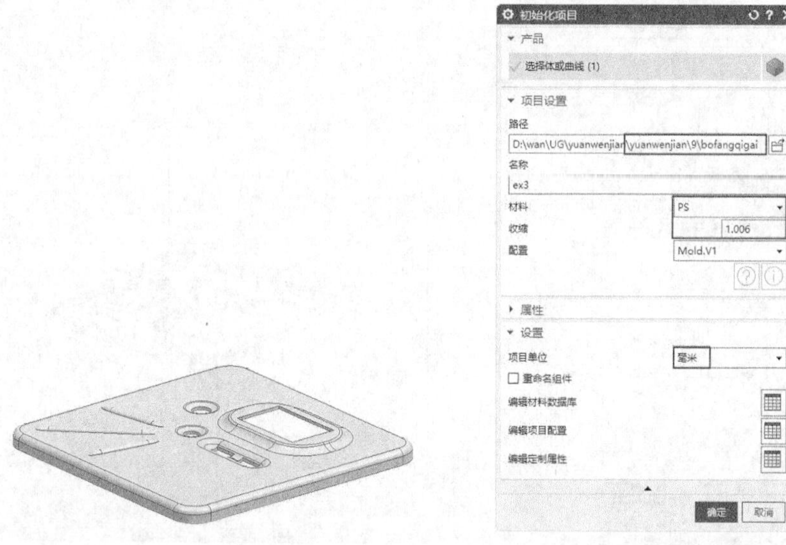

图 9-2　播放器盖模型　　图 9-3　“初始化项目”对话框

2. 检查项目结构

单击“装配导航器”按钮，观察生成的各个节点，如图 9-4 所示。加载产品模型的结果如图 9-5 所示。

图 9-4　观察各个节点

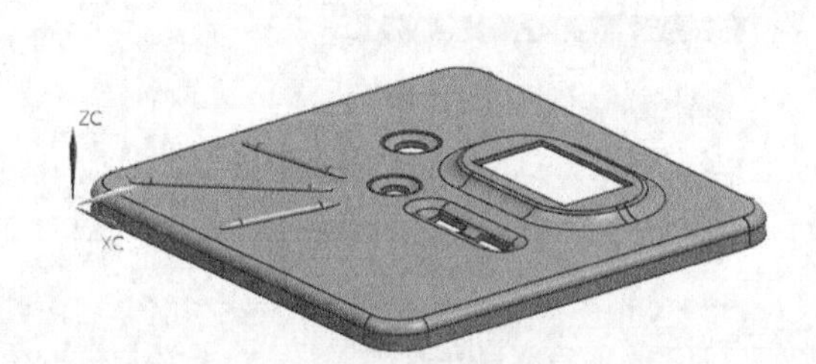

图 9-5　加载产品模型

3. 创建模具坐标系

（1）单击“注塑模向导”选项卡“主要”面板上的“模具坐标系”按钮，系统弹出图 9-6 所示的“模具坐标系”对话框，选择“产品实体中心”和“锁定 Z 位置”选项。

（2）单击“确定”按钮，完成模具坐标系的创建。

4. 定义成型工件

（1）单击“注塑模向导”选项卡“主要”面板上的“工件”按钮，系统弹出图 9-7 所示的“工件”对话框，在“定义类型”下拉列表框中选择“参考点”，单击“重置大小”按钮，再输入工件在 *X* 轴、*Y* 轴、*Z* 轴方向上的参数。

图 9-6　“模具坐标系”对话框

（2）单击“确定”按钮，在视图区加载成型工件，如图 9-8 所示。

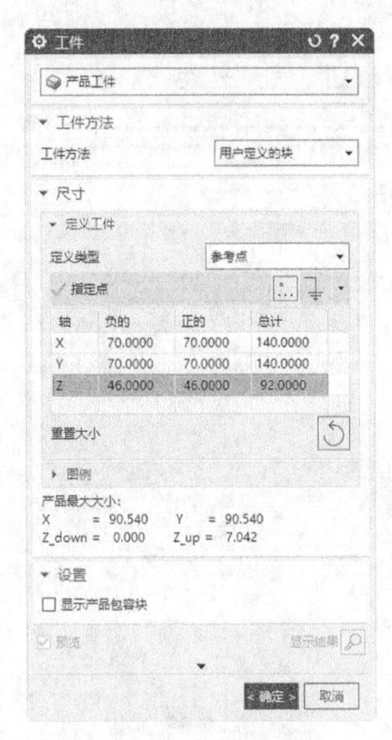

图 9-7 “工件”对话框

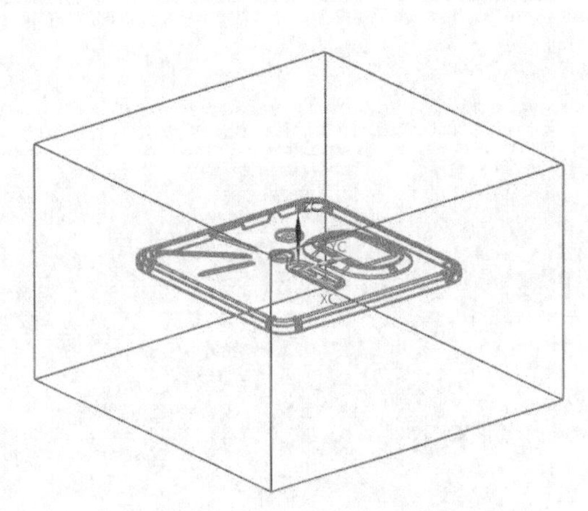

图 9-8 成型工件

5. 定义布局

（1）单击“注塑模向导”选项卡“主要”面板上的“型腔布局”按钮，系统弹出图 9-9 所示的“型腔布局”对话框，单击“自动对准中心”按钮。

（2）布局结果如图 9-10 所示，将模具的几何中心移动到 layout 子装配的绝对坐标系（ACS）的原点上，并保持 Z 轴坐标不变。

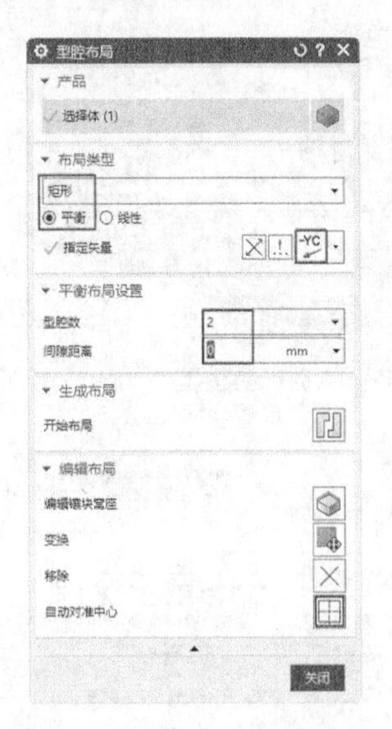

图 9-9 “型腔布局”对话框

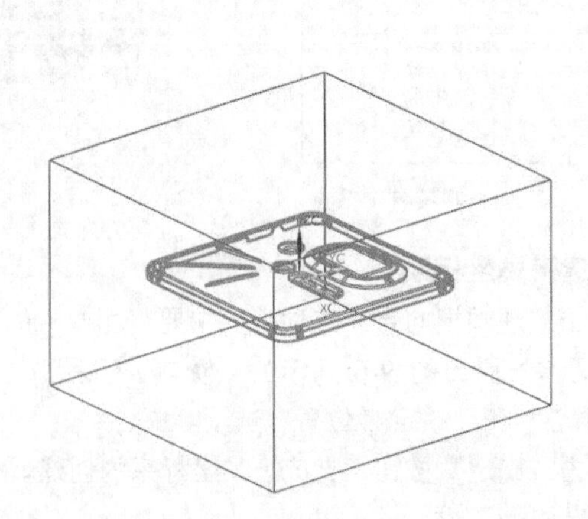

图 9-10 型腔布局结果

6. 修补产品补片

（1）单击“注塑模向导”选项卡“注塑模工具”面板上的“曲面补片”按钮，系统弹出图 9-11 所示的“曲面补片”对话框，在“环选择”栏的“类型”下拉列表框中选择“面”，在视图中选择图 9-12 所示的面，单击“应用”按钮，修补曲面。

图 9-11 “曲面补片”对话框

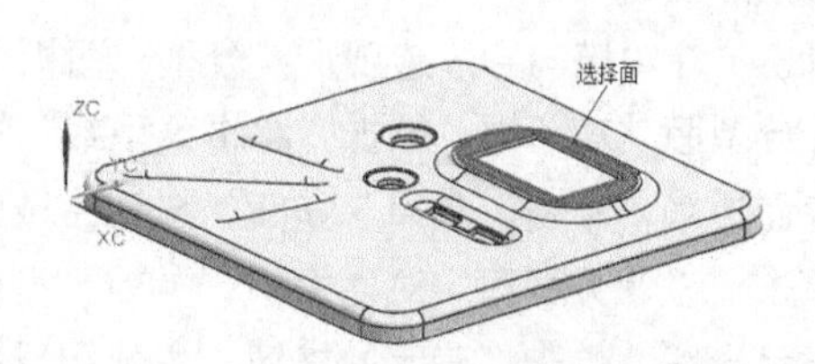

图 9-12 选择面

（2）在“曲面补片”对话框的“环选择”栏的“类型”下拉列表框中选择“移刀”，取消“按面的颜色遍历”复选框的勾选，如图 9-13 所示。选择图 9-14 所示的边，单击“应用”按钮，修补曲面。同理，创建另一个边界修补。

图 9-13 “曲面补片”对话框

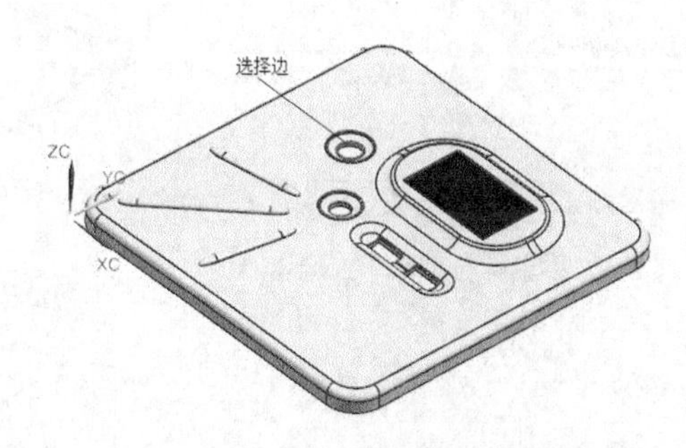

图 9-14 选择边 1

（3）在“曲面补片”对话框的“环选择”栏的“类型”下拉列表框中选择“移刀”，取消“按面的颜色遍历”复选框的勾选，选择图 9-15 所示的边，单击“接受”按钮，将其添加到环列表中，单击“应用”按钮，修补曲面。同理，创建另一个边界修补，结果如图 9-16 所示。

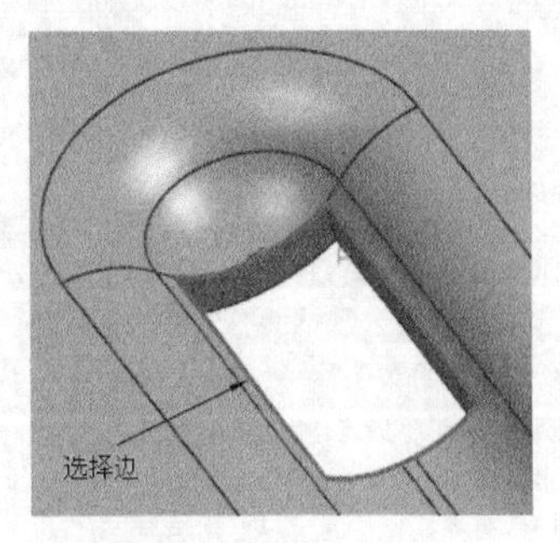

图 9-15　选择边 2

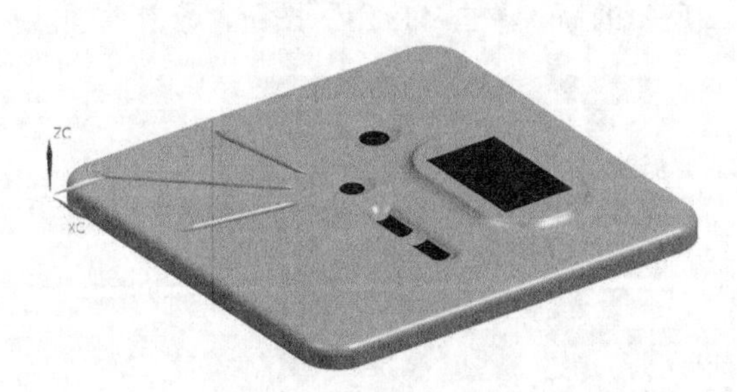

图 9-16　边界修补结果

7. 创建分型线

（1）单击“注塑模向导”选项卡“分型”面板上的“设计分型面”按钮，系统弹出图 9-17 所示的“设计分型面”对话框，单击“编辑分型线”栏中的“选择分型线”按钮，选择图 9-18 所示的实体的底面边线，单击“应用”按钮，自动生成图 9-19 所示的分型线。

（2）单击“设计分型面”对话框中“编辑分型段”栏的“选择分型或引导线”，在图 9-20 中的两点处创建引导线，单击“确定”按钮，生成引导线，结果如图 9-20 所示。

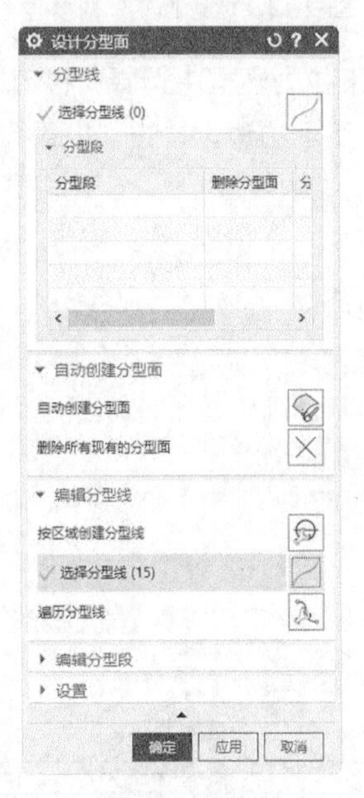

图 9-17　“设计分型面”对话框

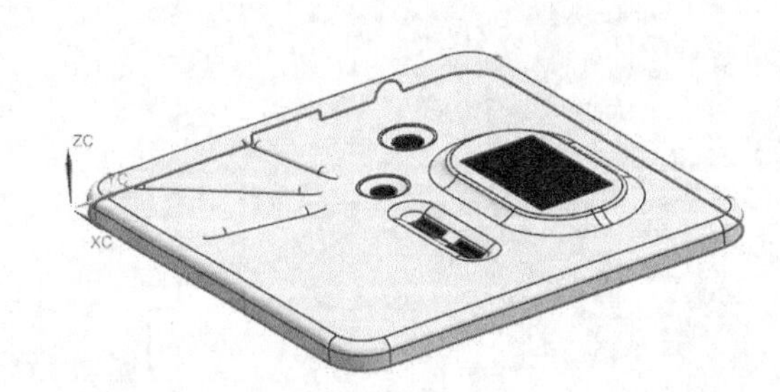

图 9-18　选择底面边线

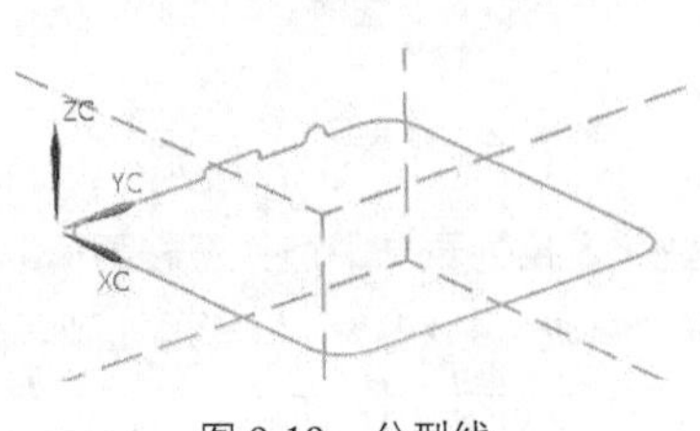

图 9-19　分型线

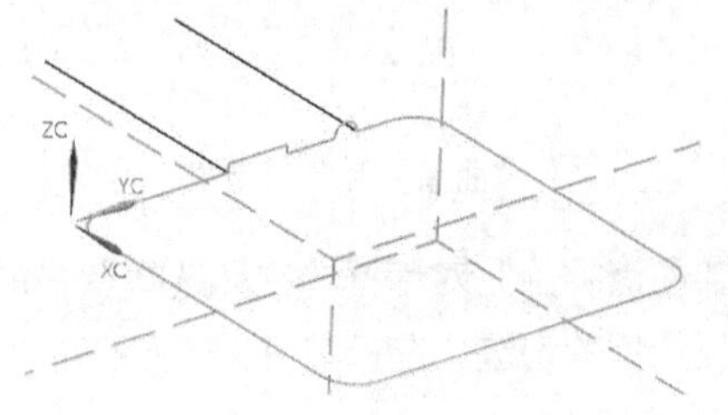

图 9-20　创建引导线

8. 创建分型面

（1）单击“注塑模向导”选项卡“分型”面板上的“设计分型面”按钮，系统弹出“设计分型面”对话框，在“分型段”中选择“段 1”，如图 9-21 所示。在“创建分型面”中选择“有界平面”按钮，拖动图 9-21 所示的“V 向起点百分比”滑动块，使有界平面的尺寸大于成型工件。单击“应用”按钮，结果如图 9-22 所示。

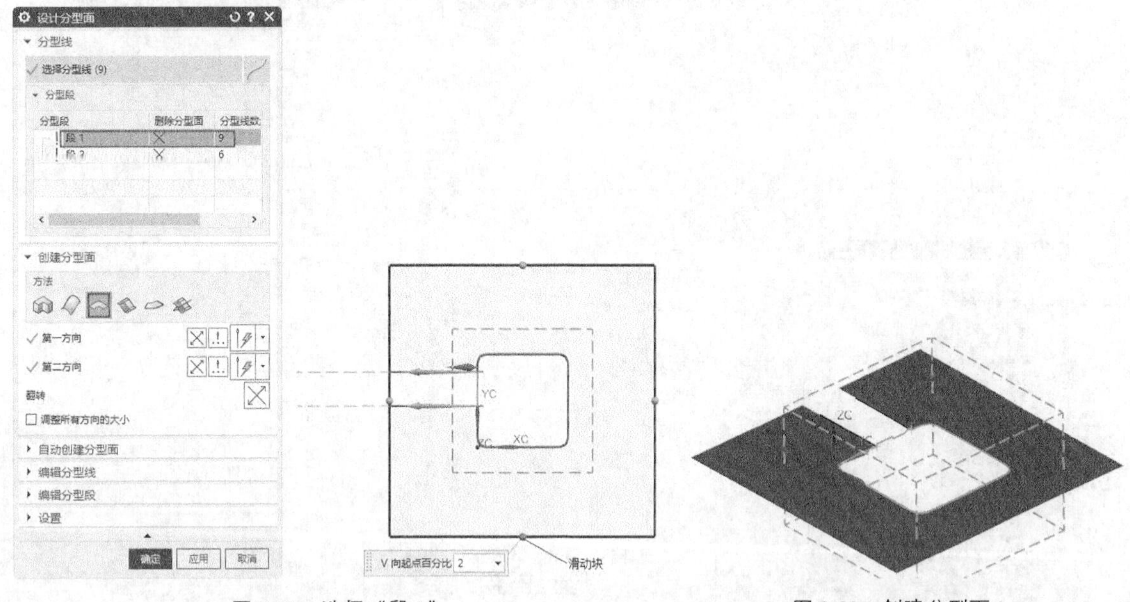

图 9-21　选择“段 1”　　　　图 9-22　创建分型面 1

（2）在“设计分型面”对话框的“分型段”中选择“段 2”，在“创建分型面”中选择“拉伸”按钮，按引导线创建分型面，拖动“延伸距离”标志调整拉伸距离，如图 9-23 所示，单击“确定”按钮创建分型面，如图 9-24 所示。

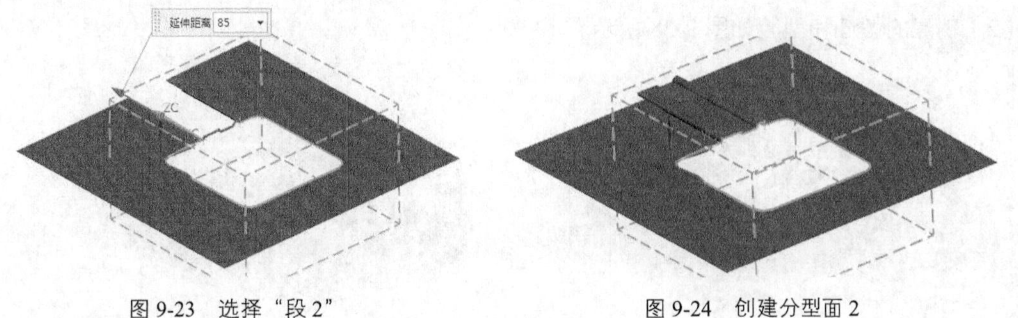

图 9-23　选择“段 2”　　　　图 9-24　创建分型面 2

9．设计区域

（1）单击“注塑模向导”选项卡“分型”面板上的“检查区域”按钮，系统弹出图 9-25 所示的“检查区域”对话框，选择“保留现有的”选项，“指定脱模方向”选择 *ZC* 轴正方向，单击“计算”按钮。

（2）选择“区域”选项卡，如图 9-26 所示，显示“未定义区域”的数量为 23，在视图中选择播放器的外表面，将其定义为“型腔区域”，将剩余未定义的面定义为“型芯区域”。单击“确定”按钮，可以看到型腔区域数量（59）与型芯区域数量（124）的和等于总面数（183）。

10．定义区域

单击“注塑模向导”选项卡“分型”面板上的“定义区域”按钮，系统弹出图 9-27 所示的

“定义区域”对话框，选择“所有面”选项。勾选“创建区域”复选框，单击“确定”按钮，完成型芯和型腔的抽取。

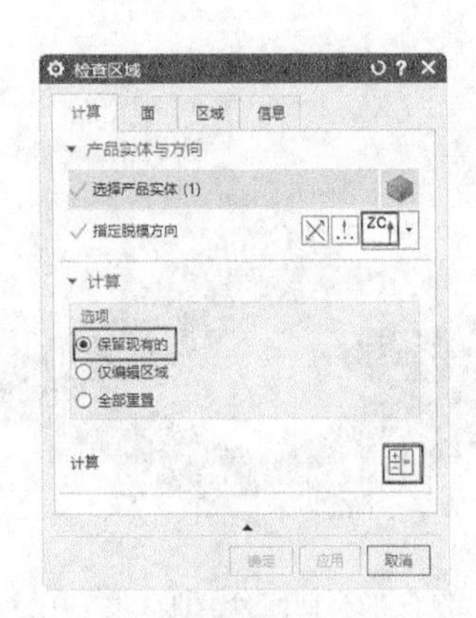

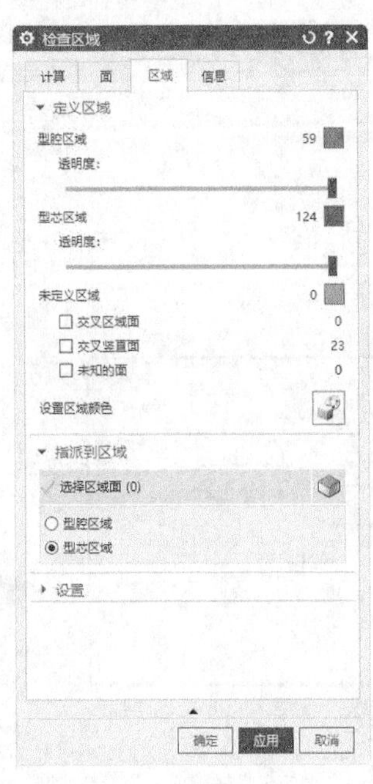

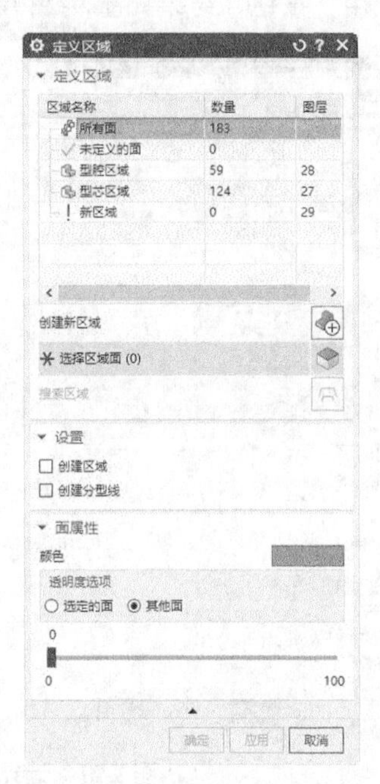

图 9-25 “检查区域”对话框　　图 9-26 “区域”选项卡　　图 9-27 “定义区域”对话框

11. 创建型芯和型腔

（1）单击“注塑模向导”选项卡“分型”面板上的“定义型芯和型腔”按钮，系统弹出“定义型腔和型芯”对话框。选择“所有区域”按钮，单击“确定”按钮。

（2）创建的型芯和型腔如图 9-28 所示。

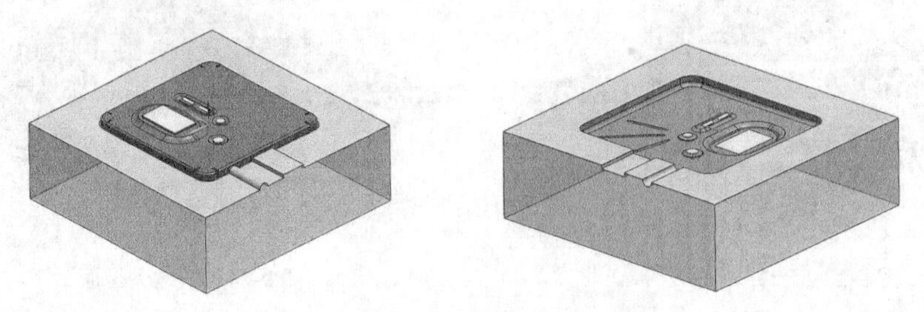

图 9-28 型芯和型腔

（3）选择“文件”→“保存”→“全部保存”命令，保存全部零件。

12. 添加模架

（1）单击“注塑模向导”选项卡“主要”面板上的“模架库”按钮，系统弹出“重用库”对话框和“模架库”对话框，在“重用库”对话框的“名称”列表中选择“HASCO_E”，在“成员选择”列表中选择“Type1（F2M2）”，在“模架库”对话框的“详细信息”列表中设置“index”为 246×346，设置“AP_h”的值为 46，“BP_h”的值为 46，如图 9-29 所示，单击“应用”按钮。

（2）在对话框中单击“旋转模架”按钮，单击“确定”按钮，旋转模架，结果如图 9-30 所示。

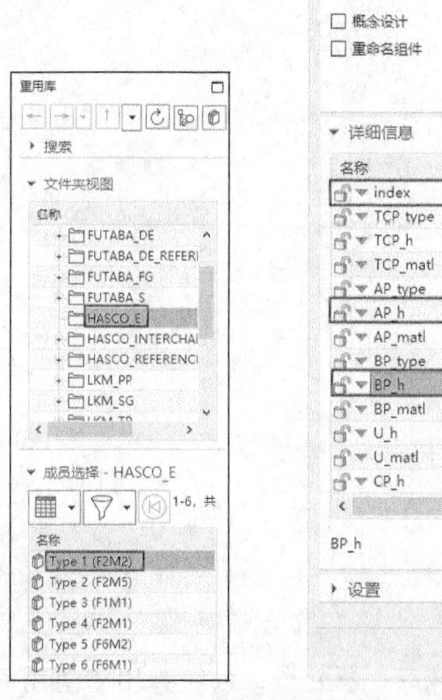
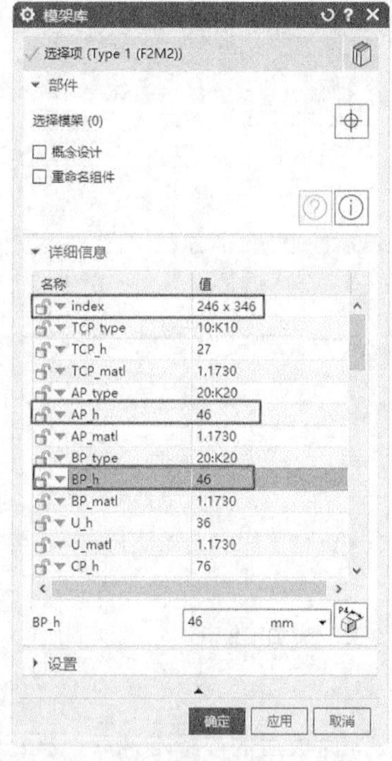

图 9-29　模架参数设置

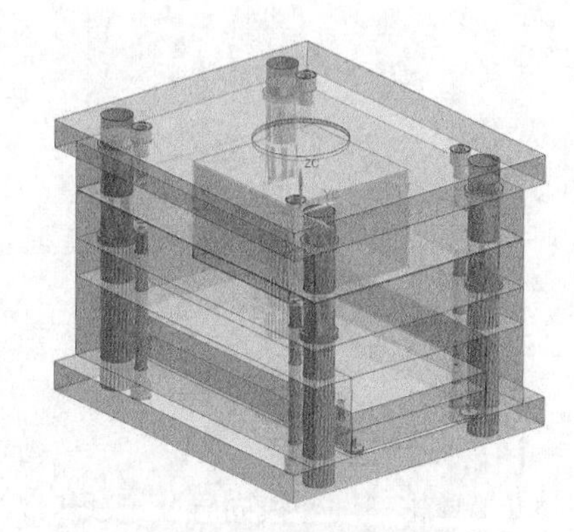

图 9-30　旋转模架

13. 设计定位环

（1）单击“注塑模向导”选项卡“主要”面板上的“标准件库”按钮，系统弹出“重用库”对话框和“标准件管理”对话框。在“重用库”对话框的“名称”列表中选择“HASCO_MM”→“Locating Ring”，在“成员选择”列表中选择“K505”，在“标准件管理”对话框的“详细信息”列表中设置“DIAMETER”的值为 90，如图 9-31 所示。

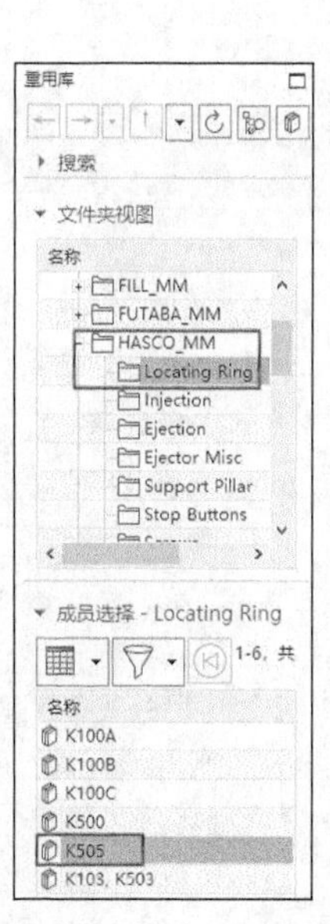
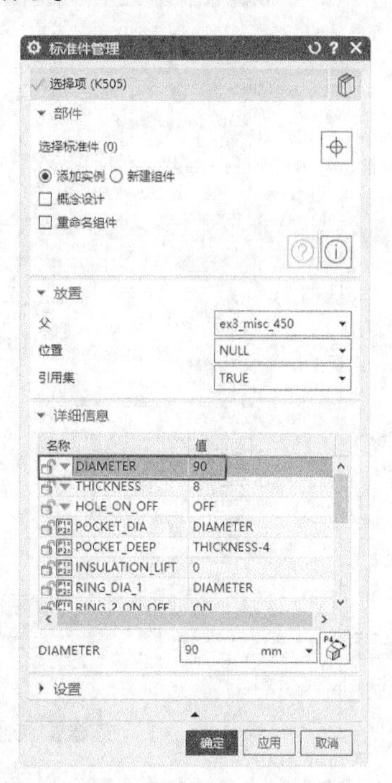

图 9-31　定位环参数设置

（2）单击“确定”按钮，完成定位环的添加，结果如图 9-32 所示。

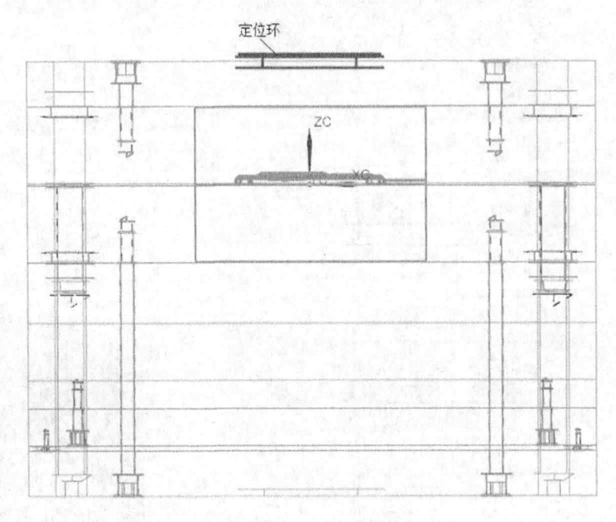

图 9-32　添加定位环

14．设计主流道

（1）单击“注塑模向导”选项卡“主要”面板上的“标准件库”按钮，系统弹出“重用库”对话框和“标准件管理”对话框。在“重用库”对话框的“名称”列表中选择“HASCO_MM”→“Injection”，在“成员选择”列表中选择“Sprue Bushing[Z50, Z51, Z511, Z512]”，在“标准件管理”对话框的“详细信息”列表中设置“CATALOG”为 Z50，设置“CATALOG_DIA”的值为 18，“CATALOG_LENGTH”的值为 46，如图 9-33 所示。

（2）单击“确定”按钮，完成主流道的添加，结果如图 9-34 所示。

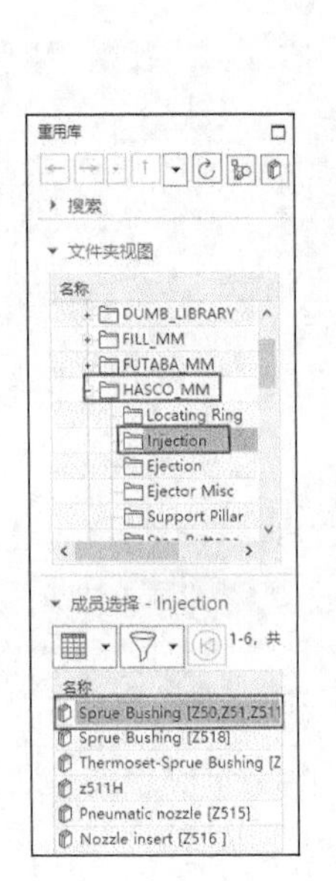

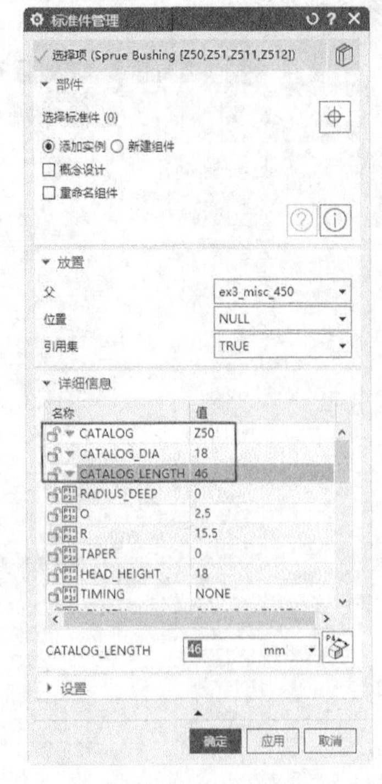

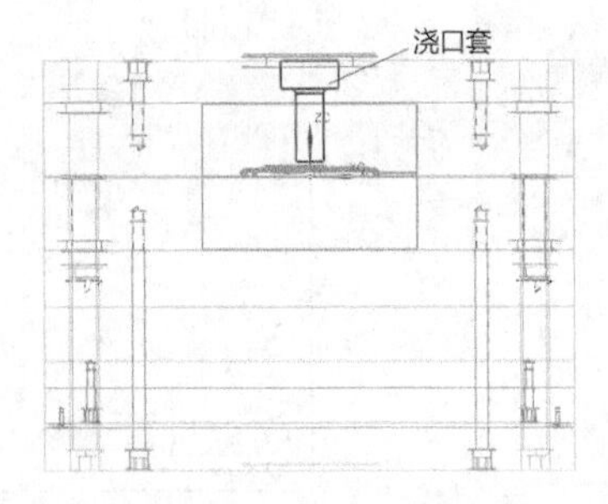

图 9-33　主流道参数设置

图 9-34　添加主流道

15. 添加顶杆

（1）单击“注塑模向导”选项卡“主要”面板上的“标准件库”按钮，系统弹出“重用库”对话框和“标准件管理”对话框，在“重用库”对话框的“名称”列表中选择“DME_MM”→“Ejection”，在“成员选择”列表中选择“Ejector Pin[Shouldered]”。在“标准件管理”对话框的“详细信息”列表中设置“CATALOG_DIA”的值为 1，“CATALOG_LENGTH”的值为 160，“HEAD_TYPE”的值为 1，如图 9-35 所示。

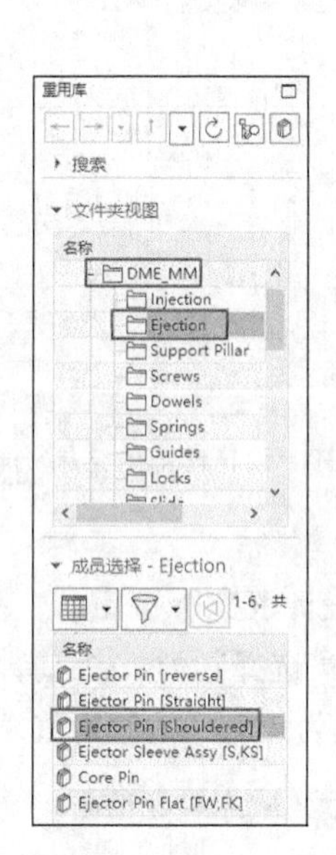

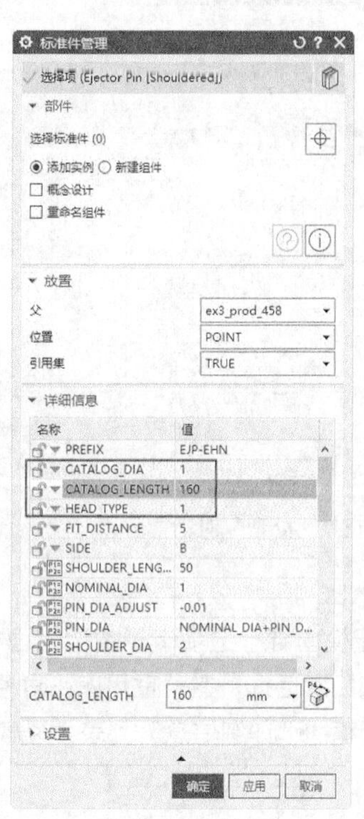

图 9-35 顶杆参数设置

（2）单击“应用”按钮，系统弹出图 9-36 所示的“点”对话框，在“坐标”栏中分别输入坐标（–35, 35, 0）和（35, –35, 0）。单击“确定”按钮，加载后的 2 个顶杆如图 9-37 所示。

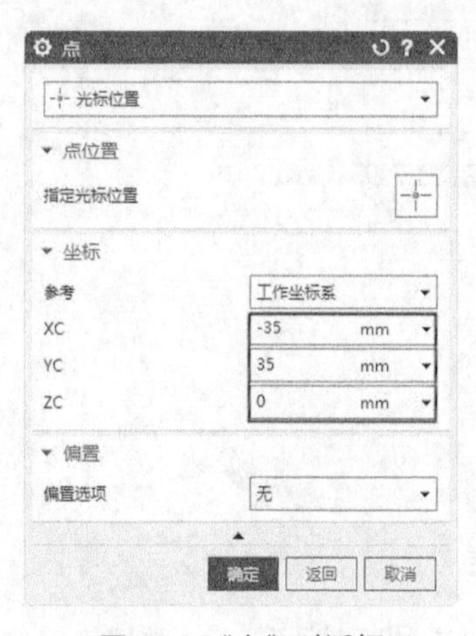

图 9-36 “点”对话框

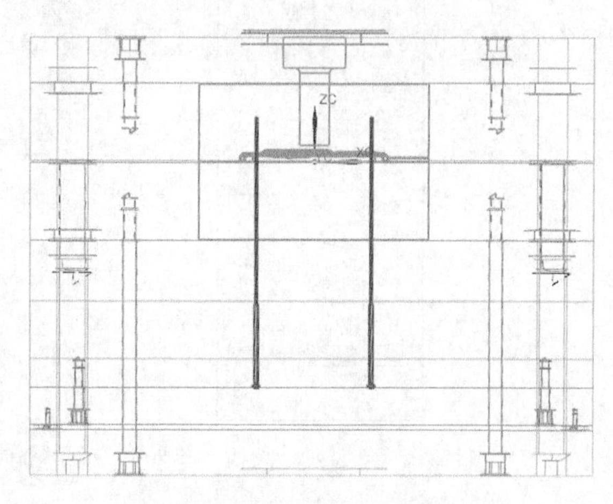

图 9-37 添加顶杆

16. 顶杆后处理

（1）单击“注塑模向导”选项卡“主要”面板上的“顶杆后处理”按钮，系统弹出图 9-38 所示的“顶杆后处理”对话框。“类型”选择为“调整长度”，在“目标”中选择已经创建的待处理的顶杆。

（2）在“工具”中接受默认的“修边部件”。“修边曲面”选择“CORE_TRIM_SHEET”。

（3）单击“确定”按钮，完成顶杆的修剪。结果如图 9-39 所示。

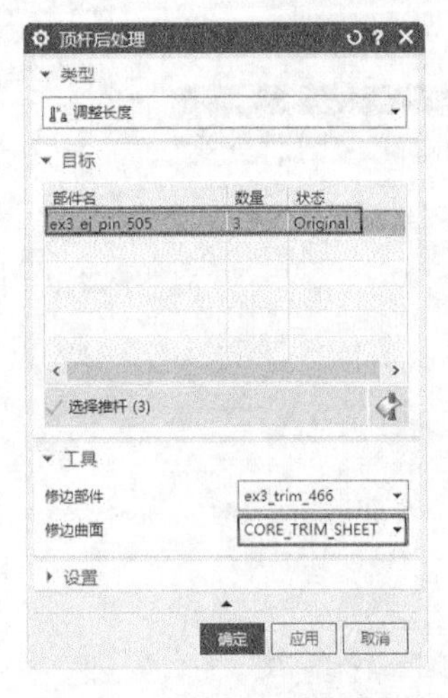

图 9-38 “顶杆后处理”对话框

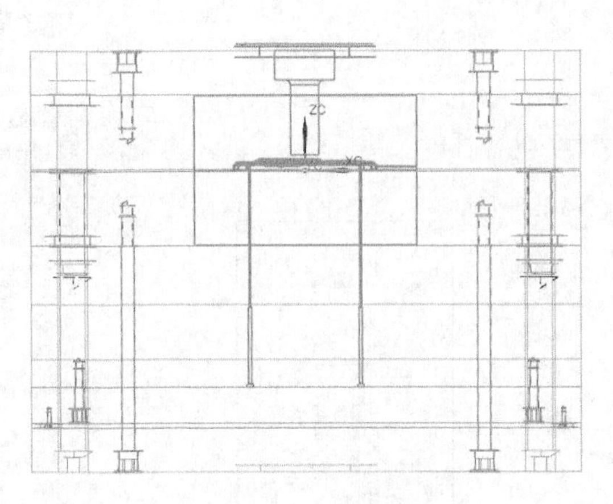

图 9-39 顶杆修剪的结果

17. 添加浇口

（1）单击“注塑模向导”选项卡“主要”面板上的“设计填充”按钮，系统弹出“重用库”对话框和“设计填充”对话框，在“重用库”对话框的“成员选择”列表中选择“Gate[Pin three]”。在“设计填充”对话框的“详细信息”列表中设置“d”的值为 1.2，“L1”的值为 0，如图 9-40 所示。

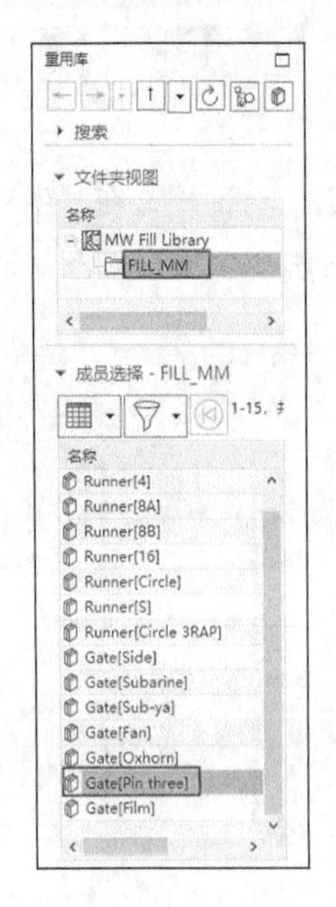

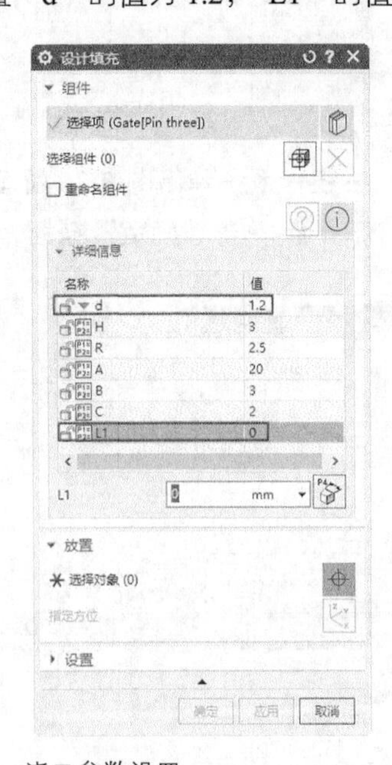

图 9-40 浇口参数设置

（2）在“放置”栏中单击“选择对象”按钮，捕捉主流道的下端面圆心为放置浇口位置，如图 9-41 所示。

（3）在“放置”栏中单击“点对话框”按钮[...]，系统弹出“点”对话框，设置参考系为 WCS，输入坐标为（0, 0, 4），单击“确定”按钮，完成浇口的创建，如图 9-42 所示。

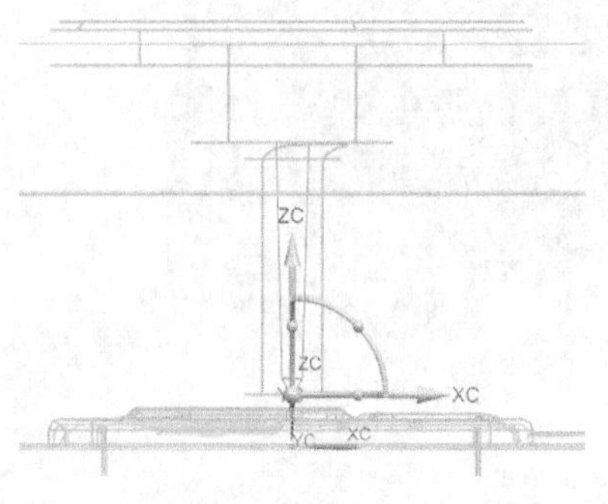

图 9-41　放置浇口

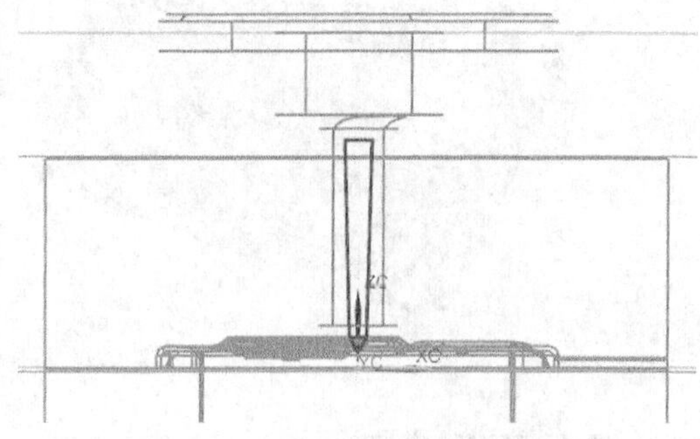

图 9-42　创建浇口

18．创建腔体

（1）单击“注塑模向导”选项卡“主要”面板上的“腔”按钮，系统弹出图 9-43 所示的“开腔”对话框。“模式”选择“去除材料”，选择模具的型芯和型腔作为目标体，选择顶杆和浇注系统零件作为工具体。单击“确定”按钮，完成建立腔体的工作。

（2）选择“文件”→“保存”→“全部保存”命令，保存全部零件。

图 9-43　“开腔”对话框

9.1.2　扩展实例——零件盖模具设计

零件盖的模具分型比较容易，采用一模一腔的方式进行分模。在设置完工件尺寸后，首先要创建包容体，并进行实体分割，然后进行实体补片，最后再创建分型线、分型面，进行模具的分型。零件盖模具如图 9-44 所示。

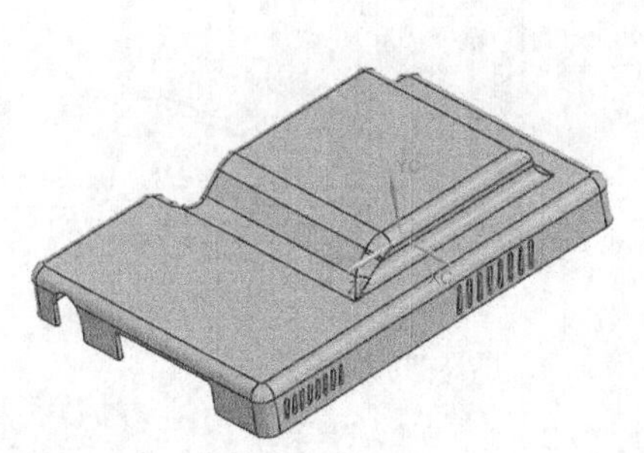

图 9-44　零件盖模具

9.2　电器外壳模具设计

该塑件是壳体，模具分型的难度较大。塑件上的通孔和缺口比较多，需要进行曲面补片和实体补片，电器外壳模具如图 9-45 所示。

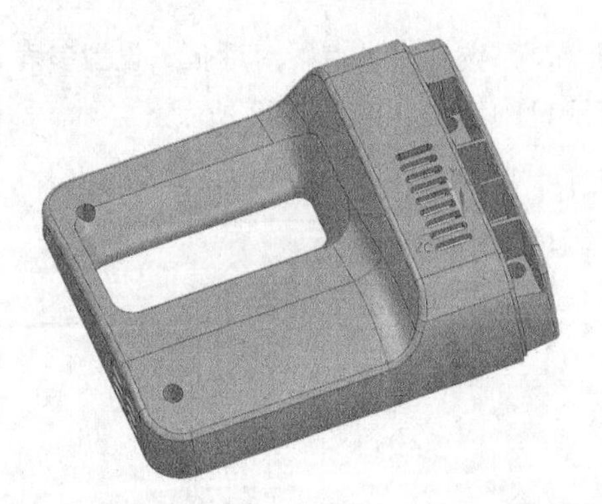

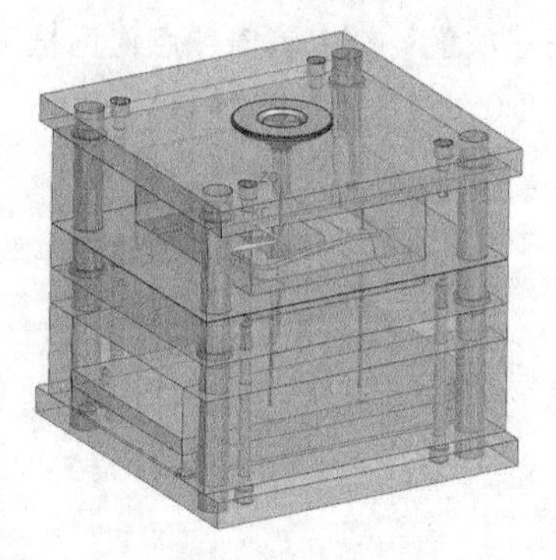

图 9-45　电器外壳模具

9.2.1　具体操作步骤

1. 装载产品和初始化

（1）单击“注塑模向导”选项卡中的“初始化项目”按钮，在系统弹出的“部件名”对话框中选择“\yuanwenjian\9\dianqiwaike\cover.prt”文件，单击“确定”按钮。

（2）在系统弹出的“初始化项目”对话框中，设置“项目单位”为“毫米”，设置“材料”为“PC”，“收缩”为 1.0045，如图 9-46 所示。

（3）单击“确定”按钮，完成产品装载。如图 9-47 所示。

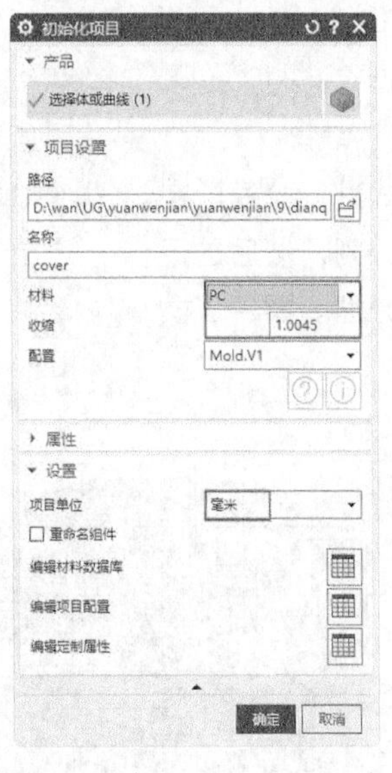

图 9-46　“初始化项目”对话框

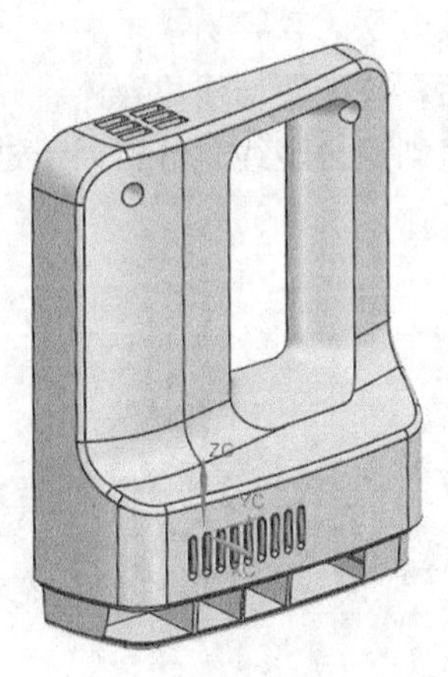

图 9-47　装载后的产品

2. 创建模具坐标系

（1）由模型可以看出，假设沿着+*ZC* 轴方向进行合模，根本无法开模。选择“菜单”→“格式”→“WCS”→“旋转”命令，系统弹出图 9-48 所示的“旋转 WCS 绕...”对话框，选择“+YC 轴：ZC→XC”，在“角度”文本框中输入 90。单击“应用”按钮，然后单击“取消”按钮，WCS 旋转后的结果如图 9-49 所示。

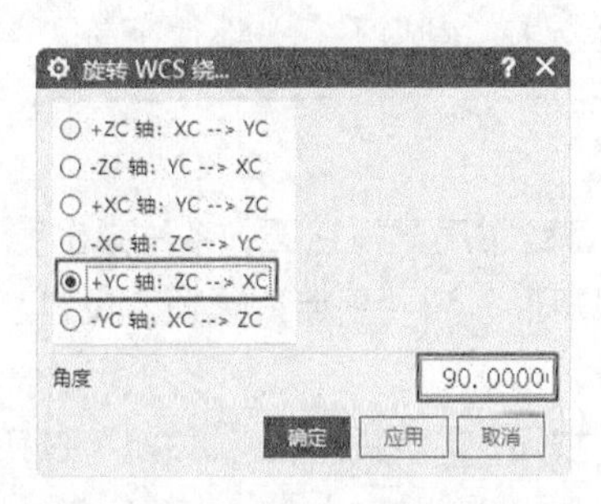

图 9-48 “旋转 WCS 绕...” 对话框

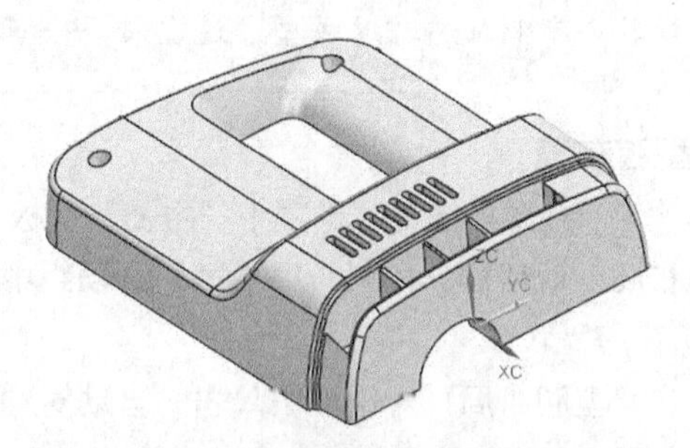

图 9-49 旋转后的模型

（2）单击“注塑模向导”选项卡“主要”面板上的“模具坐标系”按钮，系统弹出图 9-50 所示的“模具坐标系”对话框，选择“当前 WCS”选项。单击“确定”按钮，系统会自动把模具坐标系与当前坐标系相匹配，如图 9-51 所示，完成模具坐标系的设置。

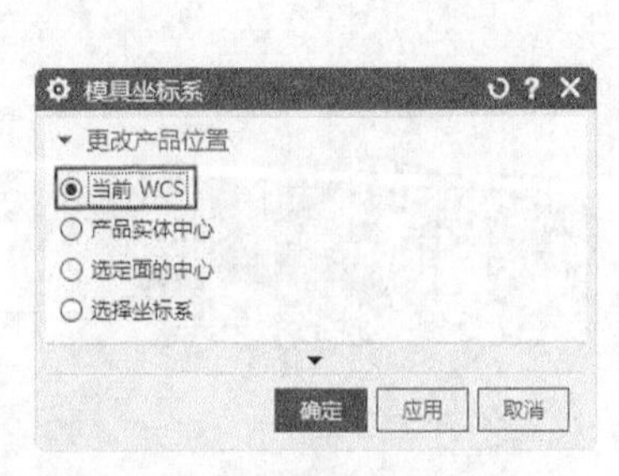

图 9-50 “模具坐标系”对话框

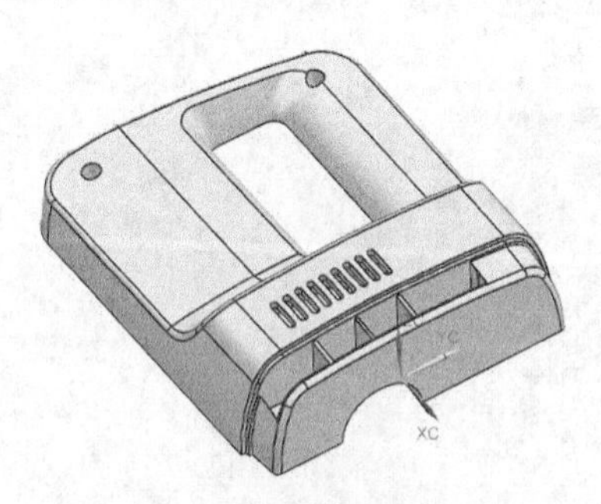

图 9-51 选定模具坐标系

3. 设置工件

（1）单击“注塑模向导”选项卡“主要”面板上的“工件”按钮，系统弹出图 9-52 所示的“工件”对话框，“工件方法”选择“用户定义的块”。

（2）在“定义类型”下拉列表框中选择“参考点”，设置工件在 X 轴、Y 轴、Z 轴上的参数如图 9-52 所示，单击“确定”按钮，设置工件结果如图 9-53 所示。

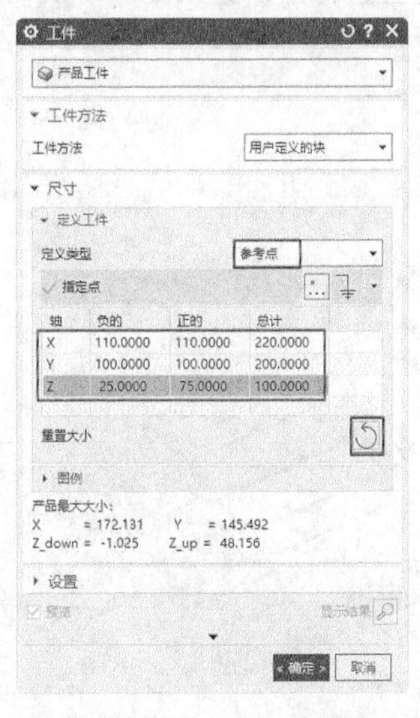

图 9-52 “工件”对话框

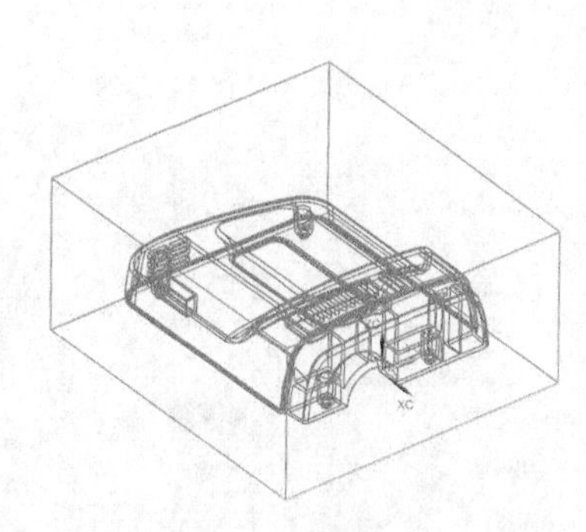

图 9-53 成型工件

注意

该模具中有侧抽芯辅助成型，适宜采用一模一腔的方式，因此不需要进行布局。

4. 型腔布局

（1）单击“注塑模向导”选项卡“主要”面板上的“型腔布局”按钮，系统弹出图 9-54 所示的“型腔布局”对话框。在“布局类型”选项组中选择“矩形”和“平衡”选项，设置“腔型数”为 2。

（2）在“型腔布局”对话框中单击“自动对准中心”按钮，然后单击“关闭”按钮退出对话框，结果如图 9-55 所示。

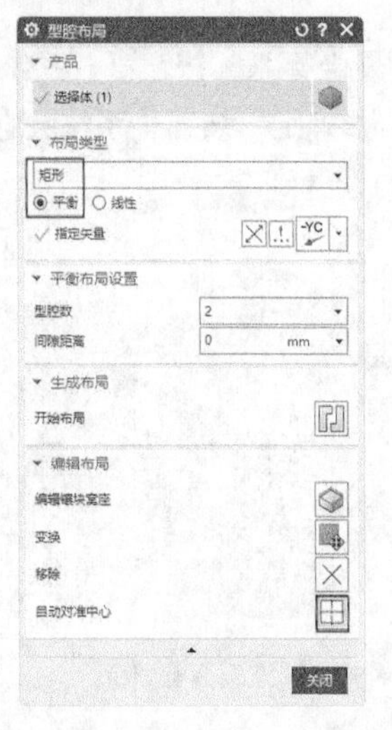

图 9-54 “型腔布局”对话框

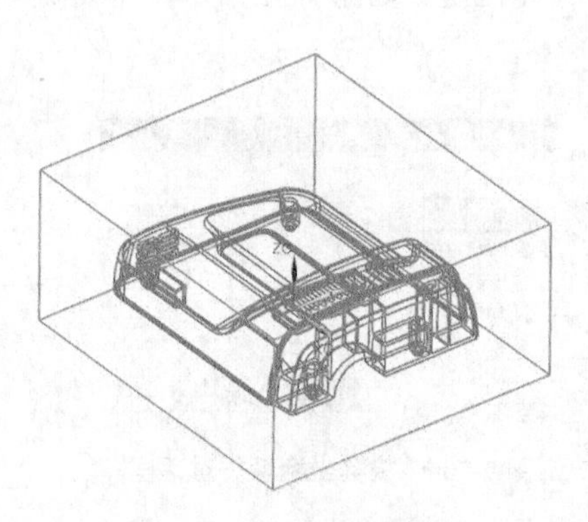

图 9-55 型腔布局结果

5. 创建实体补片和曲面补片

（1）单击“注塑模向导”选项卡“分型”面板上的“曲面补片”按钮，系统弹出图 9-56 所示的“曲面补片”对话框。选择图 9-57 所示的面，单击“应用”按钮，创建图 9-58 所示的补片。

（2）同理，选择图 9-59 和图 9-60 所示的面，创建曲面补片，结果如图 9-61 所示。

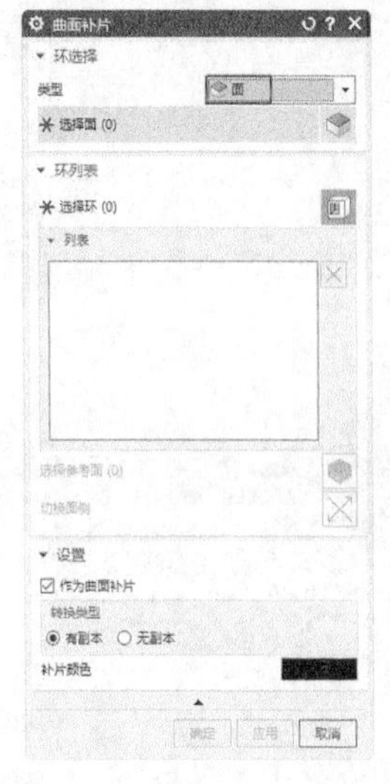

图 9-56 “曲面补片”对话框

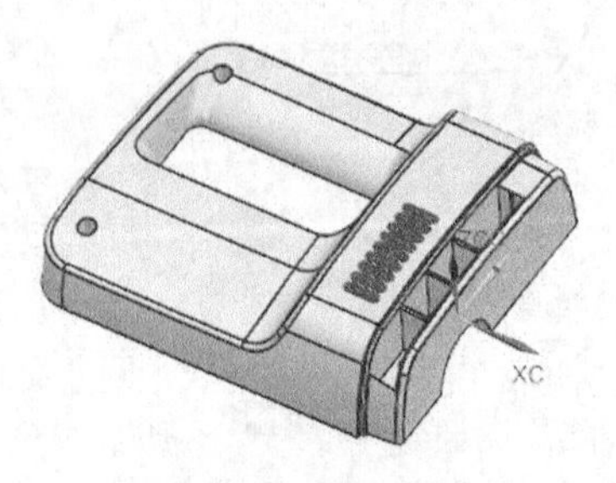

图 9-57 选择面 1

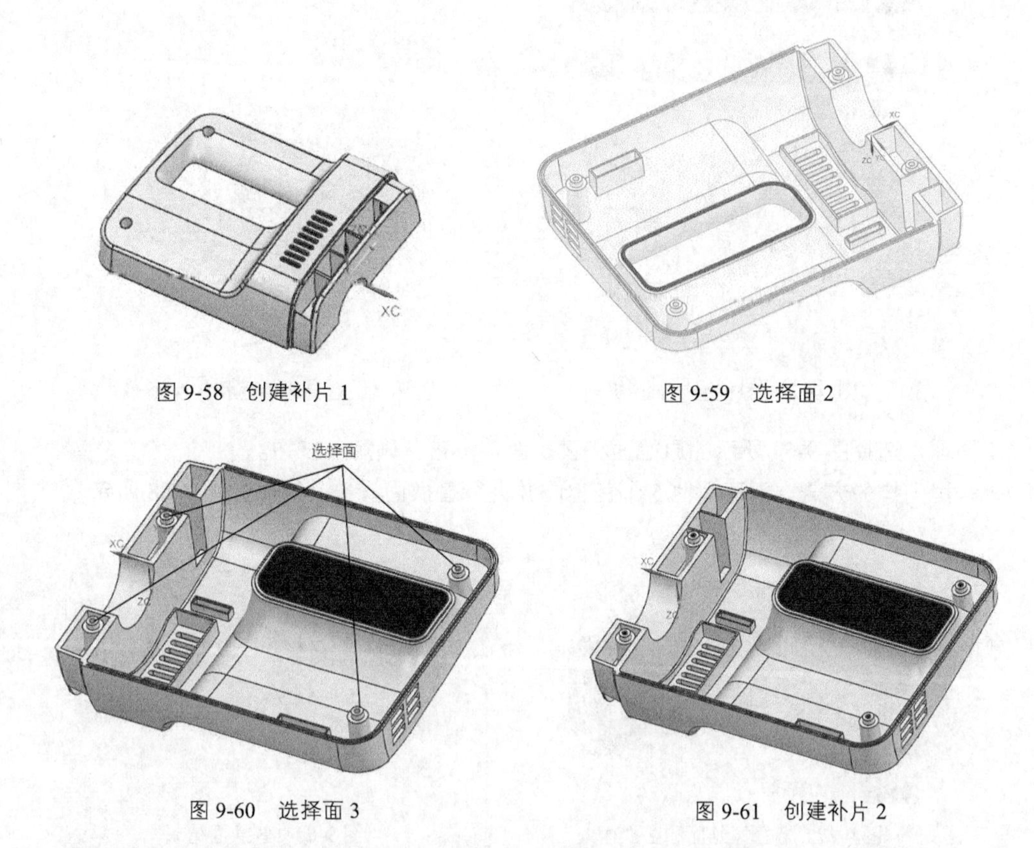

图 9-58 创建补片 1　　图 9-59 选择面 2

图 9-60 选择面 3　　图 9-61 创建补片 2

（3）单击“注塑模向导”选项卡“注塑模工具”面板上的“包容体”按钮，系统弹出图 9-62 所示的“包容体”对话框，选择“块”类型，设置“偏置”的值为 0。

（4）选择图 9-63 所示的面，单击“确定”按钮，系统自动创建包容体，结果如图 9-64 所示。

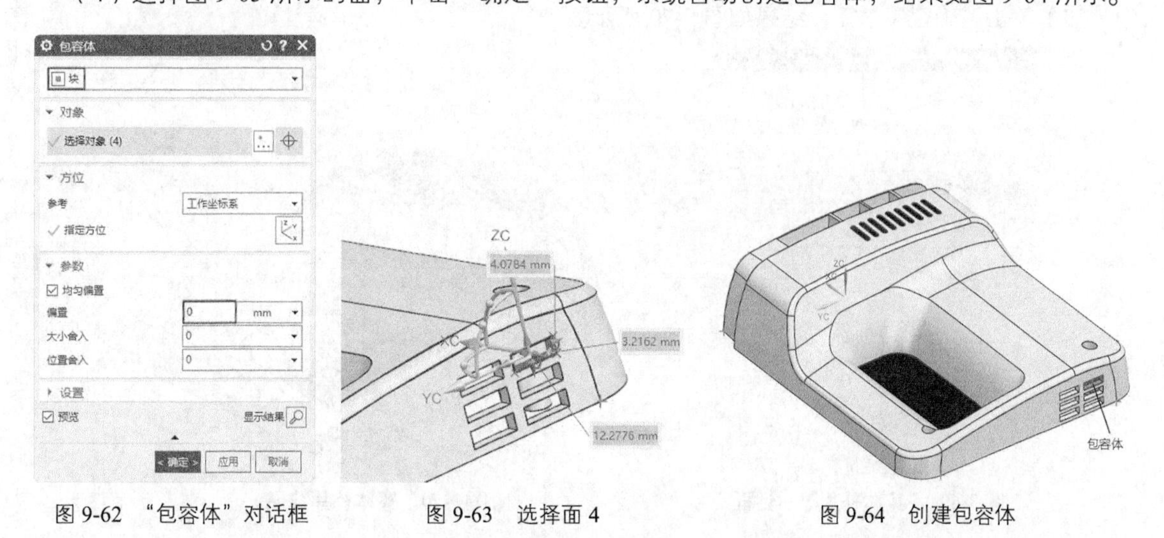

图 9-62 “包容体”对话框　　图 9-63 选择面 4　　图 9-64 创建包容体

（5）单击“主页”选项卡“同步建模”面板上的“替换”按钮，系统弹出图 9-65 所示的“替换面”对话框。选择图 9-66 所示的原始面和替换面，单击“应用”按钮。

图 9-65 “替换面”对话框

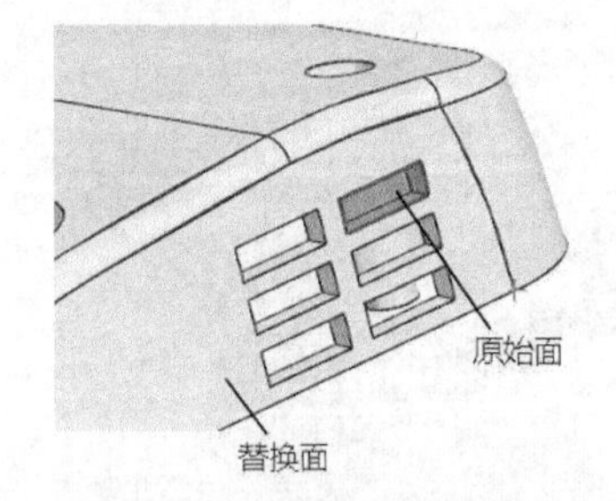

图 9-66 选择原始面和替换面

（6）同理，选择图 9-67 所示的原始面和替换面，单击“确定”按钮。

（7）采用同样的方法，创建其他 5 个包容体并进行替换面操作。结果如图 9-68 所示。

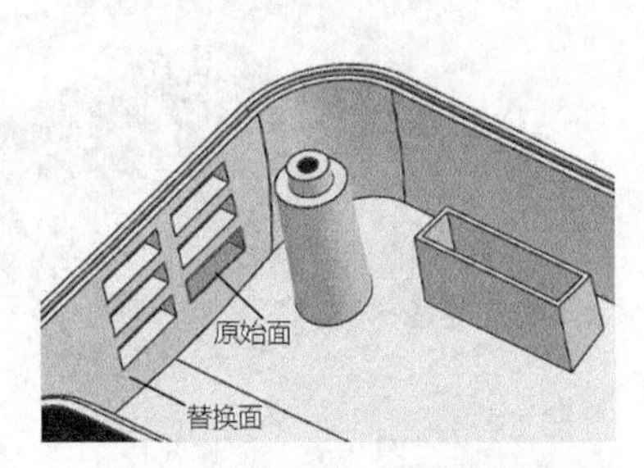

图 9-67 选择原始面和替换面

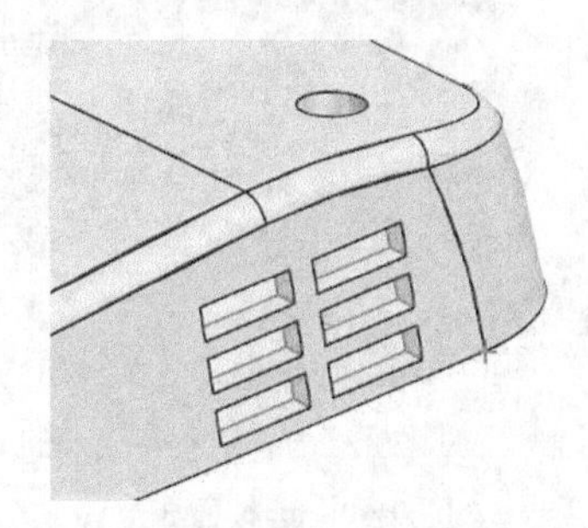

图 9-68 替换面结果

（8）单击“注塑模向导”选项卡“注塑模工具”面板上的“实体补片”按钮，系统弹出图 9-69 所示的“实体补片”对话框。选择图 9-68 所示的 6 个实体块作为目标实体。

（9）单击“确定”按钮，结果如图 9-70 所示。

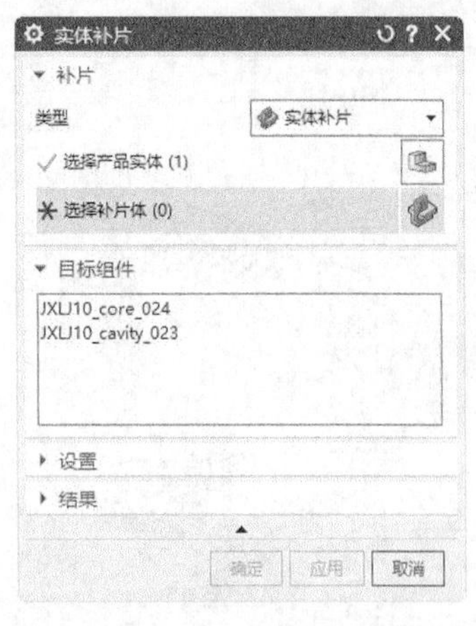

图 9-69 “实体补片”对话框

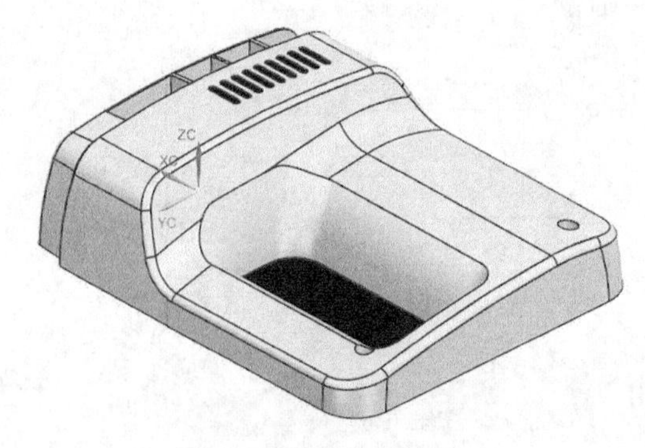

图 9-70 实体补片结果

6. 创建分型线

（1）单击“注塑模向导”选项卡“分型”面板上的“设计分型面”按钮，系统弹出图 9-71 所示的“设计分型面”对话框，单击“编辑分型线”中的“选择分型线”按钮，在视图上选择图 9-72 所示的线，系统自动选择分型线，提示分型线没有封闭。

（2）依次选择零件外沿线作为分型线，当分型线封闭后，单击“确定”按钮，结果如图 9-73 所示。

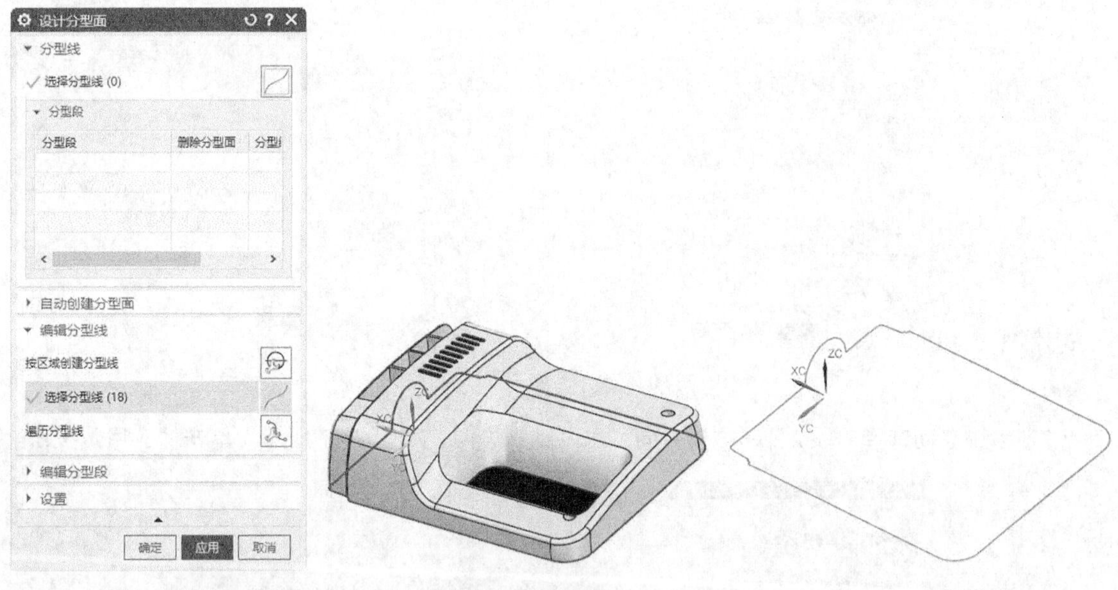

图 9-71 “设计分型面”对话框　　图 9-72 选择曲线　　图 9-73 分型线

（3）单击“注塑模向导”选项卡“分型”面板上的“设计分型面”按钮，系统弹出图 9-74 所示的“设计分型面”对话框，在“编辑分型段”栏中单击“选择分型或引导线”选项，在图 9-75 所示的位置处创建引导线，单击“确定”按钮，创建引导线。

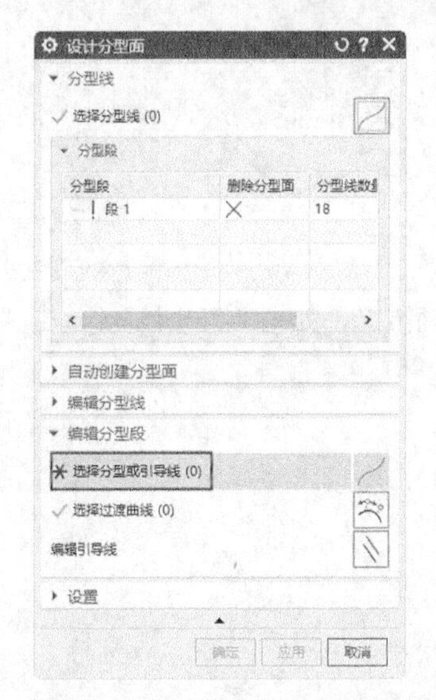

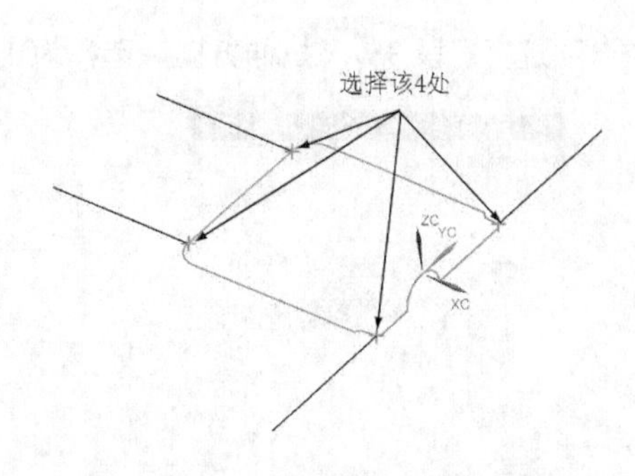

图 9-74 “设计分型面”对话框　　图 9-75 创建引导线

7. 创建分型面

（1）单击“注塑模向导”选项卡“分型”面板上的“设计分型面”按钮，在系统弹出的“设计分型面”对话框的“分型段”列表中选择“段 1”，如图 9-76 所示。在“创建分型面”栏中选择“拉伸”按钮，“拉伸方向”采用默认方向，用光标拖动“延伸距离”标志，调节曲面延伸距离，使分型面的拉伸长度大于工件的长度。单击“应用”按钮。

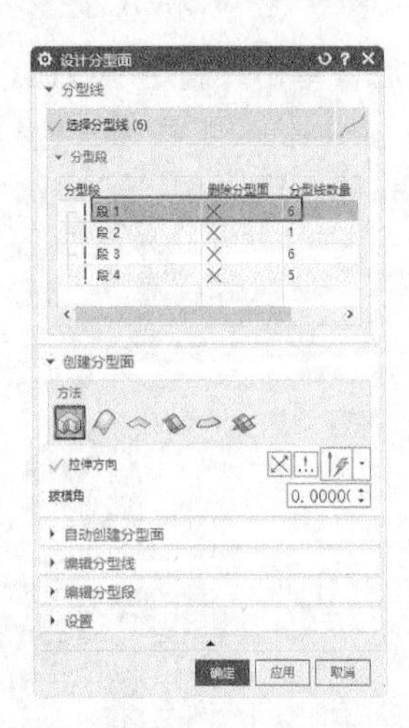

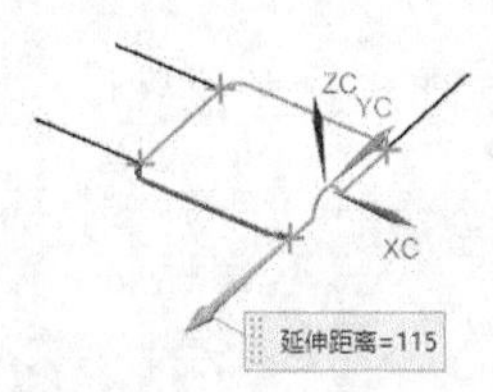

图 9-76　选择“段 1”

（2）系统自动选择“段 2”，“拉伸方向”采用默认方向，如图 9-77 所示。单击“应用”按钮。

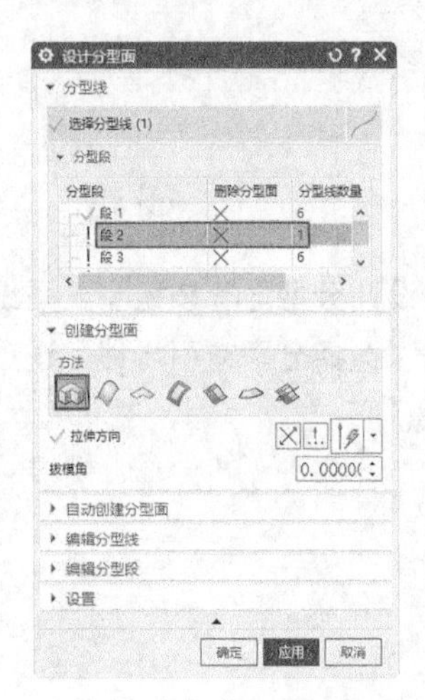

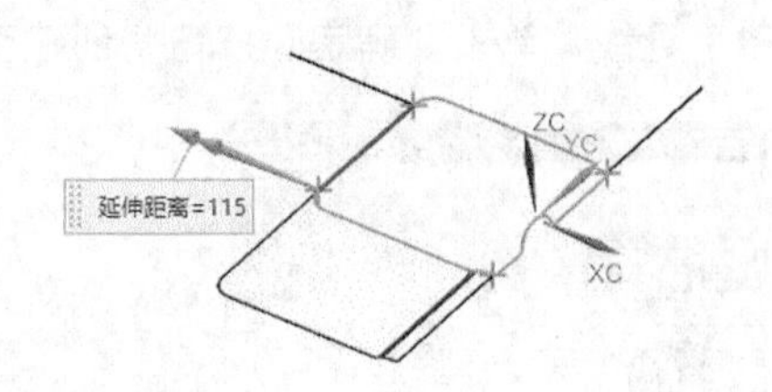

图 9-77　选择“段 2”

（3）系统自动选择“段 3”，“拉伸方向”选择为 *YC* 轴方向，如图 9-78 所示。单击“应用”按钮。

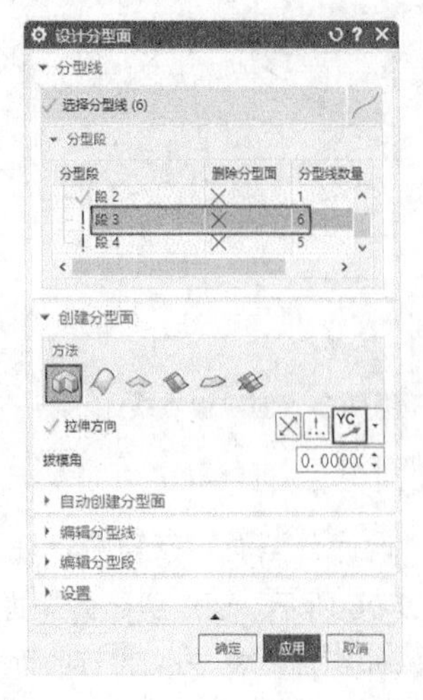

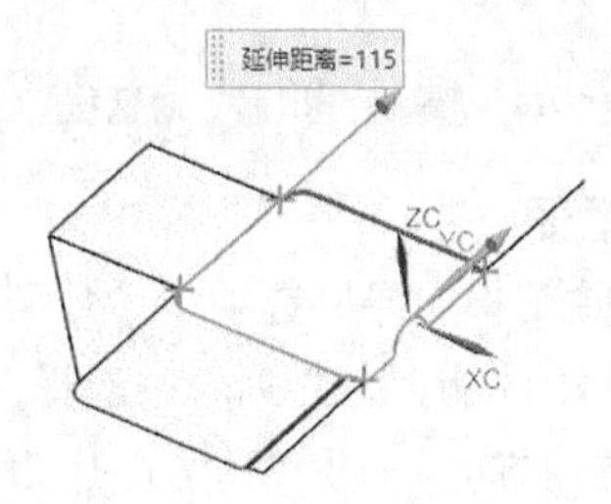

图 9-78　选择“段 3”

（4）系统自动选择“段 4”，“拉伸方向”选择 *XC* 轴方向，如图 9-79 所示。单击“确定”按钮，创建的分型面如图 9-80 所示。

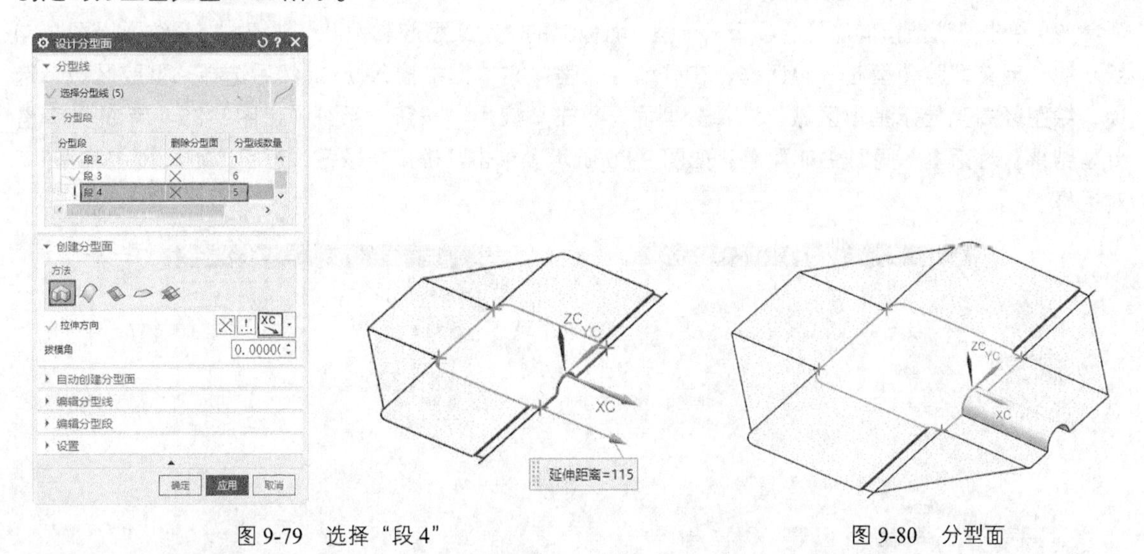

图 9-79　选择“段 4”　　　　图 9-80　分型面

8．设计区域

单击“注塑模向导”选项卡“分型”面板上的“检查区域”按钮，在系统弹出的“检查区域”对话框中选择“保留现有的”选项，“指定脱模方向”选择 *ZC* 轴正方向，单击“计算”按钮。选择“区域”选项卡，如图 9-81 所示。将图 9-82 所示的面定义为“型腔区域”，剩余面定义为“型芯区域”。

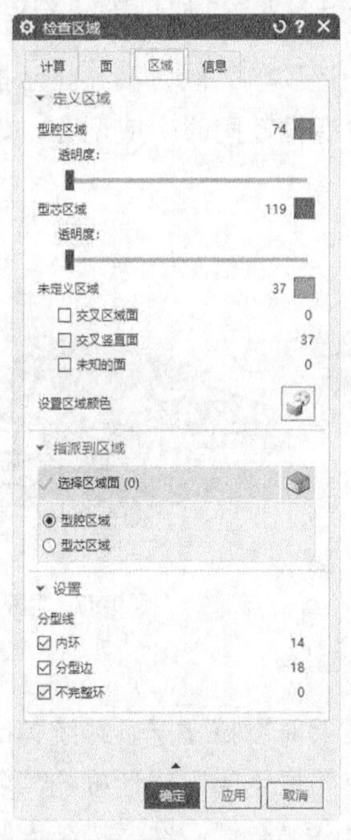

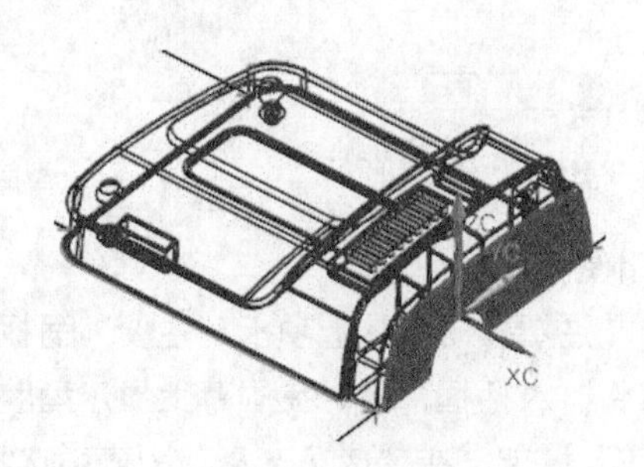

图 9-81　“检查区域”选项卡　　　　图 9-82　选择面 7

9．创建型芯和型腔

（1）单击“注塑模向导”选项卡“分型”面板上的“定义区域”按钮，系统弹出图 9-83 所示的“定义区域”对话框，选择“所有面”选项，勾选“创建区域”复选框，单击“确定”按钮，接受系统定义的型芯和型腔区域。

（2）单击“注塑模向导”选项卡“分型”面板上的“定义型腔和型芯”按钮，系统弹出图 9-84 所示的“定义型腔和型芯”对话框，在“缝合公差”文本框中输入 0.1。然后选择“型腔区域”选项，绘图区高亮显示抽取区域，选择分型面，单击“应用”按钮，系统弹出图 9-85 所示的“查看分型结果”对话框，同时生成型腔，如图 9-86 所示。单击“确定”按钮，返回“定义型腔和型芯”对话框。

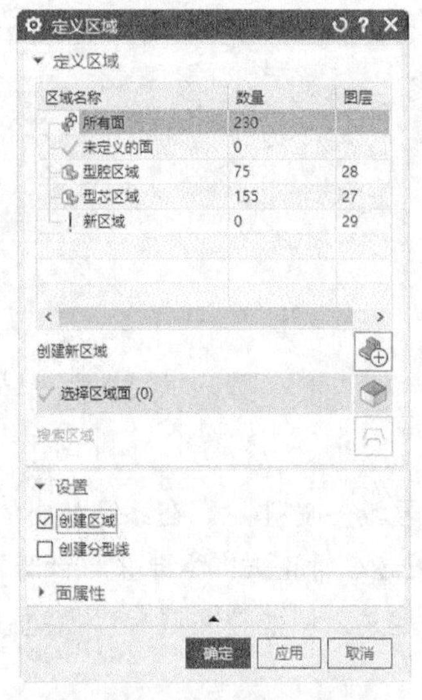

图 9-83 “定义区域”对话框

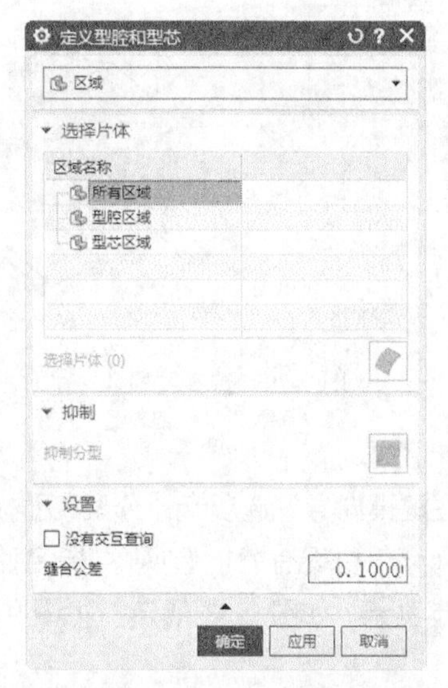

图 9-84 “定义型腔和型芯”对话框

（3）在“定义型腔和型芯”对话框中选择“型芯区域”选项，绘图区高亮显示抽取区域，选择分型面，单击“确定”按钮，系统弹出“查看分型结果”对话框，同时生成型芯，如图 9-87 所示。

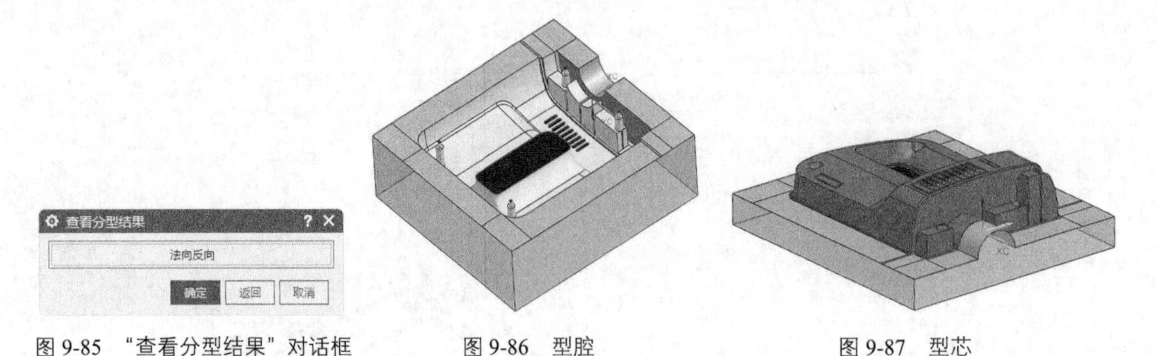

图 9-85 “查看分型结果”对话框　　图 9-86 型腔　　图 9-87 型芯

10. 添加模架

（1）单击“注塑模向导”选项卡“主要”面板上的“模架库”按钮，系统弹出“重用库”对话框和“模架库”对话框，同时在屏幕上显示型腔布局。在“重用库”对话框的“名称”列表中选择“HASCO_E”模架，在“成员选择”列表中选择“Type1 (F2M2)”，在“模架库”对话框的“详细信息”列表中设置“index”为 296×346，如图 9-88 所示。

（2）单击“应用”按钮，添加模架的效果如图 9-89 所示。

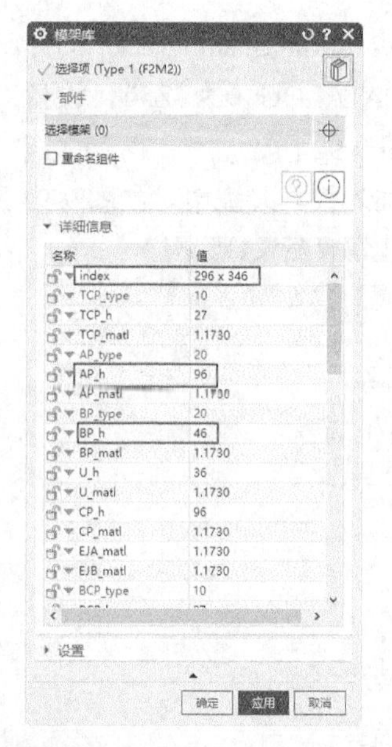

图 9-88　模架参数设置

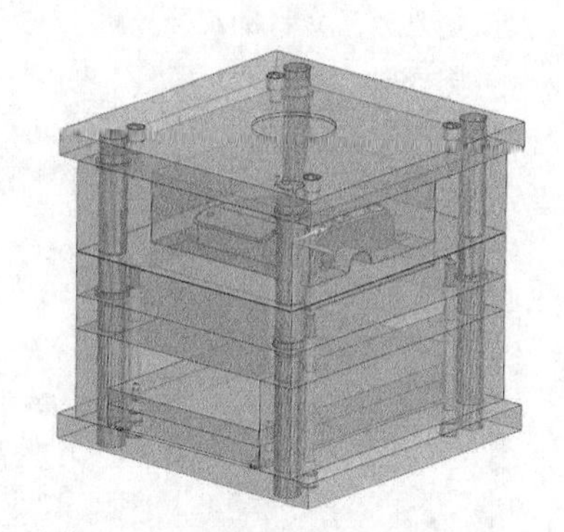

图 9-89　添加模架

11. 设计定位环

（1）单击“注塑模向导”选项卡“主要”面板上的“标准件库”按钮，系统弹出“重用库”对话框和“标准件管理”对话框。在“重用库”对话框的“名称”列表中选择“HASCO_MM”→“Locating Ring”，在“成员选择”列表中选择“K100C”，在“标准件管理”对话框的“详细信息”列表中设置“DIAMETER”的值为 100，“THICKNESS”的值为 8，其他采用默认设置，如图 9-90 所示。

（2）单击“确定”按钮，加入定位环，如图 9-91 所示。

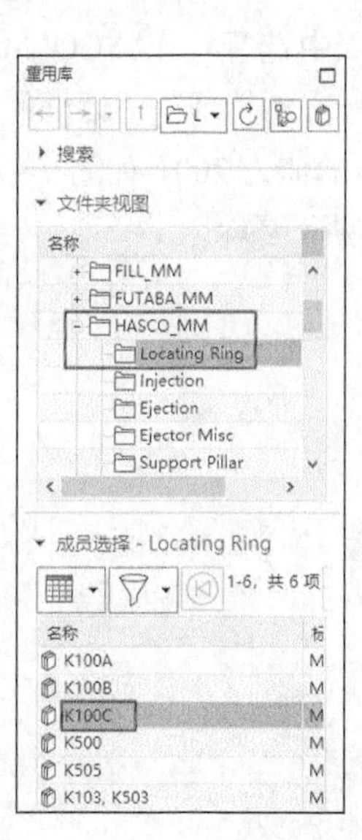

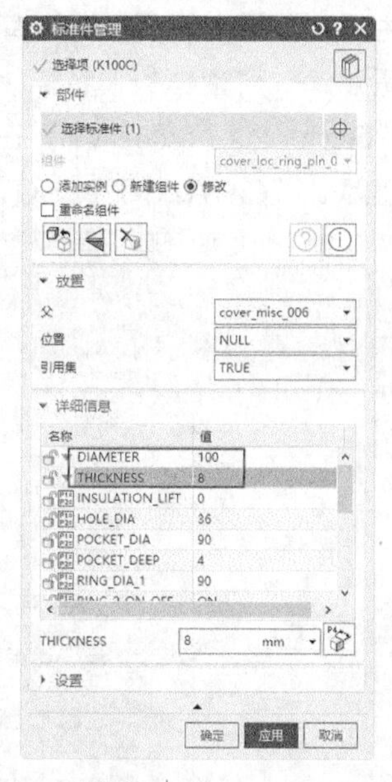

图 9-90　定位环参数设置

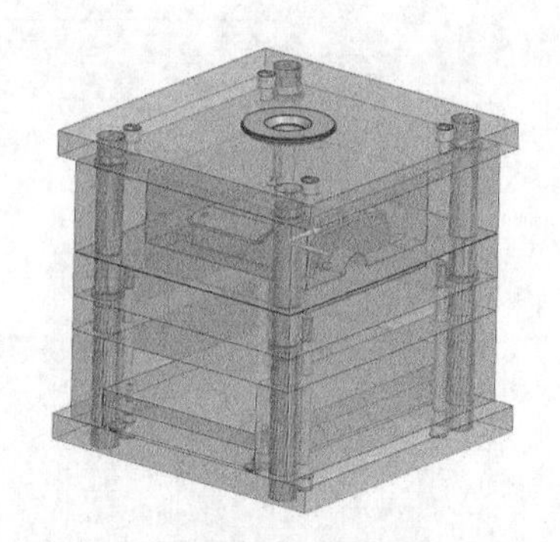

图 9-91　加入定位环

12. 设计主流道

（1）单击“注塑模向导”选项卡“主要”面板上的“标准件库”按钮，系统弹出“重用库”对话框和“标准件管理”对话框。在“重用库”对话框的“名称”列表中选择“HASCO_MM”→

“Injection”，在“成员选择”列表中选择“Sprue Bushing[Z50, Z51, Z511, Z512]”，在“标准件管理”对话框的“详细信息”列表中设置“CATALOG”为 Z50，设置“CATALOG_DIA”的值为 18，“CATALOG_LENGTH”的值为 50，如图 9-92 所示。

（2）单击“确定”按钮，将主流道加入模具装配中，如图 9-93 所示。

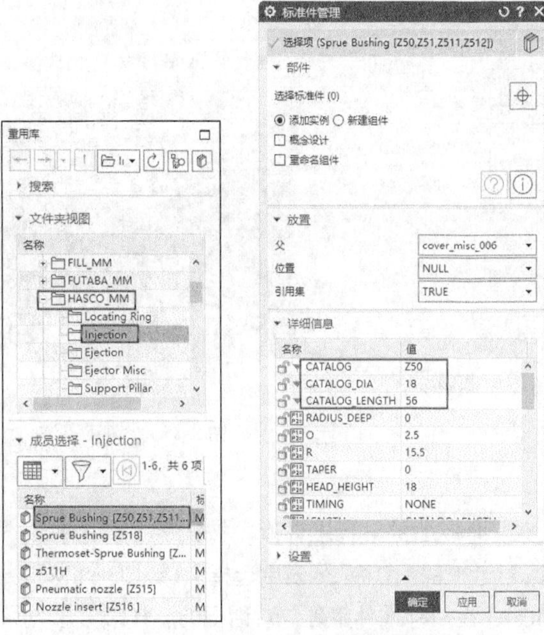

图 9-92　主流道参数设置

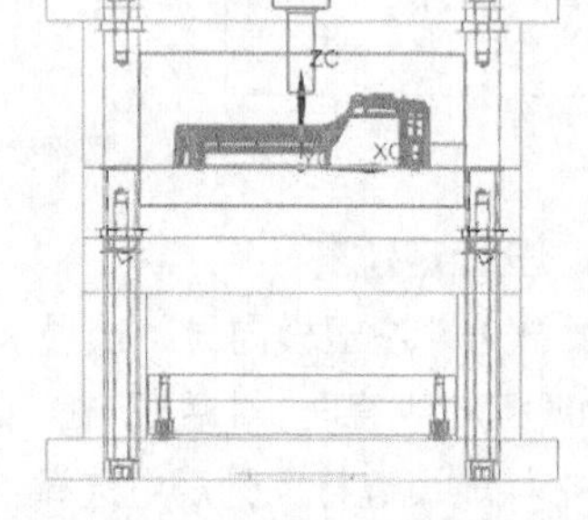

图 9-93　加入主流道

13. 添加顶杆

（1）单击“注塑模向导”选项卡“主要”面板上的“标准件库”按钮，系统弹出“重用库”对话框和“标准件管理”对话框。在“重用库”对话框的“名称”列表中选择“HASCO_MM”→“Ejection”，在“成员选择”列表中选择“Ejector Pin（Straight）”，在“标准件管理”对话框的“详细信息”列表中设置“CATALOG_DIA”的值为 3，“CATALOG_LENGTH”的值为 200，如图 9-94 所示。

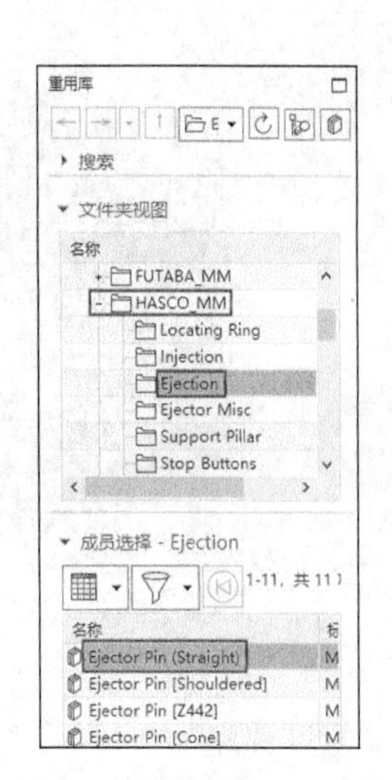

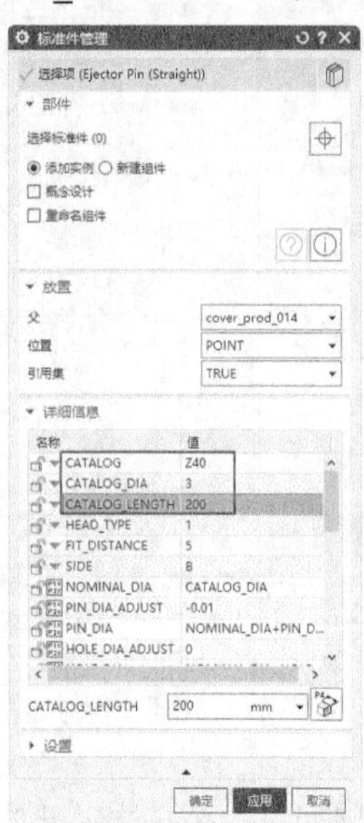

图 9-94　顶杆参数设置

（2）单击“确定”按钮，系统弹出“点”对话框，依次设置顶杆基点坐标如图 9-95 所示。单击“确定”按钮。

（3）单击“取消”按钮退出“点”对话框，添加顶杆效果如图 9-96 所示。

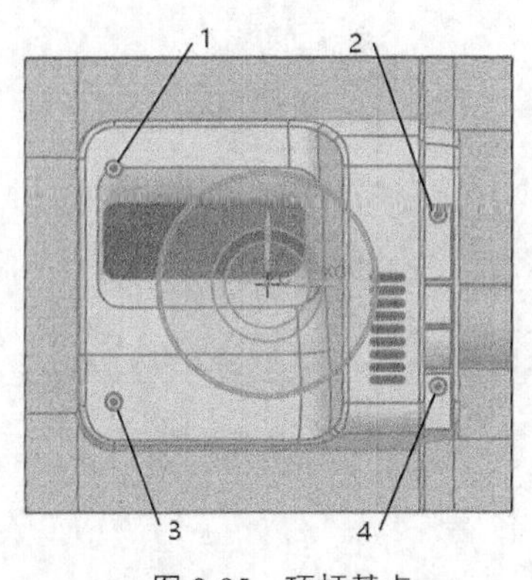

图 9-95　顶杆基点

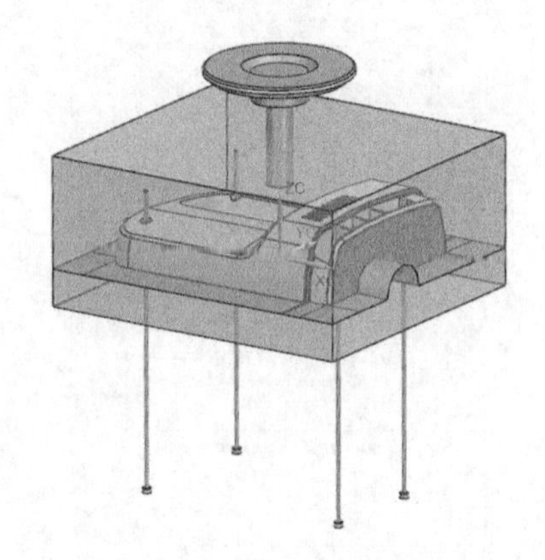

图 9-96　添加顶杆

14．顶杆后处理

（1）单击“注塑模向导”选项卡“主要”面板上的“顶杆后处理”按钮，系统弹出图 9-97 所示的“顶杆后处理”对话框，“类型”选择为“修剪”，在“目标”栏中选择已经创建的待处理的顶杆。

（2）在“工具”栏中选择“修边曲面”为“CORE_TRIM_SHEET”，单击“确定”按钮，结果如图 9-98 所示。

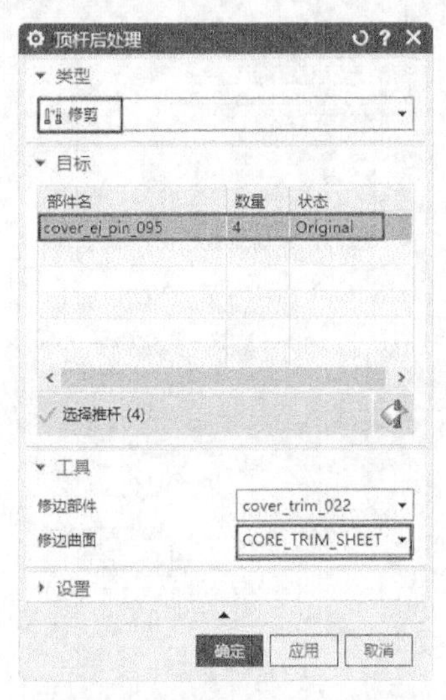

图 9-97　“顶杆后处理”对话框

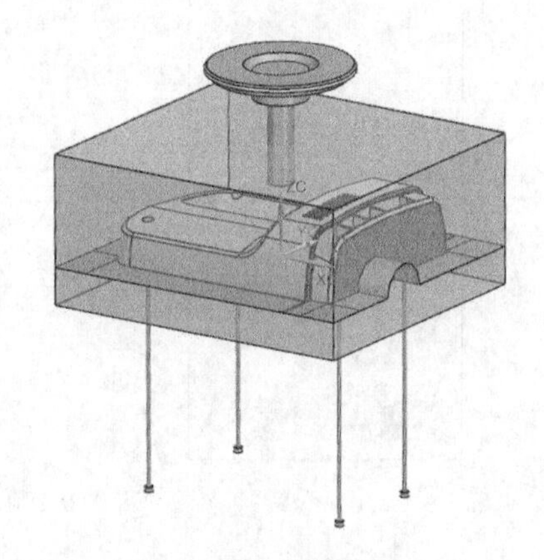

图 9-98　修剪结果

15．添加浇口

（1）选择“菜单”→“分析”→“测量”命令，系统弹出“测量”对话框，测量零件表面到主流道下端面的距离，如图 9-99 所示。

（2）单击“注塑模向导”选项卡“主要”面板上的“设计填充”按钮，系统弹出“重用库”对话框和“设计填充”对话框，在“重用库”对话框的“成员选择”列表中选择“Gate[Pin three]”，在“设计填充”对话框的“详细信息”列表中设置“d”的值为 1.2，其他采用默认设置，如图 9-100 所示。

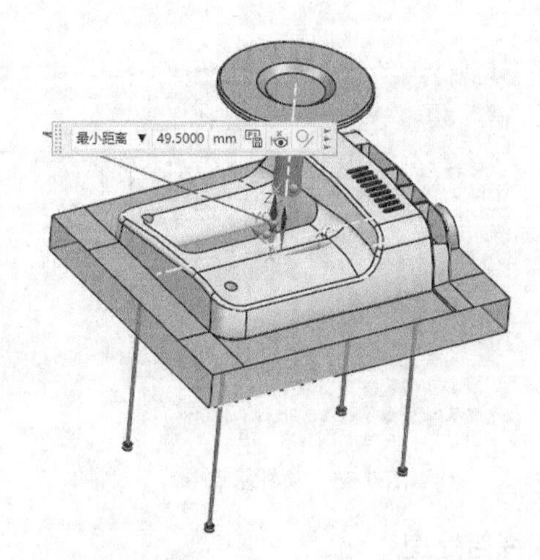

图 9-99　测量距离

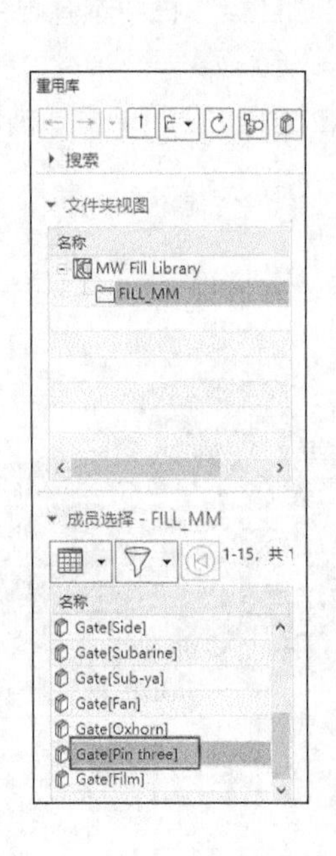

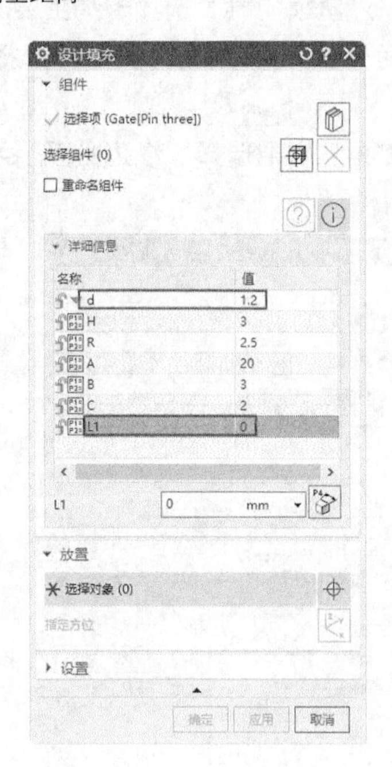

图 9-100　浇口参数设置

（3）在“放置”栏中单击“选择对象”按钮 ⌖，捕捉主流道下端面圆心为放置浇口位置，如图 9-101 所示。

（4）单击动态坐标系上的 *ZC* 轴，在系统弹出的参数栏中输入“距离”的值为–49.5，如图 9-102 所示，按 Enter 键。

（5）单击“确定”按钮，完成浇口的创建，如图 9-103 所示。

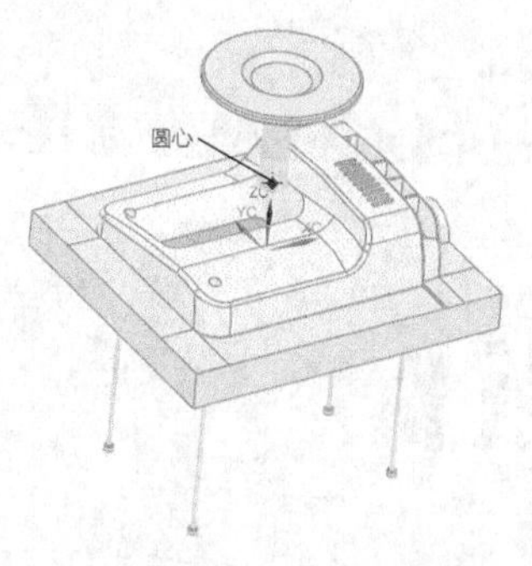

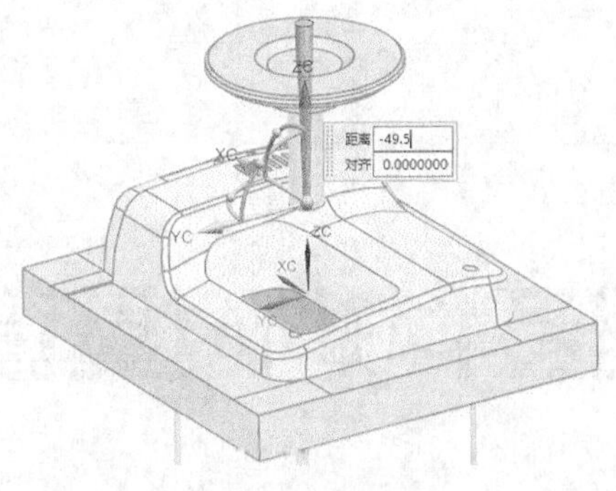

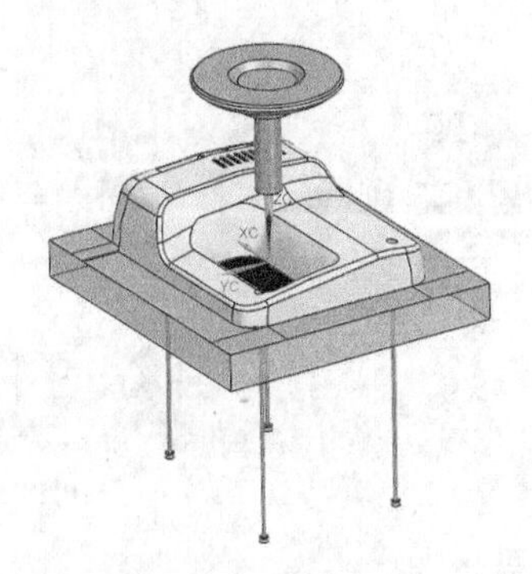

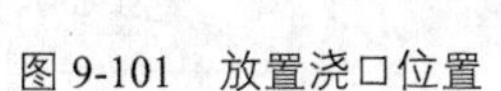
图 9-101　放置浇口位置　　图 9-102　输入距离　　图 9-103　创建浇口

16. 建立腔体

（1）单击“注塑模向导”选项卡“主要”面板上的“腔”按钮，系统弹出图 9-104 所示的“开腔”对话框。

（2）选择模具的模板、型腔和型芯作为目标体，选择建立的定位环、主流道、浇口、顶杆等作为工具体。

（3）单击“确定”按钮，建立腔体，模具整体如图 9-105 所示。

图 9-104　“开腔”对话框

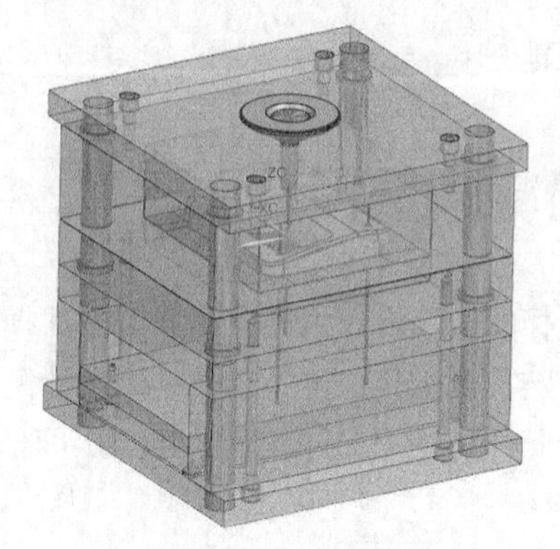

图 9-105　模具整体

9.2.2　扩展实例——熨斗模具设计

熨斗模具分型的难度适中，需要先对其缺口进行实体补片，然后再进行曲面补片。模具的分型面是曲面，上边有凸起，在创建分型面时应放置引导线。熨斗模具如图 9-106 所示。

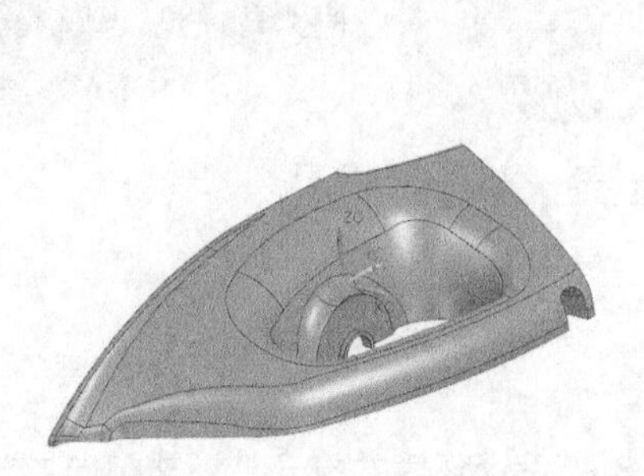

图 9-106　熨斗模具

第 10 章

典型多件模模具设计

多件模模具一般是指有一定关系的几个产品模型位于同一个模具里注塑成型的模具。在 UG NX 多件模模具设计过程中，每个产品模型在装载后会作为一个独立的分支，从而组成一个产品项目的装配结构。

重点与难点

■ 鼠标模具设计

10.1 鼠标模具设计

本章以鼠标的模具设计为例介绍典型多件模的模具设计过程。鼠标的强度要求较高，表面要求光滑以便于清洁。分析其结构，在模具中设计侧向抽芯机构和斜顶杆机构。产品材料采用 NONE，收缩率为 1.005。鼠标的上下盖模具如图 10-1 所示。

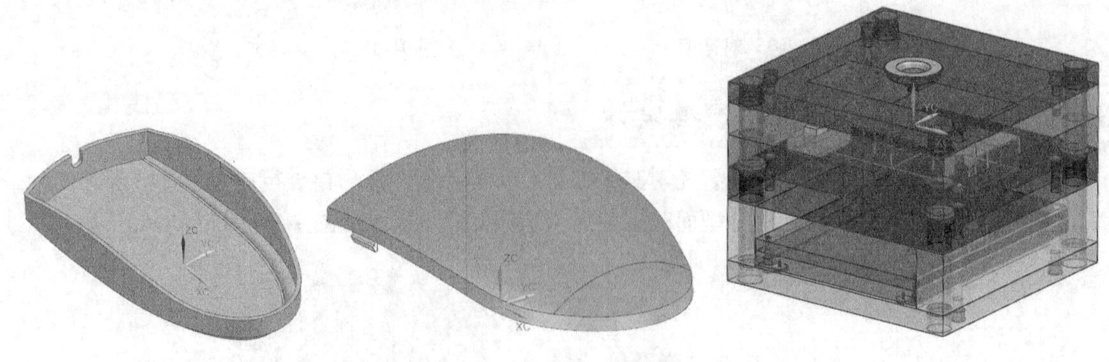

图 10-1　鼠标上下盖模具

10.1.1 鼠标上盖分型设计

1. 项目初始化

（1）启动程序，进入 UG 软件界面，进入注塑模设计环境并打开“注塑模向导”选项卡。

（2）单击“注塑模向导”选项卡中的“初始化项目”按钮，系统弹出“部件名”对话框，选择鼠标上盖文件“yuanwenjian\10\mouse\mdp_mcu.prt”，单击“确定”按钮，在系统弹出的“初始化项目”对话框中，设置“项目单位”为毫米，设置“材料”为 NONE，“收缩”为 1.005，如图 10-2

所示，单击“确定”按钮，加载鼠标上盖模型，如图 10-3 所示。

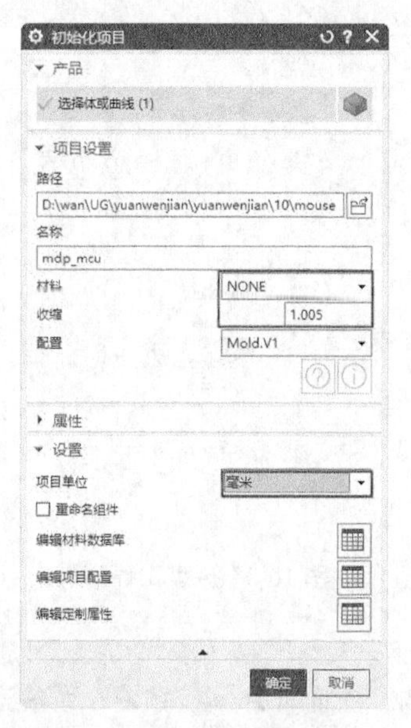

图 10-2 “初始化项目”对话框

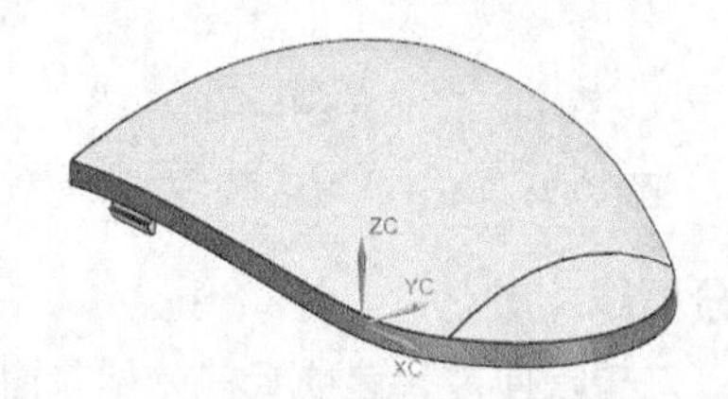

图 10-3 鼠标上盖模型

2. 设置坐标系

（1）选择“菜单”→“格式”→“WCS”→“原点”命令，系统弹出“点”对话框，在“类型”中选择“光标位置”，在“坐标”栏中输入“*ZC*”的值为 12.7，如图 10-4 所示，单击“确定”按钮，结果如图 10-5 所示。

（2）单击“注塑模向导”选项卡“主要”面板上的“模具坐标系”按钮，系统弹出图 10-6 所示的“模具坐标系”对话框，选择“当前 WCS”选项，并单击“确定”按钮，设置模具坐标系与当前坐标系相匹配。

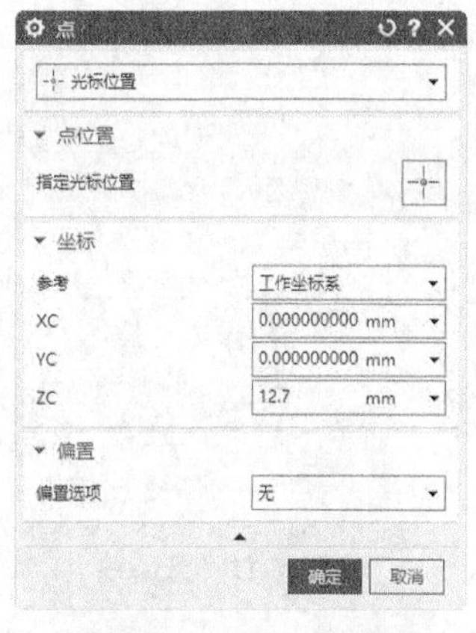

图 10-4 “点”对话框

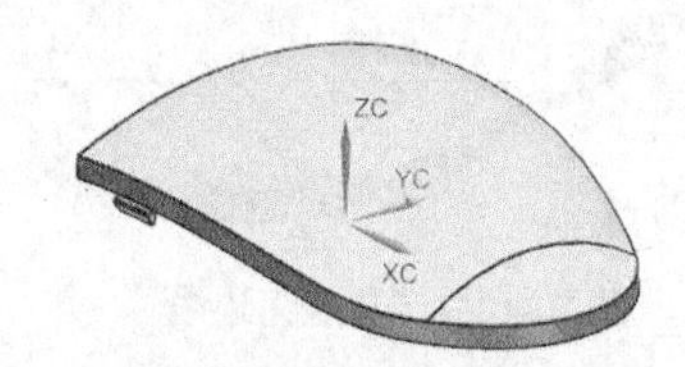

图 10-5 设置坐标系

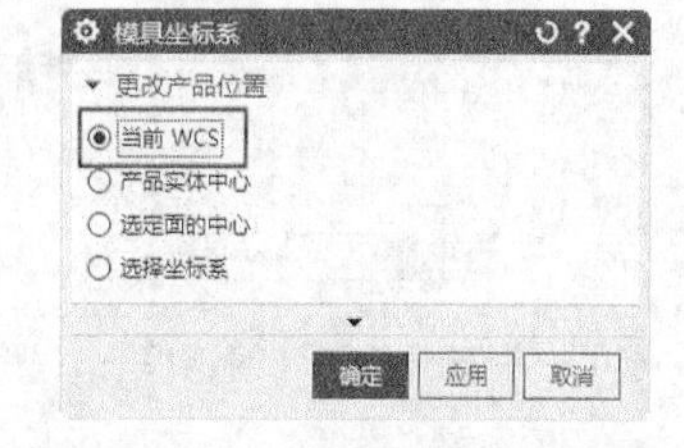

图 10-6 “模具坐标系”对话框

（3）单击“注塑模向导”选项卡“主要”面板上的“工件”按钮，系统弹出图 10-7 所示的“工件”对话框，“定义类型”选择“参考点”，并依图设置工件参数，结果如图 10-8 所示。

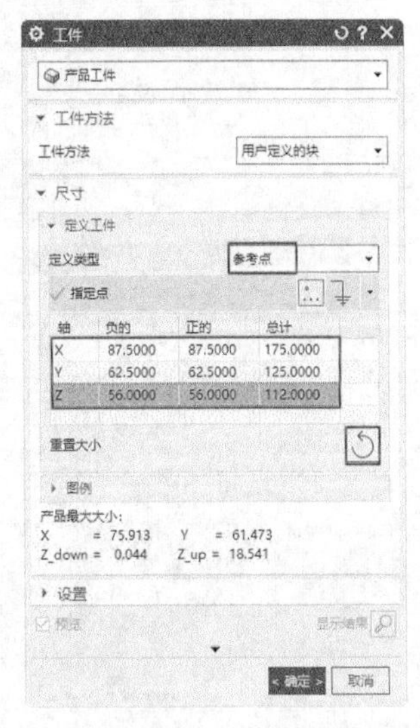

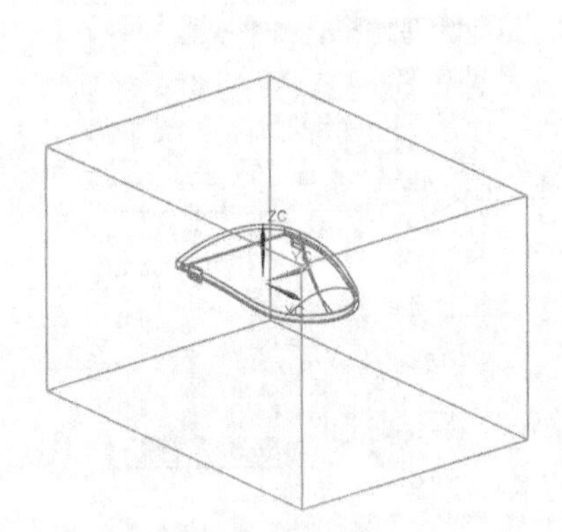

图 10-7 “工件”对话框

图 10-8 成型工件

3. 创建分型线

（1）单击“注塑模向导”选项卡“分型”面板上的“曲面补片”按钮，系统进入零件界面并弹出“曲面补片”对话框，关闭对话框。

（2）单击“注塑模向导”选项卡“分型”面板上的“设计分型面”按钮，系统弹出图 10-9 所示的“设计分型面”对话框，单击“编辑分型线”中的“选择分型线”按钮，在视图上选择图 10-10 所示的实体的底面边线，单击“确定”按钮，生成图 10-11 所示的分型线。

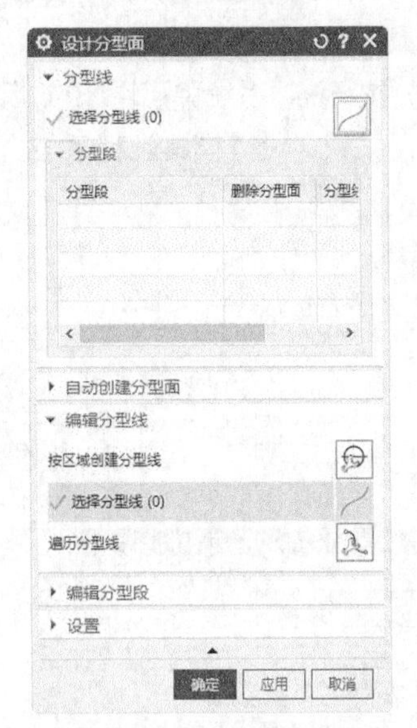

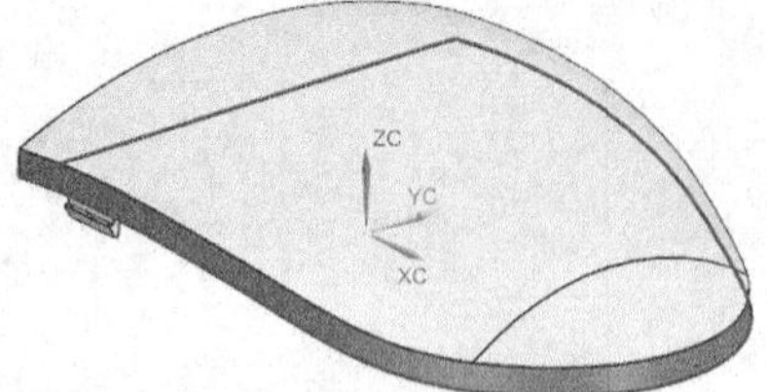

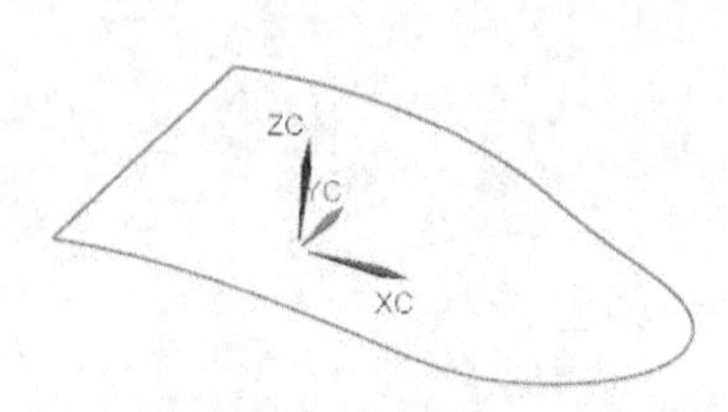

图 10-9 “设计分型面”对话框

图 10-10 选择底面边线

图 10-11 分型线

4. 创建分型面

（1）单击“注塑模向导”选项卡“分型”面板上的“设计分型面”按钮，系统弹出“设计分型面”对话框，在“分型段”中选择“段 1”，如图 10-12 所示。

（2）在“创建分型面”中选择“扩大的曲面”按钮，拖动图 10-12 所示的“V 向终点百分比”滑动块，使有界平面的尺寸大于成型工件。单击“确定”按钮，结果如图 10-13 所示。

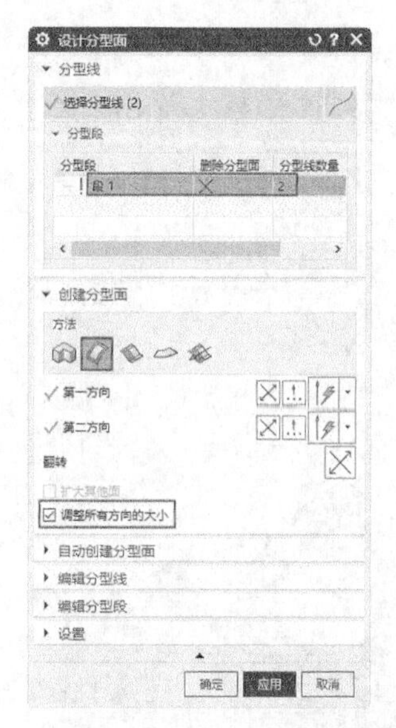

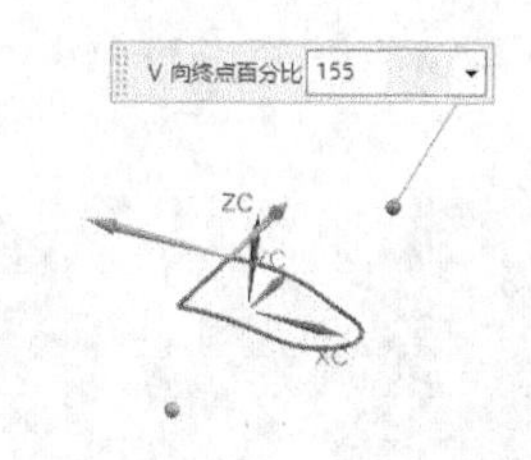

图 10-12　选择“段 1”

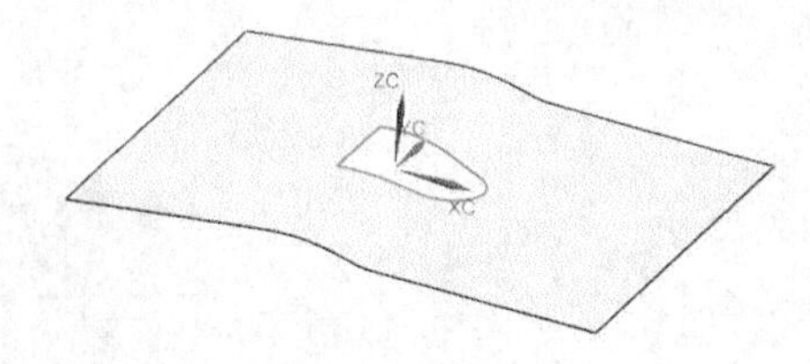

图 10-13　分型面

5. 设计区域

（1）单击“注塑模向导”选项卡“分型”面板上的“检查区域”按钮，系统弹出图 10-14 所示的“检查区域”对话框，选择“保留现有的”选项，“指定脱模方向”选择 *ZC* 轴正方向，单击“计算”按钮。

（2）选择“区域”选项卡，如图 10-15 所示，显示“未定义区域”的数量为 1，选择该面，定义为“型腔区域”。单击“确定”按钮，可以看到型腔区域数量（4）与型芯区域数量（20）的和等于总面数（24）。

6. 定义区域

单击“注塑模向导”选项卡“分型”面板上的“定义区域”按钮，系统弹出图 10-16 所示的“定义区域”对话框，选择“所有面”选项，勾选“创建区域”复选框，单击“确定”按钮，完成型芯和型腔的抽取。

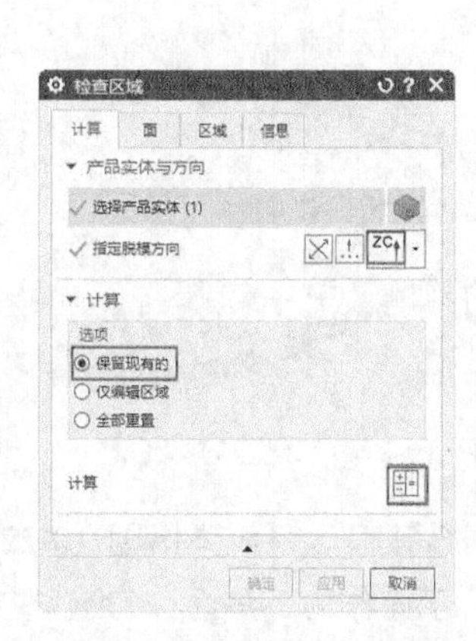

图 10-14　“检查区域”对话框

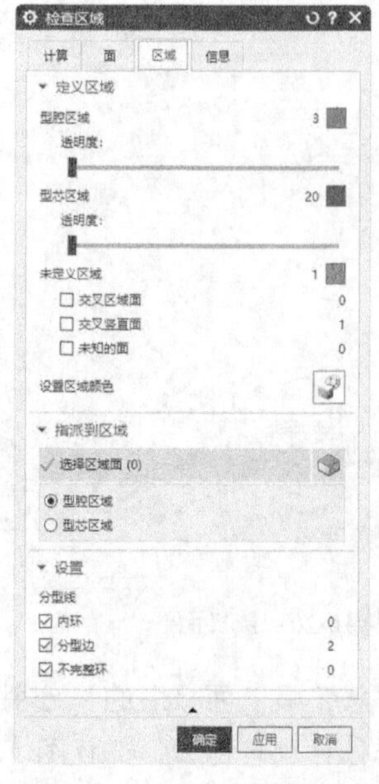

图 10-15　“区域”选项卡

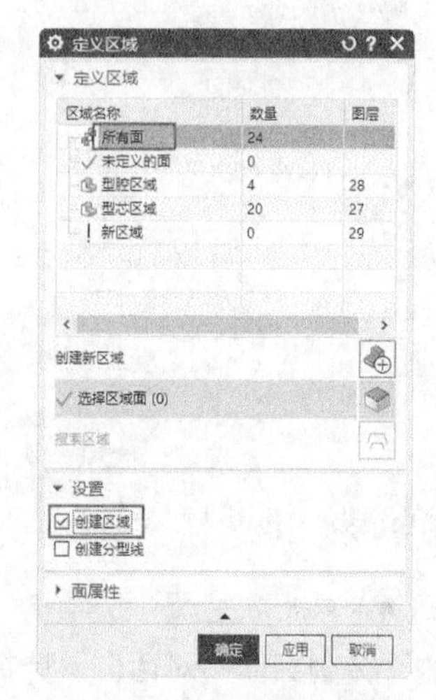

图 10-16　“定义区域”对话框

7．创建型芯和型腔

（1）单击“注塑模向导”选项卡“分型”面板上的“定义型腔和型芯”按钮，系统弹出图 10-17 所示的“定义型腔和型芯”对话框，选择“所有区域”选项，单击“确定”按钮。

（2）创建的型芯和型腔如图 10-18 所示。

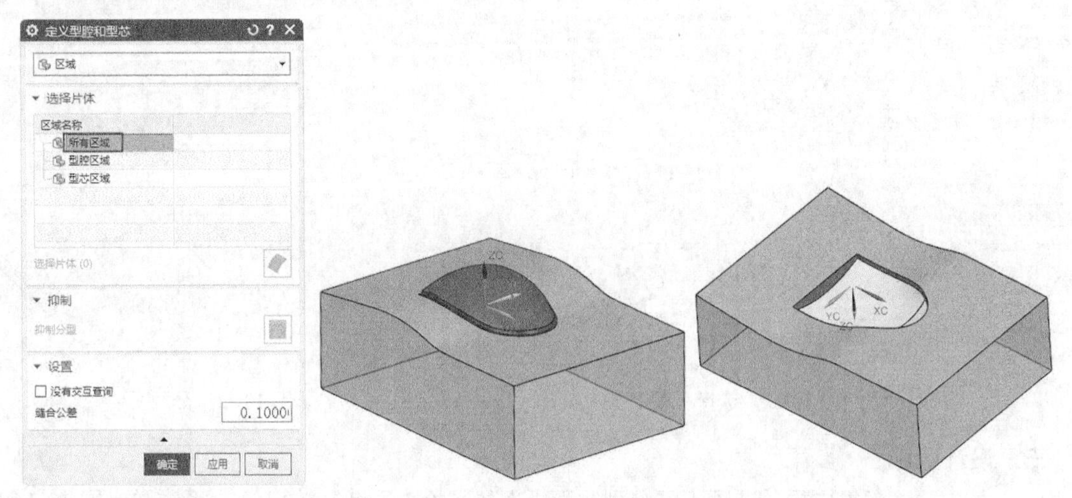

图 10-17 “定义型腔和型芯”对话框　　图 10-18 型芯和型腔

（3）选择“文件”→“保存”→“全部保存”命令，保存全部零件。

8．创建鼠标上盖滑块头

（1）切换到“mdp_mcu_parting_019.prt”窗口。单击“视图”选项卡“层”面板上的“图层设置”按钮，系统弹出“图层设置”对话框，设置图层 10 为工作层，关闭对话框。

（2）单击“注塑模向导”选项卡“注塑模工具”面板上的“包容体”按钮，系统弹出图 10-19 所示的“包容体”对话框，选择“块”类型，设置“偏置”的值为 6.5。

（3）选择图 10-20 所示的面，单击“确定”按钮，系统自动创建包容体，结果如图 10-21 所示。

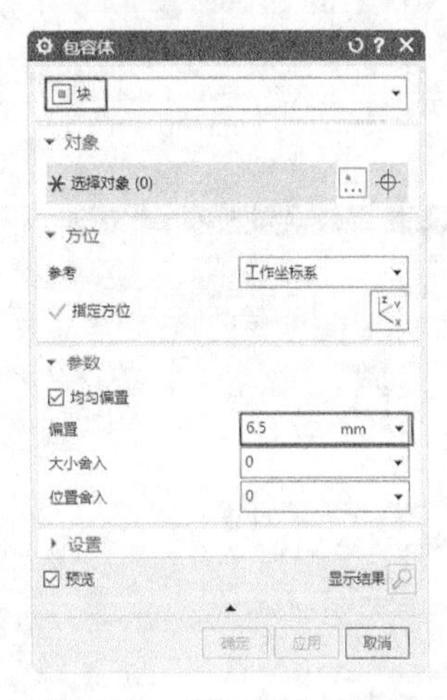

图 10-19 “包容体”对话框

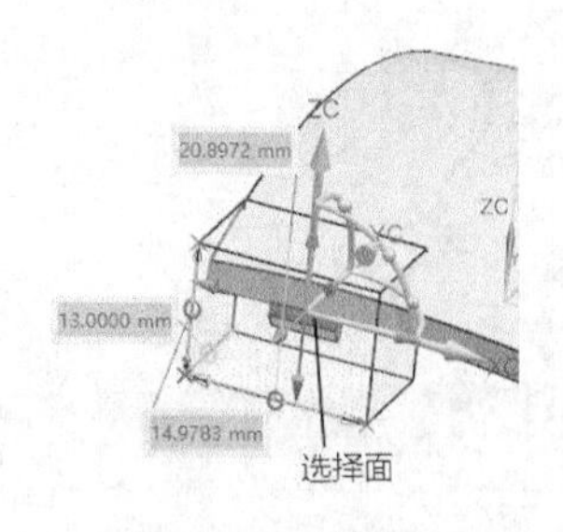

图 10-20 选择面

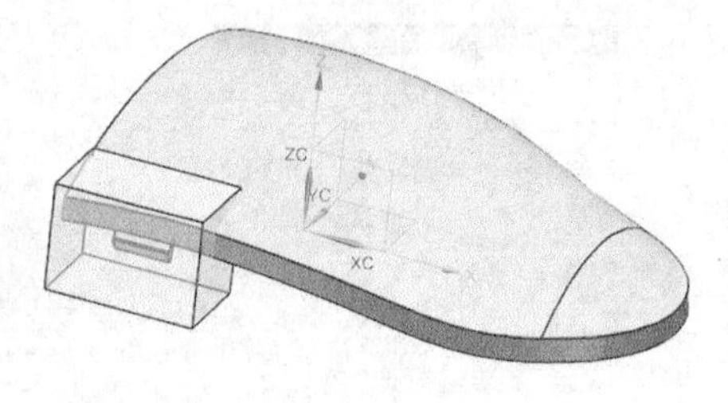

图 10-21 创建包容体

（4）单击“主页”选项卡“注塑模工具”面板上的“分割实体”按钮，系统弹出图 10-22 所示的“分割实体”对话框。选择包容体作为目标体，选择图 10-23 所示面作为工具面，勾选“扩大面”复选框，单击“反向”按钮，调整移除方向，单击“应用”按钮。结果如图 10-24 所示。

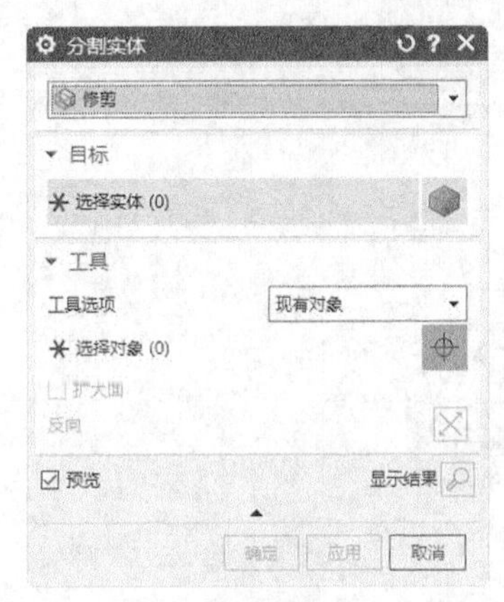

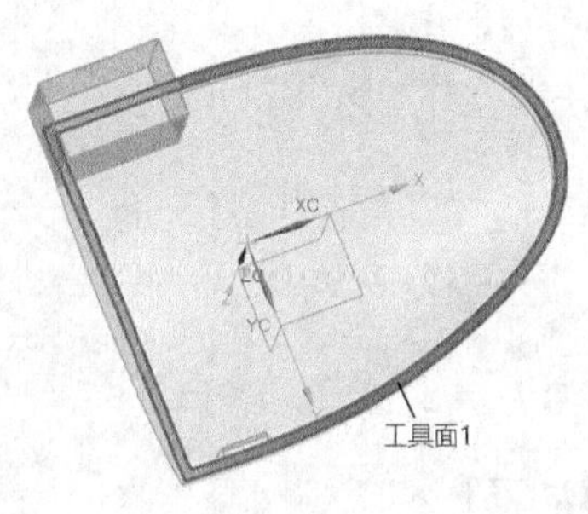

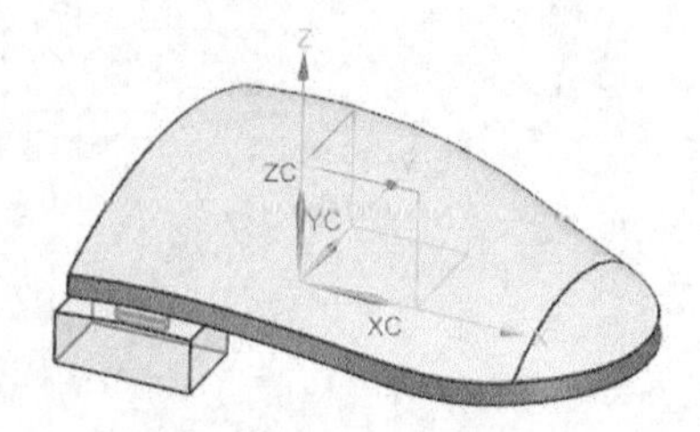

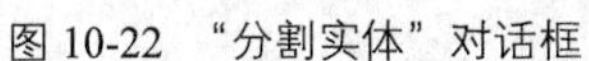
图 10-22 “分割实体”对话框　　图 10-23 选择工具面 1　　图 10-24 分割结果 1

（5）同理，分别选择图 10-25 ~ 图 10-28 所示的面作为工具面对包容体进行分割，单击“确定”按钮，结果如图 10-29 所示。

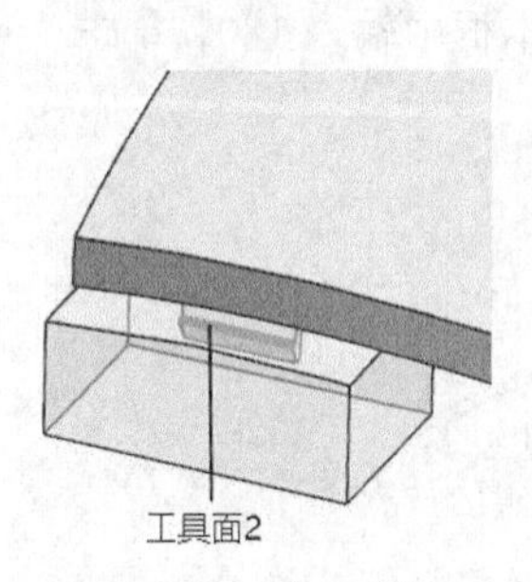

图 10-25 选择工具面 2

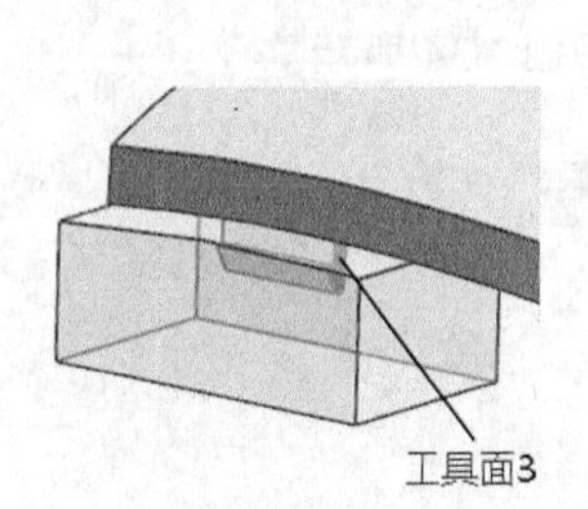

图 10-26 选择工具面 3

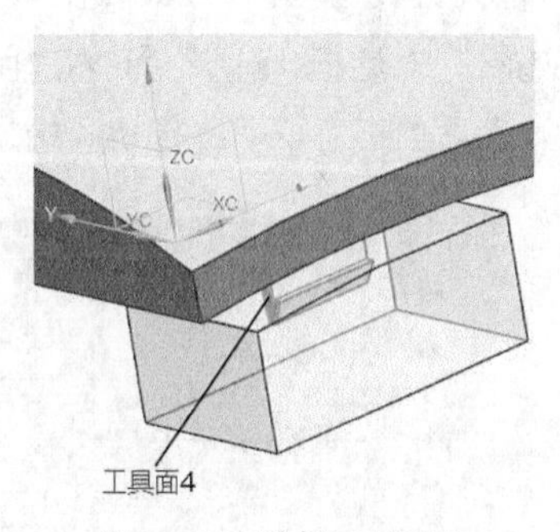

图 10-27 选择工具面 4

（6）同理，添加另一侧的滑块头，结果如图 10-30 所示。

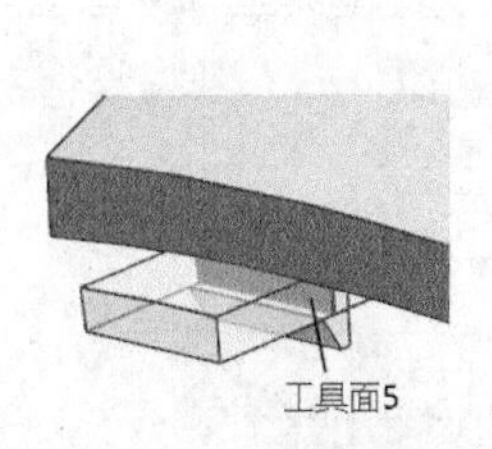

图 10-28 选择工具面 5

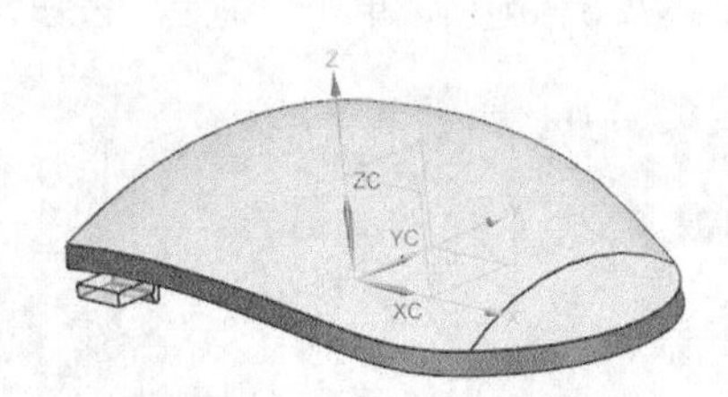

图 10-29 分割结果 2

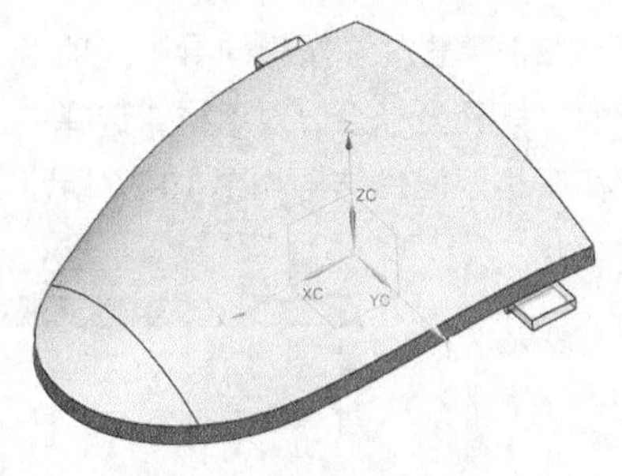

图 10-30 添加滑块头

10.1.2 下盖分型设计

1. 项目初始化

单击“注塑模向导”选项卡中的“初始化项目”按钮，系统弹出“部件名”对话框，选择鼠标上盖文件“yuanwenjian\10\mouse\mdp_mcl.prt”，单击“确定”按钮，系统弹出图 10-31 所示的“部件名管理”对话框。在“命名规则”框中输入 mdp_mcl，单击“确定”按钮，完成鼠标下盖模型的初始化。完成操作以后，屏幕上同时出现两个零件，如图 10-32 所示。

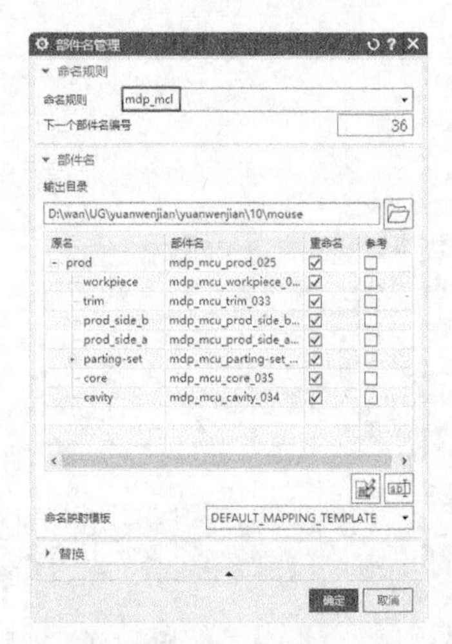

图 10-31 “部件名管理”对话框

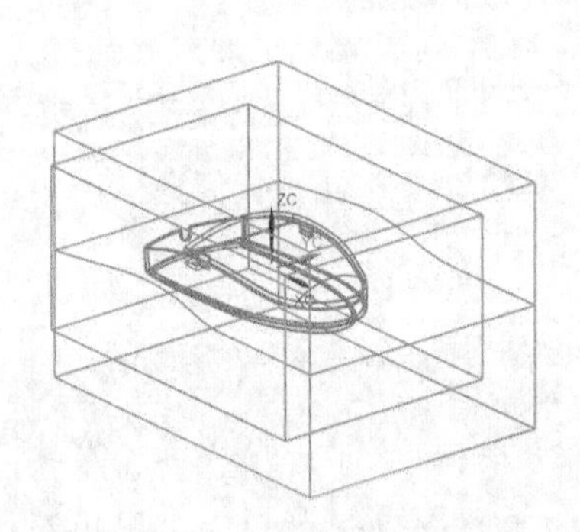

图 10-32 鼠标下盖模型

2. 设置坐标系

（1）选择“菜单”→“格式”→“WCS”→“旋转”命令，系统弹出图 10-33 所示的“旋转 WCS 绕...”对话框，选择“+YC 轴：ZC→XC”选项，在“角度”文本框中输入 180，单击“应用”按钮，然后单击“取消”按钮。结果如图 10-34 所示。

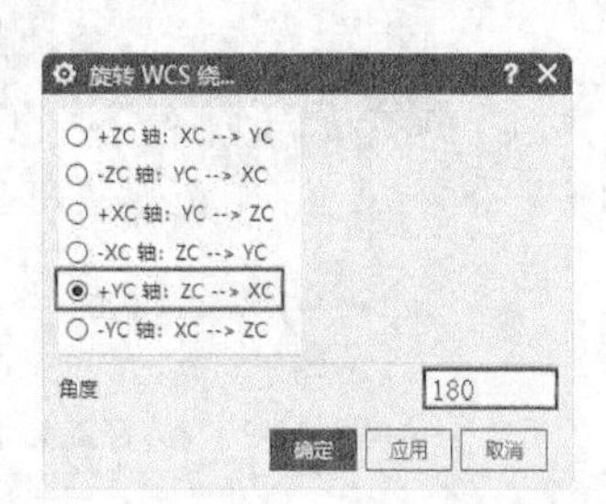

图 10-33 “旋转 WCS 绕...”对话框

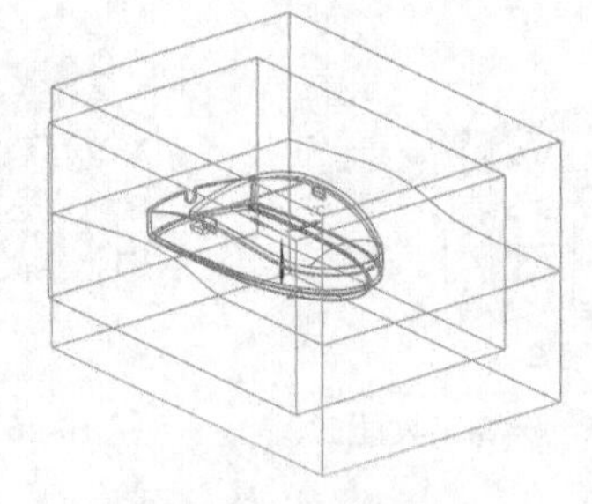

图 10-34 旋转坐标系

（2）单击“注塑模向导”选项卡“主要”面板上的“模具坐标系”按钮，系统弹出图10-35 所示的“模具坐标系”对话框，选择“当前 WCS”选项，单击“确定”按钮，设置模具坐标系与当前坐标系相匹配，结果如图 10-36 所示。

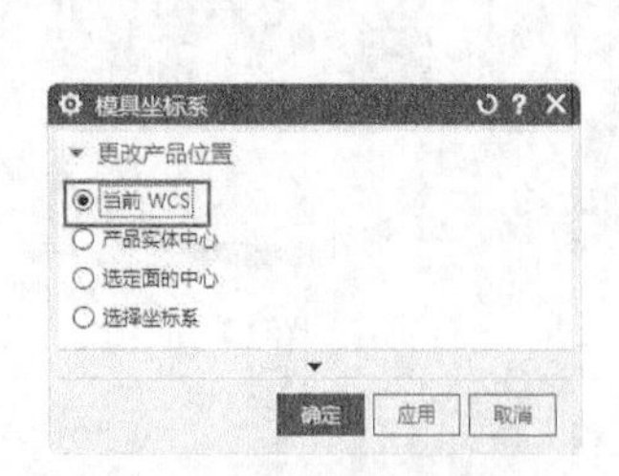

图 10-35 “模具坐标系”对话框

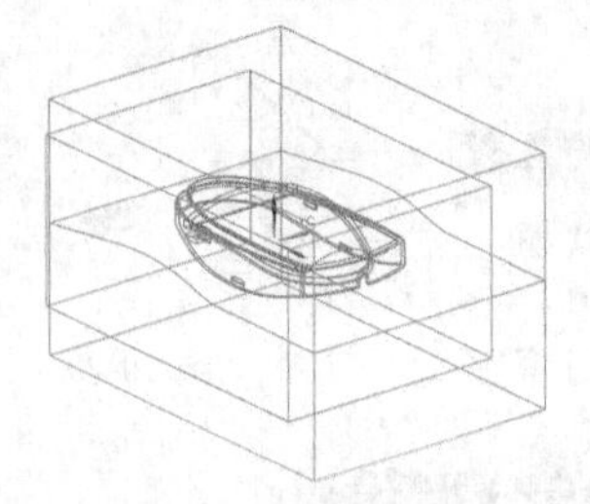

图 10-36 选定模具坐标系

（3）单击“注塑模向导”选项卡“主要”面板上的“收缩”按钮，系统弹出“缩放体”对话框。选择“均匀”类型，在“比例因子”栏中设置“均匀”的值为 1.005。

（4）单击“注塑模向导”选项卡“主要”面板上的“工件”按钮，系统弹出图 10-37 所示的“工件”对话框，“定义类型”选择“参考点”，并依图设置工件尺寸，单击“确定”按钮，结果如图 10-38 所示。

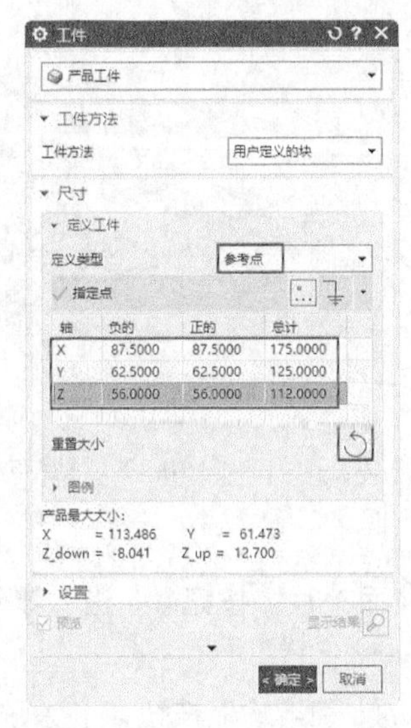

图 10-37 “工件”对话框

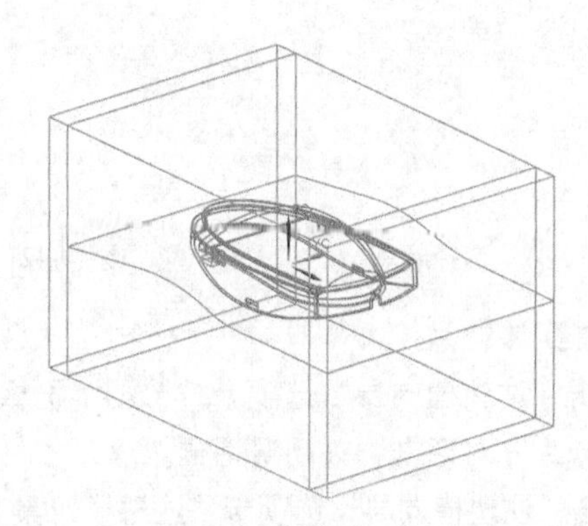

图 10-38 成型工件

3. 定义布局

（1）单击“注塑模向导”选项卡“主要”面板上的“型腔布局”按钮，系统弹出图 10-39 所示的“型腔布局”对话框。

（2）单击“变换”按钮，系统弹出图 10-40 所示的“变换”对话框，在“变换类型”栏中选择“点到点”。

（3）在“指定出发点”选项栏中单击“点对话框”按钮，系统弹出“点”对话框，选择图 10-41 所示的起点，单击“确定”按钮。

（4）返回“变换”对话框，在“指定目标点”选项栏中单击“点对话框”按钮，系统弹出“点”对话框，选择图 10-42 所示的终点，单击“确定”按钮。

（5）单击“型腔布局”对话框的“自动对准中心”按钮，布局结果如图 10-43 所示，将模具的几何中心移动到 layout 子装配的绝对坐标系（ACS）的原点上，并保持 Z 轴坐标不变。

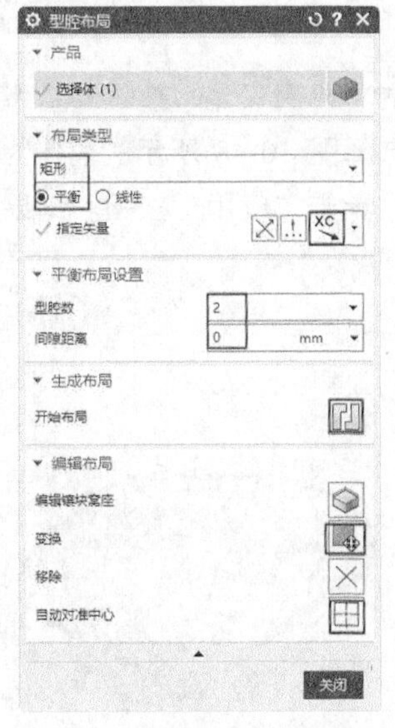

图 10-39 “型腔布局”对话框

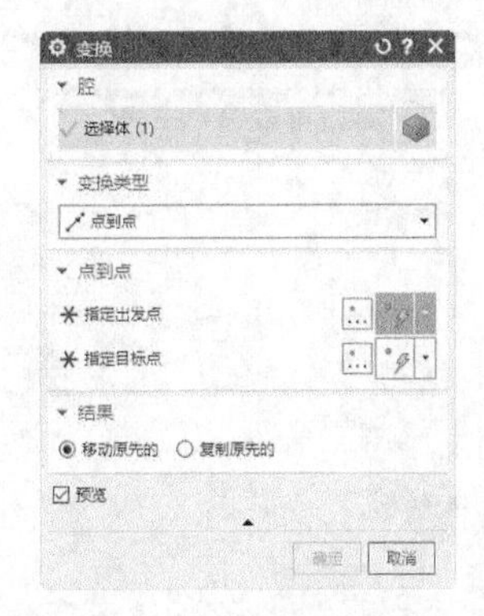

图 10-40 “变换”对话框

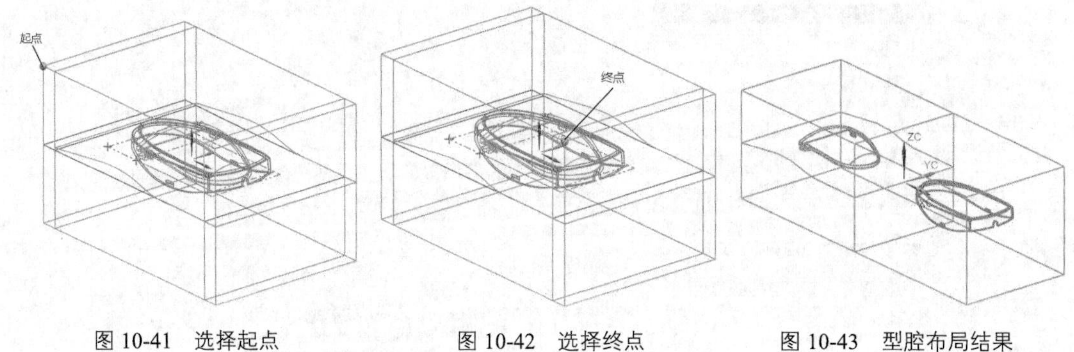

图 10-41　选择起点　　图 10-42　选择终点　　图 10-43　型腔布局结果

4．创建实体补片

（1）单击“注塑模向导”选项卡“分型”面板上的“曲面补片”按钮，进入零件界面，系统弹出“曲面补片”对话框，关闭对话框。

（2）单击“注塑模向导”选项卡“注塑模工具”面板上的“包容体”按钮，系统弹出图 10-44 所示的“包容体”对话框，选择“块”类型，设置“偏置”的值为 1。

（3）选择图 10-45 所示的面，单击“确定”按钮，系统自动创建包容体，结果如图 10-46 所示。

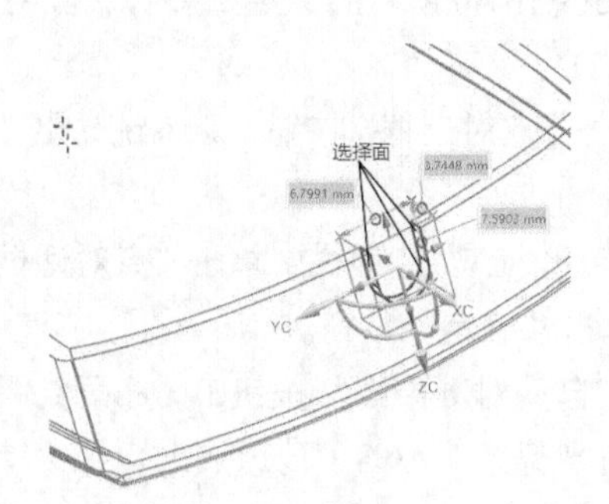

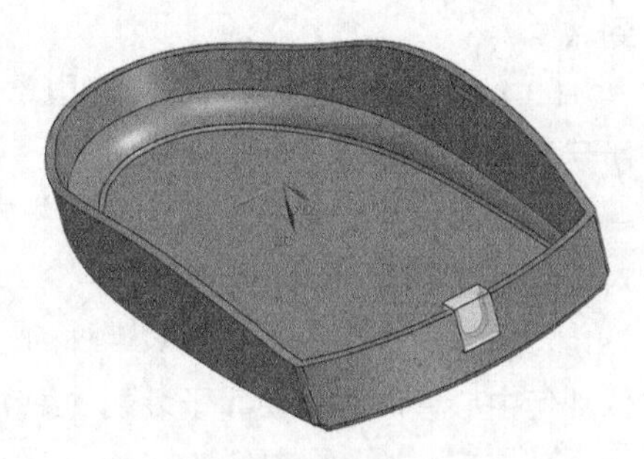

图 10-44　“包容体”对话框　　图 10-45　选择面　　图 10-46　创建包容体

（4）单击“主页”选项卡“注塑模工具”面板上的“分割实体”按钮，系统弹出图 10-47 所示的“分割实体”对话框。选择包容体作为目标体，选择图 10-48 所示的面作为工具面，勾选“扩大面”复选框，单击“反向”按钮，调整移除方向，单击“应用”按钮。结果如图 10-49 所示。

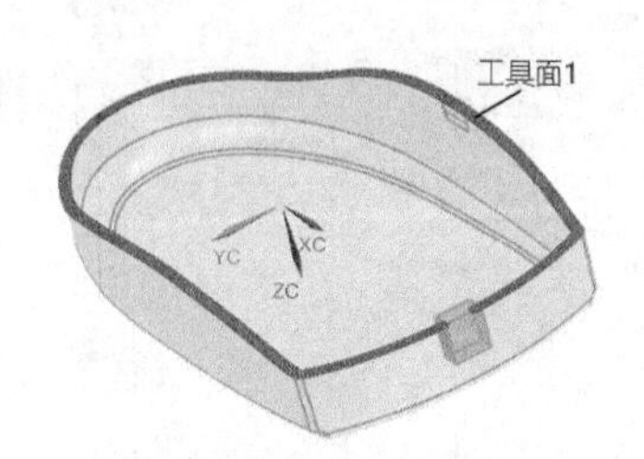

图 10-47　“分割实体”对话框　　图 10-48　选择工具面 1

（5）同理，分别选择图 10-50 ~ 图 10-54 所示的面作为工具面对包容体进行分割，单击“确定”按钮，结果如图 10-55 所示。

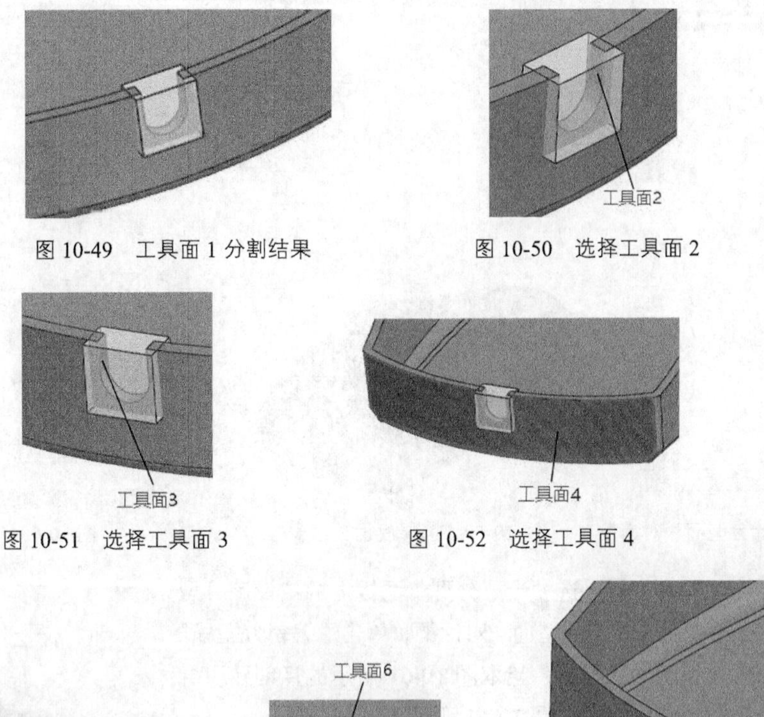

图 10-49　工具面 1 分割结果

图 10-50　选择工具面 2

图 10-51　选择工具面 3

图 10-52　选择工具面 4

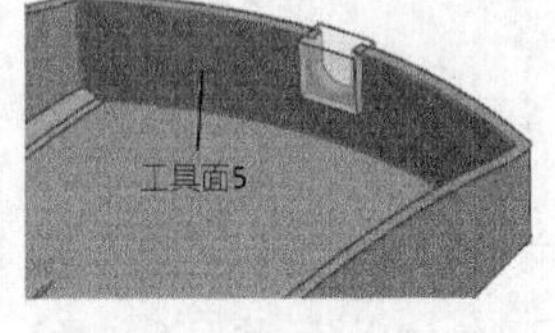

图 10-53　选择工具面 5

图 10-54　选择工具面 6

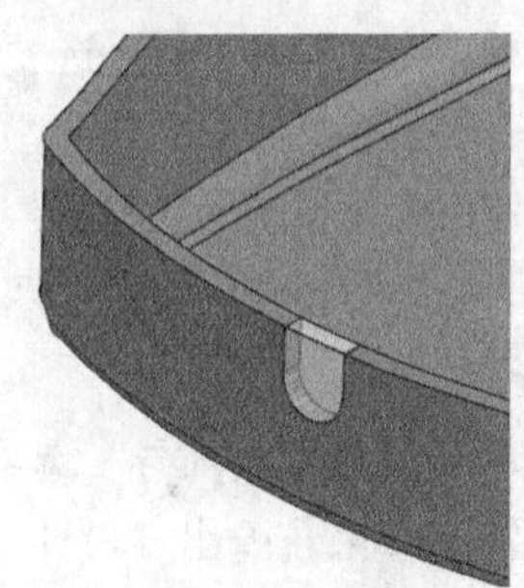

图 10-55　分割结果

（6）单击“注塑模向导”选项卡“注塑模工具”面板上的“实体补片”按钮，系统弹出图 10-56 所示的“实体补片”对话框。选择前面创建的包容体，单击“确定”按钮。结果如图 10-57 所示。

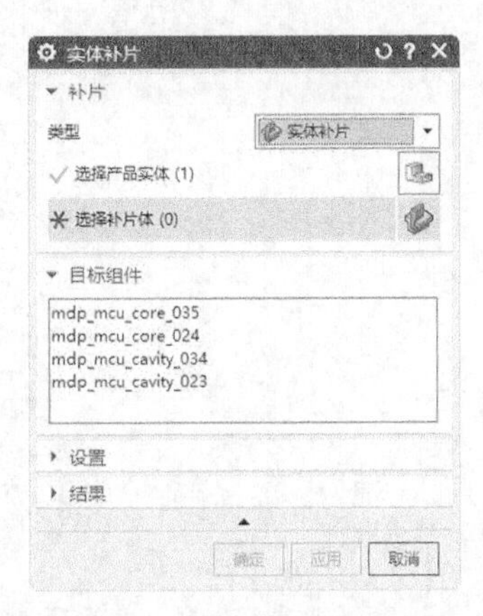

图 10-56　“实体补片”对话框

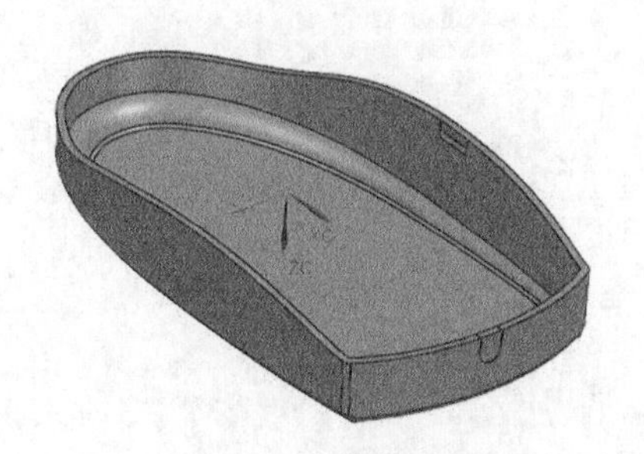

图 10-57　实体补片结果

5. 创建分型线

（1）单击“注塑模向导”选项卡“分型”面板上的“设计分型面”按钮，系统弹出图 10-58

所示的“设计分型面”对话框，单击“编辑分型线”中的“选择分型线”按钮，在视图上选择图 10-59 所示的实体的底面边线，单击“确定”按钮，生成图 10-60 所示的分型线。

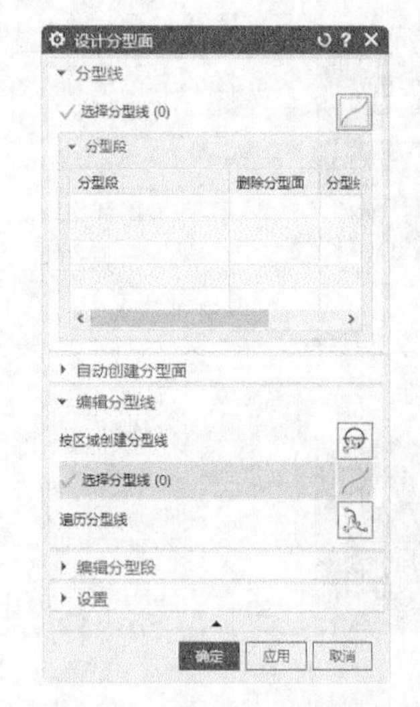

图 10-58 “设计分型面”对话框

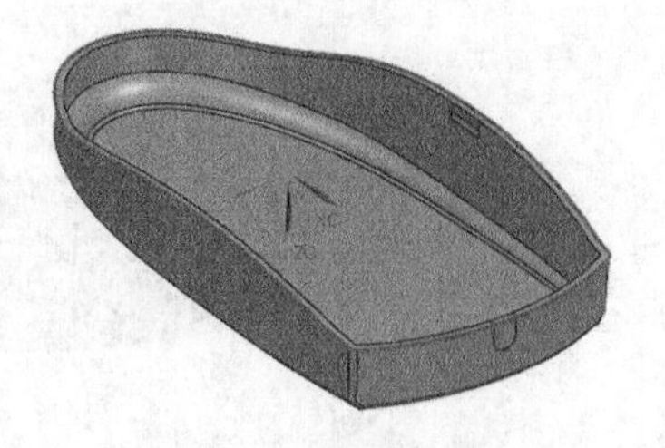

图 10-59 选择底面边线

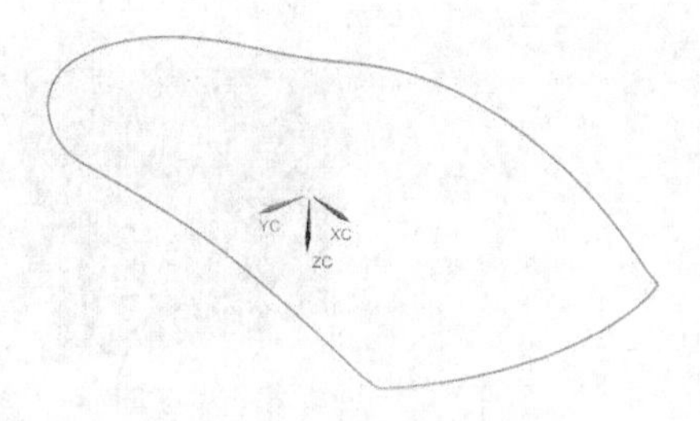

图 10-60 分型线

（2）单击“注塑模向导”选项卡“分型”面板上的“设计分型面”按钮，系统弹出“设计分型面”对话框，单击“编辑分型段”中的“选择分型或引导线”选项，拾取图 10-61 所示的点创建引导线，单击“确定”按钮，结果如图 10-61 所示。

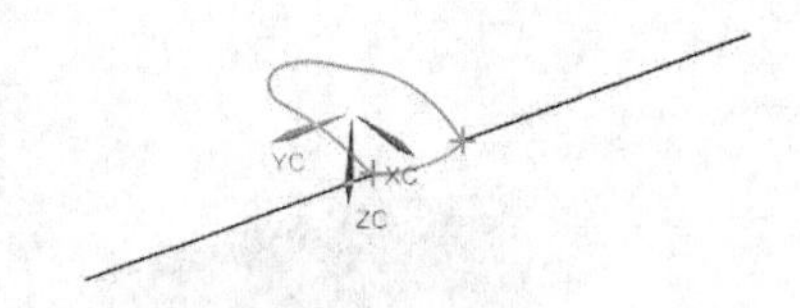

图 10-61 创建引导线

6. 创建分型面

（1）单击“注塑模向导”选项卡“分型”面板上的“设计分型面”按钮，系统弹出“设计分型面”对话框，在“分型段”中选择“段 1”，如图 10-62 所示。

（2）在“创建分型面”中选择“扩大的曲面”按钮，拖动图 10-60 所示的“U 向终点百分比”滑动块，使曲面的尺寸大于成型工件的尺寸。单击“确定”按钮。

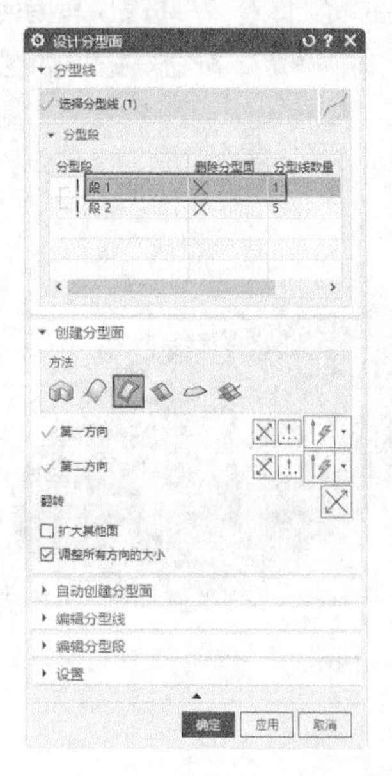

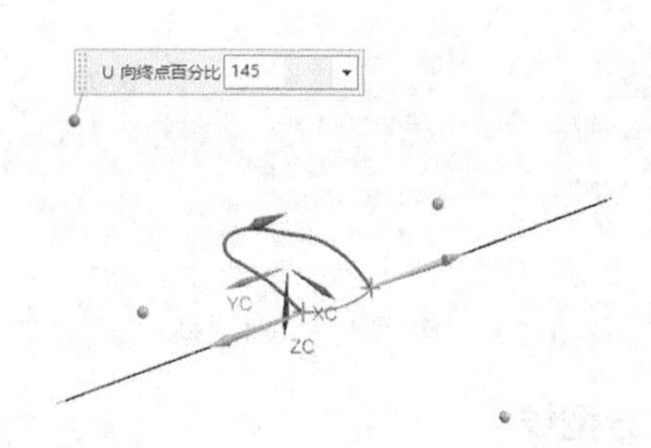

图 10-62 选择“段 1”

（3）系统自动选中段 2，在“创建分型面”中选择“拉伸”按钮，拖动图 10-63 所示的“延伸距离”标志，使分型面的拉伸长度大于成型工件的长度。单击“确定”按钮，结果如图 10-64 所示。

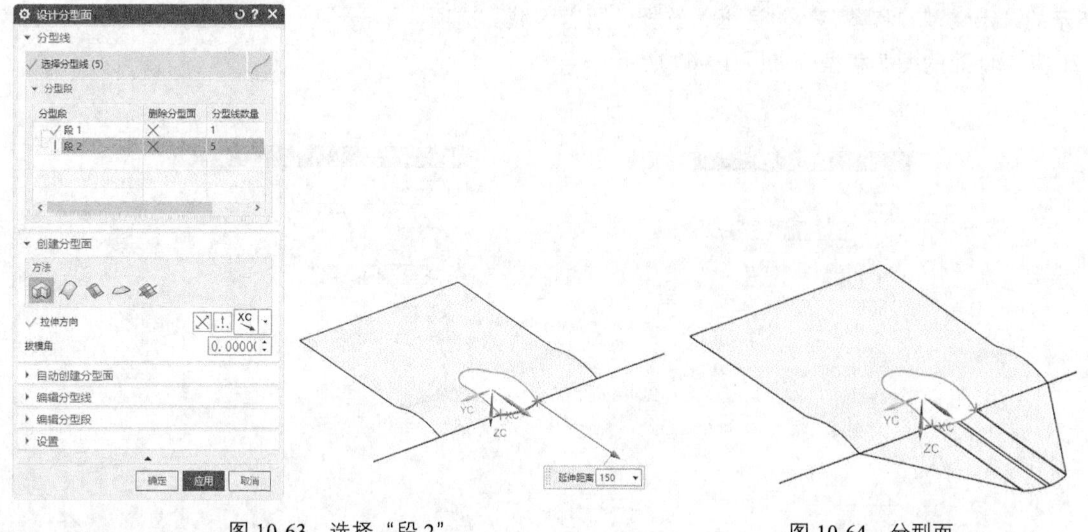

图 10-63　选择“段 2”　　　　图 10-64　分型面

7. 设计区域

（1）单击“注塑模向导”选项卡“分型”面板上的“检查区域”按钮，系统弹出图 10-65 所示的“检查区域”对话框，选择“保留现有的”选项，“指定脱模方向”选择 *ZC* 轴正方向，单击“计算”按钮。

（2）选择“区域”选项卡，如图 10-66 所示，显示“未定义区域”的数量为 0，单击“应用”按钮，可以看到型腔区域数量（16）与型芯区域数量（18）的和等于总面数（34）。

8. 定义区域

单击“注塑模向导”选项卡“分型”面板上的“定义区域”按钮，系统弹出图 10-67 所示的“定义区域”对话框，选择“所有面”选项，勾选“创建区域”复选框，单击“确定”按钮，完成型芯和型腔的抽取。

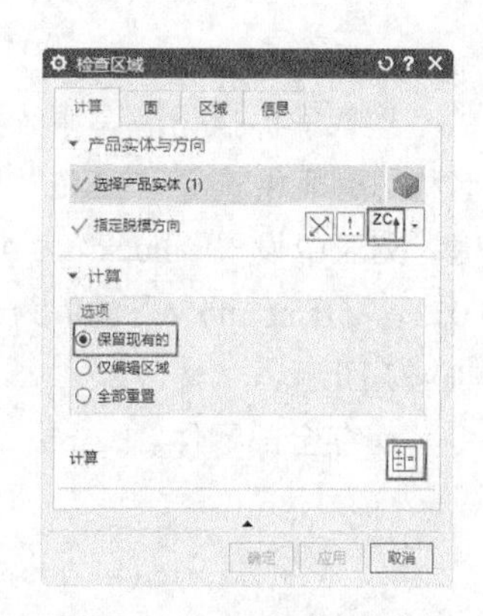

图 10-65　“检查区域”对话框

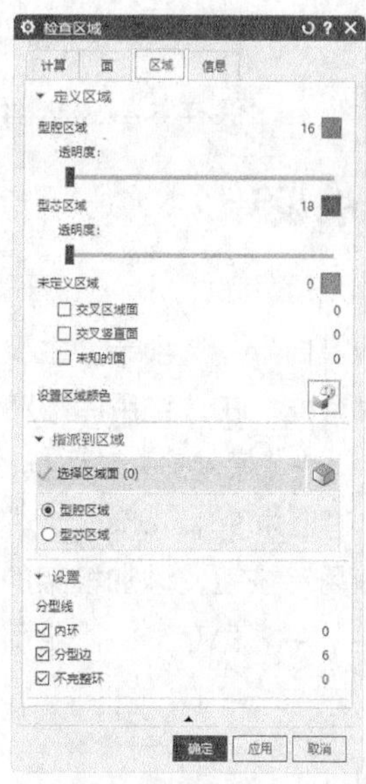

图 10-66　“区域”选项卡

9．创建型芯和型腔

（1）单击“注塑模向导”选项卡“分型”面板上的“定义型腔和型芯”按钮，系统弹出图 10-68 所示的“定义型腔和型芯”对话框，选择“所有区域”选项，单击“确定”按钮。

（2）创建的型芯和型腔如图 10-69 所示。

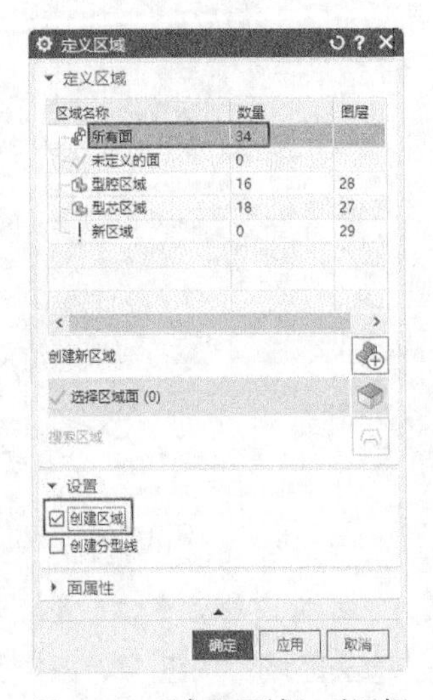

图 10-67 “定义区域”对话框

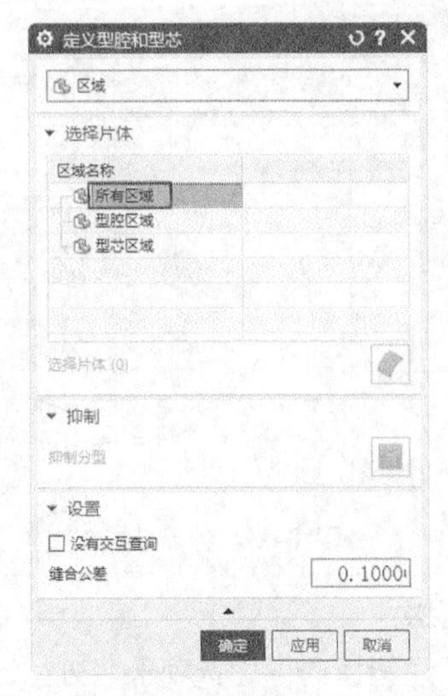

图 10-68 “定义型腔和型芯”对话框

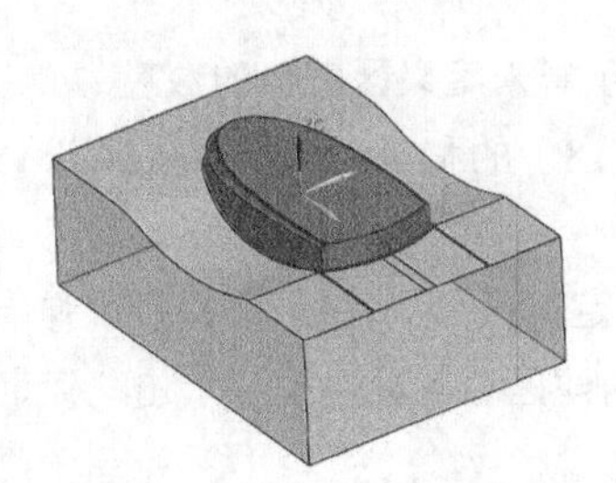

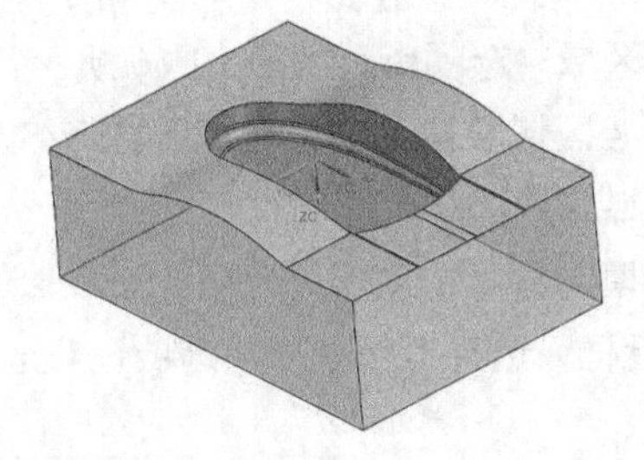

图 10-69 型芯和型腔

（3）选择“文件”→“保存”→“全部保存”命令，保存全部零件。

10.1.3 辅助系统设计

1. 添加模架

（1）单击“注塑模向导”选项卡“主要”面板上的“模架库”按钮，系统弹出“重用库”对话框和“模架库”对话框，在“重用库”对话框的“名称”列表中选择“DME”模架，在“成员选择”列表中选择“2B”，在“模架库”对话框的“详细信息”列表中设置“index”为 4545，设置“AP_h”的值为 56，“BP_h”的值为 56，“offset_fix”的值为 0.051，“offset_move”的值为 0.051，如图 10-70 所示，然后单击“应用”按钮，添加模架的效果如图 10-71 所示。

（2）选择“文件”→“保存”→“全部保存”命令，保存全部零件。

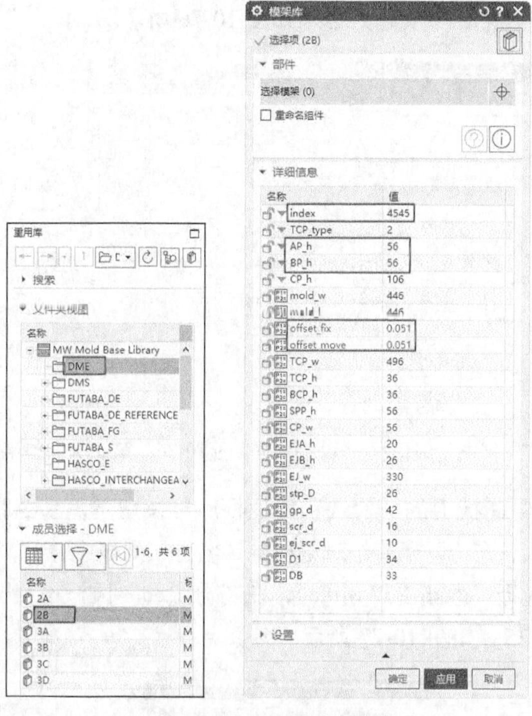

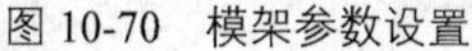

图 10-70　模架参数设置

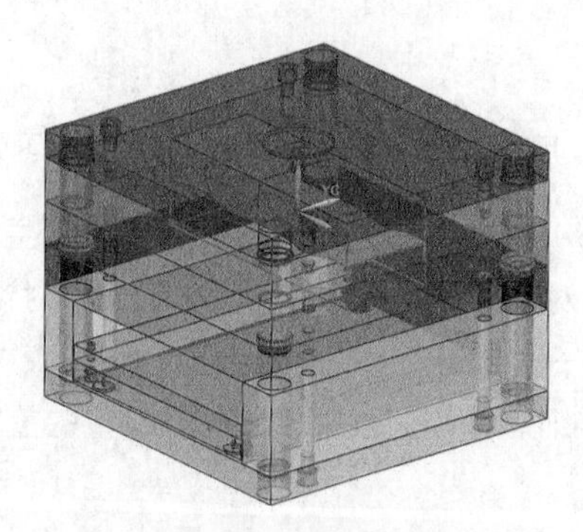

图 10-71　添加模架

2. 鼠标上盖加入滑块

（1）切换到“mdp_mcu_top_000.prt”文件。在“装配导航器”中使用鼠标右键单击“mdp_mcu_prod_014”，在系统弹出的快捷菜单中选择“在窗口中打开”命令。

（2）单击“视图”选项卡“层”面板上的“图层设置”按钮，系统弹出“图层设置”对话框，设置第 10 层为工作层，关闭对话框。

（3）选择“菜单”→“格式”→“WCS”→“原点”命令，系统弹出图 10-72 所示的“点”对话框。选中滑块头的下边缘线中点，单击“确定”按钮，结果如图 10-73 所示。

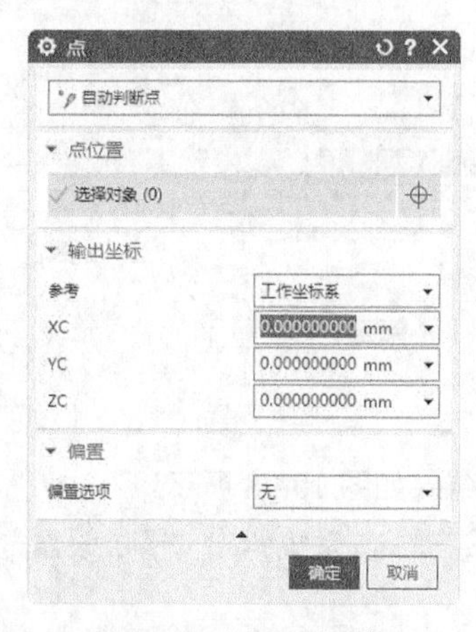

图 10-72　“点”对话框

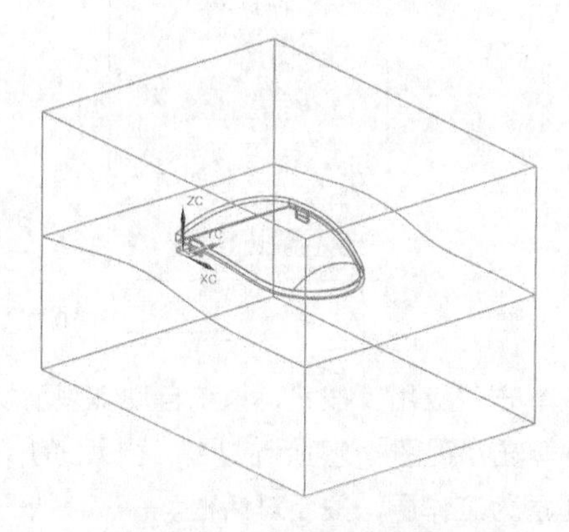

图 10-73　第一次调整坐标系

（4）单击“分析”选项卡“测量”面板上的“测量”按钮，测量滑块头侧面到成型工件的距离为 26.9028mm，如图 10-74 所示。

（5）选择“格式”→“WCS”→“原点”命令，系统弹出图 10-75 所示的“点”对话框，在“坐标”栏中输入“YC”的值为–26.9028，单击“确定”按钮，结果如图 10-76 所示。

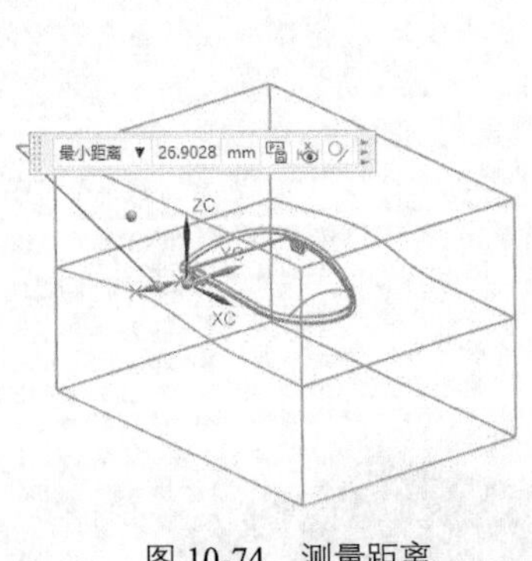

图 10-74 测量距离

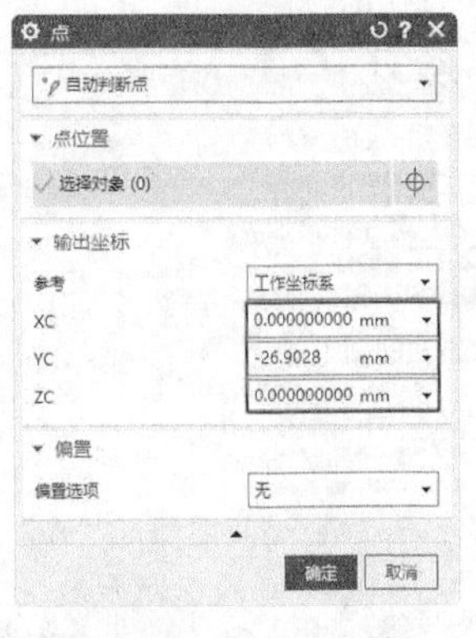

图 10-75 “点”对话框

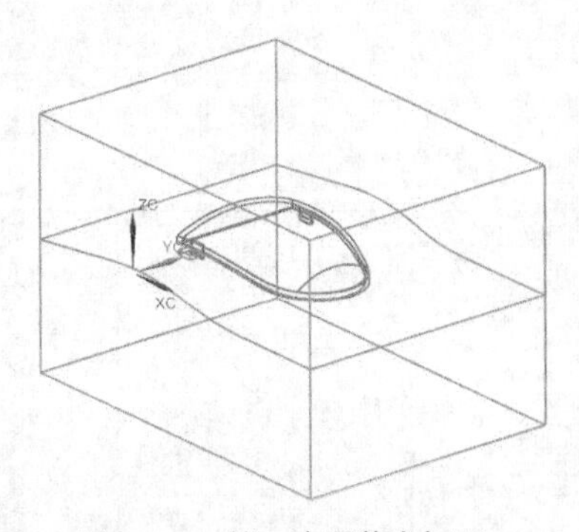

图 10-76 第二次调整坐标系

（6）单击“注塑模向导”选项卡“主要”面板上的“滑块和斜顶杆库”按钮，系统弹出“重用库”对话框和“滑块和斜顶杆设计”对话框，在“重用库”对话框的“名称”列表中选择“SLIDE_LIFT”→“Slide”，在“成员选择”列表中选择“Push-Pull Slide”，在“滑块和斜顶杆设计”对话框的“详细信息”列表中设置“wide”的值为 25，如图 10-77 所示。

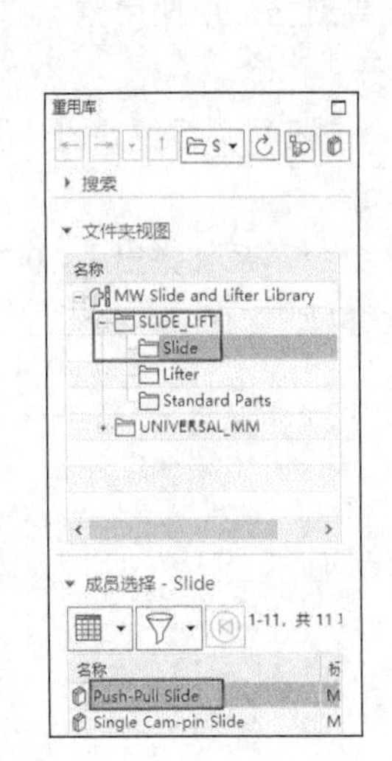

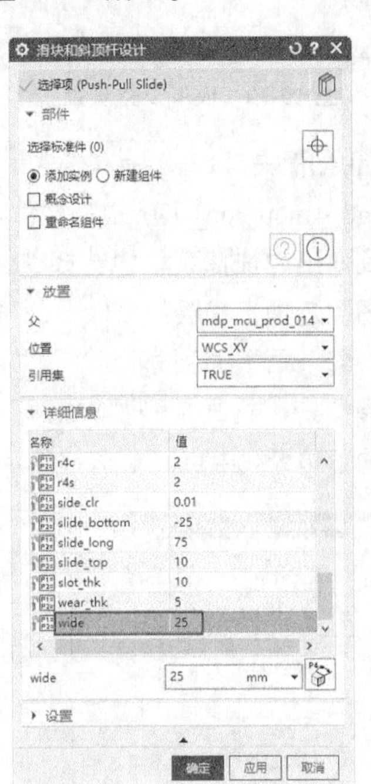

图 10-77 滑块参数设置

（7）单击“应用”按钮，系统自动加载滑块，加载后的结果如图 10-78 所示。

（8）单击“视图”选项卡“层”面板上的“图层设置”按钮，系统弹出“图层设置”对话框，设置第 1 层为工作层，关闭对话框。

（9）在“装配导航器”中使用鼠标右键单击“mdp_mcu_core_024”，在系统弹出的快捷菜单中选择“设为工作部件”选项。单击“装配”选项卡“部件间链接”面板上的“WAVE 几何链接器”按钮，系统弹出图 10-79 所示的“WAVE 几何链接器”对话框，选择滑块头作为连接对象连接到型芯上，如图 10-80 所示。

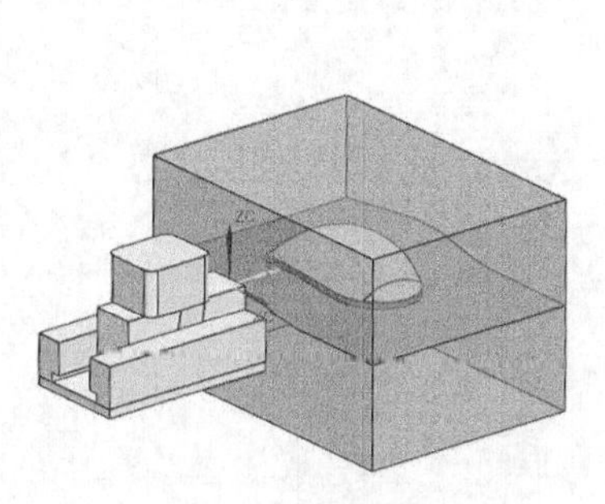

图 10-78 加载滑块　　　图 10-79 “WAVE 几何链接器”对话框

（10）在“装配导航器”中使用鼠标右键单击“mdp_mcu_core_024”，在系统弹出的快捷菜单中选中“在窗口中打开”命令。可以看到滑块部件的滑块头部件被复制到模具型芯模型里面，如图 10-81 所示。

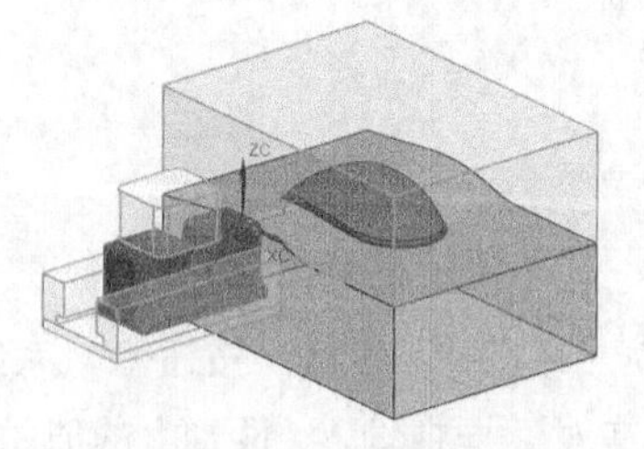

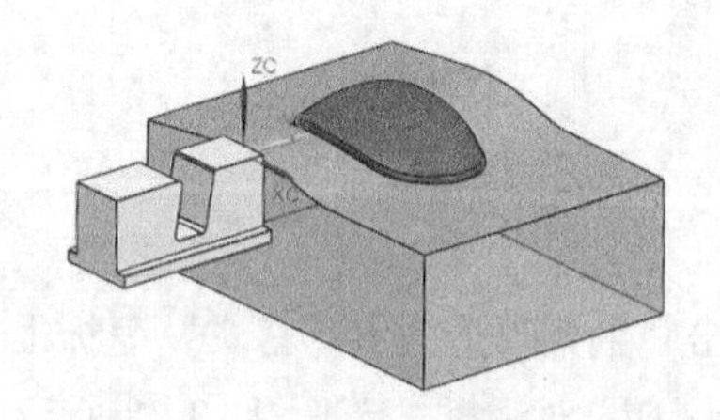

图 10-80 选择链接体　　　图 10-81 WAVE 几何链接器结果

（11）切换到“mdp_mcu_prod_014”窗口。在“装配导航器”中使用鼠标右键单击“mdp_mcu_core_024”，在系统弹出的快捷菜单中选择“设为工作部件”命令。

（12）单击“主页”选项卡“基本”面板上的“拉伸”按钮，系统弹出图 10-82 所示的“拉伸”对话框。

（13）选择图 10-83 所示的平面，进入草图绘制环境。单击“包含”面板上的“投影曲线”按钮，系统弹出“投影曲线”对话框，选择图 10-84 所示的线框，单击“确定”按钮，然后单击“完成”按钮，退出草图绘制界面并返回建模环境。

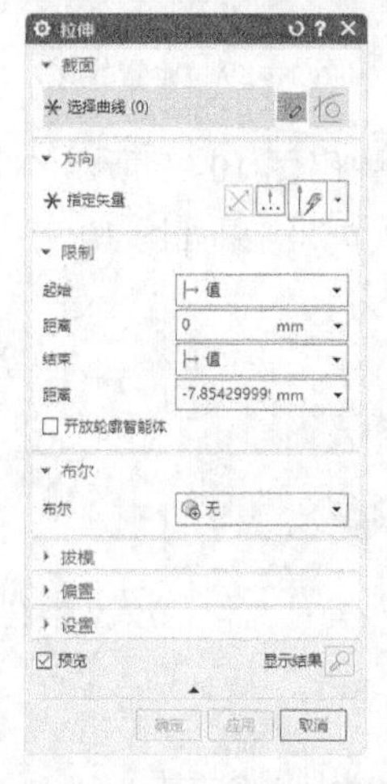

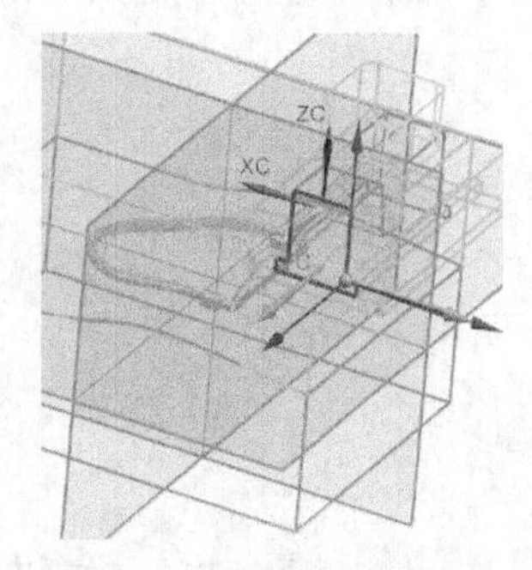

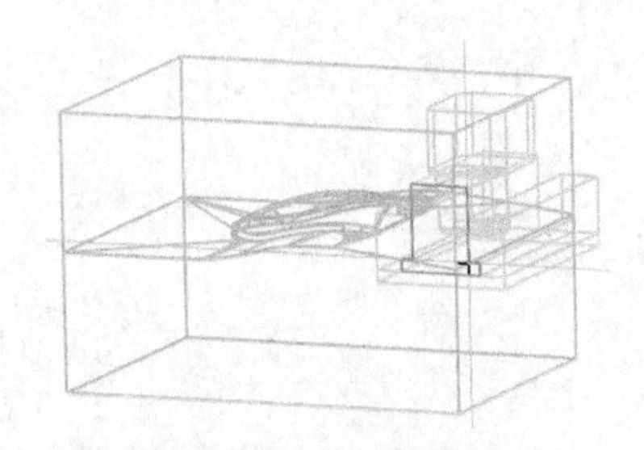

图 10-82 “拉伸”对话框　图 10-83 选择草图绘制平面　　　图 10-84 选择投影曲线

（14）在“拉伸”对话框中，在“起始”下拉列表框中选择“值”，输入“距离”的值为 0，在“结束”下拉列表框中选择“直至延伸部分”，如图 10-85 所示。在绘图区中拾取 10-86 所示延伸面，单击“确定”按钮，完成过渡实体的创建。

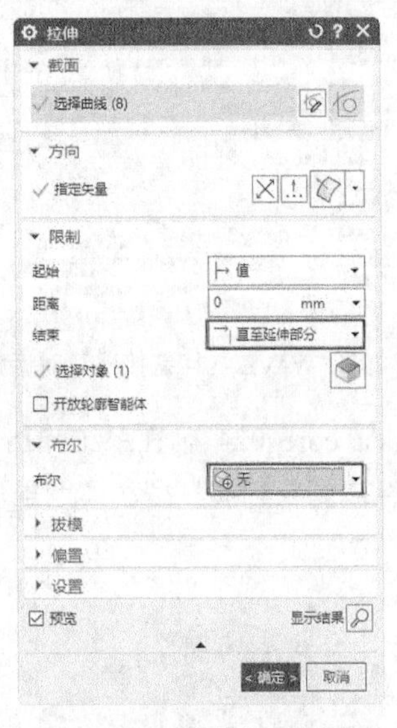

图 10-85 “拉伸”对话框

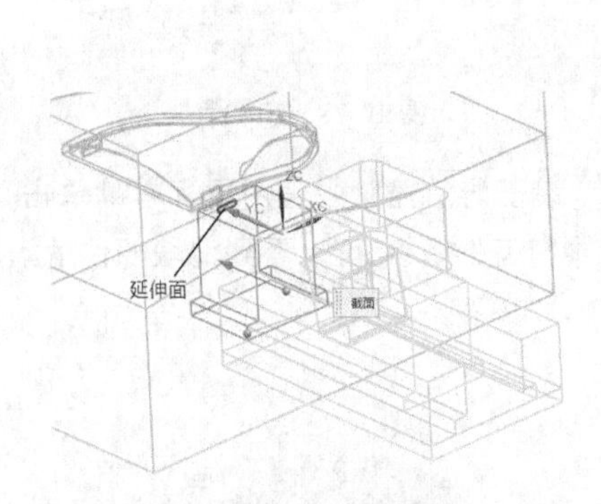

图 10-86 选择延伸面

（15）单击“主页”选项卡“基本”面板上“更多”库下的“偏置”按钮，系统弹出图 10-87 所示的“偏置区域”对话框，选取图 10-88 所示的面，在对话框中输入“距离”的值为–19。单击“确定”按钮，完成偏置设置，结果如图 10-89 所示。

图 10-87 “偏置区域”对话框

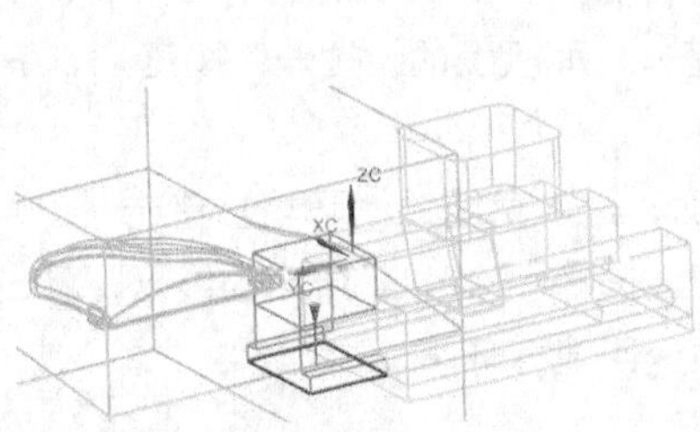

图 10-88 选取面

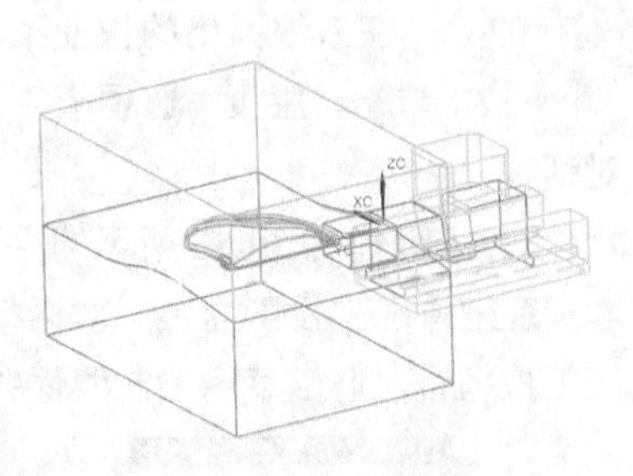

图 10-89 偏置结果

（16）单击“主页”选项卡“基本”面板上的“合并”按钮，系统弹出图 10-90 所示的“合并”对话框。选择滑块和前面的拉伸实体，单击“确定”按钮，完成合并操作。结果如图 10-91 所示。

图 10-90 “合并”对话框

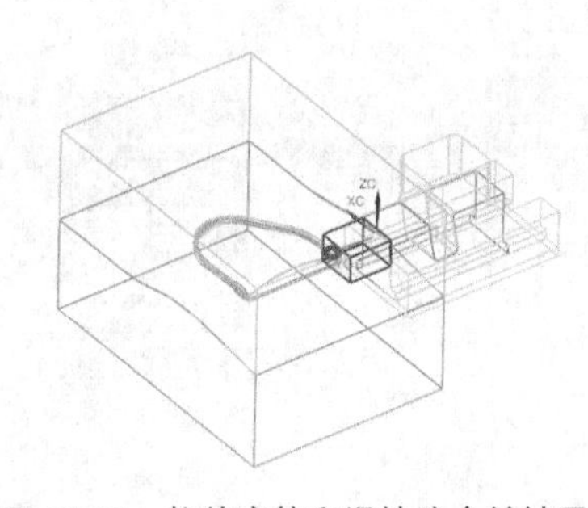

图 10-91 拉伸实体和滑块头合并结果

（17）单击“主页”选项卡“基本”面板上的“减去”按钮，系统弹出图 10-92 所示的“减去”对话框，选择“保存工具”复选框。

（18）选择型腔和型芯作为目标体，合并后的拉伸实体作为工具体，单击“确定”按钮，得到“减去”结果如图 10-93 所示。

（19）同理，添加另一侧的滑块，结果如图 10-94 所示。

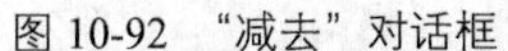
图 10-92 “减去”对话框

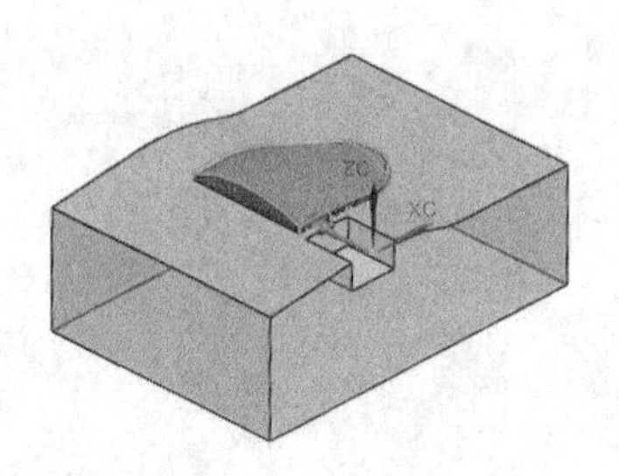

图 10-93 “减去”结果

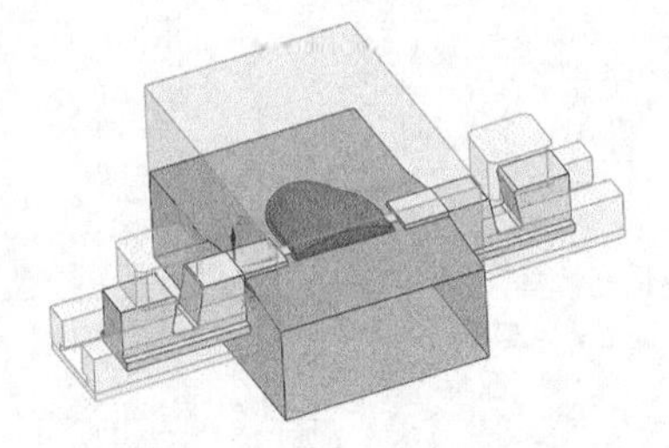
图 10-94 添加另一侧滑块

3. 鼠标下盖添加斜顶杆

（1）切换到“mdp_mcu_top_000.prt”窗口。在“装配导航器”中使用鼠标右键单击“mdp_mcu_prod_025”，在系统弹出的快捷菜单中选择“在窗口中打开”命令，显示的鼠标下盖如图 10-95 所示。

（2）选择“菜单”→“格式”→“WCS”→“原点”命令，系统弹出“点”对话框，选择图 10-96 所示的边缘线中点，单击“确定”按钮，结果如图 10-97 所示。

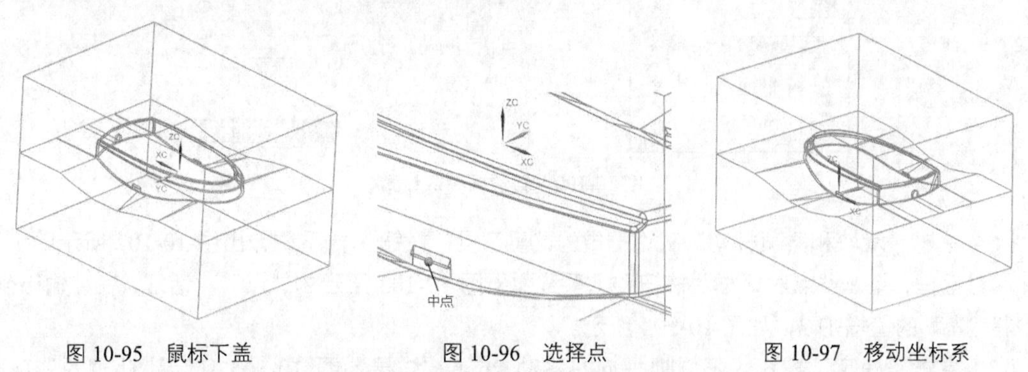

图 10-95 鼠标下盖　　图 10-96 选择点　　图 10-97 移动坐标系

（3）选择“格式”→“WCS”→“旋转”命令，系统弹出图 10-98 所示的“旋转 WCS 绕...”对话框，选择“+ZC 轴: XC→YC”，在“角度”文本框中输入 180，单击“确定”按钮，结果如图 10-99 所示。

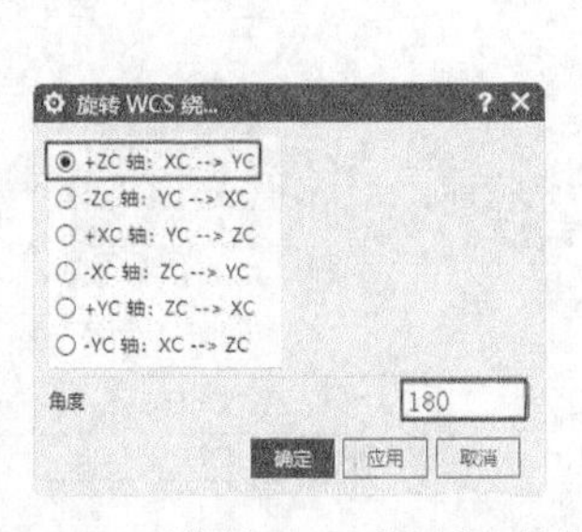

图 10-98 “旋转 WCS 绕...”对话框

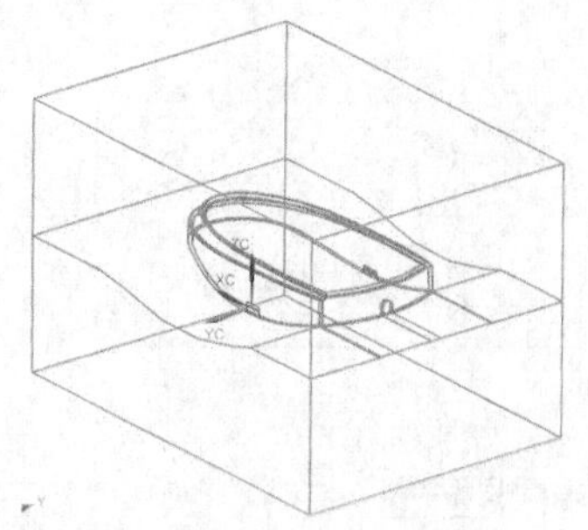

图 10-99 旋转坐标系

（4）单击“注塑模向导”选项卡“主要”面板上的“滑块和斜顶杆库”按钮，系统弹出“重用库”对话框和“滑块和斜顶杆设计”对话框，在“重用库”对话框的“名称”列表中选择“SLIDE_LIFT”→“Lifter”，在“成员选择”列表中选择“Dowel Lifter”，在“滑块和斜顶杆”对话框的“详细信息”列表中设置“riser_top”的值为13，如图10-100所示。

（5）单击“应用”按钮，添加的斜顶杆如图10-101所示。

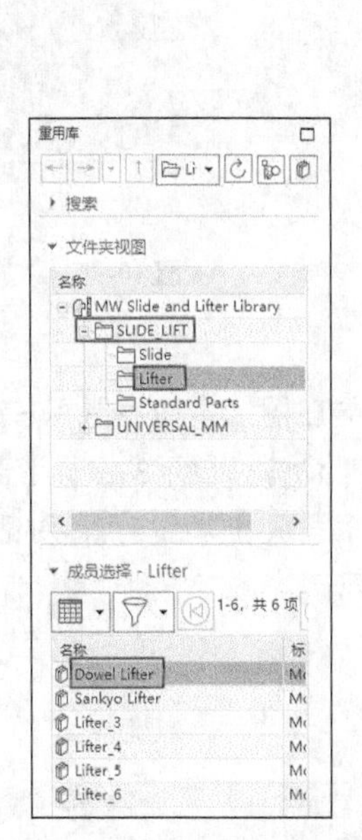

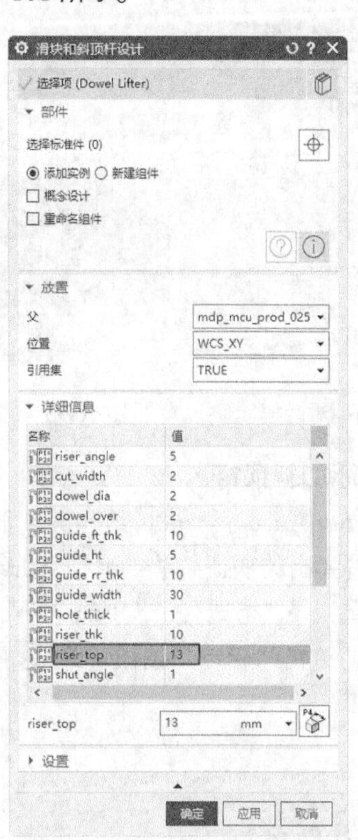

图10-100　斜顶杆参数设置

（6）单击“滑块和斜顶杆库”对话框中的“重定位”按钮，系统弹出图10-102所示的“移动组件”对话框，单击“点对话框”按钮，系统弹出图10-103所示的“点”对话框，在“输出坐标”栏中将“Y”的值增加2，如图10-104所示。

（7）单击“确定”按钮，将斜顶杆向右移动2mm，结果如图10-105所示。此时的斜顶杆如图10-106所示。

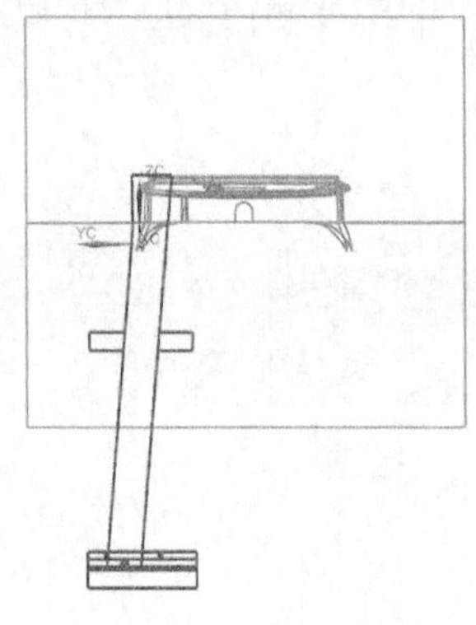

图10-101　添加斜顶杆

图10-102　“移动组件”对话框

图 10-103 “点”对话框

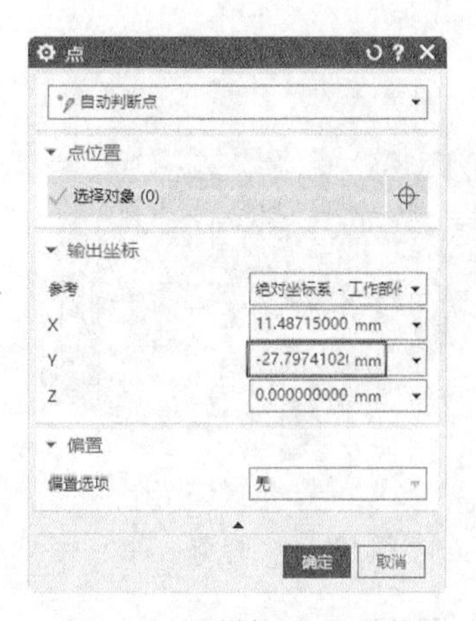

图 10-104 增加“Y”的值

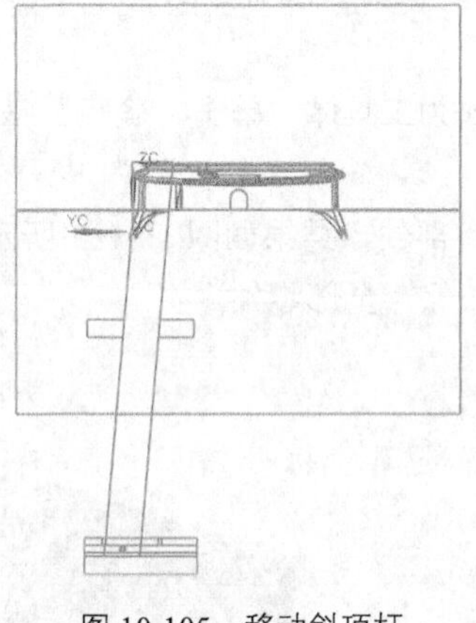

图 10-105 移动斜顶杆

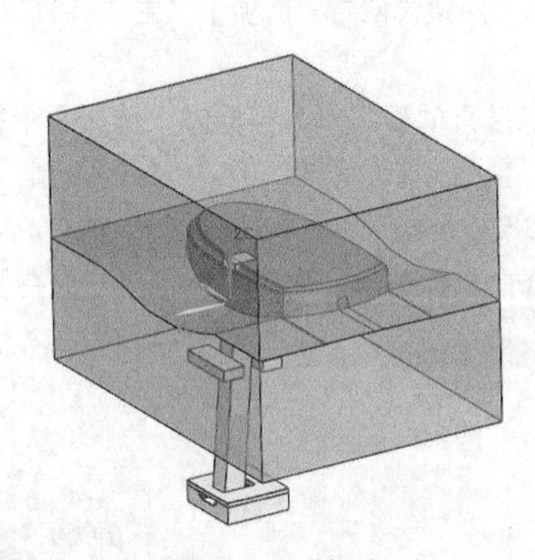

图 10-106 斜顶杆

（8）单击“注塑模向导”选项卡“注塑模工具”面板上的“修边模具组件”按钮，系统弹出图 10-107 所示的“修边模具组件”对话框，“类型”选择“修剪”，“修边曲面”选择“CORE_TRIM_SHEET”。

（9）选择斜顶杆作为目标体，如图 10-108 所示。单击“反向”按钮，调整箭头方向向下，单击“确定”按钮，修剪结果如图 10-109 所示。

（10）用同样的方法添加另一个斜顶杆，结果如图 10-110 所示。

图 10-107 “修边模具组件”对话框

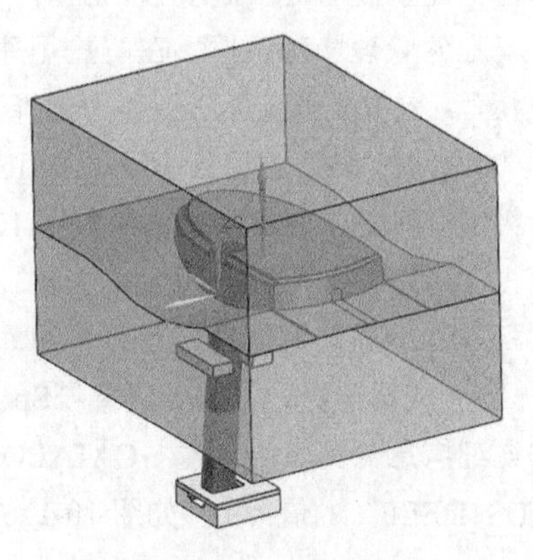

图 10-108 选择目标体

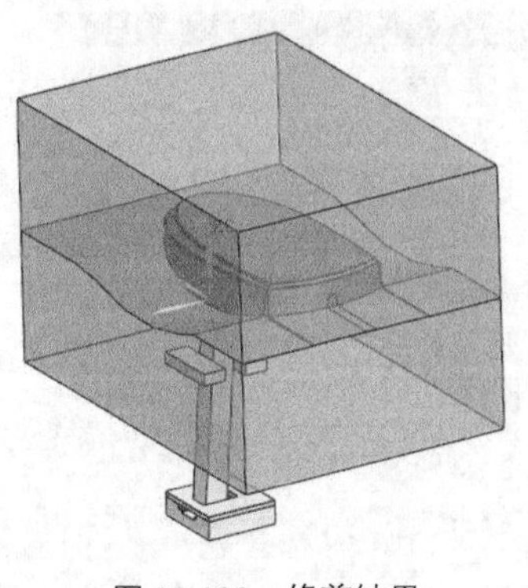

图 10-109　修剪结果

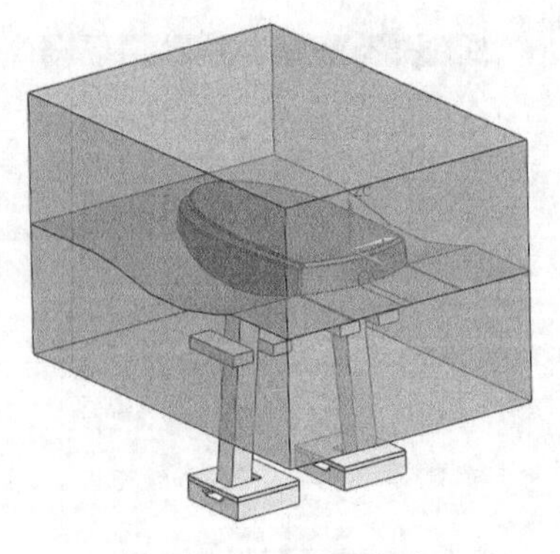

图 10-110　添加斜顶杆

4. 创建腔体

（1）单击“注塑模向导”选项卡“主要”面板上的“腔”按钮，系统弹出图 10-111 所示的“开腔”对话框。

（2）选择模具的型芯作为目标体，选择两个斜顶杆作为工具体，单击“确定”按钮，完成建立腔体的工作。独立显示的型芯如图 10-112 所示。

（3）切换到“mdp_mcu_top_000.prt”窗口。显示所有部件，结果如图 10-113 所示。

（4）选择“文件”→“保存”→“全部保存”命令，保存全部零件。

图 10-111　“开腔”对话框

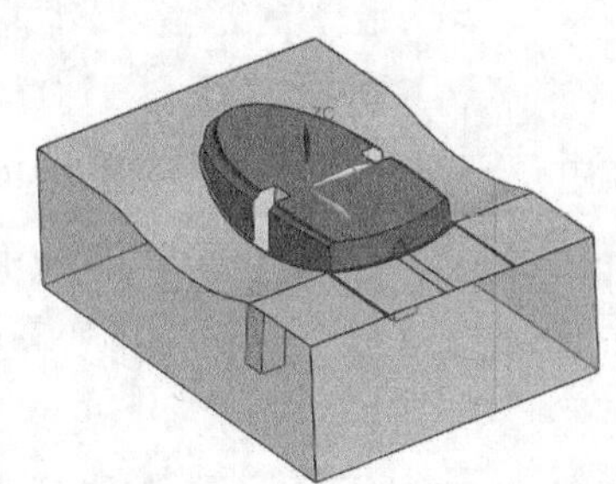

图 10-112　型芯

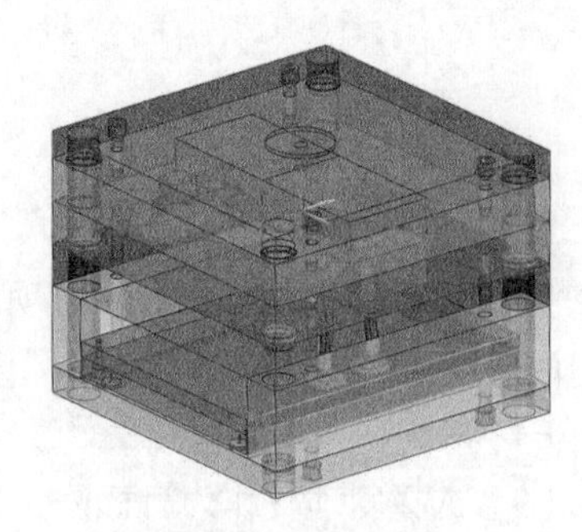

图 10-113　鼠标模具

5. 添加标准件

（1）单击“注塑模向导”选项卡“主要”面板上的“标准件库”按钮，系统弹出“重用库”对话框和“标准件管理”对话框，在“重用库”对话框的“名称”列表中选择“HASCO_MM”→“Locating Ring”，在“成员选择”列表中选择“K100C”，在“标准件管理”对话框的“详细信息”列表中设置“DIAMETER”的值为 100，“THICKNESS”的值为 13，如图 10-114 所示，然后单击“确定”按钮，将定位环加入模具中，结果如图 10-115 所示。

（2）单击“注塑模向导”选项卡“主要”面板上的“标准件库”按钮，系统弹出“重用库”对话框和“标准件管理”对话框，在“重用库”对话框的“名称”列表中选择“HASCO_MM”→“Injection”，在“成员选择”列表中选择“Sprue Bushing[Z50, Z51, Z511, Z53]”，在“标准件管理”对话框的“详细信息”列表中设置“CATALOG_DIA”的值为 18，“CATALOG_LENGTH”的值为 66，“RADIUS_DEEP”的值为 0，如图 10-116 所示。单击“确定”按钮，加入主流道，如图 10-117 所示。

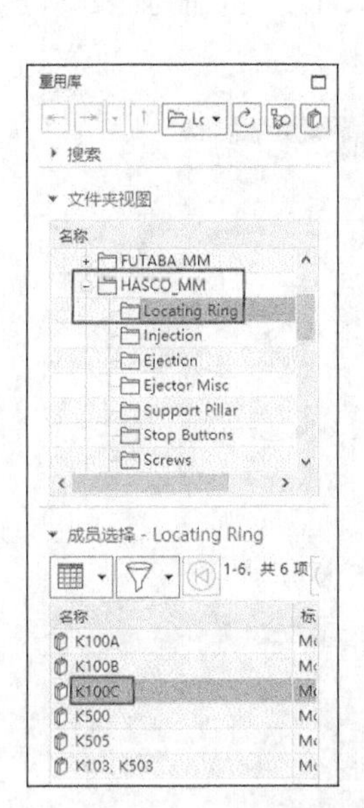

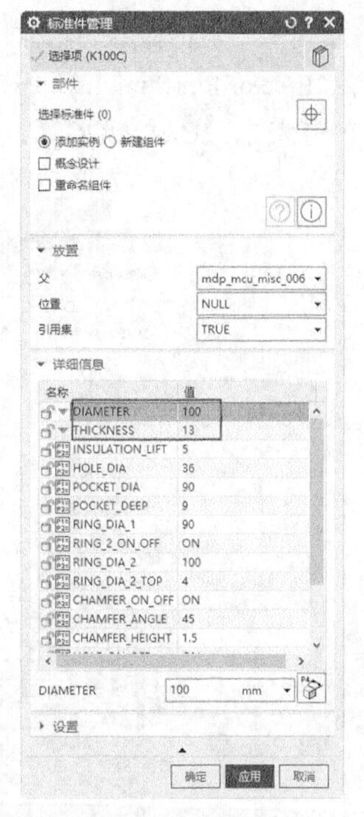

图 10-114　定位环参数设置

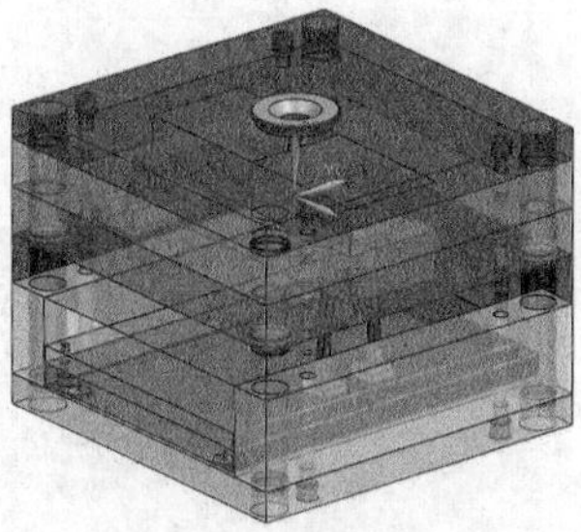

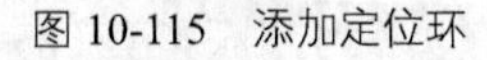

图 10-115　添加定位环

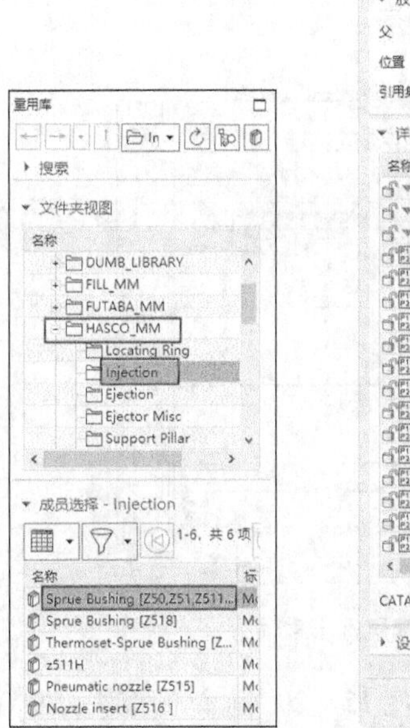

图 10-116　主流道参数设置

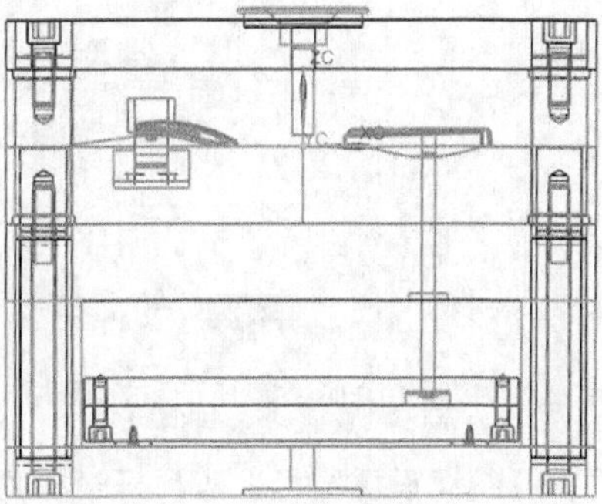

图 10-117　添加主流道

（3）单击“注塑模向导”选项卡“主要”面板上的“标准件库”按钮，系统弹出“重用库”

对话框和“标准件管理”对话框，在“重用库”对话框的“名称”列表中选择“HASCO_MM”→“Ejection”，在“成员选择”列表中选择“Ejector Pin(Straight)”，在“标准件管理”对话框的“详细信息”列表中设置“CATALOG_DIA”的值为 2，“CATALOG_LENGTH”的值为 200，如图 10-118 所示。

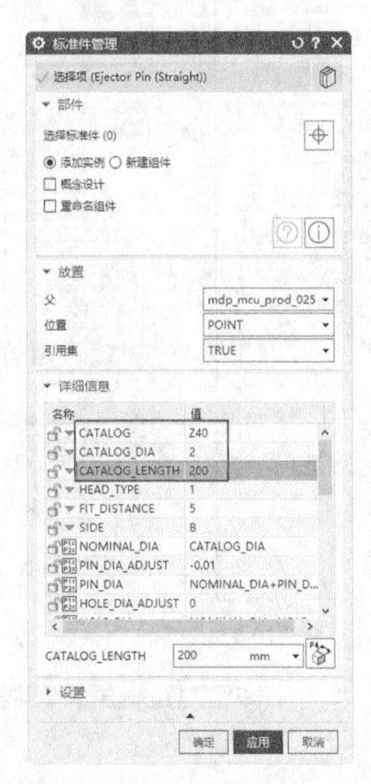

图 10-118　顶杆参数设置

（4）单击“应用”按钮，系统弹出“点”对话框，在“坐标”栏中设置第一个点的坐标为（60, –25, 0），如图 10-119 所示。继续设置其他点的坐标分别为（60, 25, 0）、（136, 26, 0）和（136, –26, 0），单击“取消”按钮退出对话框，放置下盖顶杆的效果如图 10-120 所示。

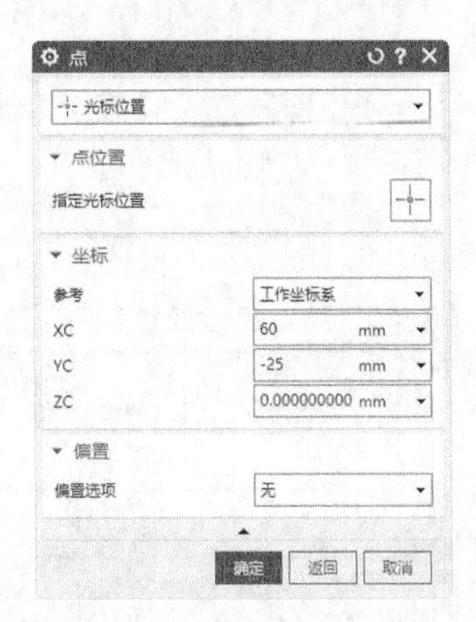

图 10-119　第一个点的坐标

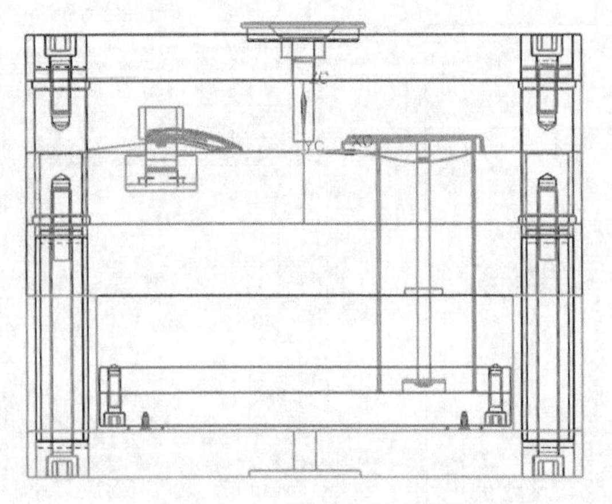

图 10-120　放置鼠标下盖顶杆

（5）继续设置鼠标上盖顶杆坐标为（–65, 20, 0）、（–65, –20, 0）、（–124, 29, 0）和（–124, –29, 0），结果如图 10-121 所示。

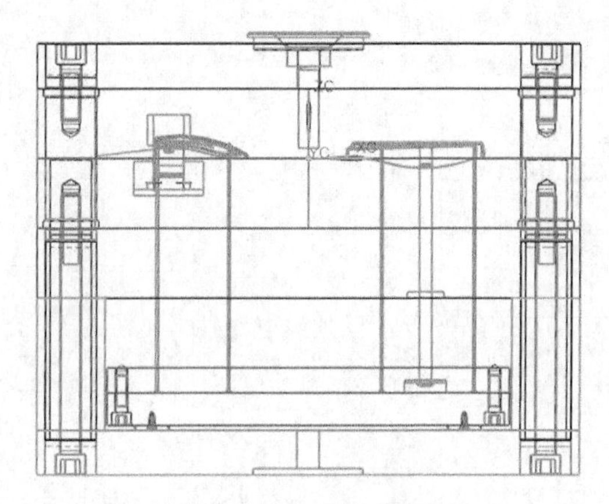

图 10-121　鼠标上盖顶杆

（6）顶杆后处理。单击“注塑模向导”选项卡“主要”面板上的“顶杆后处理”按钮，系统弹出图 10-122 所示的“顶杆后处理”对话框，“类型”选择“修剪”，然后选择顶杆，“修边曲面”选择“CORE_TRIM_SHEET”，单击“应用”按钮，修剪效果如图 10-123 所示。

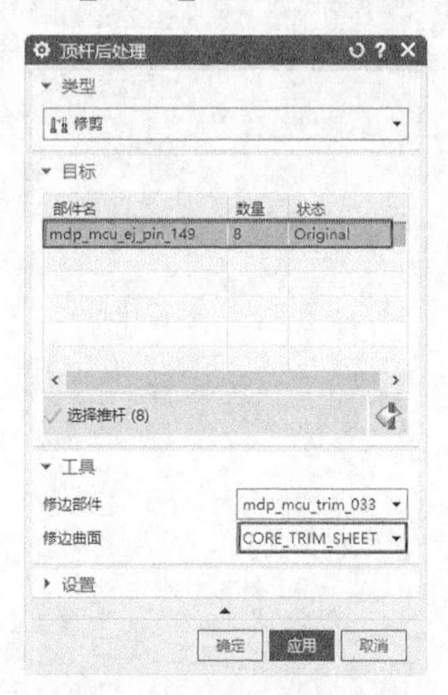

图 10-122　“顶杆后处理”对话框

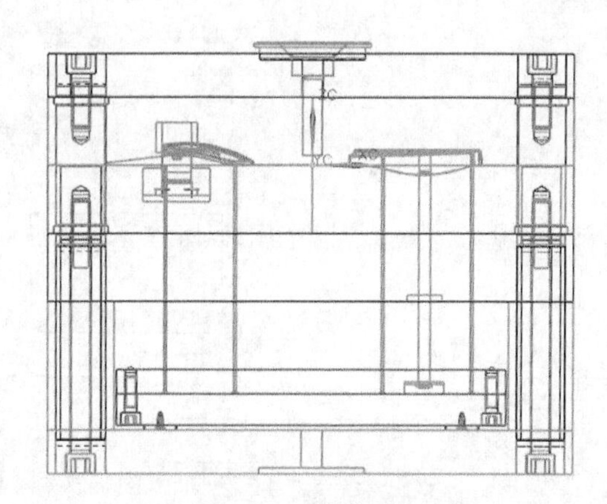

图 10-123　修剪顶杆

6．添加浇口

（1）单击“注塑模向导”选项卡“主要”面板上的“设计填充”按钮，系统弹出“重用库”对话框和“设计填充”对话框。

（2）在“重用库”对话框的“成员选择”列表中选择“Gate[Subarine]”，在“设计填充”对话框的“详细信息”列表中设置“D”的值为 8，“Position”为 Runner，“L”的值为 25，“D1”的值为 1.2，“A1”为 45，“L1”为 10 其他采用默认设置，如图 10-124 所示。

（3）在“设计填充”对话框的“放置”栏中单击“选择对象”按钮，捕捉图 10-125 所示的主流道端面圆心为放置浇口位置。

（4）选取视图中的动态坐标系上的 *ZC* 轴，输入“距离”的值为 4，如图 10-126 所示。

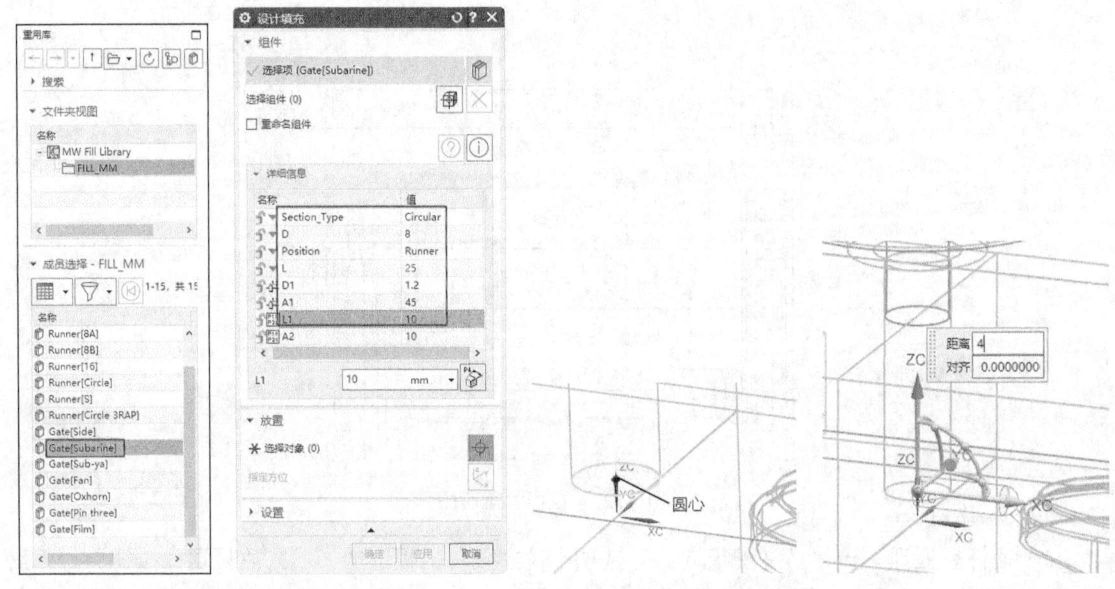

图 10-124　浇口参数设置　　　　图 10-125　捕捉主流道端面圆心　　　图 10-126　移动浇口

（5）单击“确定”按钮，完成一个浇口的创建，如图 10-127 所示。

（6）同理，创建另一侧的浇口，参数如图 10-128 所示。结果如图 10-129 所示。

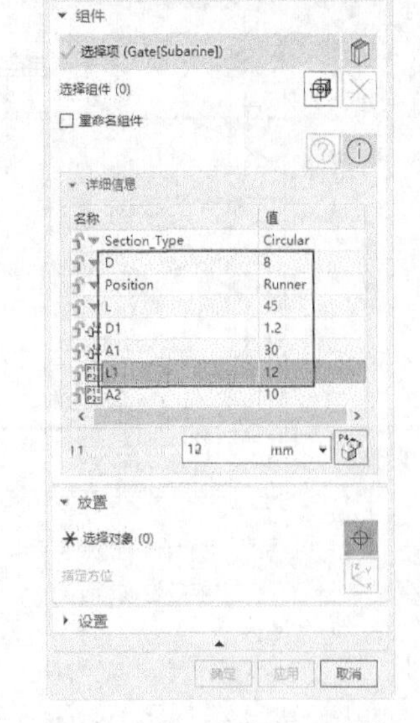

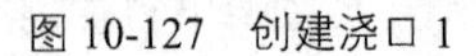

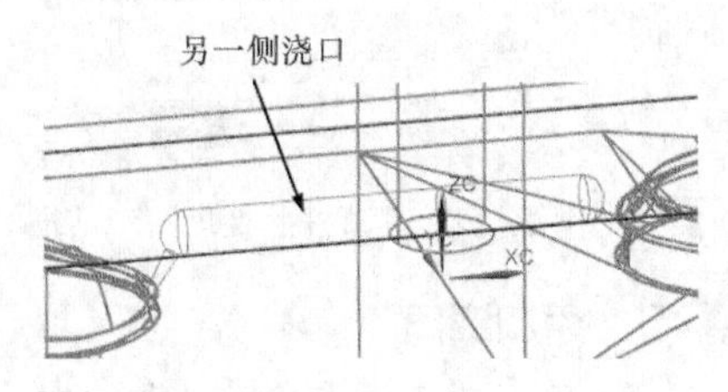

图 10-127　创建浇口 1　　　　图 10-128　另一侧浇口参数　　　　图 10-129　浇口

7. 创建腔体

（1）单击“注塑模向导”选项卡“主要”面板上的“腔”按钮，系统弹出图 10-130 所示的“开腔”对话框。

（2）选择模具、型芯和型腔作为目标体，选择顶杆、浇注系统零件和滑块作为工具体，单击“确定”按钮，完成建立腔体的工作，如图 10-131 所示。

（3）选择“文件”→“保存”→“全部保存”命令，保存全部零件。

图 10-130 “开腔”对话框

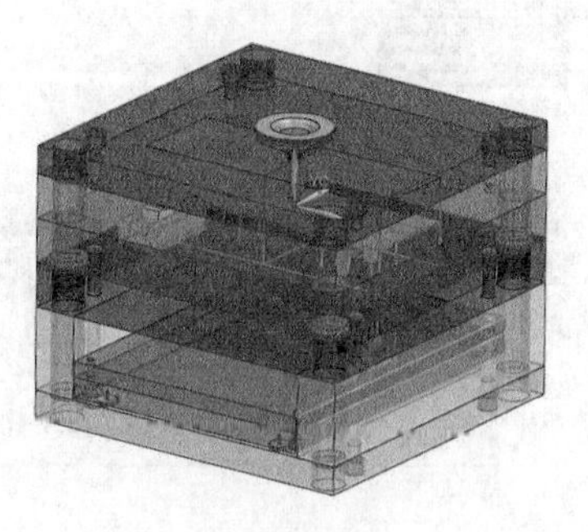

图 10-131 开腔

10.2 扩展实例——上、下圆盘模具设计

通过对上圆盘和下圆盘进行模具设计，掌握一模两件的模具设计方法，这种方式可以较好地满足两个有配合要求零件的尺寸精度要求。这两个零件本身结构不算复杂，使用一般的设计方法就可以顺利分模。上、下圆盘的模具如图 10-132 所示。

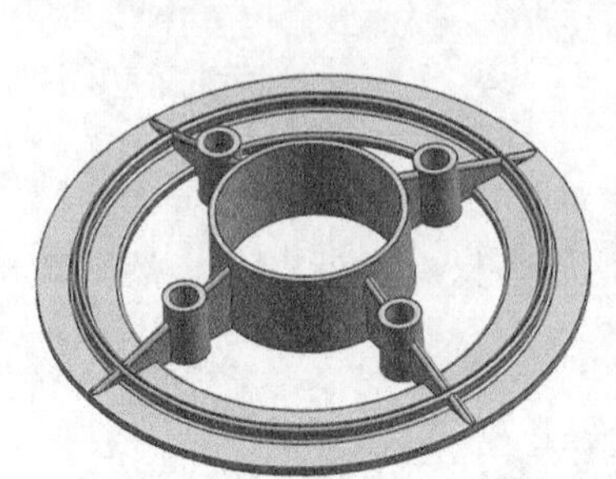

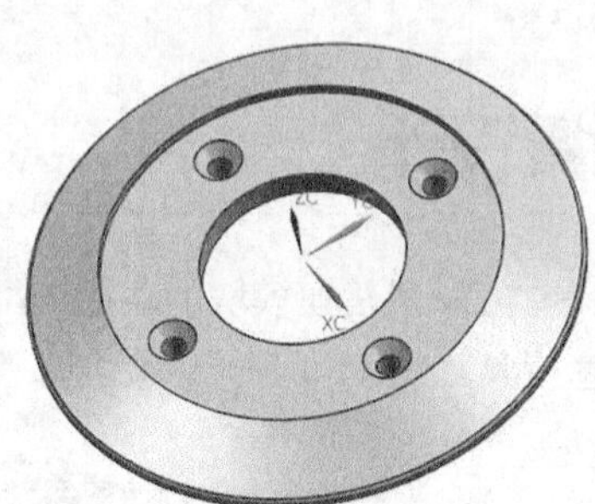

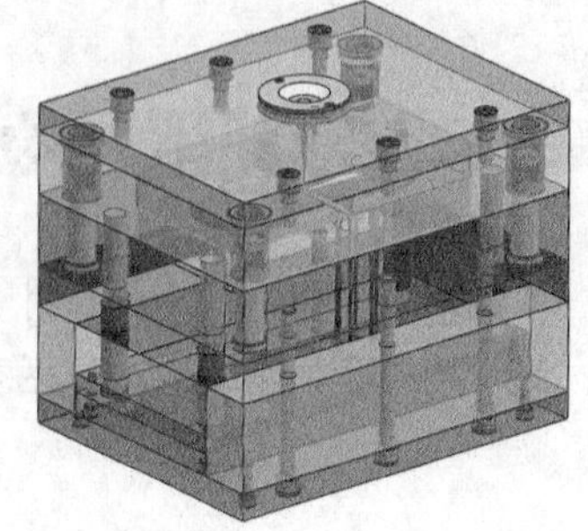

图 10-132 上、下圆盘模具

第 11 章 典型动定模模具设计

在对比较复杂的模具进行设计时，经常利用侧抽芯来完成零件的成型。零件在多方向的抽芯，要求模具既要保证抽芯顺利又要有足够的强度，还要保证结构简单、零件运行不发生干涉，此时，动定模的设计则尤显重要。本章将结合具体的实例对这一问题进行分析。

重点与难点

- 发动机活塞模具设计

11.1 发动机活塞模具设计

本例为发动机活塞模具设计，首先采用建模模块的功能分型出型芯、型腔和滑块，然后调入模架，设计出整套模具，发动机活塞模具如图 11-1 所示。

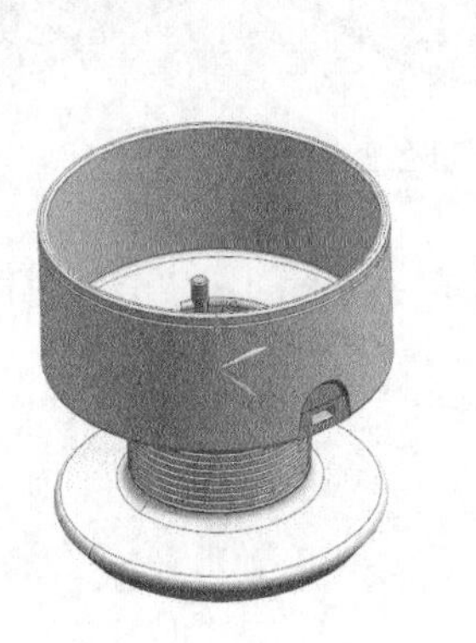
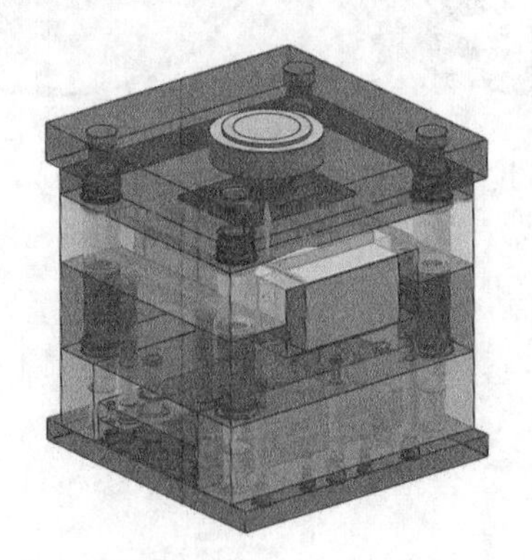

图 11-1 发动机活塞模具

11.1.1 参考模型设置

在创建动定模镶块之前，先进行参考模型设置。

（1）单击“快速访问”工具栏中的“打开”按钮，系统弹出图 11-2 所示的“打开”对话框。选择发动机活塞的产品文件“yuanwenjian\11\fdjhs.prt”，单击“确定”按钮，载入模型。打开产品模型的结果如图 11-3 所示。

（2）选择“菜单”→“插入”→“偏置/缩放”→“缩放体”命令，系统弹出图 11-4 所示的“缩放体”对话框。选择模型，在“比例因子”栏的“均匀”文本框中输入 1.006，单击“确定”按钮，完成对模型的缩放。

（3）选择“菜单”→“编辑”→“移动对象”命令，系统弹出图 11-5 所示的“移动对象”对话框，在“变换”栏的“运动”下拉列表框中选择“角度”运动。“指定矢量”选择 *XC* 轴正方向，在“角度”文本框中输入 180，“指定轴点”为坐标原点，选择“移动原先的”选项，单击“确定”按钮，结果如图 11-6 所示。

（4）选择“菜单”→“编辑”→“移动对象”命令，系统弹出图 11-7 所示的“移动对象”对话框。选择模型为要移动的对象，在“变换”栏的“运动”下拉列表框中选择“点到点”，“指定出发点”为坐标原点，“指定目标点”为（0, 42, 0）为终止点，选择“移动原先的”选项，单击“确定”按钮，结果如图 11-8 所示。

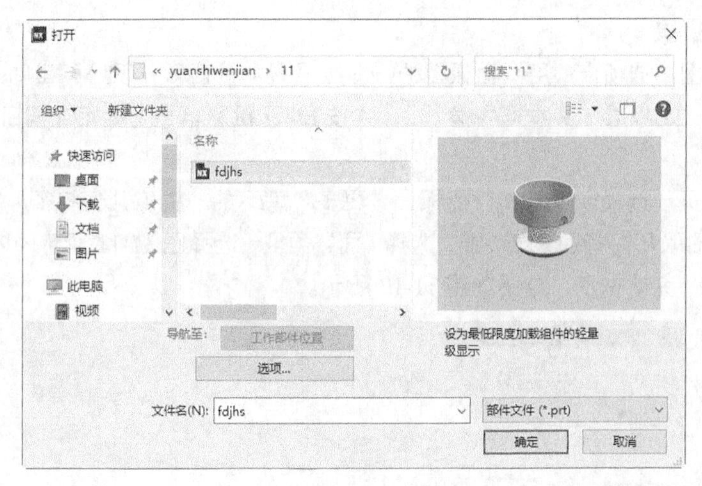

图 11-2 “打开”对话框

图 11-3 发动机活塞模型　　图 11-4 “缩放体”对话框

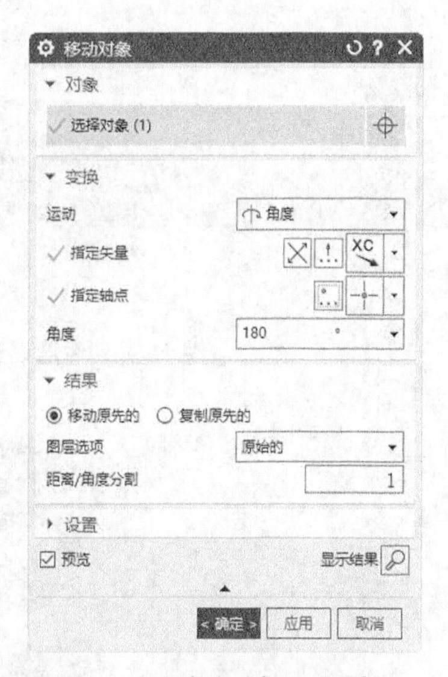

图 11-5 “移动对象”对话框

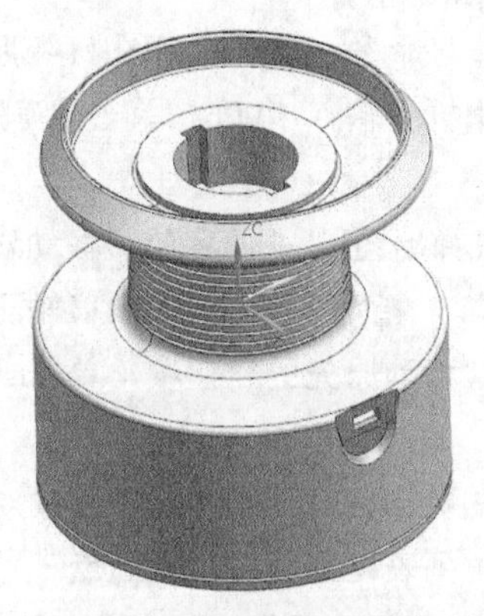

图 11-6　旋转模型

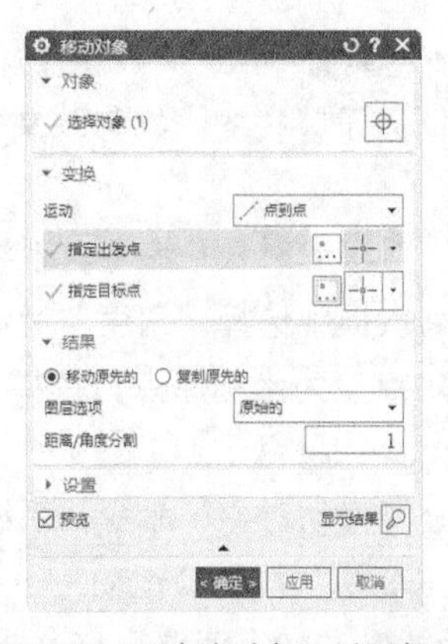

图 11-7　“移动对象”对话框

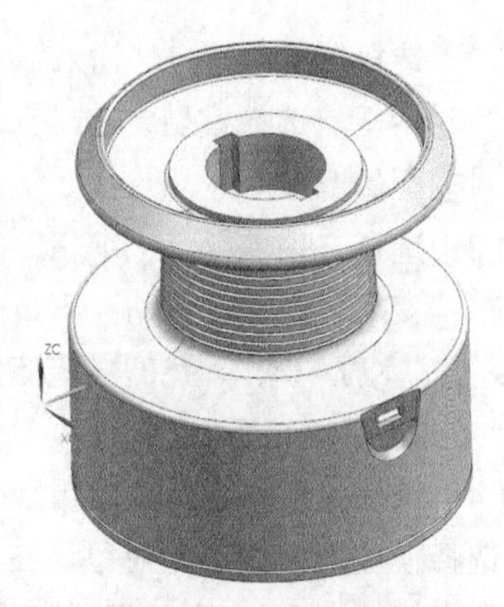

图 11-8　移动模型

11.1.2　创建动定模镶块

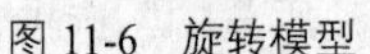

1. 创建定模镶块

（1）单击“视图”选项卡“层”面板上的“图层设置”按钮，系统弹出图 11-9 所示的“图层设置”对话框，在“工作层”文本框中输入 2，并按 Enter 键。单击“确定”按钮，将图层 2 设置为当前工作图层。

（2）单击“主页”选项卡“基本”面板上“更多”库下的“抽取几何特征”按钮，系统弹出图 11-10 所示的“抽取几何特征”对话框，选择“面”类型，选择图 11-11 所示的内孔面作为抽取面，单击“确定”按钮，完成抽取，结果如图 11-12 所示。

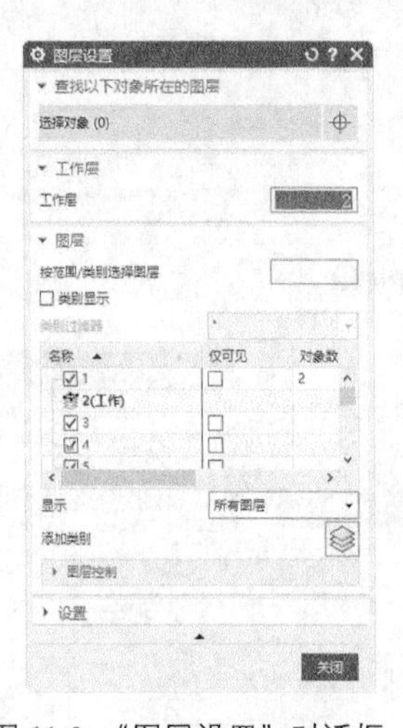

图 11-9　“图层设置”对话框

图 11-10　“抽取几何特征”对话框

图 11-11　选择模型内孔面

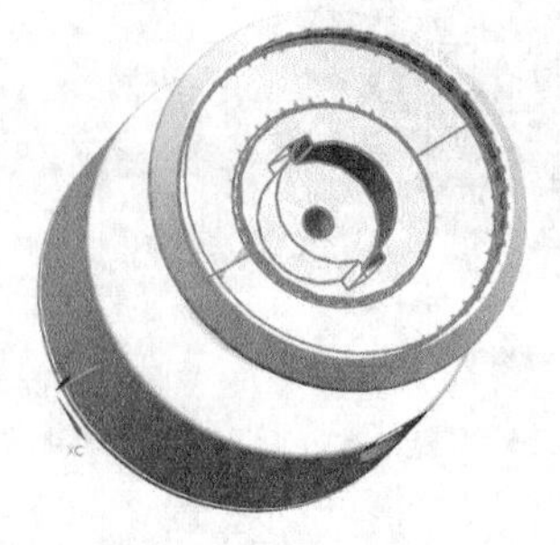

图 11-12　完成抽取

（3）单击“视图”选项卡“层”面板上的“图层设置”按钮，系统弹出图 11-13 所示的“图层设置”对话框，在“图层/状态”列表中选择图层 1，取消图层 1 的勾选，单击“关闭”按钮，隐藏图层 1，效果如图 11-14 所示。

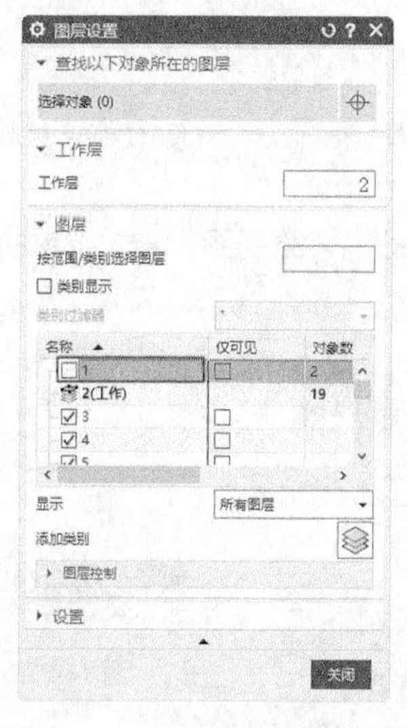

图 11-13 “图层设置”对话框

图 11-14 隐藏图层 1 效果

（4）单击“主页”选项卡“构造”面板上的“基准平面”按钮，系统弹出图 11-15 所示的“基准平面”对话框，选择“YC-ZC 平面”选项，单击“确定”按钮，完成 *YC-ZC* 平面的创建，如图 11-16 所示。

图 11-15 “基准平面”对话框

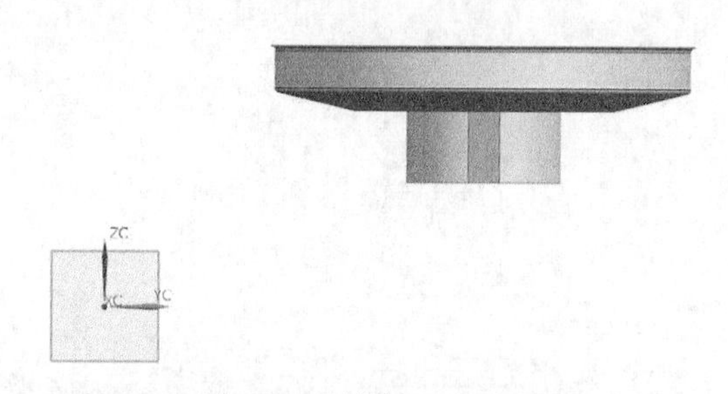

图 11-16 创建 *YC-ZC* 平面

（5）绘制草图。

① 单击“主页”选项卡“构造”面板上的“草图”按钮，系统弹出图 11-17 所示的“创建草图”对话框。选择图 11-18 所示的 *YC-ZC* 平面，单击“确定”按钮，进入草图绘制界面。

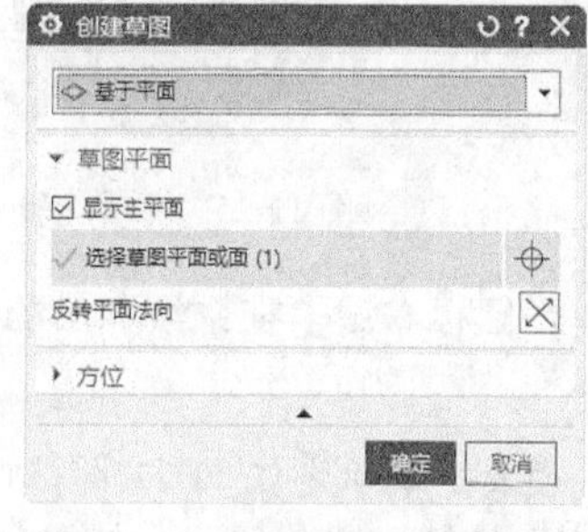

图 11-17 “创建草图”对话框

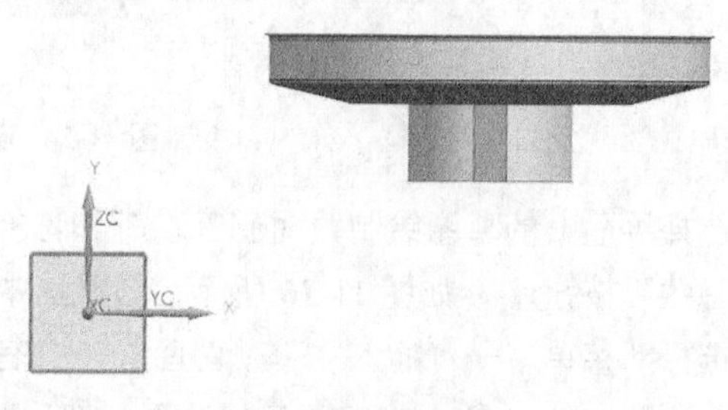

图 11-18 选择平面

② 单击“主页”选项卡“曲线”面板上的“直线”按钮╱，绘制图 11-19 所示的直线。选中直线，在系统弹出的快捷菜单中单击“转换为参考”按钮，将直线设置为参考线。

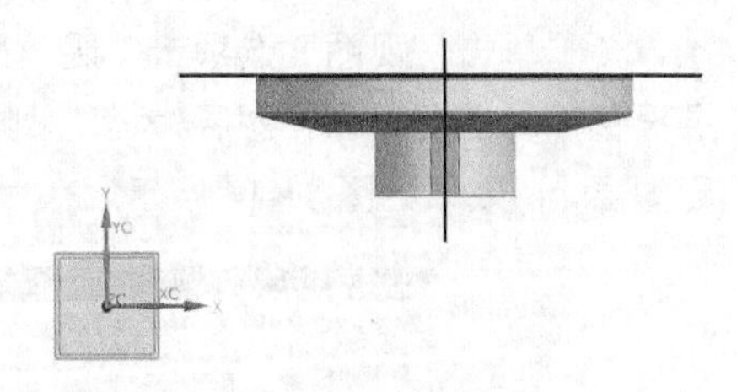

图 11-19 绘制直线

③ 单击“主页”选项卡“求解”面板上的“固定曲线”按钮，系统弹出图 11-20 所示的“固定曲线”对话框，选择绘制的两条直线。单击“确定”按钮，使直线固定，创建的约束效果如图 11-21 所示。

④ 单击“主页”选项卡“曲线”面板上的“轮廓”按钮，绘制图 11-22 所示的草图，并标注尺寸。

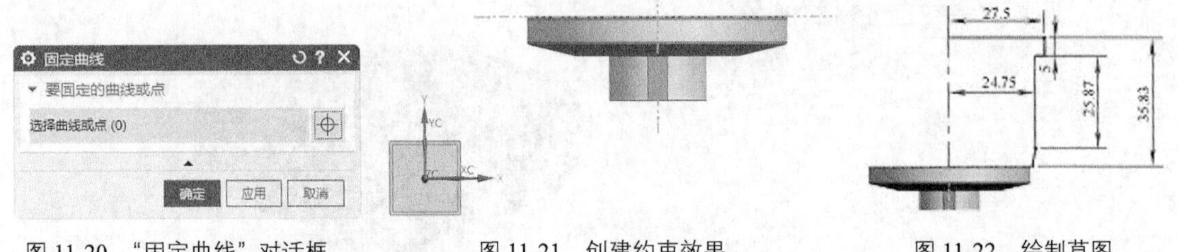

图 11-20 “固定曲线”对话框　　图 11-21 创建约束效果　　图 11-22 绘制草图

（6）单击“主页”选项卡“基本”面板上的“旋转”按钮，系统弹出图 11-23 所示的“旋转”对话框。“指定矢量”选择 *ZC* 轴正方向，选择图 11-24 所示的基点。在“限制”选项组中的“起始”和“结束”的下拉列表框中选择“值”，将“角度”值分别设置为 0 和 360，选择“体类型”为“片体”，单击“确定”按钮，完成旋转操作，结果如图 11-25 所示。

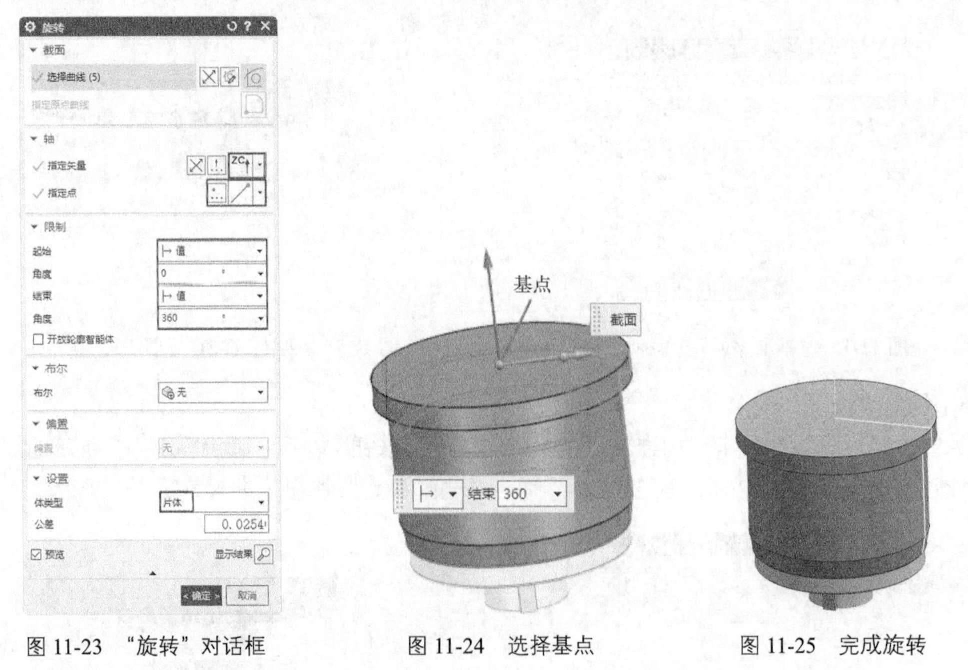

图 11-23 “旋转”对话框　　图 11-24 选择基点　　图 11-25 完成旋转

（7）选择平面上的草图绘制截面、基准轴和基准平面，单击鼠标右键，在系统弹出的快捷菜单中选择“隐藏”按钮，如图 11-26 所示，隐藏选中的图素。

（8）选择“菜单”→“插入”→“曲面”→“有界平面”命令，系统弹出图 11-27 所示的“有界平面”对话框。选择图 11-28 所示的边界，然后单击“确定”按钮，完成操作，效果如图 11-29

所示。

（9）单击“曲面”选项卡“组合”面板上的“缝合”按钮，系统弹出图 11-30 所示的“缝合”对话框。选择图 11-31 所示的目标体，然后框选图 11-32 所示的所有片体作为工具体，单击“确定”按钮，完成缝合。

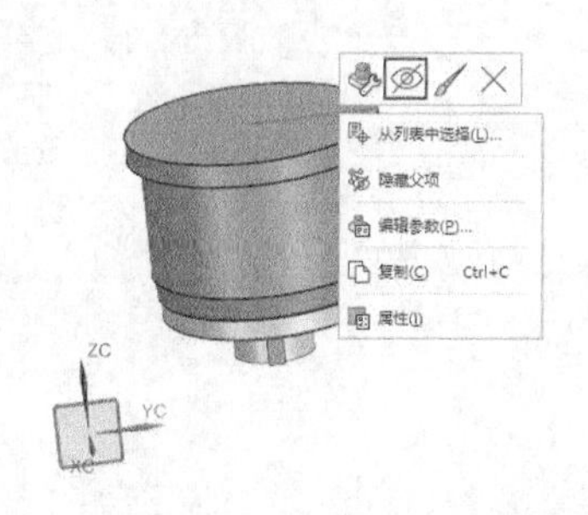

图 11-26　隐藏操作

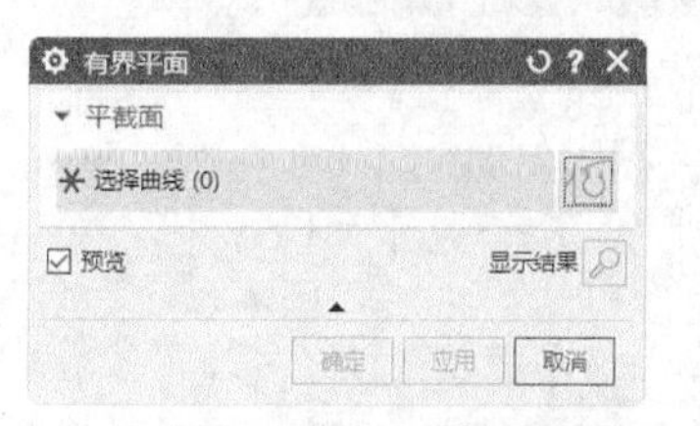

图 11-27　“有界平面”对话框

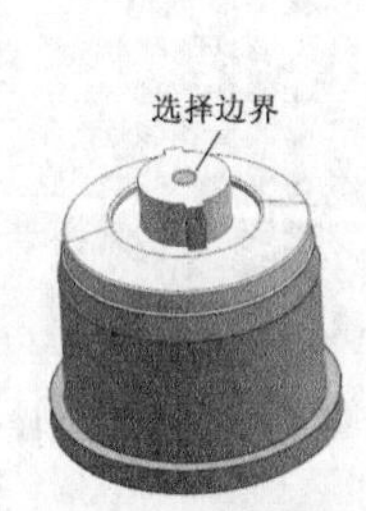

图 11-28　选择边界

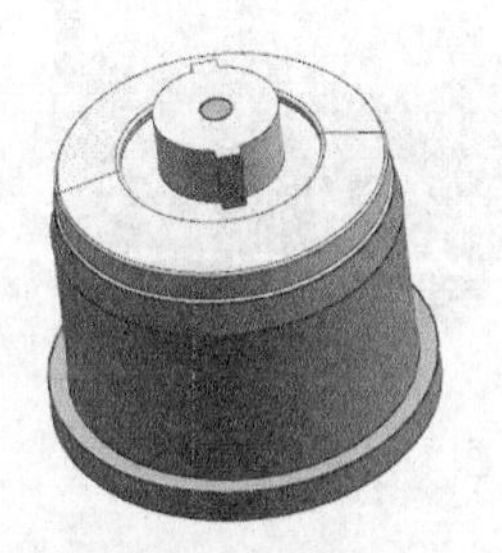

图 11-29　插入有界平面效果

图 11-30　“缝合”对话框

图 11-31　选择目标体

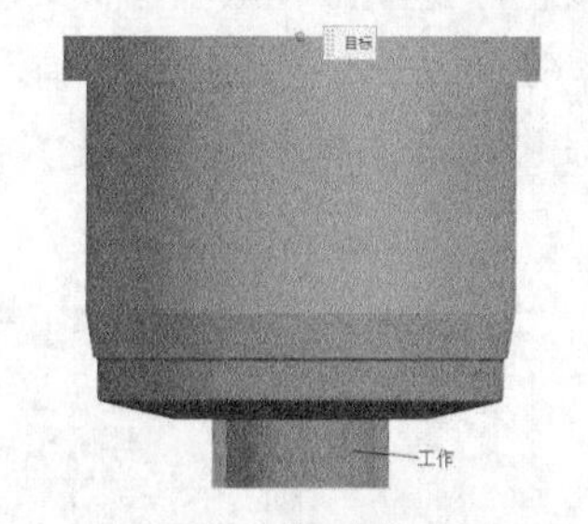

图 11-32　选择工具体

（10）单击“主页”选项卡“构造”面板上的“草图”按钮，系统弹出图 11-33 所示的“创建草图”对话框。选择图 11-34 所示的草图绘制平面，单击“确定”按钮，进入草图绘制界面，绘制图 11-35 所示的草图。

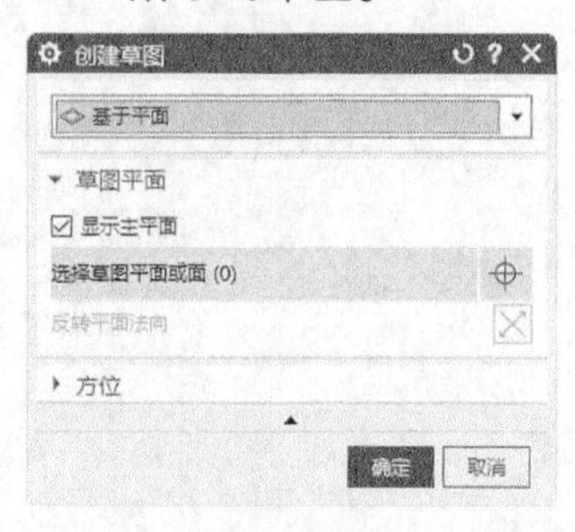

图 11-33　“创建草图”对话框

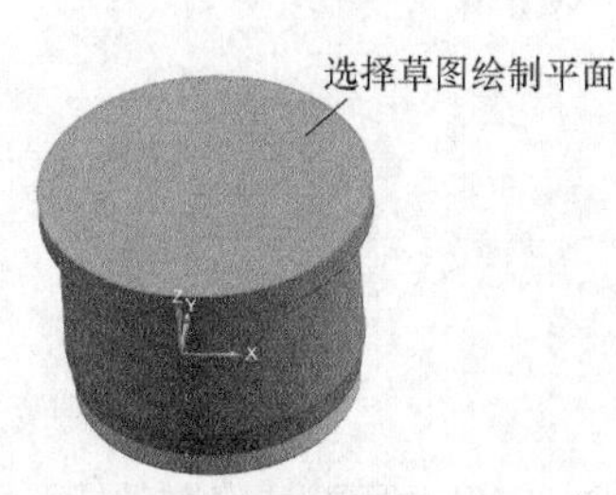

图 11-34　选择草图绘制平面

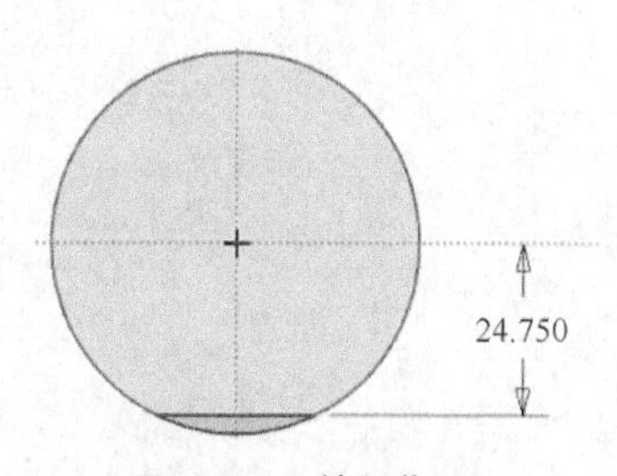

图 11-35　绘制草图

（11）单击“主页”选项卡“基本”面板上的“拉伸”按钮，系统弹出图 11-36 所示的“拉伸”对话框。“指定矢量”选择–*ZC* 轴，在“限制”选项组的“终止”下拉列表框中选择“贯通”，在“布尔”下拉列表框中选择“减去”选项，单击“确定”按钮，完成拉伸操作，结果如图 11-37 所示。

（12）在“部件导航器”中单击“草图（27）”前面的“隐藏”按钮，如图 11-38 所示，隐藏选中的图素。

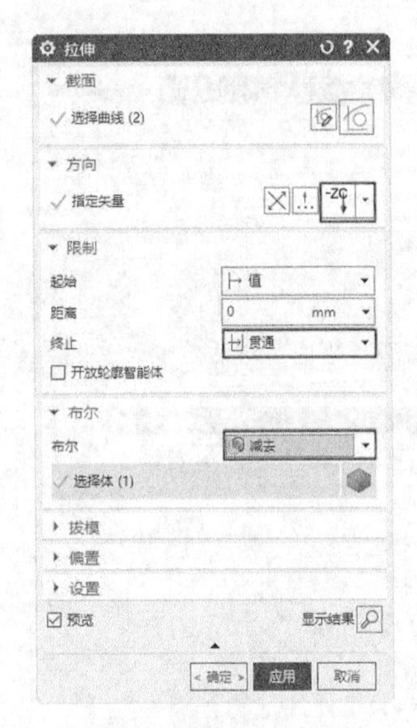

图 11-36 “拉伸”对话框

图 11-37 拉伸效果

图 11-38 隐藏操作

2. 创建动模镶块

（1）单击“视图”选项卡“层”面板上的“图层设置”按钮，系统弹出图 11-39 所示的“图层设置”对话框。在“工作层”文本框中输入 3，按 Enter 键，将图层 3 设置为当前工作图层。取消图层 2 的勾选，使图层 2 上的图形不可见，再勾选图层 1，使图层 1 上的图形可见，然后单击“确定”按钮。

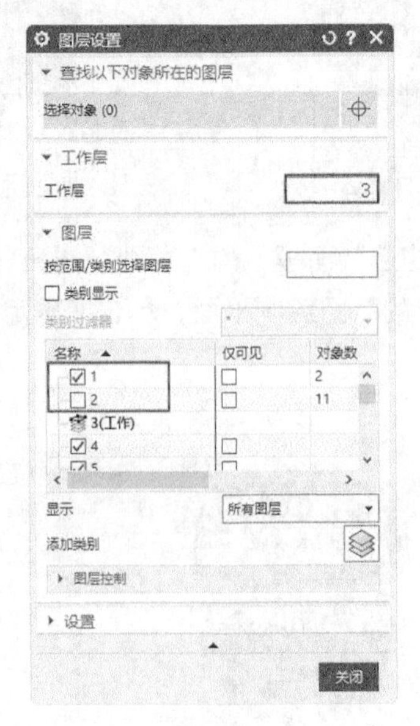

图 11-39 “图层设置”对话框

（2）单击“主页”选项卡“基本”面板上“更多”库下的“抽取几何特征”按钮，系统弹出图 11-40 所示的“抽取几何特征”对话框，选择“面”类型，选择图 11-41 所示的内孔面作为抽取面，单击“确定”按钮，完成抽取，如图 11-42 所示。

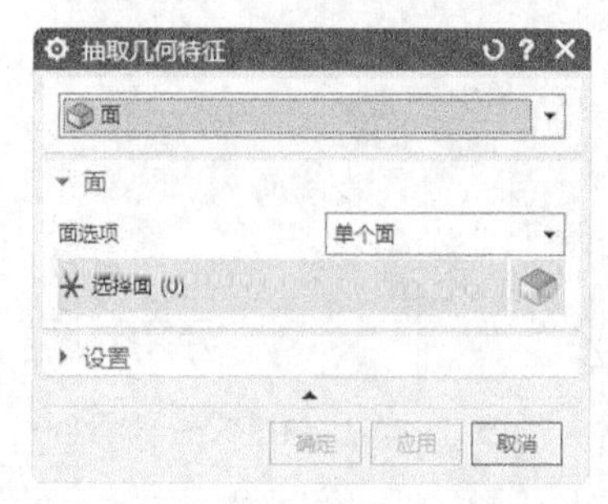

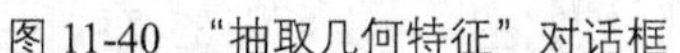

图 11-40 “抽取几何特征”对话框

图 11-41 选择模型内孔面

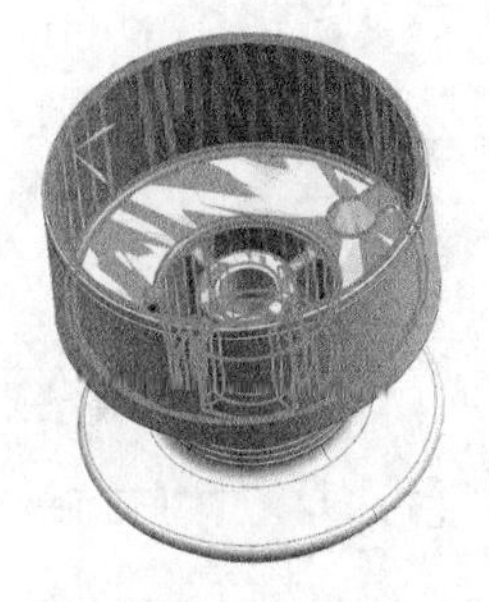

图 11-42 完成抽取

（3）在屏幕上选择参考模型，单击鼠标右键，在系统弹出的快捷菜单中选择“隐藏”按钮，如图 11-43 所示，隐藏参考模型，效果如图 11-44 所示。

图 11-43 选择参考模型

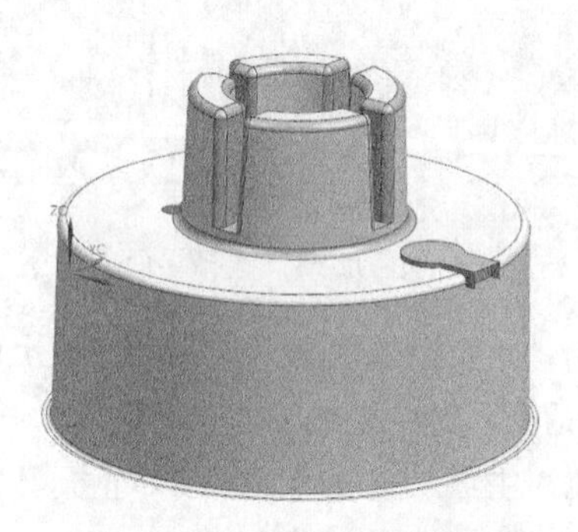

图 11-44 隐藏参考模型效果

（4）选择“菜单”→“插入”→“曲面”→“有界平面”命令，系统弹出图 11-45 所示的“有界平面”对话框。选择图 11-46 所示的边界，然后单击“确定”按钮，完成操作，效果如图 11-47 所示。单击“取消”按钮，退出“有界平面”对话框。

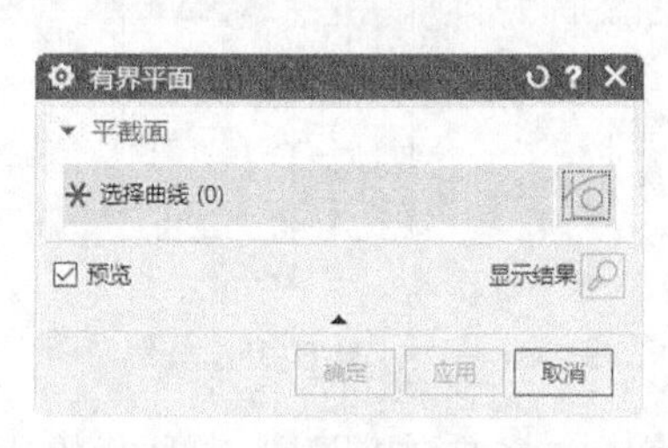

图 11-45 “有界平面”对话框

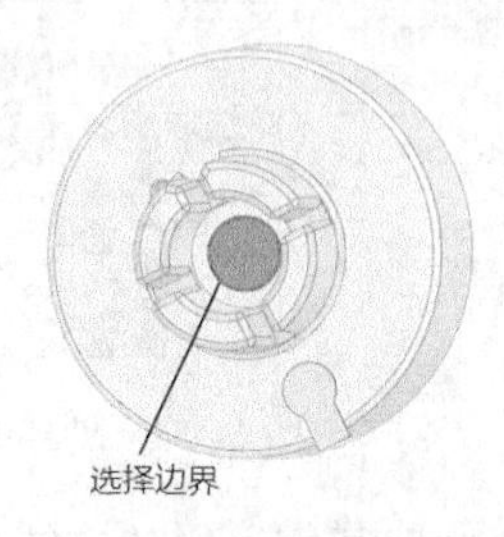

图 11-46 选择边界

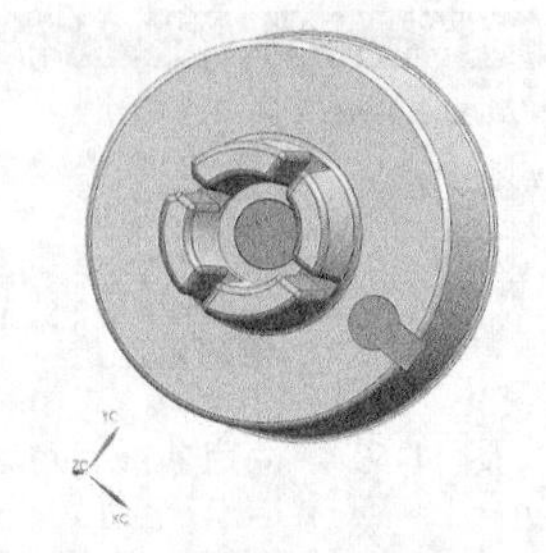

图 11-47 插入有界平面效果图

（5）单击“主页”选项卡“构造”面板上的“基准平面”按钮，系统弹出图 11-48 所示的“基准平面”对话框，选择“YC-ZC 平面”选项。单击“确定”按钮，完成 *YC-ZC* 平面的创建，如图 11-49 所示。

（6）绘制草图。

① 单击“主页”选项卡“构造”面板上的“草图”按钮，系统弹出图 11-50 所示的“创建草

图”对话框。选择图 11-51 所示的 *YC-ZC* 平面，单击“确定”按钮，进入草图绘制界面。

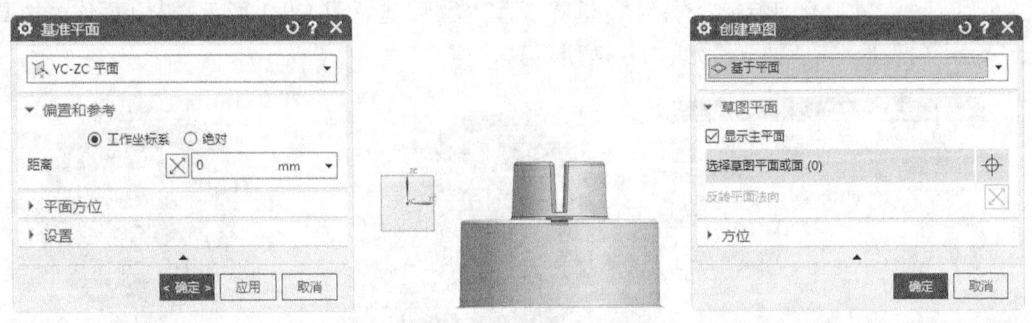

图 11-48 “基准平面”对话框　　图 11-49 创建 *YC-ZC* 平面　　图 11-50 “创建草图”对话框

② 单击“主页”选项卡“曲线”面板上的“直线”按钮，绘制图 11-52 所示的直线，并标注尺寸。选中直线，在系统弹出的快捷菜单中单击“转换为参考”按钮，将直线设置为参考线。

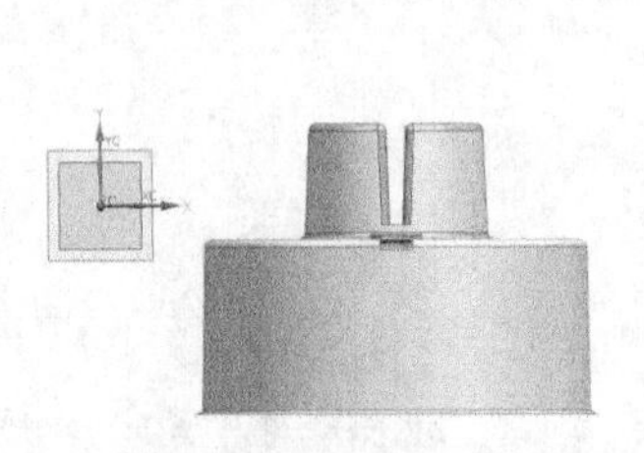

图 11-51 选择平面

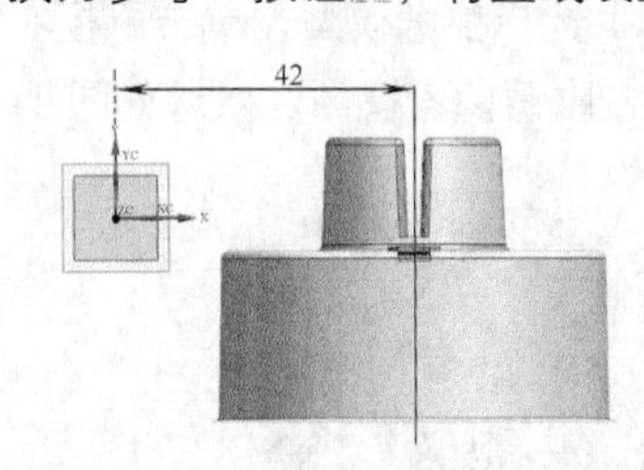

图 11-52 绘制直线

③ 单击“主页”选项卡“求解”面板上的“固定曲线”按钮，系统弹出图 11-53 所示的“固定曲线”对话框。选中直线，单击“确定”按钮，使其固定，创建的约束效果如图 11-54 所示。

④ 单击“主页”选项卡“曲线”面板上的“轮廓”按钮，绘制图 11-55 所示的草图，并标注尺寸。

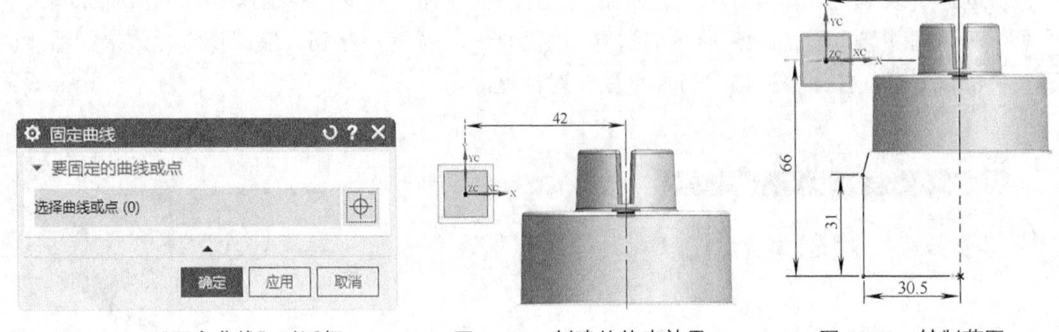

图 11-53 “固定曲线”对话框　　图 11-54 创建的约束效果　　图 11-55 绘制草图

（7）单击“主页”选项卡“基本”面板上的“旋转”按钮，系统弹出图 11-56 所示的“旋转”对话框。“指定矢量”选择 *ZC* 轴正方向，选择图 11-57 所示的基点。将“限制”选项组中的“起始”和“结束”的下拉列表框中选择“值”，将“角度”值分别设置为 0 和 360，选择“体类型”为“片体”，单击“确定”按钮，完成旋转操作，结果如图 11-58 所示。

（8）选择平面上的草图绘制截面和基准平面，单击鼠标右键，在系统弹出的快捷菜单中选择“隐藏”按钮，如图 11-59 所示，隐藏选中的图素。

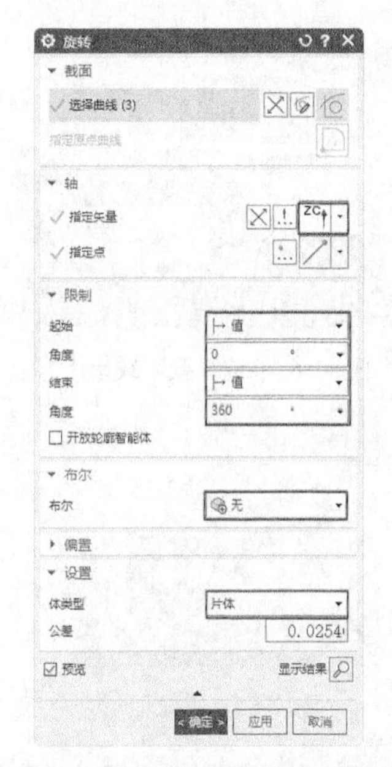

图 11-56 “旋转”对话框

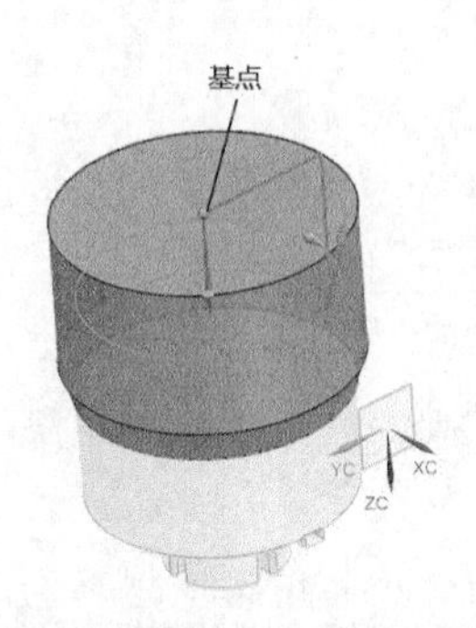

图 11-57 选择基点

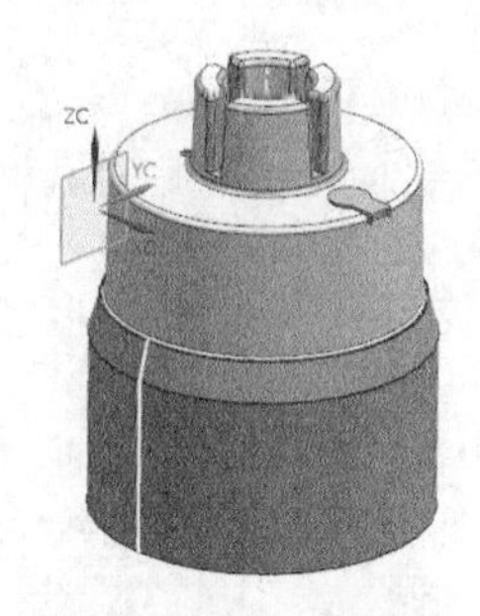

图 11-58 完成旋转

（9）单击“曲面”选项卡“组合”面板上的“修剪片体”按钮，系统弹出图 11-60 所示的“修剪片体”对话框。选择图 11-61 所示的目标体，选择图 11-62 所示的修剪边界，单击“确定”按钮，完成片体的修剪，结果如图 11-63 所示。

图 11-59 隐藏操作

图 11-60 “修剪片体”对话框

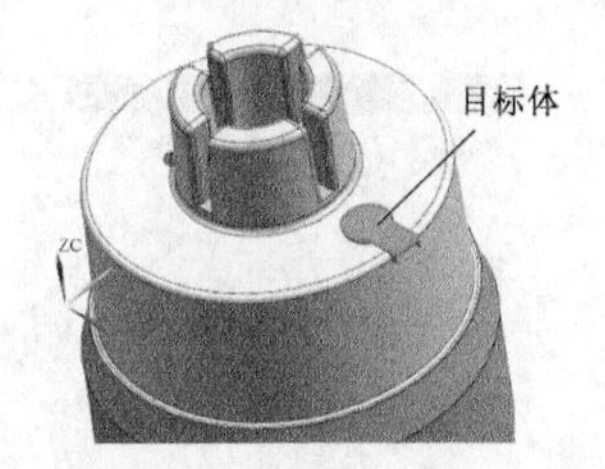

图 11-61 选择目标体

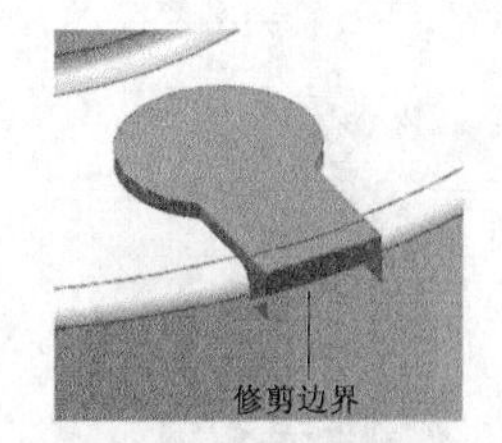

图 11-62 选择修剪边界

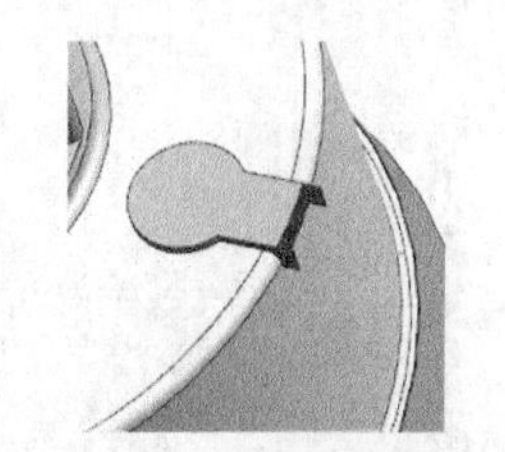

图 11-63 片体修剪的效果

（10）单击“曲面”选项卡“基本”面板上的“直纹”按钮，系统弹出图 11-64 所示的“直纹”对话框。选择图 11-65 所示的截面线串 1，接着选择图 11-65 所示的截面线串 2，单击“确定”按钮，生成的直纹面如图 11-66 所示。

图 11-64 “直纹”对话框

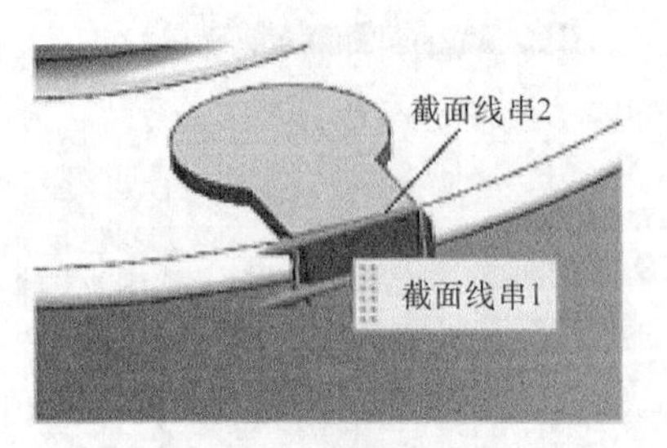

图 11-65 选择截面线串

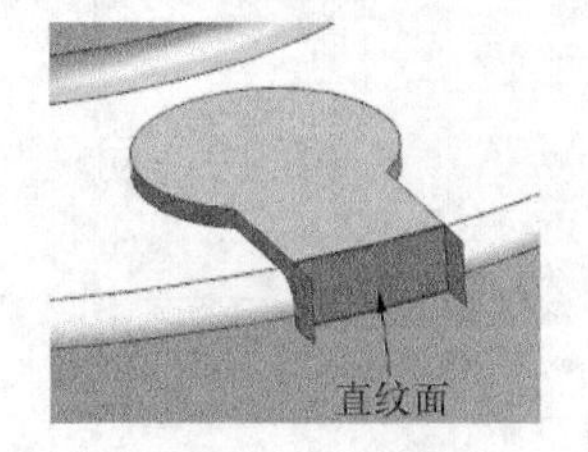

图 11-66 直纹面

（11）单击“曲面”选项卡“组合”面板上“修剪片体”按钮，系统弹出“修剪片体”对话框，选择图 11-67 所示的目标体和修剪边界，单击“确定”按钮，完成片体的修剪，效果如图 11-68 所示。

（12）使用相同的方法，修剪另一侧的片体，效果如图 11-69 所示。

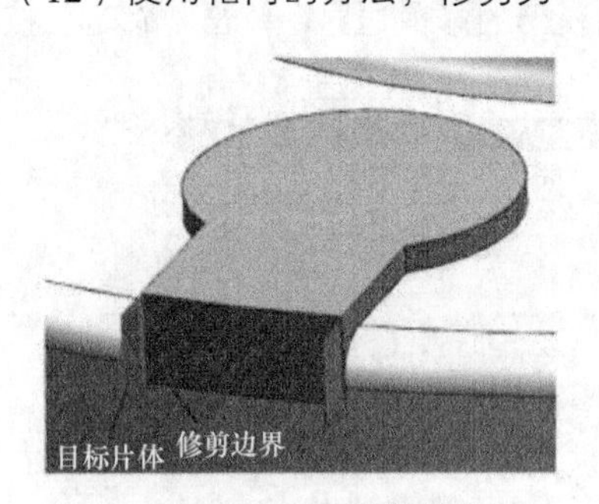

图 11-67 选择目标体修剪边界

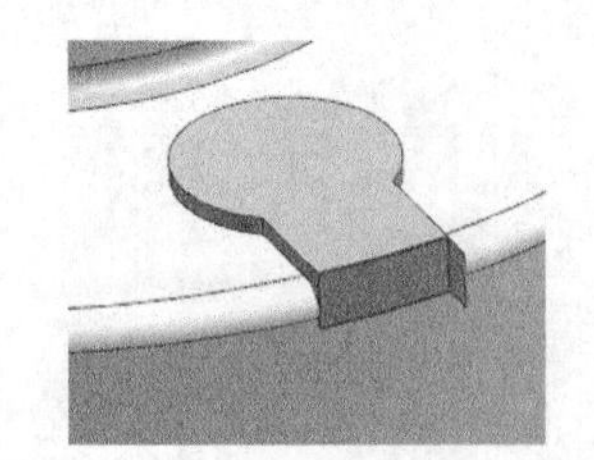

图 11-68 修剪一侧片体的效果

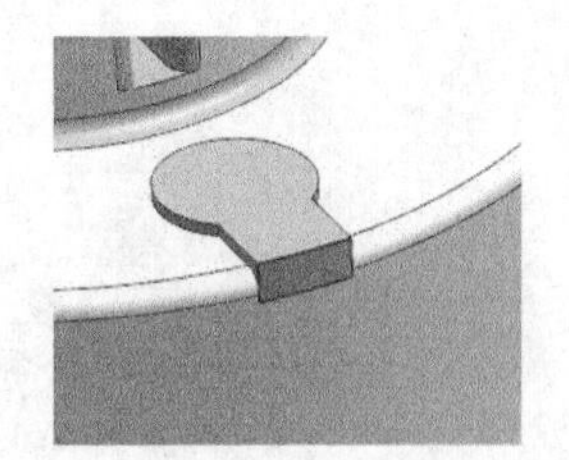

图 11-69 完成片体修剪的效果

（13）单击“曲面”选项卡“组合”面板上的“缝合”按钮，系统弹出“缝合”对话框。选择图 11-70 所示的目标体，然后框选图 11-71 所示的所有片体作为工具体。单击“确定”按钮，完成缝合。

（14）单击“主页”选项卡“构造”面板上的“草图”按钮，系统弹出图 11-72 所示的“创建草图”对话框。选择图 11-73 所示的草图绘制平面，单击“确定”按钮，进入草图绘制界面，绘制图 11-74 所示的草图。

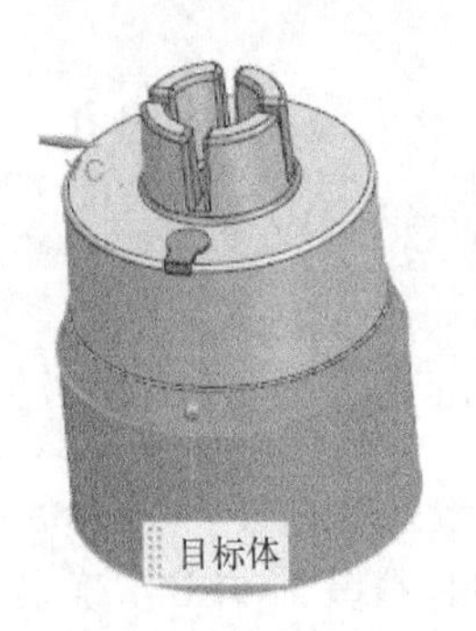

图 11-70 选择目标

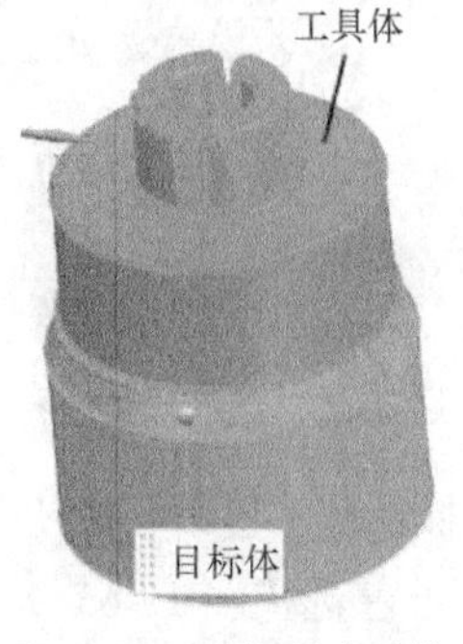

图 11-71 选择所有片体

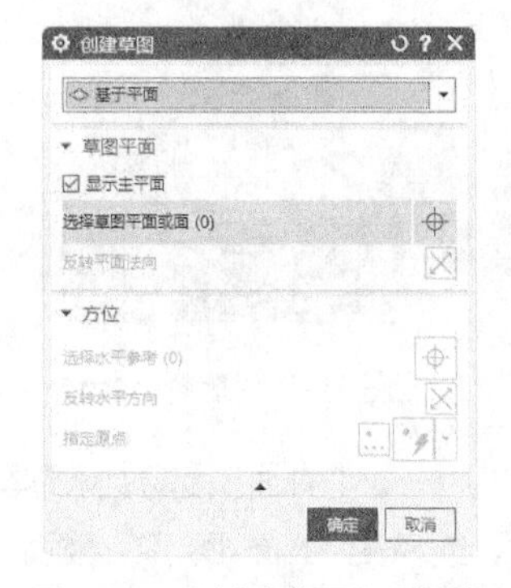

图 11-72 “创建草图”对话框

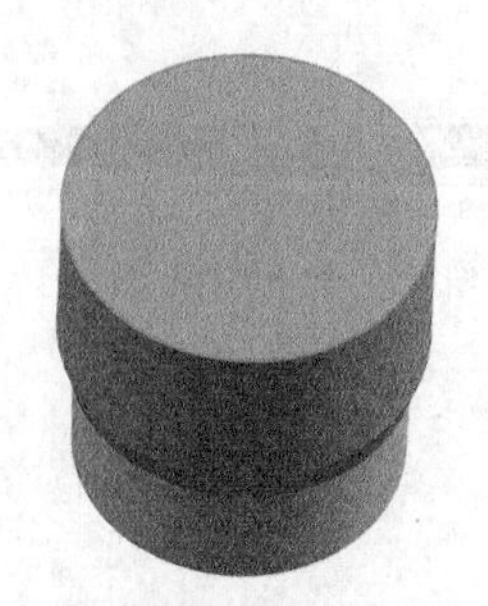

图 11-73　选择草图绘制平面

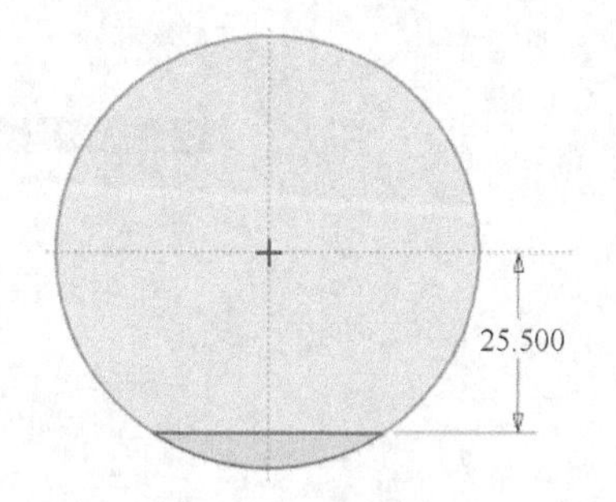

图 11-74　绘制草图

（15）单击“主页”选项卡“基本”面板上的“拉伸”按钮，系统弹出图 11-75 所示的“拉伸”对话框。单击“方向”选项组中的“反向”按钮，将“限制”选项组中的“终止”的“距离”值设置为 27.5，在“布尔”下拉列表框中选择“减去”选项，选择图 11-76 所示的求差体，单击“确定”按钮，完成拉伸操作，效果如图 11-77 所示。

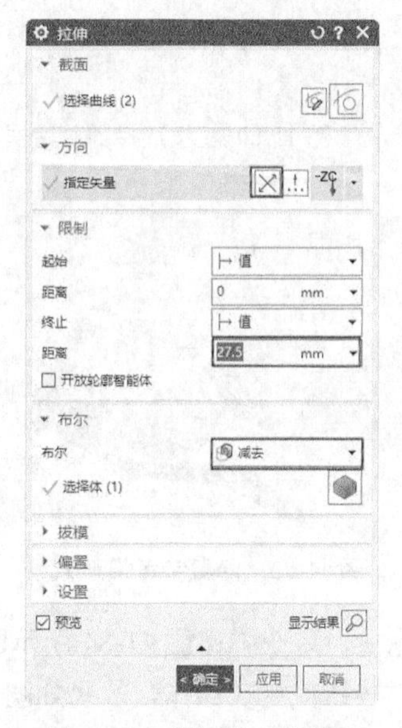

图 11-75　“拉伸”对话框

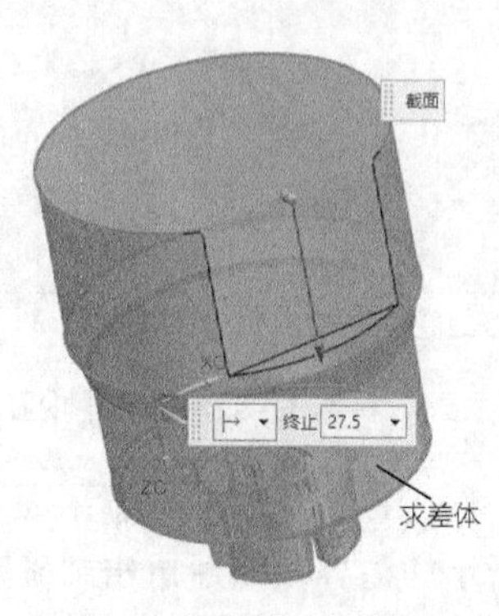

图 11-76　选择求差体

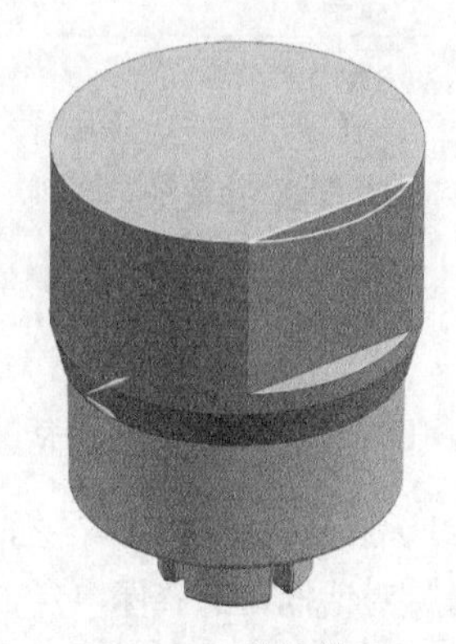

图 11-77　拉伸效果

（16）选择屏幕上的草图绘制截面，单击鼠标右键，在系统弹出的快捷菜单中选择“隐藏”按钮，如图 11-78 所示，隐藏选中的图素。

（17）单击“视图”选项卡“层”面板上的“图层设置”按钮，系统弹出图 11-79 所示的“图层设置”对话框，在“工作层”文本框中输入 4，并按 Enter 键，将图层 4 设置为当前工作图层。接着在“图层/状态”列表框中，取消图层 2 和 3 的勾选，勾选图层 1，然后单击“确定”按钮。

（18）选择“菜单”→“编辑”→“显示和隐藏”→“显示”命令，系统弹出图 11-80 所示的“类选择”对话框，选择屏幕中的参考模型，单击“确定”按钮，显示参考模型。

（19）单击“曲面”选项卡“基本”面板上的“抽取几何特征”按钮，系统弹出图 11-81 所示的“抽取几何特征”对话框，选择“面”类型，选择图 11-82 所示的 4 个小内孔面作为抽取面，单击“确定”按钮，完成抽取。

（20）在屏幕上选择参考模型，单击鼠标右键，在系统弹出的快捷菜单中选择“隐藏”按钮，隐藏参考模型，效果如图 11-83 所示。

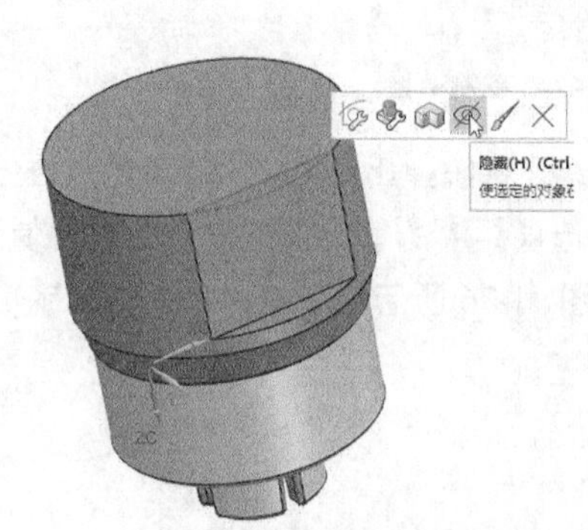

图 11-78　隐藏操作

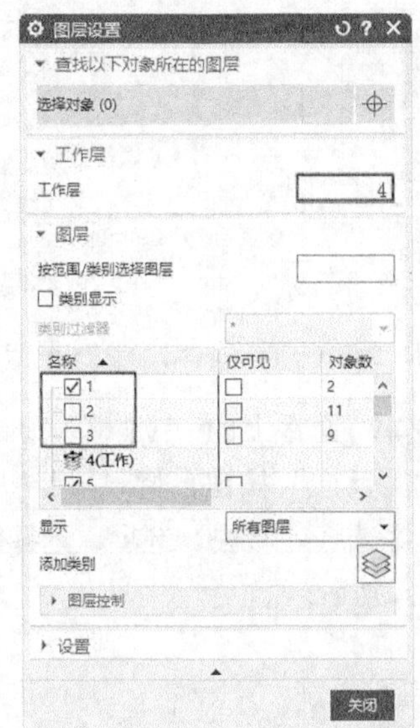

图 11-79　“图层设置”对话框

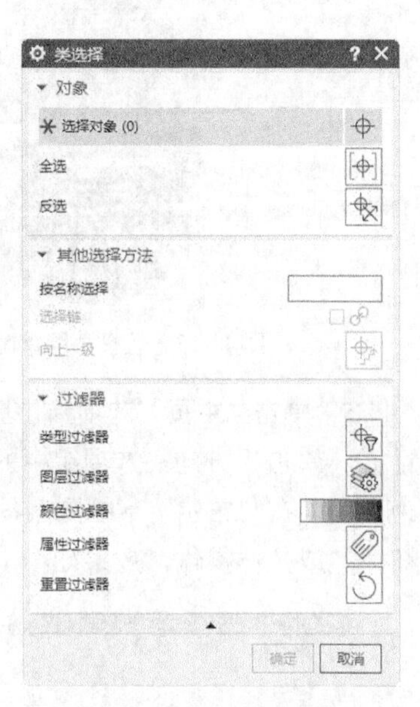

图 11-80　“类选择”对话框

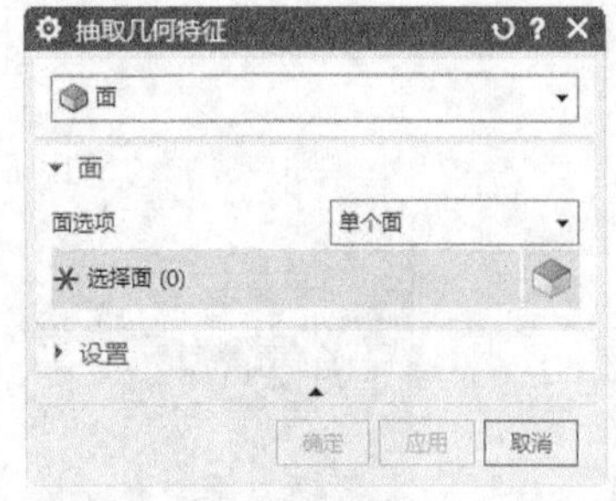

图 11-81　“抽取几何特征”对话框

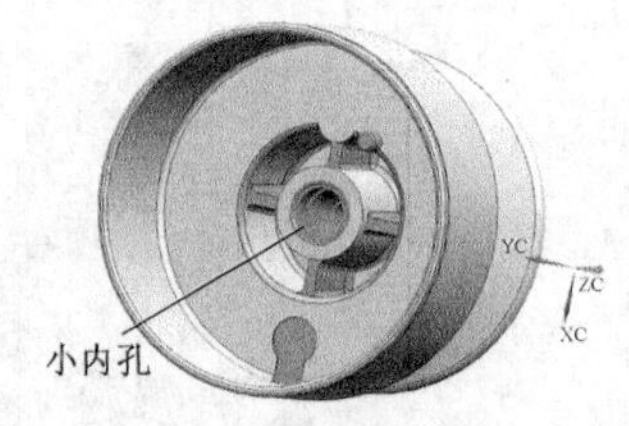

图 11-82　选择小内孔面

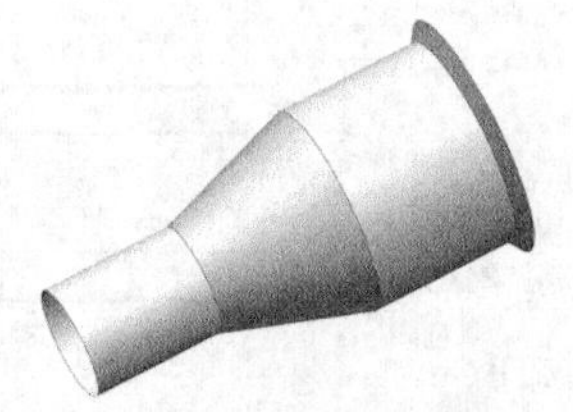

图 11-83　隐藏参考模型效果

（21）选择“菜单”→“插入”→“曲面”→“有界平面”命令，系统弹出图 11-84 所示的“有界平面”对话框，选择图 11-85 所示的边界，然后单击“确定”按钮，完成操作，效果如图 11-86 所示。

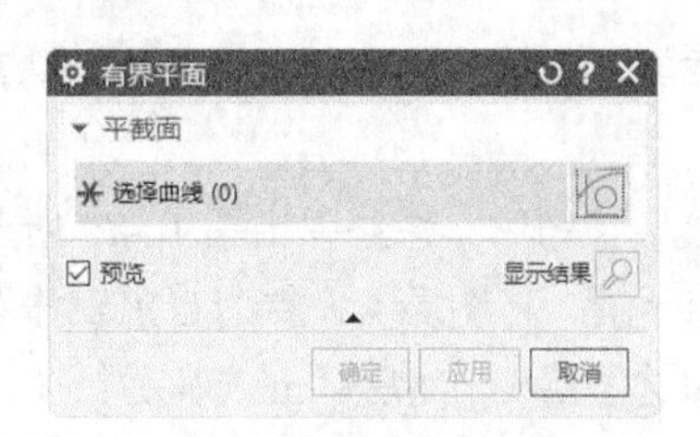

图 11-84　“有界平面”对话框

图 11-85　选择边界

图 11-86　完成有界平面效果

（22）单击“主页”选项卡“构造”面板上的“基准平面”按钮，系统弹出图 11-87 所示的“基准平面”对话框，选择“YC-ZC 平面”选项，单击“确定”按钮，完成 *YC-ZC* 平面的创建。

（23）单击“主页”选项卡“构造”面板上的“草图”按钮，系统弹出图 11-88 所示的“创建草图”对话框，选择上一步创建的 *YC-ZC* 平面，单击“确定”按钮，进入草图绘制界面。

图 11-87 “基准平面”对话框

图 11-88 “创建草图”对话框

（24）单击“主页”选项卡“曲线”面板上的“直线”按钮，绘制图 11-89 所示的直线，并标注尺寸。选中直线，在系统弹出的快捷菜单中单击“转换为参考对象”按钮，将直线设置为参考线。

（25）单击“主页”选项卡“曲线”面板上的“轮廓”按钮，绘制图 11-90 所示的草图，并标注尺寸。

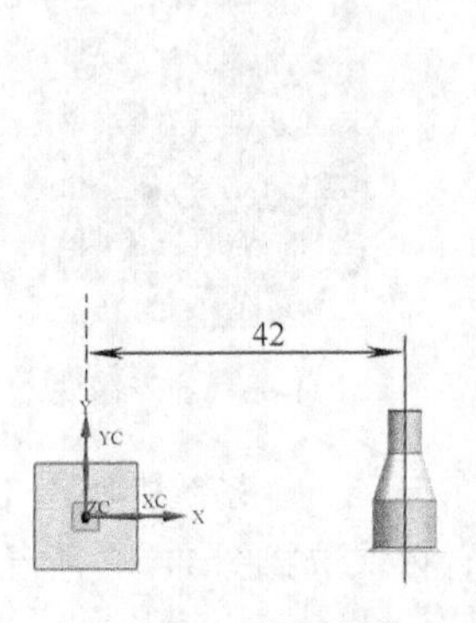

图 11-89 绘制直线

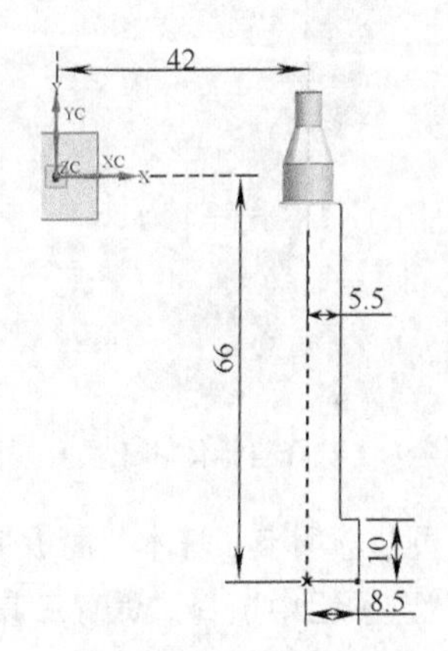

图 11-90 绘制草图

（26）单击“主页”选项卡“基本”面板上的“旋转”按钮，系统弹出图 11-91 所示的“旋转”对话框。“指定矢量”选择 *ZC* 轴正方向，选择图 11-92 所示的基点。然后将“限制”选项组中的“起始”和“结束”的下拉列表框中选择“值”，将“角度”值分别设置为 0 和 360，选择“体类型”为“片体”，单击“确定”按钮，完成旋转操作，效果如图 11-93 所示。

（27）选择平面上的草图绘制截面和基准平面，单击鼠标右键，在系统弹出的快捷菜单中选择“隐藏”命令，隐藏选中的图素。

（28）单击“曲面”选项卡“组合”面板上的“缝合”按钮，系统弹出“缝合”对话框。选择图 11-94 所示的目标体，然后框选图中所有的片体作为工具体。单击“确定”按钮，完成缝合。

（29）单击“视图”选项卡“层”面板上的“图层设置”按钮，系统弹出“图层设置”对话框。在“图层/状态”列表框中，勾选图层 3，然后单击“关闭”按钮，显示最初创建的镶块，如图 11-95 所示。

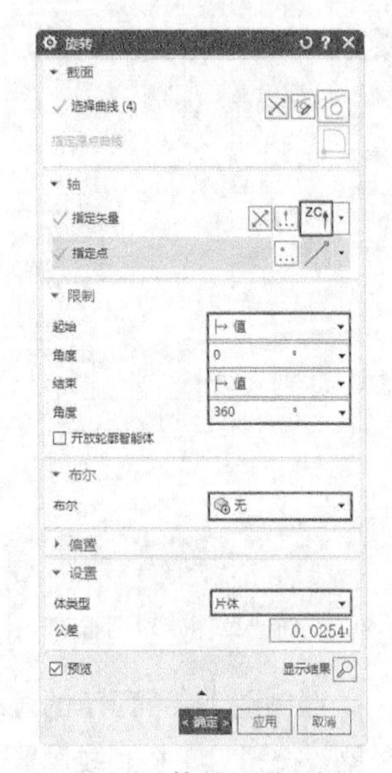

图 11-91 “旋转”对话框

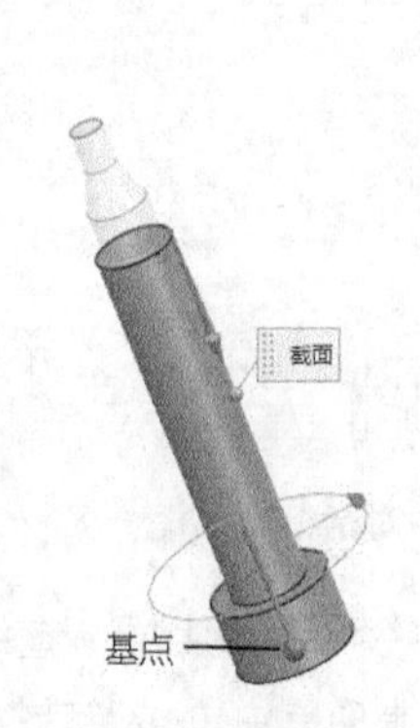

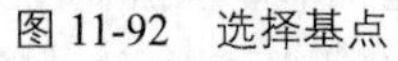
图 11-92 选择基点

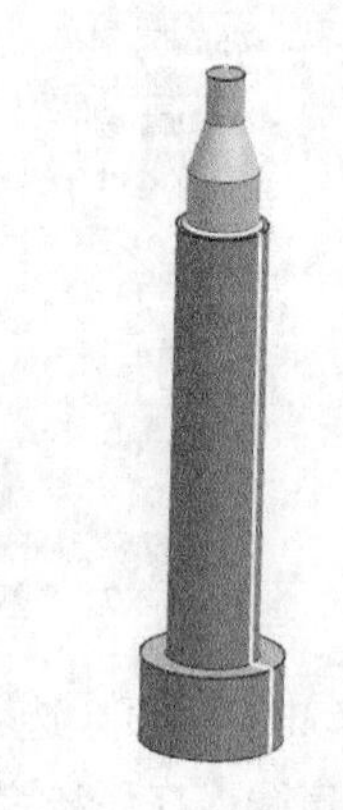

图 11-93 完成旋转

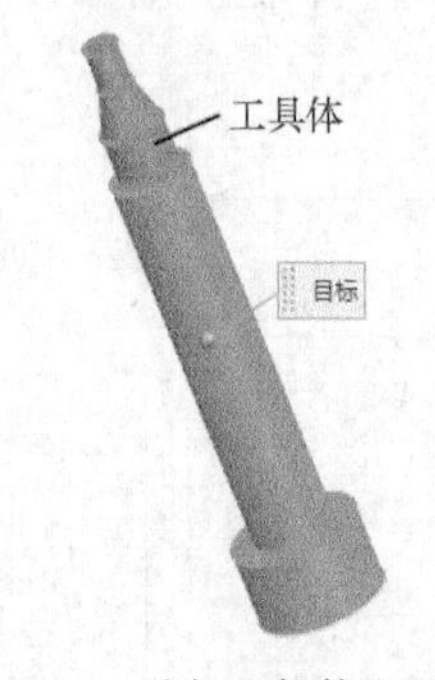

图 11-94 选择目标体和工具

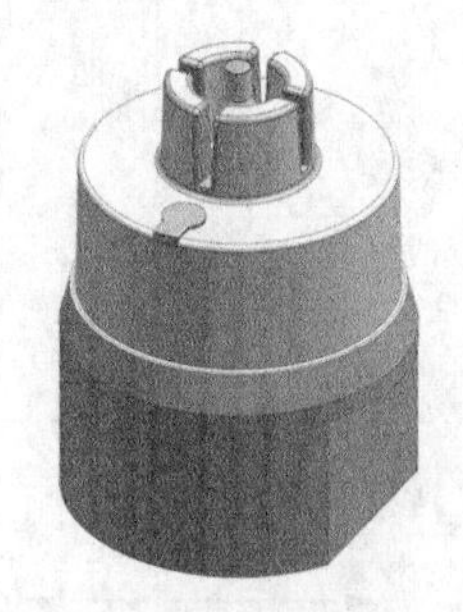

图 11-95 显示镶块

（30）单击“主页”选项卡“基本”面板上的“减去”按钮，系统弹出图 11-96 所示的“减去”对话框。在“设置”选项组中选择“保存工具”复选框，依次选择图 11-97 所示的目标体和工具体，单击“确定”按钮，完成求差。

（31）单击“视图”选项卡“层”面板上的“图层设置”按钮，系统弹出“图层设置”对话框。在“图层/状态”列表框中，分别勾选图层 1、2 和 3，然后单击“确定”按钮，显示定模镶块和参考模型，如图 11-98 所示。

图 11-96 “减去”对话框

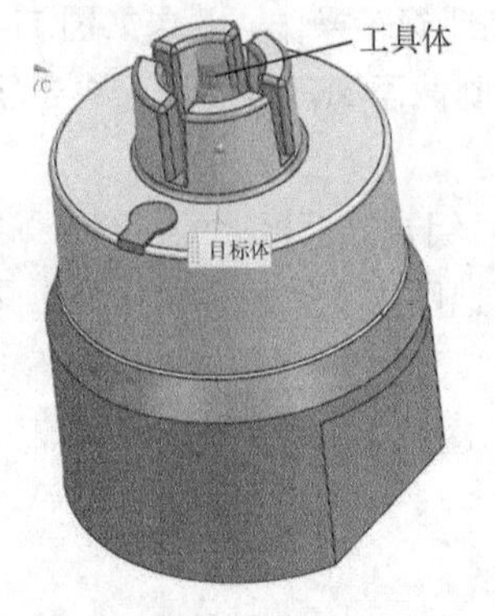

图 11-97 选择目标体和工具体

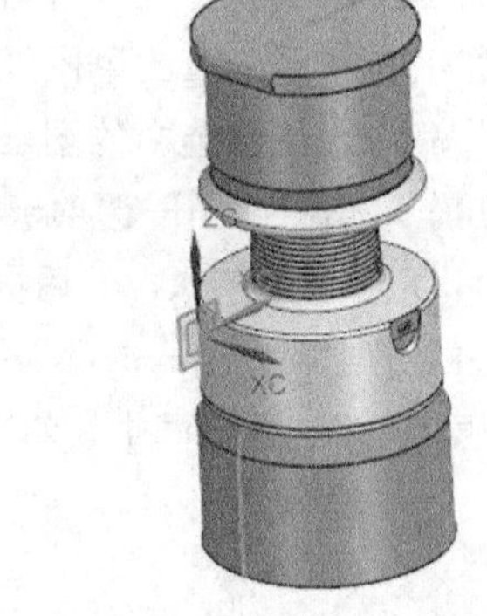

图 11-98 显示定模镶块和参考模型

（32）镜像对象。

① 选择“菜单”→“编辑”→“变换”命令，系统弹出图 11-99 所示的“变换”对话框 1。框选模型，单击“确定”按钮，系统弹出图 11-100 所示的“变换”对话框 2。

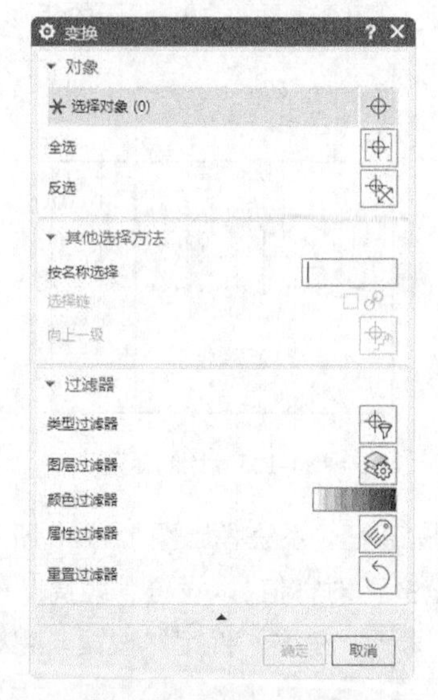

图 11-99 “变换”对话框 1

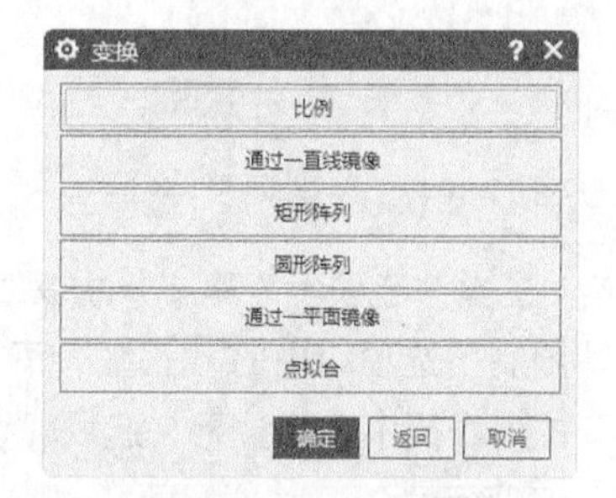

图 11-100 “变换”对话框 2

② 在“变换”对话框 2 中选择“通过一平面镜像”选项，系统弹出图 11-101 所示的“平面”对话框，选择“XC-ZC 平面”选项。

③ 单击“确定”按钮，系统弹出图 11-102 所示的“变换”对话框 3，选择“复制”选项，完成镜像操作，效果如图 11-103 所示。单击“取消”按钮，退出“变换”对话框。

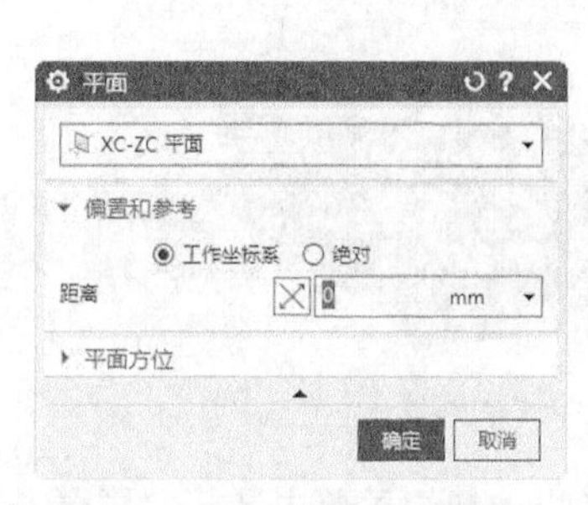

图 11-101 “平面”对话框

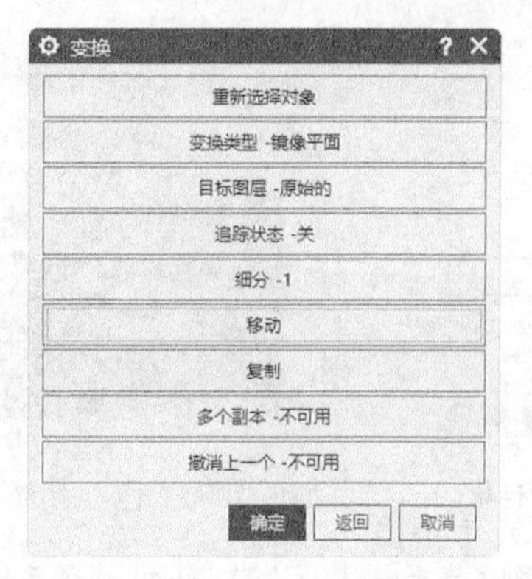

图 11-102 “变换”对话框 3

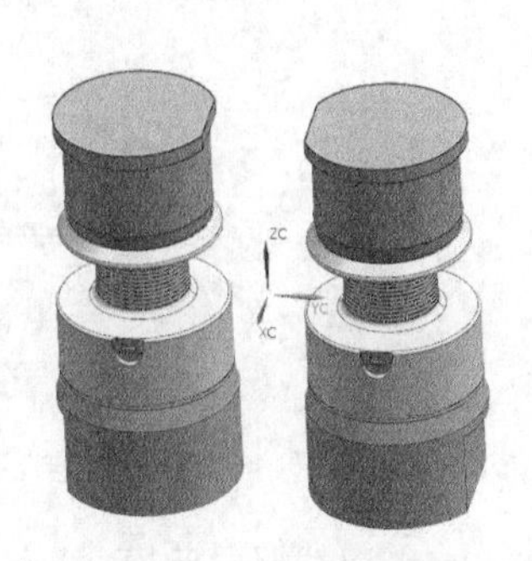

图 11-103 镜像效果

11.1.3 创建抽芯机构

抽芯机构既要保证模具抽芯顺利，保证模具强度，又要保证模具结构简单，模具零件运行不发生干涉。

（1）单击“视图”选项卡“层”面板上的“图层设置”按钮，系统弹出“图层设置”对话框。在“工作层”文本框中输入 5，并按 Enter 键，将图层 5 设置为当前工作图层。接着在“图层/状态”列表框中，取消图层 1、2、3 和 4 的勾选，单击“确定”按钮，隐藏所有的部件。

（2）绘制草图。

① 单击“主页”选项卡“构造”面板上的“草图”按钮，系统弹出图 11-104 所示的“创建草图”对话框。选择“XC-YC 平面”作为草图绘制平面，单击“确定”按钮，进入草图绘制界面。

② 单击“主页”选项卡“曲线”面板上的“矩形”按钮，绘制图 11-105 所示的矩形并标注尺寸。

图 11-104 “创建草图”对话框

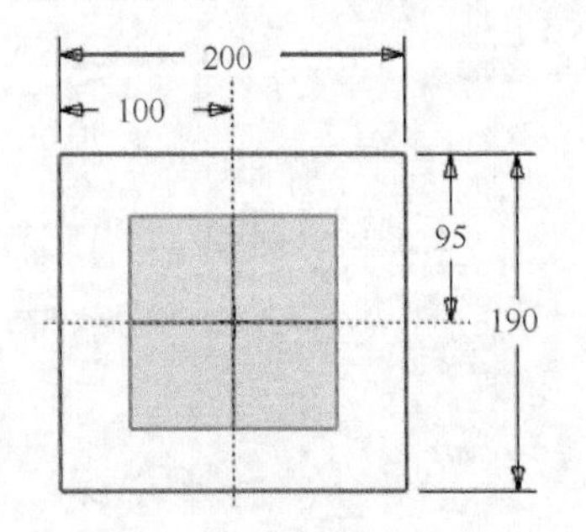

图 11-105 绘制矩形

（3）单击“主页”选项卡“基本”面板上的“拉伸”按钮，系统弹出图 11-106 所示的“拉伸”对话框。在“限制”选项组中的“宽度”下拉列表框中选择“对称值”，设置“距离”的值为 77，在“布尔”下拉列表框中选择“无”选项，设置“偏置”为无，单击“确定”按钮，完成拉伸操作，效果如图 11-107 所示。

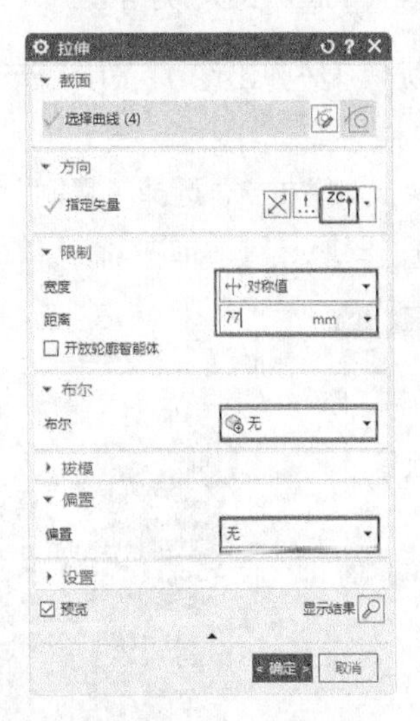

图 11-106 “拉伸”对话框

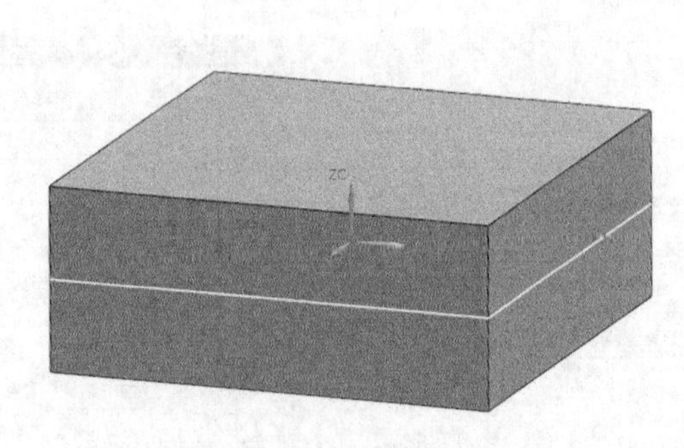

图 11-107 拉伸效果

（4）以线框显示模型，选择屏幕上的草图绘制截面，在系统弹出的快捷菜单中选择“隐藏”按钮，如图 11-108 所示，隐藏选中的图素。

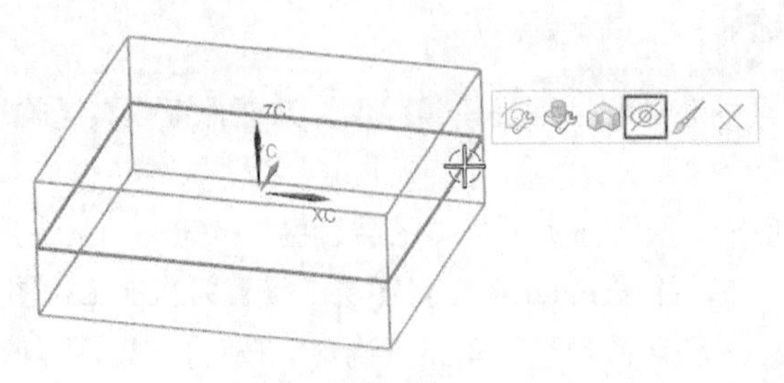

图 11-108 隐藏操作

（5）绘制草图。

① 单击“主页”选项卡“构造”面板上的“草图”按钮，系统弹出图 11-109 所示的“创建草图”对话框。选择 *YC-ZC* 平面为草图绘制平面，单击“确定”按钮，进入草图绘制界面。

② 单击“主页”选项卡“曲线”面板上的“矩形”按钮，绘制图 11-110 所示的矩形并标注尺寸。

图 11-109 “创建草图”对话框

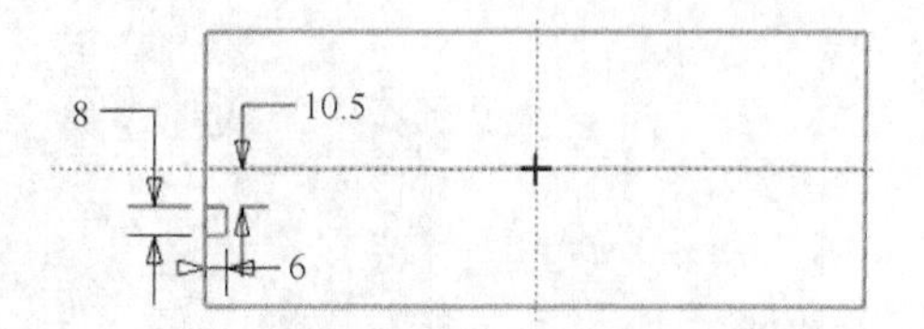

图 11-110 绘制矩形

③ 单击“主页”选项卡“曲线”面板上的“镜像”按钮，系统弹出图 11-111 所示的“镜像曲线”对话框。选择中心线，接着框选要镜像的几何体，如图 11-112 所示。单击“确定”按钮，完成镜像的草图如图 11-113 所示。

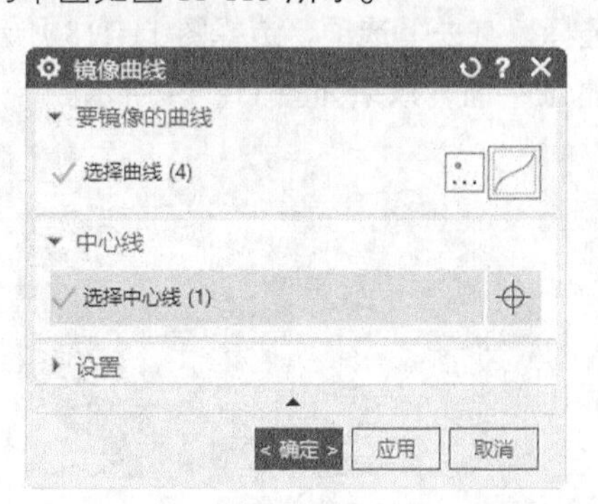

图 11-111 “镜像曲线”对话框

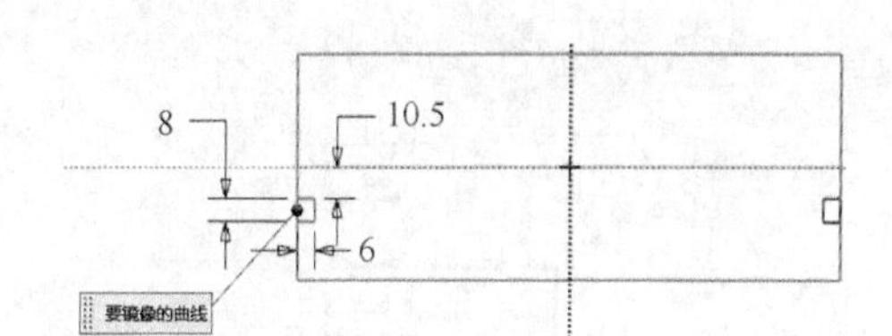

图 11-112 选择中心轴和几何体

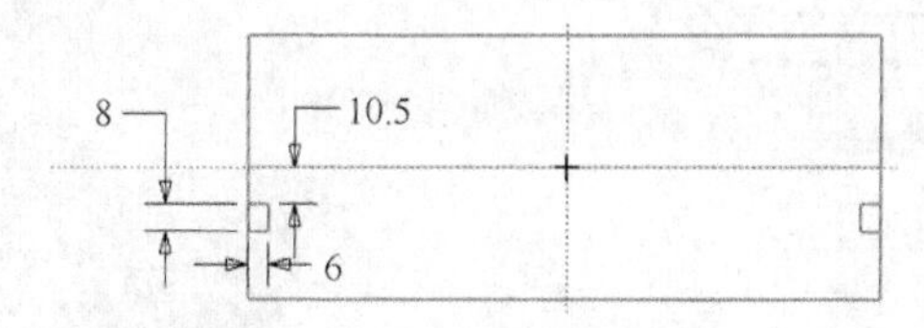

图 11-113 完成镜像草图

（6）单击“主页”选项卡“基本”面板上的“拉伸”按钮，系统弹出图 11-114 所示的“拉伸”对话框。“指定矢量”选择 *XC* 轴正方向，在“限制”选项组中的“起始”和“终止”的下拉列表框中选择“贯通”，在“布尔”下拉列表框中选择“减去”选项，单击“确定”按钮，完成拉伸操作，隐藏草图和基准平面，效果如图 11-115 所示。

（7）单击“主页”选项卡“构造”面板上的“草图”按钮，系统弹出“创建草图”对话框，选择 *XC-ZC* 平面为草图绘制平面，单击“确定”按钮，进入草图绘制界面。绘制图 11-116 所示的草图并标注尺寸。

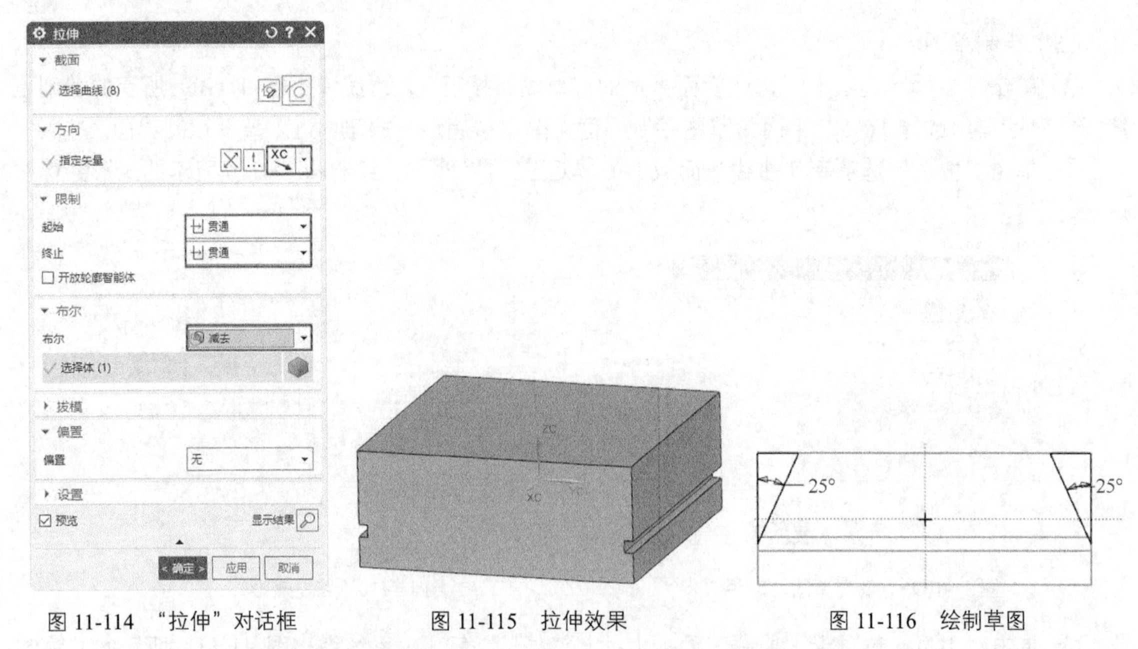

图 11-114 “拉伸”对话框　　图 11-115 拉伸效果　　图 11-116 绘制草图

（8）单击“主页”选项卡“基本”面板上的“拉伸”按钮，系统弹出图 11-117 所示的“拉伸”对话框。“指定矢量”选择 *YC* 轴正方向，在“限制”选项组的“宽度”下拉列表框中选择“对称值”，设置“距离”的值为 140，在“布尔”下拉列表框中选择“减去”选项，选择图 11-118 所示的求差体，单击“确定”按钮，完成拉伸操作，隐藏草图和基准平面，效果如图 11-119 所示。

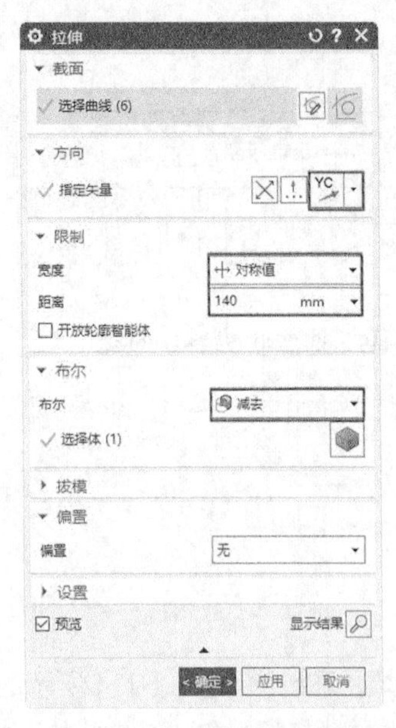

图 11-117 “拉伸”对话框

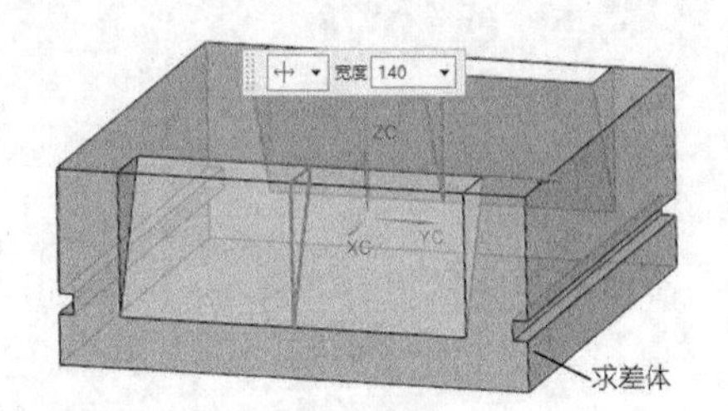

图 11-118 选择求差体

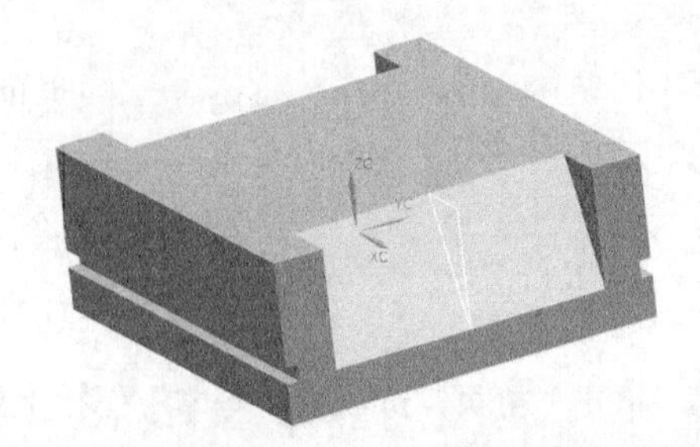

图 11-119 拉伸效果

（9）单击“主页”选项卡“构造”面板上的“草图”按钮，系统弹出“创建草图”对话框，选择 *XC-ZC* 平面为草图绘制平面，单击“确定”按钮，进入草图绘制界面。单击“曲线”面板上的“轮廓”按钮，绘制图 11-120 所示的锁紧楔草图并标注尺寸。

（10）单击“主页”选项卡“基本”面板上的“拉伸”按钮，系统弹出“拉伸”对话框。在“限制”选项组“宽度”下拉列表框中选择“对称值”，设置“距离”的值为 135，在“布尔”下拉列表框中选择“无”选项，单击“确定”按钮，完成拉伸操作，隐藏草图，效果如图 11-121 所示。

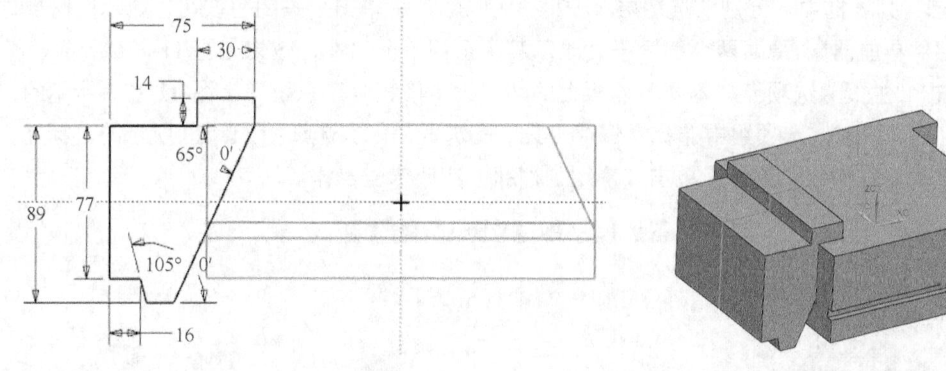

图 11-120　绘制草图　　　　图 11-121　拉伸效果

（11）镜像对象。

① 选择“菜单”→“编辑”→“变换”命令，系统弹出“变换”对话框 1，选择上面创建的锁紧楔，单击“确定”按钮，系统弹出图 11-122 所示的“变换”对话框 2。

② 在“变换”对话框 2 中选择“通过一平面镜像”选项，系统弹出图 11-123 所示的“平面”对话框，“类型”选择“YC-ZC 平面”选项。

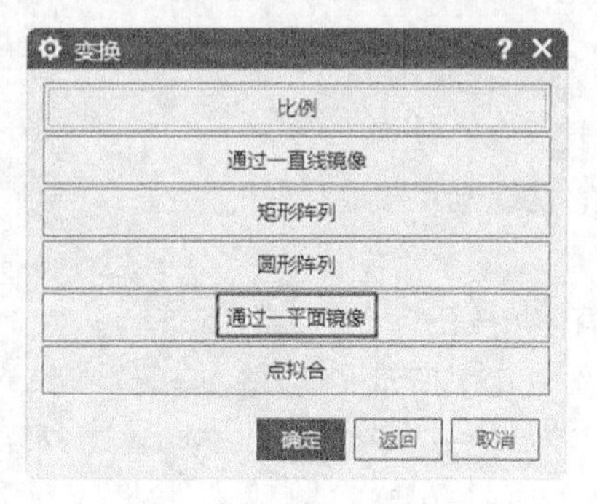

图 11-122　“变换”对话框 2

图 11-123　“平面”对话框

③ 单击“平面”对话框中的“确定”按钮，系统弹出图 11-124 所示的“变换”对话框 3，选择“复制”选项，完成镜像操作，效果如图 11-125 所示。单击“取消”按钮，退出“变换”对话框。

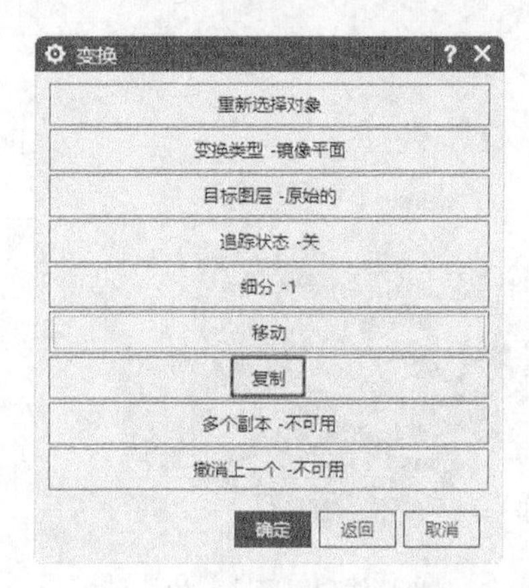

图 11-124　“变换”对话框 3

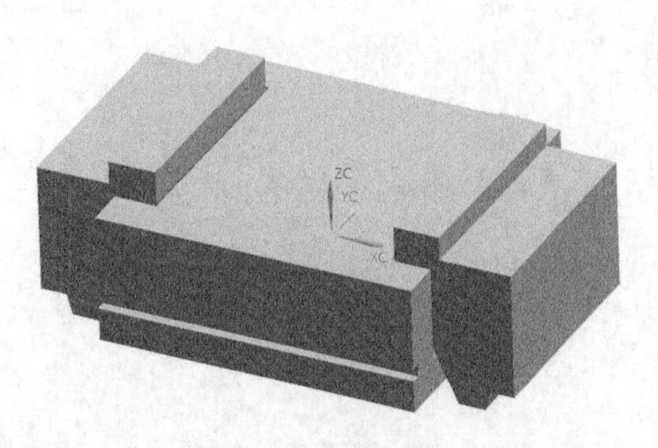

图 11-125　镜像效果

（12）单击“视图”选项卡“层”面板上的“图层设置”按钮，系统弹出“图层设置”对话框。在“图层/状态”列表框中，分别勾选图层 1、2、3 和 4，然后单击“关闭”按钮，显示所有部件。接着打开“部件导航器”，隐藏两个锁紧楔，显示其余全部特征部件，效果如图 11-126 所示。

（13）单击“主页”选项卡“基本”面板上的“减去”按钮，系统弹出图 11-127 所示的“减去”对话框。在“设置”选项组中选择“保存工具”复选框，依次选择图 11-128 所示的目标体，选择所有的动定模镶块作为工具体，单击“确定”按钮，完成求差操作。

图 11-126　显示部件

图 11-127　“减去”对话框

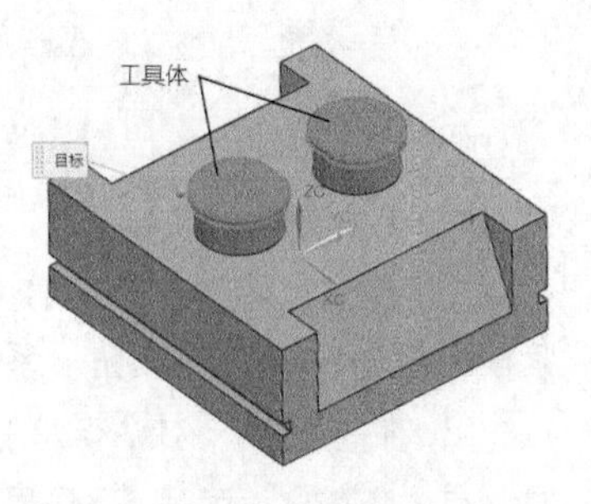

图 11-128　选择目标体和工具体

（14）单击“视图”选项卡“层”面板上的“图层设置”按钮，系统弹出“图层设置”对话框。在“图层/状态”列表框中，分别取消图层 2、3 和 4 的勾选，然后单击“确定”按钮，隐藏动定模部件，结果如图 11-129 所示。

（15）单击“主页”选项卡“基本”面板上的“修剪体”按钮，系统弹出图 11-130 所示的“修剪体”对话框。选择图 11-131 所示的目标体，单击“选择面或平面”按钮，接着选择“菜单”→“编辑”→“显示和隐藏”→“隐藏”命令，选择图 11-131 所示的需要隐藏的特征，单击“确定”按钮效果如图 11-132 所示。然后选择图 11-133 所示的工具面，单击“确定”按钮，完成一个参考模型的修剪。

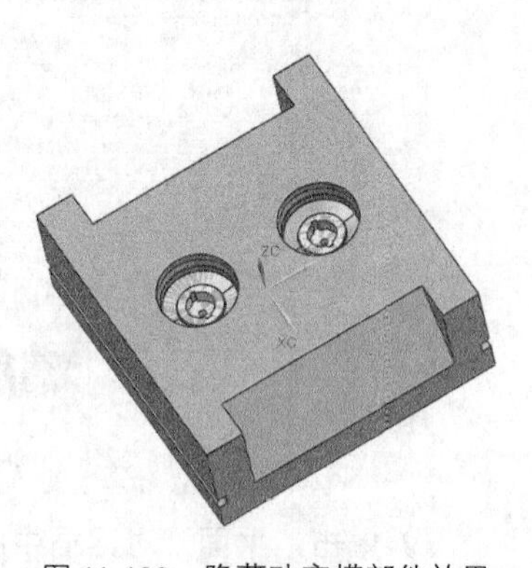

图 11-129　隐藏动定模部件效果

图 11-130　“修剪体”对话框

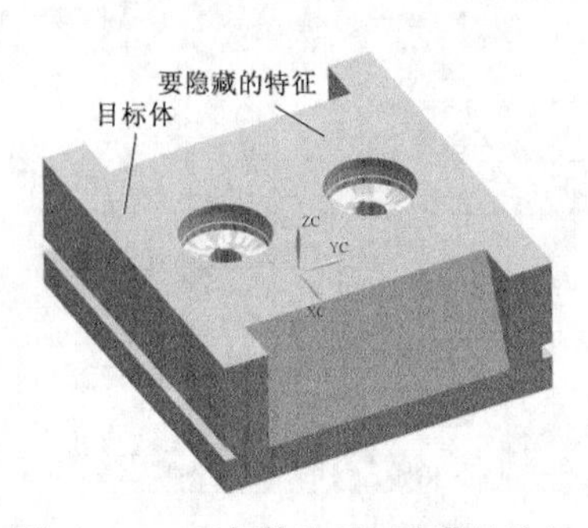

图 11-131　目标体和需要隐藏的特征

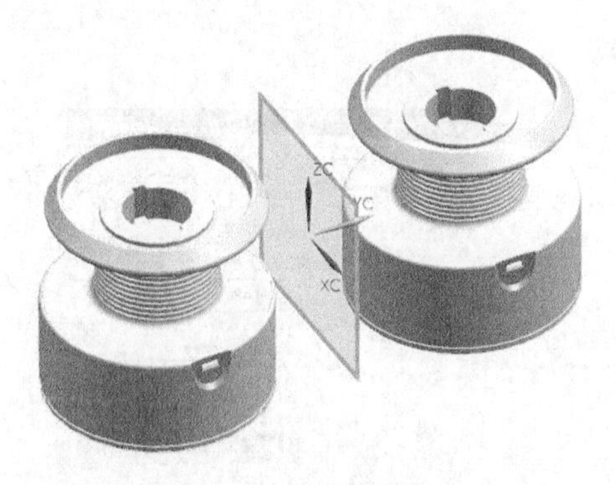

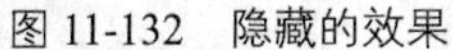
图 11-132　隐藏的效果

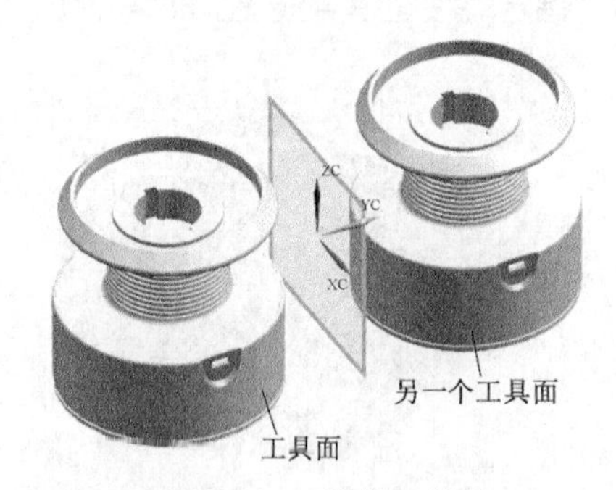

图 11-133　选择工具面

（16）打开“部件导航器”，显示图 11-131 所示的目标体。使用相同的方法修剪另一参考模型。

（17）单击“主页”选项卡“构造”面板上的“草图”按钮，系统弹出“创建草图”对话框，以默认的基准平面作为草图绘制平面，单击“确定”按钮，进入草图绘制界面，绘制图 11-134 所示的草图。

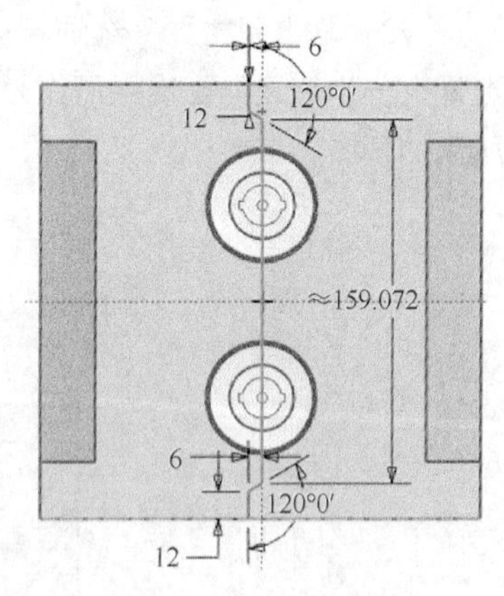

图 11-134　绘制草图

（18）单击“主页”选项卡“基本”面板上的“拉伸”按钮，系统弹出“拉伸”对话框。“指定矢量”选择 *ZC* 轴正方向，在“限制”选项组中的“终止”下拉列表框中选择“对称值”，设置“距离”的值为 77，在“布尔”下拉列表框中选择“无”选项，单击“确定”按钮，完成拉伸操作，隐藏草图，效果如图 11-135 所示。

（19）单击“菜单”→“插入”→“修剪”→“拆分体”命令，系统弹出图 11-136 所示的“拆分体”对话框。选择图 11-137 所示的拆分体和拆分面，单击“确定”按钮，完成拆分操作，如图 11-138 所示。

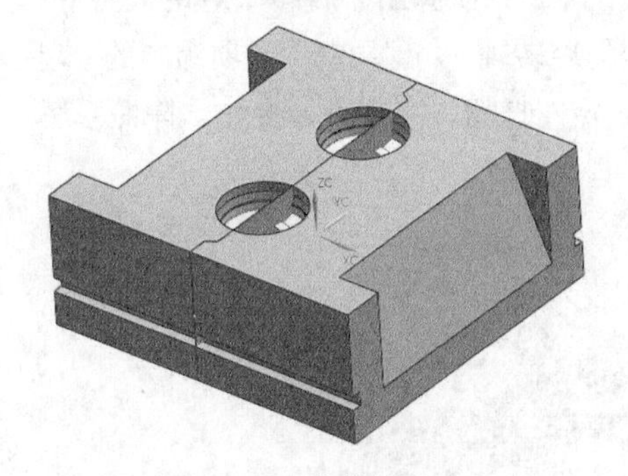

图 11-135　拉伸效果

图 11-136　“拆分体”对话框

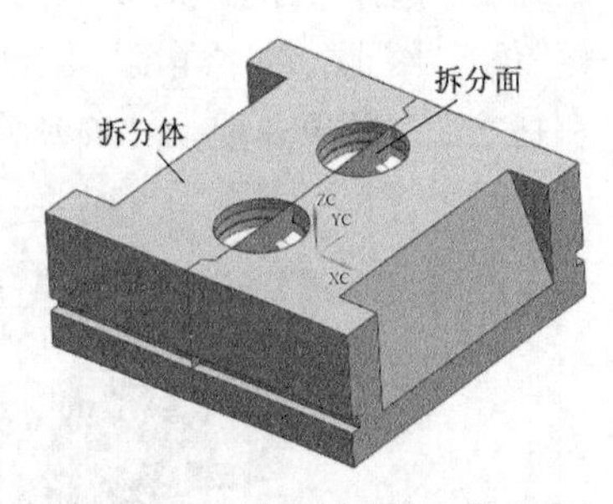

图 11-137　选择拆分体和拆分面

注意

将矩形拉伸体一分为二是为了创建两个滑块。

（20）选择屏幕上的拉伸曲面，单击鼠标右键，在系统弹出的快捷菜单中选择“隐藏”按钮，隐藏选中的图素，如图 11-138 所示。

（21）单击“主页”选项卡“构造”面板上的“基准平面”按钮，系统弹出图 11-139 所示的“基准平面”对话框。选择“XC-ZC 平面”选项，在“偏置和参考”选项组中设置“距离”的值为

42，单击“确定”按钮，完成 *XC-ZC* 平面的创建。

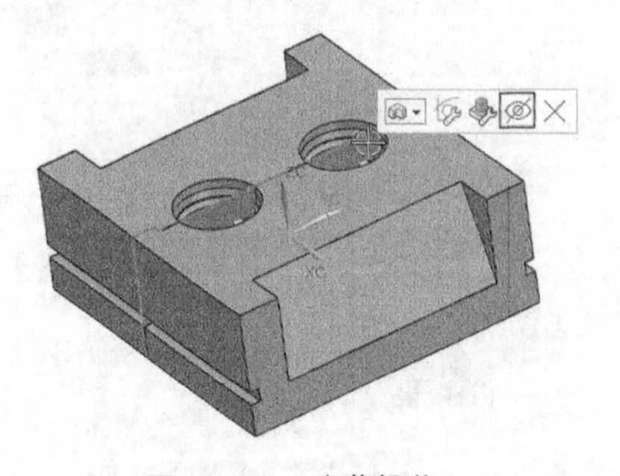

图 11-138　隐藏操作

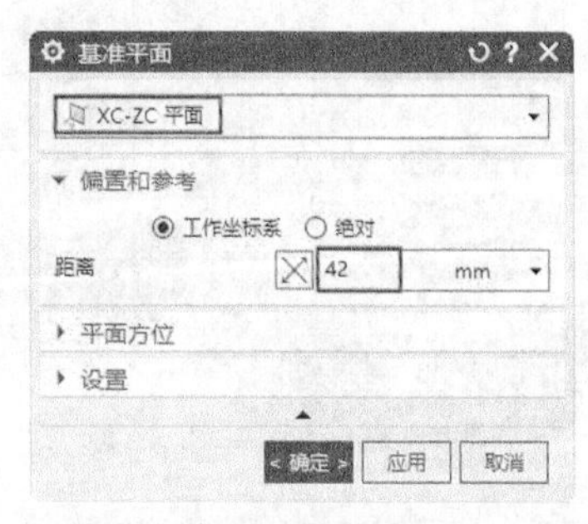

图 11-139　“基准平面”对话框

（22）单击“主页”选项卡“构造”面板上的“草图”按钮，系统弹出“创建草图”对话框，选择上一步创建的基准平面作为草图绘制平面，单击“确定”按钮，进入草图绘制界面，绘制图 11-140 所示的草图。

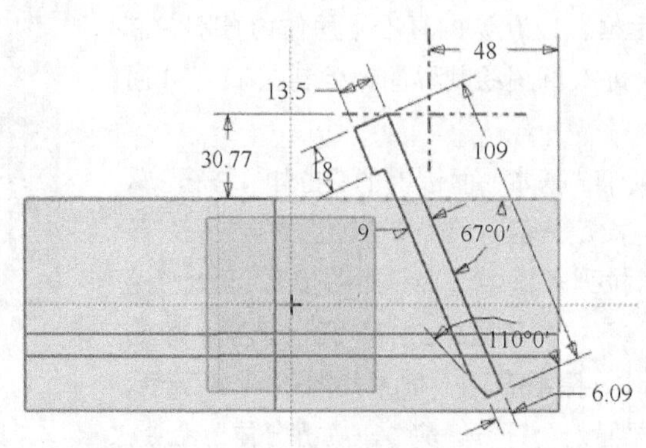

图 11-140　绘制草图

（23）单击“主页”选项卡“基本”面板上的“旋转”按钮，系统弹出“旋转”对话框。“指定矢量”选择“自动判断的矢量”按钮，选择图 11-141 所示的旋转轴，将“限制”选项组中的“起始”和“终止”的“角度”值分别设置为 0 和 360，单击“确定”按钮，完成旋转操作，隐藏草图和基准面，效果如图 11-142 所示。

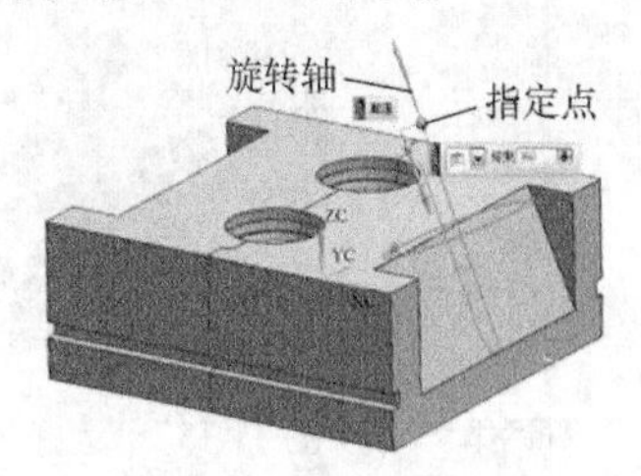

图 11-141　选择旋转轴

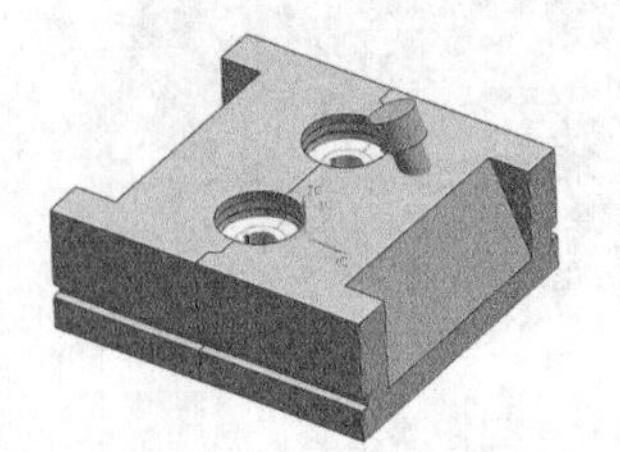

图 11-142　旋转效果

（24）镜像特征。

① 选择“菜单”→“编辑”→“变换”命令，系统弹出“变换”对话框 1，选择上面创建的斜导柱，单击“确定”按钮，系统弹出图 11-143 所示的“变换”对话框 2。

② 选择“通过一平面镜像”选项，系统弹出图 11-144 所示的“平面”对话框，选择“XC-ZC 平面”选项。

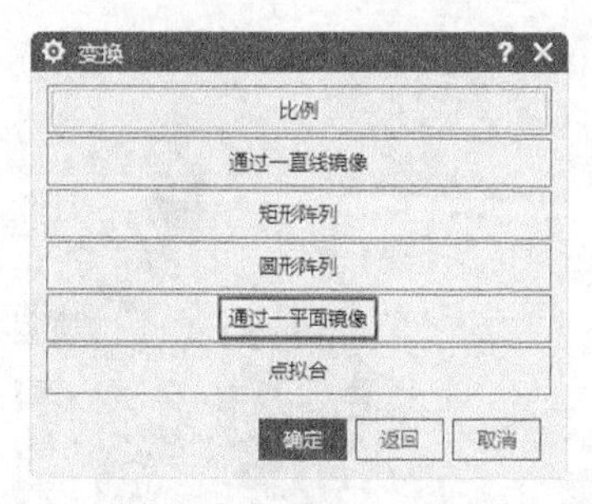

图 11-143 “变换”对话框 2

图 11-144 “平面”对话框

③ 单击“平面”对话框中的“确定”按钮，系统弹出图 11-145 所示的“变换”对话框 3，选择“复制”选项，完成镜像操作，效果如图 11-146 所示。单击“取消”按钮，退出“变换”对话框 3。

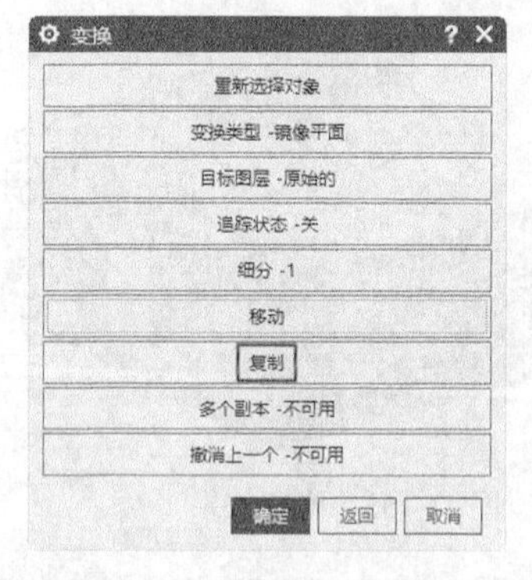

图 11-145 “变换”对话框 3

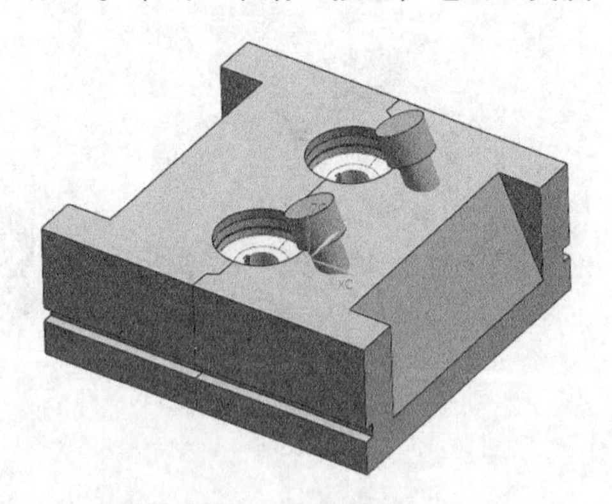

图 11-146 镜像效果

④ 使用相同的方法，选择“YC-ZC 平面”作为镜像面，对图 11-146 所示的两根斜导柱进行镜像操作，效果如图 11-147 所示。

（25）单击“主页”选项卡“基本”面板上的“修剪体”按钮，系统弹出图 11-148 所示的“修剪体”对话框。选择图 11-147 中所示的 4 根斜导柱作为目标体，在“工具”选项组下的“工具选项”下拉列表框中选择“面成平面”选项，在“指定平面”中单击“平面对话框”按钮，系统弹出图 11-149 所示的“平面”对话框。

（26）选择“点和方向”类型。单击“指定点”中的“象限点”按钮，捕捉图 11-150 所示的边界的四等分点，在“法向”选项组中，选择“指定矢量”为 ZC 轴正方向，捕捉效果如图 11-151 所示。单击“确定”按钮，返回“修剪体”对话框，接着单击“确定”按钮，完成修剪，效果如图 11-152 所示。

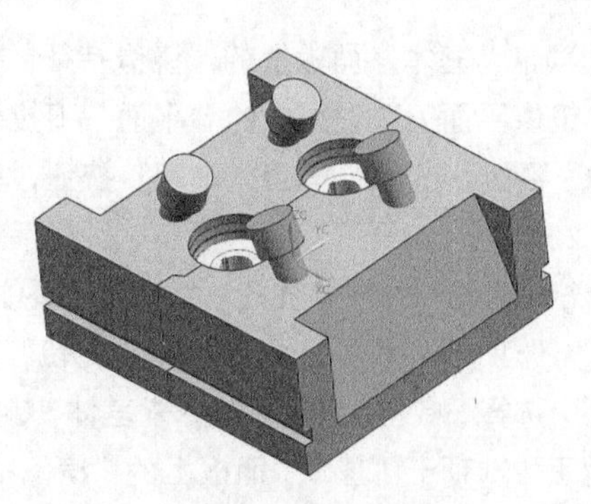

图 11-147 斜导柱镜像效果

图 11-148 “修剪体”对话框

图 11-149 “平面”对话框

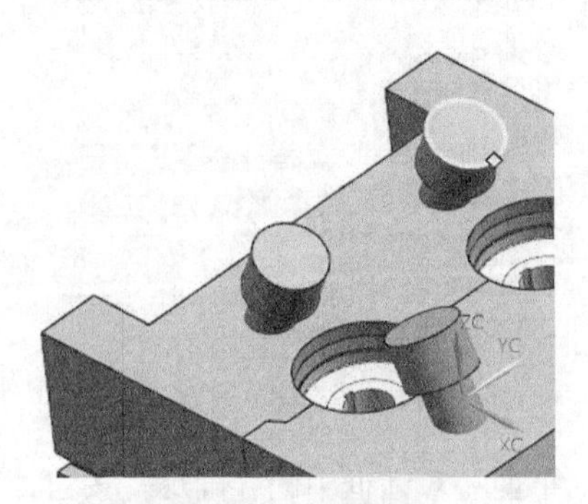

图 11-150 捕捉象限点

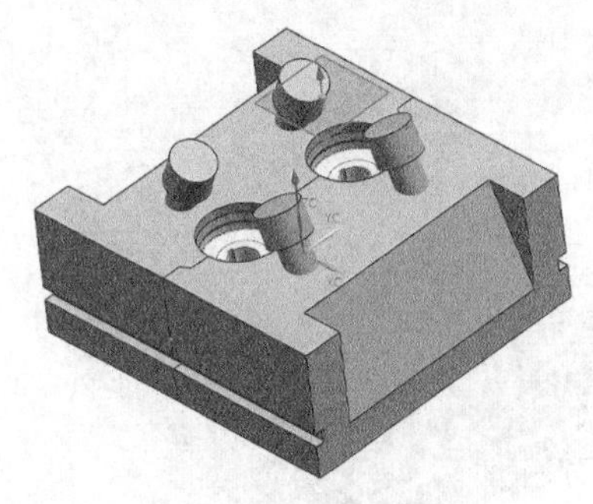

图 11-151 捕捉效果

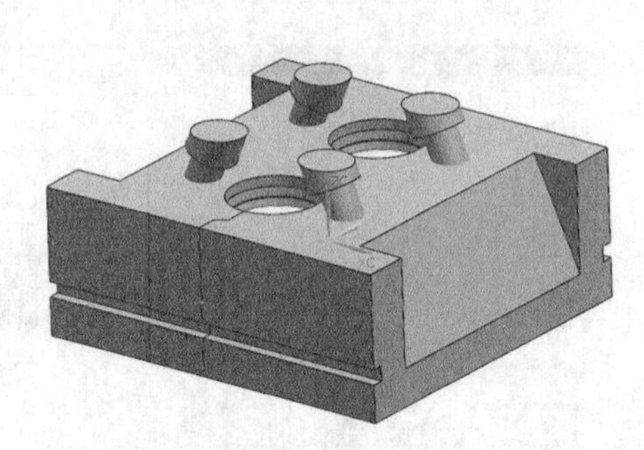

图 11-152 修剪效果

（27）单击“主页”选项卡“构造”面板上的“草图”按钮，系统弹出“创建草图”对话框，选择步骤（21）所创建的基准平面作为草图绘制平面，单击“确定”按钮，进入草图绘制界面，绘制图 11-153 所示的草图并标注尺寸。

（28）单击“主页”选项卡“特征”面板上的“旋转”按钮，系统弹出图 11-154 所示的“旋转”对话框，在该对话框中，“指定矢量”选择“自动判断的矢量”按钮，选择图 11-153 所示的旋转轴。然后将“限制”选项组中的“起始”和“结束”的“角度”值分别设置为 0 和 360，在“布尔”下拉列表框中选择“减去”选项，选择最大拉伸实体为求差体，单击“确定”按钮，完成旋转操作，生成导柱孔。

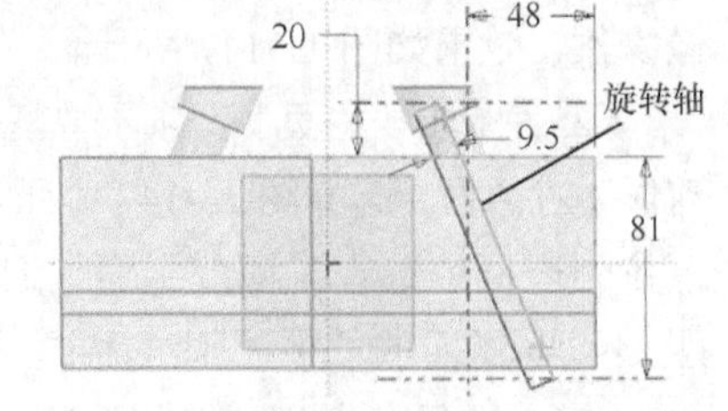

图 11-153 绘制草图

（29）选择屏幕上的草图绘制截面和基准平面，单击鼠标右键，在系统弹出的快捷菜单中选择“隐藏”按钮，隐藏选中的图素。

（30）选择刚创建的导柱孔，单击“主页”选项卡“基本”面板上的“镜像特征”按钮，系统弹出图 11-155 所示的“镜像特征”对话框。在“镜像平面”选项组中的“平面”下拉列表框中选择“新平面”选项，在“指定平面”中选择“XC-ZC 平面”选项，单击“确定”按钮，完成导柱孔的镜像操作。

（31）根据步骤（24）、步骤（25）的操作方法创建另一侧的导柱孔。绘制的草图如图 11-156 所示，接着选择创建的草图绘制截面，单击“主页”选项卡“基本”面板上的“旋转”按钮，在系统弹出的“旋转”对话框中设置参数，选择旋转轴，选择“减去”选项，选择求差体，参照步骤（28），单击“确定”按钮，完成旋转操作。然后单击“主页”选项卡“基本”面板上的“镜像特征”按钮，利用镜像功能对生成的导柱孔进行镜像操作，完成的导柱孔总体效果如图 11-157 所示。

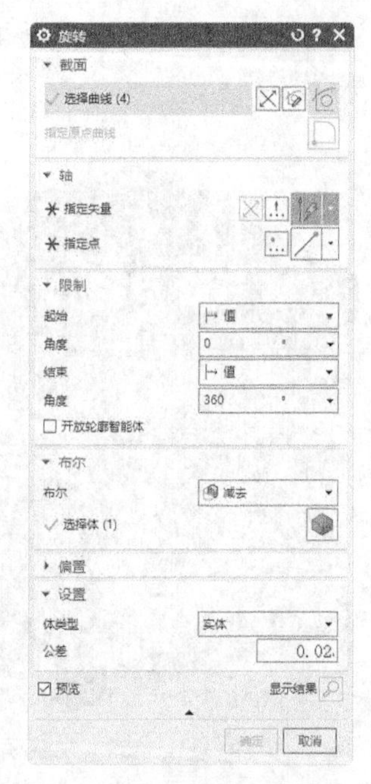

图 11-154 “旋转”对话框

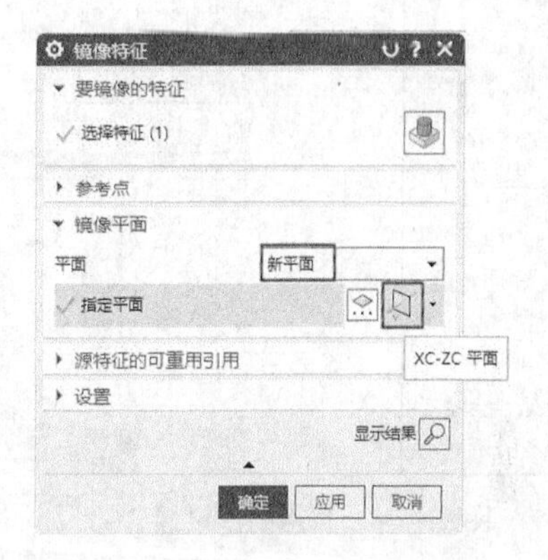

图 11-155 “镜像特征”对话框

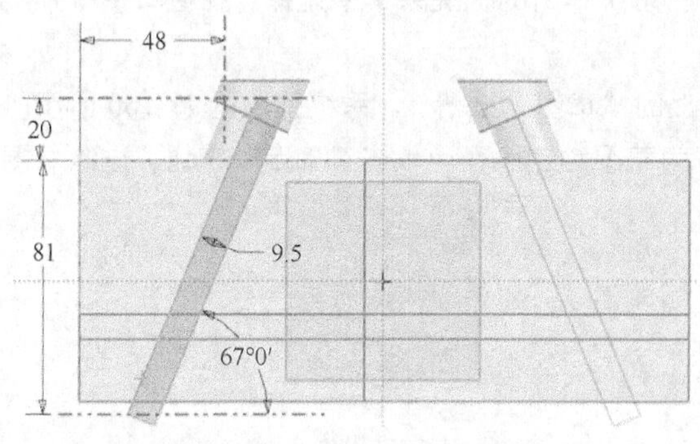

图 11-156 绘制草图

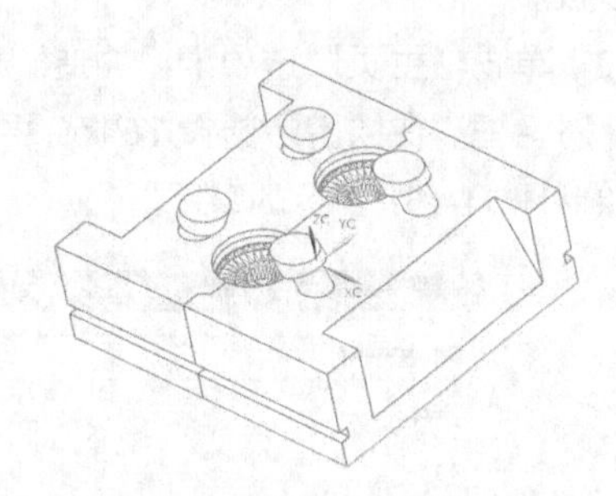

图 11-157 导柱孔总体效果

11.1.4 辅助系统设计

1. 添加模架

（1）单击“注塑模向导”选项卡“主要”面板上的“模架库”按钮，系统弹出“重用库”对话框和“模架库”对话框，在“重用库”对话框的“名称”列表中选择“LKM_TP”模架，在“成员选择”列表中选择“FC”。

（2）在“模架库”对话框的“详细信息”列表中设置“index”为 3035，“EG_Guide”为“1：ON”，设置“BP_h”的值为 100，“AP_h”的值为 80，设置“Mold_type”为“350：I”，其他为默认，如图 11-158 所示。

（3）在“模架库”对话框中单击“确定”按钮，系统自动加载模架，结果如图 11-159 所示。

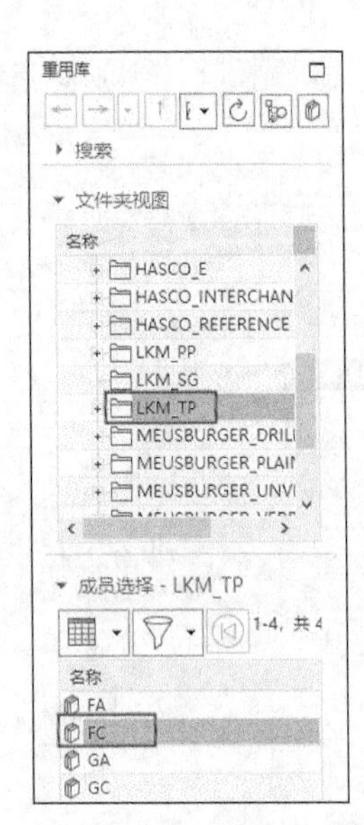

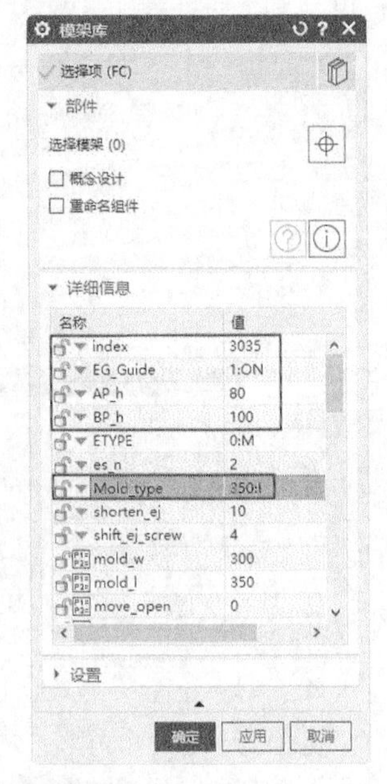

图 11-158　模架参数设置

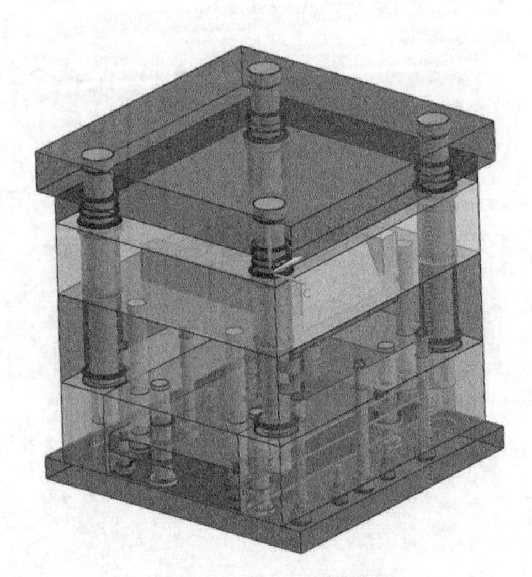

图 11-159　加载模架

2．b 板开框

（1）将光标移至 b 板，单击鼠标右键，在系统弹出的快捷菜单中选择“在窗口中打开”命令，打开 b 板。

（2）单击“主页”选项卡“构造”面板上的“草图”按钮，系统弹出图 11-160 所示的“创建草图”对话框。在绘图区选择 *YC-ZC* 平面作为草图绘制平面，单击“确定”按钮，进入草图绘制界面，绘制图 11-161 所示的草图。

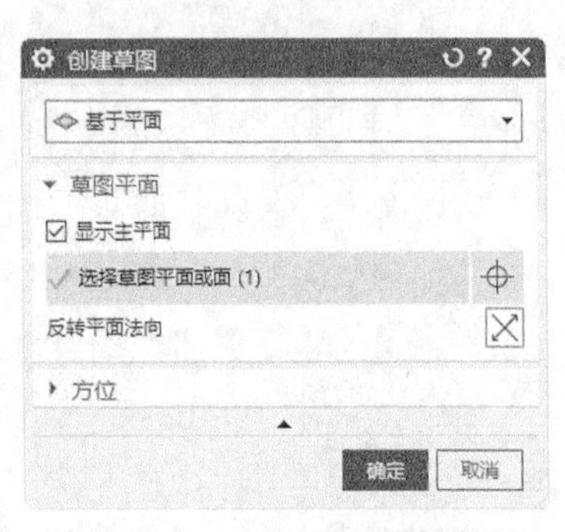

图 11-160　“创建草图”对话框

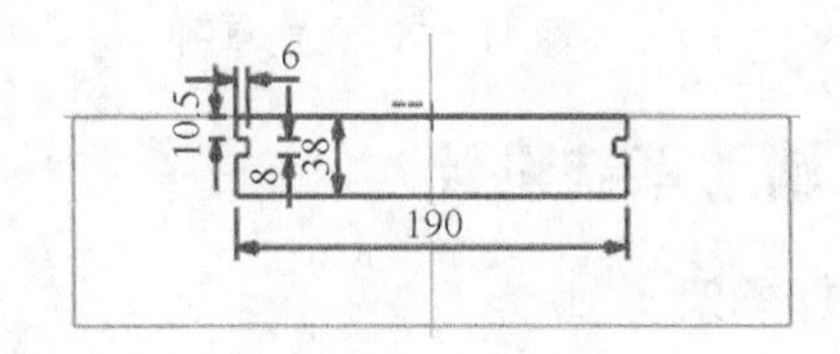

图 11-161　绘制草图

（3）单击“主页”选项卡“基本”面板上的“拉伸”按钮，系统弹出图 11-162 所示的“拉伸”对话框。在“限制”选项组中的“起始”和“终止”的下拉列表框中选择“贯通”，在“布尔”下拉列表框中选择“减去”选项，单击“确定”按钮，完成拉伸操作，效果如图 11-163 所示。

（4）选择屏幕上的草图绘制截面和基准平面，单击鼠标右键，在系统弹出的快捷菜单中选择“隐藏”按钮，隐藏选中的图素。

（5）单击“fdjhs.prt”窗口，进入总模型界面。

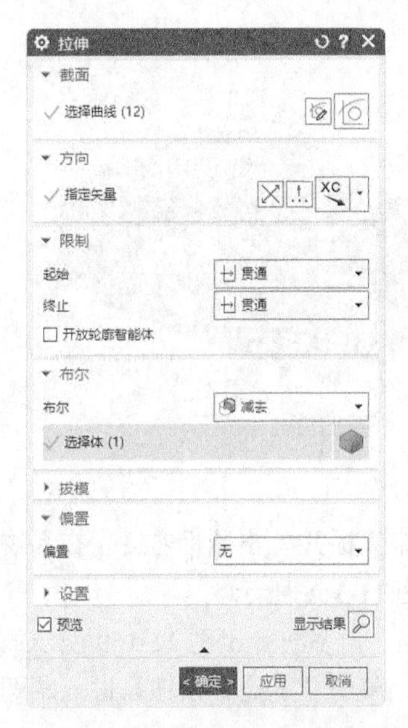

图 11-162 “拉伸”对话框

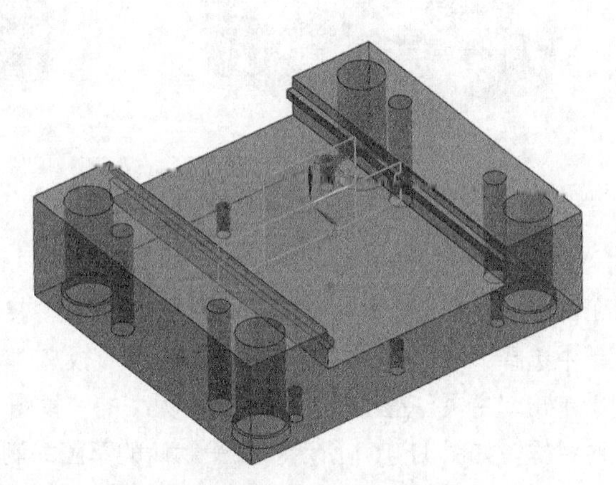

图 11-163 拉伸效果

（6）只显示 b 板，隐藏其余部件。单击“视图”选项卡“层”面板上的“图层设置”按钮，系统弹出“图层设置”对话框，在“图层/状态”列表中选择图层 2，接着单击“设为不可见”按钮和“关闭”按钮，隐藏图层 2，再打开“部件导航器”，显示动模镶块和锁紧楔，结果如图 11-164 所示。

（7）选中 b 板并单击鼠标右键，在系统弹出的快捷菜单中选择“设为工作部件”命令，将 b 板设为当前工作部件。

（8）单击“主页”选项卡“基本”面板上的“减去”按钮，系统弹出图 11-165 所示的“减去”对话框。

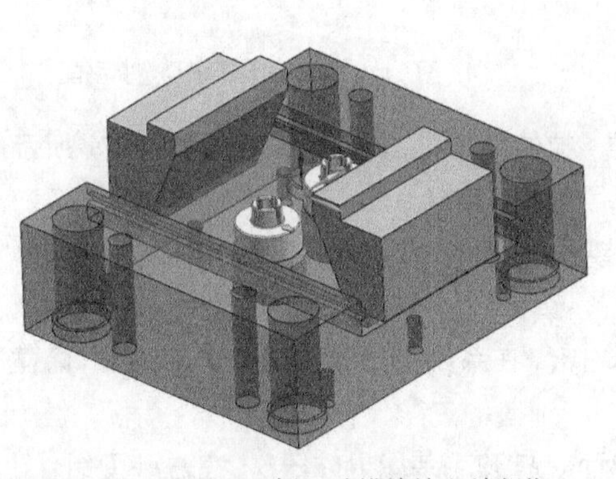

图 11-164 显示 b 板、动模镶块和锁紧楔

图 11-165 “减去”对话框

（9）选择图 11-166 所示的 b 板作为目标体，动模镶块和锁紧楔作为工具体。单击“确定”按钮，完成求差操作。

（10）按照相同的操作方法，对 b 板与动模镶块和另外一个锁紧楔进行求差操作。

（11）选择“菜单”→“编辑”→“显示和隐藏”→“隐藏”命令，系统弹出“类选择”对话框。选择锁紧楔和动模镶块，单击“确定”按钮，隐藏选中的部件，结果如图 11-167 所示。

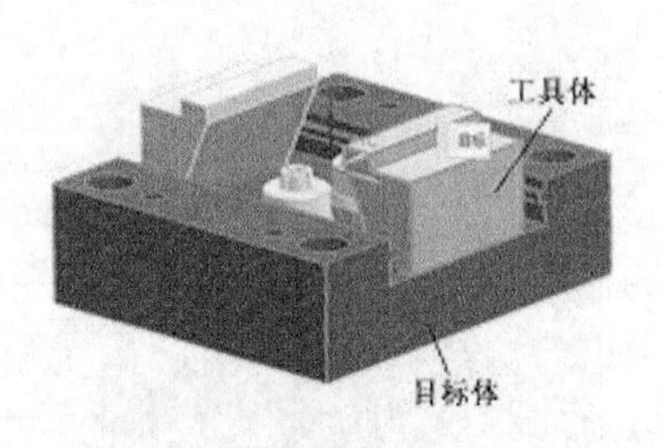

图 11-166　选择目标体和工具体

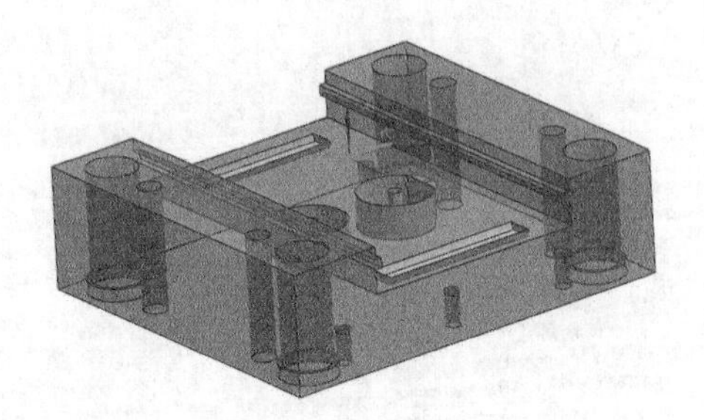

图 11-167　b 板

3. a 板开框

（1）打开“装配导航器”，隐藏 b 板，显示 a 板。接着选中 a 板并单击鼠标右键，在系统弹出的快捷菜单中选择“在窗口中打开”命令，打开 a 板文件，如图 11-168 所示。

（2）单击“主页”选项卡“构造”面板上的“草图”按钮，系统弹出图 11-169 所示的“创建草图”对话框，如图 11-169 所示。接受默认的草图绘制平面，单击“确定”按钮，进入草图绘制界面，绘制图 11-170 所示的草图。

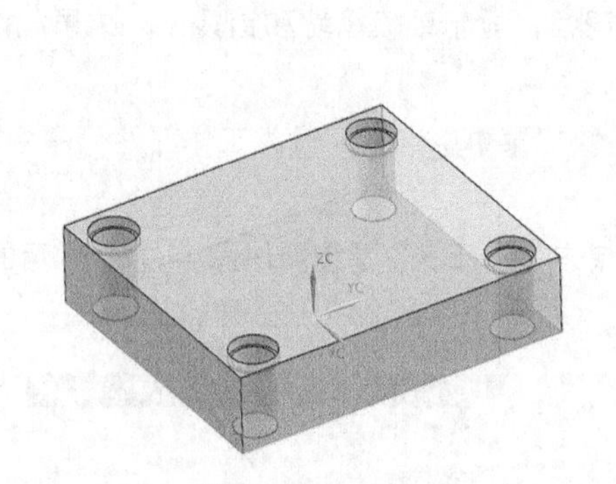

图 11-168　a 板 1

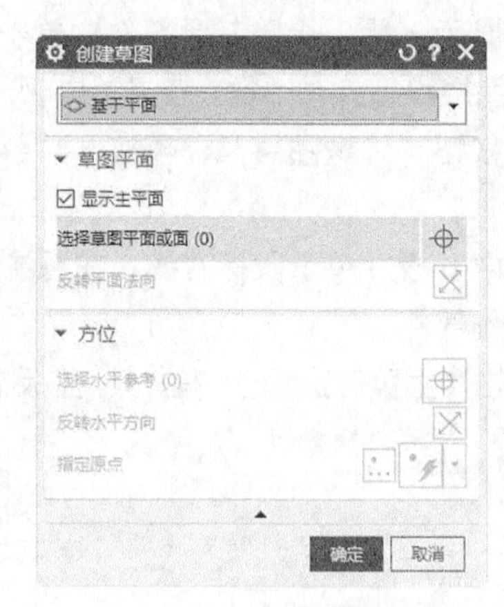

图 11-169　“创建草图”对话框

（3）单击“主页”选项卡“基本”面板上的“拉伸”按钮，系统弹出图 11-171 所示的“拉伸”对话框。在“限制”选项组中将“起始”的“距离”值设置为 0，将“终止”的“距离”值设置为 38.5，在“布尔”下拉列表框中选择“减去”选项，选择图 11-172 所示的求差体，单击“确定”按钮，完成拉伸操作，效果如图 11-173 所示。

（4）选择屏幕上的草图绘制截面，单击鼠标右键，在系统弹出的快捷菜单中选择“隐藏”按钮，隐藏选中的图素。

（5）单击“fdjhs.prt”窗口，进入总模型界面。打开“装配导航器”，在总装配组件上单击鼠标右键，在系统弹出的快捷菜单中选择“设为工作部件”命令，将总装配组件设为当前工作部件，然后只显示 a 板，隐藏其余部件。单击“视图”选项卡“层”面板上的“图层设置”按钮，系统弹出“图层设置”对话框，在“图层/状态”列表中选择图层 2，接着单击“设为可选”按钮和“关闭”按钮，显示图层 2，显示定模镶块。再打开“部件导航器”，显示斜导柱和锁紧楔，结果如图 11-174 所示。

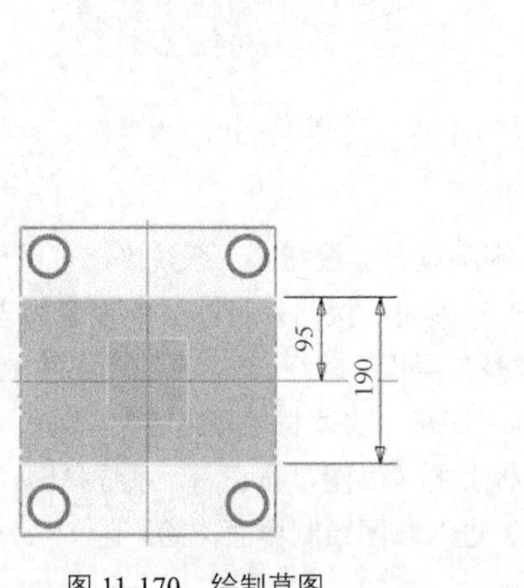

图 11-170　绘制草图

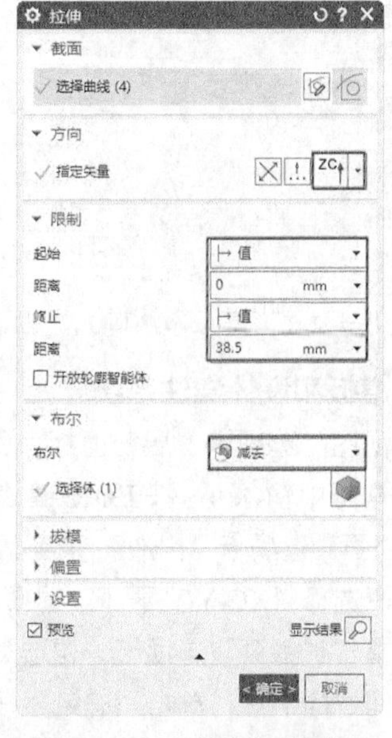

图 11-171　“拉伸”对话框

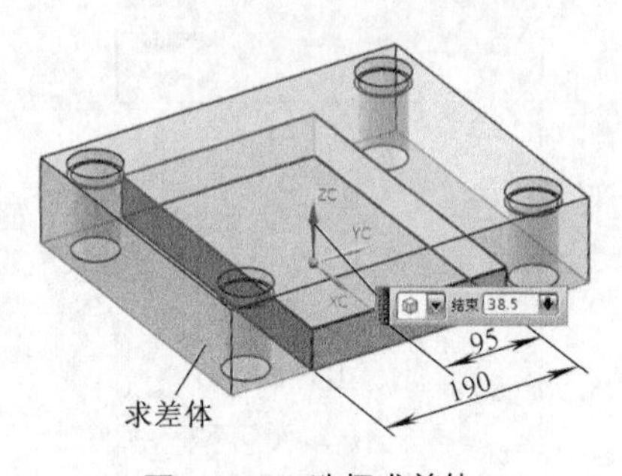

图 11-172　选择求差体

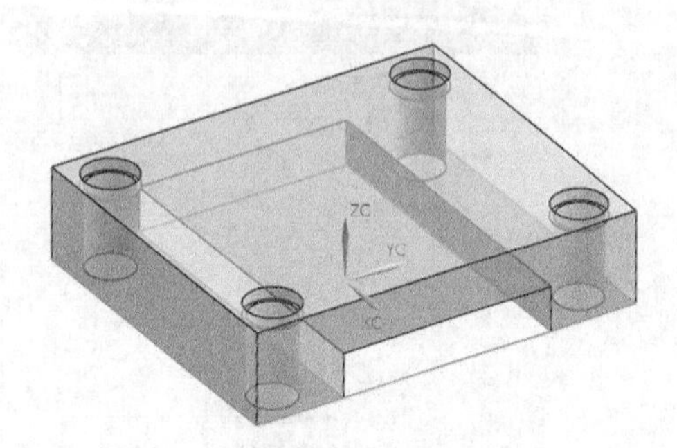

图 11-173　拉伸效果

（6）选中 a 板并单击鼠标右键，在系统弹出的快捷菜单中选择“设为工作部件”命令，将 a 板设为当前工作部件。

（7）单击“主页”选项卡“基本”面板上的“减去”按钮，系统弹出图 11-175 所示的“减去”对话框。选择 a 板作为目标体，选择动模镶块、斜导柱和锁紧楔作为工具体，单击“确定”按钮，完成求差操作。

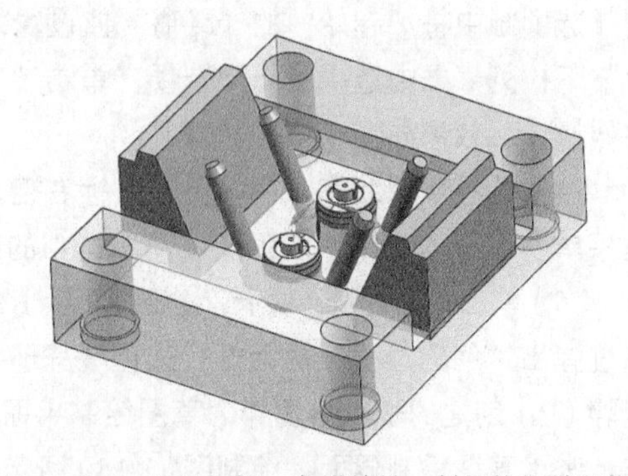

图 11-174　显示 a 板、定模镶块、斜导柱和锁紧楔

（8）打开“装配导航器”，在总装配组件上单击鼠标右键，在系统弹出的快捷菜单中选择“设为工作部件”命令，将总装配组件设为当前工作部件。选择“菜单”→“编辑”→“显示和隐藏”→“隐藏”命令，系统弹出“类选择”对话框。选择锁紧楔、斜导柱和动模镶块，单击“确定”按钮，隐藏选中的部件，结果如图 11-176 所示。

图 11-175 “减去”对话框

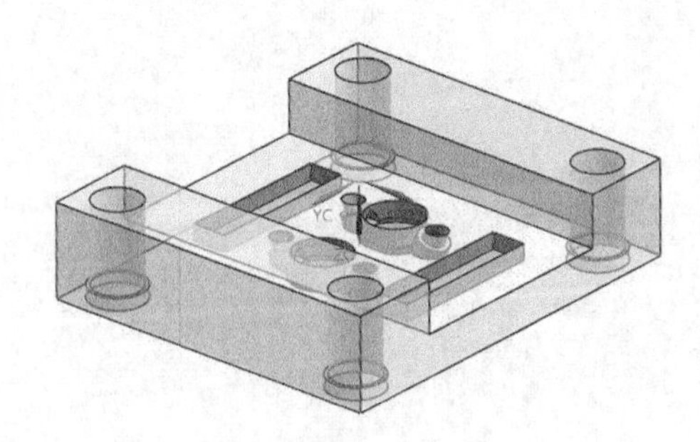

图 11-176 a 板 2

4．创建流道板和设计浇注系统

（1）单击“视图”选项卡“层”面板上的“图层设置”按钮，系统弹出“图层设置”对话框，在“工作层”文本框中输入 6，按 Enter 键，单击“关闭”按钮，将图层 6 设置为当前工作图层。

（2）单击“主页”选项卡“构造”面板上的“基准平面”按钮，系统弹出图 11-177 所示的“基准平面”对话框，选择“XC-YC 平面”选项，在“距离”文本框中输入 80，单击“确定”按钮，完成平面的创建。单击“主页”选项卡“构造”面板上的“草图”按钮，系统弹出“创建草图”对话框，选择上一步创建的平面，单击“确定”按钮，进入草图绘制界面，绘制图 11-178 所示的草图。

图 11-177 “基准平面”对话框

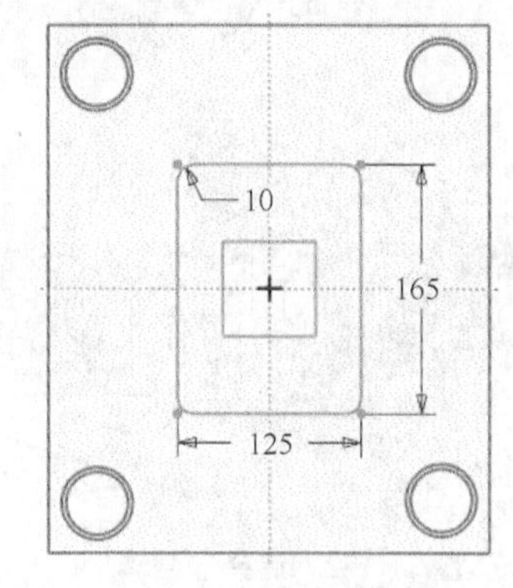

图 11-178 绘制草图

（3）单击“主页”选项卡“基本”面板上的“拉伸”按钮，系统弹出“拉伸”对话框，在“限制”选项组中将“起始”的“距离”值设置为 0，将“终止”的“距离”值设置为–16.002，在“布尔”下拉列表框中选择“无”选项，单击“确定”按钮，完成拉伸操作，效果如图 11-179 所示。

（4）选择草图绘制截面，单击鼠标右键，在系统弹出的快捷菜单中选择“隐藏”按钮，隐藏选中的图素。

（5）单击“主页”选项卡“构造”面板上的“草图”按钮，系统弹出“创建草图”对话框，选择“基于平面”选项，选择步骤（2）创建的基准平面作为草图绘制平面，单击“确定”按钮，进入草图绘制界面，绘制图 11-180 所示的草图。

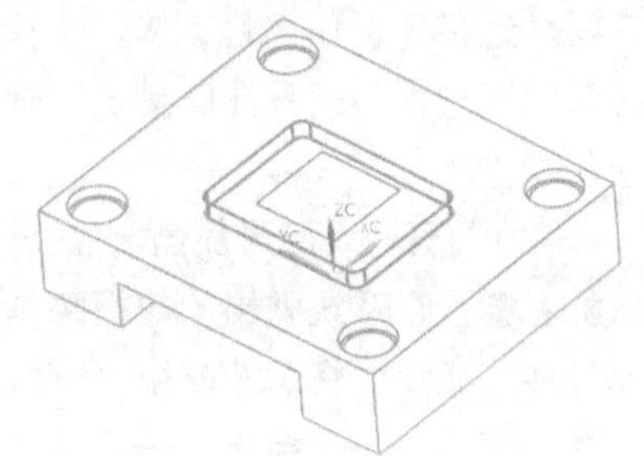

图 11-179 拉伸效果

（6）单击“主页”选项卡“基本”面板上的“旋转”按钮，系统弹出“旋转”对话框，“指定矢量”选择 *YC* 轴正方向，选择与 *YC* 轴重合的直线作为旋转轴。将“限制”选项组中的“起始”和“结束”的角度值分别设置为 0 和 360，单击“确定”按钮，完成旋转操作，创建完成主流道，效果如图 11-181 所示。

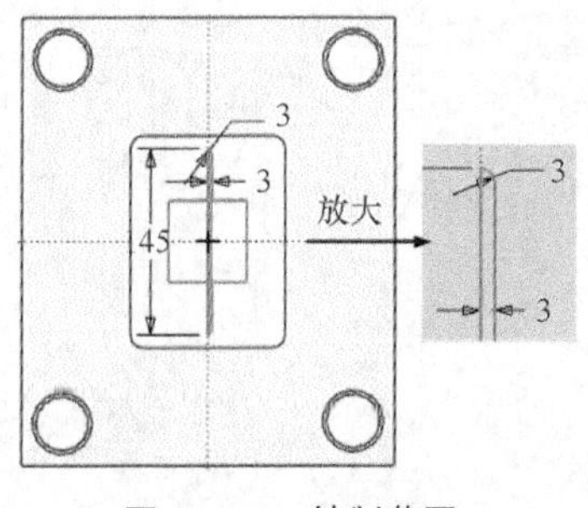

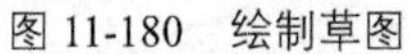
图 11-180　绘制草图

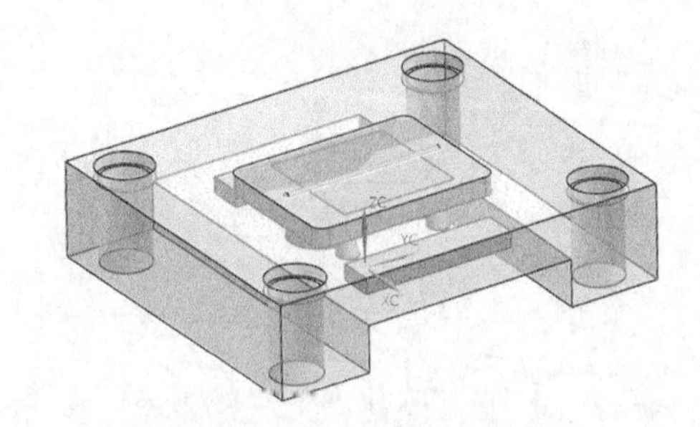

图 11-181　创建的主流道

（7）选择草图绘制截面，单击鼠标右键，在系统弹出的快捷菜单中选择“隐藏”按钮，隐藏选中的图素。

（8）单击“主页”选项卡“构造”面板上的“草图”按钮，系统弹出“创建草图”对话框，选择“基于平面”选项，在绘图区选择“YC-ZC 平面”。单击“确定”按钮，进入草图绘制界面，绘制图 11-182 所示的草图。

（9）单击“主页”选项卡“基本”面板上的“旋转”按钮，系统弹出“旋转”对话框。“指定矢量”选择“自动判断的矢量”按钮，选择竖直线段为旋转轴。将“限制”选项组中的“起始”和“结束”的“角度”值分别设置为 0 和 360，单击“确定”按钮，完成旋转操作，创建完成分流道，如图 11-183 所示。

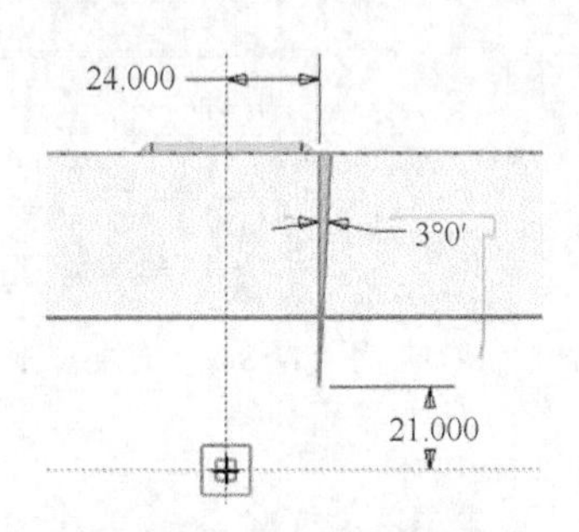

图 11-182　绘制草图

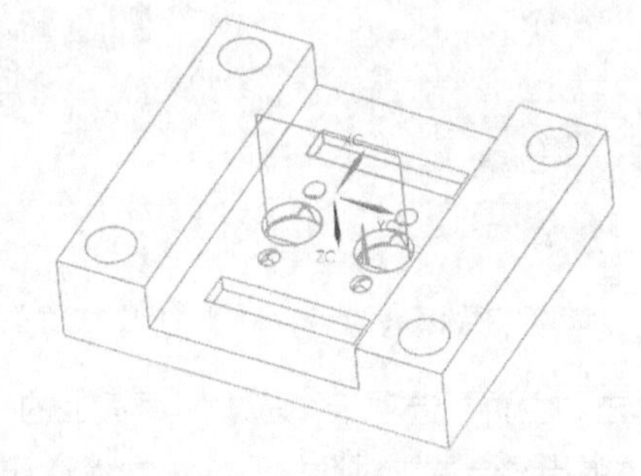

图 11-183　创建的分流道

（10）选择草图绘制截面，单击鼠标右键，在系统弹出的快捷菜单中选择“隐藏”按钮，隐藏选中的图素。

（11）选择“菜单”→“编辑”→“移动对象”命令，系统弹出图 11-184 所示的“移动对象”对话框，选择上面创建的斜导柱，在“运动”下拉列表框中选择“点到点”，“指定出发点”为坐标原点，“指定目标点”为（0, 36, 0）。选择“复制原先的”选项，在“非关联副本数”文本框中输入“1”，单击“确定”按钮，结果如图 11-185 所示。

（12）选择“菜单”→“编辑”→“变换”命令，系统弹出“变换”对话框，选择图 11-185 中的两个分流道。单击“确定”按钮，系统弹出图 11-186 所示的“变换”对话框。选择“通过一平面镜像”选项，系统弹出图 11-187 所示的“平面”对话框，选择“XC-ZC 平面”选项，单击“确定”按钮，返回“变换”对话框，如图 11-188 所示。单击对话框中新增的“复制”按钮，完成分流道的镜像操作，效果如图 11-189 所示。单击“取消”按钮，退出“变换”对话框。

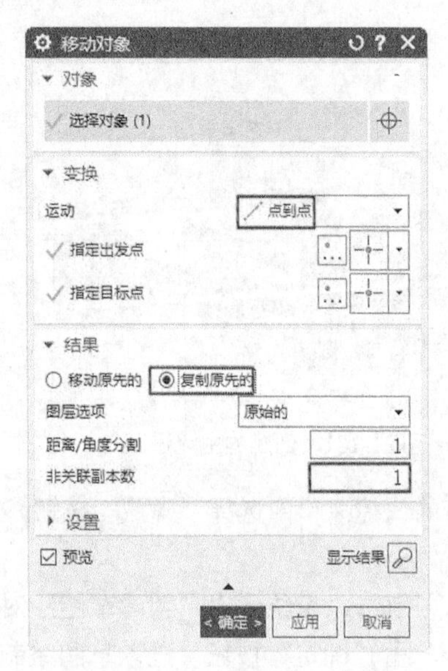

图 11-184 “移动对象”对话框

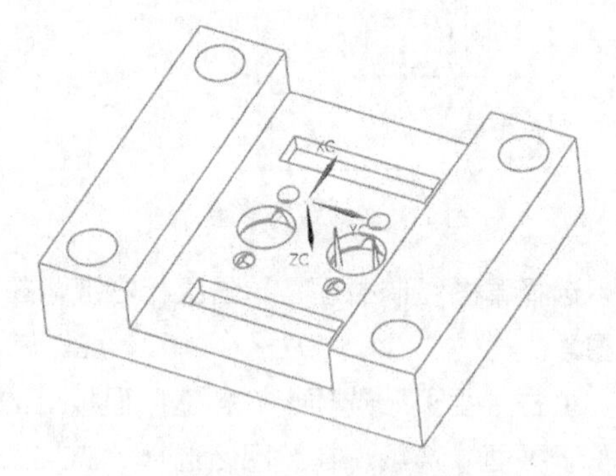

图 11-185 平移效果

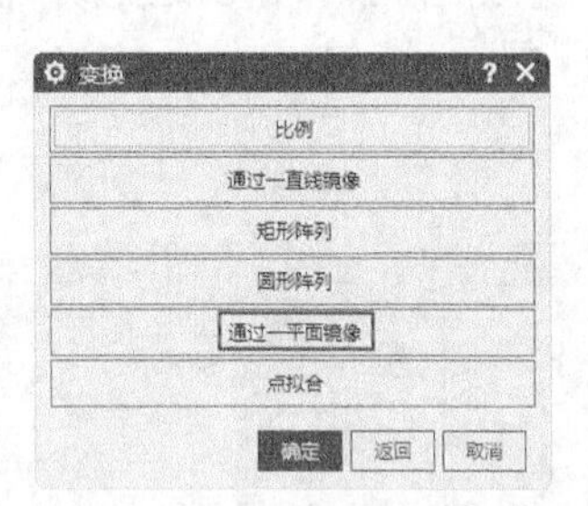

图 11-186 “变换”对话框 1

图 11-187 “平面”对话框

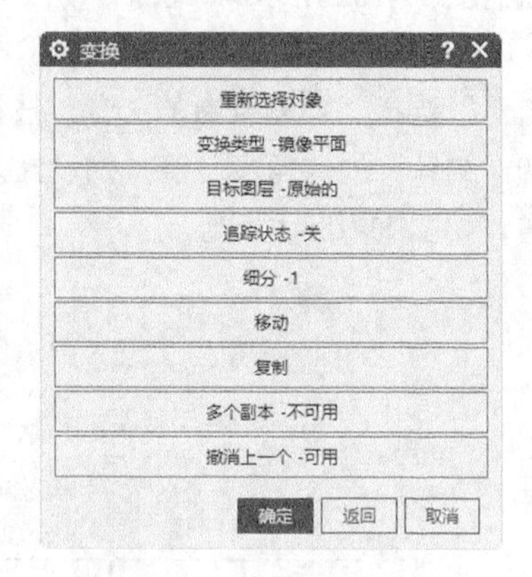

图 11-188 “变换”对话框 2

（13）单击“主页”选项卡“基本”面板上的“合并”按钮，系统弹出“合并”对话框。选择主流道作为目标体，选择 4 个分流道作为工具体，单击“确定”按钮，完成主流道和分流道的合并操作。

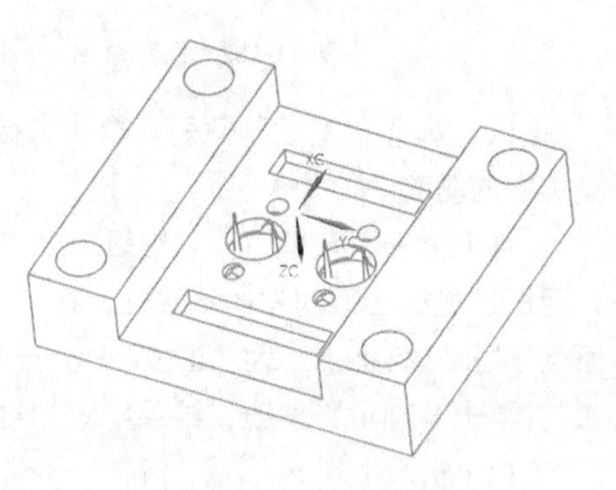

图 11-189 镜像效果

5. 创建浇口套

（1）单击“主页”选项卡“构造”面板上的“草图”按钮，系统弹出“创建草图”对话框。选择“基于平面”选项，选择“YC-ZC 平面”选项。单击“确定”按钮，进入草图绘制界面，绘制图 11-190 所示的草图。

（2）单击“主页”选项卡“基本”面板上的“旋转”按钮，系统弹出“旋转”对话框。“指定矢量”选择 *ZC* 轴正方向，设置“限制”选项组中的“起始”和“结束”的“角度”值分别为 0 和 360，在“布尔”下拉列表框中选择“无”选项，单击“确定”按钮，完成旋转操作，结果如图 11-191 所示。

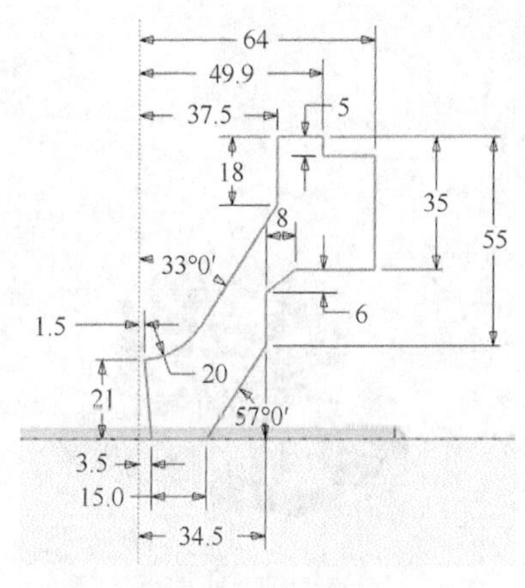

图 11-190　绘制草图

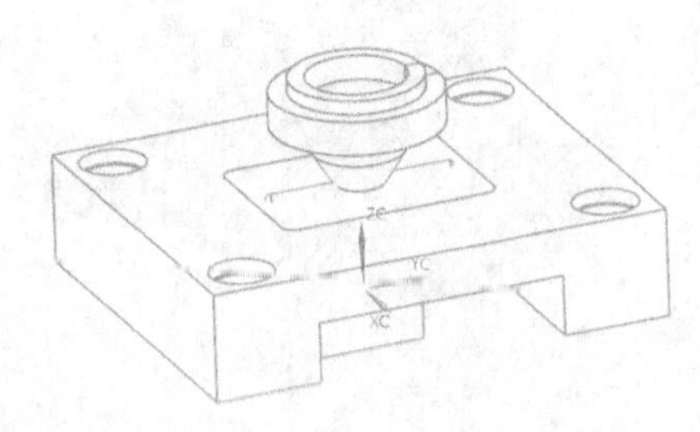

图 11-191　旋转效果

（3）选择草图绘制截面，单击鼠标右键，在系统弹出的快捷菜单中选择“隐藏”按钮，隐藏选中的图素。

（4）选中 a 板并单击鼠标右键，在系统弹出的快捷菜单中选择“设为工作部件”命令，将 a 板设为当前工作部件。

（5）单击“主页”选项卡“基本”面板上的“减去”按钮，系统弹出图 11-192 所示的“减去”对话框，勾选“保存工具”复选框，选择 a 板作为目标体，选择流道板作为工具体，如图 11-193 所示。单击“确定”按钮，完成 a 板与流道板的求差操作。

图 11-192　“减去”对话框

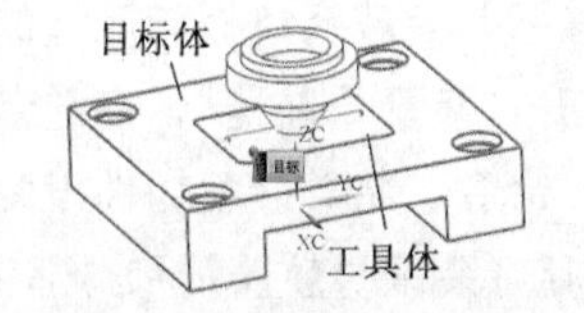

图 11-193　选择目标体和工具体

（6）打开“装配导航器”，在总装配组件上单击鼠标右键，在系统弹出的快捷菜单中选择“设为工作部件”命令，将总装配组件设为当前工作部件。然后选中 a 板并单击鼠标右键，在系统弹出的快捷菜单中选择“隐藏”按钮，隐藏 a 板，效果如图 11-194 所示。

（7）单击“主页”选项卡“特征”面板上的“减去”按钮，系统弹出“减去”对话框，勾选“保存工具”复选框，选择浇口套作为目标体，选择流道作为工具体，如图 11-195 所示。单击“确定”按钮，完成浇口套与流道的求差操作。

（8）单击“主页”选项卡“基本”面板上的“减去”按钮，系统弹出“减去”对话框，勾选“保存工具”复选框，选择流道板作为目标体，选择流道作为工具体，如图 11-196 所示。单击“确定”按钮，完成流道板与流道的求差操作。

（9）利用“装配导航器”和“部件导航器”隐藏定模镶块、浇口套和流道板，显示流道和浇口板，效果如图 11-197 所示。

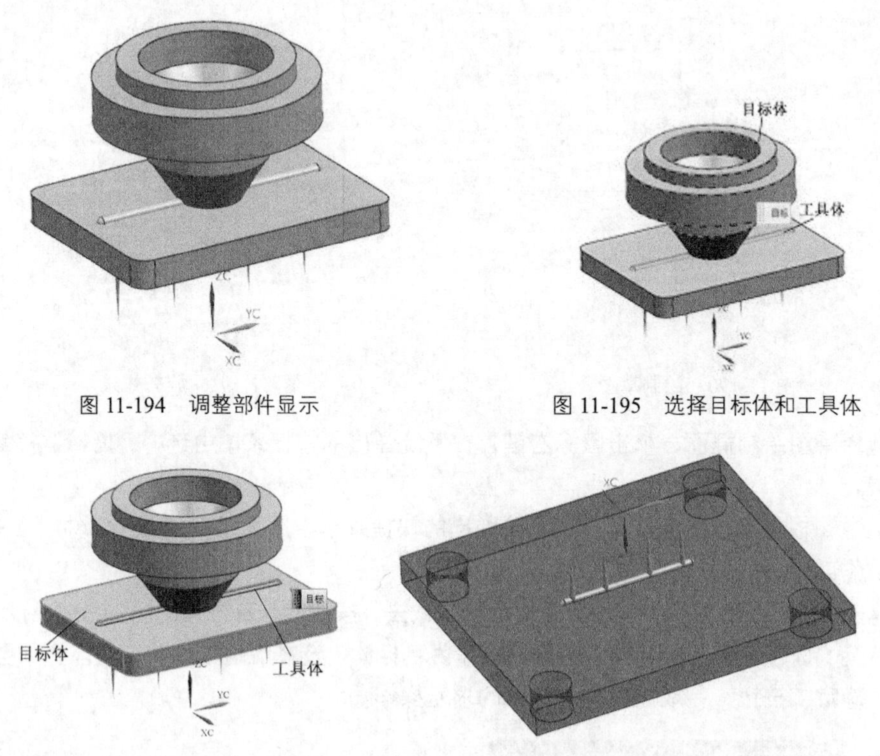

图 11-194　调整部件显示　　图 11-195　选择目标体和工具体

图 11-196　选择目标体和工具体　　图 11-197　显示流道和浇口板

（10）选中浇口板并单击鼠标右键，在系统弹出的快捷菜单中选择“设为工作部件”命令，将浇口板设为当前工作部件。

（11）单击“主页”选项卡“基本”面板上的“减去”按钮，系统弹出“减去”对话框，取消“保存工具”复选框的勾选，选择浇口板作为目标体，选择流道作为工具体，如图 11-198 所示。单击“确定”按钮，完成浇口板与流道的求差操作。

（12）打开“装配导航器”，在总装配组件上单击鼠标右键，在系统弹出的快捷菜单中选择“设为工作部件”命令，将总装配组件设为当前工作部件。

（13）利用“装配导航器”和“部件导航器”隐藏流道，并显示浇口套的草图轮廓截面，效果如图 11-199 所示。

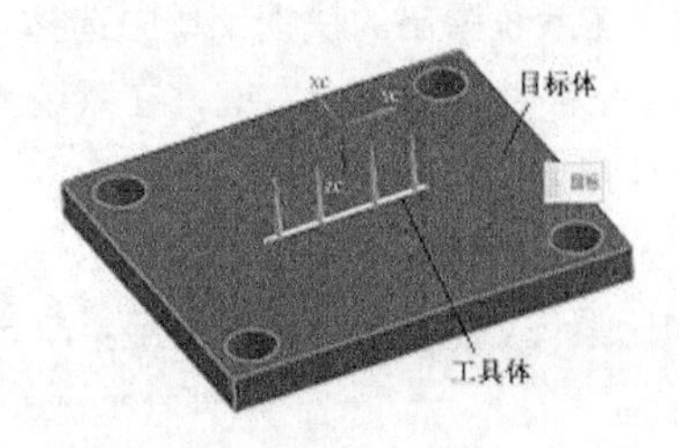

图 11-198　选择目标体和工具体

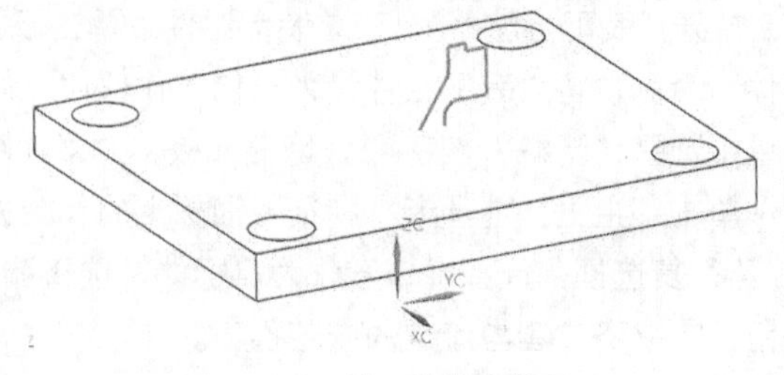

图 11-199　浇口套轮廓截面

（14）单击“主页”选项卡“构造”面板上的“草图”按钮，系统弹出“创建草图”对话框，在绘图区选择“YC-ZC 平面”为草绘平面，单击“确定”按钮进入草图绘制界面，绘制图 11-200 所示的草图。

（15）单击“主页”选项卡“基本”面板上的“旋转”按钮，系统弹出“旋转”对话框。“指定矢量”选择 *ZC* 轴方向，将“限制”选项组中的“起始”和“结束”的“角度”值分别设置为 0 和 360，其他默认，单击“确定”按钮，完成旋转操作，效果如图 11-201 所示。

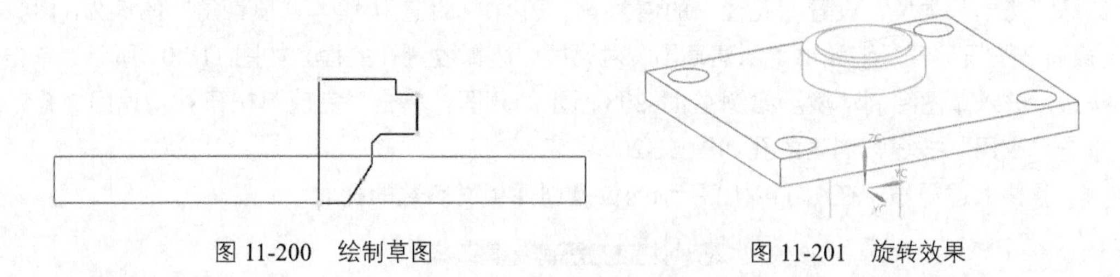

图 11-200　绘制草图　　　　图 11-201　旋转效果

（16）选择草图绘制截面，单击鼠标右键，在系统弹出的快捷菜单中选择“隐藏”按钮，隐藏选中的图素。

（17）选中浇口板并单击鼠标右键，在系统弹出的快捷菜单中选择“设为工作部件”命令，将浇口板设为当前工作部件。

（18）单击“主页”选项卡“基本”面板上的“减去”按钮，系统弹出“减去”对话框，取消“保存工具”复选框的勾选，选择浇口板作为目标体，选择刚才创建的旋转体作为工具体，如图 11-202 所示。单击“确定”按钮，完成浇口板与旋转体的求差操作。

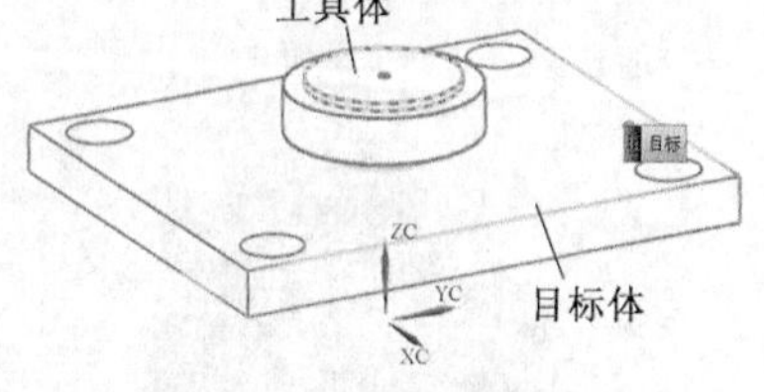

图 11-202　选择目标体和工具体

（19）打开“装配导航器”，显示面板如图 11-203 所示，选中面板并单击鼠标右键，在系统弹出的快捷菜单中选择“设为工作部件”命令，将面板设为当前工作部件。

（20）单击“主页”选项卡“基本”面板上的“减去”按钮，系统弹出“减去”对话框，取消“保存工具”复选框的勾选，选择面板作为目标体，选择刚才创建的旋转体作为工具体。单击“确定”按钮，完成面板与旋转体的求差操作。

（21）单击“fdjhs.prt”窗口，进入总模型平面。选择“菜单”→“编辑”→“显示和隐藏”→“隐藏”命令，系统弹出“类选择”对话框，选择屏幕中的旋转体，单击“确定”按钮，隐藏旋转体。余下的浇口板和面板显示结果如图 11-204 所示。

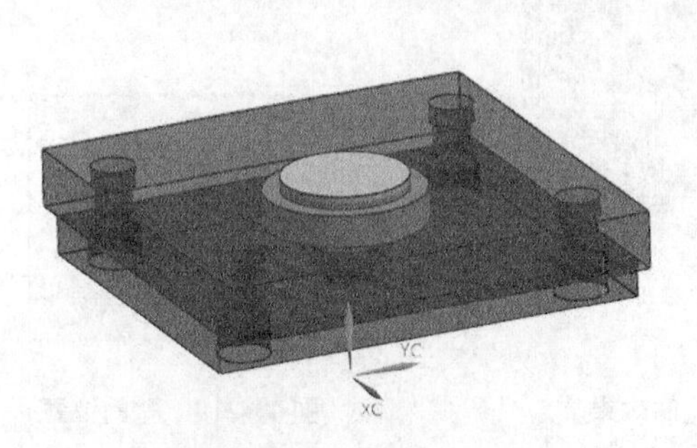

图 11-203　显示面板

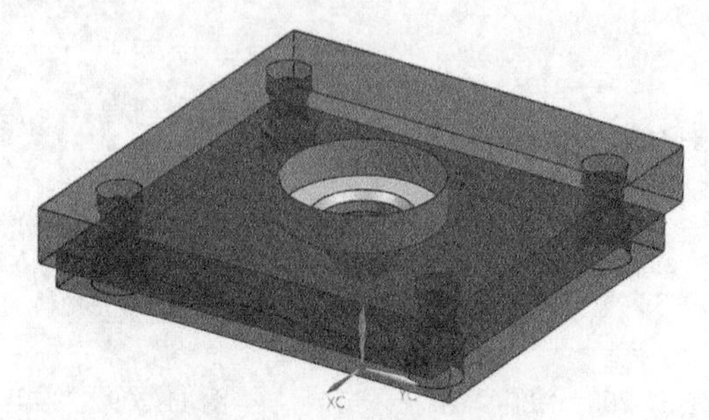

图 11-204　显示面板和浇口板

6. 设计冷却系统

（1）打开“装配导航器”，在总装配组件上单击鼠标右键，在系统弹出的快捷菜单中选择“设为工作部件”命令，将总装配组件设为当前工作部件。

（2）接着利用“装配导航器”和“部件导航器”隐藏面板和浇口板，显示右侧滑块结构，如图 11-205 所示。

（3）单击“主页”选项“基本”面板上的“孔”按钮，系统弹出图 11-206 所示的“孔”对话框，选择“简单”类型，设置“孔径”的值为 6，“孔深”的值为 180，“顶锥角”的值为 118。单击“绘制截面”按钮，系统弹出“创建草图”对话框，选择放置孔的面，如图 11-207 所示，单击“确定”按钮，进入草图绘制环境。绘制图 11-208 所示的草图，单击“完成”按钮，返回“孔”对话框，单击“应用”按钮，创建的孔如图 11-209 所示。

（4）重复上述操作，在图 11-210 所示的位置创建相同参数的孔。

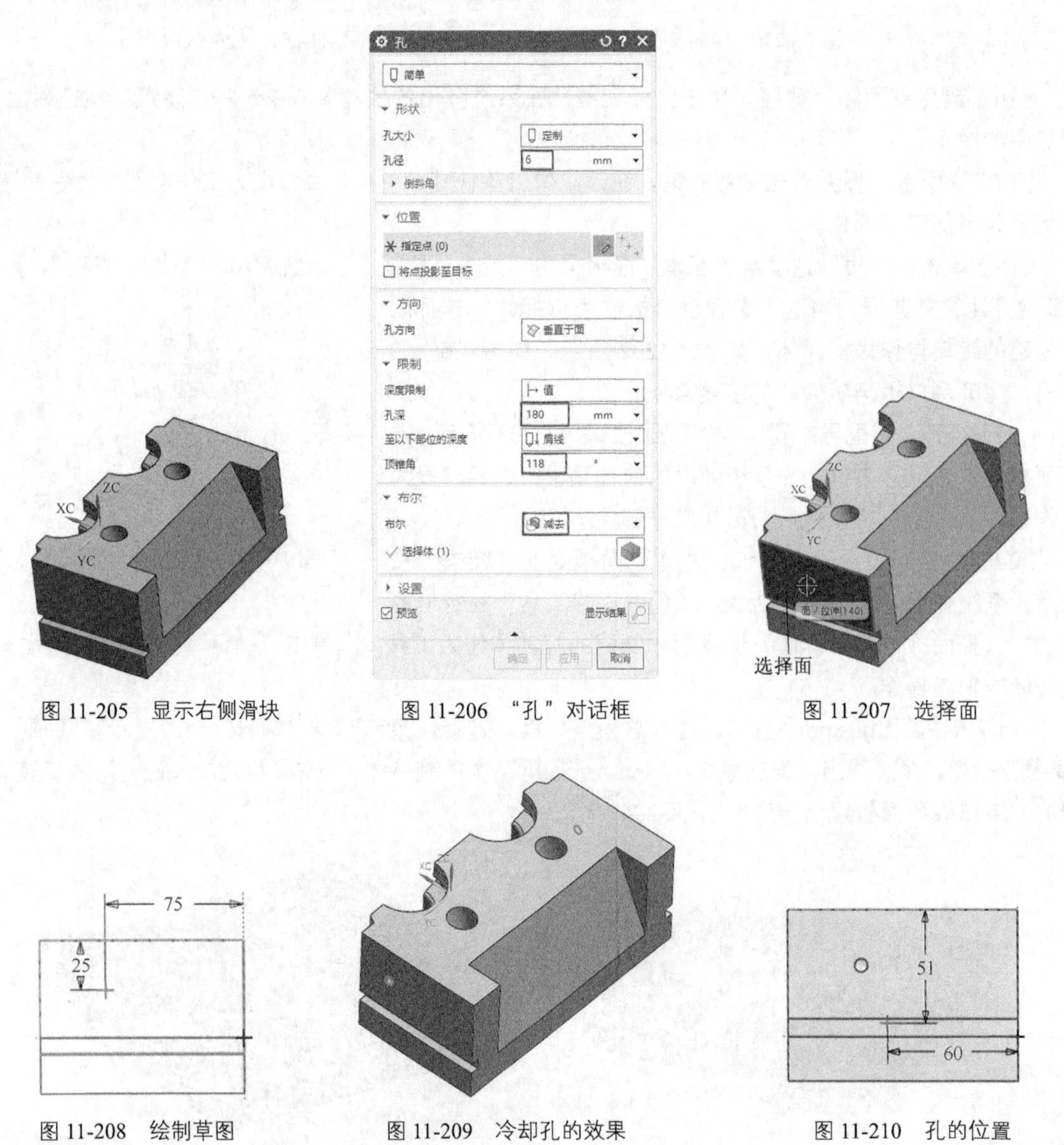

图 11-205　显示右侧滑块　　图 11-206　“孔”对话框　　图 11-207　选择面

图 11-208　绘制草图　　图 11-209　冷却孔的效果　　图 11-210　孔的位置

（5）按照相同的方法创建其他的冷却孔，位置如图 11-211 所示，设置孔类型为“沉头”，设置“沉头直径”的值为 10，“沉头深度”的值为 20，“孔径”的值为 6，“孔深”的值为 70，“顶锥角”的值为 118。

（6）使用“部件导航器”，隐藏左侧的滑块，显示右侧的滑块，如图 11-212 所示。在对称的冷却孔位置，创建左侧滑块的冷却孔，效果如图 11-213 所示。

（7）利用“装配导航器”和“部件导航器”显示图 11-214 所示的结构。整套模具的设计效果如图 11-215 所示。

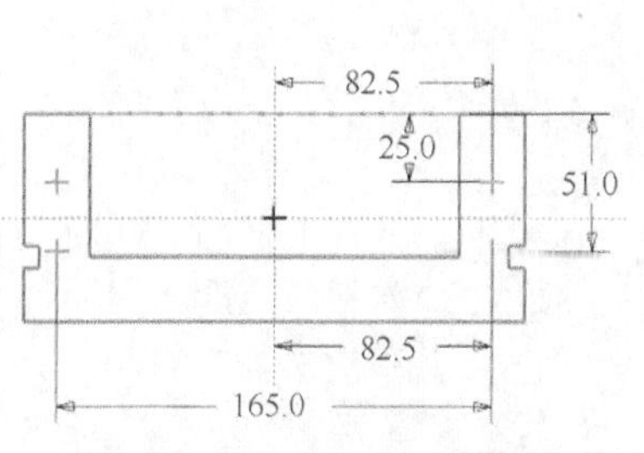

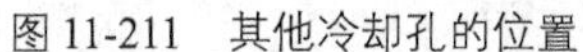

图 11-211　其他冷却孔的位置

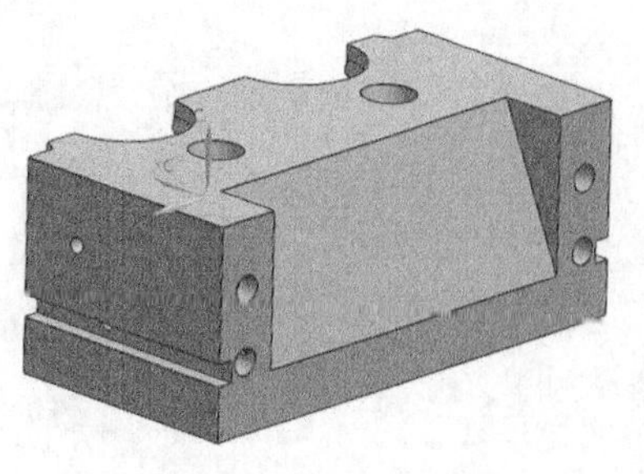

图 11-212　隐藏与显示滑块

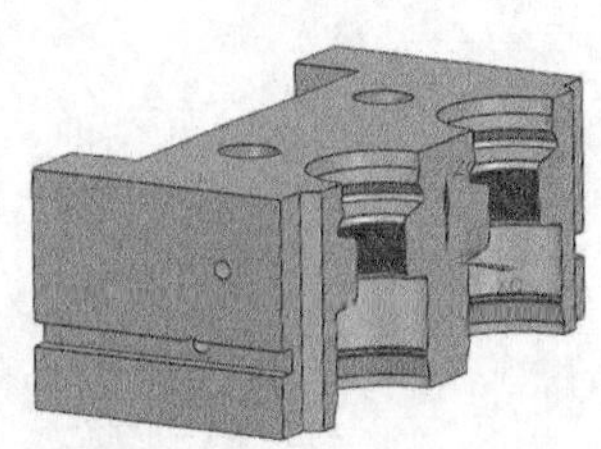

图 11-213　左侧滑块冷却孔的效果

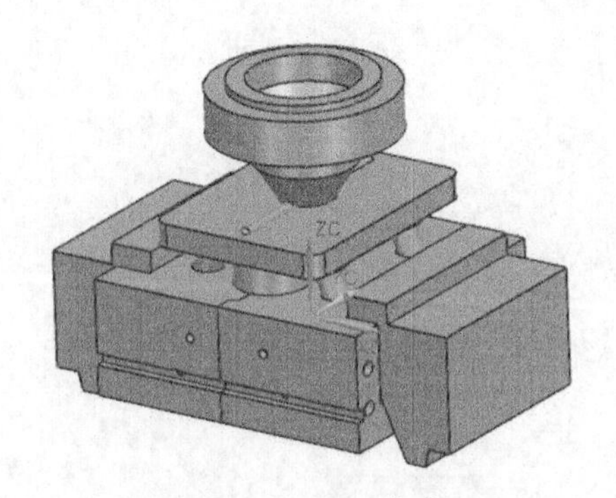

图 11-214　显示部件

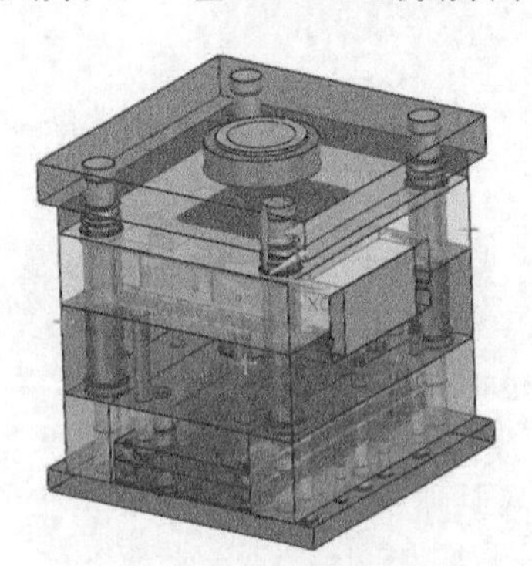

图 11-215　整套模具

11.2　扩展实例——开瓶器模具设计

采用建模模块的功能进行开瓶器模具设计，设计模具时只设计出主要成型结构。此产品结构小，采用一模两腔的方式，侧向进胶。在模具结构中设计滑块抽芯，要求滑块必须能够有效抽出产品。产品材料采用 ABS 树脂，收缩率为 0.006。开瓶器模型如图 11-216 所示。

图 11-216　开瓶器模具